용접 기능사

특수용접 포함

최부길 지음

필기

머리말

현대는 간판보다는 능력과 기술이 경쟁력을 좌우하는 실용의 시대입니다. 우리나라의 용접 기술은 세계 최고 수준인 조선 산업에서 없어서는 안 될 중요한 기반 기술로 자리 잡고 있습니다. 또한 금속 재료의 다양화에 따라 기계, 금속, 건축, 토목, 항공, 우주, 해양 등 각 분야의 공업 발전에 필수적인 기술이기도 합니다.

그로 인하여 용접 기술을 담당하는 근로자 역시 산업 분야에서 핵심적인 역할을 수행하게 되었습니다. 이 책은 이러한 용접 기능사 자격의 중요성을 염두에 두고 보다 전문적이고 체계화된 지식을 제공하기 위하여 다음 사항을 원칙으로 삼아 집필하였습니다.

1. 시행처인 한국 산업인력 공단의 출제 기준에 따라 순서대로 구성하여 필기시험에 완벽하게 맞춘 핵심 내용을 정리하였습니다.
2. 다양한 자료와 충실한 해설로 용접의 기본 원리부터 용접 기능사와 특수 용접 기능사 준비까지 한 번에 할 수 있게 하였습니다.
3. 필기 출제 기준에 맞춘 본문 구성과 핵심 내용을 짚고 가는 오답 노트 분석, 평가 문제를 통하여 기초를 다지고, 실전 모의고사와 기출문제 분석을 통하여 최근까지의 출제 경향을 파악할 수 있습니다. 더불어 CBT 실전 모의고사를 통하여 실제 필기시험에 완벽하게 대응할 수 있게 하였습니다.

끝으로 이 책에 수록된 내용은 본 저자가 30년 이상 용접 기술 분야에 종사하면서 수집하고 분류한 자료를 최대한 효율적으로 정리한 결과물입니다. 이를 통해 용접 및 특수 용접 기능사를 꿈꾸는 수험생들이 보다 손쉽게 자격을 취득할 수 있도록 돕고자 합니다.

앞으로도 우수한 용접 기능사들이 계속 배출되기를 바라며, 하루하루 치열한 삶의 현장에서 땀 흘리는 수험생 여러분의 노력을 응원합니다.

부천용접직업전문학교 학교장
최 부 길 씀

오분만 도서 활용법

올인원 (All 1n One) 합격 비법! → 핵심 요약 + 실전 모의고사 + CBT형 실전 모의고사 + 오답 노트

핵심 요약

출제 기준을 100% 반영한 이론으로 출제위원급 저자가 직접 핵심만 골라 요약 · 집필하였습니다. 실제 시험에 자주 출제되는 유형의 문제와 핵심 이론이 연계되도록 구성하였습니다. 실무에서 경험한 이론을 직접 체험할 수 있도록 질 좋은 컬러 책으로 구성하여 눈의 피로를 덜고 생생한 실무를 간접 경험할 수 있습니다. 처음 학습을 시작하는 수험생도 쉽고 빠르게 습득할 수 있는 구성이 이 책의 강점입니다.

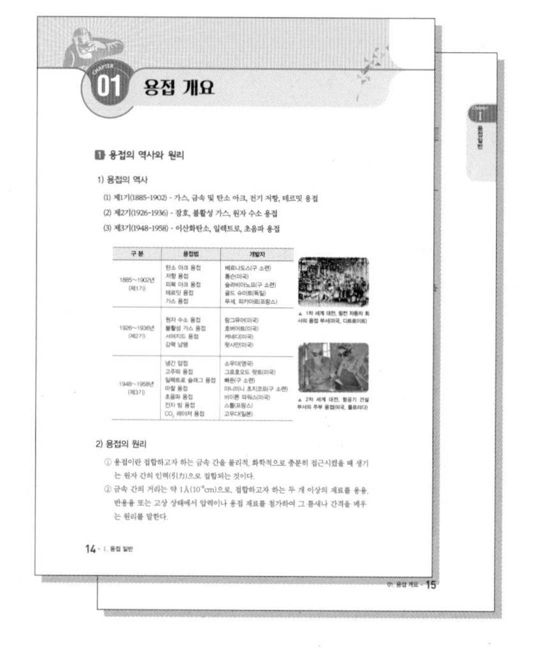

CHAPTER 01 용접 개요

1 용접의 역사와 원리

1) 용접의 역사

(1) 제1기(1885~1902) - 가스, 금속 및 탄소 아크, 전기 저항, 테르밋 용접

(2) 제2기(1926~1936) - 잠호, 불활성 가스, 원자 수소 용접

(3) 제3기(1948~1958) - 이산화탄소, 일렉트로, 초음파 용접

구 분	용접법	개발자
1885~1902년 (제1기)	탄소 아크 용접 저항 용접 피복 아크 용접 테르밋 용접 가스 용접	베르나도스(구 소련) 톰슨(미국) 슬라비아노프(구 소련) 골드 슈미트(독일) 푸셰, 피카아르(프랑스)
1926~1936년 (제2기)	원자 수소 용접 불활성 가스 용접 서어지드 용접 강력 납땜	랑그뮤어(미국) 호버어트(미국) 케네디(미국) 왓시만(미국)
1948~1958년 (제3기)	냉간 압접 고주파 용접 일렉트로 슬래그 용접 마찰 용접 초음파 용접 전자 빔 용접 CO_2 레이저 용접	소우더(영국) 그로호오드 랏트(미국) 빠돈(구 소련) 아니미니 츠치코프(구 소련) 비이른 파워스(미국) 스톨(프랑스) 고우다(일본)

▲ 1차 세계 대전, 링컨 자동차 회사의 용접 부서(미국, 디트로이트)

▲ 2차 세계 대전, 항공기 건설 부서의 주부 용접(미국, 플로리다)

2) 용접의 원리

① 용접이란 접합하고자 하는 금속 간을 물리적, 화학적으로 충분히 접근시켰을 때 생기는 원자 간의 인력(引力)으로 접합되는 것이다.

② 금속 간의 거리는 약 1Å(10^{-8}cm)으로, 접합하고자 하는 두 개 이상의 재료를 용융, 반용융 또는 고상 상태에서 압력이나 용접 재료를 첨가하여 그 틈새나 간격을 메우는 원리를 말한다.

14 · I. 용접 일반

01. 용접 개요 · 15

실전 모의고사

실제 시험에 최적화된 유형과 출제 기준에 맞는 모의고사를 구성하였습니다. 예상 문제를 뽑아서 만든 모의고사 문제를 실제 시험처럼 풀어 봄으로써 좀더 다양한 문제 형태를 접할 수 있게 하였습니다.

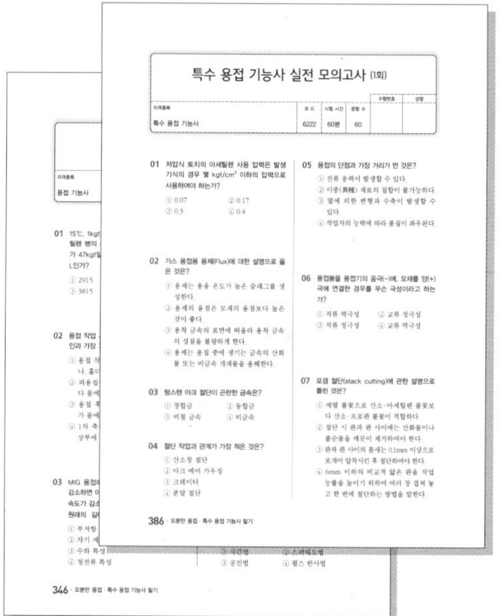

특수 용접 기능사 실전 모의고사 (1회)

자격종목	코 드	시험 시간	문항 수	수험번호	성명
특수 용접 기능사	6222	60분	60		

01 저압식 토치의 아세틸렌 사용 압력은 발생기식의 경우 몇 kgf/cm² 이하의 압력으로 사용하여야 하는가?

① 0.07 ② 0.17 ③ 0.3 ④ 0.4

02 가스 용접용 용제(Flux)에 대한 설명으로 옳은 것은?

① 용제는 용융 온도가 높은 슬래그를 생성한다.
② 용제의 융점은 모재의 융점보다 높은 것이 좋다.
③ 용착 금속의 표면에 떠올라 용착 금속의 성질을 불량하게 한다.
④ 용제는 용접 중에 생기는 금속의 산화물 또는 비금속 개재물을 용해한다.

03 텅스텐 아크 절단이 곤란한 금속은?

① 경합금 ② 동합금 ③ 비철 금속 ④ 비금속

04 절단 작업과 관계가 가장 적은 것은?

① 산소창 절단
② 아크 에어 가우징
③ 크레이터
④ 분말 절단

05 용접의 단점과 가장 거리가 먼 것은?

① 잔류 응력이 발생할 수 있다.
② 이종(異種) 재료의 접합이 불가능하다.
③ 열에 의한 변형과 수축이 발생할 수 있다.
④ 작업자의 능력에 따라 품질이 좌우된다.

06 용접봉을 용접기의 음극(−)에, 모재를 양(+)극에 연결한 경우를 무슨 극성이라고 하는가?

① 직류 역극성 ② 교류 정극성 ③ 직류 정극성 ④ 교류 역극성

07 포갬 절단(stack cutting)에 관한 설명으로 틀린 것은?

① 예열 불꽃으로 산소-아세틸렌 불꽃보다 산소-프로판 불꽃이 적합하다.
② 절단 시 판과 판 사이에는 산화물이나 불순물을 깨끗이 제거하여야 한다.
③ 판과 판 사이의 틈새는 0.1mm 이상으로 포개어 압착시킨 후 절단하여야 한다.
④ 6mm 이하의 비교적 얇은 판을 작업 능률을 높이기 위하여 여러 장 겹쳐 놓고 한 번에 절단하는 방법을 말한다.

386 · 오분만 용접 · 특수 용접 기능사 필기

346 · 오분만 용접 · 특수 용접 기능사 필기

CBT형 실전 모의고사

한국사업인력공단은 기능사 필기시험을 2016년 제5회 기능사검정시험부터 컴퓨터 기반 시험(CBT ; Computer Based Testing)으로 실시하고 있습니다. 씨마스에서는 Self-CBT형 실전모의고사 프로그램을 개발하여, CBT로 시험을 보는 수험생들이 실제 시험과 동일한 환경에서 익숙하게 대비할 수 있도록 하였습니다. www.cmass21.net에서 자신의 실력을 자가진단해 보십시오.

오답 노트

이 책에 수록한 '오분만 오답 노트'는 시험에 자주 나오는 한 문장만 외울 수 있는 최선의 공부 방법을 안내해 드립니다. 학습 마무리 시간에 괄호 넣기로 실력을 점검해 보고, 틀린 문제를 메모하여 모르는 문제를 하나씩 줄여 나가야 합니다. 시험 현장에서의 불안함을 달래 줄 소중한 '오분만 오답 노트'와 마지막까지 꼭 함께하세요!

용접 기능사 출제 기준 필기

직무 분야	재료	중직무 분야	금속 재료	자격 종목	용접 기능사	적용 기간	2017. 01. 01. ~ 2020. 12. 31.

직무 내용 : 용접 도면을 해독하여 용접 절차 사양서를 이해하고 용접 재료를 준비하여 작업 환경 확인, 안전 보호구 준비, 용접 장치와 특성 이해, 용접기 설치 및 점검 관리하기, 용접 준비 및 본 용접하기, 용접부 검사 및 결함부 수정하기, 작업장 정리하기 등의 용접 시공 계획 수립 및 관련 직무 수행

필기 검정 방법	객관식	문제 수	60	시험 시간	1시간

필기 과목명	문제 수	주요 항목	세부 항목	세세 항목
용접 일반, 용접 재료, 기계 제도 (비절삭 부분)	60	1. 용접 일반	1. 용접 개요	1. 용접의 원리 2. 용접의 장·단점 3. 용접의 종류 및 용도
			2. 피복 아크 용접	1. 피복 아크 용접 기기 2. 피복 아크 용접용 설비 3. 피복 아크 용접봉 4. 피복 아크 용접 기법
			3. 가스 용접	1. 가스 및 불꽃 2. 가스 용접 설비 및 기구 3. 산소, 아세틸렌 용접 기법
			4. 절단 및 가공	1. 가스 절단 장치 및 방법 2. 플라스마, 레이저 절단 3. 특수 가스 절단 및 아크 절단 4. 스카핑 및 가우징
			5. 특수 용접 및 기타 용접	1. 서브머지드 용접 2. TIG 용접, MIG 용접 3. 이산화탄소 가스 아크 용접 4. 플럭스 코어드 용접 5. 플라스마 용접 6. 일렉트로 슬래그 테르밋 용접 7. 전자 빔 용접 8. 레이저 용접 9. 저항 용접 10. 기타 용접

필기 과목명	문제 수	주요 항목	세부 항목	세세 항목
용접 일반, 용접 재료, 기계 제도 (비절삭 부분)	60	2. 용접 시공 및 검사	1. 용접 시공	1. 용접 시공 계획 2. 용접 준비 3. 본 용접 4. 열 영향부 조직의 특징과 기계적 성질 5. 용접 전 · 후 처리(예열, 후열 등) 6. 용접 결함, 변형 및 방지 대책
			2. 용접의 자동화	1. 자동화 절단 및 용접 2. 로봇 용접
			3. 파괴, 비파괴 및 기타 검사(시험)	1. 인장 시험 2. 굽힘 시험 3. 충격 시험 4. 경도 시험 5. 방사선 투과 시험 6. 초음파 탐상 시험 7. 자분 탐상 시험 및 침투 탐상 시험 8. 현미경 조직 시험 및 기타 시험
		3. 작업 안전	1. 작업 및 용접 안전	1. 작업 안전, 용접 안전 관리 및 위생 2. 용접 화재 방지 1) 연소 이론 2) 용접 화재 방지 및 안전
		4. 용접 재료	1. 용접 재료 및 각종 금속 용접	1. 탄소강 · 저합금강의 용접 및 재료 2. 주철 · 주강의 용접 및 재료 3. 스테인리스강의 용접 및 재료 4. 알루미늄과 그 합금의 용접 및 재료 5. 구리와 그 합금의 용접 및 재료 6. 기타 철금속, 비철 금속과 그 합금의 용접 및 재료
			2. 용접 재료 열처리 등	1. 열처리 2. 표면 경화 및 처리법
		5. 기계 제도 (비절삭 부분)	1. 제도 통칙 등	1. 일반 사항(양식, 척도, 문자 등) 2. 선의 종류 및 도형의 표시법 3. 투상법 및 도형의 표시 방법 4. 치수의 표시 방법 5. 부품 번호, 도면의 변경 등 6. 체결용 기계 요소 표시 방법
			2. 도면 해독	1. 재료 기호 2. 용접 기호 3. 투상 도면 해독 4. 용접 도면

특수 용접 기능사 출제 기준 필기

직무 분야	재료	중직무 분야	금속 재료	자격 종목	특수 용접 기능사	적용 기간	2017. 01. 01. ~ 2020. 12. 31.

직무 내용 : 용접 도면을 해독하여 용접 절차 사양서를 이해하고 용접 재료를 준비하여 작업 환경 확인, 안전 보호구 준비, 용접 장치와 특성 이해, 용접기 설치 및 점검 관리하기, 용접 준비 및 본 용접하기, 용접부 검사 및 결함부 수정하기, 작업장 정리하기 등의 용접 시공 계획 수립 및 관련 직무 수행

필기 검정 방법	객관식	문제 수	60	시험 시간	1시간

필기 과목명	문제 수	주요 항목	세부 항목	세세 항목
용접 일반, 용접 재료, 기계 제도 (비절삭 부분)	60	1. 용접 일반	1. 용접 개요	1. 용접의 원리 2. 용접의 장 · 단점 3. 용접의 종류 및 용도
			2. 피복 아크 용접	1. 피복 아크 용접 기기 2. 피복 아크 용접용 설비 3. 피복 아크 용접봉 4. 피복 아크 용접 기법
			3. 가스 용접	1. 가스 및 불꽃 2. 가스 용접 설비 및 기구 3. 산소, 아세틸렌 용접 기법
			4. 절단 및 가공	1. 가스 절단 장치 및 방법 2. 플라스마, 레이저 절단 3. 특수 가스 절단 및 아크 절단 4. 스카핑 및 가우징
			5. 특수 용접 및 기타 용접	1. 서브머지드 용접 2. TIG 용접, MIG 용접 3. 이산화탄소 가스 아크 용접 4. 플럭스 코어드 용접 5. 플라스마 용접 6. 일렉트로 슬래그, 테르밋 용접 7. 전자 빔 용접 8. 레이저 용접 9. 저항 용접 10. 기타 용접

필기 과목명	문제 수	주요 항목	세부 항목	세세 항목
용접 일반, 용접 재료, 기계 제도 (비절삭 부분)	60	2. 용접 시공 및 검사	1. 용접 시공	1. 용접 시공 계획 2. 용접 준비 3. 본 용접 4. 열 영향부 조직의 특징과 기계적 성질 5. 용접 전, 후 처리(예열, 후열 등) 6. 용접 결함, 변형 및 방지 대책
			2. 용접의 자동화	1. 자동화 절단 및 용접 2. 로봇 용접
			3. 파괴, 비파괴 및 기타 검사(시험)	1. 인장 시험 2. 굽힘 시험 및 경도 시험 3. 충격 시험 4. 방사선 투과 시험 5. 초음파 탐상 시험 6. 자분 탐상 시험 및 침투 탐상 시험 7. 현미경 조직 시험 및 기타 시험
		3. 작업 안전	1. 작업 및 용접 안전	1. 작업 안전, 용접 안전 관리 및 위생 2. 용접 화재 방지 1) 연소 이론 2) 용접 화재 방지 및 안전
		4. 용접 재료의 관리	1. 용접 재료 및 각종 금속 용접	1. 탄소강 · 저합금강의 용접 및 재료 2. 주철 · 주강의 용접 및 재료 3. 스테인리스강의 용접 및 재료 4. 알루미늄과 그 합금의 용접 및 재료 5. 구리와 그 합금의 용접 및 재료 6. 기타 철금속, 비철 금속과 그 합금의 용접 및 재료
			2. 용접 재료 열처리 등	1. 열처리 2. 표면 경화 및 처리법
		5. 기계 제도 (비절삭 부분)	1. 제도 통칙 등	1. 일반 사항(도면, 척도, 문자 등) 2. 선의 종류 및 용도와 표시법 3. 투상법 및 도형의 표시 방법
			2. KS 도시 기호	1. 재료 기호 2. 용접 기호
			2. 도면 해독	1. 투상 도면 해독 2. 투상 및 배관, 용접 도면 해독 3. 제관(철골구조물) 도면 해독 4. 판금 도면 해독 5. 기타 관련 도면

차 례

PART

I 용접 일반

1 용접 개요

2 피복 아크 용접

3 가스 용접

4 절단 및 가공

5 특수 용접 및 기타 용접

CHAPTER 01 용접 개요

1 용접의 역사와 원리

1) 용접의 역사

(1) 제1기(1885~1902) - 가스, 금속 및 탄소 아크, 전기 저항, 테르밋 용접

(2) 제2기(1926~1936) - 잠호, 불활성 가스, 원자 수소 용접

(3) 제3기(1948~1958) - 이산화탄소, 일렉트로, 초음파 용접

구 분	용접법	개발자
1885~1902년 (제1기)	탄소 아크 용접 저항 용접 피복 아크 용접 테르밋 용접 가스 용접	베르나도스(구 소련) 톰슨(미국) 슬라비아노프(구 소련) 골드 슈미트(독일) 푸세, 피카아르(프랑스)
1926~1936년 (제2기)	원자 수소 용접 불활성 가스 용접 서머지드 용접 강력 납땜	랑그뮤어(미국) 호버어트(미국) 케네디(미국) 왓사만(미국)
1948~1958년 (제3기)	냉간 압접 고주파 용접 일렉트로 슬래그 용접 마찰 용접 초음파 용접 전자 빔 용접 CO_2 레이저 용접	소우더(영국) 그로호오드 랏트(미국) 빠돈(구 소련) 아니미니 초치코프(구 소련) 비이튼 파워스(미국) 스틀(프랑스) 고우다(일본)

▲ 1차 세계 대전, 링컨 자동차 회사의 용접 부서(미국, 디트로이트)

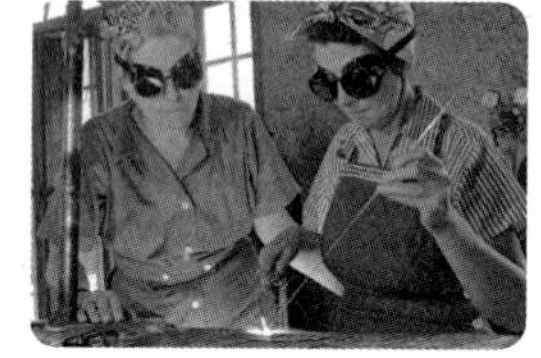

▲ 2차 세계 대전, 항공기 건설 부서의 주부 용접(미국, 플로리다)

2) 용접의 원리

① 용접이란 접합하고자 하는 금속 간을 물리적, 화학적으로 충분히 접근시켰을 때 생기는 원자 간의 인력(引力)으로 접합되는 것이다.

② 금속 간의 거리는 약 1Å(10^{-8}cm)으로, 접합하고자 하는 두 개 이상의 재료를 용융, 반용융 또는 고상 상태에서 압력이나 용접 재료를 첨가하여 그 틈새나 간격을 메우는 원리를 말한다.

2 용접의 장·단점

장점	단점
• 작업 공정 축소 • 형상의 자유를 추구 • 이음 효율의 향상(기밀, 수밀 유지) • 중량이 경감, 재료 및 시간이 절약 • 보수와 수리가 용이	• 품질 검사가 곤란 • 제품의 변형(잔류 응력 및 변형에 민감) • 유해 광선 및 가스 폭발의 위험 • 용접공의 기능과 양심에 따라 이음부의 강도가 좌우

3 용접의 종류 및 용도

1) 용접의 종류

(1) 접합의 종류

① **기계적 접합:** 볼트, 리벳, 나사, 핀, 키, 코터 이음, 접어 잇기 등으로 결합하는 방법

② **야금적 접합:** 고체 상태에 있는 두 개의 금속 재료를 열이나 압력, 또는 열과 압력을 동시에 가해서 서로 접합하는 것으로 융접, 압접, 납땜 등으로 결합하는 방법

하나 더

- **야금:** 광석에서 금속을 추출하고 용융 후 정련하여, 사용 목적에 알맞은 형상으로 제조하는 기술
- **용접:** 야금적 접합의 일종, 이음 효율 100%
- **탄성:** 금속에 외력을 가해 변형되었다가 외력을 제거하면 원래 상태로 돌아오는 성질
- **소성:** 외력을 가한 뒤 그 힘을 제거해도 변형이 그대로 유지되는 성질에 저항하는 성질
  ① 압연 ② 인발 ③ 단조 ④ 프레스 가공
- **강도:** 물체의 강한 정도, 재료에 하중이 걸린경우, 재료가 파괴되기까지의 변형저항을 그 재료의 강도라 한다.
- **경도:** 금속 표면이 외력에 저항하는 성질, 즉 물체의 기계적인 단단함의 정도를 나타내는 것
- **인장 강도:** 재료의 기계적 강도, 당길 때 견디는 힘
- **취성:** 강도가 크면서 연성이 없는 것, 즉 물체가 약간의 변형에도 견디지 못하고 파괴되는 성질
- **피로:** 반복 하중에 의해 재료 내에서 피로 균열이 발생하여 점차로 파괴에 이르는 현상
- **전류 밀도:** 도체에 전류가 흐를 때 단위 면적당 전류의 크기
- **재결정:** 결정성 물질을 적당한 용매에 용해한 후 다시 결정으로 석출시키는 현상
- **시효 경화:** 시간의 경과에 따라 합금이 경화하는 현상
- **가공 경화:** 금속을 가공, 변형시켜서 금속의 경도를 증가시키는 방법
- **인공 시효:** 상온보다 높은 온도로 행하는 시효법
- **노치 인성:** 강이 저온, 충격 하중 또는 노치의 응력 집중 등에 대하여 견디는 성질
- **경년 변화:** 황동의 가공재를 상온에서 방치할 경우 시간의 경과에 따라 성질이 악화되는 현상

(2) 접합 방법에 따른 용접의 분류

융접	• 모재와 용가재를 모두 녹임(대부분의 용접). • 가스 용접, 아크 용접, 일렉트로 슬래그 용접, 테르밋 용접, 일렉트로 가스 용접, 전자 빔 용접, 플라스마 제트 용접 등
압접	• 열이나 압력, 또는 열과 압력을 동시에 가함. • 전기 저항 용접, 초음파 용접, 고주파 용접, 마찰 용접, 유도가열 용접, 냉간 압접, 가스 압접, 가압 테르밋 용접 등
납땜	• 모재는 녹이지 않고 용접봉을 녹여 붙임, 450℃를 기준으로 구별 • 연납땜(450℃ 이하): 인두 납땜 • 경납땜(450℃ 이상): 가스 납땜, 노내 납땜, 저항 납땜, 담금 납땜, 유도가열 납땜

(3) 시공 방법에 의한 분류

① 수동 용접법

② 반자동 용접법

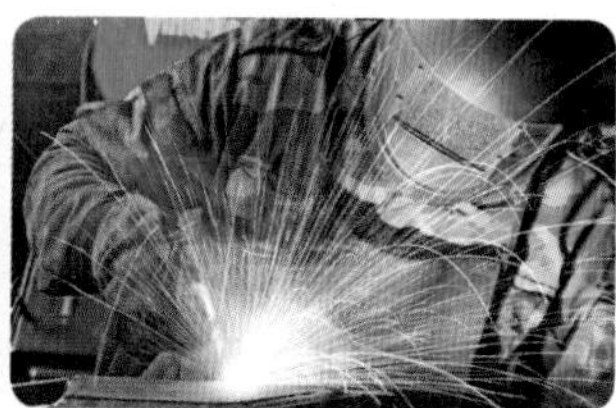

③ 자동 용접법

2) 용접의 용도

(1) 용접 열원에 따른 분류와 용도(≒위치에너지)

가스 에너지	가연성 가스와 지연성 가스가 혼합된 가스를 연소할 때 발생하는 열을 이용하는 용접법, 얇은 판이나 비철 금속 용접에 주로 이용
전기 에너지	모재와 전극 사이에 아크열 또는 전기 저항 열을 이용하는 용접법, 대부분의 용접법에 이용
기계적 에너지	압력, 마찰, 진동에 의한 열을 이용하는 용접법, 마찰 용접 · 초음파 용접 · 냉간 압접 등에 이용
전자파 에너지	고주파 및 저주파, 레이저 열을 이용하는 용접법, 고주파 용접, 레이저 용접 등에 이용
화학적 에너지	테르밋제(산화철 분말 + 알루미늄 분말)의 화학 반응 열을 이용한 용접법, 테르밋 반응열의 온도는 2800~3000℃ 정도

(2) 용접의 자세

① 아래보기 자세(flat position, F)

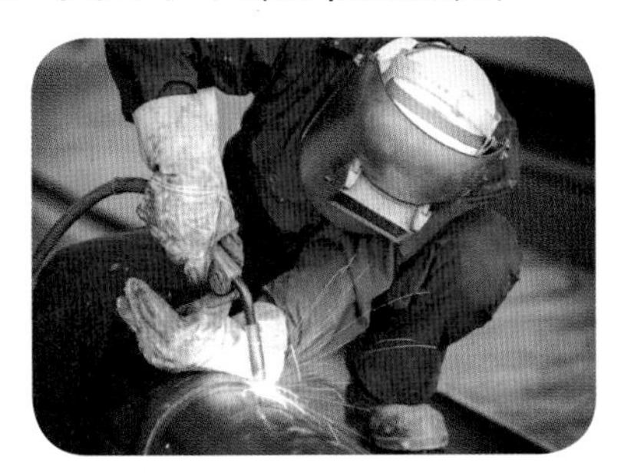

② 수직 자세(vertical position, V)

③ 수평 자세(horizontal position, H)

④ 위보기 자세(over head position, OH)

⑤ **전 자세(all position, AP):** 기본적으로 용접 자세는 4가지로 나누어지며, 그 외에 파이프 용접 등에 응용되는 용접 자세를 뜻한다.

오답 노트 **분**석하여 **만**점 받자!

① 용접이란 같은 종류 또는 다른 종류의 금속 재료에 열과 압력을 가하여 고체 사이에 [ ] 이 되도록 접합시키는 것이다.

② 융접, 압접, 납땜 등으로 결합하는 방법을 [ ] 접합이라 한다.

① 직접 결합 ② 야금적

CHAPTER 02

피복 아크 용접

1 피복 아크 용접 기기

1) 피복 아크 용접 일반 사항

(1) 피복 아크 용접의 원리

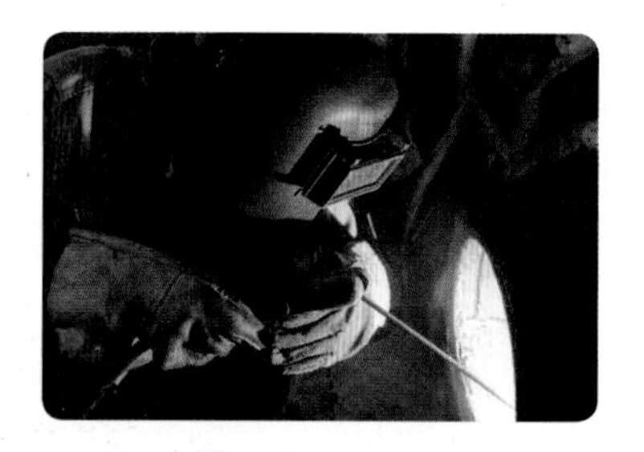

① 피복 아크 용접(shielded metal arc welding, SMAW)은 전기 용접법이라고도 하며, 현재 여러 가지 용접법 중에서 가장 많이 쓰이는 방법이다.

② (+)극과 (-)극이 만나면 열과 소리(70%)와 빛(30%)을 수반하는데, 피복 아크 용접은 그 사이에 아크열을 이용하여 접합하는 것이다.

③ 이용 범위는 연강을 비롯하여 고장력강, 스테인리스강, 비철 금속, 주철 및 표면 경화된 것까지 가능하다. 이때 발생하는 아크열은 약 6,000℃ 정도이나, 실제 이용 시 아크열은 3,500~5,000℃ 정도이다.

(2) 피복 아크 용접의 기본 개념

① **아크:** 기체 중에서 일어나는 방전의 일종이다.

② **용융지(용융풀):** 모재가 녹는 쇳물 부분이다.

③ **용적:** 용접봉이 녹아 모재로 이행되는 쇳물 방울이다.

④ **용착:** 용접봉이 녹아 용융지에 들어가서 응고한 부분이다.

⑤ **용입:** 모재가 녹은 깊이를 뜻한다.

⑥ **슬래그:** 용착부에 나타난 비금속 물질이다.

⑦ **용락:** 백비드 용접시 키홀이 커져서 뒷쪽으로 떨어지는 쇳물.

(3) 피복 아크 용접기의 구비 조건

① 내구성 좋아야 한다.

② 역률과 효율이 높아야 한다.

③ 구조 및 취급이 간단해야 한다.(아크 발생이 용이하고 안정)

④ 사용 중 온도 상승이 적어야 한다.(전류 조정이 용이하고 일정)

⑤ 무부하 전압이 작고, 전격 방지기가 설치되어야 한다.

2) 피복 아크 용접의 전압 분포

(1) 용접 회로

① 피복 아크 용접 회로는 용접기(welding machine), 전극 케이블(elec trode cavle), 홀더(holder), 피복 아크 용접봉(coated electrode 또는 covered electrode), 아크(arc), 모재(base metal), 접지 케이블(ground cable)로 이루어져 있다.

② 용접기 → 전극 케이블 → 홀더 → 용접봉 및 모재 → 접지 케이블 → 용접기

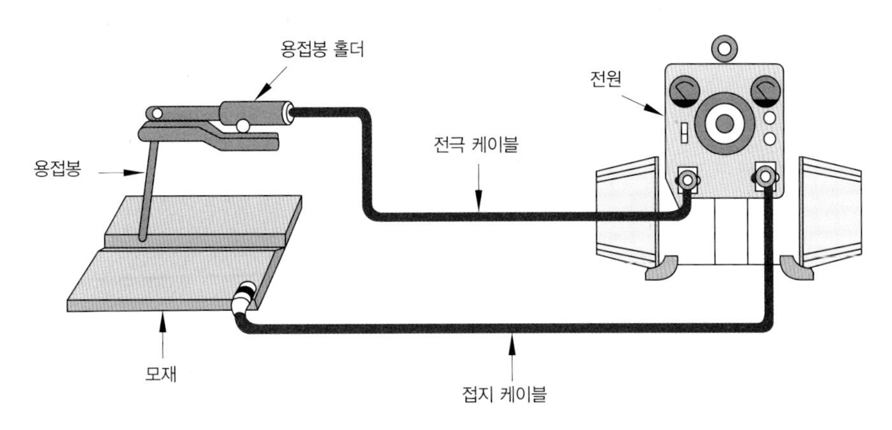

[그림 1-1] **용접 회로**

(2) 아크 전압의 원리

① 아크를 통하여 약 10~500A의 전류가 흘러서 금속 증기와 그 주위의 각종 기체 분자가 해리되고, 양전기를 띤 양이온(positive ion)과 음전기를 띤 전자(electron)로 전리(ionization)되어 양이온은 음(-)극으로, 전자는 양(+)극으로 고속으로 끌려가기 때문에 전류가 흐르게 된다.

② 아크 길이에 따라 전압은 달라진다. 양극과 음극 부근에서는 급격한 전압 강하가 일어나며, 아크 기둥 부근에서는 아크 길이에 따라 거의 비례하여 강하한다.

하나 더

아크(arc)

- 용접봉(electrode)과 모재(base metal) 간의 전기적 방전에 의해 청백색을 띤 불꽃 방전을 의미
- 전기적으로는 중성이며 이온화된 기체로 구성된 플라스마(plasma)
- 저전압 대전류의 방전에 의해 발생하며, 고온이고 강한 빛을 발생(용접용 전원으로 많이 이용)

아크 전압

- 음극 전압 강하 + 양극 전압 강하 + 아크 기둥 전압 강하(플라스마)
  (Vk) (Vp) (Va)

(3) 극성

① **의미 :** 직류에서만 존재하며, 양극에서 발열량이 70% 이상 나온다.

② **종류 :** 직류 정극성과 직류 역극성

직류 정극성(DCSP)	직류 역극성(DCRP)
• 모재 + (입열량 70%), 용접봉 − • 깊은 용입, 좁은 비드 폭 • 후판 용접에 적합 • 용접봉은 천천히 녹음(용접봉 절약 가능). • 절단의 원리	• 모재 − (입열량 30%), 용접봉 + • 얕은 용입, 넓은 비드 폭 • 박판 용접에 적합 • 용접봉 소모가 큼.

③ **용입 깊이의 순서:** 직류 정극성 〉 교류 〉 직류 역극성(DCSP 〉 AC 〉 DCRP)

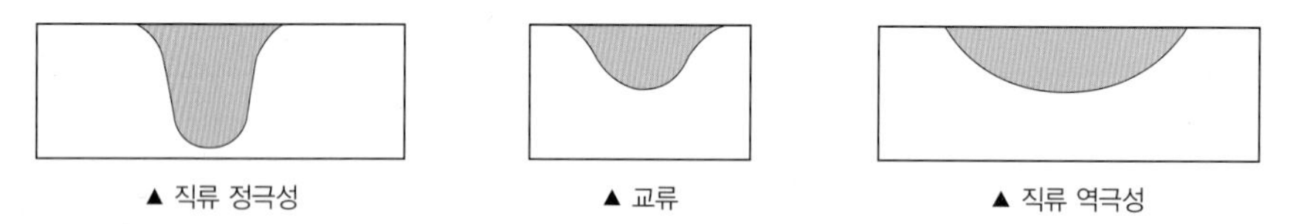

[그림 1-2] **극성에 따른 용입의 비교**

④ **역극성을 이용하는 절단법:** 아크에어가우징, 미그 절단

(4) 아크 쏠림

① **의미:** 용접 전류에 의한 아크 주위에 발생하는 자장이 용접봉에 대하여 비대칭일 때 일어나는 현상이다(아크 블로우, 자기 불림).

② **방지책**

- 아크 쏠림 반대쪽으로 용접봉을 기울인다.
- 직류 용접기 대신 교류 용접기를 사용한다.
- 아크 길이를 짧게 유지한다.
- 접지를 용접부로부터 멀리 한다.
- 긴 용접선에는 후퇴법을 사용한다.
- 용접부의 시 · 종단에는 엔드 탭을 설치한다.

(5) 용접 입열

① **의미:** 외부에서 용접 모재에 주어지는 열량으로, 일반적으로 모재에 흡수되는 열량은 입열의 75~85%이다.

② **용접 입열 공식**

$$H = \frac{60EI}{V} \text{ (J/cm)}$$

H : 입열, E : 전압,

I : 전류, V : 속도

3) 용융 금속의 이행 형식과 속도

(1) 용융 금속의 3가지 이행 형식

단락형	• 큰 용적이 용융지에 단락되어 표면 장력으로 인해 이행되는 형식 • 맨 용접봉, 박피용 용접봉에서 발생
스프레이형 (분무상 이행형)	• 미세한 용적이 스프레이와 같이 날려 이행되는 형식 • 고산화티탄계(4313), 일미나이트계(4301) 등에서 발생
글로뷸러형 (핀치 효과형)	• 비교적 큰 용적이 단락되지 않고 옮겨 가는 형식 • 피복제가 두꺼운 저수소계 용접봉(7016) 등에서 발생

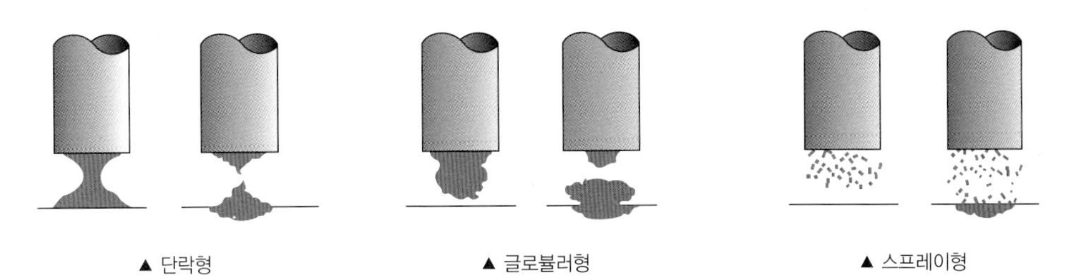

[그림 1-3] **용융 금속의 이행 형태**

(2) 용융 속도

① 단위 시간당 소비되는 용접봉의 길이 또는 무게를 의미한다.

② "아크 전류 × 용접봉 쪽 전압 강하"로 결정된다.

③ 용융 속도는 아크 전압 및 심선의 지름과 관계없이 용접 전류에만 비례한다.

4) 교류 아크 용접 기기

(1) 종류

① 탭 전환형

• 미세한 전류 조정이 불가능하고, 주로 소형에 쓰이며 전격의 위험이 있다.

• 코일의 감긴 수에 따라 전류를 조정 → 탭으로 정해진 전류만 발생한다.

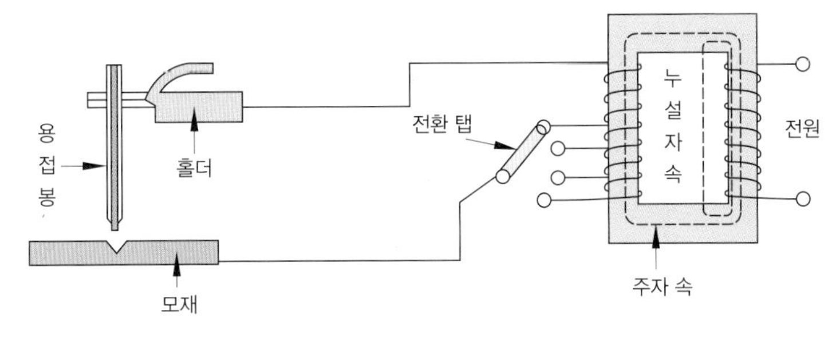

[그림 1-4] **탭 전환형**

② 가동 코일형

- 1차 코일의 거리 조정으로 전류를 조절한다.
- 가격이 비싸 현재는 거의 사용하지 않는다.

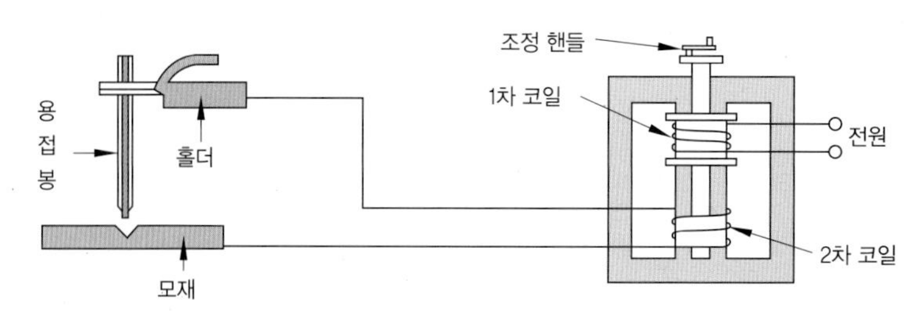

[그림 1-5] **가동 코일형**

③ 가동 철심형

- 가동 철심을 움직여 누설 자속을 변동시키고, 이를 통해 전류를 조정한다.
- 미세 전류의 조정이 가능하다.

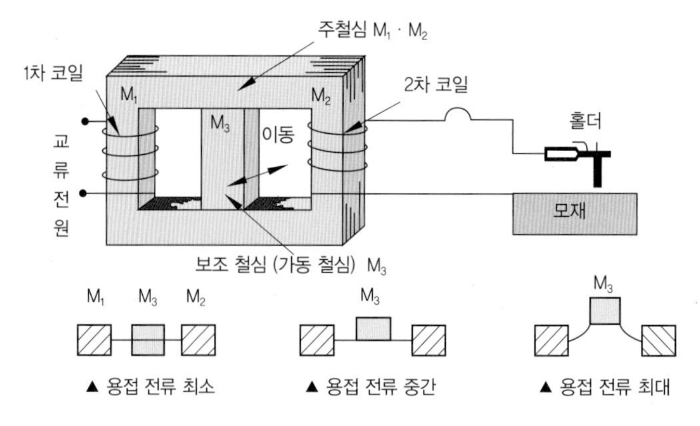

[그림 1-6] **가동 철심형**

④ 가포화 리액터형

- 전류 조정이 쉽고, 전류 조정을 전기적으로 하므로 이동 부분이 없다.
- 가변 저항의 변화로 전류 조정, 원격 조정이 가능하다.(가포화 리액터 교류 용접기)

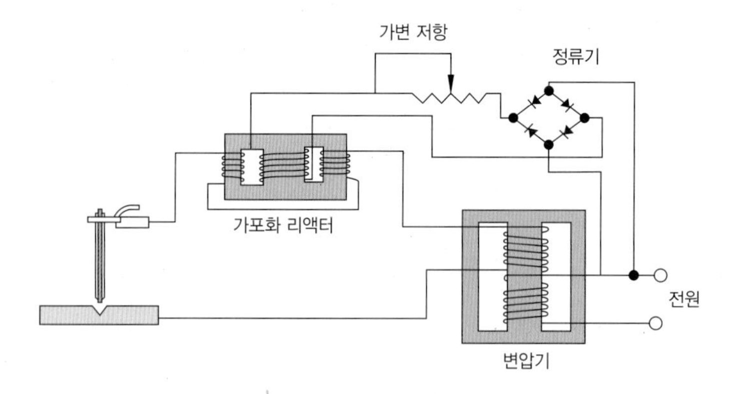

[그림 1-7] **가포화 리액터형**

(2) 특징

① 전원의 무부하 전압이 항상 재점호 전압보다 높아야 아크가 안정된다.
② 용접기의 용량은 "AW(Arc Welder)"로 나타내며 이는 정격 2차 전류를 의미한다.
③ 정격 2차 전류의 조정 범위는 20~110%이다.

(3) 교류 아크 용접의 부속 장치

① **전격 방지기:** 감전의 위험으로부터 작업자를 보호하기 위하여 2차 무부하 전압을 25V로 유지하는 장치이다.
② **고주파 발생 장치:** 아크의 안정을 확보하기 위하여 상용 주파수의 아크 전류 외에 고전압(2000~3000V)의 고주파 전류(300~1000Kc)를 중첩시키는 방식이다.
③ **핫 스타트 장치:** 처음 모재에 접촉한 순간 0.2~0.25초 정도의 순간적인 대전류를 흘려서 아크의 초기 안정을 도모하는 장치로 일명 '아크 부스터'라 한다.
④ **원격 제어 장치:** 용접기에서 멀리 떨어진 장소에서 전류와 전압을 조절할 수 있는 장치이다.

하나 더

- **무부하 전압**: 아크가 발생하지 않을 때 흐르는 전압
- **전자 유도 작용**: 교류 용접기에서 교류 변압기의 2차 코일에 전압이 발생하는 원리
- **아크 용접기에 사용하는 변압기**: 누설 변압기
- **AW200** : 정격 2차 전류가 200A임을 뜻함.

(4) 교류 아크 용접기의 규격

종류	정격 2차 전류	정격 사용율(%)	정격 부하 전압	용접봉 지름(mm)
AW200	200	40	30	2~4
AW300	300	40	35	2.6~6
AW400	400	40	40	3.2~8
AW500	500	60	40	4~8

(5) 교류 용접기를 취급할 때의 주의 사항

① 정격 사용 이상으로 사용할 때 과열되어 소손이 생길 수 있다.
② 가동 부분, 냉각 팬을 점검하고 주유한다.
③ 탭 전환은 아크 발생 중지 후 행한다.
④ 2차측 단자의 한쪽과 용접기 케이스는 반드시 접지해야 한다.
⑤ 습한 장소, 직사광선이 드는 곳에는 용접기를 설치하지 않는다.

5) 직류 아크 용접 기기

(1) 종류

① **발전기형**

- 전기가 없는 곳에서 사용 가능하고, 완전 직류를 얻을 수 있다.(엔진 · 모터 구동식)
- 구동부와 발전기부로 나뉘어 있어 가격이 비싸다.
- 회전하므로 고장이 쉽고, 소음이 나며, 보수와 점검이 어렵다.

② **정류기형**

- 실리콘, 셀렌(특히 먼지에 주의), 게르마늄 등을 이용해서 정류하여 직류를 얻는다.
- 취급이 간단하고 저렴하며, 소음이 없고, 보수와 점검이 쉽다.
- 발전형에 비하여 완전한 직류를 얻기 어렵다.
- 셀렌 정류기형은 80°C에서, 실리콘 정류기는 150°C에서 파손된다.

③ **전지식** : 활용성이 매우 적다.

(2) 극성 선택 시 고려할 사항

① **용접봉 심선의 재질**

② **피복제의 종류**

③ **용접 이음의 모양과 두께**

(3) 직류와 교류 용접 기기의 비교

비교	직류	교류
아크 안정	안정	불안정
극성 변화	가능	불가능
아크 쏠림	쏠림	쏠림 방지
무부하 전압	40~60V	70~90V
전격 위험	적음.	큼.
비피복봉	사용 가능	사용 불가
구조	복잡	간단
고장	많음.	적음.
역률	우수	부족
소음	발전기형은 큼.	대체적으로 적음.
가격	고가	저가
용도	박판	후판

6) 용접기의 공통 특성

부특성 (부저항 특성)	• 전류가 작은 범위에서 전류가 증가하면 아크 저항이 작아져 아크 전압이 낮아지는 특성
수하 특성 (피복 아크 용접기의 특성)	• 부하 전류가 증가하면 단자 전압이 저하하는 특성 • V = E − IR (V : 단자 전압, E : 전원 전압)
정전류 특성	• 아크 길이가 크게 변하여도 전류값은 거의 변하지 않는 특성(전압은 증가)
상승 특성	• 큰 전류에서 아크 길이가 일정할 때 아크 증가와 더불어 전압이 약간씩 증가하는 특성
정전압 특성 (자기 제어 특성)	• 부하 전류가 변해도 단자 전압이 거의 변하지 않는 특성(자동 용접) • 수하 특성과는 반대로 CP특성 • 서브머지드 용접기, 불활성 가스 금속 아크 용접기의 특성

용접기 설치 시 적합한 장소

- 수증기나 습도가 없는 곳이어야 한다.
- 진동이나 충격을 받지 않는 곳이어야 한다.
- 폭발성 가스가 존재하지 않는 곳이어야 한다.
- 먼지가 없고, 옥외에 바람의 영향을 받지 않는 곳이어야 한다.

아크 용접 작업 시의 주의 사항

- 아크 불빛은 전광성 안염의 원인이 되므로 주의한다.
- 교류 용접기를 사용할 때는 감전에 주의한다.
- 가죽 장갑을 보호구로 착용한다.
- 아크 발생 중에는 전류를 조정하지 않는다.

오분만 — 오답 노트 분석하여 만점 받자!

① 피복 아크 용접은 기체 중에서 일어나는 방전의 일종인 [ ]를 이용하여 접합하는 방식이다.

② 피복 아크 용접기에는 [ ]가 설치되어야 한다.

③ 극성은 직류에서만 존재하며 [ ]에서 발열량의 70% 이상이 나온다.

④ 용융 속도는 단위 시간당 소비되는 [ ]의 길이 또는 무게이다.

⑤ [ ]형은 가변 저항의 변화로 전류 조정, 원격 조정이 가능하다.

⑥ 용접기는 부하 전류가 변하여도 단자 전압이 거의 변하지 않는 [ ] 특성이 필요하다.

① 아크 ② 전격 방지기 ③ 양극 ④ 용접봉 ⑤ 가포화 리액터 ⑥ 정전압

2 피복 아크 용접용 설비

1) 용접에 필요한 기구

(1) 용접용 케이블

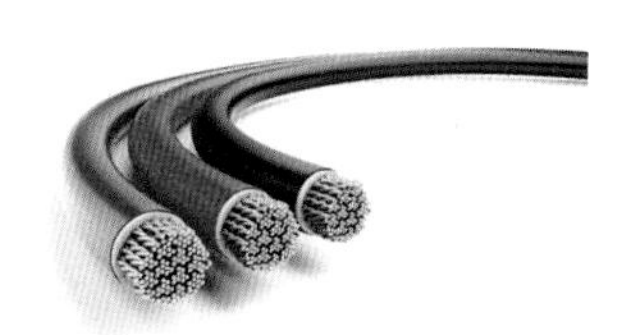

① 케이블의 2차측은 유연성이 요구되므로 캡 타이어 전선을 사용한다. (크기의 단위도 1개의 선은 의미가 없으므로 단면적으로 사용한다.)

② 1차측은 고정된 선으로 유동성이 없어야 하므로, 단상으로 지름을 사용하여 그 크기를 표시한다.

구분	200A	300A	400A
1차측 지름(mm)	5.5	8	14
2차측 단면적(mm^2)	38(50)	50(60)	60(80)

(2) 차광 유리

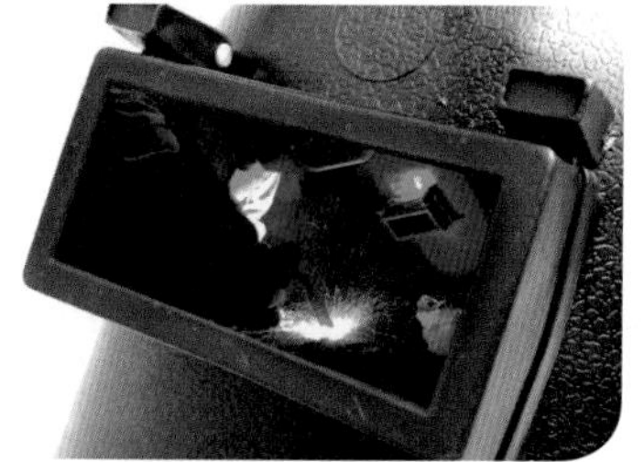

① 아크 불빛은 적외선과 자외선을 포함하고 있어 눈을 보호하기 위하여 빛을 차단하는 차광 유리를 사용하여야 한다.

② 일반적으로 금속 아크 용접에서는 차광도 번호 10~13까지 사용된다.

③ 전류와 용접봉의 지름이 커질수록 차광도 번호가 큰 것을 사용하고, 탄소 아크 용접에서는 14번이 사용된다.

(3) 퓨즈

① 퓨즈는 1차 입력에서 전류, 전압이 주어지면 곱해 준다.

$$\text{퓨즈의 용량} = \frac{\text{1차 입력 (kVA)}}{\text{전원 입력(V)}}$$

② 퓨즈가 규정 값보다 크거나, 구리선, 철선 등을 퓨즈 대용으로 사용해서는 안 된다.

2) 안전 보호구

① 장갑, 앞치마, 팔·발 덮개, 안전화 등을 착용하여 용접 중에 발생되는 열로부터 작업자를 보호할 수 있어야 한다.

② 용접기를 고정하여 놓고 용접할 경우에는 차광막, 환기 시설을 갖춘 부스 안에서 용접을 해야 한다.

③ 기타 공구

- 전류계, 각장 게이지(필릿 용접의 다리 길이 재기), 버니어 캘리퍼스 (판 두께 재기)
- 슬래그 망치(슬래그 제거), 와이어 브러시(용접 후 비드 표면의 청소)

① 아크 불빛을 차단하기 위하여 [ ] 유리를 사용한다.

② [ ]가 규정 값보다 크거나, 구리 · 철선 등의 대용으로 사용하면 안 된다.

① 차광 ② 퓨즈

3 피복 아크 용접봉

1) 피복 아크 용접봉(용가재, 전극봉)

(1) 피복 아크 용접봉의 의미

① 심선의 재료는 저탄소 림드강으로 황, 인 등 불순물의 양을 제한하여 제조(모재의 재질과 같은 것을 사용)한다.

② 심선의 길이 약 25mm 정도와 끝 노출부 약 3mm 이하에는 전류가 통과할 수 있도록 피복하지 않는다.

③ 피복 용접봉은 수동 용접에, 비피복 용접봉은 반자동 · 자동 용접에 주로 사용된다.

④ 피복 아크 용접봉의 재료

- 균열 방지를 위해 저탄소 림드강을 주로 사용한다.
- 고탄소강은 고온 균열이 발생할 수 있다.

(2) 용접봉의 기호

① E: 전기 용접봉(우리나라와 미국에서 사용)

② 43: 최저 인장 강도(kgf/mm^2)

③ ○ : 용접 자세(0, 1은 전 자세, 2는 F, H-Fillet, 3은 F, 4는 전 자세 또는 특정 자세)

④ □ : 피복제의 종류

E43○□

(3) 용접봉의 종류

종류, 자세, 전원	주성분	특성 및 용도
일미나이트계 (ilmenite type) E 4301 F, V, O, H AC 또는 DC(±)	일미나이트 (TiO_2FeO)를 약 30% 이상 포함.	• 가격이 저렴하고, 작업성 및 용접성이 우수 • 25mm 이상 후판 용접, 수직 · 위보기 자세에서 작업성이 우수하며 전 자세 용접이 가능 • 일반 구조물의 중요 강도 부재 • 조선 · 철도 · 차량 · 각종 압력 용기 등에 사용
라임티타니아계 (lime–titania type) E 4303 F, V, O, H AC 또는 DC(±)	산화티탄(TiO_2) 약 30% 이상과 석회석($CaCO_3$) 이 주성분	• 작업성은 고산화티탄계, 기계적 성질은 일미나이트계와 유사 • 사용 전류는 고산화티탄계 용접봉보다 약간 높은 전류를 사용 • 비드가 아름다워 선박의 내부 구조물, 기계, 차량, 일반 구조물 등에 사용 • 피복제의 계통으로는 산화티탄과 염기성산화물이 다량으로 함유된 슬래그 생성식 – 스테인리스계
고셀룰로오스계 (high cellulose type) E 4311 F, V, O, H AC 또는 DC(±)	가스 발생제인 셀룰로오스를 20~30% 정도 포함.	• 아크는 스프레이 형상으로 용입이 크고, 용융 속도가 빠름. • 슬래그가 적어 비드 표면이 거칠고 스팩터가 많음. • 아연 도금 강판 · 저합금강, 저장 탱크, 배관 공사 등에 사용 • 피복량이 얇고, 슬래그가 적어 수직 상진, 수직 하진 및 위보기 용접에서 작업성이 우수 • 사용 전류는 슬래그 실드계 용접봉에 비해 10~15% 낮게 사용되고, 사용 전에 70~100℃에서 30분~1시간 정도 건조하여 사용
고산화티탄계 (high titanium oxide type) E 4313 F, V, O, H AC 또는 DC(±)	산화티탄을 약 35% 정도 포함.	• 용도로는 일반 경구조물, 경자동차 박강판 표면 용접에 적합 • 기계적 성질에 있어서는 연신율이 낮고, 항복점이 높으므로 용접 시공에 있어서 특별히 유의가 필요 • 아크는 안정되며 스팩터가 적고 슬래그의 박리성도 좋음. • 비드의 겉모양이 곱고 재 아크 발생이 잘되어 작업성이 우수 • 1층 용접에 의한 용착 금속은 X선 검사에 비교적 결과가 좋지만, 다층 용접에 있어서는 고온 균열(hot crack)을 일으키기 쉬움.
저수소계 (low hydrogen type) E 4316 F, V, O, H AC 또는 DC(±)	석회석이나 형석 (CaF2)을 주성분	• 용착 금속 중의 수소량이 다른 용접봉에 비해서 1/10 정도로 현저하게 적음. • 피복제는 습기를 흡수하기 쉽기 때문에 사용 전에 300~350℃ 정도로 1~2시간 가량 건조시켜 사용 • 아크가 약간 불안하고 용접 속도가 느리며, 용접 시점에서 기공이 생기기 쉬움. (후진법을 선택하여 문제를 해결하는 경우가 있음.) • 용접성은 다른 연강봉보다 우수하기 때문에 중요 강도 부재, 고압 용기, 후판 중 구조물, 탄소 당량이 높은 기계 구조용 강, 구속이 큰 용접, 유황 함유량이 높은 강 등의 용접에 결함 없이 양호한 용접부가 얻어짐.
철분산화티탄계 (iron powder titania type) E 4324 F, H AC 또는 DC(±)	고산화티탄계 용접봉(E 4313)의 피복제에 약 50% 정도의 철분 첨가	• 작업성이 좋고 스팩터가 적으나, 용입이 얕음. • 아래보기 자세와 수평 필릿 자세의 전용 용접봉 • 보통 저탄소강의 용접에 사용되지만, 저합금강이나 중 · 고탄소강의 용접에도 사용

종류, 자세, 전원	주성분	특성 및 용도
철분저수소계 (iron powder low hydrogen type) E 4326 F, H AC 또는 DC(±)	저수소계 용접봉 (E 4316)의 피복제에 30~50% 정도의 철분 첨가	• 용착 속도가 크고 작업 능률이 좋음. • 아래보기 및 수평 필릿 용접 자세에만 사용 • 용착 금속의 기계적 성질이 양호 • 슬래그의 박리성이 저수소계보다 좋음.
철분산화철계 (iron powder iron oxide type) E 4327 F, H-F에서는 AC · DC(±) H에서는 AC · DC(−)	산화철에 철분을 30~45% 첨가하여 만든 것으로 규산염을 다량 함유	• 산성 슬래그가 생성 • 비드 표면이 곱고 슬래그의 박리성이 좋음. • 아래보기 및 수평 필릿 용접에 많이 사용 • 아크는 스프레이형이고, 스패터가 적으며, 용입도 철분산화티탄계(E4324)보다 깊음.

(4) 고장력강용 피복 아크 용접봉

① 항복점 32kgf/mm^2 이상의 강으로 연강의 강도를 높이기 위해 Ni, Cr, Mn, Si, Cu, Ti, V, Mo, B 등을 첨가하는 저합금강 용접봉이다.

② 연강 용접봉에 비해 판 두께를 얇게 할 수 있어 구조물의 자중을 줄일 수 있다.

③ 기초 공사가 간단해지고, 재료의 취급이 용이해진다.

2) 피복제

(1) 용착 금속의 보호 형식

슬래그 생성식(무기물형)	• 슬래그로 산화, 질화 방지 및 탈산 작용 • 슬래그의 역할 : 외부 공기 차단, 급랭 방지, 탈산 정련 → 일미나이트계 • E 4301, E 7016
가스 발생식	• 대표적으로 셀룰로오스, 전 자세 용접이 용이 • E 4311
반 가스 발생식	• 슬래그 생성식과 가스 발생식의 혼합 • 급랭 시 영향 : 조직의 조밀화로 깨어지기 쉬움.

(2) 피복제의 작용

① 산 · 질화 방지 ② 아크 안정 ③ 서냉으로 취성 방지
④ 합금 원소 첨가 ⑤ 슬래그의 박리성 증대 ⑥ 유동성 증가
⑦ 탈산작용 ⑧ 절연작용

(3) 피복제의 종류

① **가스 발생제 :** 석회석, 셀룰로오스, 톱밥, 아교 등

② **슬래그 생성제 :** 석회석, 형석, 탄산나트륨, 일미나이트 등

③ **아크 안정제 :** 규산나트륨, 규산칼륨, 산화티탄, 석회석

④ **탈산제 :** 페로실리콘, 페로망간, 페로티탄, 페로바나듐

⑤ **고착제 :** 규산나트륨, 규산칼륨, 아교, 소맥분, 해초 등

(4) 용접봉의 선택과 보관

① 편심율은 3% 이내, 용접 자세 및 장소 · 모재의 재질 · 이음의 모양 등을 고려하여 용접봉을 선택한다.

② 보관 시엔 특히 습기에 주의해야 한다.

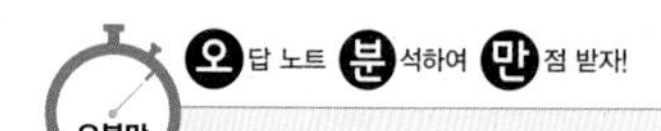

① 용착 금속의 보호 형식으로는 [　　　] 생성식, 가스 발생식, 반 가스 발생식이 있다.

② 용접 기호 중 [　] 는 전기 용접봉을 뜻한다.

③ 용접봉을 보관할 때는 특히 [　　] 에 주의해야 한다.

① 슬래그 ② E ③ 습기

4 피복 아크 용접 기법

1) 피복 아크 용접 작업

(1) 용접 전류와 아크 길이

① **용접 전류:** 일반적으로 심선의 단면적 1mm에 대하여 10~11A 정도로 한다.

② **아크 길이**

- 용접봉의 심선의 지름이 3mm 이상은 아크길이가 3mm 정도, 3mm 이하의 용접봉은 심선의 지름만큼 아크길이를 유지하는 것이 좋다.
- 아크 길이가 길어지면 전압에 비례하여 증가하며 발열량도 증대된다.

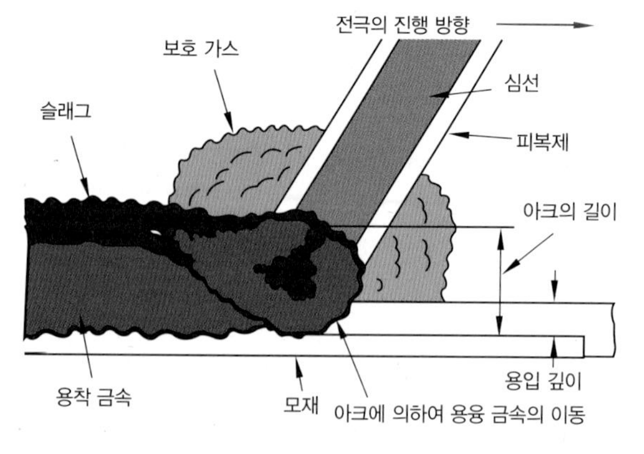

[그림 1-8] **아크 길이**

(2) 용접 속도

① **용접 속도에 영향을 주는 요소**

- 용접봉의 종류 및 전류값
- 이음 모양 및 모재의 재질
- 위빙의 유무

② **아크 전압 및 전류와 용접 속도와의 관계**

- 전압 및 전류가 일정할 때 속도 증가 → 비드의 나비 감소 → 용입 감소
- 실제 작업에서는 비드의 겉모양을 손상시키지 않는 범위 내에서는 약간 빠른 편이 좋다.

(3) 용접봉의 각도

① **작업각 :** 용접봉과 이음 방향에 나란하게 세워진 수직 평면과 각도로 표시

② **진행각 :** 용접봉과 용접선이 이루는 각도로서, 용접봉과 수직선 사이의 각도로 표시

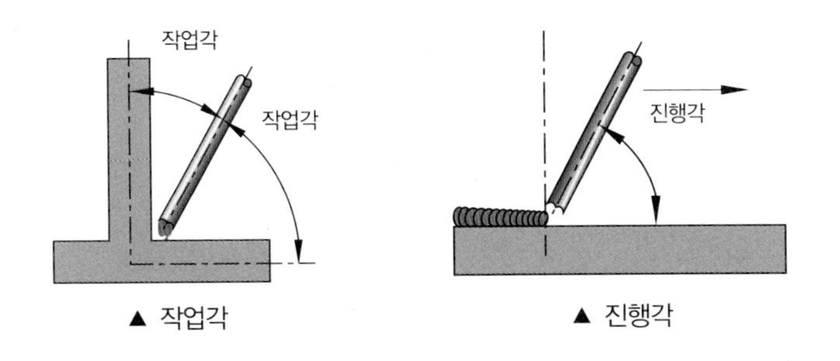

▲ 작업각　　▲ 진행각

(4) 아크 발생 및 중단

① 초보자는 긁기법을 사용하고, 아크를 처음 발생할 때 아크 길이는 3~4mm로 약간 길게 한다.

② 아크의 중단 시는 아크 길이를 짧게 하여 크레이터를 채운 후 재빨리 든다.

③ **아크 발생 방법:** 긁기법(scratch method), 찍기법(tapping method)

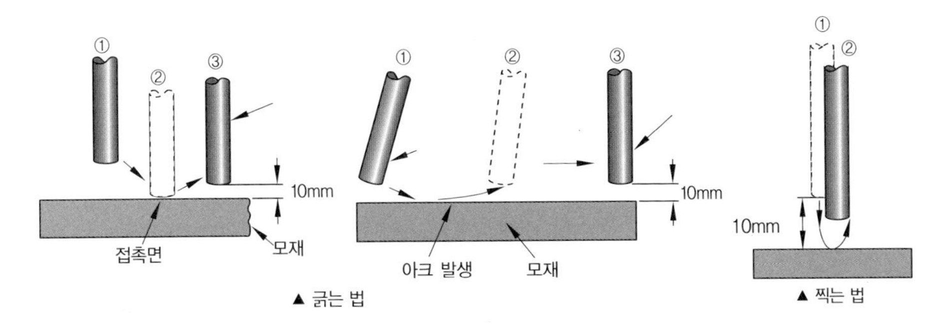

[그림 1-9] **긁는 법과 찍는 법**

(5) 운봉법

① **아래 보기 V형 용접:** 직선, 원형, 부채꼴

② **아래 보기 Fillet 용접:** 직선, 타원형, 삼각형

③ **수평 용접:** 직선, 타원형

④ **수직 용접:** 직선 · 부채꼴(하진법), 직선 · 삼각형 · 백스텝(상진법)

⑤ **위보기 용접:** 직선, 부채꼴

(6) 용접 결함

① 일반적 용접 결함 분류

- 치수상 결함: 변형, 치수 및 형상 불량
- 구조상 결함: 언더컷, 오버랩 등
- 성질상 결함: 기계적, 화학적 성질 불량

② KS B0845 code에 의한 용접 결함 분류(방사선 투과법에서)

- 1종 결함: 기공 및 이와 유사한 결함
- 2종 결함: 용입 부족, 슬래그, 융합 부족
- 3종 결함: 균열 및 터짐 등 이와 유사한 결함
- 4종 결함: 텅스텐 혼입

③ 결함의 원인과 방지 대책

결함의 종류	결함의 모양	원인 및 방지 대책
균열		• 부적당한 용접봉 사용 → 적정봉을 선택 • 모재의 탄소, 망간 등의 합금 원소 함량이 많을 때 → 예열, 후열을 함. • 과대 전류, 과대 속도 → 적절한 속도로 운봉 • 모재의 유황 함량이 많을 때 → 저수소계봉을 사용 • 이음의 강성이 큰 경우 → 예열, 피닝 작업을 하거나 용접 비드 배치법 변경, 비드 단면적을 넓힘.
기공		• 용접 분위기 가운데 수소 또는 일산화탄소의 과잉 → 용접봉을 교체함. • 용접부의 급속한 응고 → 위빙을 하여 열량을 늘리거나 예열함. • 모재 가운데 유황 함유량 과대 → 충분히 건조한 저수소계 용접봉을 사용 • 강재에 부착되어 있는 기름, 페인트, 녹 등 → 이음의 표면을 깨끗이 함. • 과대 전류의 사용 → 적당한 전류로 조절 • 용접 속도가 빠를 때 → 용접 속도를 늦춤. • 아크 길이, 전류 조작의 부적당 → 정해진 범위 안의 전류로 긴 아크를 사용하거나 용접법을 조절
슬래그 섞임		• 전 층의 슬래그 제거 불완전 → 슬래그를 깨끗이 제거 • 전류 과소, 운봉 조작 불완전 → 전류는 약간 세게, 운봉 조작은 적절히 함. • 용접 이음의 부적당 → 루트 간격 넓게 설계 • 슬래그 유동성이 좋고 냉각하기 쉬울 때 → 용접부를 예열함. • 봉의 각도 부적당 → 봉의 유지 각도가 용접 방향에 적절하게 함. • 운봉 속도가 느릴 때 → 슬래그가 앞지르지 않도록 운봉 속도를 유지
피트		• 모재 가운데 탄소, 망간 등의 합금 원소가 많을 때 → 염기도가 높은 봉을 선택 • 습기가 많거나 기름, 녹, 페인트가 묻었을 때 → 이음부를 청소함. • 후판 또는 급랭되는 용접의 경우 → 봉을 건조시키거나 예열함. • 모재 가운데 황 함유량이 많을 때 → 저수소계봉을 사용
스패터		• 전류가 높을 때 → 모재의 두께 봉 지름에 맞는 최소 전류로 용접 • 건조되지 않은 용접봉을 사용했을 때 → 건조된 용접봉 사용 • 아크 길이가 너무 길 때 → 적당한 아크 길이로 위빙함.

결함의 종류	결함의 모양	원인 및 방지 대책
용입 불량		• 이음 설계의 결함 → 루트 간격 및 치수를 크게 함. • 용접 속도가 너무 빠를 때 → 용접 속도를 빠르지 않게 함. • 용접 전류가 낮을 때 → 슬래그가 벗겨지지 않는 한도 내로 전류를 높임. • 용접봉 선택 불량 → 용접봉 선택을 잘 해야 함.
언더컷		• 전류가 너무 높을 때 → 낮은 전류를 사용 • 아크 길이가 너무 길 때 → 짧은 아크 길이를 유지 • 부적당한 용접봉을 사용했을 때 → 유지 각도의 변경 • 용접 속도가 적당하지 않을 때 → 용접 속도를 늦춤. • 용접봉 선택 불량 → 적정봉을 선택
오버랩		• 용접 전류가 너무 낮을 때 → 적정 전류를 선택 • 용접봉의 선택 불량 → 적정봉을 선택 • 운봉 및 봉의 유지 각도 불량 → 수평 필릿의 경우는 봉의 각도를 잘 선택
선상 조직		• 용착 금속의 냉각 속도가 빠를 때 → 급랭을 피함. • 모재 재질 불량 → 모재의 재질에 맞는 적정봉을 선택

2) 전기 저항 용접

(1) 전기 저항 용접의 의미와 원리

① **의미:** 용접물에 전류가 흐를 때 발생되는 저항 열로 접합부가 가열되었을 때 가압하여 접합한다.

② **원리:** 저항 용접의 3대 요소인 용접 전류, 통전 시간, 가압력을 이용한다.

- 용접 전류 : 저전압 대전류 방식으로, 전압은 1~10V 정도이지만 전류는 수만 또는 수십만 암페어이다.
- 통전 시간 : 열전도가 큰 것은 대전류를 사용하여 통전 시간을 짧게 하고 연강 등은 대전류를 사용하지 않고 통전 시간을 길게 한다.
- 가압력 : 모재와 모재, 전극과 모재 사이의 접촉 저항은 전극의 가압력이 클수록 작아진다.

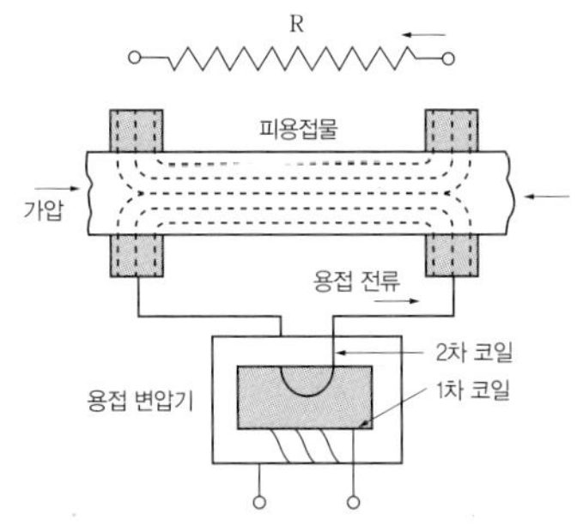

[그림 1-10] 저항 용접의 원리

③ 장 · 단점

장점	단점
• 용접사의 기능에 무관 • 용접 시간이 짧고 대량 생산에 적합 • 용접부가 깨끗함. • 산화 작용 및 용접 변형이 적음. • 가압 효과로 조직이 치밀	• 설비가 복잡하고 가격이 비쌈. • 후열 처리가 필요 • 이종 금속의 접합은 불가능

(2) 이음 형상에 따른 분류

① 겹치기 저항 용접

• 점 용접 • 심(seam) 용접 • 프로젝션 용접

② 맞대기 저항 용접

• 업셋 용접 • 플래시 용접 • 퍼커션 용접

(3) 전기 저항 용접의 종류

① 점 용접

과정	• 접촉 저항에 온도 상승 → 접촉부의 변화 · 변형 · 저항 감소 → 용융 → 용접부의 가압력에 의해 용접부 생성
사용 전극	• R형, P형, F형, C형, E형
종류	• **단극식:** 전극이 1쌍으로 1개의 점 용접부를 만드는 것 • **직렬식:** 1개의 전류 회로에 2개 이상의 용접부를 만드는 방법, 전류 손실이 많아 전류를 증가시켜야 함. • **맥동식:** 모재 두께가 다른 경우 전극의 가열을 피하기 위하여 사이클 단위를 몇 번이고 전류를 단속하며 통전하는 것 • **인터랙:** 용접 점의 부분에 직접 2개의 전극을 물리지 않고, 용접 전류가 피용접물의 일부를 통하여 다른 곳으로 전달하는 방식 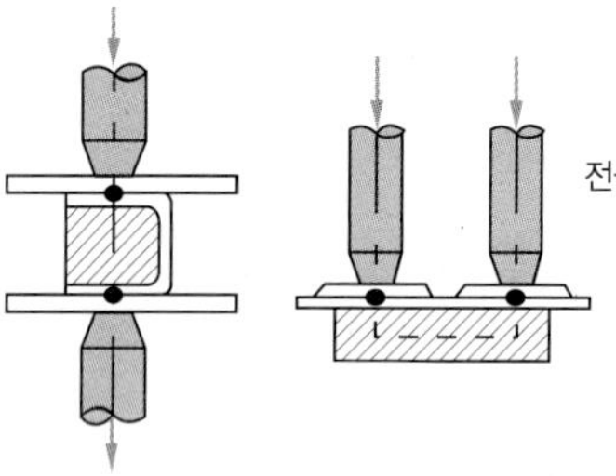 용접기 전극 절연물 ▲ 직렬식 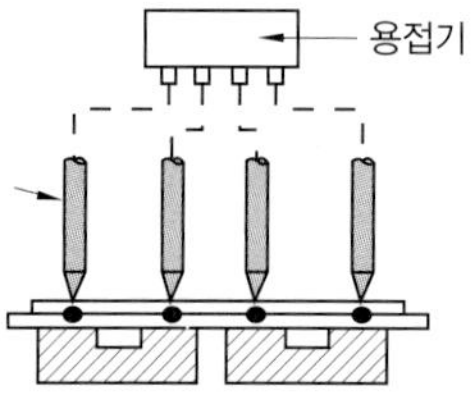 ▲ 다전극식 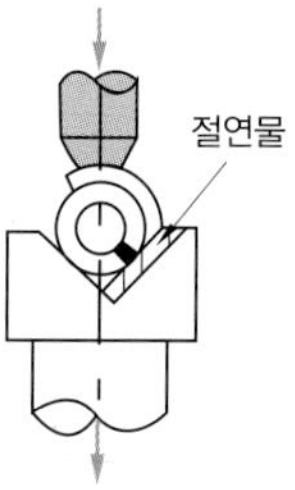 ▲ 인터랙식
특징	• 열 영향부가 좁고, 돌기가 없으며, 박판 용접 및 대량 생산에 적합 • 바둑알 모양처럼 생긴 너깃이 있고, 구멍을 가공할 필요가 없으며, 숙련을 요하지 않음. • 용융점이 높은 재료, 열전도가 큰 재료, 전기 저항이 작은 재료는 용접이 곤란함.

② 심 용접

과정	• 전극 상부와 전극 하부 슬라이딩 원판 사이에 피용접물을 끼우고 가압 → 전극의 회전 → 연속적인 스폿 용접의 반복
종류	• 단속 통전법, 연속 통전법, 맥동 통전법
종류	• **이음 형상에 따라:** 원주 심, 세로 심 • **용접 방법에 따라:** 매시 심, 포일 심, 맞대기 심, 롤러 심 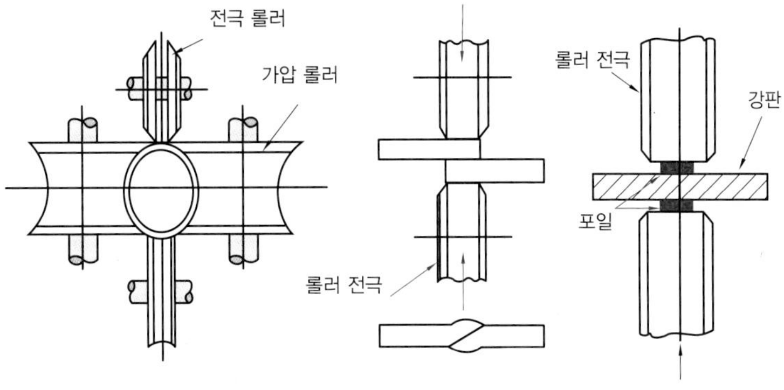 ▲ 맞대기 심 용접 ▲ 매시 심 용접 ▲ 포일 심 용접
특징	• 점 용접에 비하여 가압력이 1.2~1.6배, 용접 전류는 1.5~2.0배 증가 • 기 · 수 · 유밀성을 요하는 0.2~4mm 정도의 얇은 판에 이용함.

③ 돌기 용접(프로젝션 용접)

과정	• 접합하고자 하는 금속 모재의 접합 위치에 만든 돌기부를 접촉, 가압 → 전류를 통하여 비교적 작은 통전 부분에 저항 열을 발생 → 그 열을 이용하는 저항 용접
용접 조건	• 통전하기 전 가압력을 견딜 것 • 상대판이 충분히 가열될 때까지 녹지 않을 것 • 성형 시 일부에 전단 부분이 생기지 않을 것 • 성형에 의한 변형이 없으며, 용접 후 양면의 밀착이 양호할 것
특징	• 2개 이상의 돌기부를 만들어 1회 작동으로 여러 개의 점 용접이 가능 • 판의 두께와 무관하게 용접이 가능(열전도율이 달라도 용접 가능) • 용접 속도가 빠르고 피치를 작게 할 수 있음. • 전극의 수명이 길고, 능률적이며 응용 범위가 넓음. • 용접 설비비가 비싸고, 모재 용접부가 정밀할 때 정확한 용접이 가능함. 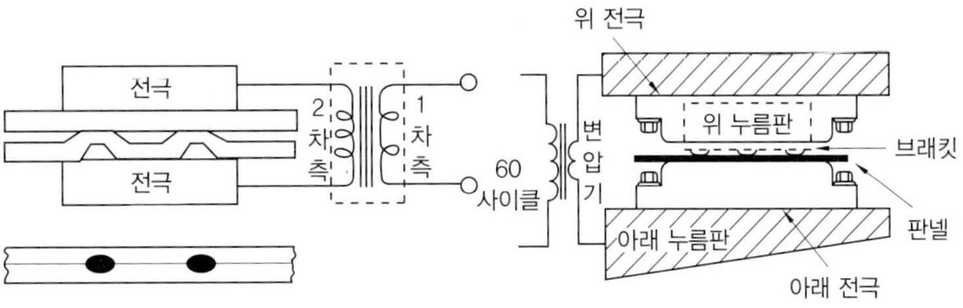

④ 업셋 용접

과정	• 용접 모재를 맞대어 가압 → 통전, 접촉 저항으로 발열 → 일정한 온도에 이르러 축 방향으로 강한 압력을 가하여 접합 → 용접부의 산화물이나 개재물이 밀려나와 건전한 접합이 이루어짐.
특징	• 단접 온도는 1100~1200℃이며, 불꽃의 비산이 없음. • 업셋이 매끈하고, 용접기가 간단하여 저렴함. • 기계적 성질이 나쁘고, 단면이 큰 경우 접합면이 산화됨. • 플래시 용접에 비하여 열 영향부가 넓고, 가열 시간이 길. • 기공 발생이 쉬우므로, 용접 전 청소를 해야만 함.

⑤ 플래시 용접

과정	• 용접물에 간격을 두고 설치 → 통전, 발열 및 불꽃 비산을 지속 → 접합 면이 고루 가열되면 가압하여 접합(예열 → 플래시 → 업셋 순으로 진행)
종류	• 수동 플래시, 전기적 플래시, 공기 가압식 플래시, 유압식 플래시
특징	• 이음 신뢰도가 높고, 강도가 좋으며, 용접 시간과 소비 전력이 적음. • 열 영향부 및 가열 범위가 좁고, 용접 면에 산화물의 개입이 적음. • 종류가 다른 재료의 용접이 가능하고 강재, 니켈, 니켈 합금 등에 적합함.

⑥ **충격 용접(퍼커션 용접):** 축전기에 축전된 전기 에너지를 짧은 시간(1000분의 1초 이내)에 방출시켜 금속 용접 면에 매우 짧은 시간 동안 방전시켜 발생된 열로 가압하여 접합한다.

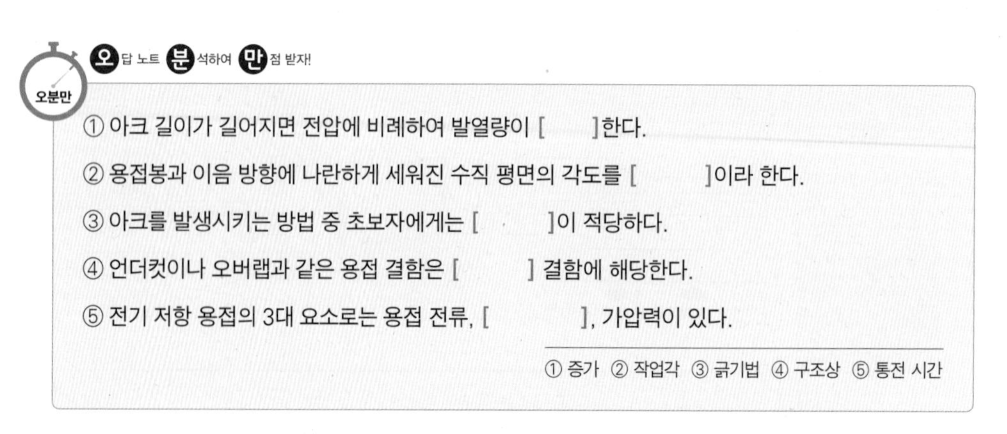
오분만 **오**답 노트 **분**석하여 **만**점 받자!

① 아크 길이가 길어지면 전압에 비례하여 발열량이 [ ]한다.

② 용접봉과 이음 방향에 나란하게 세워진 수직 평면의 각도를 [ ]이라 한다.

③ 아크를 발생시키는 방법 중 초보자에게는 [ ]이 적당하다.

④ 언더컷이나 오버랩과 같은 용접 결함은 [ ] 결함에 해당한다.

⑤ 전기 저항 용접의 3대 요소로는 용접 전류, [ ], 가압력이 있다.

① 증가 ② 작업각 ③ 긁기법 ④ 구조상 ⑤ 통전 시간

CHAPTER 03 가스 용접

1 가스 및 불꽃

1) 가스 용접의 개요

(1) 가스 용접의 원리

① 가연성 가스(아세틸렌, 석탄 가스, 수소 가스, LPG 등)와 지연성 가스(산소)의 혼합으로 가스가 연소할 때 발생하는 열(약 2800℃ 정도)을 이용하여 모재를 용융시키면서 용접봉을 공급하여 접합하는 방법이다.

② 피복 아크 용접과 같은 융접의 일종이다.

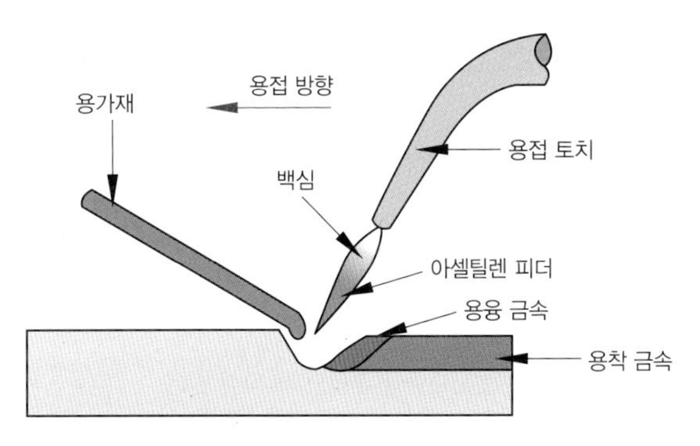

[그림 1-11] 산소 아세틸렌 용접

(2) 가스 용접의 장·단점

장점	단점
• 전기가 필요 없고, 용접기의 운반이 자유로움. • 전기 용접에 비하여 설비비가 저렴함. • 불꽃을 조절하여 용접부의 가열 범위를 조정하기 쉬움. (박판 용접에 적합) • 용접되는 금속의 응용 범위가 넓고, 유해 광선 발생이 적음.(용접 기술이 쉬운 편)	• 일반적으로 신뢰성이 낮고, 용접부의 기계적 강도가 떨어짐. • 열효율이 낮아서 용접 속도가 느리고, 아크 용접에 비하여 불꽃의 온도가 낮음. • 고압가스의 사용으로 폭발, 화재의 위험이 크고, 금속이 탄화 및 산화될 우려가 큼. • 가열 범위가 넓고 용접 응력이 크며, 가열 시간이 깊. (열의 집중성이 나빠 효율적인 용접이 어려움.)

(3) 가스의 분류

① **조연성 가스:** 다른 연소 물질이 타는 것을 도와 주는 가스로, 산소와 공기 등이 있다.

② **가연성 가스:** 산소나 공기와 혼합하여 점화하면 빛과 열을 내면서 연소하는 가스로, 아세틸렌, 수소, 프로판, 메탄, 부탄 등이 있다.

③ **불활성 가스:** 산소와 반응하지 않는 기체로 아르곤, 헬륨, 네온 등이 있다.

④ **CO_2 가스:** 더 이상 반응하지 않는 완성된 가스로, 불활성 가스처럼 보호 가스로 사용한다.(CO_2 용접법에서 실드 가스로 사용하지만 불활성 가스는 아님.)

⑤ **지연성 가스(O_2)**

• 자신은 타지 않으면서 다른 물질의 연소를 돕는 것 • 분자량은 16으로 공기 중에 21%가 존재 • 무색, 무취, 무미의 기체로 1의 중량은 0℃ 1기압에서 1.429g(비중은 1.105로 공기보다 무거움.) • 용융점은 −219℃, 비등점은 −183℃	• −119℃에서 50기압으로 압축하면 담황색의 액체가 됨. • 금, 백금 등을 제외한 다른 금속과 화합하여 산화물을 만듦. • **산소의 제조 방법** – 화학 약품에 의한 방법, 물의 전기 분해에 의한 방법, 공기 중에서 산소를 채취하는 방법

(3) 가연성 가스

① **가연성 가스의 조건**

- 불꽃 온도가 높을 것, 연소 속도가 빠를 것
- 발열량이 클 것, 용융 금속과 화학 반응을 일으키지 않을 것

② **아세틸렌(C_2H_2)**

• 카바이드로부터 제조되며, 순수한 것은 무색, 무취의 기체임. • 인화수소, 유화수소, 암모니아 같은 불순물을 혼합할 때 악취 발생 • 비중은 0.906으로 공기보다 가볍고, 가연성 가스로 가장 많이 사용 • 15℃ 1기압에서 1L의 무게는 1.176g → 15℃, 15기압에서 충전 • 대기압에서 −82℃이면 액화하고, −85℃이면 고체가 됨. • 406~408℃에서 자연 발화, 마찰 · 진동 · 충격에 의한 폭발의 위험성이 있음. • 은, 수은, 동과 접촉 시 120℃ 부근에서 폭발성 있음. • 소금물을 제외한 여러 가지 액체에 잘 용해되고 그 용해량은 압력에 따라 증가(물에는 같은 양, 석유에는 2배, 벤젠에는 4배, 알코올에서는 6배, 아세톤에는 25배 용해) • 폭발범위 2.5~81%	

③ **수소(H_2)**

• 물의 전기 분해 및 코크스의 가스화법으로 제조 • 무색 · 무미 · 무취이며, 불꽃은 육안으로 확인 곤란 • 폭발성이 강한 가연성 가스로, 고온 · 고압에서는 취성이 생길 수 있음. • 가장 가볍고(0℃ 1기압에서 1의 무게는 0.0899g), 확산 속도 빠름. • 납땜이나 수중 절단용으로 사용 • 폭발범위 4~75%	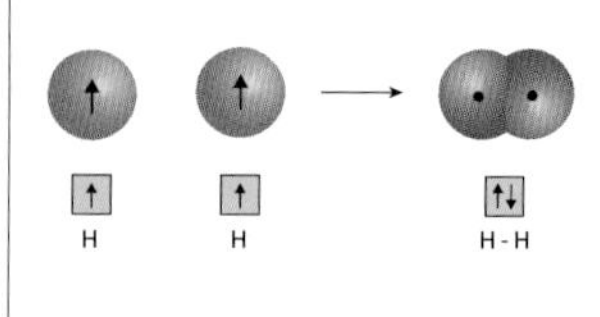

④ 기타

액화석유가스(L.P.G.)	도시가스	천연가스
• 비중 1.5로 공기보다 무거움. • 발열량이 높고 열의 집중성이 아세틸렌보다 떨어짐. • 절단용으로 주로 사용 • 용접은 부적합	• 납땜의 열원으로 사용 • 수소, 메탄, 일산화탄소, 질소 등을 포함.	• 주성분은 메탄(CH_4) • 유전 · 습지대 등에서 분출

2) 가스 용접 작업

(1) 가스 용접 불꽃

① **불꽃의 구성:** 백심(불꽃심), 속불꽃, 겉불꽃으로 구성되어 있다.

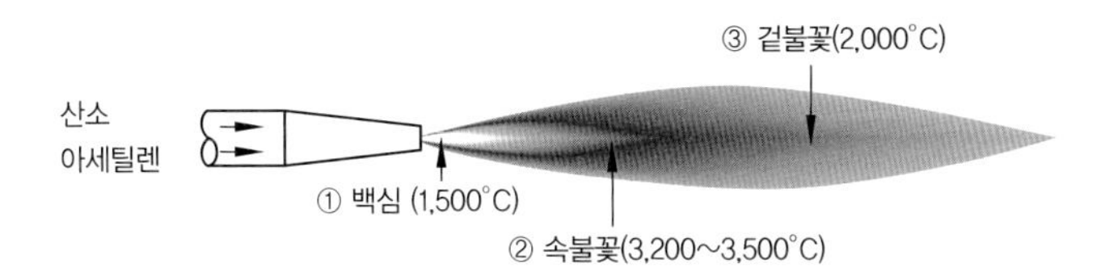

[그림 1-11] **가스 불꽃의 구성**

② **불꽃의 종류**

종류	혼합비	용도
중성 불꽃	1~1.2 : 1	연강, 반연강, 주철, 구리, 아연, 납, 은, 알루미늄, 니켈, 주강 등에 사용
산화 불꽃	산소 과잉 불꽃	구리, 황동, 아연 등은 고온의 열이 가해지면 기화하기 때문에 이 불꽃을 사용할 때 금속 표면에 산화물이 생겨 기화를 방지
탄화 불꽃	아세틸렌 과잉 불꽃	탄화 불꽃은 산화 작용이 일어나지 않기 때문에 산화를 방지할 필요가 있는 스테인리스강, 스텔라이트, 모넬 메탈 등에 사용

③ **불꽃의 조절**

- 아세틸렌의 압력은 산소 압력의 1/10 정도로 0.1~0.4kgf/cm²로, 산소의 압력은 3~4kgf/cm²로 조절한다.
- 아세틸렌을 먼저 열고 점화한 후, 산소를 조절한다.

④ **역류, 역화 및 인화**

- 역류: 산소가 아세틸렌 도관 쪽으로 흘러 들어가는 현상이다.
- 역화: 불꽃이 팁 끝에서 순간적으로 폭음을 내며 들어갔다가 꺼지는 현상이다.
- 인화: 불꽃이 혼합실까지 들어가는 현상이다.

▲ **역화 방지기**

- 역류 및 인화가 되었을 때는 위험하며, 역화가 일어날 때는 토치를 식혀 준 뒤 작업해야 한다.
- 아세틸렌가스의 완전 연소식: $2C_2H_2 + 5O_2 \rightarrow 4CO_2 + 2H_2O$
- 프로판가스의 완전 연소식: $C_3H_8 + 5O_2 \rightarrow 3CO_2 + 4H_2O$

오분만 — 오답 노트 분석하여 만점 받자!

① 가스 용접은 약 [ ]°C의 열을 이용하여 모재를 용융시키면서 용접봉을 공급하여 접합하는 방법이다.

② 자신은 타지 않으면서 다른 물질의 연소를 돕는 지연성 가스 중 대표적인 것이 [ ]이다.

③ 아세틸렌가스는 [ ]로부터 제조된다.

④ [ ]는 열의 집중성이 아세틸렌보다 떨어지며, 화염 부위가 산화되기 때문에 용접용으로는 부적합하다.

⑤ 천연가스의 주성분은 [ ]으로 CH_4이다.

① 2800 ② 산소 ③ 카바이드 ④ 액화 석유 가스(L.P.G) ⑤ 메탄

2 가스 용접 설비 및 기구

1) 가스 용접 설비

(1) 아세틸렌(C_2H_2) 발생기

① **발생 원리:** 카바이드는 물과 반응하여 아세틸렌을 발생한다.

② **카바이드(CaC_2)**

- 비중은 2.2로, 산화칼슘(생석회)에 코크스를 가하여 만든다.
- 무색이나 제조 과정에서 불순물 함유로 회흑색을 띤다.
- 카바이드 1kg이 물과 작용할 때 475kcal의 열과 348L의 아세틸렌이 발생한다.

▲ 카바이드

③ **카바이드 취급 시의 주의 사항**

- 발생기 밖에서 물이나 습기에 노출되어서는 안 된다.
- 저장하는 통 가까이 빛이나 인화 가능한 어떤 것도 엄금한다.
- 카바이드를 옮길 때는 모넬 메탈이나 목재 공구를 사용한다.

④ 제조 방법에 따른 비교

방법	장점	단점
투입식 (물속에 카바이드를 투입하여 가스 발생)	• 발생 가스 온도가 낮고 불순물 발생이 적음. • 청소 및 취급이 용이하고, 대량 생산에 적당함.	• 물을 많이 사용하고, 설치 면적이 넓어야 함. • 카바이드 덩어리의 크기가 일정할 때 양질의 아세틸렌을 얻을 수 있음.
주수식 (소량의 물을 공급하여 가스 발생)	• 물의 소비가 적고, 취급이 간단하며 안전도가 높음.	• 반응 열이 높고 불순물이 많음. • 청소가 불편하고, 지연 가스 발생의 우려가 있음.
침지식 (카바이드를 기종의 주머니에 넣고 필요할 때만 물에 접촉하여 가스 발생)	• 구조가 간단하고, 취급이 용이하여 이동용에 적합함.	• 지연 가스 발생이 쉽고, 온도 상승 폭이 큼. • 불순 가스 발생이 많고 폭발 위험이 높음.

⑤ 압력에 따른 발생기의 분류: 저압식(0.07kgf/cm^2 이하), 중압식(0.07~1.3kgf/cm^2), 고압식(1.3kgf/cm^2 이상)

⑥ 발생기 취급 시의 주의 사항

- 빙결되었을 때 온수나 증기를 사용하여 녹인다.
- 충격, 타격, 진동이 없어야 한다.
- 화기가 가까이 있으면 안 된다.
- 발생기 물의 온도는 60℃ 이하로 한다.
- 카바이드 교환은 옥외에서 작업하며, 검사는 비눗물을 사용한다.
- 발생기의 운반 및 보관, 사용하지 않을 때는 기종 내의 가스 및 카바이드를 제거한다.

⑦ 아세틸렌의 폭발성

변수	조건
온도	• 406~408℃ : 자연 발화 • 505~515℃ : 폭발 위험 • 780℃ : 자연 폭발
압력	• 1.3기압 : 이하에서 사용 • 1.5기압 : 충격, 가열 등의 자극으로 폭발 • 2기압 : 자연 폭발
외력	• 압력이 주어진 아세틸렌가스에 충격, 마찰, 진동 등에 의하여 폭발의 위험성이 있음.
혼합 가스	• 공기 또는 산소가 혼합한 경우 불꽃 또는 불티 등으로 착화, 폭발의 위험성이 있음. • 인화수소를 포함한 경우 : 0.002% 이상 폭발성, 0.06% 이상 자연 폭발 • 아세틸렌 15%, 산소 85%일 때 가장 위험
화합물 영향	• 구리, 구리 합금(구리 62% 이상), 은, 수은, 습기, 녹, 암모니아
건조 상태	• 120℃에서 맹렬한 폭발성

(2) 용해 아세틸렌

① 용해 아세틸렌의 특징

- 아세톤 1L에 324L의 아세틸렌이 용해된다.
- 용해 아세틸렌 1kg를 기화시키면, 905L의 아세틸렌가스가 발생한다.
- 압력이 높아 역화의 위험이 적고, 저장과 운반이 간단하다.
- 순도를 높일 수 있으며, 가스 압력을 일정하게 할 수 있다.

② 용해 아세틸렌 용기

- 내용적 15L, 30L, 50L의 3종이 있다.
- 15℃, 15기압으로 충전한다.
- 폭발 방지를 위해 105℃±5℃에서 녹는 퓨즈가 2개 있다.
- 규조토, 목탄, 석면의 다공성 물질에 아세톤이 흡수되어 있다.
- 용기 색은 황색으로 되어 있다.

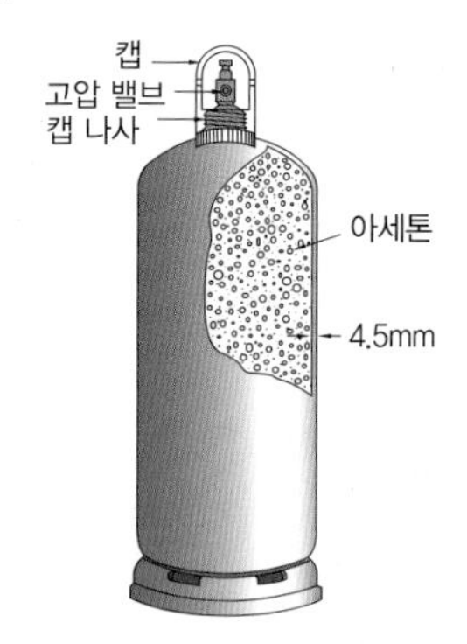

[그림 1-12] 아세틸렌 용기

③ 용기 안의 아세틸렌 양

$$C = 905(A - B)$$

(C : 아세틸렌가스의 양, A : 병 전체의 무게, B : 빈 병의 무게)

④ 호스(도관)

- 도관의 색은 적색을 사용한다.
- 10kgf/cm^2 내압 시험에 합격하여야 한다.

(3) 산소 용기와 호스

① 산소 용기

- 최고 충전 압력(FP)은 보통 35℃에서 150기압으로 한다.
- 용기의 내압 시험 압력(TP)은 최고 충전 압력(FP)의 5/3로 한다.
- 산소 용기는 보통 5000L, 6000L, 7000L의 3종류가 있다.
- 용기의 색은 녹색이다.

② 산소 용기 취급 시의 주의 사항

- 타격, 충격을 주지 말 것
- 용기 내의 압력이 너무 상승(170기압)되지 않도록 할 것
- 누설 검사는 비눗물로 할 것
- 용기 및 밸브 조정기 등에 기름이 묻지 않도록 할 것
- 직사광선, 화기가 있는 고온의 장소를 피할 것

- 밸브가 동결될 때 더운 물 또는 증기를 사용하여 녹일 것
- 용기 내의 온도는 항상 40℃ 이하로 유지할 것
- 다른 가연성 가스와 함께 보관하지 말 것

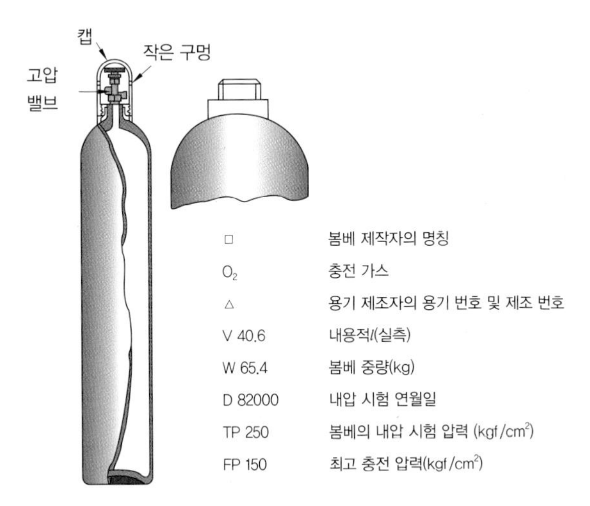

[그림 1-13] **산소 용기**

③ 용접용 호스

- 도관의 크기는 6.3mm, 7.9mm, 9.5mm의 3종이 있다.
- 길이는 5m 정도로, 필요 이상으로 길게 하지 않는다.
- 충격이나 압력을 주지 않도록 하며, 사용 압력에 충분히 견딜 수 있어야 한다.
- 호스 내부의 청소는 압축 공기를 사용하고, 빙결된 호스는 더운 물을 사용하여 녹인다.
- 가스 누설 검사는 비눗물로 하고, 도관의 색은 녹색 또는 검정색을 사용한다.
- 90kgf/cm^{2}의 내압 시험에 합격해야 하며, 호스의 연결은 고압 조임 밴드를 사용한다.

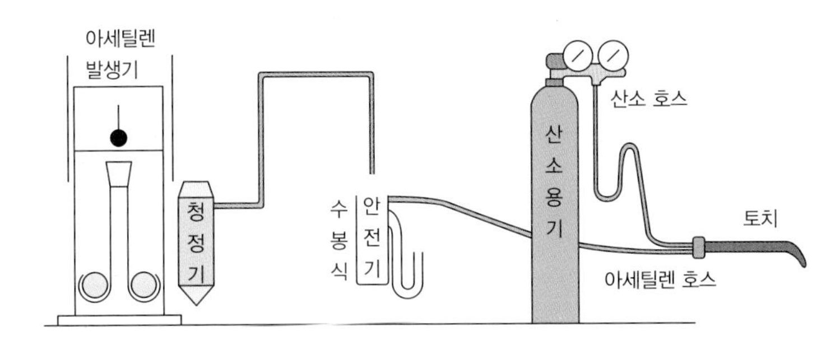

[그림 1-14] **산소 · 아세틸렌(발생기)의 구조**

④ 산소의 총 가스량 및 사용 시간

- 산소 용기의 총 가스량 = 내용적 × 기압
- 사용할 수 있는 시간 = 산소 용기의 총 가스량 ÷ 시간당 소비량

오답 노트 분석하여 만점 받자!

오분만

① [ ]가 물과 반응하여 아세틸렌가스를 발생한다.

② [ ]을 이용하면 물 소비가 적고, 취급이 간단하며 안전하게 아세틸렌을 제조할 수 있다.

③ 용해 아세틸렌의 경우 아세틸렌 15%, [ ] 85%에서 가장 위험하다.

④ 일반적으로 아세틸렌 용기는 황색, 산소 용기는 [ ]이다.

① 카바이드 ② 주수식 ③ 산소 ④ 녹색

2) 가스 용접 기구

(1) 가스 용접봉

① **종류:** 연강용, 주철용, 비철 금속 재료용 등, NSR(용접된 그대로), SR(응력 제거 풀림 625±25℃)

용접봉의 종류(끝 면의 색)	인장 강도(kgf/mm²)	연신률(%)
GA46 (적색)	46 이상	20 이상
	51 이상	17 이상
GA43 (청색)	43 이상	25 이상
	44 이상	20 이상
GA35 (황색)	35 이상	28 이상
	37 이상	23 이상
GB46 (백색)	46 이상	18 이상
	51 이상	15 이상
GB43 (흑색)	43 이상	20 이상
	44 이상	15 이상
GB35 (자색)	35 이상	20 이상
	37 이상	15 이상
GB32 (녹색)	32 이상	15 이상

② **지름:** 1.6, 2.0, 2.6, 3.2, 4.0, 5.0, 7.0이 있고, 길이는 모두 1000mm

③ **용접봉 지름과 판 두께와의 관계**

$$D = T/2 + 1 \text{ (D : 지름, T : 판 두께)}$$

④ 가스 용접 봉의 표시

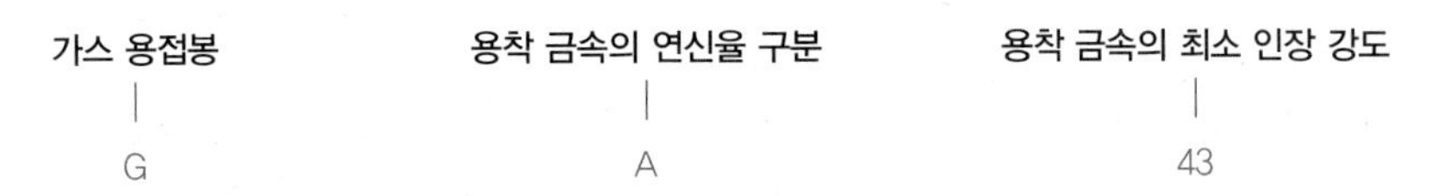

⑤ 가스 용접봉 선택 시의 조건

- 용융 온도가 모재와 같거나 비슷해야 한다.
- 금속의 기계적 성질에 나쁜 영향을 주지 않아야 한다.
- 용접봉의 재질 중에 불순물을 포함하지 않아야 한다.
- 모재와 같은 재질이어야 하며, 충분한 강도를 줄 수 있어야 한다.

(2) 용제

① **역할:** 모재 표면이 불순물과 산화물의 제거로 양호한 용접이 되도록 도와준다.

② 종류

용접 금속	용제의 종류
연강	• 사용하지 않음 • 충분한 용제 작용을 돕기 위해 규산나트륨, 붕사, 붕산을 사용
고탄소강, 주철, 특수강	탄산수소나트륨, 탄산나트륨, 황혈염, 붕사, 붕산 등
구리, 구리 합금	붕사, 붕산, 플루오르나트륨, 규산나트륨, 인산화물 등
알루미늄	염화나트륨, 염화칼륨, 염화리튬, 플루오린화 칼륨, 황산칼륨 등

(3) 가스 용접 토치

① **구조:** 밸브, 혼합실, 손잡이로 이루어져 있다.

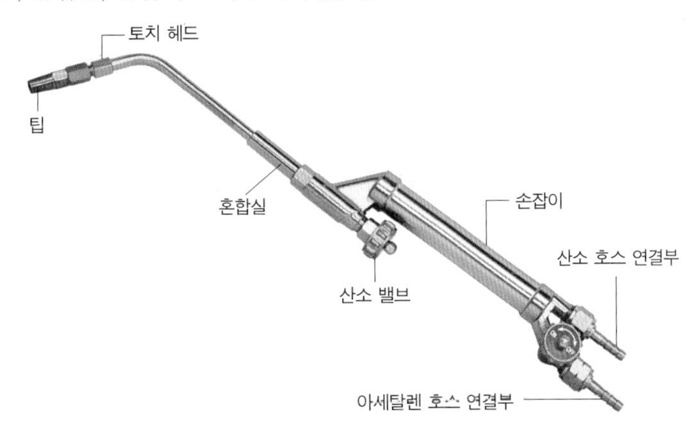

[그림 1-15] 가스 용접 토치의 구조

② 분류

- 압력에 따른 분류 : 저압식($0.07kgf/cm^2$ 이하), 중압식($0.07kgf/cm^2$~$0.4kgf/cm^2$), 고압식($0.4kgf/cm^2$ 이상)
- 크기에 따른 분류 : 소형 300~350mm, 중형 400~450mm, 대형 500mm 이상

③ 토치의 종류

구분	특징	크기
A형(불변압식) 독일형	니들 밸브가 없음.	용접할 수 있는 강판의 두께
B형(가변압식) 프랑스형	니들 밸브가 있어 불꽃 조절이 용이	1시간당 소비되는 아세틸렌 소비량

- 독일식 : 1번(두께 1mm), 2번(두께 2mm)
- 프랑스식 100번 : 아세틸렌가스 소비량 100L
- KS 규격 : A형(A1, A2, A3), B형(B0, B1, B2)

④ 토치의 구비 조건 및 취급 요령

- 안전성이 높고, 역화가 없을 것
- 기름 또는 그리스를 토치에 바르지 말 것
- 팁의 청소는 팁 클리너를 사용할 것
- 팁을 교환할 때는 반드시 밸브를 잠글 것

(4) 안전기(역화 방지 장치)

① **역할:** 가스의 역류, 역화로 인한 위험을 방지할 수 있는 구조로 되어 있다.

② **종류:** 수봉식과 스프링식이 있다.

③ **조건:** 유효 수주는 25mm 이상을 유지하고, 빙결이 되어 있을 때는 온수나 증기를 사용하여 녹여야 한다.

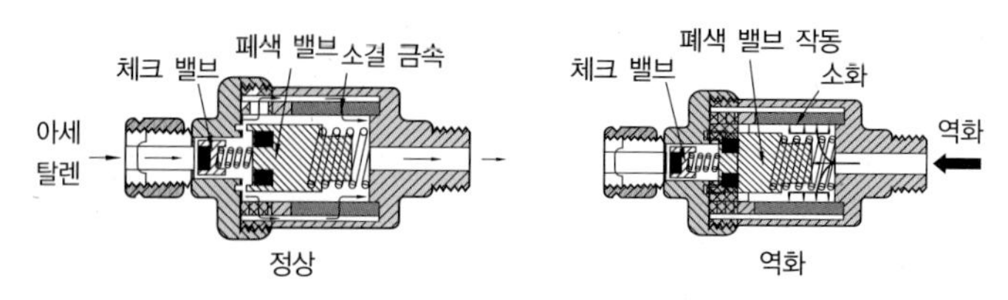

▲ 건식 안전기

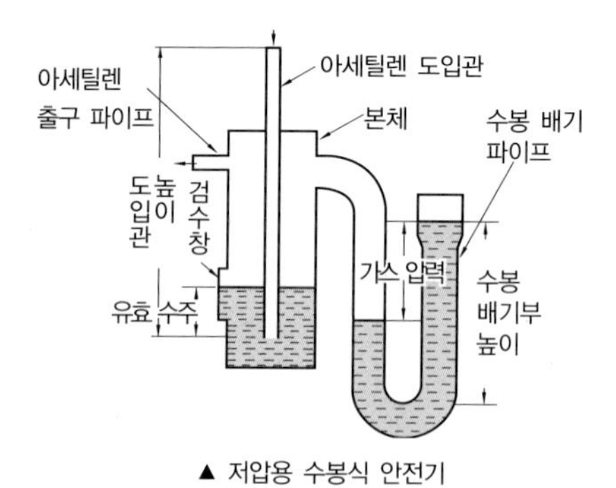

▲ 저압용 수봉식 안전기

[그림 1-17] **안전기(역화 방지 장치)**

(5) 청정기

① **관리 사항:** 카바이드에 발생한 아세틸렌가스에 불순물로 인하여 용착 금속의 성질 악화 및 기기의 부식, 불꽃 온도 저하, 역류, 역화, 폭발 위험이 있으므로 불순물을 제거해야 한다.

② **불순물 제거 방법**

물리적 방법	화학적 방법
수세법, 여과법	헤라톨, 카타리졸, 아카린, 플랑크린

③ **청정색의 변색 :** 황갈색 → 청색, 회색

(6) 압력 조정기

① **관리 사항:** 비눗물로 점검한다.

② **종류**
- 프랑스식(스템형): 매우 예민한 작동
- 독일식(노즐형): 고장이 적음.

③ **작동 순서:** 부르동 관 → 칼리브레이팅 링크 → 섹터 기어 → 피니언 → 눈금판

▲ 압력 조정기

(7) 보안경

① **역할:** 작업 중 유해한 자외선과 적외선의 피해를 방지, 용접 중 스팩터나 비산하는 불티 등이 눈에 들어가는 것을 방지한다.

② 가스 용접은 4~8번을 사용하는데, 일반적으로 4~5번은 3.2mm이며, 6~8번은 12.7mm 이상이다.

▲ 보안경

(8) 팁 클리너

① **역할:** 작업 중 팁의 구멍이 막혀 가스 분출이 원활하지 못할 경우 사용한다.

② **주의 사항:** 팁의 구멍이 늘어나는 것을 방지하기 위하여 구멍보다 약간 지름이 작은 것을 사용한다.

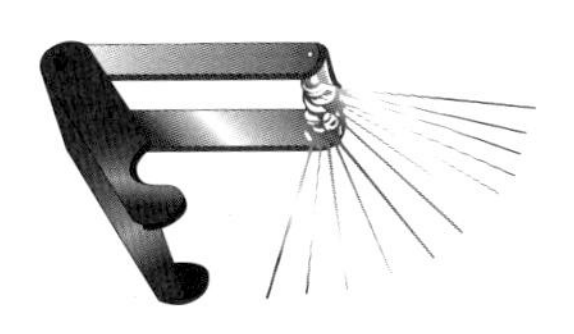
▲ 팁 클리너

오답 노트 분석하여 만점 받자!

① 가스 용접봉 GA43은 [ ]이다.

② 청정기의 물리적 방법으로는 수세법과 [ ]이 있다.

① 청색 ② 여과법

3 산소, 아세틸렌 용접 기법

(1) 전진법(좌진법)

① 용접봉이 토치보다 앞서 나가는 것을 생각하면 된다.

② 오른쪽 → 왼쪽으로 진행한다.

(2) 후진법(우진법)

① 용접봉이 토치 뒤에 있는 것을 생각하면 된다.

② 왼쪽 → 오른쪽으로 진행한다.

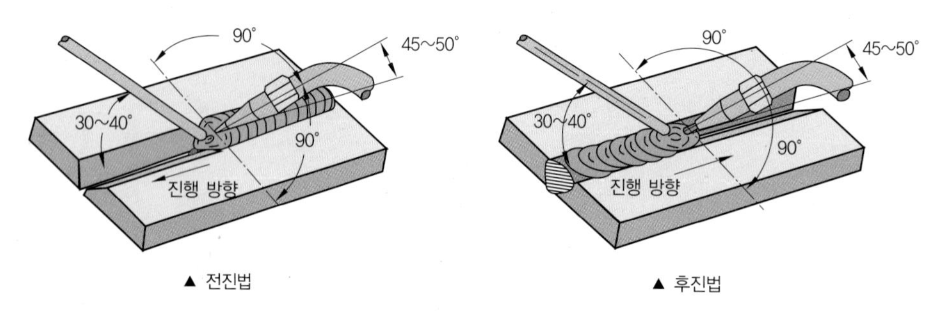

▲ 전진법　　▲ 후진법

[그림 1-18] **용접 작업**

(3) 전진법과 후진법의 비교

비교 내용	후진법	전진법
열 이용률	좋음.	나쁨.
용접 속도	빠름.	느림.
홈 각도	60°	80°
변형	적음.	큼.
산화성	적음.	큼.
비드 모양	나쁨.	좋음.
용도	후판	박판

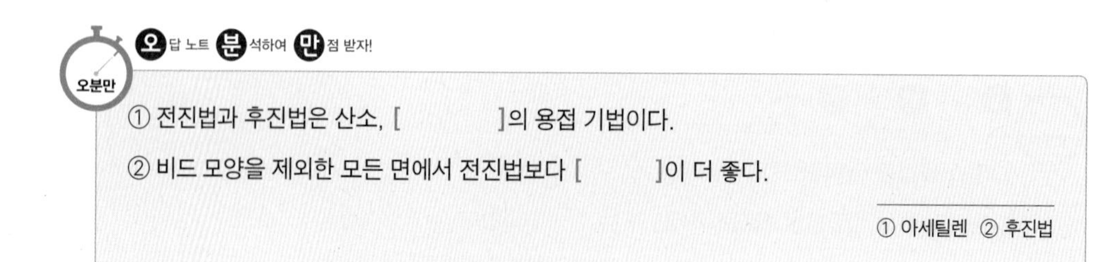
오분만 오답 노트 분석하여 만점 받자!

① 전진법과 후진법은 산소, [　　　　]의 용접 기법이다.

② 비드 모양을 제외한 모든 면에서 전진법보다 [　　　　]이 더 좋다.

① 아세틸렌 ② 후진법

CHAPTER 04

절단 및 가공

1 가스 절단 방법 및 장치

1) 가스 절단 방법

(1) 가스 절단의 원리

① 산소와 금속과의 산화 반응을 이용하여 금속을 절단하는 방법이다.

② 강 또는 저합금강의 절단에 이용한다.

③ 산소-아세틸렌 불꽃으로 약 850~900℃ 정도로 예열하고, 고압의 산소를 분출시켜 철의 연소 및 산화로 절단한다.

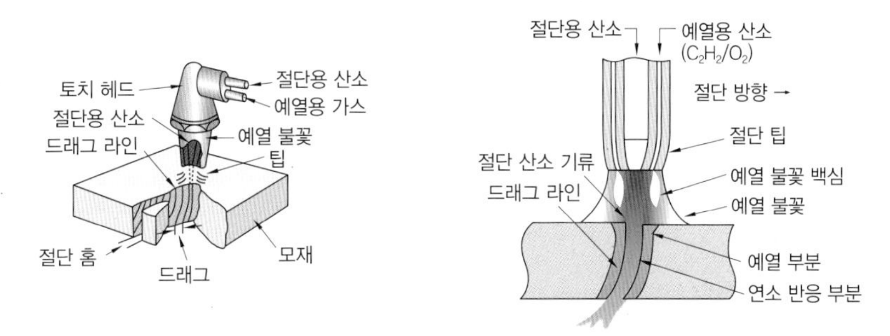

[그림 1-19] **가스 절단의 원리**

④ 일반적으로 강의 가스 절단을 산소 절단이라고 하고, 비철 금속은 가스 절단이 곤란하므로 아크 절단이나 분말 가스 절단을 이용한다.

(2) 가스 절단에 영향을 미치는 요소

① 예열 불꽃, 절단 조건, 절단 속도, 산소 가스의 순도 및 압력, 가스의 분출량과 속도가 영향을 준다.

② 절단 속도는 절단 산소의 압력이 높고, 산소 소비량이 많을수록 빨라진다.

(3) 절단용 산소의 불순물이 증가할 때 나타나는 현상

① 절단 속도가 늦어지고, 산소의 소비량이 많아진다.

② 절단 개시 시간이 길어지고, 절단 층의 폭이 넓어진다.

(4) 합금 원소가 절단에 미치는 영향

① 탄소는 0.25% 이하의 강은 절단이 가능하지만, 4% 이상은 분말 절단을 해야 한다.
② 고규소, 고망간 등은 절단이 곤란하다. (망간의 경우는 예열을 하면 절단이 가능)
③ 탄소량이 적은 니켈강은 절단이 용이하다.
④ 크롬 5% 이하는 절단이 용이하지만, 10% 이상은 분말 절단을 한다.
⑤ 순수한 몰리브덴, 알루미늄 10% 이상, 텅스텐 20% 이상은 절단이 곤란하다.
⑥ 구리 2%까지는 영향을 받지 않는다.

2) 가스 절단 장치

(1) 원리

① 기본적으로 가스 용접과 모든 장치가 같다.
② 팁의 모양에 따라 프랑스식(동심형), 독일식(이심형)으로 구분된다.

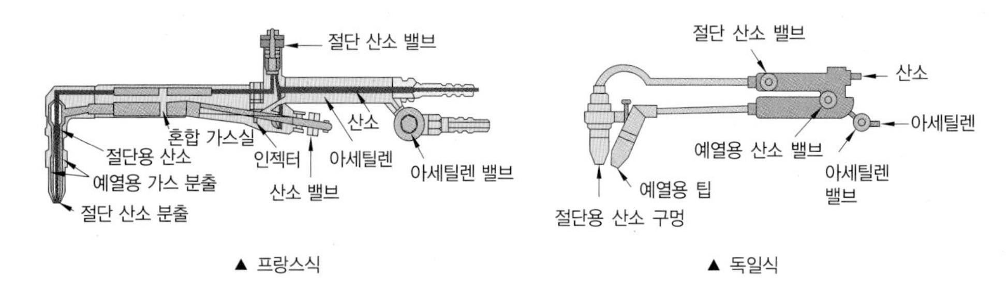

▲ 프랑스식 ▲ 독일식

[그림 1-20] **가스 절단 장치**

(2) 자동 가스 절단기

① 주행 대차 등을 이용하여 자동으로 이동하면서 절단 작업 등을 수행한다.

② 종류

- 소형 공작물의 직선, 곡선, 베벨 각 절단에 사용하는 반자동 가스 절단기
- 주행 대차가 스스로 이동하면서 절단하는 전 자동 가스 절단기
- 수치 제어 프로그램에 입력한 값에 따라 절단이 이루어지는 CNC 자동 절단기

▲ **CNC 자동 절단기**

오답 노트 **분**석하여 **만**점 받자!

오분만

① 일반적으로 강의 가스 절단을 [ ] 절단이라 한다.
② 가스 절단 장치는 [ ]의 모양에 따라 프랑스식과 독일식으로 구분한다.

① 산소 ② 팁

2 플라스마, 레이저 절단

1) 플라스마 절단

절단 전류	• 기본적으로 사용하는 노즐에 맞는 절단 전류를 채용 • 절단 전류 증대 → 절단 속도, 판 두께 증대 ↔ 노즐이 빨리 소모, 더블 아크가 발생하기도 함. • 절단 전류 감소 → 절단 속도, 판 두께 감소 ↔ 절단 품질이 떨어짐.
절단 속도	• 너무 느리면 슬러그 부착, 절단 홈의 폭이 증대됨. • 너무 빠르면 슬러그 부착, 절단 불능이 됨.(불꽃이 위로 뿜어짐.)
작동 가스 유량	• 유량이 과대하면 파이로트 아크 발생이 곤란함. • 유량이 과소하면 더블 아크 발생의 원인이 됨.
노즐	• 절단 전류에 합치되는 것을 사용 • 노즐 높이가 너무 낮으면 절단면 평탄도가 나빠지고, 내구성이 떨어짐. • 노즐 높이가 너무 높으면 절단면 경사각과 상부 녹음이 꺼짐.

2) 레이저 절단

출력	• 증대시키면 절단 속도와 절단 판의 두께가 증대됨.
절단 속도	• 빠르면 절단면의 품질이 좋아지지만, 슬러그가 부착될 수 있음. • 때때로 절단 불능이 될 수 있음.
보조 가스	• **산소:** 높으면 절단면 거칠기가 증대되고, 셀프 버닝이 생길 수가 있음, 낮으면 슬러그가 부착됨. • **질소:** 낮으면 슬러그가 부착되고, 절단면의 산화가 발생함.
노즐	• 절단 판의 두께가 두꺼워질수록 노즐 직경이 큰 것을 사용함. • 높이는 낮은 것이 좋지만, 너무 낮으면 절단재와 접촉의 위험이 있음. • 렌즈의 집점 위치가 적절하지 않을 때 절단 품질이 떨어짐.

오답 노트 **분**석하여 **만**점 받자! 오분만

① [   ] 절단에서 작동 가스의 유량이 과소하면 더블 아크가 발생한다.

② 레이저 절단에서 [   ]가 낮으면 슬러그가 부착되고, 절단면의 산화가 발생한다.

① 플라스마 ② 질소

3 특수 가스 절단 및 아크 절단

1) 특수 가스 절단

(1) 산소 절단법

① 개요

- 산소와 아세틸렌의 혼합비가 1.4~1.7 : 1일 때 불꽃의 온도가 가장 높다.
- 절단 속도는 산소의 순도 및 압력, 팁의 모양, 모재의 온도 등에 따라 영향을 받는다.
- 고속 분출을 얻기 위해서는 다이버전트 노즐을 사용한다.
- 드래그의 길이는 판 두께의 1/5, 즉 20%가 좋다.
- 팁 끝과 강판의 거리는 1.5~2mm 정도로 한다.

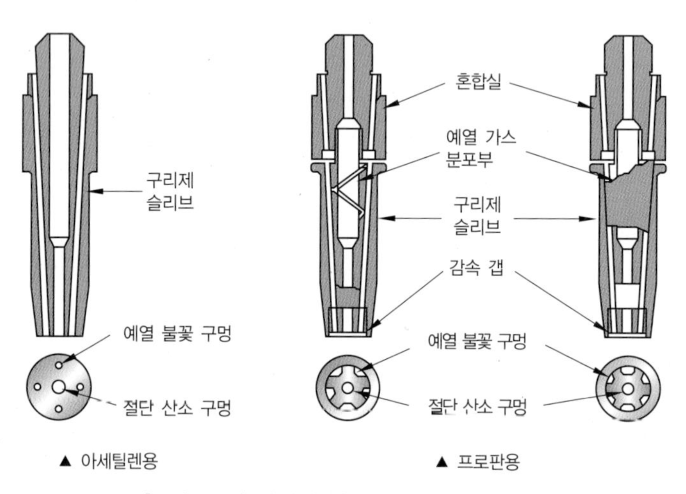

[그림 1-21] 아세틸렌용과 프로판용 절단 팁

② 사용 가스의 비교

아세틸렌	프로판
• 혼합비 1 : 1 • 점화 및 불꽃 조절이 용이 • 예열 시간이 짧음. • 표면의 녹 및 이물질 등의 영향을 덜 받음. • 박판의 경우 절단 속도가 빠름.	• 혼합비 1 : 4.5 • 절단면이 곱고 슬래그가 잘 떨어짐. • 중첩 절단 및 후판에서 속도가 빠름. • 분출 공이 크고 많음. • 산소 소비량이 많아 전체적인 경비는 비슷함.

(2) 가스 절단의 종류

① 수중 절단(45m까지 가능)

- 주로 침몰선의 해체, 교량 건설 등에 사용된다.
- 예열용 가스로는 아세틸렌(폭발의 위험), 수소(수심에 관계없이 사용이 가능하나 예열 온도가 낮음.), 프로판가스(LPG), 벤젠이 사용된다.
- 예열 불꽃은 육지보다 크게, 절단 속도는 느리게 한다.
- 수중 절단의 점화 방법 : 전기 아크식, 금속나트륨 점화식, 인산칼륨 점화식

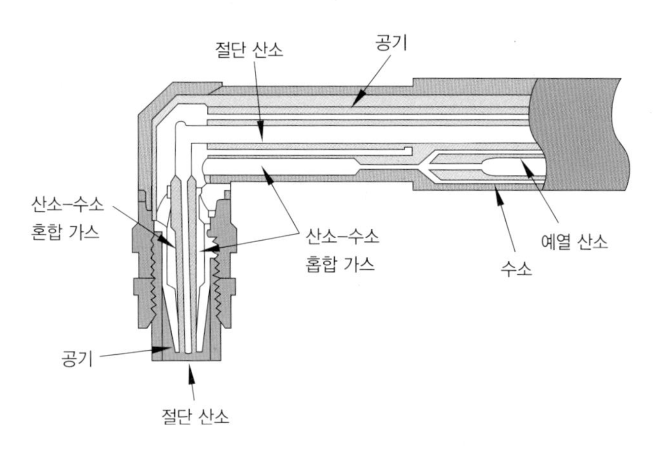

[그림 1-22] **수중 절단 토치**

② 산소 창 절단

- 토치 대신 내경 3.2~6mm, 길이 1.5~3m인 강관을 통하여 절단 산소를 내보내고, 이 강관의 연소하는 발생열에 의해 절단한다.
- 아세틸렌가스가 필요 없으며 강괴 후판의 절단 및 암석 천공 등에 쓰인다.

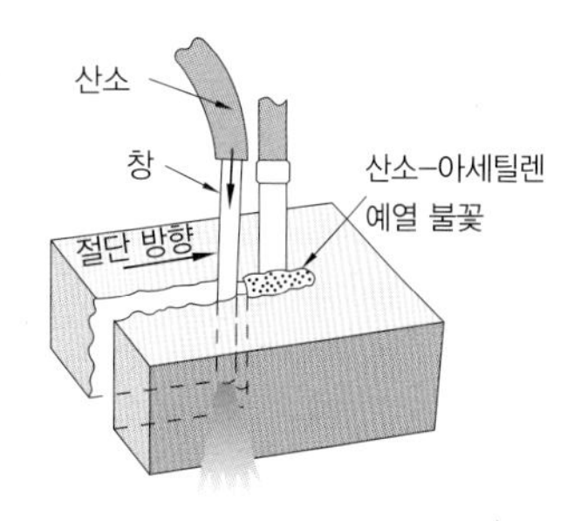

[그림 1-23] **산소 창 절단**

③ 분말 절단

- 철분 및 플럭스 분말을 자동적으로 산소에 혼입 · 공급하여 산화열 혹은 용제 작용을 이용하여 절단하는 방법이다.
- 철, 비철 금속 및 콘크리트 절단에 사용한다.
- 종류: 철분 절단, 분말 절단이 있다.

철분 절단	분말 절단
• 크롬철, 스테인리스강, 주철, 구리, 청동에 이용 • 오스테나이트계는 사용하지 않음.	• 크롬철, 스테인리스강이 쓰임.

2) 아크 절단

(1) 아크 절단 개요

① 전극과 모재 사이에 아크를 발생시켜 그 열로 모재를 용융 절단한다.

② 압축 공기, 산소 기류와 함께 쓰면 능률적이다.

③ 정밀도는 가스 절단보다 떨어지지만, 가스 절단이 곤란한 재료에 사용이 가능하다.

④ 일반적인 특성

- 온도가 높고, 산소 절단보다 비용이 크게 저렴하다.
- 절단면이 곱지 못하고, 주철, 망간강, 비철 금속 등에 적용할 수 있다.

(2) 플라스마 제트 절단(PAW)

① **플라스마:** 고체, 액체, 기체 이외의 제4의 물리 상태로, 음전하를 가진 전자와 양전하를 띤 이온으로 분리된 기체 상태를 말한다.

② 플라스마 아크 절단

- 가스 절단의 화학 반응은 이용하지 않고, 고속의 플라스마를 이용한다.
- 아크 절단법에 속하며, 비금속의 절단이 가능하다.
- 열적 핀치 효과, 자기적 핀치 효과를 이용한다.
- 아크 방전에 있어 양극 사이에 강한 빛을 발하는 부분을 열원으로 하여, 절단을 한다. (전극봉은 텅스텐, 플라스마 10,000~30,000℃ 이상을 이용하여 절단)
- 알루미늄 등의 경금속에는 작동 가스로 아르곤과 수소의 혼합 가스가 사용된다.

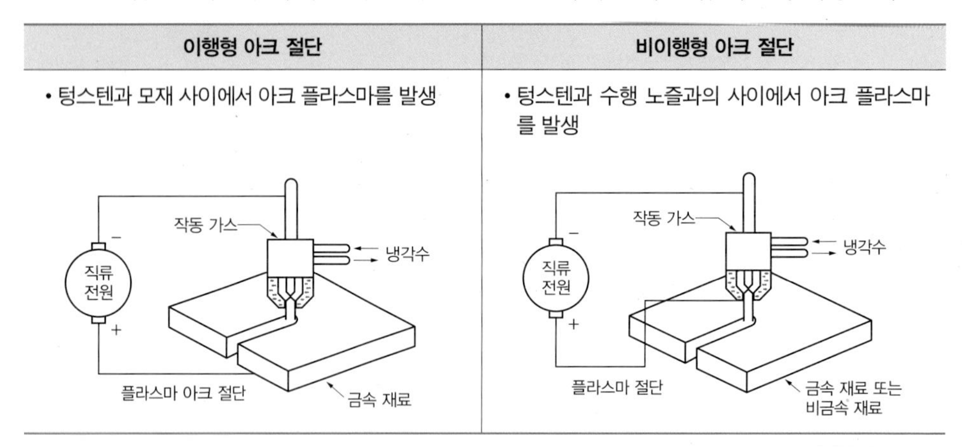

이행형 아크 절단	비이행형 아크 절단
• 텅스텐과 모재 사이에서 아크 플라스마를 발생	• 텅스텐과 수행 노즐과의 사이에서 아크 플라스마를 발생

(3) 기타 아크 절단의 종류

① 탄소 아크 절단

- 탄소(많이 사용, 소모성이 큼.), 흑연(전기 저항이 적고 높은 사용 전류에 적합) 전극봉과 금속 사이에 아크를 발생하여 절단한다.
- 사용 전원은 직류 정극성이 바람직하다. (교류도 사용은 가능)

② 금속 아크 절단

- 토치나 탄소 용접봉이 없을 때 사용한다.
- 보통 용접봉의 값이 비싸 잘 사용하지 않는다.
- 탄소 전극봉 대신에 특수 피복제를 입힌 전극봉을 사용하여 절단한다.
- 사용 전원은 직류 정극성이 바람직하다. (교류도 사용은 가능)

③ 산소 아크 절단

- 전극의 운봉이 필요 없고, 입열 시간이 빨라 변형이 적다.
- 가스 절단에 비하여 절단면이 거칠고, 중공의 원형봉을 전극봉으로 사용한다.
- 절단 속도가 빨라 철강 구조물 해체나 수중 해체 작업에 이용한다.

④ 티그 및 미그 절단

티그 절단	미그 절단
• 열적 핀치 효과에 의한 플라스마로 절단하는 방법 • 전원으로는 직류 정극성이 사용 • 주로 알루미늄, 구리 및 구리 합금, 스테인리스강과 같은 금속 재료의 절단에만 사용 • 아르곤과 수소 혼합 가스가 사용	• 금속 전극에 대전류를 흘려 절단하는 방법 • 전원으로는 직류 역극성이 사용 • 알루미늄과 같이 산화에 강한 금속 절단에 사용 • 보호 가스는 산소를 혼합한 아르곤 가스가 효과적임.

① 산소 절단법에서는 산소와 아세틸렌의 혼합비가 1.4~1.7 : [ ]일 때 온도가 가장 높다.

② 수중 절단의 경우 [ ]m까지 가능하고, 주로 침몰선의 해체나 교량 건설 등에 사용한다.

③ 분말 절단에서는 철분 및 [ ] 분말을 자동적으로 산소에 혼입, 공급하여 산화열이나 용제 작용을 이용하여 절단하는 방법으로 2종류가 있다.

④ 수중 절단 시 [ ] 가스는 수심에 관계없이 사용이 가능하지만 예열 온도가 낮은 단점이 있다.

⑤ 플라스마 아크 절단 시에는 [ ]과 수소의 혼합 가스가 사용된다.

⑥ 티그 절단 시에는 전원으로 직류 [ ]이 사용된다.

① 1 ② 40 ③ 플럭스 ④ 수소 ⑤ 아르곤 ⑥ 정극성

4 스카핑 및 가우징

1) 스카핑

① **의미:** 강재 표면의 탈탄층 또는 흠을 제거하기 위해 사용하는 것이다.

② **방법:** 가우징과 달리 표면을 얕고 넓게 깎는 것이다.

③ **속도:** 냉간재 : 5~7m/min, 열간재 20m/min

2) 가우징

① **의미**

- 용접 뒷면 따내기, 금속 표면의 홈 가공을 하기 위하여 깊은 홈을 파내는 가공법이다.
- 예열 → 가우징 시작 → 가우징 진행 중의 순서이다.

② **특징**

- 홈의 폭과 깊이의 비는 1 : 3 정도가 좋다.
- 가스 용접의 절단용 장치를 이용할 수 있다.
- 팁은 비교적 저압으로 대용량의 산소를 방출할 수 있도록 슬로 다이버전트를 사용한다.

③ **아크에어 가우징의 특징**

- 탄소 아크 절단에 압축 공기를 병용하여 결함을 제거한다.
- 흑연으로 된 탄소봉에 구리 도금을 한 전극을 사용한다.
- 균열의 발견이 특히 쉽고 소음이 없다.
- 가스 가우징보다 작업 능률이 2~3배로 높아 경제적이다.
- 사용 압력이 6~7kgf/cm^{2}으로 철, 비금속 모두 절단된다.
- 직류 역극성이 사용된다(전압 35~45V, 전류 200~500A).
- 구성 요소 : 가우징봉, 컴프레서(공기 압축기), 가우징 토치, 가우징 머신 등이 있다.

① [ ]은 강재 표면의 탈탄층이나 흠을 제거하기 위해 사용한다.

② [ ] 노즐은 보통 팁의 절단 속도를 20~25% 증가시켜 준다.

① 스카핑 ② 다이버전트

CHAPTER 05 특수 용접 및 기타 용접

1 서브머지드 아크 용접(잠호 용접, 유니언 멜트 용접, 링컨 용접)

1) 서브머지드 아크 용접(submerged arc welding)

(1) 개요

① 1935년 미국의 유니언 카바이드 사에서 개발한 용접법이다.

② 용접부 표면에 입상의 용제를 공급 살포하고, 용제 속에 연속적으로 전극 와이어를 송급하여 와이어 선단과 모재 사이에 아크를 발생시키는 원리이다.

③ 발생된 아크열은 와이어와 모재, 용제를 용융시키고, 용융된 용제는 슬래그를 형성, 용융 금속은 비드를 형성한다.

④ 용제는 녹지 않은 상태에서는 전류가 흐르지 않지만, 열을 받아 녹으면 전류가 흐른다.

⑤ 용접 아크가 용제 내부에서 발생하여 외부로 노출되지 않기 때문에 잠호 용접이라고도 한다.

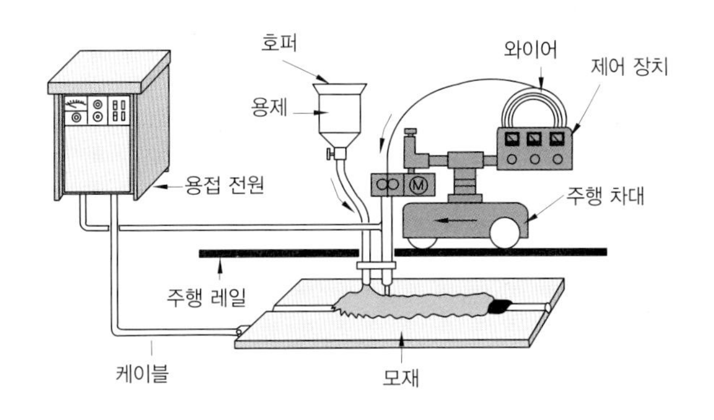

[그림 1-24] 서브머지드 아크 용접 장치

(2) 장점

① 용접 속도가 수동 용접에 비해 10~20배, 용입은 2~3배 정도가 커서 능률적이다.

② 용접 홈의 크기가 작아도 되며 용접 재료의 소비 및 용접 변형이 적다.

③ 한번 용접으로 75mm까지 가능하다.

④ 용접 조건만 일정하다면 용접공의 기술 차이에 의한 품질 격차가 거의 없어 이음의 신뢰도를 높일 수 있다.

(3) 단점

① 설비비가 고가이며 와이어 및 용제의 선정이 어렵다.

② 아래보기, 수평 필릿 자세에 한정한다.

③ 홈의 정밀도가 높아야 한다(루트 간격 0.8mm 이하, 홈 각도 오차 ±5°, 루트 오차 ±1mm).

④ 용접부가 보이지 않아 용접부를 확인할 수 없다.

⑤ 시공 조건을 잘못 잡으면 제품의 불량률이 커진다.

⑥ 입열량이 커서 용접 금속의 결정립의 조대화로 충격값이 커진다.

(4) 종류

① **용접기 용량에 따른 분류** : 전류에 따라 4000A(M형), 2000A(UE형, USW형), 1200A(DS형, SW형), 900A(UMW형, FSW형)로 나눈다.

② **전극의 종류에 따른 분류**

종류	전극 배치	특징	용도
탠덤식	2개의 전극을 독립 전원에 접속	비드 폭이 좁고, 용입이 깊으며 용접 속도가 빠름.	파이프라인의 용접에 사용
횡직렬식	2개의 용접봉 중심이 한 곳에서 만나도록 배치	아크 복사열에 의해 용접 용입이 매우 얕으며, 자기 불림이 생길 수 있음.	육성 용접에 주로 사용
횡병렬식	2개 이상의 용접봉을 나란히 옆으로 배열	용입은 중간 정도이며, 비드 폭이 넓어짐.	–

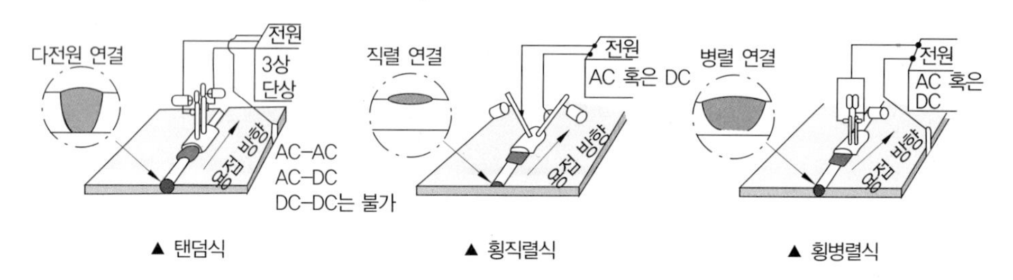

[그림 1–25] **서브머지드 아크 용접의 전극에 따른 분류**

(5) 와이어의 종류

① 1.2~12.7mm가 있으며 보통은 2.4~7.9mm가 사용된다.

② 12.5kg(S), 25kg(M), 75kg(L), 100kg(XL)이 있다.

③ 표면은 녹 방지 또는 전기적 접촉을 원활하게 하기 위해 구리 도금을 한다.

④ 망간의 양에 따라 L(저망간, 0.6% 이하), M(중망간, 1.25% 이하), H(고망간, 2.25% 이하)와 K(탈산 작용)가 있다.

⑤ 저합금강 및 고장력강의 기계적 성질을 개선하기 위해 Ni, Cr, Mo 등을 첨가한다.

(6) 용제의 종류

① **용제의 역할 :** 절연 작용, 용접부의 오염 방지, 합금 원소 첨가, 급랭 방지, 탈산 정련 작용 등이 있다.

② **용융형 용제**

- 고속 용접에 적합하고 용제의 화학적 균일성이 양호하다.
- 용제의 입도는 가는 입자일수록 높은 전류를 사용한다.
- 거친 입자의 용제를 높은 전류에서 사용하면 비드가 거칠고 언더컷이 발생한다.
- 가는 입자의 용제를 사용하면 비드의 폭이 넓어지고, 용입이 낮아진다.

③ **소결형 용제**

- 소결형은 흡습성이 높고 150~300℃에서 건조 후 사용한다.
- 페로실리콘, 페로망간 등 강력한 탈산 작용을 한다.
- 합금 원소의 첨가가 쉬우며, 고전류에서 용접 작업성이 좋다.
- 스테인리스강 용접, 덧살 붙임 용접, 조선의 대판계 용접 시에 사용한다.

④ **혼성형:** 용융형 + 소결형

2) 서브머지드 아크 용접 방법

① **전진법:** 용입 감소, 비드 폭의 증가, 비드 면이 편평하다.

② **후진법:** 용입 증가, 비드 폭이 좁고, 비드 면이 높아진다.

③ 플럭스의 두께는 양을 서서히 증가하면서 불빛이 새어 나오지 않도록 한다.

④ 비드 폭은 아크 전압에 정비례한다.

⑤ 용입은 전류에 정비례하고 비드 폭과는 별로 관계없다.

⑥ 용입은 용접봉 사이즈, 용접 속도에 반비례한다.

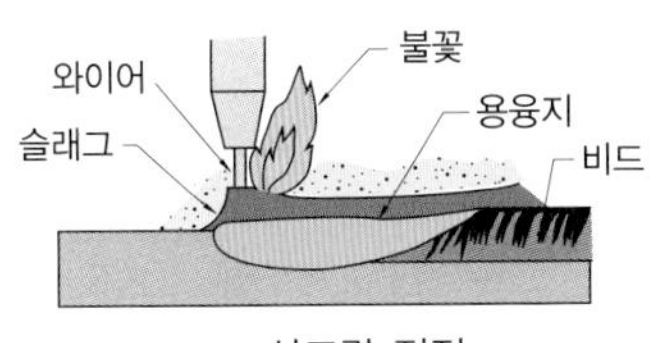

▲ 산포량 적정

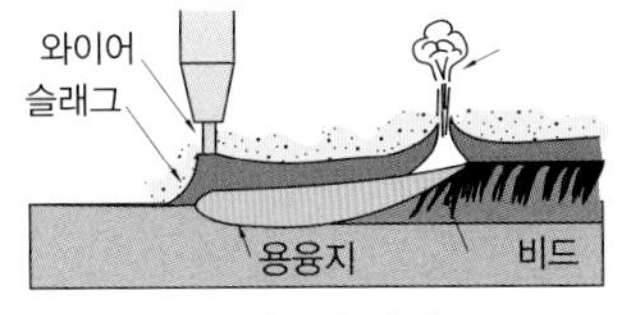

▲ 산포량 과대

① 서브머지드 아크 용접은 용접 아크가 내부에서 발생하여 외부로 노출되지 않기 때문에 [ ]이라 한다.

② 서브머지드 아크 용접은 [ ]의 종류에 따라 탠덤식, 횡직렬식, 횡병렬식이 있다.

① 잠호 용접 ② 전극

2 불활성 가스 아크 용접(GTAW 용접, GMAW 용접)

1) 불활성 가스 아크 용접의 개요

① **원리:** 불활성 가스 속에서 텅스텐 전극 또는 금속 전극과 모재 사이에 아크를 발생시켜 그 열로 용접한다.

② **종류:** GTAW 용접(텅스텐 전극), GMAW 용접(금속 전극)이 있다.

③ **장점**

- 고능률적이며, 전 자세 용접에 적합하다.
- 피복제 또는 용제가 필요 없다(He, Ar 가스 사용).
- 산화가 쉬운 금속의 용접에 적합하고, 용착부의 제반 성질이 우수하다.

④ **단점**

- 장비와 설비가 비싸고, 바람이 부는 실외에서는 사용이 곤란하다.
- 슬래그가 형성되지 않기 때문에 용착 금속의 성질이 변할 수 있다.
- 토치가 용접부에 닿을 수 없는 경우는 용접이 곤란하다.

2) 불활성 가스 텅스텐 아크 용접(TIG 용접, GTAW)

① 텅스텐 전극을 사용하여 발생한 아크열로 모재를 용융시켜 접합하며, 용가재를 공급하여 모재와 함께 용융시킨다.

② 보호 가스로는 모재와 텅스텐 용접봉의 산화 방지를 위하여 불활성 가스인 아르곤, 헬륨을 사용한다. (상품명: 헬륨-아크 용접, 아르곤 용접)

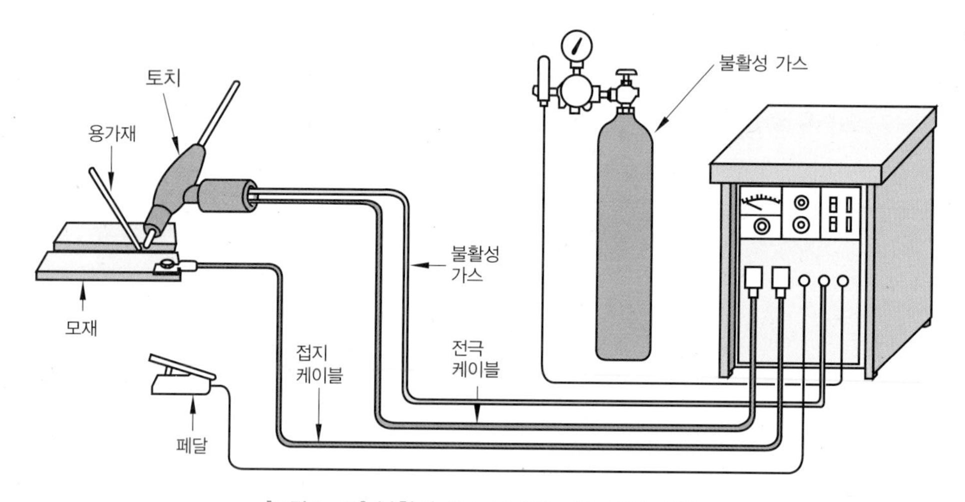

[그림 1-26] 불활성 가스 텅스텐 아크 용접 장치

③ 장점

- 용접된 부분이 더 강해진다.
- 연성, 내부식성이 증가하고, 용접부 변형이 적다.
- 플럭스가 불필요하며 비철 금속 용접이 용이하다.
- 보호 가스가 투명하여 용접사가 용접 상황을 볼 수 있다.
- 용접 스패터를 최소한으로 하여 전 자세 용접이 가능하다.

④ 단점

- 소모성 용접봉을 쓰는 용접 방법보다 용접 속도가 느리다.
- 텅스텐 전극이 오염될 경우 용접부가 단단하고 취성을 가질 수 있다.
- 용가재의 끝 부분이 공기에 노출되면 용접부의 금속이 오염된다.
- 텅스텐 전극이 가격 상승을 초래, 용접기 가격도 고가이다.
- 후판에는 사용할 수 없다(3mm 이하의 박판에 사용, 주로 0.4~0.8mm에 쓰임).

하나 더

용접 전원에 따른 특성

직류 정극성(폭이 좁고 깊은 용입을 얻음.)	직류 역극성(폭이 넓고 얕은 용입을 얻음.)
• 높은 전류, 정극성일 때 용접봉은 끝을 뾰족하게 가공 • 용입이 깊고, 비드 폭은 좁아지며, 용접 속도는 빠름.	• 특수한 경우 Al, Mg 등의 박판 용접에만 쓰임. • 정극성보다 4배 정도 사이즈가 큰 용접봉을 사용 • 청정 작용, He · Ar은 투명한 불꽃이 보임. → 10,000℃

⑤ 특징

- 전극이 녹지 않는 비용극식, 비소모식이다.(헬륨-아크 용접, 아르곤 용접)
- 용접 전원으로 직류, 교류가 모두 쓰인다.
- 교류를 사용할 때는 아크가 불안정하므로 고주파 약전류를 이용하는데, 용입과 비드 폭은 정극성과 역극성의 중간 정도로 하며, 약간의 청정 작용도 있다.
- 토치는 공랭식과 수랭식이 있다(200A 기준).
- 실드 가스는 주로 Ar이 사용되고 있으며, He을 쓰기도 한다.
- 청정작용 : 티그용접 시 알루미늄이나 마그네슘을 용접시 산화피막을 제거 하기 위하여 알곤 가스를 사용하면 알곤 가스가 산화피막에 이온화 작용을 일으켜 피막이 벗겨지는 역할을 하며 이를 효율적으로 하기 위하여 전원을 교류고주파(ACHF)를 이용한다.
- 전극봉의 전극조건
  · 열전도성이 좋은 금속 · 고온의 용융점의 금속 · 전자방출이 잘되는 금속
  · 낮은 온도에서 아크발생이 쉽고 오손이 적을 것
  · 토륨 1~2%를 포함한 텅스텐 전극봉을 사용

하나 더

전극봉의 종류

종류	색 구분	용도
순 텅스텐	초록	낮은 전류를 사용하는 용접에 사용하며 가격은 저가
1% 토륨	노랑	전류 전도성이 우수하며, 순 텅스텐보다 가격은 다소 고가이나 수명이 길어짐.
2% 토륨	빨강	박판 정밀 용접에 사용
지르코니아	갈색	교류 용접에 주로 사용
1% 산화란탄 텅스텐	흑색	–
2% 산화란탄 텅스텐	황록색	
1% 산화셀륨 텅스텐	분홍색	
2% 산화셀륨 텅스텐	회색	

3) 불활성 가스 금속 아크 용접(MIG용접, GMAW)

① 원리

- 와이어 릴을 통하여 연속적으로 와이어를 공급하여 모재 사이에 아크를 발생시킨 후 일어나는 열을 이용하여 용접하는 방식이다.
- 기본적으로 불활성 가스를 노즐로부터 분사하여 아크 주위를 보호하고, 대기 중에 유해한 산소, 질소 등의 침입을 막아 용융 금속을 보호한다.
- 초기에는 열전도성이 높은 비철 금속 용접에 사용하였지만, 현재는 사용 가스와 용가재 등의 연구를 통하여 거의 모든 금속에서 사용할 수 있다.

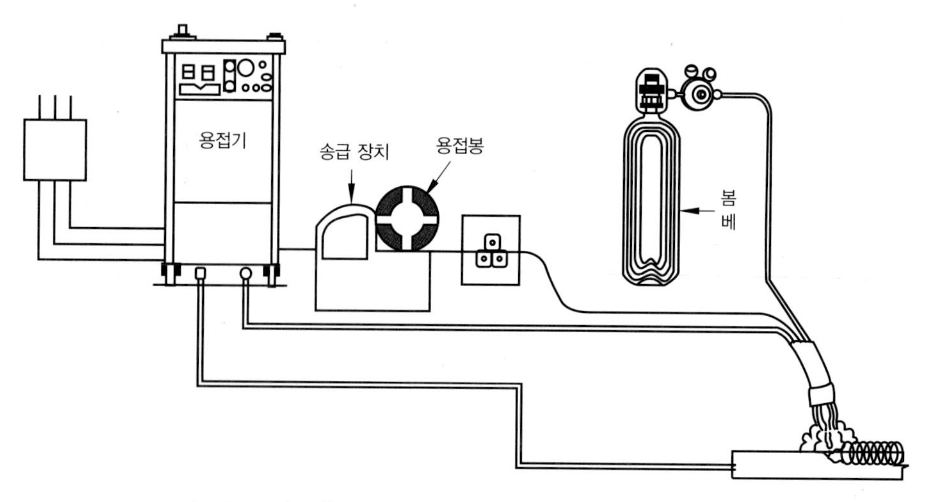

[그림 1-27] 불활성 가스 금속 아크 용접 장치의 구조와 원리

② **장점**

- 용접기 조작이 간단하여 손쉽게 용접할 수 있다.
- 용접 속도가 빠르고, 용착 효율이 좋다(수동 피복 아크 용접 60%, MIG는 95%).
- 슬래그가 없고 스패터가 최소로 되기 때문에 용접 후 처리가 불필요하다.
- 전 자세 용접이 가능하고, 용입이 크며, 전류 밀도도 높다.

③ **단점**

- 장비가 고가이고, 이동시켜 사용하기 곤란하다.
- 토치가 용접부에 접근하기 곤란한 경우 용접하기 어렵다.
- 슬래그가 없기 때문에 취성이 발생할 우려가 있다.
- 옥외에서 사용하기 힘들다.

④ **특징**

- 전극이 녹는 용극식, 소모식이다.
- 상품명 : 에어코우메틱, 시그마, 필터아크, 아르고노트 용접법
- 전류 밀도가 티그 용접의 2배, 일반 용접의 4~6배로 매우 크고, 용적 이행은 스프레이형이다.
- 전 자세 용접이 가능하고 판 두께가 3~4mm 이상의 Al · Cu 합금, 스테인리스강, 연강 용접에 이용된다.
- 와이어의 돌출길이는 10~15mm를 사용하며 전진법을 주로 사용한다.
- 전원은 정전압 특성을 가진 직류 역극성이 주로 사용된다.

⑤ **실드 가스(MIG 가스)의 종류**

종류	용도 및 특징
Ar	전류 밀도가 크고, 청정 능력이 좋음.
He	용입이 비교적 깊고, 비드 폭이 좁으며, Al, Mg 같은 비철 금속에 이용됨.
Ar + He(25%)	용입이 깊고, 아크 안정성이 우수하며, 후판에 사용됨.(모재의 두께가 두꺼울수록 헬륨의 함량을 증가시킴.)
Ar + CO_2	아크가 안정되고, 용융 금속의 이행을 빨리 촉진시켜 스패터를 줄이며, 연강 · 저합금강 · 스테인리스강의 용접에 이용함.
Ar + He(90%) + CO_2	단락형 이행으로 주로 오스테나이트계 스테인리스강 용접에 사용
Ar + O_2	언더컷을 방지할 수 있고, 스테인리스강 용접에 주로 사용

⑥ MIG 용접의 용적 이행 방식

단락 이행형	• 박판 용접에 적합, 입열량이 적고, 용입이 얕음. • 저전류의 CO_2 및 MIG 용접에서 솔리드 와이어를 사용할 때 발생
입상 이행형	• 가장 많이 사용하는 방식, 깊은 용입을 얻을 수 있고 능률적임. • CO_2 가스를 발생하며 스패터 발생이 많음.
스프레이형 (분무형 이행)	• 용적이 작은 입자로 되어 있어 스패터 발생이 적고 비드 외관이 좋음. • 고전압, 고전류에서 발생하며 용착 속도가 빠름.
맥동 이행형	연속적으로 스프레이 이행을 사용할 때 높은 열로 인하여 용접부의 물성이 변화되었거나, 판용접 시 용락으로 인하여 용접이 불가능하게 되었을 때, 낮은 전류에서도 스프레이 이행이 이루어지게 하여 박판 용접을 가능하게 함.

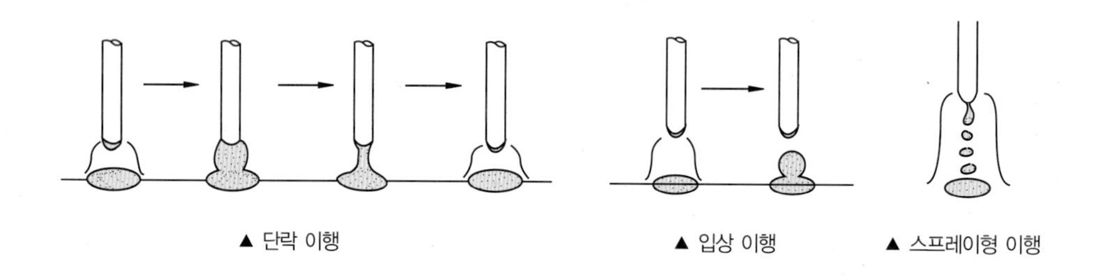

▲ 단락 이행 ▲ 입상 이행 ▲ 스프레이형 이행

오분만 **오**답 노트 **분**석하여 **만**점 받자!

① 불활성 아크 용접에는 [ ] 전극을 사용하는 티그 용접과 금속 전극을 사용하는 미그 용접이 있다.

② 티그 용접 시 보호 가스로는 불활성 가스인 아르곤과 [ ]을 사용한다.

③ 티그 용접 시 전자 방사 능력이 좋은 [ ] 1~2%를 포함한 텅스텐 전극봉을 사용한다.

④ 미그 용접 시 실드 가스로 아르곤과 [ ]를 혼합한 경우 언더컷을 방지할 수 있다.

⑤ 미그 용접에서 가장 많이 사용하는 방식은 [ ] 이행형으로, CO_2 가스를 발생한다.

① 텅스텐 ② 헬륨(He) ③ 토륨 ④ 산소 ⑤ 입상

3 이산화탄소 아크 용접

(1) 이산화탄소 아크 용접의 개요

① **원리:** 불활성 가스 금속 아크 용접과 원리가 같은데, 불활성 가스 대신 탄산가스를 사용한 용극식 용접법으로, 일반적으로 플럭스 코어드가 많이 사용된다.

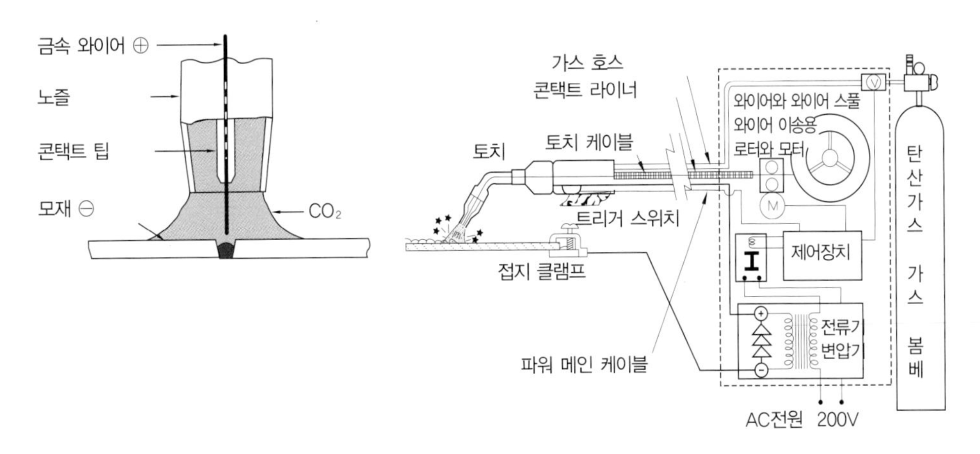

[그림 1-28] 이산화탄소 아크 용접기의 구조와 원리

② **장점**

- 가는 와이어로 고속 용접이 가능하며 수동 용접에 비해 용접 비용이 저렴하다.
- 가시 아크이므로 시공이 편리하고, 스패터가 적어 아크가 안정하다.
- 전 자세 용접이 가능하고 조작이 간단하며, 강도와 연신성이 우수하다.
- 잠호 용접에 비해 모재 표면의 녹과 거칠기에 둔감하다.
- 미그 용접에 비해 용착 금속의 기공 발생이 적다.
- 용접 전류의 밀도가 크므로 용입이 깊고, 용접 속도를 매우 빠르게 할 수 있다.
- 산화 및 질화가 되지 않는 양호한 용착 금속을 얻을 수 있다.
- 보호 가스가 저렴한 탄산가스라서 용접 경비가 적게 든다.

③ **단점**

- 탄산가스를 사용하므로 작업장 환기에 유의한다(3% - 뇌빈혈, 15% - 위험, 30% - 치명적).
- 비드 외관이 타 용접에 비해 거칠다.
- 고온 상태의 아크 중에서는 산화성이 크고 용착 금속의 산화가 심하여 기공 및 그 밖의 결함이 생기기 쉽다.

(2) 이산화탄소 아크 용접의 종류

① **일반적 분류:** 솔리드 와이어 방식, 복합 와이어 방식

솔리드 와이어 방식	복합 와이어 방식
• 바람의 영향을 받기 때문에 방풍 장치가 필요함. • 용제를 사용하지 않아 슬래그의 혼입이 없음. • 용접 금속의 기계적, 야금적 성질이 우수함. • 전류 밀도가 높아 용입이 깊고, 용융 속도가 빠름.	• 와이어 색상이 까맣고, 아크가 안정적임. • 용착 속도가 빠르고, 와이어 가격이 비쌈. • 스패터의 발생량이 적고, 비드 형상과 외관이 좋음. • 동일 전류에서 전류 밀도가 높고, 양호한 용착 금속을 얻을 수 있음.

② **토치의 작동 형식에 따라 :** 수동식, 반자동식, 전자동식

③ **용접부의 형식에 따라 :** 용극식, 비용극식

용극식	비용극식
• 솔리드 와이어 이산화탄소법 • 솔리드 와이어 혼합가스법(MAG) : CO_2 + O_2법, CO_2 + Ar법, CO_2 + Ar + O_2법 • 용제가 들어 있는 와이어 CO_2법	• 탄소 아크법 • 텅스텐 아크법

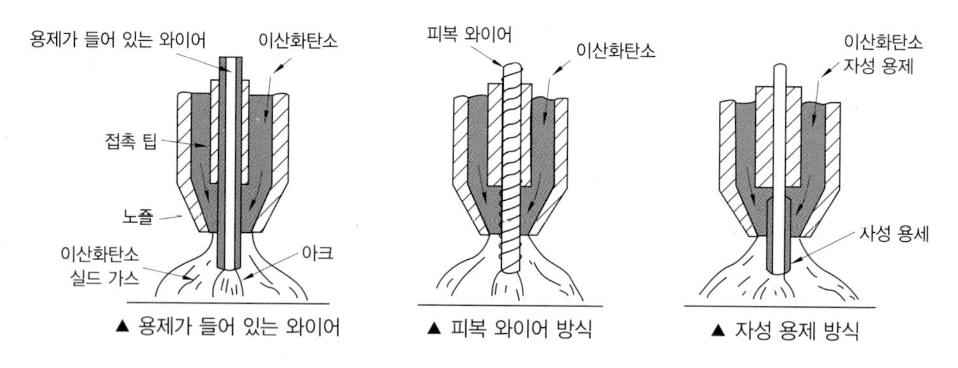

[그림 1-29] **이산화탄소 아크 용접의 용제 병용법**

(3) 이산화탄소 아크 용접의 시공

① 시공 방법

- 와이어 길이가 짧을수록 비드가 아름답다.
- 와이어의 용융 속도는 아크 전류에 정비례한다.
- 와이어의 돌출 길이가 길수록 빨리 용융된다.
- 와이어의 돌출 길이가 짧을수록 아크가 안정된다.

② 이산화탄소 용접 결함 중 기공 방지책

- 기름, 페인트, 녹 등을 제거한다.
- 순도가 높은 CO_2 가스를 사용한다.
- 노즐에 부착되어 있는 스패터를 제거한 후 용접한다.

③ **조정기에 히터가 필요한 이유:** 액체 가스가 기체로 변하면서 열을 흡수하기 때문에 조정기의 동결을 막기 위하여 히터 장치가 필요하다.

④ **이산화탄소 아크 용접기의 전압값**

- 박판의 아크 전압: $V_o = 0.04 \times I + 15.5 \pm 1.5$
- 후판의 아크 전압: $V_o = 0.04 \times I + 20.0 \pm 2.0$

⑤ **전원:** 정전압 특성이나 상승 특성을 이용한 직류 또는 교류를 사용한다.

⑥ **와이어:** 0.9~2.4mm가 있는데, 주로 1.2~1.6mm가 쓰이며, 녹을 방지하기 위하여 구리 도금한다.(크기 10kg, 20kg)

⑦ **용도:** 철도, 차량, 건축, 조선, 전기, 기계, 토목 기계 등에 사용한다.

⑧ **CO_2 농도에 따른 인체의 영향:** 3~4%는 두통 유발, 15% 이상은 인체에 위험, 30% 이상은 인체에 치명적이다.

⑨ **뒷댐재**

- 무기질 비금속 재료인, 세라믹을 사용한다.
- 고온에서 소결하고 1,200°의 열에도 잘 견디기 때문이다.

오분만 오답노트 분석하여 만점받자

① 이산화탄소 아크 용접의 경우 보호 가스로 저렴한 [ ]를 사용한다.

② 이산화탄소 아크 용접의 용극식에는 솔리드 와이어와 [ ]가 있다.

③ 이산화탄소 아크 용접은 조정기에 [ ]가 필요하다.

④ 이산화탄소 농도가 [ ]% 이상이면, 인체에 위험하다.

① 탄산가스 ② 플럭스 코어드 ③ 히터 ④ 15

4 논가스 아크 용접·플라스마 아크 용접

1) 논가스 아크 용접의 개요

① **원리:** 솔리드 와이어나 플럭스 와이어를 사용하여 보호 가스의 공급 없이도 와이어 자체에서 발생하는 가스만으로 아크 분위기를 만들어 용접하는 방식이다.

② **장점**

- 보호 가스나 용제가 불필요하다.
- 바람이 있는 옥외에서도 사용 가능하다.
- 전원으로 교류 및 직류를 모두 사용할 수 있다.
- 전 자세 용접이 가능하다.

• 용접 비드가 아름답고 슬래그의 박리성이 우수하다.
• 용접 장치가 간단하고 운반이 편리하다.
• 아크를 중단하지 않고 연속 용접을 할 수 있다.

③ **단점**

• 용착 금속의 기계적 성질이 다소 떨어진다.
• 와이어의 가격이 비싸고, 아크 빛이 강하며, 보호 가스 발생이 많아 용접선이 잘 보이지 않는다.

2) 플라스마 아크 용접의 개요

① **플라스마의 발생 원리 :** 기체의 가열로 전리된 전자의 이온이 혼합되어 도전성을 띤 가스체를 플라스마라 하는데, 이때 발생된 온도는 10,000~30,000℃ 정도이다.

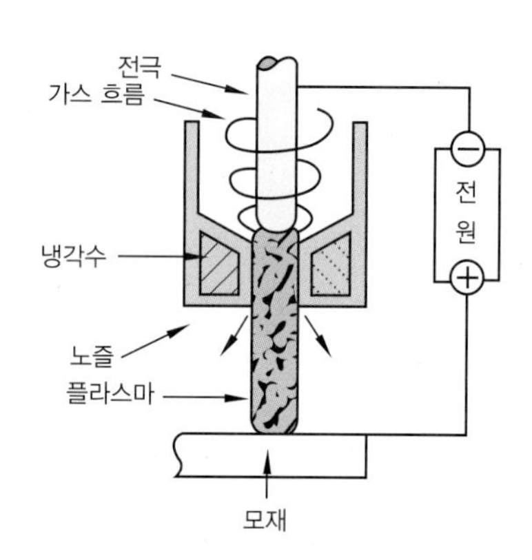

[그림 1-30] **플라스마의 발생 원리**

② **플라스마 아크 용접의 원리**

• 아크 플라스마를 좁은 틈으로 고속으로 분출시켜 생기는 고온의 불꽃을 이용해서 절단 용사, 용접한다.
• 열적 핀치 효과: 냉각으로 인한 단면 수축으로 전류 밀도 증대
• 자기적 핀치 효과: 방전 전류에 의한 작용과 전류의 작용으로 단면 수축하여 전류 밀도 증대

③ **장점**

• 아크 형태가 원통이고 지향성이 좋아, 아크 길이가 변해도 용접부는 거의 영향을 받지 않는다.
• 용입이 깊고 비드 폭이 좁으며 용접 속도가 빠르다.
• 다른 용접은 V형 등으로 용접해야 할 것도 I형으로 용접이 가능하며, 1층 용접으로 완성 가능하다.
• 전극봉이 토치 내의 노즐 안쪽에 들어가 있어 모재에 부딪힐 염려가 없으므로 용접부의 텅스텐 오염에 대한 염려가 없다.
• 용접부의 기계적 성질이 우수하고, 작업이 쉽다(박판, 덧붙이, 납땜에도 이용되며 수동 용접도 쉽게 설계).

④ **단점**

- 설비비가 고가이고, 용접 속도가 빨라 가스의 보호가 불충분하다.
- 무부하 전압이 높고, 모재 표면을 깨끗이 하지 않으면 플라스마 아크 상태가 변하여 용접부의 품질이 저하된다.

⑤ **사용 가스:** 아르곤, 수소를 사용하며, 모재에 따라 질소 또는 공기도 사용한다.

⑥ **전원:** 직류를 사용한다.

⑦ **용도:** 탄소강, 스테인리스강, 티탄, 니켈 합금, 구리 등에 적합하다.

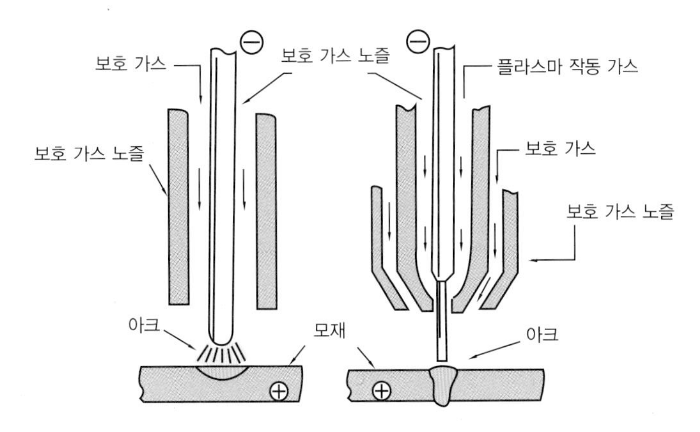

[그림 1-31] **티그 용접과 플라스마 용접의 비교**

⑧ **종류:** 플라스마 아크 용접(이행형), 플라스마 제트 용접(비이행형)

플라스마 아크 용접(이행형)	플라스마 제트 용접(비이행형)
• 텅스텐 전극에 –극, +극을 연결하는 직류 정극성 • 모재가 전기 회로의 일부, 반드시 전기 전도성 필요	• 모재 대신 수축 노즐에 +극을 연결 • 이행형에 비하여 열효율이 낮고, 수축 노즐이 과열될 우려가 있음. • 비전도체에도 적용이 가능하여 비금속의 용접이나 절단에 이용

오분만 오답노트 분석하여 만점받자

① [ ] 용접은 뒷댐재로 세라믹을 사용하며, 보호 가스의 공급 없이도 와이어 자체에서 발생하는 가스만으로 아크 분위기를 만들어 용접하는 방식이다.

② 기체의 가열로 전리된 전자의 이온이 혼합되어 도전성을 띤 가스체가 되는 것을 [ ]라고 한다.

③ 플라스마 아크 용접은 이행형이라고도 하며, 모재가 [ ]의 일부이므로 반드시 전도성이 필요하다.

① 플럭스 코어드(논 가스) ② 플라스마 ③ 전기 회로

5 일렉트로 슬래그·테르밋 용접

1) 일렉트로 슬래그 용접

(1) 일렉트로 용접의 개요

① **원리:** 두꺼운 판의 양쪽에 수냉 동판을 대고 용융 슬래그 속에서 아크를 발생시킨 후 용융슬래그의 전기 저항열을 이용하여 용접하는 융점의 일종이다.

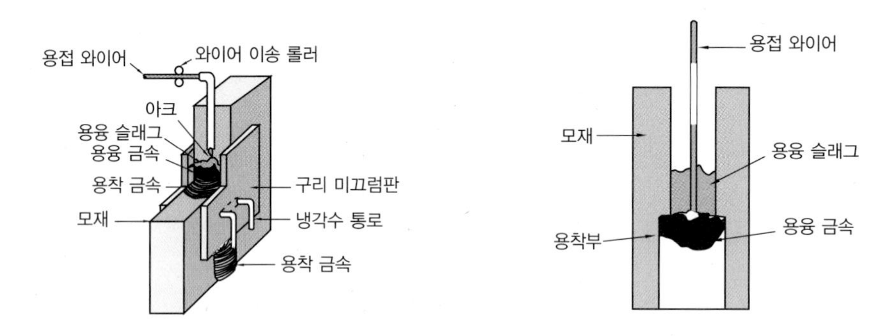

[그림 1-32] **일렉트로 슬래그 용접의 구조와 원리**

② **장점과 단점**

장점	단점
• 전기 저항 열을 이용하여 용접(줄의 법칙 적용) • 두꺼운 판의 용접으로 적합(단층으로 용접이 가능) • 홈 모양이 I형이기 때문에 홈 가공이 간단 • 매우 능률적이고 변형이 적음.(변형이 적고, 경제적)	• 아크가 보이지 않고 아크 불꽃이 없음. • 기계적 성질이 나쁘고, 가격이 비쌈. • 노치 취성이 큼(냉각 속도가 느리기 때문에). • 용접 시간에 비하여 준비 시간이 김.

③ **용도:** 보일러 드럼, 압력 용기의 수직 또는 원주 이음, 대형 부품의 롤러 등의 후판 용접에 쓰인다.

(2) 알렉트로 가스 아크 용접(인클로오스 탄산가스 용접)

① **원리**

- 일렉트로 슬래그 용접과 거의 비슷한 용접 방법으로 수직 자동 용접이라고도 한다.
- 플럭스를 사용하지 않고 실드 가스(탄산가스)를 사용하여 용접봉과 모재 사이에 발생한 아크열로 모재를 용융하는 방법이다.

② **특징**

- 일렉트로 슬래그 용접보다는 두께가 얇은 중후판(40~50mm)에 적당하다.
- 용접 속도가 빠르며, 용접 홈은 가스 절단 그대로 사용한다.
- 용접 후 수축, 변형, 비틀림 등의 결함이 없다.

- 용접 금속의 인성은 떨어진다.
- 용접 속도는 자동으로 조절된다.
- 스패터 및 가스 발생이 많고 용접 작업을 할 때 바람의 영향을 많이 받는다.

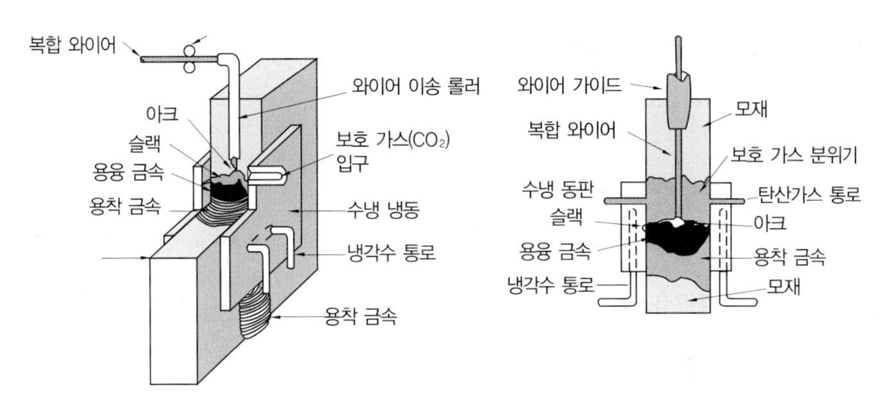

[그림 1-33] **일렉트로 가스 용접의 원리**

2) 테르밋 용접의 개요

① 원리

- 용접 열원을 외부로부터 가하는 것이 아니라, 테르밋 반응에 의하여 생성되는 열을 이용하여 금속을 용접하는 방법이다.
- 테르밋 반응은 금속 산화물이 알루미늄에 의하여 산소를 빼앗기는 반응을 총칭한다.
- 테르밋 용접의 열원: 화학적에너지

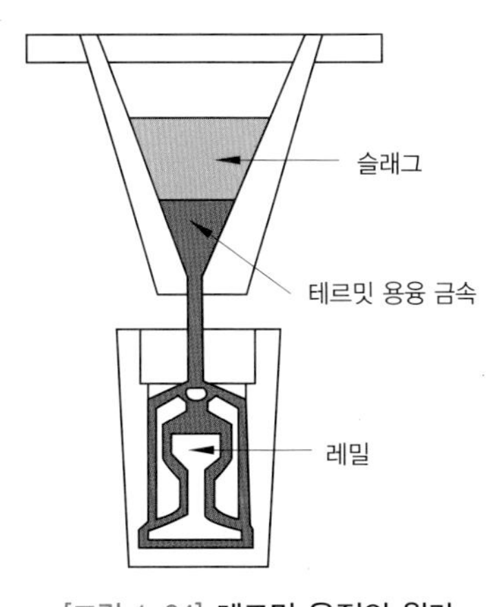

[그림 1-34] **테르밋 용접의 원리**

② 특징

- 테르밋제는 산화철 분말(FeO, Fe_2O_3, Fe_3O_4) 약 3~4, 알루미늄 분말을 1로 혼합한다(2800℃의 열이 발생).
- 점화제로는 과산화바륨, 마그네슘이 있다.
- 용융 테르밋 용접과 가압 테르밋 용접이 있다.
- 전력이 필요 없고, 작업이 간단하며 기술 습득이 용이하다.
- 용접 시간이 짧고 용접 후의 변형도 적다.
- 주로 철도 레일, 덧붙이 용접, 큰 단면의 주조, 단조품의 용접에 이용된다.

① 일렉트로 슬래그 용접은 전기 저항 열을 이용하여 용접하는 것으로 [ ]의 법칙을 적용한다.

② 일렉트로 슬래그 용접은 냉각 속도가 느리기 때문에 노치 취성이 [ ].

③ 일렉트로 가스 아크 용접에서 주로 사용되는 가스는 [ ]이다.

④ 테르밋 용접의 점화제로는 과산화바륨과 [ ]이 있다.

① 줄 ② 크다 ③ 탄산가스(CO_2) ④ 마그네슘

6 전자 빔·레이저 용접

1) 전자 빔 용접의 개요

① **원리:** 고진공 중에서 전자를 적당한 크기의 전자 코일로 만들어 양극 전압에 의해 가속시켜서 접합부에 충돌시킨 열로 용접하는 방법이다.

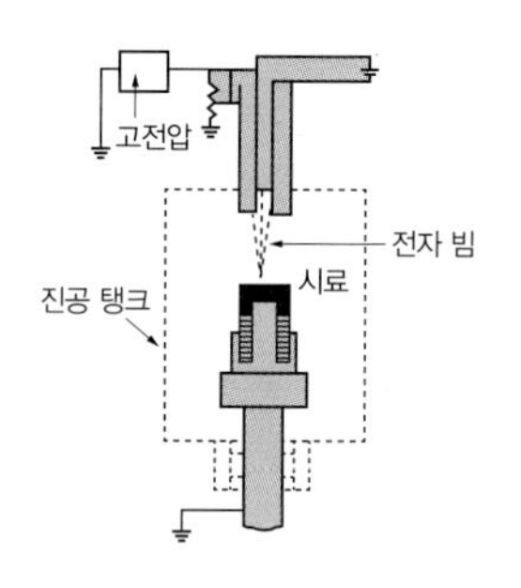

[그림 1-35] **전자 빔 용접의 원리**

② **특징**

- 용접부가 좁고 용입이 깊다.
- 얇은 판에서 두꺼운 판까지 광범위한 용접이 가능하다(정밀 제품의 자동화에 좋다).
- 고용융점 재료 또는 열전도율이 다른 이종 금속과의 용접이 용이하다.
- 용접부가 대기의 유해한 원소와 차단되어 양호한 용접부를 얻을 수 있다.
- 고속 용접이 가능하므로 열 영향부가 적고, 완성 치수의 정밀도가 높다.
- 고진공형, 저진공형, 대기압형이 있다.
- 피용접물의 크기 제한을 받으며 장치가 고가이다.
- 용접부의 경화 현상이 일어나기 쉽고, 배기 장치 및 X선 방호가 필요하다.

③ **전자 빔의 종류:** 고전압형 60~150KV, 저전압형 30~60KV

2) 레이저 용접의 개요

① **원리:** 파장이 같은 빛을 렌즈로 집광하면 매우 작은 점으로 집중되면서 높은 에너지로 고열의 열을 얻을 수 있다. 이것을 열원으로 하여 용접하는 특수 용접 방법이다.

② **특징**

- 정밀 용접이 가능하고, 좁고 깊은 용접부를 얻을 수 있다.
- 고속 용접과 용접 공정의 융통성을 부여할 수 있다.
- 접합하여야 할 부품의 조건에 따라서 한 방향으로 접합이 가능하다.
- 헬륨, 질소, 아르곤으로 냉각하여 레이저의 효율을 높일 수 있다.
- 에너지 밀도가 높고 고용융점을 가진 금속에 이용된다.
- 불량도체 및 접근하기가 곤란한 물체도 용접이 가능하다.
- 용접 장치는 고체 금속형, 반도체형, 가스 방전형이 있다.

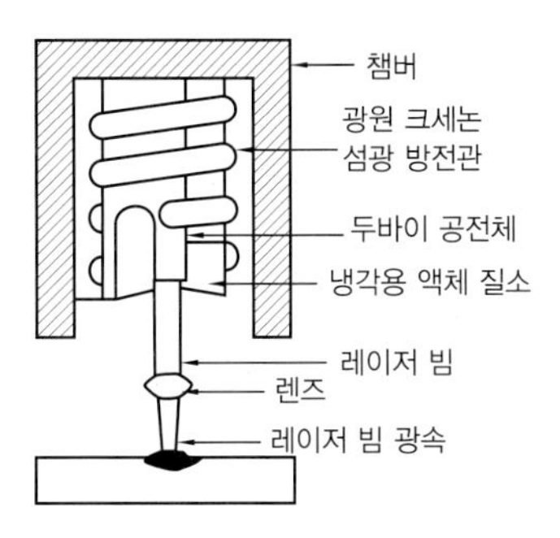

[그림 1-36] **레이저 빔 용접의 원리**

오답 노트 **분**석하여 **만**점 받자!

① 레이저 빔의 용접 장치로는 고체 금속형, [   ], 가스 방전형이 있다.

② [   ]은 유도방사에 의한 빛의 증폭을 의미하며, 접속성이 강한 단색 광선으로 강렬한 에너지를 가지고 있다.

③ 얇은 판에서 두꺼운 판까지 광범위한 용접이 가능한 전자 빔 용접은 [   ], 고진공형, 저진공형이 있다.

① 반도체형 ② 레이저 빔 ③ 대기압형

7 저항 용접 및 기타 용접

1) 저항 용접의 개요

① **원리:** 용접부에 대전류를 직접 흐르게 하여 이 때 발생하는 줄열을 열원으로 하여 접합부를 가열하고, 동시에 큰 압력을 주어 금속을 접합하는 방법으로 저항용접의 3대 요소는 용접전류, 통전시간, 가압력 이다.

② **줄의 법칙**

$$H = 0.24I^2Rt$$ (H: 발열량, I: 전류, R: 저항, t: 통전 시간)

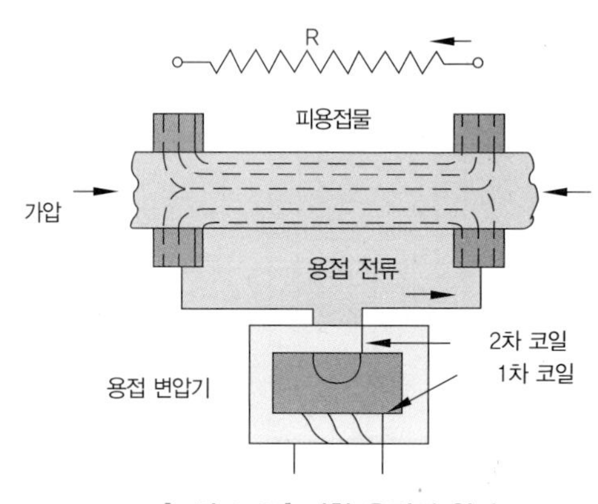

[그림 1-37] 저항 용접의 원리

③ **장점**

- 작업 속도가 빨라 대량 생산에 적합하다.
- 열 손실이 적고, 용접부에 집중 열을 가할 수 있다.
- 용접 변형, 잔류 응력이 적다.
- 산화 및 변질 부분이 적고, 접합 강도가 비교적 크다.
- 가압 효과로 조직이 치밀해진다.
- 용접봉과 용제 등이 불필요하다.
- 작업자의 숙련이 필요 없다.

④ **단점**

- 대전류를 필요로 하고, 설비가 복잡하며 값이 비싸다.
- 급랭 경화로 후열 처리가 필요하다.
- 용접부의 위치와 형상 등의 영향을 받는다.
- 다른 금속 간의 접합이 곤란하다.
- 적당한 비파괴 검사가 어렵다.

⑤ 이음 형상에 따른 저항 용접의 분류

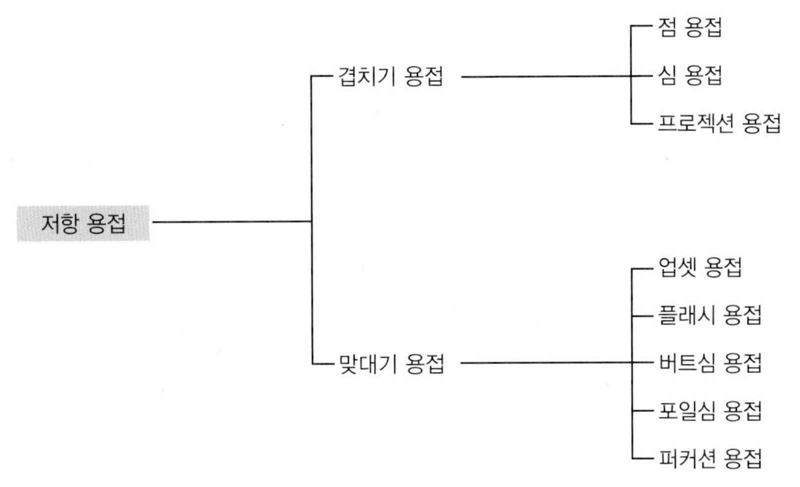

[그림 1-38] 이음 형상에 따른 저항 용접의 분류

2) 저항 용접의 종류

(1) 초음파 용접

① **원리:** 초음파를 진동 에너지로 변환하여 접합 재료에 전달, 가압 및 마찰에 의한 열로 접합하는 방법(압접)이다.

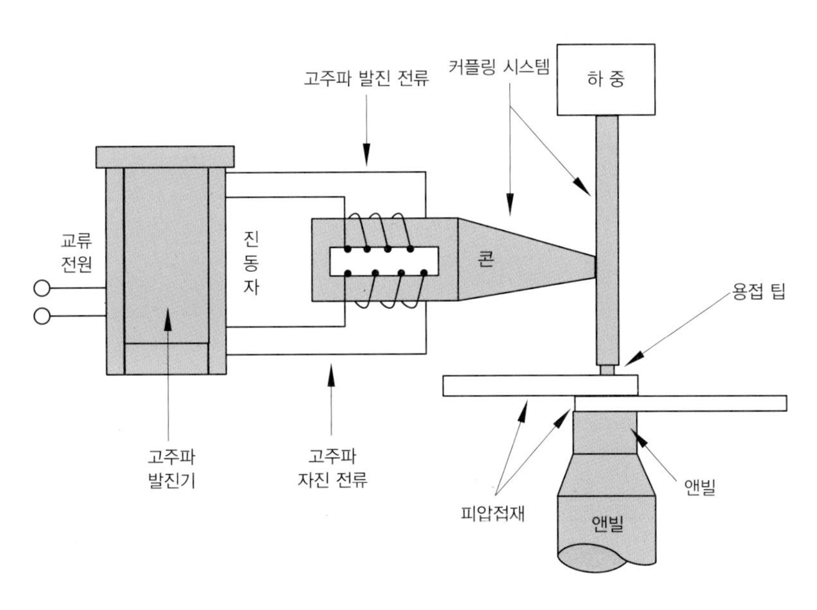

[그림 1-39] 초음파 용접의 원리

② **특징**

- 냉간 압접에 비해 주어지는 압력이 작아 변형이 적다.
- 압연한 그대로의 용접이 되고, 이종 금속의 용접도 가능하다.
- 극히 얇은 판, 즉 필름도 쉽게 용접한다.
- 판의 두께에 따라 용접 강도가 현저히 달라진다.
- 접합 재료의 종류 및 판의 두께에 따라 접합 조건이 달라지나 접합부의 외부 변형을 적게 한다는 의미에서 가급적 단시간으로 한다.

③ **용접 장치:** 초음파 발진기, 진동자, 진동 전달 기구, 압접 팁으로 구성된다.

(2) 가스 압접

① **원리:** 접합부를 가스 불꽃으로 재결정 온도 이상 가열하고, 축 방향으로 가압하여 접합하는 방식이다.

② **특징**

- 이음부에 탈탄층이 전혀 없다.
- 전력 및 용접봉 용제가 필요 없다.
- 작업이 거의 기계적이고, 장치가 간단하며 설비비 및 보수비가 싸다.

③ **종류:** 밀착 맞대기 방법, 개방 맞대기 방법이 있다.

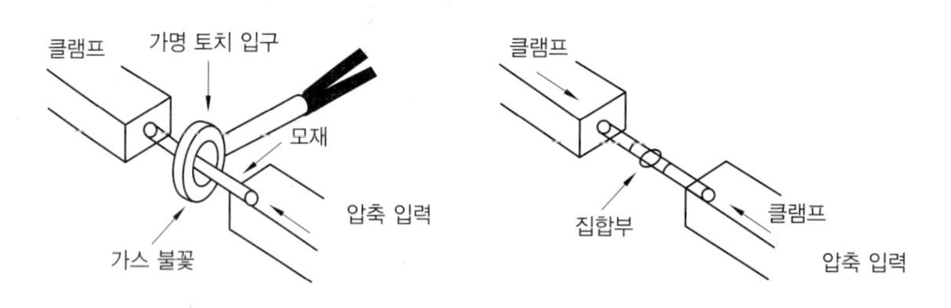

▲ 밀착 맞대기 방식

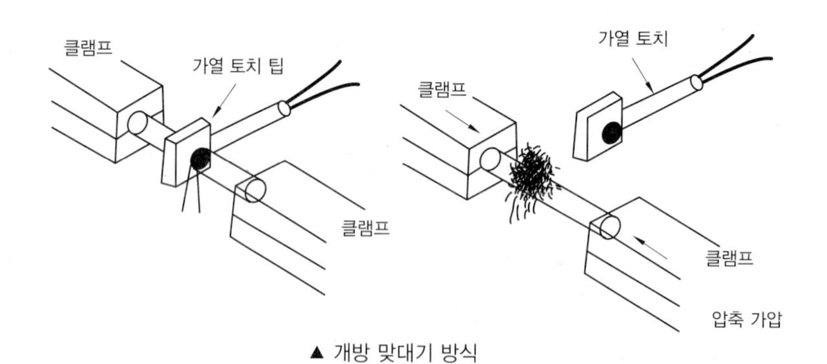

▲ 개방 맞대기 방식

[그림 1-42] **가스 압접의 두 가지 방법**

(3) 마찰 용접

① **원리:** 접합하고자 하는 재료를 접촉시켜 하나는 고정시키고 다른 하나는 가압, 회전하여 발생되는 마찰열로 적당한 온도가 되었을 때 접합하는 방법이다.

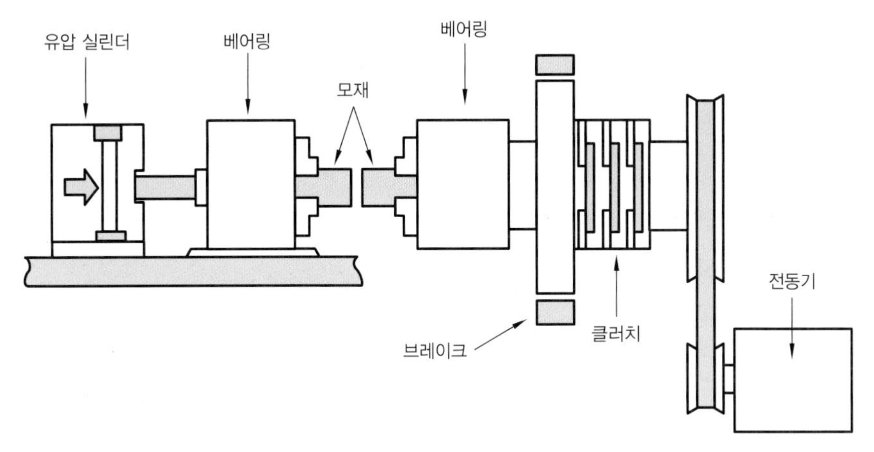

[그림 1-43] **마찰 용접의 구성과 원리**

② **장점**

- 취급과 조작이 간단하고, 이종 금속의 접합이 가능하다.
- 용접 시간이 짧고 작업 능률이 높으며, 변형의 발생이 적다.
- 국부 가열이므로, 열 영향부가 좁고 이음 성능이 좋다.
- 치수의 정밀도가 높고 재료가 절약된다.

③ **단점**

- 피용접물의 형상 치수, 단면 모양, 길이, 무게 등의 제한을 받는다.
- 상대 각도를 필요로 하는 것은 용접이 어렵다.

① 초음파를 진동 에너지로 변환하여 접합하는 초음파 용접은 [ ]에 해당한다.

② 초음파 용접의 장치로는 초음파 발진기, [ ], 진동 전달 기구, 압접 팁이 있다.

③ [ ]의 종류로는 밀착 맞대기 방법, 개방 맞대기 방법이 있다.

④ 마찰 용접은 컨벤서널형과 플라이휠형이 있는데, [ ]을 필요로 하는 것은 접합이 곤란하다.

① 압접 ② 진동자 ③ 가스 압접 ④ 상대 운동

3) 기타 용접

(1) 원자 수소 용접의 개요

① **원리:** 수소 가스 분위기 중에서 2개의 텅스텐 용접봉 사이에 아크를 발생시키면, 수소 분자는 아크의 고열을 흡수하여 원자 상태 수소로 열 해리되며, 다시 모재 표면에서 냉각되어 분자 상태로 결합될 때 방출되는 열(3000~4000℃)을 이용하여 용접하는 방법이다.

② **특징**

- 용접부의 산화나 질화가 없어 특수 금속 용접이 용이하다.
- 연성이 좋고 표면이 깨끗한 용접부를 얻는다.
- 발열량이 많아 용접 속도가 빠르고 변형이 적다.
- 비용의 과다 등으로 차차 응용 범위가 줄어들고 있다.
- 특수 금속(스테인리스강, 크롬, 니켈, 몰리브덴)에 이용되며, 기술적인 어려움이 있다.
- 고속도강, 바이트 등 절삭 공구의 제조에 사용한다.

(2) 아크 점 용접의 개요

① **원리:** 아크의 높은 열과 집중성을 이용하여 접합부의 한쪽에서 0.5~5초 정도 아크를 발생시켜 융합하는 방법이다.

② **특징**

- 1~3mm 정도 위판과 3.2~6mm 정도 아래 판에 맞추어서 용접한다.
- 극히 얇은 판을 사용할 때는 용락을 방지하기 위하여 구리 받침쇠를 사용한다.
- 종류로는 비용극식(불활성 가스 텅스텐 아크 점 용접법)과, 용극식(불활성 가스 금속 아크 용접법, 이산화탄소 아크 용접, 피복 아크 용접)이 있다.

(3) 단락 이행 용접

① **원리:** 불활성 가스 금속 아크 용접과 비슷하지만, 1초 동안 100회 이상 단락하여 아크 발생 시간이 짧고 모재의 열 입력도 적어진다.

② **특징**

- 가는 솔리드 와이어를 이용한다.
- 스프레이형이다.
- 0.8mm 정도의 박판 용접에 이용된다.
- 와이어 종류는 0.76mm, 0.89mm, 1.14mm 정도로 규소-망간계이다.

(4) 플라스틱 용접

① **원리:** 열기구 용접, 마찰 용접, 열풍 용접, 고주파 용접 등을 이용할 수 있는데, 주로 열풍 용접이 사용되고 있다.

② **특징**

- 전기 절연성이 좋다.
- 가볍고 비강도가 크다.
- 열가소성만 용접이 가능하다.

(5) 스터드 용접

① **원리:** 스터드 용접은 크게 저항 용접에 의한 것, 충격 용접에 의한 것, 아크 용접에 의한 것으로 구분되는데, 특히 아크 용접은 모재와 스터드 사이에 아크를 발생시켜 용접한다.

② **특징**

- 자동 아크 용접으로, 볼트, 환봉, 핀 등을 용접한다.
- 0.1~2초 정도의 아크가 발생한다.
- 셀렌 정류기의 직류 용접기를 사용한다. (교류도 사용 가능하다.)
- 짧은 시간에 용접되므로 변형이 극히 적다.
- 철강재 이외에 비철 금속에도 쓸 수 있다.
- 아크를 보호하고 집중하기 위해 도기로 만든 페룰을 사용한다.
- 용착부의 오염을 방지하고, 용접사의 눈을 보호한다.

(6) 고주파 용접의 원리

고주파 전류를 도체의 표면에 집중적으로 흐르는 성질인 표피 효과와 전류 방향이 반대인 경우는 서로 근접해서 생기는 성질인 근접 효과를 이용하여 용접부를 가열하여 용접하는 방법이다.

(7) 아크 이미지 용접의 원리

전자 빔, 레이저 광선과 비슷하게 탄소 아크나 태양광선 등의 열을 렌즈로 모아서 모재에 집중시켜 용접하는 방법이다. 특히 우주 공간에서는 수증기가 없기 때문에 3500~5000℃ 의 열을 얻을 수 있어 박판 용접이 가능하다.

(8) 하이브리드 용접의 원리

각각의 단독 용접 공정보다 훨씬 우수한 기능과 특성을 얻을 수 있도록 두 종류 이상의 용접 공정을 복합적으로 활용하여 서로의 장점을 살리고 단점을 보완하여 시너지 효과를 얻기 위한 방법이다.

오답 노트 분석하여 만점 받자!

오분만

① [ ] 용접은 크게 저항 용접에 의한 것, 충격 용접에 의한 것, 아크 용접에 의한 것으로 구분된다.

② 스터드 용접의 경우 교류도 사용이 가능하지만, 주로 [ ] 정류기의 직류 용접기를 사용한다.

③ [ ] 용접은 렌즈로 열을 모아 모재에 집중시켜 용접하는 방법으로 박판 용접이 가능하다.

④ [ ] 용접은 스프레이형이고 가는 솔리드 와이어를 이용한다.

① 스터드 ② 셀렌 ③ 아크 이미지 ④ 단락 이행

4) 각종 금속의 용접

(1) 고탄소강

① **의미:** 탄소 함유량의 증가로 급랭 경화, 균열 발생이 생긴다.

② **용접 균열 방지법**

- 용접 전류를 낮게 하고, 속도를 느리게 한다.
- 예열 및 후열 처리를 한다.
- 용접봉은 저수소계를 사용하고, 층간 용접 온도를 지킨다.

③ **탄소량의 함유에 따른 분류**

- 저탄소강 : 0.3% 이하
- 고탄소강 : 0.3% 이상
- 구조용 탄소강 : 0.5~0.6%
- 탄소공구강 : 0.6~1.5%

④ **탄소강의 종류**

SCP	냉간 압연 강판	SHP	열간 압연 강판	SC	주강용품
SS	일반 구조용 강재	SK	자석강	SKH	고속도 공구 강재
SWS	용접 구조용 압연 강재	STC	탄소 공구강	STS	합금 공구강
SPS	스프링용 강	STKM	기계 구조용 탄소 강관	SPSC	상업용 태양 전지
SPP	배관용 탄소 강관	SPPH	고압 배관용 탄소 강관	SCW 450	주강품
SNCM	니켈-크롬-몰리브덴강	SM 35C	기계 구조용 탄소 강재	SM 400C	용접 구조용 압연 강재

(2) 주철

① 수축이 크고 균열이 발생하기 쉽고 기포 발생이 많으며, 급열 · 급랭으로 용접부의 백선화로 절삭 가공이 어려워 용접이 곤란하다.

② 예열 또는 후열(500~550℃)을 한다.

③ 붕사 15%, 탄산화수소나트륨 70%, 탄산나트륨 15%, 알루미늄 분말 소량의 혼합제가 널리 쓰인다.

④ **주철 용접의 보수 방법**

- 스터드법 : 스터드 볼트를 사용
- 비녀장법 : 각 봉을 막고 용접하는 방법
- 버터링법 : 모재와 융합이 잘되는 용접으로 적당히 용착
- 로킹법 : 스터드 볼트 대신에 둥근 고랑을 파는 방법

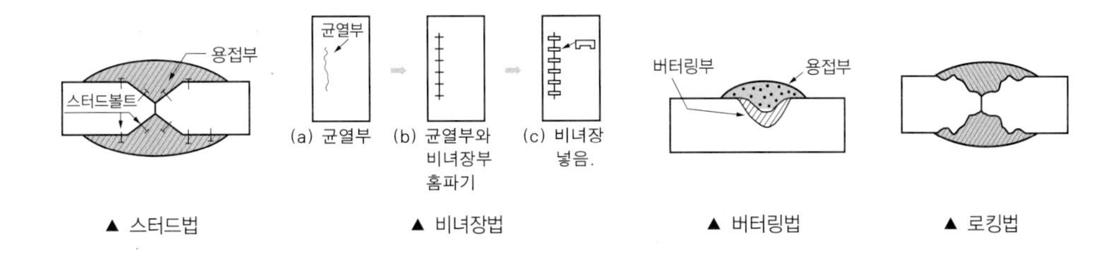

▲ 스터드법 ▲ 비녀장법 ▲ 버터링법 ▲ 로킹법

⑤ **주철 용접 시의 주의 사항**

- 보수 용접을 행하는 경우 본바닥이 나타날 때까지 잘 깎아 낸 후 용접한다.
- 될 수 있는 대로 가는 지름의 것을 사용한다.
- 비드 배치는 짧게 여러 번 한다.
- 피닝 작업을 하여 변형을 줄인다.
- 가스 용접을 할 때 중성 불꽃 및 탄화 불꽃을 사용하며, 플럭스를 충분히 사용한다.
- 두꺼운 판의 경우에는 예열과 후열 후 서냉한다.
- 주철에 사용하는 용접봉은 지름이 작은 것을 사용하여 가급적 모재에 열량을 감소시켜야 한다.
- 보수 용접을 행하는 경우 결함 부분을 완전히 제거한 후 용접한다.
- 균열의 보수는 균열의 성장을 방지하기 위해 균열의 양 끝에 정지 구멍을 뚫어 준다.
- 용접 전류는 필요 이상 높이지 말고 직선 비드를 배치하며, 지나치게 용입을 깊게 하지 않는다.

(3) 스테인리스강

① 0.8mm까지는 피복 아크 용접을 이용할 수 있다.

② 불활성 가스 텅스텐 아크 용접이 주로 이용된다(GTAW).

③ 스테인리스강의 용접에서는 용입이 쉽게 이루어지도록 하는 것이 중요하다.

④ 크롬-니켈 스테인리스강의 용접(18-8 스테인리스강)은 탄화물이 석출하여 입계 부식을 일으켜 용접 쇠약을 일으키므로 냉각 속도를 빠르게 하든지, 용접 후에 용체화 처리를 하는 것이 중요하다.

⑤ **18-8 스테인리스강을 용접할 때의 주의 사항**

- 예열을 하지 않는다.
- 층간 온도가 320℃ 이상을 넘어서는 안 된다.
- 용접봉은 모재와 같은 것을 사용하며, 될수록 가는 것을 사용한다.
- 낮은 전류치로 용접하여 용접 입열을 억제한다.
- 짧은 아크 길이를 유지한다(길면 카바이드가 석출됨).
- 크레이터를 처리한다.

(4) 구리 및 구리 합금

① 열전도율이 커서 균열 발생이 쉽다.

② 티그 용접법, 피복 금속 아크 용접, 가스 용접법, 납땜법 등이 사용된다.

(5) 알루미늄 용접의 개요

① **의미:** 열전도도가 커서 단시간에 용접 온도를 높이는 데 높은 온도의 열원이 필요하다.

② **용도:** 가스 용접, 불활성 가스 아크 용접, 전기 저항 용접이 쓰이고, 팽창 계수가 매우 크다.

③ **용접 후:** 2% 질산, 10% 뜨거운 황산으로 씻어 낸다.

④ **전원:** 교류 고주파(ACHF)를 이용한다.

⑤ **특징**

- 열전도도가 커서 단시간에 용접 온도를 높이는 데 높은 온도의 열원이 필요하다.
- 청정 작용은 Ar 가스 이용, Tig 용접은 직류 역극성을 이용한다.

① 탄소량 0.03% 이상인 [ ]은 용접 시 층간 온도를 지켜야 한다.

② 주철의 보수 방법에는 스터드법, 비녀장법, 버터링법, [ ]이 있다.

③ [ ]는 기계 구조용 강관으로 탄소 함유량이 0.01%이다.

④ 18-8 스테인리스강을 용접할 때는 층간 온도가 [ ]°C를 넘지 않아야 한다.

① 고탄소강 ② 로킹 ③ SM10C ④ 320

평가문제

01 다음 중 기계적 접합법의 종류가 아닌 것은?

① 볼트 이음　② 리벳 이음
③ 코터 이음　✔ 스터드 용접

02 용접 구조물이 리벳 구조물에 비하여 나쁜 점이라고 할 수 없는 것은?

① 품질 검사 곤란
✔ 작업 공정의 단축
③ 열 영향에 의한 재질 변화
④ 잔류 응력의 발생

03 리벳 이음에 비교한 용접 이음의 특징을 열거한 것 중 틀린 것은?

✔ 구조가 복잡하다.
② 유밀, 기밀, 수밀이 우수하다.
③ 공정의 수가 절감된다.
④ 이음 효율이 높다.

04 용접에 사용되지 않는 열원은?

① 기계 에너지　② 전기 에너지
✔ 위치 에너지　④ 가스 에너지

05 용접 용어에 대한 정의를 설명한 것으로 틀린 것은?

① 모재 : 용접 또는 절단되는 금속
② 다공성 : 용착 금속 중 기공의 밀집한 정도
✔ 용락 : 모재가 녹은 깊이
④ 용가재 : 용착부를 만들기 위하여 녹여서 첨가하는 금속

06 피복 아크 용접봉은 피복제가 연소한 후 생성된 물질이 용접부를 어떻게 보호하느냐에 따라 세 가지로 분류한다. 적합하지 않은 것은?

① 가스 발생식　✔ 합금 첨가식
③ 슬래그 생성식　④ 반 가스 발생식

07 피복제의 주된 역할로 틀린 것은?

① 아크를 안정하게 하고, 전기 절연 작용을 한다.
✔ 스패터링(spattering)을 많게 한다.
③ 모재 표면의 산화물을 제거하고 양호한 용접부를 만든다.
④ 슬래그 제거를 쉽게 하고, 파형이 고운 비드를 만든다.

08 피복 아크 용접봉의 피복제가 하는 역할로 옳은 것은?

① 스패터의 발생을 많게 한다.
② 용착 금속에 필요한 합금 원소를 제거한다.
③ 모재 표면에 산화물이 생기게 한다.
✔ 용착 금속의 냉각 속도를 느리게 하여 급랭을 방지한다.

09 피복 아크 용접봉에서 피복제의 역할로 틀린 것은?

① 아크 안정
② 전기 절연 작용
③ 슬래그 제거 용이
✔ 냉각 속도 증가

10 저수소계 피복 용접봉(E4316) 피복제의 주성분으로 맞는 것은?

✔ 석회석 ② 산화티탄
③ 일미나이트 ④ 셀룰로오스

11 피복 아크 용접봉에서 피복제의 역할 중 틀린 것은?

① 중성 또는 환원성 분위기로 용착 금속을 보호한다.
② 용착 금속의 급랭을 방지한다.
③ 모재 표면의 산화물을 제거한다.
✔ 용착 금속의 탈산 정련 작용을 방지한다.

12 연강용 피복 아크 용접봉 중 아래 보기와 수평 필릿 자세에 한정되는 용접봉의 종류는?

✔ E4324 ② E4316
③ E4303 ④ E4301

13 저수소계 용접봉은 사용하기 전 몇 ℃에서 몇 시간 정도 건조하는가?

① 100~150℃, 30시간
② 150~250℃, 1시간
✔ 300~350℃, 1~2시간
④ 450~550℃, 3시간

14 연강용 피복 아크 용접봉의 용접 기호 E4327 중 "27"이 뜻하는 것은?

✔ 피복제의 계통
② 용접 모재
③ 용착 금속의 최저 인장 강도
④ 전기 용접봉의 의미

15 고장력강용 피복 아크 용접봉의 특징으로 틀린 것은?

① 인장 강도가 50kgf/mm^2 이상이다.
✔ 재료 취급 및 가공이 어렵다.
③ 동일한 강도에서 판 두께를 얇게 할 수 있다.
④ 소요 강재의 중량을 경감시킨다.

16 피복 아크 용접에서 아크 길이에 대한 설명으로 옳지 않은 것은?

① 아크 전압은 아크 길이에 비례한다.
✔ 일반적으로 아크 길이는 보통 심선의 지름의 2배 정도인 6~8mm 정도이다.
③ 아크 길이가 너무 길면 아크가 불안전하고 용입 불량의 원인이 된다.
④ 양호한 용접을 하려면 가능한 한 짧은 아크(short arc)를 사용하여야 한다.

17 용접기의 특성 중에서 MIG 또는 CO_2 용접 등에 적합한 특성으로 일명 CP 특성이라고도 하는 것은?

① 상승 특성 ② 정전류 특성
③ 수하 특성 ✔ 정전압 특성

18 아크 전류가 일정할 때 아크 전압이 높아지면 용접봉의 용융 속도가 늦어지고 아크 전압이 낮아지면 용융 속도가 빨라지는 특성을 무엇이라 하는가?

① 부저항 특성
② 절연 회복 특성
③ 전압 회복 특성
✔ 아크 길이 자기 제어 특성

19 용접기의 특성 중 부하 전류가 증가하면 단자 전압이 저하하는 특성은?

① 정전압 특성 ② 상승 특성
✔③ 수하 특성 ④ 자기 제어 특성

20 피복 아크 용접, TIG 용접처럼 토치의 조작을 손으로 함에 따라 아크 길이를 일정하게 유지하는 것이 곤란한 용접법에 적용되는 특성은?

✔① 수하 특성 ② 정전압 특성
③ 상승 특성 ④ 단락 특성

21 피복 아크 용접에서 직류 역극성으로 용접하였을 때 나타나는 현상에 대한 설명으로 가장 적합한 것은?

① 용접봉의 용융 속도는 늦고 모재의 용입은 직류 정극성보다 깊어진다.
✔② 용접봉의 용융 속도는 빠르고 모재의 용입은 직류 정극성보다 얕아진다.
③ 용접봉의 용융 속도는 극성에 관계없으며 모재의 용입만 직류 정극성보다 얕아진다.
④ 용접봉의 용융 속도와 모재의 용입은 극성에 관계없이 전류의 세기에 따라 변한다.

22 직류 아크 용접에서 용접봉을 용접기의 음(−)극에, 모재를 양(+)극에 연결한 경우의 극성은?

✔① 직류 정극성 ② 직류 역극성
③ 용극성 ④ 비용극성

23 직류 아크 용접에서 직류 정극성의 특징 중 옳게 설명한 것은?

① 비드 폭이 넓어진다.
② 용접봉의 용융이 빠르다.
✔③ 모재의 용입이 깊다.
④ 일반적으로 적게 사용한다.

24 피복 아크 용접 중 3.2mm의 용접봉으로 용접할 때 일반적인 아크 길이로 가장 적당한 것은?

① 6mm ✔② 3mm
③ 7mm ④ 5mm

25 피복 아크 용접에서 용접봉의 용융 속도와 관련이 가장 큰 것은?

① 아크 전압
② 용접봉 지름
③ 용접기의 종류
✔④ 용접봉 쪽 전압 강하

26 용접봉 홀더가 KS 규격으로 200호일 때 용접기의 정격 전류로 맞는 것은?

① 100A ✔② 200A
③ 400A ④ 800A

27 1차 입력이 22kVA, 전원 전압을 220V의 전기를 사용할 때 퓨즈 용량(A)은?

① 1000 ✔② 100
③ 10 ④ 1

28 용접기의 사용률이 40%인 경우 아크 시간과 휴식 시간을 합한 전체 시간을 10분 기준으로 했을 때, 아크 발생 시간은 몇 분인가?

✔① 4 ② 6
③ 8 ④ 10

29 용접용 2차측 케이블의 유연성을 확보하기 위하여 주로 사용하는 캡 타이어 전선에 대한 설명으로 옳은 것은?

① 가는 구리선을 여러 개로 꼬아 얇은 종이로 싸고 그 위에 니켈 피복을 한 것
② 가는 알루미늄 선을 여러 개로 꼬아 튼튼한 종이로 싸고 그 위에 니켈 피복을 한 것
✔③ 가는 구리선을 여러 개로 꼬아 튼튼한 종이로 싸고 그 위에 고무 피복을 한 것
④ 가는 알루미늄 선을 여러 개로 꼬아 얇은 종이로 싸고 그 위에 고무 피복을 한 것

30 피복제의 계통에 따른 용접봉의 종류를 표시한 것이다. 틀린 것은?

① 일미나이트계 - E4301
② 라임티타니아계 - E4303
③ 철분산화티탄계 - E4324
✔④ 고산화티탄계 - E4316

31 용접기의 규격 AW 500의 설명 중 맞는 것은?

① AW는 직류 아크 용접기라는 뜻이다.
✔② 500은 정격 2차 전류의 값이다.
③ AW는 용접기의 사용률을 말한다.
④ 500은 용접기의 무부하 전압 값이다.

32 규격이 AW 300인 교류 아크 용접기의 정격 2차 전류 범위는?

① 0~300A ② 20~330A
✔③ 60~300A ④ 120~430A

33 용접기에서 허용 사용률(%)을 나타내는 식은?

✔① (정격 2차 전류)^2/(실제의 용접 전류)^2 × 정격 사용률
② (실제의 용접 전류)^2/(정격 2차 전류)^2 × 100
③ (정격 2차 전류)/(실제의 용접 전류)× 정격 사용률
④ (실제의 용접 전류)/(정격 2차 전류)× 100

34 직류 아크 용접기로 두께가 15mm이고, 길이가 5m인 고장력 강판을 용접하는 도중에 아크가 용접봉 방향에서 한쪽으로 쏠렸다. 이러한 현상을 방지하는 방법 중 틀린 설명은?

① 용접봉 끝을 아크 쏠림 반대 방향으로 기울일 것
✔② 용량이 더 큰 직류 용접기로 교체할 것
③ 용접부가 긴 경우에는 후퇴 용접법으로 할 것
④ 이음의 처음과 끝에 엔드 탭을 이용할 것

35 연강용 피복 아크 용접봉의 간접 작업성에 해당하는 것은?

① 아크의 발생
✔② 스패터 제거의 난이도
③ 용접봉의 용융 상태
④ 슬래그의 상태

36 케이블과 클램프 및 클램프와 용접물의 각 접속부는 잘 접속되어야 한다. 이것의 접속이 나쁠 때 발생되는 현상이 아닌 것은?

① 접속부에서 열이 과도하게 발생한다.
② 접속부를 손상시킨다.
③ 아크가 불안정하다.
✔④ 전력이 절약된다.

37 직류 아크 용접기와 비교한 교류 아크 용접기의 특징을 올바르게 나타낸 것은?

✔ 아크의 안정성이 약간 떨어진다.
② 값이 비싸고 취급이 어렵다.
③ 고장이 많아 보수가 어렵다.
④ 무부하 전압이 낮아 전격의 위험이 적다.

38 교류 아크 용접기의 원격 제어 장치에 대한 설명으로 맞는 것은?

① 전류를 조절한다.
② 2차 무부하 전압을 조절한다.
③ 전압을 조절한다.
✔ 전압과 전류를 조절한다.

39 피복 아크 용접에서 아크 전류와 아크 전압을 일정하게 유지하고 용접 속도를 증가시킬 때 나타나는 현상은?

① 비드 폭이 넓어지고 용입은 얕아진다.
② 비드 폭은 좁아지고 용입은 깊어진다.
✔ 비드 폭은 좁아지고 용입은 얕아진다.
④ 비드 폭은 넓어지고 용입은 깊어진다.

40 아크 길이가 길 때, 발생하는 현상이 아닌 것은?

① 스패터의 발생이 많다.
② 용착 금속의 재질이 불량해진다.
✔ 오버랩이 생긴다.
④ 비드의 외관이 불량해진다.

41 피복 아크 용접부 결함의 종류인 스패터의 발생 원인으로 가장 거리가 먼 것은?

✔ 운봉 속도가 느릴 때
② 전류가 높을 때
③ 수분이 많은 용접봉을 사용했을 때
④ 아크 길이가 너무 길 때

42 용접부의 내부 결함으로써 슬래그 섞임을 방지하는 것은?

① 전층의 슬래그는 제거하지 않고 용접한다.
✔ 슬래그가 앞지르지 않도록 운봉 속도를 유지한다.
③ 용접 전류를 낮게 한다.
④ 루트 간격을 최대한 좁게 한다.

43 용입 불량의 방지 대책으로 틀린 것은?

① 용접봉의 선택을 잘한다.
② 적정 용접 전류를 선택한다.
③ 용접 속도를 빠르지 않게 한다.
✔ 루트 간격 및 홈 각도를 작게 한다.

44 용접부에 오버랩의 결함이 생겼을 때, 가장 올바른 보수 방법은?

① 작은 지름의 용접봉을 사용하여 용접한다.
✔ 결함 부분을 깎아 내고 재용접한다.
③ 드릴로 정지 구멍을 뚫고 재용접한다.
④ 결함 부분을 절단한 후 덧붙임 용접을 한다.

45 직류 아크 용접기와 비교하여 교류 아크 용접기에 대한 설명으로 가장 올바른 것은?

✔ 무부하 전압이 높고 감전의 위험이 많다.
② 구조가 복잡하고 극성 변화가 가능하다.
③ 자기 쏠림 방지가 불가능하다.
④ 아크가 비교적 안정적이다.

46 다음 중 전기 용접을 할 때 전격의 위험이 가장 높은 경우는?

✔ 용접 중 접지가 불량할 때
② 용접부가 두꺼울 때
③ 용접봉이 굵고 전류가 높을 때
④ 용접부가 불규칙할 때

47 용접봉의 지름 1.0~1.6mm, 용접 전류가 30~45A의 아크 용접에 사용하는 차광 유리의 차광도 번호는?

✔ 7　　② 10
③ 12　　④ 14

48 피복 아크 용접에서 차광도의 번호로 많이 사용하는 것은?

① 4~5　　② 7~8
✔ 10~11　　④ 13~15

49 전기 용접기의 취급 관리에 대한 안전 사항으로서 잘못된 것은?

① 용접기는 항상 건조한 곳에 설치 후 작업한다.
② 용접 전류는 용접봉 심선의 굵기에 따라 적정 전류를 정한다.
✔ 용접 전류 조정은 용접을 진행하면서 조정한다.
④ 용접기는 통풍이 잘 되고 그늘진 곳에 설치를 하고 습기가 없어야 한다.

50 피복 아크 용접에서 다음과 같은 방법으로 아크를 발생시키는 것은?

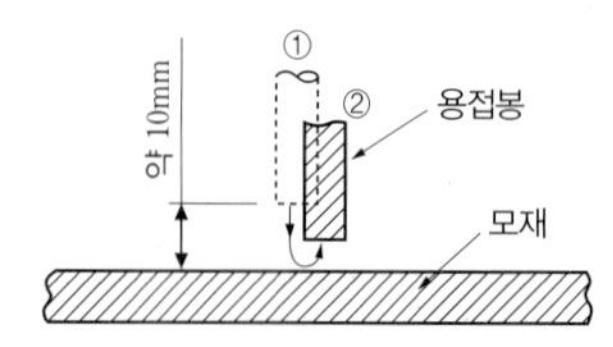

① 긁는법　　✔ 찍는법
③ 접선법　　④ 원주법

51 용접법을 크게 융접, 압접, 납땜으로 분류할 때, 압접에 해당되는 것은?

① 전자 빔 용접
✔ 초음파 용접
③ 원자 수소 용접
④ 일렉트로 슬래그 용접

52 용접법의 분류에서 압접에 해당되는 것은?

✔ 유도가열 용접
② 전자 빔 용접
③ 일렉트로 슬래그 용접
④ MIG 용접

53 전기 저항 용접법의 특징으로 틀린 것은?

① 작업 속도가 빠르고 대량생산에 적합하다.
② 산화 및 변질 부분이 적다.
✔ 열 손실이 많고, 용접부에 집중적인 열을 가할 수 없다.
④ 용접봉, 용재 등이 불필요하다.

54 전기 저항 용접법 중 극히 짧은 지름의 용접물을 접합하는 데 사용하고, 축적된 직류를 전원으로 사용하며, 일명 충돌 용접이라고도 하는 용접은?

① 업셋 용접
② 플래시 버트 용접
✔ 퍼커션 용접
④ 심 용접

55 저항 용접의 3 요소가 아닌 것은?

① 가압력　　② 통전 시간
✔ 통전 전압　　④ 전류의 세기

56 저항 용접의 3요소에 대하여 설명한 것 중 맞는 것은?

✔ 용접 전류, 가압력, 통전 시간
② 가압력, 용접 전압, 통전 시간
③ 용접 전류, 용접 전압, 가압력
④ 용접 전류, 용접 전압, 통전 시간

57 저항 용접의 종류가 아닌 것은?

① 스폿 용접 ② 심 용접
③ 업셋 맞대기 용접 ✔ 초음파 용접

58 플래시 버트 용접 과정의 3단계는?

✔ 예열, 플래시, 업셋
② 업셋, 플래시, 후열
③ 예열, 검사, 플래시
④ 업셋, 예열, 후열

59 프로젝션 용접의 용접 요구 조건에 대한 설명으로 틀린 것은?

✔ 전류가 통한 후에 가압력에 견딜 수 있을 것
② 상대 판이 충분히 가열될 때까지 녹지 않을 것
③ 성형 시 일부에 전단 부분이 생기지 않을 것
④ 성형에 의한 변형이 없고 용접 후 양면의 밀착이 양호할 것

60 용접을 크게 분류할 때 압접에 해당되지 않는 것은?

① 저항 용접 ② 초음파 용접
③ 마찰 용접 ✔ 전자 빔 용접

61 가스 용접이나 절단에 사용되는 가연성 가스의 구비 조건 중 틀린 것은?

① 불꽃의 온도가 높을 것
② 발열량이 클 것
✔ 연소 속도가 느릴 것
④ 용융 금속과 화학 반응이 일어나지 않을 것

62 가스 용접에서 주로 사용되는 산소의 성질에 대해서 설명한 것 중 옳은 것은?

① 다른 원소와 화합 시 산화물 생성을 방지한다.
✔ 다른 물질의 연소를 도와주는 조연성 기체이다.
③ 유색, 유취, 유미의 기체이다.
④ 공기보다 가볍다.

63 가스 용접 작업에 관한 안전 사항으로서 틀린 것은?

✔ 산소 및 아세틸렌 병 등 빈 병은 섞어서 보관한다.
② 호스의 누설 시험 시에는 비눗물을 사용한다.
③ 용접 시 토치의 끝을 긁어서 오물을 털지 않는다.
④ 아세틸렌 병 가까이에서는 흡연하지 않는다.

64 산소 용기의 취급상 주의할 점이 아닌 것은?

① 운반 중에 충격을 주지 말 것
✔ 그늘진 곳을 피하여 직사광선이 드는 곳에 둘 것
③ 산소 누설 시험에는 비눗물을 사용할 것
④ 밸브의 개폐는 천천히 할 것

65 산소 용기의 윗부분에 각인되어 있지 않은 것은?

① 용기의 중량
② 충전 가스의 내용적
③ 내압 시험 압력
✔ 최저 충전 압력

66 가스 용접 작업에서 보통 작업할 때 압력 조정기의 산소 압력은 몇 kgf/cm^2 이하이어야 하는가?

① 5~6 ✔ 3~4
③ 1~2 ④ 0.1~0.3

67 산소는 대기 중의 공기 속에 약 몇 % 함유되어 있는가?

① 11% ✔ 21%
③ 31% ④ 41%

68 가연성 가스가 가져야 할 성질 중 맞지 않는 것은?

① 불꽃의 온도가 높을 것
② 용융 금속과 화학 반응을 일으키지 않을 것
✔ 연소 속도가 느릴 것
④ 발열량이 클 것

69 산소 용기를 취급할 때의 주의 사항으로 맞는 것은?

① 넘어지지 않도록 눕혀서 보관한다.
② 햇빛이 잘 드는 옥외에 보관한다.
✔ 누설 시험은 비눗물로 한다.
④ 밸브는 녹슬지 않도록 기름을 칠해 둔다.

70 산소의 일반적인 성질에 대한 설명으로 틀린 것은?

① 무미, 무색, 무취의 기체이다.
✔ 스스로 연소하여 가연성 가스라고 한다.
③ 금, 백금, 수은 등을 제외한 모든 원소와 화합 시 산화물을 만든다.
④ 액체 산소는 보통 연한 청색을 띤다.

71 무색, 무취, 무미와 독성이 없고 공기 중에 약 0.94(%) 정도를 포함하는 불활성 가스는?

① 헬륨(He) ✔ 아르곤(Ar)
③ 네온(Ne) ④ 크립톤(Kr)

72 가스 절단 작업에서 절단 속도에 영향을 주는 요인과 가장 관계가 먼 것은?

① 모재의 온도 ② 산소의 압력
✔ 아세틸렌의 압력 ④ 산소의 순도

73 용해 아세틸렌 취급 시의 주의 사항으로 잘못 설명된 것은?

① 저장 장소는 통풍이 잘 되어야 한다.
② 저장 장소에는 화기를 가까이 하지 말아야 한다.
✔ 용기는 아세톤의 유출을 방지하기 위해 눕혀서 보관한다.
④ 용기는 진동이나 충격을 가하지 말고 신중히 취급해야 한다.

74 아세톤은 각종 액체에 잘 용해된다. 15℃ 15기압에서 아세톤 2L에 아세틸렌 몇 L 정도가 용해되는가?

① 150L ② 225L
③ 375L ✔ 750L

75 산소 용기의 내용적이 33.7L인 용기에 120 kgf/cm²이 충전되어 있을 때, 대기압 환산 용적은 몇 L인가?

① 2803　　✓ 4044
③ 404400　　④ 3560

76 35℃에서 150기압으로 압축하여 내부 용적 40.7리터의 산소 용기에 충전하였을 때, 용기 속의 산소량은 몇 리터인가?

① 4105　　② 5210
✓ 6105　　④ 7210

77 15℃, 1kgf/cm² 하에서 사용 전 용해 아세틸렌 병의 무게가 50kgf이고, 사용 후 무게가 47kgf일 때 사용한 아세틸렌의 양은 몇 L인가?

① 2915　　② 815
③ 3815　　✓ 2715

78 가스 용접에서 용제를 사용하는 주된 이유로 적합하지 않은 것은?

① 재료 표면의 산화물을 제거한다.
② 용융 금속의 산화·질화를 감소하게 한다.
③ 청정 작용으로 용착을 돕는다.
✓ 용접봉 심선의 유해 성분을 제거한다.

79 산소와 아세틸렌을 1 : 1로 혼합하여 연소시킬 때 생성되는 불꽃이 아닌 것은?

① 불꽃심　　② 속불꽃
③ 겉불꽃　　✓ 산화 불꽃

80 폭발 위험성이 가장 큰 산소와 아세틸렌의 혼합비(%)는?(단, 산소 : 아세틸렌)

① 40 : 60　　② 15 : 85
③ 60 : 40　　✓ 85 : 15

81 산소-아세틸렌 가스 용접에 대한 장점 설명으로 틀린 것은?

① 운반이 편리하다.
✓ 후판 용접이 용이하다.
③ 아크 용접에 비해 유해 광선이 적다.
④ 전원 설비가 없는 곳에서도 쉽게 설치할 수 있다.

82 산소-아세틸렌 용접에서 표준 불꽃으로 연강판 두께 2.0mm를 60분간 용접하였더니 200L의 아세틸렌가스가 소비되었다면, 가장 적당한 가변압식 팁의 번호는?

① 100번　　✓ 200번
③ 300번　　④ 400번

83 산소-아세틸렌 가스 용접의 단점이 아닌 것은?

① 열효율이 낮다.
② 폭발할 위험이 있다.
③ 가열 시간이 오래 걸린다.
✓ 가스 불꽃의 조절이 어렵다.

84 산소-아세틸렌 가스 불꽃의 종류 중 불꽃 온도가 가장 높은 것은?

① 탄화 불꽃　　② 중성 불꽃
✓ 산화 불꽃　　④ 환원 불꽃

85 팁 끝이 모재에 닿는 순간 순간적으로 팁 끝이 막혀 팁 속에서 폭발음이 나면서 불꽃이 꺼졌다가 다시 나타나는 현상을 무엇이라 하는가?

✓ 역화　　② 인화
③ 역류　　④ 폭발

86 연강용 가스 용접봉을 선택할 때 고려해야 할 사항으로 틀린 것은?

① 모재와 같은 재질일 것
② 기계적 성질에 나쁜 영향을 주지 않을 것
✔③ 용융 온도가 모재와 동일하지 않을 것
④ 용접봉의 재질 중에 불순물을 포함하고 있지 않을 것

87 가스 용접에서 일반적으로 용제를 사용하지 않는 용접 금속은?

① 구리 합금 ② 주철
③ 알루미늄 ✔④ 연강

88 가스 용접봉을 선택할 때의 고려할 사항이 아닌 것은?

① 가능한 한 모재와 같은 재질이어야 하며 모재에 충분한 강도를 줄 수 있을 것
② 기계적 성질에 나쁜 영향을 주지 않아야 하며 용융 온도가 모재와 동일할 것
③ 용접봉의 재질 중에 불순물을 포함하고 있지 않을 것
✔④ 강도를 증가시키기 위하여 탄소 함유량이 풍부한 고탄소강을 사용할 것

89 가스 용접봉을 선택하는 공식으로 다음 중 맞는 것은?(단, D: 용접봉 지름[mm], T: 판 두께[mm]이다.)

✔① $D = T/2 + 1$ ② $D = T/2 + 2$
③ $D = T/2 - 2$ ④ $D = T/2 - 1$

90 가스 절단 토치 형식 중 절단 팁이 동심형에 해당하는 형식은?

① 영국식 ② 미국식
③ 독일식 ✔④ 프랑스식

91 가스 용접봉 선택의 조건에 들지 않는 것은?

① 모재와 같은 재질일 것
② 불순물이 포함되어 있지 않을 것
✔③ 용융 온도가 모재보다 낮을 것
④ 기계적 성질에 나쁜 영향을 주지 않을 것

92 연강용 가스 용접봉의 특성에서 응력을 제거한 것을 나타내는 기호는?

① GA ② GB
✔③ SR ④ NSR

93 가스 용접 작업에서 후진법이 전진법보다 더 좋은 점이 아닌 것은?

① 열 이용률이 좋다.
② 용접 속도가 빠르다.
✔③ 얇은 판의 용접에 적당하다.
④ 용접 변형이 작다.

94 가스 용접에서 전진법과 비교하여 후진법의 특성을 설명한 것으로 틀린 것은?

① 열 이용률이 좋다.
② 용접 속도가 빠르다.
③ 용접 변형이 작다.
✔④ 산화 정도가 심하다.

95 가스 용접에서 붕사 75%에 염화나트륨 25%가 혼합된 용제는 어떤 금속 용접에 적합한가?

① 연강 ② 주철
③ 알루미늄 ✔④ 구리 합금

96 저압식 토치의 아세틸렌 사용 압력은 발생기식의 경우 몇 kgf/cm^2 이하의 압력으로 사용하여야 하는가?

① 0.3 ✔ 0.07
③ 0.17 ④ 0.4

97 어떤 물질이 산소와 화합하여 완전 연소할 때 생기는 열량은?

① 생성열 ✔ 연소열
③ 분해열 ④ 발생열

98 수중 절단 작업에 주로 사용되는 가스는?

① 아세틸렌가스 ② 프로판 가스
③ 벤젠 ✔ 수소

99 수중 절단 작업을 할 때에는 예열 가스의 양을 공기 중에서 몇 배로 하는가?

① 0.5~1배 ② 1.5~2배
✔ 4~8배 ④ 8~16배

100 가스 용접에서 충전 가스의 용기 도색으로 틀린 것은?

① 산소 - 녹색 ✔ 프로판 - 흰색
③ 탄산가스 - 청색 ④ 아세틸렌 - 황색

101 가스 절단에서 예열 불꽃이 약할 때 나타나는 현상은?

✔ 드래그가 증가한다.
② 절단면이 거칠어진다.
③ 변두리가 용융되어 둥글게 된다.
④ 슬래그 중의 철 성분의 박리가 어려워진다.

102 절단용 산소 중의 불순물이 증가되면 나타나는 결과가 아닌 것은?

① 절단 속도가 늦어진다.
✔ 산소의 소비량이 적어진다.
③ 절단 개시 시간이 길어진다.
④ 절단 홈의 폭이 넓어진다.

103 아크 에어 가우징에 가장 적합한 홀더 전원은?

✔ DCRP
② DCSP
③ DCRP, DCSP 모두 좋다.
④ 대전류의 DCSP 가 가장 좋다.

104 아크 에어 가우징은 가스 가우징이나 치핑에 비하여 여러 가지 특징이 있다. 그 설명으로 틀린 것은?

① 작업 능률이 높다.
② 모재에 악영향을 주지 않는다.
③ 작업 방법이 비교적 용이하다.
✔ 소음이 크고 응용 범위가 좁다.

105 텅스텐 전극과 모재 사이에 아크를 발생시켜 모재를 용융하여 절단하는 방법은?

✔ 티그 절단 ② 미그 절단
③ 플라스마 절단 ④ 산소 아크 절단

106 TIG 절단에 관한 설명 중 틀린 것은?

① 알루미늄, 마그네슘, 구리와 구리 합금, 스테인리스강 등 비철 금속의 절단에 이용된다.
② 절단면이 매끈하고 열효율이 좋으며 능률이 대단히 높다.
✔ 전원은 직류 역극성을 사용한다.
④ 아크 냉각용 가스에는 아르곤과 수소의 혼합 가스를 사용한다.

107 탄소 아크 절단에 압축 공기를 병용한 방법은?

① 산소창 절단
✔ 아크 에어 가우징
③ 스카핑
④ 플라스마 절단

108 가스 절단 작업을 할 때, 생기는 드래그는 보통 판 두께의 몇 %를 표준으로 하는가?

① 5 ② 10
③ 15 ✔ 20

109 스파크에 대해서 가장 주의해야 할 가스는?

✔ LPG ② CO_2
③ He ④ O_2

110 주철이나 비철금속은 가스 절단이 용이하지 않으므로 철분 또는 용제를 연속적으로 절단용 산소에 공급하여 그 산화열 또는 용제의 화학 작용을 이용하여 절단한다. 이 방법은?

✔ 분말 절단 ② 산소창 절단
③ 탄소 아크 절단 ④ 스카핑

111 탄소 전극봉 대신 절단 전용의 특수 피복을 입힌 피복봉을 사용하여 절단하는 방법은?

① 금속 분말 절단 ✔ 금속 아크 절단
③ 전자 빔 절단 ④ 플라스마 절단

112 가스 절단면의 표준 드래그의 길이는 얼마 정도로 하는가?

① 판 두께의 1/2 ② 판 두께의 1/3
✔ 판 두께의 1/5 ④ 판 두께의 1/7

113 아크 절단의 종류에 해당하는 것은?

① 철분 절단 ② 수중 절단
③ 스카핑 ✔ 아크 에어 가우징

114 아크 에어 가우징에 사용되는 전극봉은?

① 피복 금속봉 ✔ 탄소 전극봉
③ 텅스텐 전극봉 ④ 플라스마 전극봉

115 가스 절단 시 산소 대 프로판 가스의 혼합비로 적당한 것은?

① 2.0 : 1 ✔ 4.5 : 1
③ 3.0 : 1 ④ 3.5 : 1

116 프로판 가스의 성질에 대한 설명으로 틀린 것은?

✔ 쉽게 기화하며 발열량이 낮다.
② 액화하기 쉽고 용기에 넣어 수송이 편리하다.
③ 온도 변화에 따른 팽창률이 크고 물에 잘 녹지 않는다.
④ 상온에서는 기체 상태이고, 무색·투명하고 약간의 냄새가 난다.

117 가스 용접 작업을 하려 한다. 연강판의 두께가 6mm라고 할 때 용접봉의 지름으로 가장 적당한 것은?

① 2.0mm ② 2.6mm
③ 3.2mm ✔ 4.0mm

118 납땜에 사용되는 용제가 갖추어야 할 조건으로 틀린 것은?

① 청정한 금속 면의 산화를 방지할 것
② 납땜 후 슬래그의 제거가 용이할 것
✔ 전기 저항 납땜에 사용되는 것은 부도체일 것
④ 모재나 땜납에 대한 부식 작용이 최소한일 것

119 불활성 가스 금속 아크 용접의 특징이 아닌 것은?

① 대체로 모든 금속의 용접이 가능하다.
② 수동 피복 아크 용접에 비해 용착 효율이 높아 능률적이다.
✔③ 전류 밀도가 낮아 3mm 이상의 두꺼운 용접에 비능률적이다.
④ 아크의 자기 제어 기능이 있다.

120 불활성 가스 아크 용접법에 관한 설명으로 틀린 것은?

① 불활성 가스 아크 용접은 용접의 품질이 우수하고 전 자세 용접이 가능하다.
② 텅스텐 아크 용접(TIG) 시 역극성으로 아르곤 가스를 이용하면 청정 작용이 있다.
✔③ 금속 아크 용접(MIG)은 교류 정전압 특성을 이용하므로 스패터가 많다.
④ 금속 아크 용접(MIG)은 전극이 녹는 용극식 아크 용접으로 와이어가 아크열에 의해 선단으로부터 녹아서 용적이 되면서 모재로 이행해 나간다.

121 불활성 가스 텅스텐 아크 용접을 설명한 것 중 틀린 것은?

① 직류 역극성에서는 청정 작용이 있다.
② 알루미늄과 마그네슘의 용접에 적합하다.
③ 텅스텐을 소모하지 않아 비용극식이라고 한다.
✔④ 잠호 용접법이라고도 한다.

122 TIG 용접에서 텅스텐 전극봉은 가스 노즐의 끝에서부터 몇 mm 정도 돌출시키는가?

① 1~2　✔② 3~6
③ 7~9　④ 10~12

123 TIG 용접에서 직류 정극성으로 용접할 때 전극 선단의 각도가 몇 도 정도이면 가장 적합한가?

① 5~10°　② 10~20°
✔③ 30~50°　④ 60~70°

124 고주파 펄스 TIG 용접기의 장점으로 틀린 것은?

① 전극봉의 소모가 적어 수명이 길다.
② 20A 이하의 저전류에서 아크의 발생이 안정되고 0.5mm 이하의 박판 용접도 가능하다.
✔③ 콘택트 팁에서 통전되므로 와이어 중에 저항열이 적게 발생되어 고전류 사용이 가능하다.
④ 좁은 홈의 용접에서 아크의 교란 상태가 발생되지 않아 안정된 상태의 용융지가 형성된다.

125 TIG 용접법에 대한 설명으로 틀린 것은?

✔① 금속 심선을 전극으로 사용한다.
② 텅스텐을 전극으로 사용한다.
③ 아르곤 분위기에서 한다.
④ 교류나 직류 전원을 사용할 수 있다.

126 펄스 TIG 용접기의 특징으로 틀린 것은?

① 저주파 펄스 용접기와 고주파 펄스 용접기가 있다.
② 직류 용접기에 펄스 발생 회로를 추가한다.
✔③ 전극봉의 소모가 많은 것이 단점이다.
④ 20A 이하의 저전류에서 아크의 발생이 안정하다.

127 TIG 용접에서 가스 노즐의 크기는 가스 분출 구멍의 크기로 정해지며 보통 몇 mm의 크기가 주로 사용되는가?

① 1~3　　② 4~13 (✔)
③ 14~20　　④ 21~27

128 전극봉을 직접 용가재로 사용하지 않는 것은?

① CO_2 가스 아크 용접
② TIG 용접 (✔)
③ 서브머지드 아크 용접
④ 피복 아크 용접

129 불활성 가스(inert gas)에 속하지 않는 것은?

① Ar(아르곤)　　② CO(일산화탄소) (✔)
③ Ne(네온)　　④ He(헬륨)

130 TIG 용접 토치의 형태에 따른 종류가 아닌 것은?

① T형 토치　　② Y형 토치 (✔)
③ 직선형 토치　　④ 플렉시블형 토치

131 TIG 용접에서 청정 작용이 가장 잘 발생하는 용접 전원은?

① 직류 역극성일 때 (✔)
② 직류 정극성일 때
③ 교류 정극성일 때
④ 극성에 관계없음.

132 티그(TIG) 용접에서 텅스텐 전극봉의 고정을 위한 장치는?

① 콜릿 척 (✔)　　② 와이어 릴
③ 프레임　　④ 가스 세이버

133 불활성 가스 금속 아크(MIG) 용접에서 주로 사용되는 가스는?

① CO　　② Ar (✔)
③ O_2　　④ H

134 미그(MIG) 용접 제어 장치의 기능으로 아크가 처음 발생되기 전 보호 가스를 흐르게 하여 아크를 안정되게 하고 결함 발생을 방지하기 위한 것은?

① 스타트 시간
② 가스 지연 유출 시간
③ 번 백 시간
④ 예비 가스 유출 시간 (✔)

135 MIG 용접의 기본적인 특징이 아닌 것은?

① 피복 아크 용접에 비해 용착 효율이 높다.
② CO_2 용접에 비해 스패터 발생이 적다.
③ 아크가 안정되므로 박판 용접에 적합하다. (✔)
④ TIG 용접에 비해 전류 밀도가 높다.

136 MIG 용접의 기본적인 특징이 아닌 것은?

① 아크가 안정되므로 박판(3mm 이하) 용접에 적합하다. (✔)
② TIG 용접에 비해 전류 밀도가 높다.
③ 피복 아크 용접에 비해 용착 효율이 높다.
④ 바람의 영향을 받기 쉬우므로 방풍 대책이 필요하다.

137 MIG 용접 시 사용하는 차광 유리의 차광도 번호로 가장 알맞은 것은?

① 2~3　　② 5~6
③ 12~13 (✔)　　④ 18~20

138 자동 금속 아크 용접법으로 모재의 이음 표면에 미세한 입상 모양의 용제를 공급하고, 용제 속에 연속적으로 전극 와이어를 송급하여 모재 및 전극 와이어를 용융시켜 대기로부터 용접부를 보호하면서 하는 용접법은?

① 불활성 가스 아크 용접
② 이산화탄소 아크 용접
✔ 서브머지드 아크 용접
④ 일렉트로 슬래그 용접

139 서브머지드 아크 용접에서 연강용 와이어 중 저망간계의 망간 함유량은 얼마인가?

✔ 0.5% 이하 ② 0.6~0.8%
③ 0.8~0.9% ④ 1~1.5%

140 서브머지드 아크 용접에서 맞대기 용접 이음 시 받침쇠가 없을 경우 루트 간격은 몇 mm 이하가 가장 적당한가?

✔ 0.8 ② 1.5
③ 2.0 ④ 2.5

141 서브머지드 아크 용접에 대한 설명으로 틀린 것은?

✔ 가시 용접으로 용접 시 용착부를 육안으로 식별이 가능하다.
② 용융 속도와 용착 속도가 빠르며 용입이 깊다.
③ 용착 금속의 기계적 성질이 우수하다.
④ 비드 외관이 아름답다.

142 서브머지드 아크 용접의 용제 중 흡습성이 가장 높은 것은?

① 용제형 ② 혼성형
③ 용융형 ✔ 소결형

143 서브머지드 아크 용접의 용접 조건을 설명한 것 중 맞지 않는 것은?

① 용접 전류를 크게 증가시키면 와이어의 용융량과 용입이 크게 증가한다.
② 아크 전압이 증가하면 아크 길이가 길어지고 동시에 비드 폭이 넓어지면서 평평한 비드가 형성된다.
✔ 용착량과 비드 폭은 용접 속도의 증가에 거의 비례하여 증가하고 용입도 증가한다.
④ 와이어 돌출 길이를 길게 하면 와이어의 저항 열이 많이 발생하게 된다.

144 피복 금속 아크 용접에 비해 서브머지드 아크 용접의 특징으로 옳은 것은?

① 용접 장비의 가격이 싸다.
② 용접 속도가 느리므로 저능률의 용접이 된다.
③ 비드 외관이 거칠다.
✔ 용접선이 구부러지거나 짧으면 비능률적이다.

145 서브머지드 아크 용접의 기공 발생 원인으로 맞는 것은?

✔ 용접 속도 과대
② 적정 전압 유지
③ 용제의 양호한 건조
④ 가용접부의 표면, 이면 슬래그 제거

146 탄산가스 아크 용접의 특징으로 틀린 것은?

① 용착 금속의 기계적 성질이 우수하다.
② 가시 아크이므로 시공이 편리하다.
③ 아르곤 가스에 비하여 가스 가격이 저렴하다.
✔ 용입이 얇고 전류 밀도가 매우 낮다.

147 반자동 용접(CO_2 용접)에서 용접 전류와 전압을 높일 때의 특성으로 옳은 것은?

① 용접 전류가 높아지면 용착률과 용입이 감소한다.
② 아크 전압이 높아지면 비드가 좁아진다.
③ 용접 전류가 높아지면 와이어의 용융 속도가 느려진다.
✔④ 아크 전압이 지나치게 높아지면 기포가 발생한다.

148 탄산가스 아크 용접의 종류에 해당되지 않는 것은?

① NCG법　✔② 테르밋 아크법
③ 유니언 아크법　④ 퓨즈 아크법

149 이산화탄소 가스 아크 용접의 특징으로 적당하지 않은 것은?

① 용착 금속의 기계적 및 금속학적 성질이 우수하다.
② 피복 아크 용접처럼 피복 아크 용접봉을 갈아 끼우는 시간이 필요 없으므로 용접 작업 시간을 길게 할 수 있다.
③ 전류 밀도가 높아 용입이 깊고 용접 속도를 빠르게 할 수 있다.
✔④ 모든 재질에 적용이 가능하다.

150 CO_2 가스 아크 용접에서의 기공과 피트의 발생 원인으로 맞지 않는 것은?

① 탄산가스가 공급되지 않는다.
✔② 노즐과 모재 사이의 거리가 작다.
③ 가스 노즐에 스패터가 부착되어 있다.
④ 모재의 오염, 녹, 페인트가 있다.

151 CO_2 가스 아크 용접 결함에 있어서 다공성이란 무엇을 의미하는가?

✔① 질소, 수소, 일산화탄소 등에 의한 기공을 말한다.
② 와이어 선단부에 용적이 붙어 있는 것을 말한다.
③ 스패터가 발생하여 비드의 외관에 붙어 있는 것을 말한다.
④ 노즐과 모재간 거리가 지나치게 작아서 와이어 송급 불량을 의미한다.

152 CO_2 가스 아크 용접할 때 전원 특성과 아크 안정 제어에 대한 설명 중 틀린 것은?

① CO_2 가스 아크 용접기는 일반적으로 직류 정전압 특성이나 상승 특성의 용접 전원이 사용된다.
✔② 정전압 특성은 용접 전류가 증가할 때마다 다소 높아지는 특성을 말한다.
③ 정전압 특성 전원과 와이어의 송급 방식의 결합에서는 아크의 길이 변동에 따라 전류가 대폭 증가 또는 감소하여도 아크 길이를 일정하게 유지시키는 것을 "전원의 자기 제어 특성에 의한 아크 길이 제어"라 한다.
④ 전원의 자기 제어 특성에 의한 아크 길이 제어 특성은 솔리드 와이어나 직경이 작은 복합 와이어 등을 사용하는 CO_2 가스 아크 용접기의 적합한 특성이다.

153 이산화탄소의 성질이 아닌 것은?

① 색, 냄새가 없다.
② 대기 중에서 기체로 존재한다.
③ 상온에서도 쉽게 액화한다.
✔④ 공기보다 가볍다.

154 이산화탄소 아크 용접 시 후판의 아크 전압 산출 공식은?

✔ $V_0 = 0.04 \times I + 20 \pm 2.0$
② $V_0 = 0.05 \times I + 30 \pm 3.0$
③ $V_0 = 0.06 \times I + 40 \pm 4.0$
④ $V_0 = 0.07 \times I + 50 \pm 5.0$

155 이산화탄소 아크 용접에서 용접 전류는 용입을 결정하는 가장 큰 요인이다. 아크 전압은 무엇을 결정하는 가장 중요한 요인인가?

① 용착 금속량 ✔ 비드 형상
③ 용입 ④ 용접 결합

156 이산화탄소 가스 아크 용접의 결함에서 아크가 불안정할 때의 원인으로 틀린 것은?

① 팁이 마모되어 있다.
② 와이어 송급이 불안정하다.
③ 팁과 모재 사이의 거리가 길다.
✔ 이음 형상이 나쁘다.

157 보호 가스의 공급 없이 와이어 자체에서 발생한 가스에 의해 아크 분위기를 보호하는 용접 방법은?

① 일렉트로 슬래그 용접
② 플라스마 용접
✔ 논 가스 아크 용접
④ 테르밋 용접

158 논 가스 아크 용접(Non gas arc welding)의 장점에 대한 설명으로 틀린 것은?

✔ 아크의 빛과 열이 강렬하다.
② 용접 장치가 간단하며 운반이 편리하다.
③ 바람이 있는 옥외에서도 작업이 가능하다.
④ 피복 가스 용접봉의 저수소계와 같이 수소의 발생이 적다.

159 플라스마 아크 용접 장치에서 아크 플라스마의 냉각 가스로 쓰이는 것은?

✔ 아르곤과 수소의 혼합 가스
② 아르곤과 산소의 혼합 가스
③ 아르곤과 메탄의 혼합 가스
④ 아르곤과 프로판의 혼합 가스

160 열적 핀치 효과와 자기적 핀치 효과를 이용하는 용접은?

① 초음파 용접 ② 고주파 용접
③ 레이저 용접 ✔ 플라스마 아크 용접

161 수냉 동판을 용접부의 양면에 부착하고 용융된 슬래그 속에서 전극 와이어를 연속적으로 송급하여 용융 슬래그 내를 흐르는 저항 열에 의하여 전극 와이어 및 모재를 용융 접합시키는 용접법은?

① 초음파 용접
② 플라스마 제트 용접
③ 일렉트로 가스 용접
✔ 일렉트로 슬래그 용접

162 용접법 중 전원이 필요하지 않은 용접법은?

① 플래시 용접법
② 프로젝션 용접법
✔ 테르밋 용접법
④ 일렉트로 슬래그 용접법

163 테르밋 용접의 특징으로 틀린 것은?

① 용접 작업이 단순하고 용접 결과의 재현성이 높다.
② 용접 시간이 짧고 용접 후 변형이 적다.
✔ 전기가 필요하고 설비비가 비싸다.
④ 용접 기구가 간단하고 작업 장소의 이동이 쉽다.

PART

Ⅱ 용접 시공 및 검사

CHAPTER 01

용접 시공

1 용접 시공 계획

① 용접 시공은 설계서 및 계획서에 따라 필요한 구조물을 제작하는 방법이다.

② 좋은 용접 제품을 만들기 위해서는 세밀한 설계와 적절한 용접 시공이 이루어져야 한다.

③ 용접 시공에는 제작상 필요한 일체의 수단이 포함된다.

④ 용접법의 선택, 설비, 용접 재료, 시공 순서, 용접 준비에서 시공 후의 처리 및 시험, 검사에 이르는 용접 전반에 대한 올바른 지식을 가지고 활용할 수 있어야 한다.

DOW DAEWOO E&C

WELDING PROCEDURE SPECIFICATIONS (WPS)
Section IX, ASME & ASME B31.3

Company Name DAEWOO ENGINEERING & CONSTRUCTION By
WPS No. A554-G-WPS-8N8-GTSM-007 Date 5-Feb-13 Revision No. 1
Supporting PQR No.(s) P-8A8-GTSM-02 Date 14-May-11
Impact toughness Yes Minimum Design temperature: -196℃
Welding Process(es) GTAW + SMAW Type(s) Manual
(Automatic, Manual, Machine, or Semi-Automatic)

JOINTS (QW-402)
Joint Design SEE JOINT DETAIL
Root Spacing SEE JOINT DETAIL
Backing: GTAW : No, SMAW : Yes
Backing Material (Type) Weld Metal
Method of Fit-up Tack Weld or Fixture
Other

JOINT DETAIL (TYPICAL) Unit : mm
65°±5°
1.5±0.5
3±1
Other Joint as Shown on Page 3

BASE METALS (QW-403)
P-No. 8 Group No. 1 to P-No. 8 Group No. 1
OR
Specification and type/grade or UNS Number A312-TP304/304L, A403-WP304/304L, A358-304/304L, A182-F304/304L or Equivale
to Specification and type/grade or UNS Numbe A312-TP304/304L, A403-WP304/304L, A358-304/304L, A182-F304/304L or Equivale
OR
Chem. Analysis and Mech. Prop. N/A
to Chem. Analysis and Mech. Prop. N/A
Thickness Range:
Base Metal: Groove 4.65 mm ~ 15.3 mm Fillet ALL
Maximum Pass Thickness ≤ 13 mm (Yes) X (No)
Pipe Dia. Range Groove greater than or equal to 1"

FILLER METALS (QW-404)	GTAW	SMAW
Spec. No. (SFA)	A5.9	A5.4
AWS No. (Class)	ER 308L	E308L-16
F-No.	6	5
A-No.	8	8
Size of Filler Metals	Φ 2.4 mm	Φ 2.6 mm, Φ 3.2 mm, Φ 4.0 mm
Filler Metal Product Form	Solid	N/A
Supplemental Filler Metal	None	None
Weld Metal		
Thickness Range:		
Groove	8.6 mm	6.7 mm
Fillet	max to be welded	max to be welded
Electrode-Flux (Class)	N/A	N/A
Flux Type	N/A	N/A
Flux Trade Name	N/A	N/A
Consumable Insert	N/A	N/A
Other	N/A	N/A

POSITIONS (QW-405)
Position(s) of Groove ALL
Welding Progression: Up X Down
Position(s) of Fillet ALL
Other

POSTWELD HEAT TREATMENT (QW-407)
Temperature Range N/A
Time Range N/A

SADARA Tank farm Project
Approved
Approved with Comments
Rejected
Company Approval Required
Name Y. J. BAE Date 05 Feb 2013
SADARA PROJECT

2 용접 준비

(1) 일반 준비

① 모재 재질 확인, 용접기 및 용접봉 선택 , 지그 결정, 용접공 선임 등이 있다.

② **일반적인 순서:** 재료 준비 → 절단 가공 → 가접 → 본 용접 → 검사

- 용접 입열을 최소화한다.
- 조립 과정을 다단계화한다. (소조 → 중조 → 대조 → P.E → 탑재)
- 용접 방향을 중앙 → 양 사이드 쪽으로 한다.(용접 응력 방출)
- 용접량이 많은 곳을 우선 시공한다.(butt → fillet)
- 원주 용접보다 심 용접을 우선 시공한다.
- 용접 응력이 발생하면 압축 응력이 발생하는 곳보다 인장 응력이 발생하는 곳을 먼저 용접한다.

• 맞대기 용접(배의 폭 방향)과 심용접(배의 길이 방향)이 만날 때는 맞대기 용접이 우선이다.

• 주판과 내구재의 용접 순서는 판의 두께에 따라 구분한다.

 – 주판 두께 〈 15mm : 내구재 용접 우선 시공

 – 주판 두께 〉 15mm : 주판 용접 우선 시공

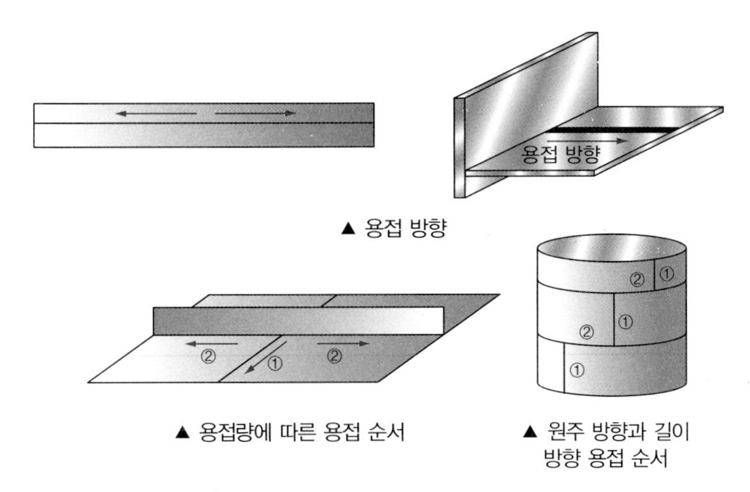

[그림 2-1] **용접 순서**

(2) 용접 이음 준비

① 홈 가공

• 용입이 허용하는 한 홈 각도는 작은 것이 좋다(일반적인 피복 아크 용접은 54~70°).

• 용접 균열의 관점에서 루트 간격은 좁을수록 좋으며, 루트 반지름은 될 수 있는 한 크게 한다.

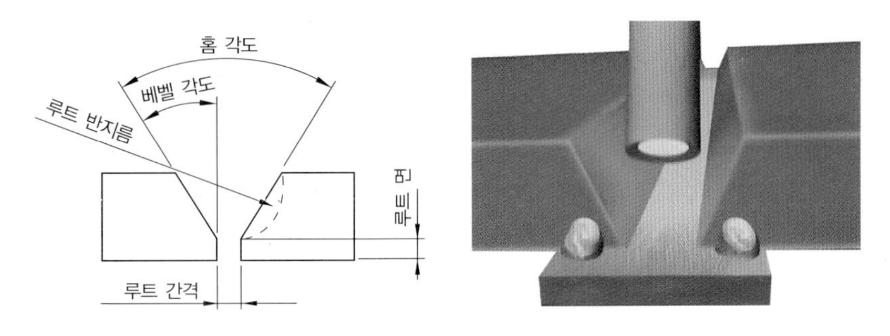

[그림 2-2] **용접 홈**

② 조립

• 수축이 큰 이음을 먼저 용접하고 다음에 필릿 용접한다.

• 큰 구조물은 구조물의 중앙에서 끝을 향하여 용접한다.

• 용접선에 대하여 수축력의 합이 영(0, zero)이 되도록 한다.

• 리벳과 같이 쓸 때는 용접을 먼저 한다.
• 용접 불가능한 곳이 없도록 한다.
• 물품의 중심에 대하여 대칭으로 용접을 진행한다.

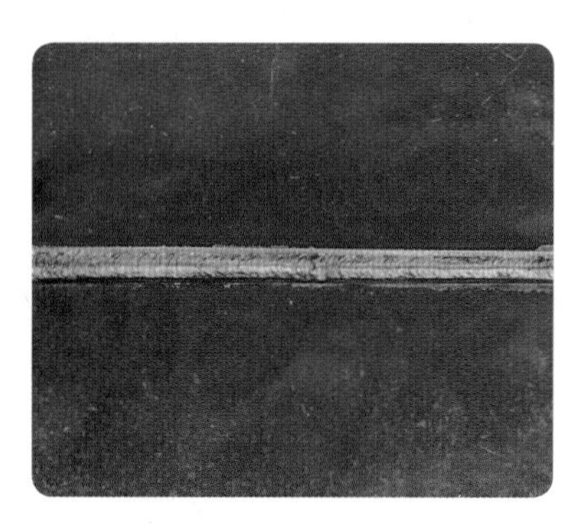
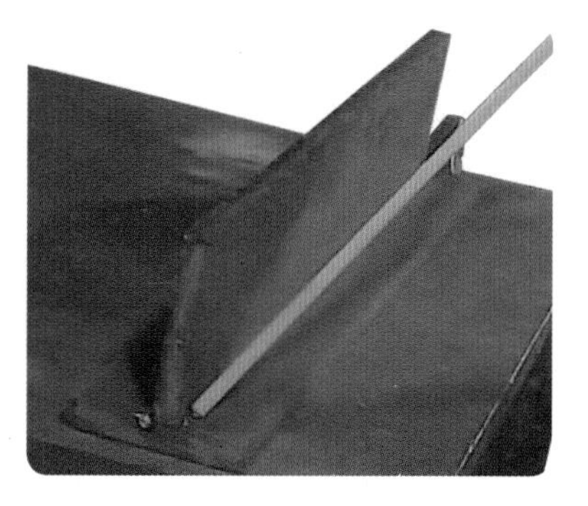

▲ 맞대기 용접, 필릿 용접

③ **가접**

• 홈 안에는 가접을 피하되, 불가피한 경우엔 본 용접 전에 갈아 낸다.
• 응력이 집중되는 곳은 피한다.
• 전류는 본 용접보다 높게 하며, 용접봉의 지름은 가는 것을 사용한다.(너무 짧게 하지 않음.)
• 시 · 종단에 엔드 탭을 설치하기도 한다.
• 가접사도 본 용접사에 비하여 기량이 떨어지면 안 된다.

모재 뒷면 가접

이면 받침판 이용 가접 (엔드탭 개념)

▲ 가접

④ **이음부의 청소:** 이음부의 녹, 수분, 스케일, 페인트, 유류, 먼지, 슬래그 등은 기공 및 균열의 원인이 되므로 와이어 브러시, 그라인더, 쇼트 블라스트, 화학약품 등으로 제거한다.

⑤ 홈의 보수

맞대기 용접	필릿 용접
• 판 두께가 6mm 이하인 경우에는 한쪽 또는 양쪽에 덧살 올림 용접을 하여 깎아 내고, 규정 간격으로 홈을 만들어 용접함. • 6~16mm인 경우는 두께 6mm 정도의 뒤판을 대고, 용접하여 용락을 방지 • 16mm 이상에서는 판의 전부 혹은 일부(약 300mm)를 대체	• 용접물의 간격이 1.5mm 이하에서는 규정의 각장으로 용접 • 1.5~4.5mm인 경우는 그대로 용접해도 좋으나 각장을 증가시킬 수도 있음. • 4.5mm 이상에서는 라이너를 넣거나 또는 부족한 판을 300mm 이상 잘라서 대체

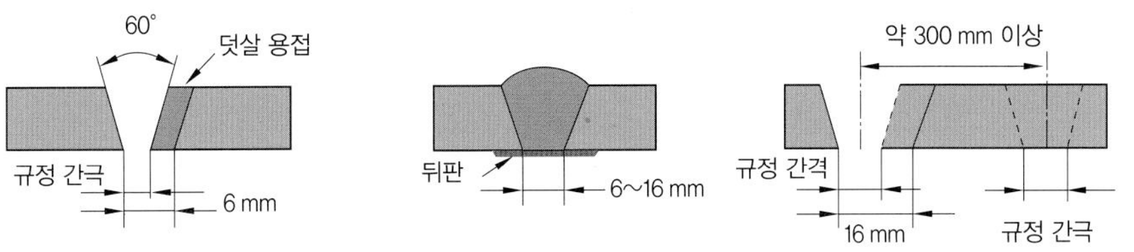

[그림 2-3] 맞대기 용접 홈의 보수

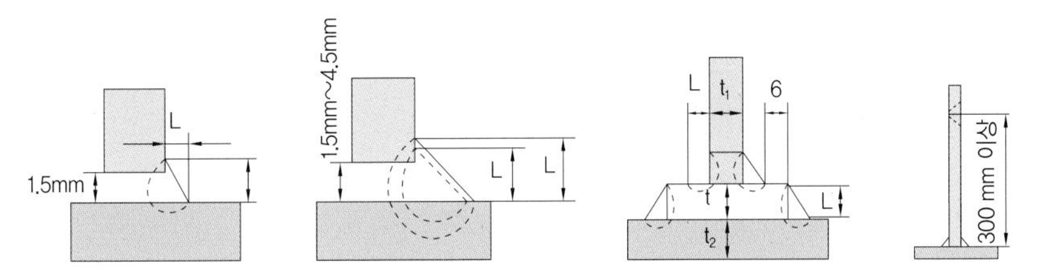

[그림 2-4] 필릿 용접 홈의 보수

(3) 용접 설계

① 용접 홈의 종류

- 용접 홈 이용 : I형, V형, ㄴ형, U형, J형
- 양면 홈 이용 : 양면 I형, X형, K형, H형, 양면 J형
- 판 두께 6mm까지는 I형, 6~19mm까지 V형 · ㄴ형(베벨형) · J형, 12mm 이상은 X형 · K형 · 양면 J형이 쓰이고, 16~50mm에는 U형 맞대기 이음이 쓰이며, 50mm 이상에는 H형 맞대기 이음이 쓰인다.

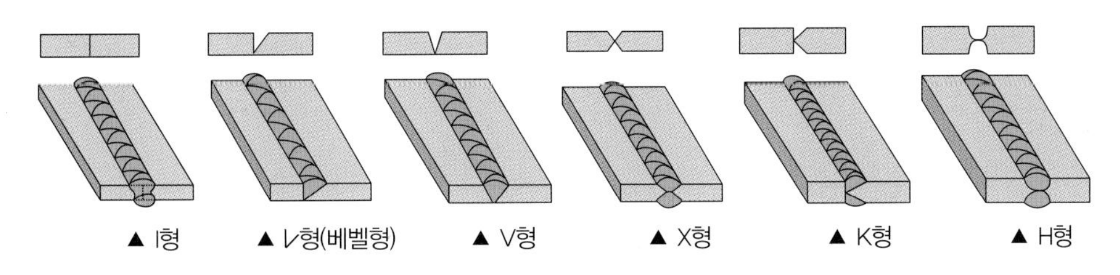

[그림 2-5] 용접 홈의 종류

② 용접 이음의 종류

맞대기 이음		T형 이음	
모서리 이음		+자형 이음	
변두리 이음		전면 필릿 이음	
겹치기 이음		측면 필릿 이음	

③ 용착부 모양에 따른 분류

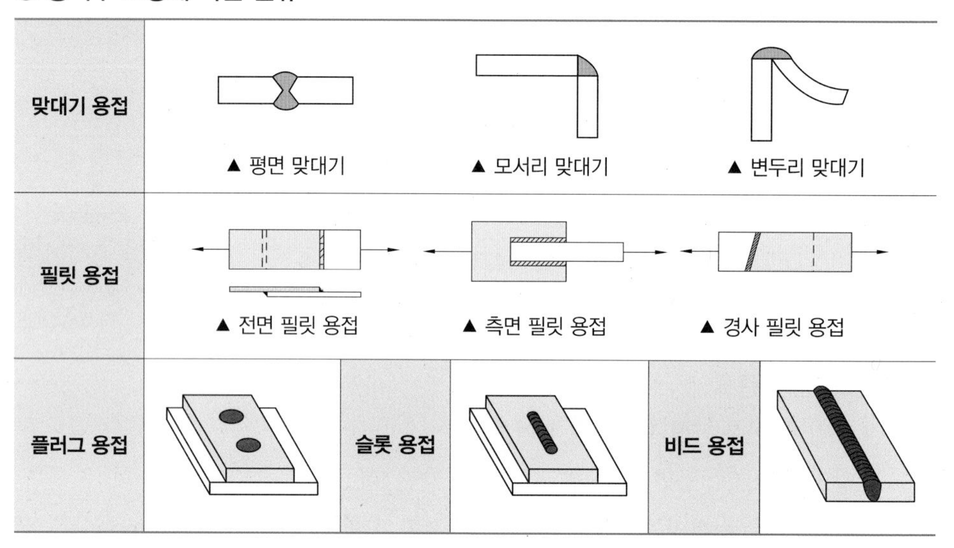

④ 용접 이음의 강도

- 용접 이음 효율(%)

$$\eta = \frac{(\text{용착 금속 인장 강도})}{(\text{모재 인장 강도})} \times 100$$

- 허용 응력 및 안전율

$$\text{안전율} = \frac{\text{최저 인장 강도}}{\text{허용 응력}} \times 100$$

- 맞대기 이음에서의 최대 인장 하중과 응력과의 관계

$$\alpha = \frac{P}{A} \quad P = A\sigma = hl\sigma = tl\sigma$$

- P : 용접 이음의 최대 인장 하중
- σ: 용착 금속의 인장 강도
- A : 단면적
- h : 목 두께
- t : 판 두께
- l : 용접 길이

⑤ 용접자가 갖추어야 할 지식

- 용접 재료에 대한 물리적 · 기계적 · 화학적 성질에 대하여 알고 있어야 한다.
- 용접 구조물의 변형에 대한 지식이 있어야 한다.
- 열응력에 의한 잔류 응력 발생의 문제점 및 대처 방안도 알고 있어야 한다.
- 용접 구조물이 받는 하중의 종류를 알아야 한다.
- 정확한 용접 비용을 산출할 수 있어야 한다.
- 용접부의 검사 방법을 알고 있어야 한다.

⑥ 용접 이음 설계 시의 주의 사항

- 아래 보기 용접을 많이 하도록 한다.
- 용접 작업에 지장을 주지 않도록 간격을 두어야 한다.
- 필릿 용접은 되도록 피하고 맞대기 용접을 하도록 한다.
- 판 두께가 다른 재료를 이을 때에는 구배를 두어 갑자기 단면이 변하지 않도록 한다 (1/4 이하 테이퍼 가공을 함).
- 맞대기 용접에는 이면 용접을 하여 용입 부족이 없도록 해야 한다.
- 용접 이음부가 한 곳에 집중되지 않도록 설계해야 한다.

오분만 **오**답 노트 **분**석하여 **만**점 받자!

① 용접 이음을 가능하면 [ ]으로 집중시키고, 용접선이 서로 교차하지 않도록 설계해야 한다.

② 용접 구조물 작업의 모든 공정을 한 눈에 알 수 있게 세우는 계획을 [ ]이라 한다.

③ [ ] 홈은 판의 두께가 6mm 이하인 경우에 사용되고, 루트 간격을 좁게 하면 용착 금속의 양도 적어져 경제적이지만, 두께가 두꺼워지면 완전 용입이 어렵다.

④ [ ]은 본 용접을 하기 전에 잠정적으로 고정하기 위한 짧은 용접이다.

⑤ 용접의 허용 응력은 안전율 분에 [ ]이다.

① 한 곳 ② 공정 계획 ③ I형 ④ 가접 ⑤ 최저 인장 강도

3 본 용접

1) 용착 방법

(1) 용접 진행 방향에 따른 분류

① **전진법:** 용접 시작 부분보다 끝나는 부분이 수축 및 잔류 응력이 커서 용접 이음이 짧고, 변형 및 잔류 응력이 크게 문제가 되지 않을 때 사용한다.

② **후퇴법:** 용접을 단계적으로 후퇴하면서 전체 길이를 용접하는 방법으로, 수축과 잔류 응력을 줄이는 방법이다 .

③ **대칭법:** 용접할 전 길이에 대하여 중심에서 좌우로 또는 용접물 형상에 따라 좌우 대칭으로 용접하여 변형과 수축 응력을 경감한다.

④ **비석법:** 스킵법이라고도 하며, 짧은 용접 길이로 나누어 놓고 간격을 두면서 용접하는 방법인데, 특히 잔류 응력을 작게 할 경우 사용한다.

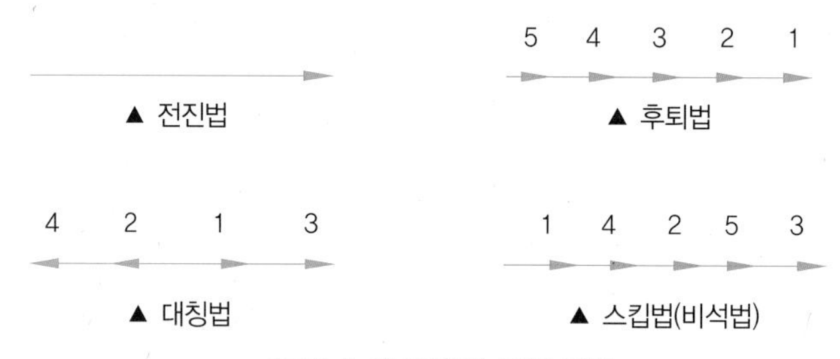

[그림 2-6] 용접의 진행 방법

(2) 다층 용접에 따른 분류

① 덧살 올림법

- 빌드업법이라고도 하며, 가장 일반적으로 사용하는 방법이다.
- 열 영향이 크고 슬래그 섞임의 우려가 있다.
- 한랭 시 구속이 클 때 후판에서 첫 층에 균열 발생의 가능성이 있다.

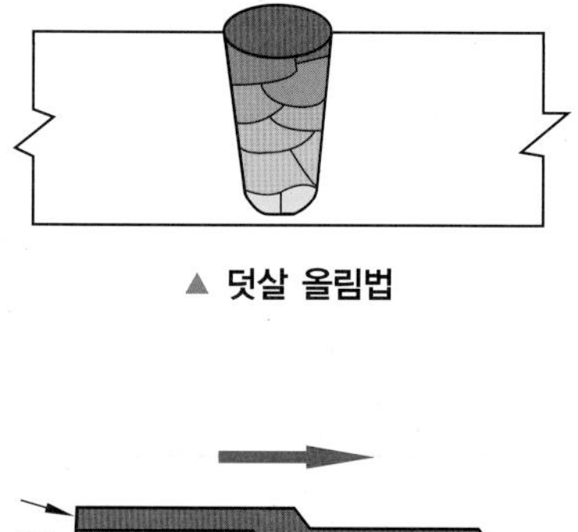

▲ 덧살 올림법

② 캐스케이드법

- 한 부분의 몇 층을 용접하다가 이것을 다음 부분의 층으로 연속시켜 용접한다.
- 후퇴법과 같이 사용하고, 용접 결함의 발생이 적지만 잘 사용되지 않는다.

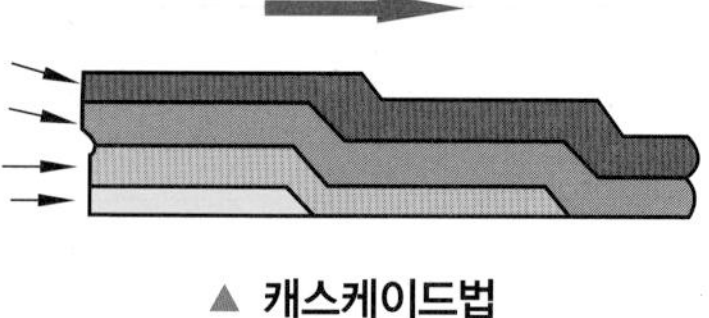

▲ 캐스케이드법

③ **전진 블록법**

- 한 개의 용접봉으로 살을 붙일 만한 길이로 구분하여 홈을 한 부분에 여러 층으로 완전히 쌓아 올린 다음, 다음 부분으로 진행하는 방법이다.
- 첫 층에 균열 발생 우려가 있는 곳에 사용된다.

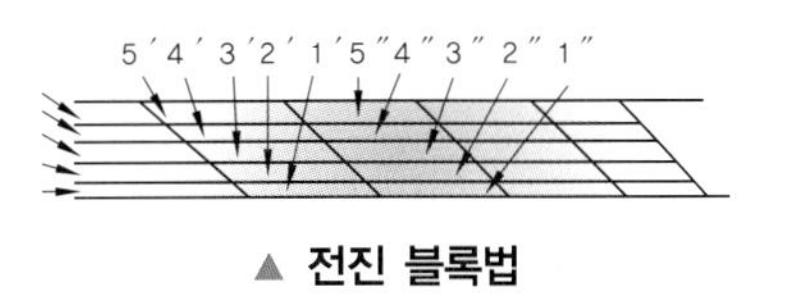

▲ 전진 블록법

2) 용접 시의 냉각 속도

① 예열하면 냉각 속도가 완만해져 균열 발생이 억제된다.

② 얇은 판보다는 두꺼운 판이 냉각 속도가 빠르다.

③ 냉각 속도는 맞대기 이음보다는 T형 이음의 경우가 크다.(열의 확산 방향이 많을수록 크다.)

④ 열전도율이 클수록 냉각 속도는 빠르다.(Ag - Cu - Au - Mg - Ni...)

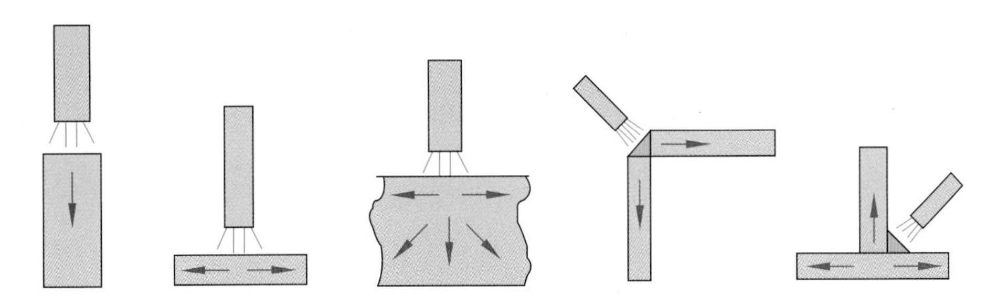

[그림 2-7] 냉각 속도

4 열 영향부 조직의 특징과 기계적 성질

1) 열 영향부 조직

(1) 구성 및 명칭

명칭		가열 온도
a : 용접 금속부(용착 금속부)		1500℃ 이상
b : 용착부(본드부)		1450℃ 이상
c : 열 영향부	조립부	300~1450℃
	미립부(혼입부)	
	입상 펄라이트부	
	취화부	
d : 모재부(원질부)		300℃~상온

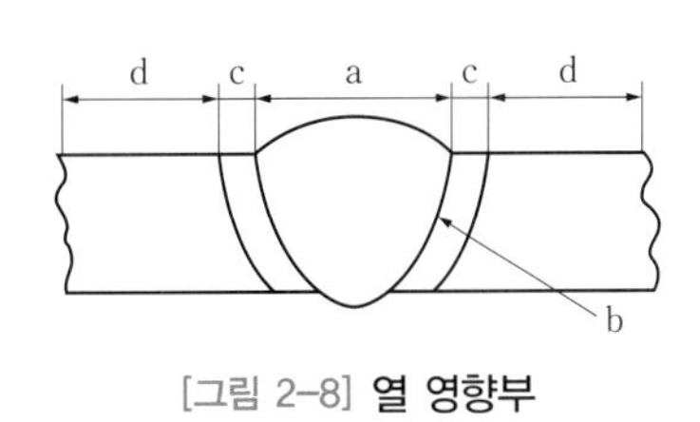

[그림 2-8] 열 영향부

(2) 각 조직의 특징

① **용접 금속부 :** 용융 응고한 부분으로 수지상 조직을 나타낸다.

② **용착부(본드부) :** 모재의 일부가 녹고, 일부는 고체 그대로 위드만스테텐 조직이 발달하고 있다.

③ **조립부 :** 과열로 조립화되며, 위드만스테텐 조직이 나타난다.

④ **미립부 :** 조립과 미세립의 중간 정도이다.

⑤ **입상 펄라이트부 :** 펄라이트가 세립상으로 분해된 부분이다.

⑥ **취화부 :** 기계적 성질이 취화하는 것도 있지만 현미경상으로는 조직의 변화가 없다.

⑦ **모재부(원질부) :** 용접 열을 받지 않는 소재 부분이다.

2) 열 영향부의 기계 성질

① **경도 :** 일반적으로 본드부에 근접한 조립부의 경도가 가장 높다. 이 값을 최고 경도라고 하며 최고 경도치는 일반적으로 열 사이클 중의 냉각 속도와 함께 증가한다.

② **기계적 성질**

- 열 사이클 재현 시험으로 간접 측정한다.
- 조립역의 신율이나 인성은 현저히 떨어진다.(마텐자이트의 생성 원인)

오분만

① [ ]법은 용착법 중 한 부분에 대해 몇 층을 용접하다 다음 부분의 층으로 연속시켜 용접하는 것이다.

② 용접 길이를 짧게 나눈 다음 띄엄띄엄 용접하는 방법은 [ ]이다.

③ [ ]는 용접 또는 절단의 열에 의해 금속의 조직이나 기계적 성질 등에 변화가 생긴 모재의 용융되지 않은 부분을 뜻한다.

④ 용접부의 열 영향부 중 200~700°C로 가열한 부분은 [ ]로, 현미경 조직의 변화가 없다.

① 캐스케이드 ② 스킵법 ③ 열 영향부 ④ 취화부

5 용접 전·후 처리

1) 전처리(예열)

(1) 예열

① 연강의 경우 두께 25mm 이상의 경우나 합금 성분을 포함한 합금강 등은 급랭 경화성이 크기 때문에 열 영향부가 경화하여 비드 균열이 생기기 쉽다. (500~550℃ 정도로 홈을 예열)

② 기온이 0℃ 이하에서도 저온 균열이 생기기 쉬우므로, 홈 양 끝 100mm 나비를 40~70℃로 예열한 후 용접한다.

③ 주철은 인성이 거의 없고 경도와 취성이 커서 500~550℃로 예열하여 용접 터짐을 방지한다.

④ 용접할 때 저수소계 용접봉을 사용하면 예열 온도를 낮출 수 있다.

⑤ 탄소당량이 커지거나 판 두께가 두꺼울수록 예열 온도는 높일 필요가 있다.

⑥ 주물의 두께 차가 클 경우 냉각 속도가 균일하도록 예열한다.

(2) 예열의 목적

① 모재의 수축 응력을 감소하여 균열 발생을 억제한다.

② 냉각 속도를 느리게 하여 모재의 취성을 방지한다.

③ 용착 금속의 수소 성분이 나갈 수 있는 여유를 주어 비드 밑 균열을 방지한다.

④ 기계적 성질을 향상시킨다.

2) 후처리(후열)

(1) 후열

① 용접을 하면 바로 용접된 그 자리보다 주변의 용접열에 의해 구조적으로 약해지는 현상이 발생한다.

② 열에 의해 약해진 부분에 대해 잔류 응력의 제거, 응력 집중의 완화 조치, 조직의 안정화와 같은 용접 후처리가 필요하다.

(2) 후열의 목적

① 잔류 응력을 줄이기 위함이다.

② 인성 증가를 위함이다.

③ 균열 감수성을 높이기 위함이다.

④ 함유 가스를 배출하기 위함이다.

6 용접 결함, 변형 및 방지 대책

1) 용접 결함

(1) 결함의 보수

① 기공 또는 슬래그 섞임이 있을 때는 그 부분을 깎아 내고 재용접한다.

② **언더컷(under-cut)**: 가는 용접봉을 사용하여 파인 부분을 용접한다.

③ **오버랩(overlap)**: 덮인 일부분을 깎아 내고 재용접한다.

④ 균열일 때는 균열 끝에 정지 구멍을 뚫고, 균열부를 깎아 홈을 만들어 재용접한다.

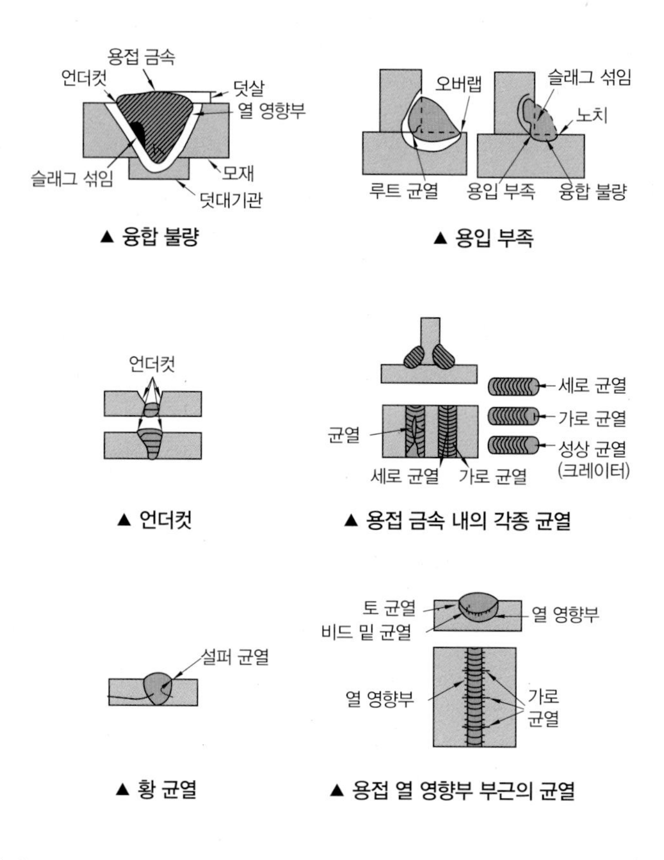

▲ 융합 불량

▲ 용입 부족

▲ 언더컷

▲ 용접 금속 내의 각종 균열

▲ 황 균열

▲ 용접 열 영향부 부근의 균열

(2) 보수 용접

① 기계 부품 등의 일부 마멸된 부분을 깎아 내거나, 그대로 다시 원래 상태가 되도록 덧붙임 용접을 한다.

② 열처리 없이 경도가 높은 것을 만들 수 있는데, 망간강, 크롬-코발트-텅스텐 등을 기본으로 하는 합금계 심선이 필요하다.

③ **용사법**: 용융된 금속을 고속 기류에 불어 붙임을 이용한다.

2) 용접 변형

(1) 잔류 응력 제거법

① 노내 풀림법

- 유지 온도가 높을수록, 유지 시간이 길수록 효과가 크다.
- 노내 출입 허용 온도는 300℃를 넘지 않아야 한다.
- 일반적인 유지 온도는 625±25℃이다(판 두께 25mm, 1시간).

② 국부 풀림법

- 큰 제품, 현장 구조물 등과 같이 노내 풀림이 곤란할 경우 사용한다.
- 용접선 좌우 양측을 각각 약 250mm 또는 판 두께 12배 이상의 범위를 가열한 후 서냉한다.
- 유도 가열 장치를 사용한다.(하지만 국부 풀림은 온도를 불균일하게 할 뿐 아니라, 이를 실시하면 잔류 응력이 발생될 염려가 있으므로 주의하여야 한다.)

③ 기계적 응력 완화법

- 용접부에 하중을 주어 약간의 소성 변형을 일으킴으로써 응력을 제거한다.
- 실제 큰 구조물에서는 한정된 조건 하에서만 사용할 수 있다.

④ 저온 응력 완화법

- 용접선 좌우 양측을 정속도로 이동하는 가스 불꽃으로 약 150mm의 나비를 약 150~200℃로 가열 후 수랭한다.
- 용접선 방향으로 인장 응력을 완화시키는 방법이다.

⑤ 피닝법

- 끝이 둥근 특수 해머로 용접부를 연속적으로 타격하여 용접 표면에 소성 변형을 일으킴으로써 인장 응력을 완화한다.
- 첫 층 용접의 균열 방지 목적으로 700℃ 정도에서 열간 피닝을 한다.

(2) 변형 방지법

① **억제법:** 모재를 가접 또는 지그를 사용하여 변형을 억제한다.

② **역변형법:** 용접 전에 변형의 크기 및 방향을 예측하여 미리 반대로 변형시키는 방법이다.

③ **도열법:** 용접부 주위에 물을 적신 석면, 동판을 대어 열을 흡수시키는 방법이다.

④ **용착법:** 대칭법, 후퇴법, 스킵법 등을 사용한다.

(3) 변형을 적게 하는 방법

① 공급 열량을 가능한 한 적게 한다.

② 열량을 1개소에 집중시키지 않는다.

(4) 변형의 종류 및 교정

변형의 종류	변형의 교정
• 가로 수축 • 세로 수축 • 회전 수축 • 각변형 • 세로 굽힘 변형	• 박판에 대한 점 수축법 • 형재에 대한 직선 수축법 • 가열 후 해머질하는 방법 • 후판에 대해 가열 후 압력을 가하고 수랭하는 방법 • 롤러에 거는 법 • 절단하여 정형 후 재용접하는 방법 • 피닝법

3) 방지 대책

(1) 용접 후의 가공

① 용접 후 기계 가공을 하는 경우에 용접부에 잔류 응력이 풀리는 경우 변형 우려가 있으므로 잔류 응력을 제거한다.

② 굽힘 가공할 것은 균열 발생 우려가 있으므로, 노내 풀림 처리한다.

③ 철강 용접의 천이 온도의 최고 가열 온도는 400~600℃이다.

(2) 용접부의 검사

① **용접 전의 검사:** 용접 설비, 용접봉, 모재, 용접 준비, 시공 조건, 용접사의 기량 등이 있다.

② **용접 중의 검사:** 각 층의 융합 상태, 슬래그 섞임, 균열, 비드 겉모양, 크레이터 처리, 변형 상대, 용접봉 건조, 용접 전류, 용접 순서, 운봉법, 용접 자세, 예열 온도, 층간 온도 점검 등이 있다.

③ **용접 후의 검사:** 후열 처리 방법, 교정 작업의 점검, 변형 치수 등의 검사가 있다.

오분만 **오**답 노트 **분**석하여 **만**점 받자!

① [ ]은 용접 전에 저온 균열이 일어나기 쉬운 재료에 균열을 방지할 목적으로 피용접물의 전체 또는 이음부 부근의 온도를 올리는 것이다.

② 노내 풀림법, 국부 풀림법, 기계적 응력 완화법, 저온 응력 완화법, 피닝법은 모두 [ ]의 제거 방법이다.

③ [ ]은 용접 금속 및 모재의 변형 방향과 크기를 미리 예측하여 용접 전에 반대 방향으로 굽혀 놓고 작업하는 변형 방지법이다.

④ 용접 전의 변형 방지책으로는 [ ]과 역변형법이 있다.

⑤ 용접 금속부의 변형과 응력을 경감하는 방법으로는 [ ]을 쓴다.

① 예열 ② 잔류 응력 ③ 역변형법 ④ 억제법 ⑤ 피닝법

CHAPTER 02

용접의 자동화

1 자동화 절단 및 용접

1) 용접 자동화

(1) 용접 자동화의 개요

① 의미

- 단순하게 반복되는 작업, 위험을 수반하는 작업 등은 인간의 능력과 생산 능률을 저하시킴에 따라 자동화 기계를 연구하게 되었다.
- 현재 용접 분야에서 활발하게 활용되고 있는 자동화 기계는 로봇 용접기이다.

② 용접 자동화의 필요성

- 수동 용접은 작업자의 기능도에 따라 용접 제품의 질이 크게 좌우된다.
- 용접 작업은 대부분 열악한 조건에서 이루어지기 때문에 인적 자원 확보의 어려움이 있다.
- 자동화 라인 생산 공정과 용접을 동시에 실시간으로 확인할 수 있어 생산과 품질의 동시 검사가 가능하다.

③ 용접 자동화의 장점

- 위험한 사고의 방지가 가능하다.
- 인간에게 불가능한 고속 작업도 가능하다.
- 생산성의 증대와 품질 향상, 원가 절감의 효과가 있다.
- 용접봉의 손실이 없고, 일정한 전류 값을 유지할 수 있다.
- 아크 길이 및 속도 등 여러 가지 용접 조건에 따른 공정 수를 줄일 수 있다.
- 한 번의 제어에 의해 용접 비드의 높이, 비드 폭 용입 등을 정확하게 제어할 수 있다.

(2) 아크 용접용 로봇의 자동화 시스템

① 아크 용접의 로봇 이용 분야

- GMAW(gas metal arc welding : CO_2, MIG, MAG)
- GTAW(gas tungsten arc welding)
- LBW(laser beam welding)

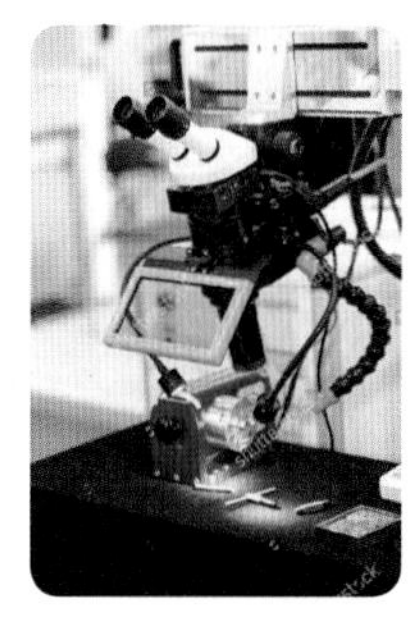

▲ 레이저 용접기

② GTAW는 용접기에서 고주파로 인한 전자파의 발생으로 이용하지 못하였지만, 전자파 방지 회로의 개발로 로봇에 장착하여 사용이 가능하다.

③ 구성

- 로봇, 제어부, 아크 발생 장치(용접 전원), 포지셔너(용접물 구동 장치)
- 적응을 위한 센서, 로봇 이동 장치(갠트리, 칼럼, 트랙)
- 작업자를 위한 안전장치, 용접물 고정 장치 픽스처 등

2) 자동 제어

(1) 신호와 제어

① 관련 용어

정보	제어하고자 하는 내용
신호	정보를 전달하는 수단 (정보 전달 시에는 전압, 전류, 온도 등 물리량의 크기와 상태만을 고려함.)
입력 신호	제어의 상태에 변화를 주는 신호
출력 신호	상태 변화의 결과
신호 처리	1개 또는 여러 개의 신호로부터 다른 신호를 만드는 것 (제어 명령을 만들기 위한 신호 처리를 '명령 처리'라고 함.)

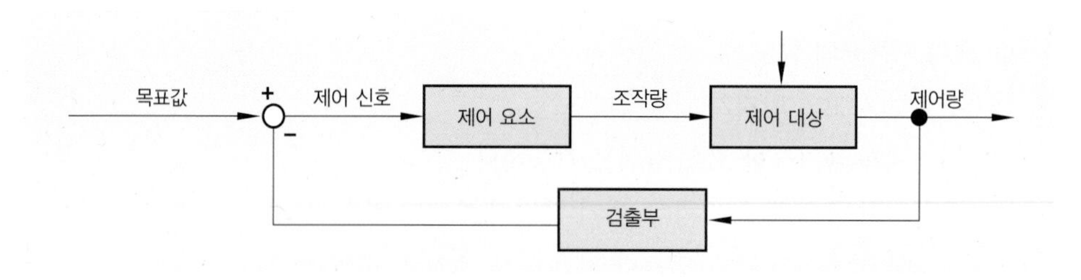

[그림 2-9] 일반적인 자동 제어 시스템의 구성

② 정성적 제어(qualitative control)

- 전열기의 제어에서 온도가 높거나 낮음, 열량이 많고 적음에 관계없이 전류를 통하게 하거나 끊는 '제어 명령만을 자동 수행'한다.

• 주로 시퀀스 제어법(유접점, 무접점, PLC 제어 포함)이 해당된다.

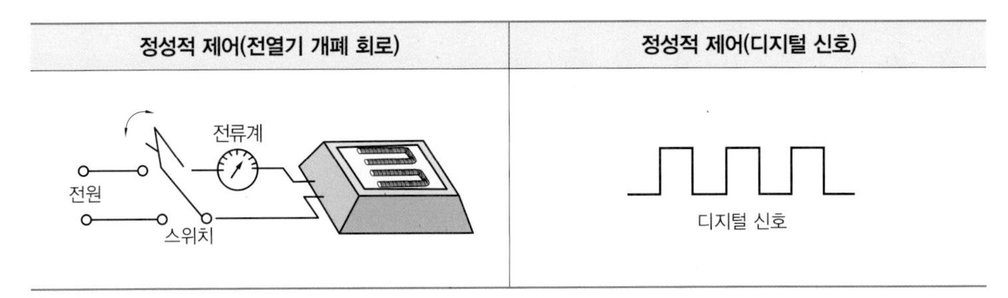

③ **정량적 제어(quantitative control)**

• 전기로의 제어에서 발열량의 많고 적음이나 온도가 높고 낮음의 '명령만을 자동 수행'한다.

• 제어 명령을 수행할 때 물리량을 고려해서 제어하며, 온도 · 압력 · 속도 · 위치 등이 해당된다.

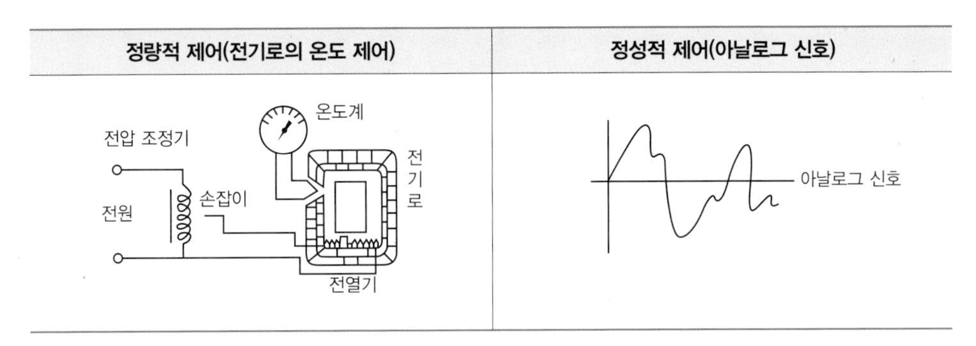

(2) 자동 제어의 종류

① **시퀀스 제어(sequence control)**

• 유접점 시퀀스 제어, 무접점 시퀀스 제어가 있다.

• 정해 놓은 순서에 따라 제어의 각 단계를 차례로 제어하는 시스템이다.

• 일반적으로 작업을 진행하는 도중에 오차가 발생하여도 제어량을 수정할 수 없다.

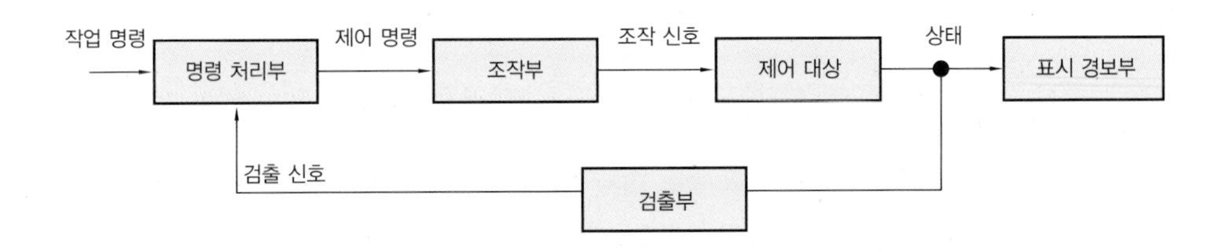

[그림 2-10] **시퀀스 제어의 제어 흐름**

② **프로그램 제어(program control)**

- PLC 제어가 대표적이다.
- PLC는 기존에 사용하던 제어반 내의 릴레이, 타임, 카운터 등의 기능을 프로그램으로 대체하고자 만들어진 전자 응용 기기이다.
- 프로그램의 변경만으로 회로의 수정이 가능한 장점이 있다.
- 경제성과 신뢰성 측면에서 유접점 및 무접점 시퀀스보다 월등한 제어 장치이다.

③ **피드백 제어(feedback control)**

- 개루프 제어 시스템: 가장 간단한 장치로 제어 동작의 출력과 관계없이 신호 통로가 열려 있는 제어 계통이다.

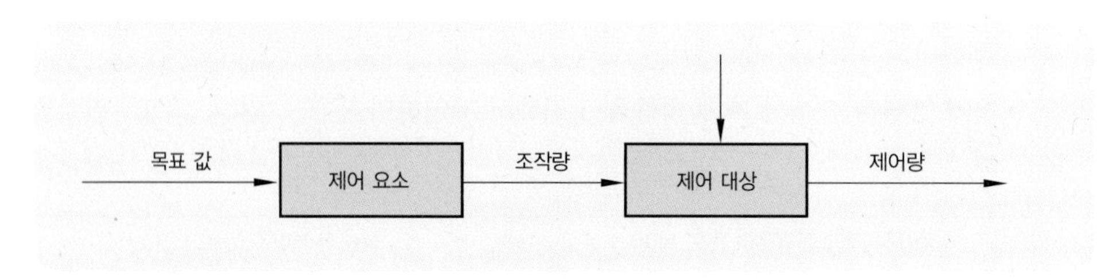

[그림 2-11] **개루프 제어 시스템의 구성 요소**

- 폐루프 제어 시스템: 출력의 일부를 입력 방향으로 피드백시켜 목표 값과 비교되게 폐루프를 형성하는 제어 계통이다.

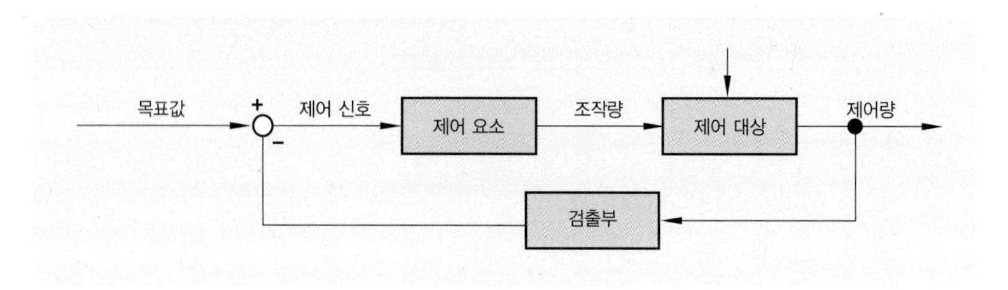

[그림 2-12] **폐루프 제어 시스템의 구성 요소**

2 로봇 용접

(1) 로봇 용접의 개요

① **의미:** 인간의 손작업을 대신하여 로봇이 용접하는 것이다.

② **종류:** 저항 용접용 로봇과 아크 용접용 로봇이 있고, 직각 좌표형 및 다관절형이 있다.

③ **용도:** 로봇 용접은 사람이 작업하기 위험하거나 단순 반복 작업 등에 이용되고 있다.

④ **용접용 로봇 설치 장소**

- 용접용 로봇의 설치 장소는 로봇의 팔을 최대로 펼친 상태에서 움직였을 때 부딪치지 않는 곳을 선택하여 설치한다.
- 로봇 움직임이 충분히 보이는 장소를 선택한다.
- 로봇 케이블 등이 사람 발에 걸리지 않도록 설치한다.
- 로봇 팔이 제어 패널, 조작 패널 등에 닿지 않는 장소를 선택한다.

(2) 로봇의 구성

① 로봇의 작동 부분은 손, 팔 등으로 되어 있고, 필요한 동작을 할 수 있는 작업 기능을 가진 부분인 구동부가 있다.

② 용접 로봇은 머니퓰레이터, 컨트롤러, 교시반 및 용접 전원 등으로 구성되어 있다.

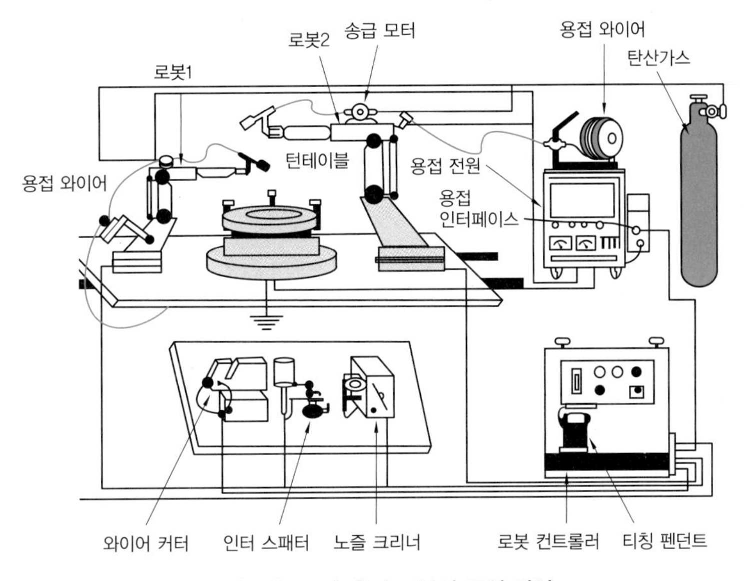

[그림 2-13] **용접 로봇의 구성 장치**

오답 노트 **분**석하여 **만**점 받자! 오분만

① 미리 정해 놓은 순서에 따라 제어의 각 단계를 차례로 행하는 제어를 [   ] 제어라 한다.

② 용접용 로봇의 구성 장치 중, 시험편 등을 접어서 이동시키거나 회전시키는 일을 멀리서 조작할 수 있는 집게 팔을 [   ]라고 한다.

③ 전기로의 제어에서 발열량의 많고 적음이나 온도가 높고 낮음의 '명령만을 자동 수행'하는 것을 [   ] 제어라고 한다.

④ [   ] 제어는 제어계의 출력값이 항상 목표치와 일치하는지 비교하여 일치하지 않을 경우 수정하도록 한다.

① 시퀀스 ② 머니퓰레이터 ③ 정량적 ④ 피드백

CHAPTER 03 파괴 · 비파괴 및 기타 검사 시험

1 파괴 시험

1) 인장 시험

항복점	하중이 일정한 상태에서 하중의 증가 없이 연신율이 증가되는 점
영률	탄성 한도 이하에서 응력과 연신율은 비례(후크의 법칙)하는데, 이때 응력을 연신율로 나눈 상수
인장 강도	(최종 하중) / (원 단면적)
연신율	(시험 후 늘어난 길이) / (표준 거리) × 100 (%)
내력	주철과 같이 항복점이 없는 재료에서는 0.2%의 영구 변형이 일어날 때의 응력 값을 내력으로 표시

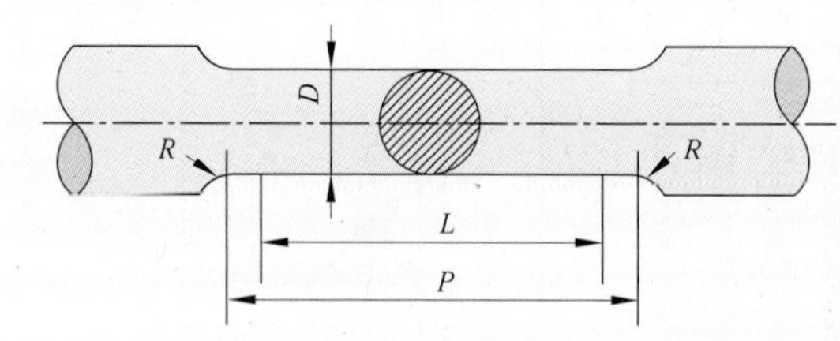

- 표준 거리 : L = 50mm
- 평행부 길이 : P = 60mm
- 직경 : D = 14mm
- 곡률 반경 : R = 15mm 이상

2) 경도 시험

① **브리넬 경도(HB):** 압입자의 크기로 경도(금속의 단단한 정도)를 측정한다.

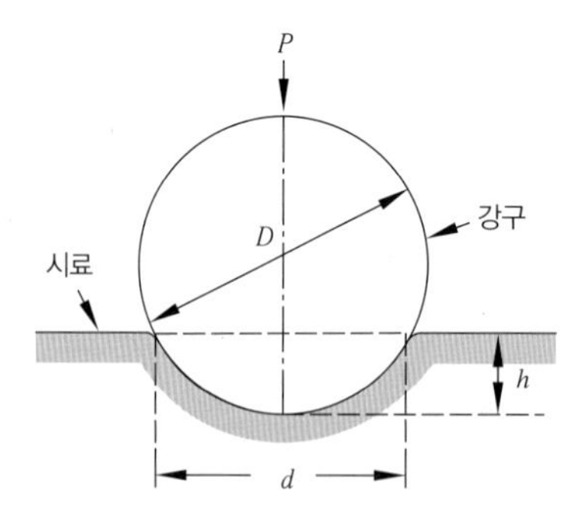

[그림 2-14] **브리넬 경도**

② **비커스 경도(HV):** 내면 각이 136°인 다이아몬드 사각뿔 압입자의 대각선 길이로 측정한다.

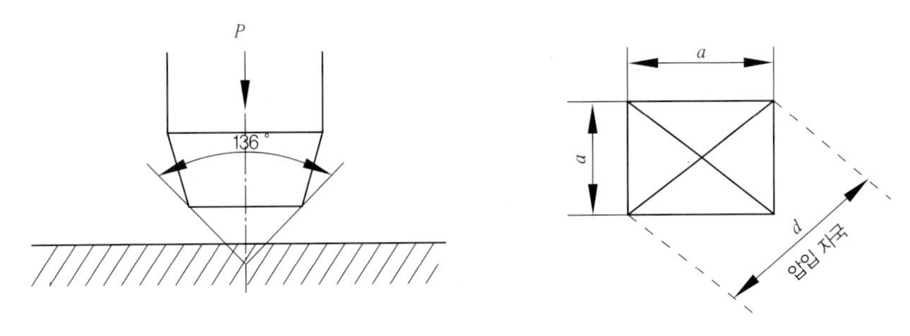

[그림 2-15] **비커스 경도**

③ **로크웰 경도(HR):** B 스케일(하중 100kg), C 스케일(꼭지각 120°, 하중 150kg)이 있다.

구분	압입체	시험 가중	경도 계산식	적용	기호
B 스케일	지름 약 1.5mm(1/16″)	100kg	130∼500△t	풀림한 연질 재료	H_{RB}
C 스케일	꼭지각 120° 다이아몬드 원추	150kg	100∼500△t	담금질된 굳은 재료	H_{RC}

④ **쇼어 경도:** 추를 일정한 높이에서 낙하시켜 반발한 높이로 측정하며, 완성품의 경우 많이 쓰인다.

$$Hs = \frac{1,000}{65} \times \frac{h}{h_0}$$

h : 튀어 오른 높이(mm)
h_0 : 떨어뜨린 높이(mm)

3) 굽힘 시험(굴곡 시험)

① 모재 및 용접부의 연성, 결함의 유무를 시험한다.
② 종류로는 표면, 이면, 측면 굴곡 시험이 있다.

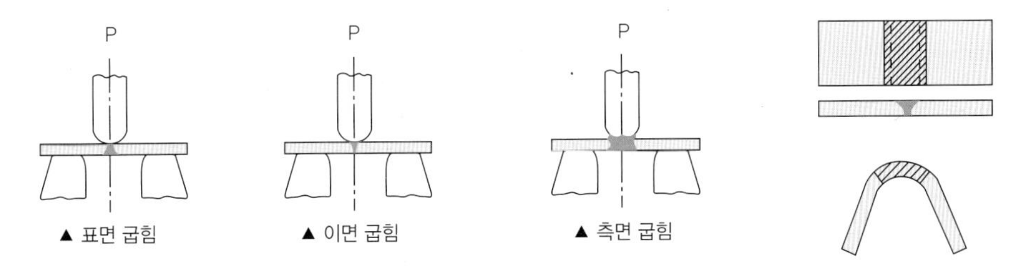

[그림 2-16] **굽힘 시험 방법**

4) 충격 시험

① 재료의 인성과 취성을 알아보기 위한 시험이다.

② 종류로는 샤르피식, 아이조드식이 있다.

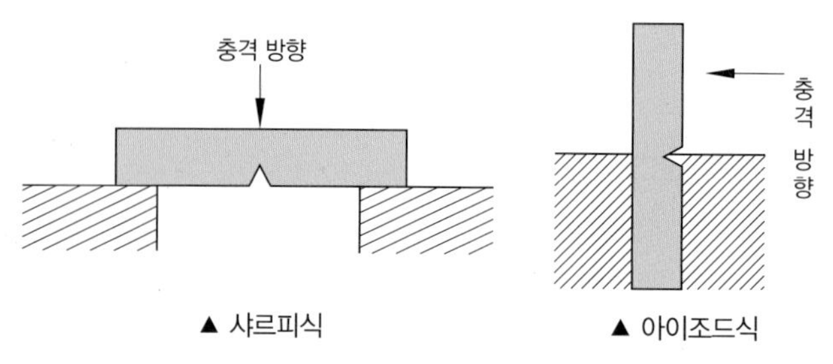

[그림 2-17] **충격 시험 방법**

5) 피로 시험와 크리프 시험

① **피로 시험:** 반복되어 작용하는 하중 상태에서의 성질을 알아보는 시험이다.

② **크리프 시험:** 재료의 인장 강도보다 적은 일정한 하중을 가했을 때 시간의 경과와 더불어 변화하는 현상인 크리프 현상을 이용하여 변형을 검사한다.

① 굴곡 시험에서 굽힘 각도는 [   ]°이다.

② 인장 시험에서 [   ]를 구하는 식은 단면적 분에 최대 하중이다.

③ 경도 시험 중 비커스 경도는 내면 각이 [   ]°인 다이아몬드 사각뿔 압입자의 대각선 길이로 측정한다.

④ 용접부의 시험 및 검사의 분류에서 충격 시험은 [   ] 시험에 속한다.

⑤ [   ] 시험은 재료에 일정한 응력을 가했을 때 시간에 따라 변하는 변형량을 측정하는 시험 방법이다.

① 180 ② 단면적 ③ 136 ④ 기계적 ⑤ 크리프

2 비파괴 시험

1) 외관 검사(VT)

(1) 육안 시험

① 사람의 눈으로 용접부의 변형 및 치수 오차, 결함의 유무 등을 검출한다.

② 미세한 결함은 확대경 등 보조 기구를 사용한다.

③ 많은 검사 기기가 필요하지 않아 널리 이용된다.

④ 충분한 지식과 경험을 가진 경력자가 검사를 수행해야 한다.

(2) 육안 검사 결과

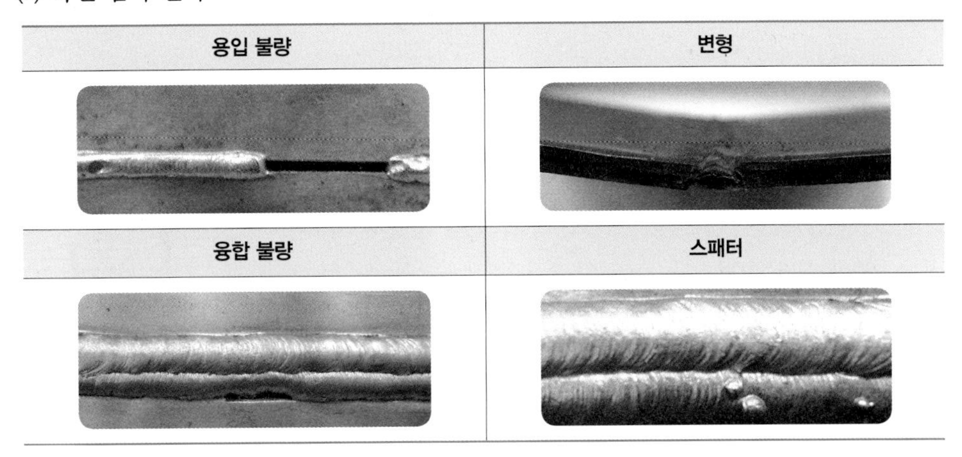

2) 누설 검사(LT)

(1) 의미

① 기밀, 수밀, 유밀 및 일정한 압력을 요하는 제품에 이용된다.

② 수압, 공기압을 쓰지만, 때에 따라 할로겐, 헬륨 가스 및 화학적 지시약을 쓰기도 한다.

(2) 종류

① **가압 시험:** 시험체 내부에 추적 가스를 넣고 압력을 가하여 시험체 외부에서 검출기를 이용하여 누설 부위를 검사한다.

② **기포 누설 시험:** 시험체에 가압 또는 감압을 유지한 후 발포 용액에 의해 기포를 형성시켜 검사한다.

③ **동적 누설 시험:** 추적 가스가 들어 있는 챔버가 연속적으로 펌핑하고, 이를 검출기가 흡입하여 검사한다.

④ **진공 용기 시험:** 진공 용기에 시험품을 넣고, 시험품의 내부 또는 외부를 배기하여 시험품의 외부 또는 내부에 누설되는 추적 가스로 검사하는 방법이다.

(3) 검사 결과

반포 용액	분무기 사용
누설 관찰	**누설 표시**

3) 자기 검사(MT)

① 표면 가까운 곳의 균열, 편석, 기공, 용입 불량 등의 검출에 사용된다.

② 결함 부분에 자속이 통하기 어려워 누설 자속이 생긴다.

③ 비자성체에는 사용이 곤란하다.

④ 축통전법, 직각 통전법, 관통법, 코일법, 극간법이 있다.

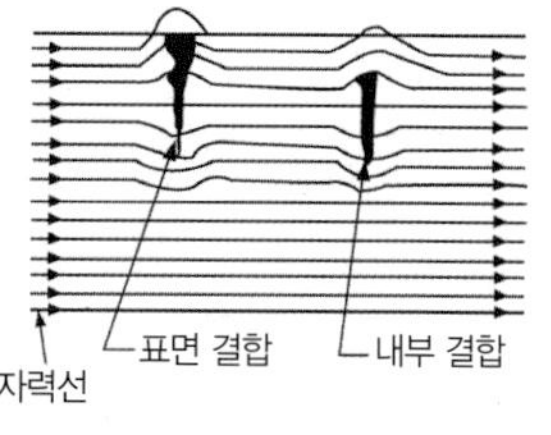

[그림 2-18] **자분 탐상의 원리**

4) 초음파 검사(UT)

① 0.5~15MHz의 초음파를 내부에 침투시켜 내부의 결함, 불균일 층의 유무를 알아낸다.

② **장점:** 위험하지 않고, 두께 및 길이가 큰 물체에도 사용할 수 있다.

③ **단점:** 결함 위치의 길이는 알 수 없고, 표면의 요철이 심한 것과 얇은 것은 검출이 곤란하다.

④ **종류:** 투과법, 공진법, 펄스 반사법(가장 일반적임.)

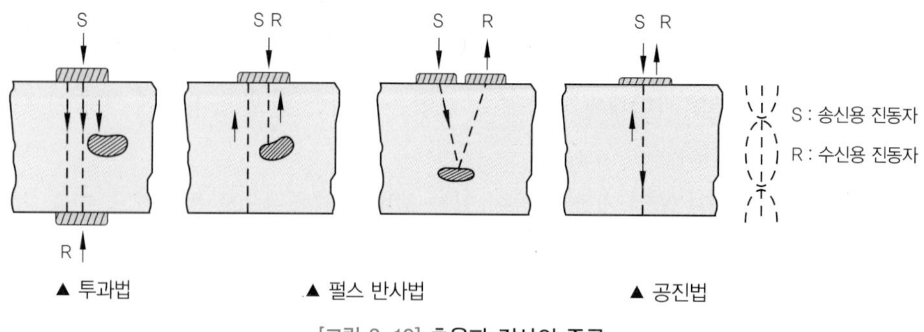

▲ 투과법　▲ 펄스 반사법　▲ 공진법

[그림 2-19] **초음파 검사의 종류**

5) 침투 검사(PT)

(1) 의미

① 표면에 미세한 균열, 피트 등의 결함에 침부액을 표면 장력의 힘으로 침투시켜 세척한 후, 현상액을 발라 결함을 검사한다.

② 광 침투 검사와 염료 침투 검사가 있는데, 후자가 주로 현장에서 사용된다.

(2) 검사 순서

① 전처리

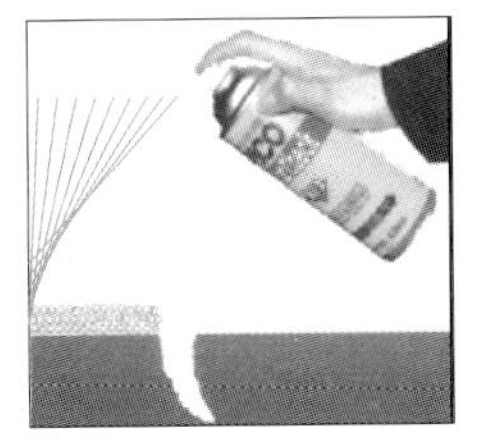

검사 부위를 전처리한다. 세척액을 뿌린다. 천으로 닦아 낸다.

② 침투 처리

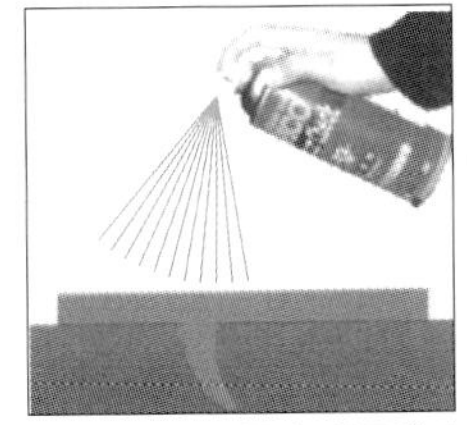

침투액을 도포한다. 침투액이 침투할 시간을 준다.

③ 제거 처리(세척)

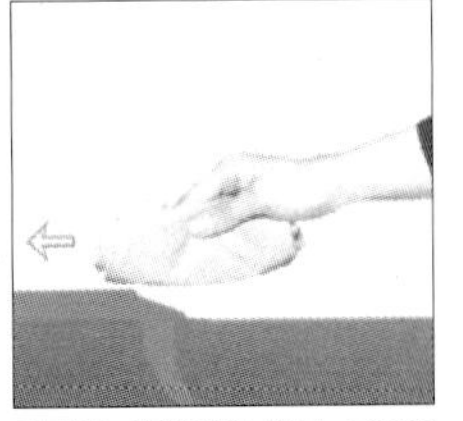

걸레에 세척액을 뿌려 표면을 닦아 낸다.

④ 현상 처리

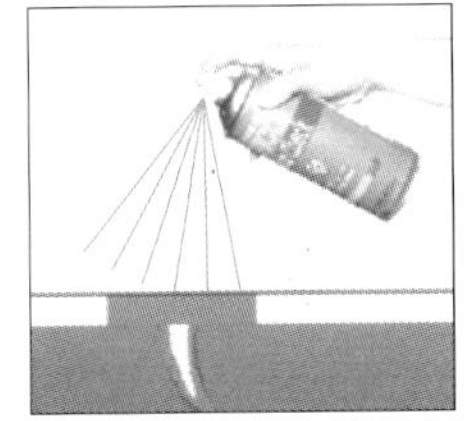

현상제를 얇고 균일하게 뿌린다.

⑤ 관찰(판독)

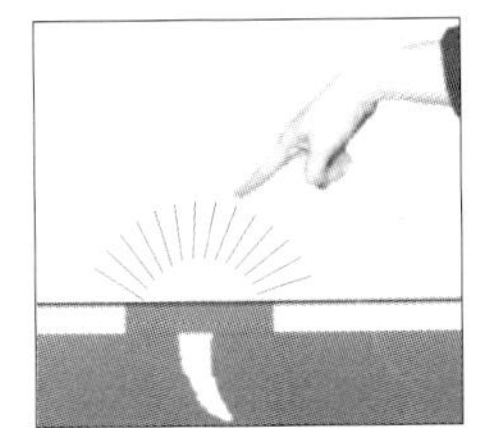

판독한다. 결함이 흰색의 현상제를 배경으로 붉은 색으로 나타낸다.

⑥ 후처리

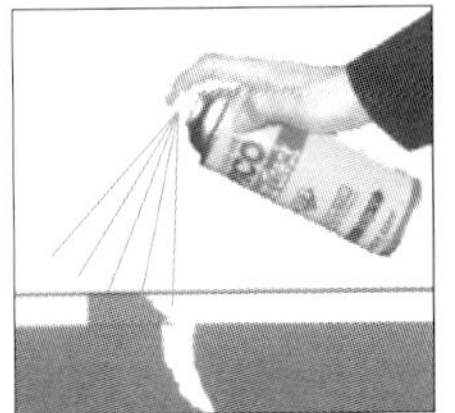

검사 부위의 침투액 및 현상제를 세척액으로 직접 뿌려 세척한다.

6) 방사선 투과 시험(RT)

(1) X선 투과 검사

① 가장 확실하고 널리 사용되는 검사이다.

② 종류

X선 투과 검사	γ 선 투과 검사
• 균열, 융합 불량, 기공, 슬래그 섞임 등의 내부 결함 검출에 사용 • X 선 발생 장치로는 관구식과 베타트론식이 있음. • 미소 균열이나 모재 면에서 평행한 라미네이션 등의 검출이 곤란(후판 곤란) • 깊이, 크기, 위치 측정 가능 → 스테레오법	• X 선으로 투과하기 힘든 후판에 사용 • 선원으로는 라듐 , 코발트 60, 세슘 134, 이리듐이 있음.

(2) X선 투과 검사 결과

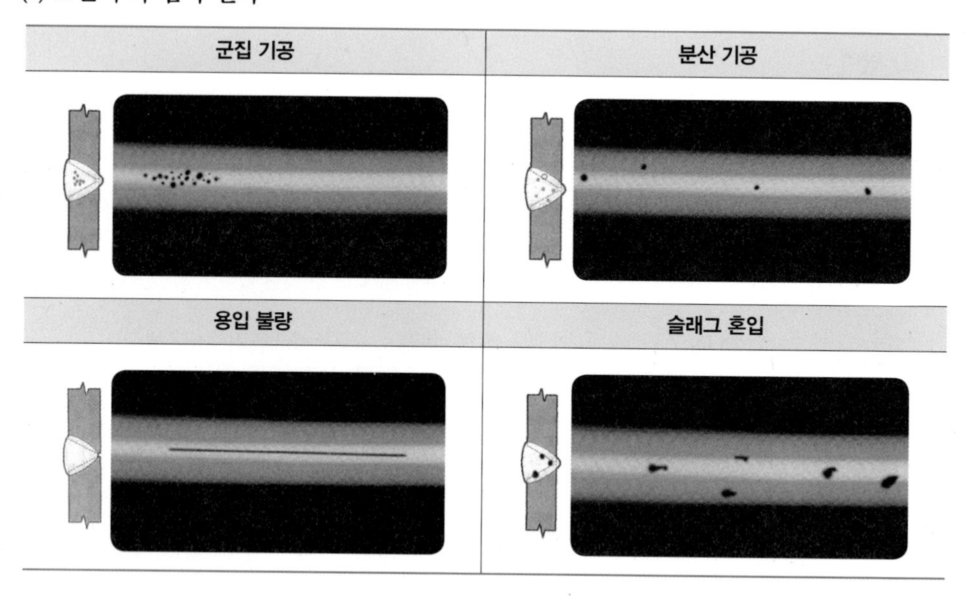

(3) 용접 결함의 종류

- 1종 결함: 기공 및 이와 유사한 결함
- 2종 결함: 용입부족, 슬랙섞임, 융합부족
- 3종 결함: 균열 및 터짐 등 이와 유사한 결함
- 4종 결함: 텅스텐 혼입

7) 와류 검사(맴돌이 시험)

① 전자 유도 또는 와전류의 현상을 이용하는 비파괴 검사 방법이다.

② 전자 유도 탐상 검사, 재질 검사, 피막 두께 측정 검사 등이 포함된다.

③ 자기 탐상이 곤란한 비자성체 검사에 사용된다.

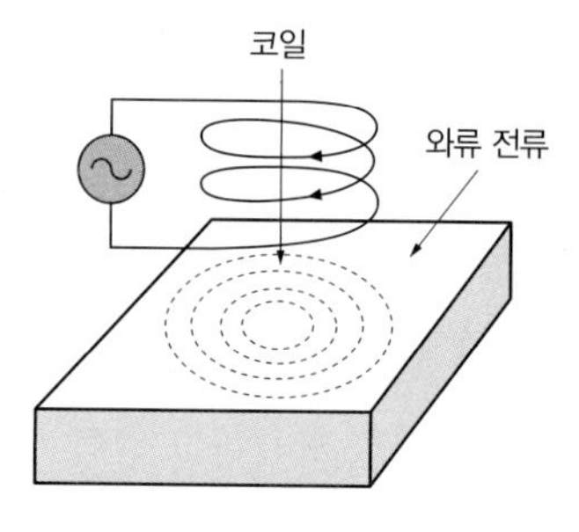

[그림 2-20] 와류 탐상의 원리

8) 기타 검사

(1) 용접 연성 시험

① 코메렐 시험

- 시험편 표면에 반원형의 작은 홈을 파서 그 곳에 일정한 조건으로 비드를 용접한 후 소정의 지그를 구부리는 방법이다.
- 용접부의 균열 발생 여부 및 그 상황 등을 관찰하는 시험이다.

② **킨젤 시험**

- 노치 굽힘 시험이다.
- 표면에 세로 길이로 비드 용접하여 이에 직각으로 V 노치를 붙인 시험편을 구부리는 시험이다.

(2) 용접 균열 시험

① **리하이형 구속 균열 시험**

- 저온 균열 시험이다.
- 맞대기 용접 균열 시험의 냉각 중에 균열이 일어나는 구속의 정도를 정량적으로 구하기 위한 시험이다.
- 시험 비드 용접 후 2일이 지난 후 시험편의 표면, 측면에서 균열을 조사한다.

② **피스코 균열 시험**

- 고온 균열 시험으로, 맞대기 구속 균열 시험법이다.
- 연강, 고장력강, 스테인리스강, 비철 금속에 대한 용접봉의 균열 시험에 이용된다.

③ 그 밖에 'CTS 균열 시험, T형 필릿 용접 균열 시험' 등이 있다.

(3) 노취 취성 시험

① **T형 필릿 굽힘 시험:** 시험편을 지그로 일정한 각도까지 굽힘에 필요한 최대 하중과 균열 등을 검사하는 방법이다.

② **티버 시험:** 시험편을 저온에서 인장 파단시켜 파면의 천이 온도를 구한다.

③ 그 밖에 로버트슨 시험, 밴더 빈 시험, 칸 티어 시험 등이 있다.

오분만 오답 노트 분석하여 만점 받자!

① 비파괴 검사의 기호 중 PT는 침투 탐상 검사를, MT는 [ ] 검사를 뜻한다.

② 용접부 비파괴 시험 기호 중 방사선 투과 검사는 [ ]이다.

③ 초음파 탐상 시험, 자분 탐상 시험, 방사선 탐상 시험, 누설 탐상 시험 등은 모두 [ ] 시험에 속한다.

④ [ ]는 재료를 직접 또는 간접적으로 관찰하여 표면에 결함이 있는지 그 유무를 알아내는 비파괴 검사 방법이다.

⑤ [ ] 검사의 경우 결함 위치의 길이를 알 수 없고, 표면의 요철이 심하거나 얇은 것은 검출이 곤란하다.

⑥ 맴돌이 시험은 전자 유도 또는 [ ]의 현상을 이용하는 검사 방법으로, 자기 탐상이 곤란한 비자성체 검사에 사용된다.

① 자분 탐상(자기 분말 탐상) ② RT ③ 비파괴 ④ 육안 검사 ⑤ 초음파 ⑥ 와전류

평가문제

01 용접 이음을 설계할 때의 주의 사항으로 틀린 것은?

① 용접 구조물의 제 특성 문제를 고려한다.
✔② 강도가 강한 필릿 용접을 많이 하도록 한다.
③ 용접성을 고려한 사용 재료의 선정 및 열영향 문제를 고려한다.
④ 구조상의 노치부를 피한다.

02 수평 필릿 용접 시 목의 두께는 각장(다리 길이)의 약 몇 % 정도가 적당한가?

① 50 ② 160
✔③ 70 ④ 180

03 보수 용접에 관한 설명 중 잘못된 것은?

① 보수 용접이란 마멸된 기계 부품에 덧살 올림 용접을 하고 재생, 수리하는 것을 말한다.
② 차축 등이 마멸되었을 때는 내마멸 용접을 하여 보수한다.
③ 덧살 올림의 경우에 용접봉을 사용하지 않고, 용융된 금속을 고속 기류에 의해 불어 붙이는 용사 용접이 사용되기도 한다.
✔④ 서브머지드 아크 용접에서는 덧살 올림 용접이 전혀 이용되지 않는다.

04 판 두께가 보통 6mm 이하인 경우에 사용되고 루트 간격을 좁게 하면 용착 금속의 양도 적어져서 경제적인 면에서는 우수하나 두께가 두꺼워지면 완전 용입이 어려운 용접 이음은?

✔① I 형 ② V 형
③ U 형 ④ X 형

05 플러그 용접에서 전단 강도는 구멍의 면적당 전용착 금속 인장 강도의 몇 % 정도로 하는가?

① 20~30 ② 40~50
✔③ 60~70 ④ 80~90

06 하중의 방향에 따른 필릿 용접 이음의 구분이 아닌 것은?

① 전면 필릿 용접 ② 측면 필릿 용접
③ 경사 필릿 용접 ✔④ 슬롯 필릿 용접

07 용접부의 형상에 따른 필릿 용접의 종류가 아닌 것은?

① 연속 필릿
② 단속 필릿
✔③ 경사 필릿
④ 단속 지그재그 필릿

08 이음 홈 형상 중에서 동일한 판 두께에 대하여 가장 변형이 적게 설계된 형상은?

① I 형 ② V 형
③ U 형 ✔④ X 형

09 X형 홈과 같이 양면 용접이 가능한 경우에 용착 금속의 양과 패스 수를 줄일 목적으로 사용되며 모재가 두꺼울수록 유리한 홈의 형상은?

① I형 홈 ② V형 홈
③ U형 홈 ✔ H형 홈

10 용접 지그를 사용할 때의 장점이 아닌 것은?

① 공정수를 절약하므로 능률이 좋다.
② 작업을 쉽게 할 수 있다.
③ 제품의 정도가 균일하다.
✔ 조립하는 데 시간이 많이 소요된다.

11 용접 전의 작업 준비 사항이 아닌 것은?

① 용접 재료 ② 용접사
③ 용접봉의 선택 ✔ 후열과 풀림

12 용접부를 예열하는 목적을 설명한 것 중 틀린 것은?

✔ 용접 작업에 의한 수축 변형을 증가시킨다.
② 용접부의 냉각 속도를 느리게 하여 결함을 방지한다.
③ 열 영향부의 균열을 방지한다.
④ 용접 작업성을 개선한다.

13 용접 순서를 결정하는 사항으로 틀린 것은?

① 같은 평면 안에 많은 이음이 있을 때에는 수축은 되도록 자유단으로 보낸다.
② 중심에 대하여 항상 대칭으로 용접을 진행시킨다.
✔ 수축이 작은 이음을 먼저 용접하고 큰 이음을 뒤에 용접한다.
④ 용접물의 중립축에 대하여 용접으로 인한 수축력 모멘트의 합이 0이 되도록 한다.

14 용접 작업 시의 주의 사항으로 거리가 가장 먼 것은?

① 좁은 장소 및 탱크 내에서의 용접은 충분히 환기한 후에 작업한다.
✔ 훼손된 케이블은 용접 작업 종료 후에 절연 테이프로 보수한다.
③ 전격 방지기가 설치된 용접기를 사용하여 작업한다.
④ 안전모, 안전화 등 보호 장구를 착용한 후 작업한다.

15 주철의 일반적인 보수 용접 방법이 아닌 것은?

✔ 덧살 올림법 ② 스터드법
③ 비녀장법 ④ 버터링법

16 용착 금속이나 모재의 파면에서 결정의 파면이 은백색으로 빛나는 파면을 무엇이라 하는가?

① 연성 파면 ✔ 취성 파면
③ 인성 파면 ④ 결정 파면

17 용접 변형 교정법 중 외력만으로써 소성 변형을 일어나게 하는 것은?

① 박판에 대한 점 수축법
② 형재에 대한 직선 수축법
✔ 피닝법
④ 가열 후 해머링하는 법

18 용접 변형의 교정 방법이 아닌 것은?

① 박판에 대한 점 수축법
② 형재에 대한 직선 수축법
③ 가열 후 해머링하는 방법
✔ 정지 구멍을 뚫고 교정하는 방법

19 용접 중에 아크를 중단시키면 중단된 부분이 오목하거나 납작하게 파진 모습으로 남는 것을 무엇이라고 하는가?

① 오버랩 ② 언더컷
③ 은점 ④ 크레이터

20 용접 결함 중 성질상 결함에 해당되지 않는 것은?

① 인장 강도 부족 ② 표면 결함
③ 항복 강도 부족 ④ 내식성의 불량

21 강재 표면의 흠이나 개재물, 탈탄층 등을 제거하기 위해 얇고, 타원형 모양으로 표면을 깎아 내는 가공법은?

① 가스 가우징(gas gouging)
② 너깃(nugget)
③ 스카핑(scarfing)
④ 아크 에어 가우징(arc air gouging)

22 용접부의 결함 중 오버랩의 발생 원인으로 가장 거리가 먼 것은?

① 용접 전류가 너무 낮을 때
② 운봉 및 봉의 유지 각도가 불량할 때
③ 모재에 황 함유량이 많을 때
④ 용접봉의 선택이 잘못되었을 때

23 용접 시험편에서 P = 최대 하중, D = 재료의 지름, A = 재료의 최초 단면적일 때, 인장 강도를 구하는 식으로 옳은 것은?

① $\frac{P}{\pi D}$ ② $\frac{P}{A}$
③ $\frac{P}{A^2}$ ④ $\frac{A}{P}$

24 용접부의 완성 검사에 사용되는 비파괴 시험이 아닌 것은?

① 방사선 투과 시험
② 형광 침투 시험
③ 자기 탐상 시험
④ 현미경 조직 시험

25 용접부의 연성과 안전성을 판단하기 위하여 사용되는 시험 방법은?

① 굴곡 시험 ② 인장 시험
③ 충격 시험 ④ 경도 시험

26 용접부의 시험과 검사에서 부식 시험은 어느 시험법에 속하는가?

① 방사선 시험법 ② 기계적 시험법
③ 물리적 시험법 ④ 화학적 시험법

27 금속의 비파괴 검사 방법이 아닌 것은?

① 방사선 투과 시험
② 초음파 시험
③ 로크웰 경도 시험
④ 음향 시험

28 샤르피식의 시험기를 사용하는 시험 방법은?

① 경도 시험 ② 충격 시험
③ 인장 시험 ④ 피로 시험

29 모재 및 용접부에 대한 연성과 결함의 유무를 조사하기 위하여 시행하는 시험법은?

① 경도 시험　② 피로 시험
✔ 굽힘 시험　④ 충격 시험

30 와전류 탐상 검사의 장점이 아닌 것은?

① 결함의 크기, 두께 및 재질의 변화 등을 동시에 검사할 수 있다.
② 결함 지시가 모니터에 전기적 신호로 나타나므로 기록 보존과 재생이 용이하다.
✔ 검사체의 표면으로부터 깊은 내부 결함 및 강자성 금속도 탐상이 가능하다.
④ 표면부 결함의 탐상 강도가 우수하며 고온에서의 검사 및 얇고 가는 소재와 구멍의 내부 등을 검사할 수 있다.

31 대상물에 감마선(γ-선), 엑스선(X-선)을 투과시켜 필름에 나타나는 상으로 결함을 판별하는 비파괴 검사법은?

① 초음파 탐상 검사
② 침투 탐상 검사
③ 와류 탐상 검사
✔ 방사선 투과 검사

32 다음 그림 중에서 용접 열량의 냉각 속도가 가장 큰 것은?

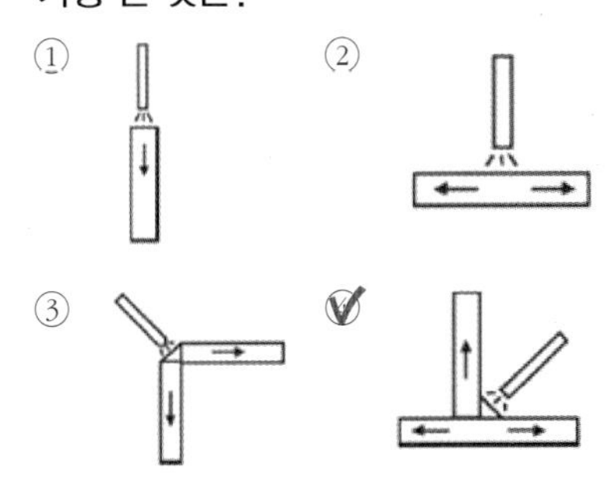

33 용접 결함과 그 원인을 조합한 것으로, 틀린 것은?

① 변형 - 홈 각도 과대
② 기공 - 강재에 부착되어 있는 기름
✔ 용입 부족 - 전류 과대
④ 슬래그 섞임 - 전 층의 슬래그 제거 불완전

34 변형 방지용 지그의 종류 중 다음과 같이 사용된 지그는?

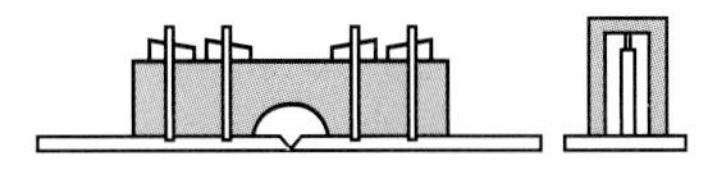

① 바이스 지그
② 판넬용 탄성 역변형 지그
✔ 스트롱 백
④ 탄성 역변형 지그

35 용접선 양측을 일정 속도로 이동하는 가스 불꽃에 의해 용접선 나비의 60~150mm에 걸쳐서 150~200℃ 정도로 가열 후 수랭시키는 잔류 응력 제거법은?

① 노내 풀림법
② 국부 풀림법
✔ 저온 응력 완화법
④ 기계적 응력 완화법

36 한 개의 용접봉을 살을 붙일 만한 길이로 구분해서, 홈을 한 부분씩 여러 층으로 쌓아올린 다음 다른 부분으로 진행하는 용착법은?

① 스킵법
② 빌드업법
✔ 전진 블록법
④ 캐스케이드법

PART

III 작업 안전

1 작업 안전

2 용접 안전

CHAPTER 01

작업 안전

1 산업 안전

1) 안전 표식의 색채

색채	용도	사용
빨강	금지 경고	정지 신호, 소화 설비 및 그 장소, 유해 행위의 금지
주황	–	위험, 항해 항공의 보안 시설, 구명 보트, 구명대 등
노랑	경고	위험 경고, 주의 표지, 기계 방호
녹색	안내	비상구 및 피난소, 사람 또는 차량의 동행 표시
파랑	지시	특정 행위의 지시 및 사실의 고지 (주의, 수리 중, 송전 중 표시)
보라	–	방사능 위험 표시
흰색	–	주의 표시(파란색 또는 녹색에 대한 보조색)
흑색	–	방향 표시(문자 및 빨간색 또는 노랑색에 대한 보조색)

(2) 산업 안전표지

① **금지표지:** 흰색 바탕에 기본 모형은 빨간색이고, 관련 부호나 그림은 검은색으로 나타낸다.

② **녹십자표지:** 흰색 바탕에 관련 부호는 녹색인 것이 기본 모형이다.

③ **방향표지:** 녹색 바탕에 관련 부호는 흰색인 것이 기본 모형이다.

1. 금지표지	101 출입금지	102 보행금지	103 차량통행금지	104 사용금지	105 탑승금지	106 금연
107 화기금지	108 물체이동금지	2. 경고표지	201 인화성물질경고	202 산화성물질경고	203 폭발성물질경고	204 급성독성물질경고
205 부식성물질경고	206 방사성물질경고	207 고압전기경고	208 매달린물체경고	209 낙하물경고	210 고온경고	210-1 저온경고
211 몸균형상실경고	212 레이저광선경고	213 발암성·변이원성·생식독성·전신독성·호흡기과민성 물질 경고	214 위험장소경고	3. 지시표지	301 보안경착용	302 방독마스크착용
303 방진마스크착용	304 보안면착용	305 안전모착용	306 귀마개착용	307 안전화착용	308 안전장갑착용	309 안전복착용
4. 안내표지	401 녹십자표지	402 응급구호표지	402-1 들것	402-2 세안장치	403 비상구	403-1 좌측비상구
403-2 우측비상구	5. 문자추가시 범례	휘발유화기엄금				

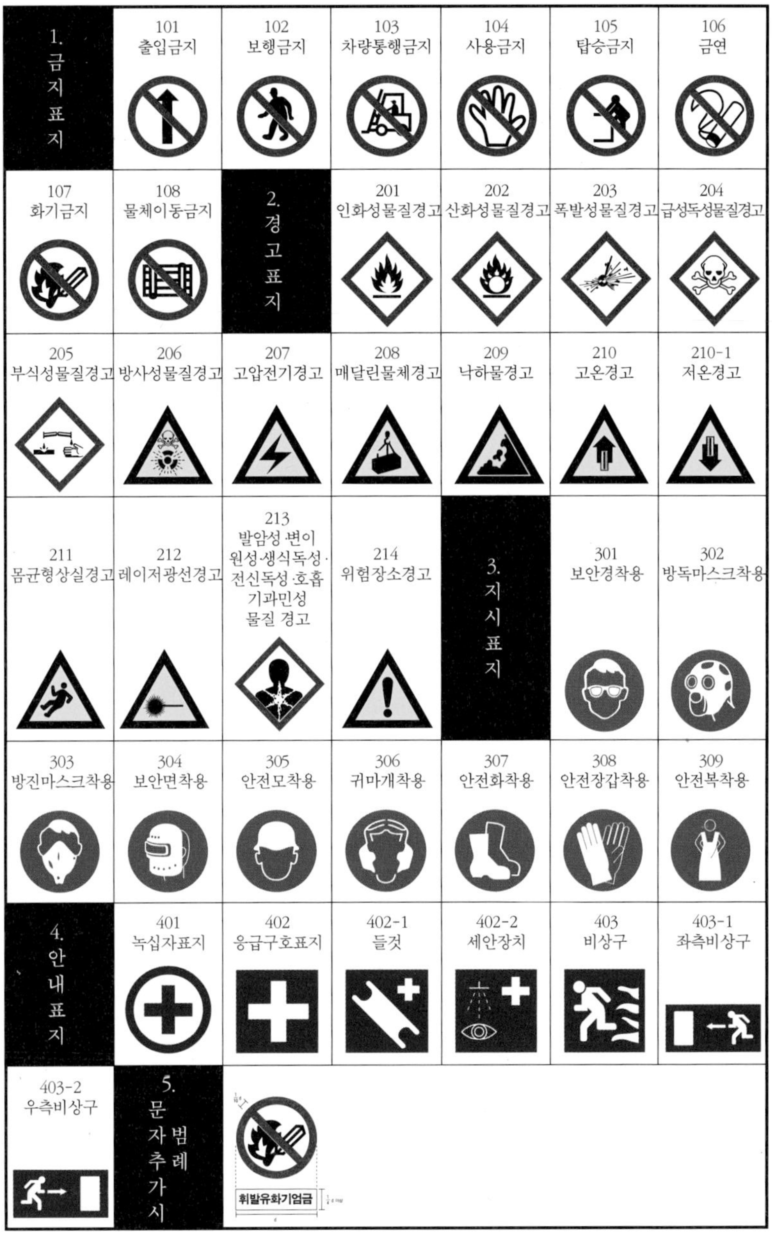

[그림 3-1] 산업 안전표지

(3) 산업 재해

① 하인리히는 사고의 98%는 예방이 가능하고, 피할 수 없는 사고는 2%에 불과하다고 주장한다.

② **재해 발생 과정 :** 사회적 환경 및 유전적 요소, 개인적 결함, 불안전한 행동 및 불안전한 상태, 사고, 재해 순이다.

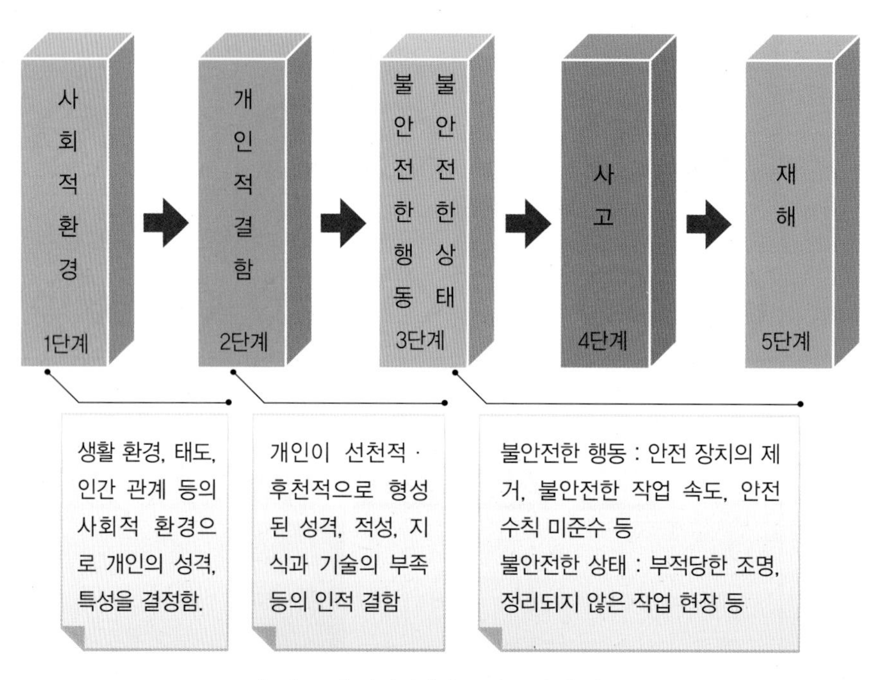

[그림 3-2] 하인리히의 도미노 연쇄 이론

③ 사고의 종류

종류	정의	사례
협착	신체 일부가 물체 사이에 끼거나 말려드는 것	• 프레스 작업 중 금형과 금형 사이에 끼이는 경우 • 동력 전달부에 작업복이 말려들어 가는 경우 • 운반 기계와 고정물 사이에 끼는 경우 • 회전하는 공구, 공작물 등에 말려들어 가는 경우
전도	바닥에 미끄러지거나 물건에 걸려 넘어지는 것	• 물기 또는 기름기가 있는 작업장 바닥에서 미끄러지는 전도 재해 • 작업장 바닥의 정리 · 정돈 불량으로 미끄러져 넘어지는 전도 재해 • 계단, 장애물에서 넘어지는 전도 재해
추락	작업자가 사다리, 기계 등 높은 장소에서 떨어지거나 계단 경사면 등에서 굴러 떨어지는 것	• 개구부 인접 작업 중 추락하는 경우 • 작업 발판 설치 · 해체 작업 중 추락하는 경우 • 사다리 이용 작업 중 추락하는 경우

④ **재해의 발생 경향**

- 4계절 중 여름에 가장 많이 발생한다.
- 하루 중 오후 3시경 가장 많이 발생한다.
- 휴일 다음날 많이 발생한다.
- 경험이 1년 미만인 근로자에게 많이 발생한다.

2 작업 안전

(1) 작업 환경

▲ 용접 작업 환경

① **채광:** 창문의 크기가 바닥 면적의 1/5 이상이어야 한다.

② **환기:** 창문의 크기가 바닥 면적의 1/25 이상이어야 한다.

③ **조명**

- 초정밀 작업은 600Lux 이상
- 정밀 작업은 300Lux 이상
- 보통 작업은 150Lux 이상
- 기타 작업은 60Lux 이상

④ **습도:** 50~68%가 작업하기에 가장 적당하다.

⑤ **작업 온도**

- 법정 온도, 표준 온도, 감각 온도가 있으며, 작업에 종류에 따라 달라진다.
- 일반적인 작업에서 표준 온도는 15~20℃ 정도이다.

⑥ **작업장에서의 통행과 운반**

- 통행로 위의 높이 2m 이하에서는 장애물이 없어야 한다.
- 기계와 다른 시설과의 폭은 80cm 이상이어야 한다.
- 좌측통행해야 한다.
- 작업자나 운반자에게 통행을 양보해야 한다.

(2) 상해

① **종류** : 화상, 골절, 뇌진탕, 찔림, 타박상, 중독, 질식, 찰과상, 익사, 피부병, 청력 장애, 시력 장해 등이 있다.

② **화상의 분류**

- 1도 화상 : 피부가 붉게 되고 따끔거리는 정도로, 피부층 중 표피 손상만 가져온다.

- 2도 화상 : 피부가 빨갛게 부어오르고 통증이 생기는 정도로, 표피와 진피 모두 영향을 미친다.
- 3도 화상 : 피부가 반투명 백색이 되거나, 검게 혈관이 응고되는 정도로, 표피와 진피, 하피까지 손상된다.
- 4도 화상 : 표피와 진피 조직이 탄화되어 검게 변하고, 피하의 근육 · 힘줄 · 신경 · 골조직까지 손상을 받는다.

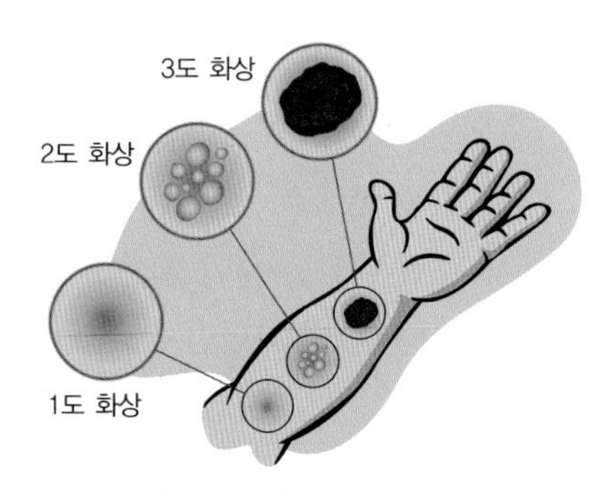

[그림 3-3] **화상의 분류**

③ **응급처지의 4대 구명 요소 :** 기도 유지 → 지혈 → 쇼크 방지 → 상처 보호

(3) 안전모의 착용

① 안전모 상단과의 거리는 25~50mm가 적당하다.

② **종류 및 용도, 재질**

종류	용도	재질
A형	물체의 낙하 방지	합성수지, 금속
AB형	물체의 낙하, 추락 방지	합성수지
AE형	물체의 낙하, 감전 방지	합성수지
ABE형	물체의 낙하, 추락, 감전 방지	합성수지

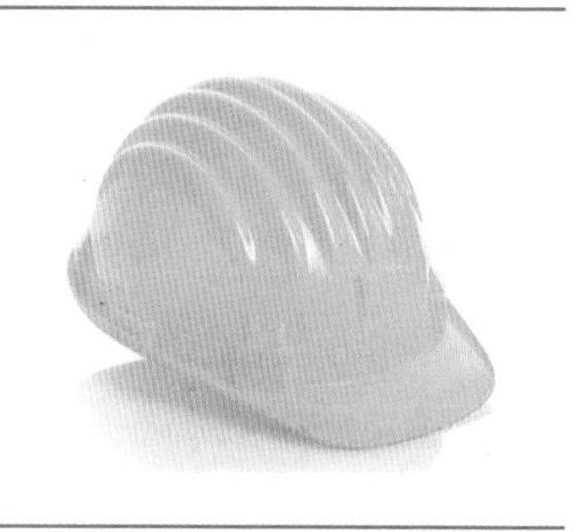

오답 노트 **분**석하여 **만**점 받자!

① 안전보건 표시의 색채, 색도 기준 및 용도에서 특정 행위의 지시 및 사실을 고지할 때는 [ ]을 사용한다.

② 안전보건 표시의 색채, 색도 기준 및 용도에서 노란색은 경고, 녹색은 [ ]를 의미한다.

③ 응급조치의 4대 구명 요소에는 기도 유지, [ ], 쇼크 방지, 상처 보호가 있다.

④ 기계와 다른 시설물 사이의 통로 폭은 [ ]cm 이상으로 한다.

⑤ 초정밀 작업을 위한 조명도는 [ ] 룩스 이상이다.

① 파란색 ② 안내 ③ 지혈 ④ 80 ⑤ 600

CHAPTER 02

용접 안전

1 용접 안전

(1) 용접 작업 시 발생 가능한 재해

① 아크열에 의한 화상 및 화재의 위험이 있다.
② 아크 불빛의 자외선과 적외선 열로 인한 전광성 안염의 발생 가능성이 높다.
③ 가연성 가스의 폭발에 의한 위험이 있다.
④ 역화에 의한 화재 위험이 있다.
⑤ 용접기의 높은 무부하 전압에 의한 전격의 위험이 있다.

▲ 용접 불꽃에 의한 화재 사고, 태국

(2) 용접기 설치 장소의 조건

① 먼지가 없고 옥외 바람의 영향을 받지 않아야 한다.
② 수증기나 습도의 영향이 없어야 한다.
③ 폭발성 가스가 존재하지 않아야 한다.
④ 진동이나 충격을 받지 않는 곳이어야 한다.

1 용접 화재 방지 및 안전

(1) 연소 이론

① **정의:** 가연물이 공기 중의 산소, 또는 산화제와 반응하여 열과 빛을 발생하면서 산화하는 현상이다.
② **3요소:** 가연성 물질, 점화원, 산소(공기)
③ **관련 용어**

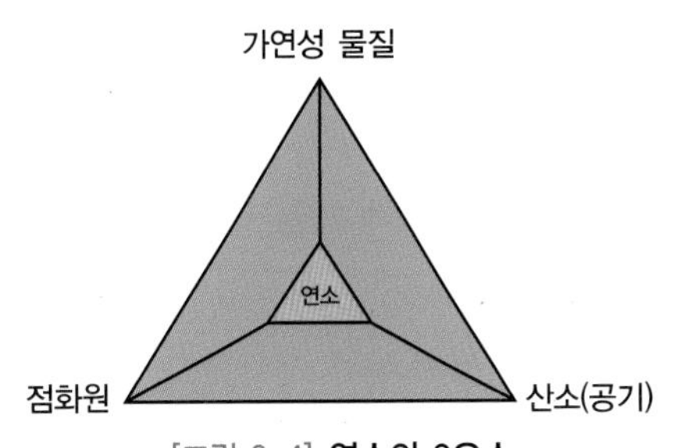

[그림 3-4] **연소의 3요소**

- 인화점 : 일정한 조건 아래에서 휘발성 물질의 증기가 다른 작은 불꽃에 의하여 불이 붙는 가장 낮은 온도이다.

PART Ⅲ 작업 안전

- 발화점 : 공기나 산소 속에서 물질을 가열할 때 스스로 발화하여 연소를 시작하는 최저 온도이다.
- 연소점 : 연소가 계속되기 위한 온도를 말하며, 대략 인화점보다 10℃ 정도 높은 온도가 5초 이상 유지되는 것을 의미한다.

(2) 용접 화재

① 용접 전류가 인체에 미치는 영향

- 전기적인 충격인 전격, 감전 사고가 올 수 있다.
- 전격 방지기가 부착된 용접기와 절연 홀더를 사용해야 한다.
- 작업 중 보호구는 반드시 착용하며, 용접기는 반드시 접지되도록 한다.

인체에 흐르는 전류(mA)	인체에 미치는 영향
1	전기의 흐름을 느낌.
8	위험하지 않음.
8~15	고통을 느낌.
15~20	근육이 저려서 움직이지 못함.
20~25	근육 수축과 호흡 곤란을 느낌.
50~100	사망의 위험이 있음.
100~200	사망
200 이상	화상과 더불어 심장이 정지함.

② 유해 가스 및 유독 가스에 의한 중독

- 용접 가스는 용접 전류와 전압이 증가하면 같이 증가한다.
- 일반적으로 교류가 직류에 비하여 용접 가스 발생량이 적다.

용접 가스	인체에 미치는 영향
CO_2	무색무취의 가스로 질식을 유발
CO	무색무취의 가스로 산소 운반 능력을 방해
Ar	독성은 없지만, 폐쇄 공간에서는 위험 가능성이 있음.
O_3	인후, 피로, 두통, 눈 등에 영향을 미침.
NO, MO_2	폐부종을 일으킬 수 있음.

③ 유해 광선에 의한 재해(전광성 안염)

- 용접 광선은 가시광선, 자외선, 적외선 등으로 구성된다.
- 가장 유해한 자외선에 장시간 노출되면 다량의 눈물과 통증, 염증을 수반하는 고통을 받는다.
- 일반적인 잠복 시간은 4~12시간이고, 하루나 이틀이 지나면 회복된다.

▲ 보호면

- 반복되면 결막염이 생긴다.
- 적외선에 노출되면 각막염, 백내장, 조기 노안 등의 장애가 온다.
- 보안경이나 보호면을 착용하여 유해 광선을 차폐할 수 있다.

(3) 용접 화재 방지

① 화재 및 폭발 방지책

- 인화성 액체의 반응 또는 취급은 폭발 범위 이하의 농도로 해야 한다.
- 석유류와 같이 도전성이 나쁜 액체의 취급 시에는 마찰 등에 의해 정전기 발생이 우려 되므로 주의해야 한다.
- 점화원의 관리를 철저히 해야 한다.
- 예비 전원의 설치 등 필요한 조치를 해야 한다.
- 방화 설비를 갖추어야 한다.
- 가연성 가스나 증기 유출 여부를 철저히 검사해야 한다.
- 화재가 발생할 때 연소를 방지하기 위하여 그 물질로부터 적절한 보유 거리를 확보해야 한다.

② 소화기

- 포말 소화기 : 보통 화재, 기름 화재에는 적합하나 전기 화재에는 부적합하다.
- 분말 소화기 : 기름 화재에 적합하고 기타 화재에도 양호하다.
- CO_2 소화기 : 전기 화재에 적합하고 기타 화재에도 양호하다.

물, 산 · 알칼리 소화기

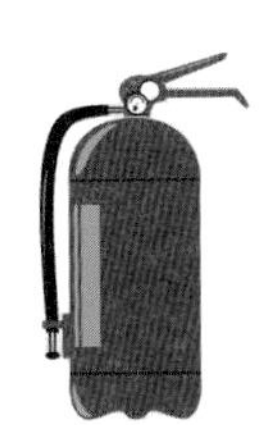
포말, CO_2, 분말, 할론 소화기

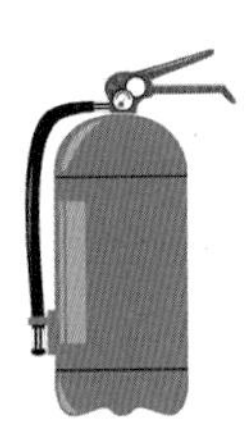
유기성, CO_2, 분말, 할론 소화기

금속의 종류에 따라 소화 약제 다름.

일반 화재

유류 화재

전기 화재

금속 화재

[그림 3-5] 소화기의 종류

(4) 안전 관리

① 가스 용기 취급 시의 준수 사항

▲ 아세틸렌가스 용기와 압력 조정기

- 용기 온도는 40° 이하로 유지한다.
- 전도의 위험이 없어야 한다.
- 충격을 가하지 않는다.
- 운반 시에는 캡을 씌운다.
- 밸브의 개폐는 천천히 한다.
- 용해 아세틸렌 용기는 세워 둔다.

- 사용 시에는 용기의 마개에 부착된 유류나 먼지를 제거한다.

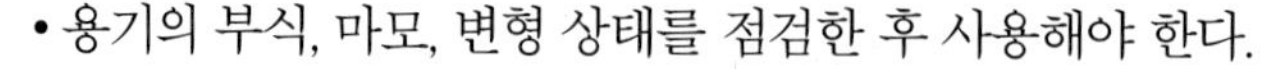

- 용기의 부식, 마모, 변형 상태를 점검한 후 사용해야 한다.

② 교류 아크 용접기의 자동 전격 방지기 설치 장소

- 작업자가 물이나 땀 등으로 인하여 도전성이 높은 습윤 상태에서 작업하는 장소
- 추락 가능성이 있는 높이 2미터 이상의 장소로, 철근 등 도전성이 높은 물체에 작업자가 접촉할 수 있는 장소
- 밸러스트 탱크, 보일러 내부, 선체 내부 등 도전체에 둘러싸인 장소

오답 노트 **분**석하여 **만**점 받자!

① 연소의 3요소에는 [ ], 산소 공급원, 점화원이 있다.

② 주위의 온도와 습도가 높거나 발열량이 높은 경우 [ ]될 수 있다.

③ 발전기나, 변압기의 전기 화재는 [ ]급 화재에 속한다.

④ 감전에 의한 재해를 방지하기 위한 우리나라의 안전 전압은 [ ]V이다.

⑤ 가연물을 가열할 때 가연물이 점화원의 직접적인 접촉 없이 연소가 시작되는 최저 온도를 [ ]이라 한다.

① 가연물 ② 자연 발화 ③ C ④ 30 ⑤ 발화점

평가문제

01 피복 아크 용접 작업에 대한 안전 사항으로 가장 적합하지 않은 것은?

✓ 저압 전기는 어느 작업이든 안심할 수 있다.
② 퓨즈는 규정된 대로 알맞은 것을 끼운다.
③ 전선이나 코드의 접속부는 절연물로서 완전히 피복하여 둔다.
④ 용접기 내부에 함부로 손을 대지 않는다.

02 용접 재해 중 전격에 의한 재해 방지 대책으로 맞는 것은?

✓ TIG 용접 시 텅스텐 전극봉을 교체할 때는 항상 전원 스위치를 차단하고 교체한다.
② 용접 중 홀더나 용접봉은 맨손으로 취급해도 무방하다.
③ 밀폐된 구조물에서는 혼자서 작업하여도 무방하다.
④ 절연 홀더의 절연 부분이 균열이나 파손되어 있다면, 작업이 끝난 후에 보수하거나 교체한다.

03 아크 용접의 재해라 볼 수 없는 것은?

① 아크 광선에 의한 전광성 안염
② 스패터 비산으로 인한 화상
✓ 역화로 인한 화재
④ 전격에 의한 감전

04 작업자 사이에 현장(노천)에서 다른 사람에게 유해 광선의 해(害)를 끼치지 않게 하기 위해서 여러 사람이 공동으로 용접 작업을 할 때 설치해야 하는 것은?

✓ 차광막　　② 경계 통로
③ 환기 장치　　④ 집진 장치

05 귀마개를 착용하고 작업하면 안 되는 작업자는?

① 조선소의 용접 및 취부작업자
② 자동차 조립 공장의 조립작업자
③ 판금 작업장의 타출 판금작업자
✓ 강재 하역장의 크레인 신호자

06 방화, 금지, 정지, 고도의 위험을 표시하는 안전색은?

✓ 적색　　② 녹색
③ 청색　　④ 백색

07 산업안전보건법 시행 규칙상 안전을 표시하는 색채 중 특정 행위의 지시 및 사실의 고지 등을 나타내는 색은?

① 노란색　　② 녹색
✓ 파란색　　④ 흰색

08 안전모의 사용 시 머리 상부와 안전모 내부의 상단과의 간격은 얼마로 유지하면 좋은가?

① 10mm 이상　　② 15mm 이상
③ 20mm 이상　　✓ 25mm 이상

09 작업장에 따라 작업 특성에 맞는 적당한 조명을 하여야 한다. 보통 작업 시 조도 기준으로 적합한 것은?

① 750Lux 이상　② 75Lux 이상
✔ 150Lux 이상　④ 300Lux 이상

10 화재 및 폭발의 방지 조치로 틀린 것은?

① 대기 중에 가연성 가스를 방출시키지 말 것
② 필요한 곳에 화재 진화를 위한 방화 설비를 설치할 것
✔ 용접 작업 부근에 점화원을 둘 것
② 배관에서 가연성 증기의 누출 여부를 철저히 점검할 것

11 화재 및 폭발의 방지 조치 사항으로 틀린 것은?

① 용접 작업 부근에는 점화원을 두어서는 안된다.
✔ 인화성 액체의 반응 또는 취급은 폭발 한계 범위 이내의 농도로 한다.
③ 아세틸렌이나 LP 가스 용접 시에는 가연성 가스가 누설되지 않도록 한다.
④ 대기 중에 가연성 가스를 누설 또는 방출시키지 않는다.

12 용접 작업 시 주의 사항을 설명한 것으로 틀린 것은?

① 화재를 진화하기 위하여 방화 설비를 설치할 것
② 용접 작업 부근에 점화원을 두지 않도록 할 것
③ 배관 및 기기에서 가스 누출이 되지 않도록 할 것
✔ 가연성 가스는 항상 옆으로 뉘어서 보관할 것

13 전격 방지 대책에 대한 설명 중 틀린 것은?

① 용접기의 내부에 함부로 손을 대지 않는다.
② 홀더나 용접봉은 절대로 맨손으로 취급하지 않는다.
③ 가죽장갑, 앞치마, 발 덮개 등 규정된 보호구를 반드시 착용한다.
✔ 땀, 물 등에 의해 습기 찬 작업복, 장갑, 구두 등을 착용하여도 이상 없다.

14 전기 용접기의 누전 시 조치 사항으로 가장 알맞은 것은?

✔ 전원 스위치를 내리고 누전된 부분을 절연시킨 후 계속 용접하여도 된다.
② 전압이 낮을 때에는 계속 용접하여도 된다.
③ 용접기를 만지지만 않으면 계속 용접하여도 된다.
④ 전원만 바꾸면 계속 용접하여도 된다.

15 전기 용접 작업 시 전격에 관한 주의 사항으로 틀린 것은?

① 무부하 전압이 필요 이상으로 높은 용접기는 사용하지 않는다.
✔ 낮은 전압에서는 주의하지 않아도 되며, 피부에 적은 습기는 용접하는 데 지장이 없다.
③ 작업 종료 시 또는 장시간 작업을 중지할 때는 반드시 용접기의 스위치를 끄도록 한다.
④ 전격을 받은 사람을 발견했을 때는 즉시 스위치를 꺼야 한다.

16 가스 용접 시 주의 사항으로 틀린 것은?

① 반드시 보호안경을 착용한다.
✔② 산소 호스와 아세틸렌 호스는 색깔 구분 없이 사용한다.
③ 불필요한 긴 호스를 사용하지 말아야 한다.
④ 용기 가까운 곳에서는 인화 물질의 사용을 금한다.

17 가스 용접 작업 시 주의하여야 할 안전 사항 중 틀린 것은?

✔① 가스 용접을 할 때는 면장갑을 낀다.
② 작업자의 눈을 보호하기 위하여 차광유리가 부착된 보안경을 착용한다.
③ 납이나 아연합금 또는 도금 재료는 가스 용접 시 중독될 우려가 있으므로 주의하여야 한다.
④ 가스 용접 작업은 가연성 물질이 없는 안전한 장소를 선택한다.

18 안전모의 일반 구조에 대한 설명으로 바르지 않는 것은?

① 안전모는 착장체 및 턱 끈을 가져야 한다.
② 착장제의 구조는 착용자의 머리 부위에 균등한 힘이 분배되도록 해야 한다.
③ 안전모의 내부 수직 거리는 25mm 이상 50mm 미만이어야 한다.
✔④ 착장체의 머리 고정대는 착용자의 머리 부위에 고정되어서는 안 된다.

19 응급조치의 구명 4단계에 속하지 않는 것은?

① 지혈 ② 쇼크 방지
✔③ 균형 유지 ④ 상처 보호

20 교류 용접기의 경우 무부하 전압이 높기 때문에 감전의 위험이 있어 용접사를 보호하기 위해 설치해야 하는 장치는?

① 초음파 장치
✔② 전격 방지 장치
③ 핫 스타트 장치
④ 원격 제어 장치

21 납땜 작업 중 몸에 염산이 튀었다면 1차적으로 어떤 조치를 취해야 하는가?

✔① 재빨리 물로 씻어 낸다.
② 가만히 공기를 쏘인다.
③ 머큐로크롬을 바른다.
④ 서둘러 병원에 간다.

22 인화점에 대한 설명으로 옳은 것은?

① 포화 상태에 달하는 최저 온도이다.
② 물체가 발화하는 최저 온도이다.
③ 포화 상태에 달하는 최고 온도이다.
✔④ 가연성 증기를 발생할 수 있는 최저 온도이다.

PART

Ⅳ 용접 재료

1 용접 재료 및 각종 금속 용접

2 용접 재료의 열처리

CHAPTER 01

용접 재료 및 각종 금속 용접

1 용접 재료

1) 금속

(1) 금속의 공통적 성질

① 실온에서 고체이며, 결정체이다(단, 수은은 액체).
② 빛을 발산하고 고유의 광택이 있다.
③ 가공이 용이하고, 연 · 전성이 크다.
④ 열, 전기의 양도체이다.
⑤ 비중이 크고 경도 및 용융점이 높다.

(2) 자주 등장하는 원소 기호

원소 기호	원소 이름	원소 기호	원소 이름	원소 기호	원소 이름
Ag	은	Al	알루미늄	Au	금
B	붕소	Be	베릴륨	Bi	비스무트
C	탄소	Ca	칼슘	Cl	염소
Co	코발트	Cr	크롬	Cu	구리
F	불소	Fe	철	H	수소
He	헬륨	Ir	이리듐	K	칼륨
Li	리튬	Mg	마그네슘	Mn	망간
N	질소	Ni	니켈	Ne	네온
O	산소	P	인	Pb	납
Pt	백금	S	황	Si	규소
Sn	주석	Ti	티탄	V	바나듐
U	우라늄	W	텅스텐	Zn	아연

(3) 재료의 성질을 뜻하는 용어

① 물리적 성질

비중	• 단위 용적의 무게와 표준 물질(물 4℃)의 무게 비 • 비중 4.5를 기준으로 그 이하는 경금속, 이상은 중금속 – 경금속: Li(0.53), K(0.86), Ca(1.55), Mg(1.74), Si(2.33), Al(2.7), Ti(4.5) 등 – 중금속: Cr(7.09), Zn(7.13), Mn(7.4), Fe(7.87), Ni(8.85), Co(8.9), Cu(8.96), Mo(10.2), Pb(11.34), Ir(22.5) 등
용융점	• 금속이 고체에서 액체로 변하는 점 • 3400℃(W), 1538℃(Fe) 등
전기 전도율	• 전기 전도율이 가장 우수한 금속: 은 • 순서: Ag > Cu > Au > Al > Mg > Ni > Fe > Pb(열전도율의 순서도 이와 유사)
탈색력	• 금속의 색을 변색시키는 힘, 주석이 가장 큼. • 순서: Sn > Ni > Al > Fe > Cu
비열, 선팽창 계수 등	

② 화학적 성질

- 내식성: 부식에 견디는 성질로 Cr, Ni 등이 우수한 성질을 보이고 있다.
- 부식: 습부식, 건부식이 있다.
- 내산성, 내염기성 등이 있다.

③ 기계적 성질

연 · 전성	• 가늘고 길게, 얇고 넓게 변형이 되는 성질 • 연성 순서: Au > Ag > Al > Cu > Pt > Fe • 전성 순서: Au > Ag > Pt > Al > Fe > Cu
강도	단위 면적당 작용하는 힘
경도	무르고 굳은 정도
취성	메짐, 깨지는 성질
소성	• 외력을 가한 뒤 그 힘을 제거해도 변형이 그대로 유지되는 성질 • 판금 작업 등은 이 원리를 이용하여 작업하는 예가 됨
탄성	외력을 제거하였을 때 원래대로 돌아오는 성질
인성	굽힘, 비틀림 등에 견디는 질긴 성질
재결정	• 가공에 의해 생긴 응력을 적당한 온도로 가열하면 일정 온도에서 응력이 없는 새로운 결정이 생기는 것 • 금속의 재결정 온도: Fe(350~450℃), Cu(150~240℃), Au(200℃), Pb(−3℃), Zn(7~75℃, 상온), Al(150℃) • 풀림: 재결정 온도 이상으로 가열하여 가공 전의 연화 상태로 만드는 것 • 재결정 온도 이하에서의 가공을 냉간 가공, 이상에서의 가공을 열간 가공

(4) 금속의 결정

① **결정 순서:** 핵 발생 → 결정의 성장 → 결정 경계 형성 → 결정체

② **결정 크기:** 냉각 속도가 빠르면 핵 발생이 증가하여 결정 입자가 미세해진다.

③ **주상정:** 금속 주형에서 표면의 빠른 냉각으로 중심부를 향하여 방사상으로 이루어지는 결정이다.

④ **수지상 결정:** 용융 금속이 냉각할 때 금속 각부에 핵이 생겨 나뭇가지와 같은 모양을 이루는 결정이다.

⑤ **편석:** 금속의 처음 응고부와 나중 응고부의 농도 차가 있는 것으로, 불순물이 주요 원인이다.

⑥ **결정 구조**

격자	기호	성질	원소	귀속 원자 수	배위 수	원자 충전율(%)	비고
면심입방격자	FCC	• 많이 사용된다. • 전연성과 전기 전도도가 크다. • 가공성이 우수하다.	Al, Ag, Au, γ–Fe, Cu, Ni, Pb, Pt, Ca, β–Co, Rh, Pd, Ce, Th	4	12	74	순철에는 γ구역(910~1400℃)에서 생긴다.
체심입방격자	BCC	• 전연성이 적다. • 융점이 높다. • 강도가 크다.	Fe(α–Fe, δ–Fe) Cr, W, Mo, V Li, Na, Ta, K	2	8	68	순철의 경우 910℃ 이하와 1400℃ 이상에서 이 구조를 갖는다.
조밀육방격자	HCP	• 전연성이 불량하다. • 접착성이 작다. • 가공성이 나쁘다.	Mg, Zn, Ti, Be, Hg, Zr, Cd, Ce, Os	2	12	70.45	

• 단위포: 결정 격자 중 금속 특유의 형태를 결정짓는 원자의 모임
• 격자 상수: 단위포 한 모서리의 길이
• 결정립의 크기: 0.01~0.1mm

(5) 금속의 기타 성질

① **소성 변형**

슬립	금속 결정형이 원자 간격이 가장 작은 방향으로 층상 이동하는 현상
트윈(쌍정)	변형 전과 변형 후 위치가 어떤 면을 경계로 대칭되는 현상
전위	불안정하거나 결함이 있는 곳으로부터 원자 이동이 일어나는 현상
경화	• **가공 경화:** 가공에 의해 단단해지는 성질 • **시효 경화:** 시간이 지남에 따라 단단해지는 성질 • **인공 시효:** 인위적으로 단단하게 만드는 것
회복	• 가열로서 원자 운동을 활발하게 하여 경도를 유지하나 내부 응력을 감소시켜 주는 것 • 풀림 처리

② **변태:** 일정 온도에서 고체 금속의 결정 구조가 변하는 것이다.

- 동소 변태: 고체 내에서 원자 배열이 변하는 것(급격, 비연속적)
  - α-Fe(체심), γ-Fe(면심), δ-Fe(체심)
  - 동소 변태 금속: Fe(912℃, 1400℃), Co(477℃), Ti(830℃), Sn(18℃) 등

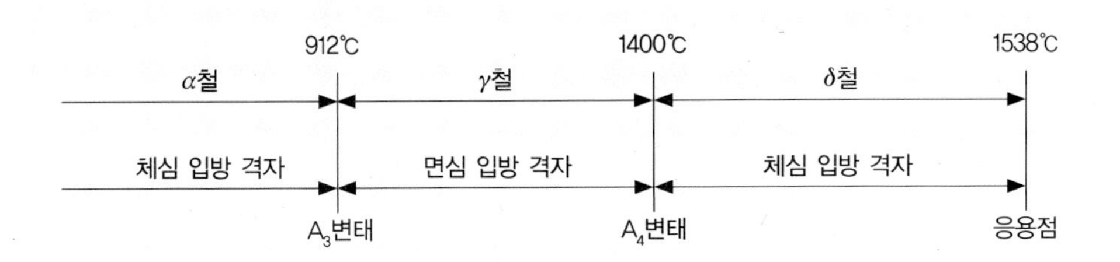

- 자기 변태: 원자 배열은 변화가 없고 자성만 변하는 것(점진, 연속적)
  - 순수한 시멘타이트는 210℃ 이하에서 강자성체, 그 이상에서는 상자성체
  - 자기 변태 금속: Fe(768℃), Ni(360℃), Co(1160℃)

③ **변태점의 측정 방법:** 열 분석법, 열 팽창법, 전기 저항법, 자기 분석법 등이 있다.

하나 더

- **자기 변태점:** 자기 변태가 일어나는 온도로, 이 온도를 '퀴리점'이라 함.
- **공석 변태:** 하나의 고용체가 변태를 하면서 두 개의 다른 상을 석출하는 현상
- **변태점**

구분	A_0	A_1	A_2	A_3	A_4
온도(℃)	210	723	768	912	1,400
변태	시멘타이트의 자기 변태	공석 변태	철의 자기 변태	동소 변태	동소 변태

2) 합금

(1) 합금의 개요

① **의미**

- 금속의 성질을 개선하기 위하여 단일 금속에 한 가지 이상의 금속이나 비금속 원소를 첨가한 것이다.
- 단일 금속에서 볼 수 없는 특수한 성질을 가지며, 원소의 개수에 따라 이원 합금, 삼원 합금이 있다.

② **종류:** 철 합금, 구리 합금, 경합금, 원자로용 합금, 기타 합금

③ **합금의 일반적 성질**

- 성분을 이루는 금속보다 우수한 성질을 나타내는 경우가 많다.
- 성분 금속보다 강도 및 경도가 증가한다.
- 주조성이 좋아진다.
- 용융점이 낮아진다.
- 전 · 연성은 떨어진다.
- 성분 금속의 비율에 따라 색이 변한다.

(2) 합금의 조직

① **상률:** 어떤 상태에서 온도가 자유로이 변할 수 있는가를 알아낸다.

② **평행 상태도:** 공존하고 있는 상태를 온도와 성분의 변화에 따라 나타낸다.

③ **공정:** 두 개의 성분 금속이 용융 상태에서 균일한 액체를 형성하나 응고 후에는 성분 금속이 각각 결정으로 분리되어 기계적으로 혼합된다.

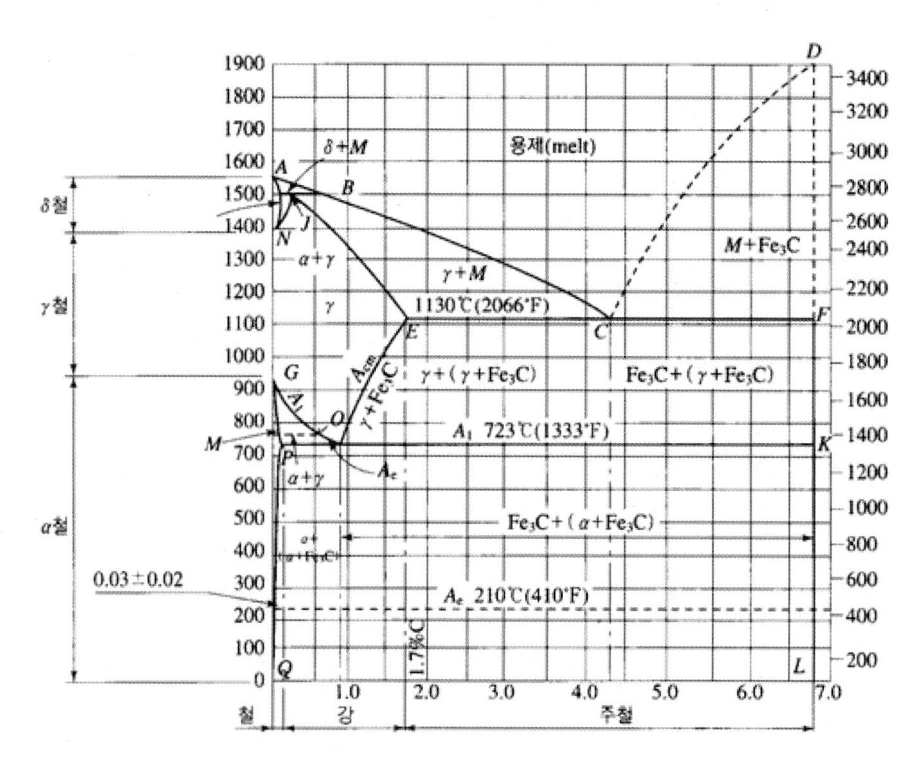

▲ Fe_3C 상태도

- **A**: 순철의 응고점(1539℃)
- **G**: 순철의 A_3 변태점(912℃ [α] ⇄ [r])
- **AB**: δ 고용체에 대한 액상선
- **GOS**: α 고용체의 초석선
- **AH**: δ 고용체에 대한 고상선
- **GP**: C 0.025% 이하의 순철에서 α 고용체로부터 석출하는 온도
- **BC**: r고용체에 대한 고상선
- **M**: 순철의 A_2 변태점
- **HJB**: 포정선(1490℃)
- **MO**: 강의 A_2 변태선(768℃)
- **N**: 순철의 A_4 변태점(1400℃)
- **S**: 공석점(723℃ 약 0.8% C) pearlite 공석점([α] ⇄ [r] + [Fe_3C])
- **P**: α고용체의 탄소포화점(0.02% C)
- **E**: r고용체의 C의 포화량(2.0%)
- **C**: Fe–C계의 공정점 탄소량(1130℃, 4.3%)
- **PSK**: A_1 변태선(공석선)
- **ECF**: 공정선(C 함유 6.67%)
- **PQ**: α고용체의 탄소 용해도 곡선
- **ES~Fe_3C**: Fe_3C의 초석선(Acm선) r고용체에서 Fe_3C가 석출하는 온도
- **Fe_3C**: 6.67% C를 함유하는 백색 침상의 금속간 화합물

(3) 합금의 방법

① **고용체**: 고체 A + 고체 B ⇔ 고체 C
- 침입형: 철 원자보다 작은 원자가 고용하는 경우(C, H, N)
- 치환형: 철 원자 격자 위치에 니켈 등의 원자가 들어가 서로 바꾸는 것(Ag-Cu-, Cu-Zn)

② 일반적으로 금속 사이의 고용체는 치환형이 많다.

③ 규칙 격자형으로 Ni_3-Fe, Cu_3-Au, Fe_3-Al이 있다.

④ **금속 간 화합물**
- 성분 물질과는 성질이 다른 독립된 화합물로서 친화력이 클 때 생긴다.
- Fe_3C, Cu_4Sn, $CuAl_2$, Mg_2Si가 있다.

⑤ **공석**: 고체 상태에서 같은 현상으로 생성되며, 철강의 경우 C 0.86% 점에서 오스테나이트와 시멘타이트의 공석을 석출(펄라이트)한다.

⑥ **포정 반응**: 고체 A + 액체 ⇔ 고체 B

⑦ **편정 반응**: 액체 A + 고체 ⇔ 액체 B

(4) 합금 재료의 식별

① **모양에 의한 방법**

② **색에 의한 방법**
- 회백색: Zn, Pb 등
- 은백색: Ni, Fe, Mg 등

③ **경도에 의한 방법**

④ **불꽃 시험**

3) 철강

(1) 철의 제조 과정

철광석 → 용광로 → 선철 ↗ 제강로 →
↘ 용선로(큐폴라) → 주철

① **철광석**

▲ 철광석

- 종류: 철분 함유량에 따라 자철광(약 72%), 적철광(약 70%), 갈철광(약 55%), 능철광(약 40%)이 있다.
- 40% 이상의 철분을 함유한 것으로, 인과 황은 0.1% 이하로 제한한다.

② **용광로**

- 철광석을 녹여 선철을 만드는 노(爐)로, 1일 생산량을 ton으로 표시한다.
- 열 및 환원제로 코크스를 사용한다.
- 용제는 석회석과 형석을 사용한다.
- 탈산제는 망간 등을 사용한다.

③ **선철**

- 철강의 원료인 철광석을 용광로에서 분리시킨 것으로, 90% 정도가 강으로 제조된다.
- 10% 정도가 용선로에서 주철로 제조된다.

④ **주철로**

- 주철을 제조하기 위한 노이다.
- 매 시간당 용해할 수 있는 무게를 ton으로 표시한다.

⑤ **제강로:** 강을 제조하기 위한 노이다.

종류	용량 표시	특징
평로 (반사로)	1회 장입할 수 있는 양을 톤(ton)으로 표시	• 고온으로 용융하여 강 제조 • 대규모, 오랜 시간 필요 • 염기성법(저급 재료), 산성법(고급 재료)
전로	1회 용해하는 양을 톤(ton)으로 표시	• 송풍하여 강 제조 • 정련 시간이 짧고, 연료비가 필요 없음. • 품질 조정이 불가능함. • 베세머법(산성법): 고규소, 저인규소 내화물 사용 • 토머스법(염기성): 저규소, 고인생석회 또는 마그네샤 내화물

전기로	1회 용해하는 양을 톤(ton)으로 표시	• 전열을 이용하여 강을 제조 • 아크식, 저항식, 유도식 • 온도 조절과 설비가 간단 • 노내 분위기 조절 가능 • 양질의 강을 제조(탈산, 탈황) • 전력 소모가 큼.
도가니로	1회에 용해할 수 있는 구리의 무게를 kg으로 표시	• 고순도 강을 제조하는 데 목적 • 정확한 성분을 필요로 하는 것에 적합(동합금, 경합금) • 고가이며, 열효율이 떨어짐.

⑥ **강괴:** 원형, 4각, 6각 등의 잉곳으로 되어 있다.

종류	탈산 여부	특징
림드강	탈산 및 가스 처리가 불충분	• 수축 공이 없으며, 기공과 편석이 많아 질이 떨어짐. • 탄소 함유량은 보통 0.3% 이하의 저탄소강임. • 구조용 강재 및 피복 아크 용접용 모재 등으로 사용
킬드강	철-망간, 철-규소, 알루미늄 등으로 완전히 탈산	• 수축 공이 뚜렷하고, 기공은 없으며, 편석 또한 극소강으로 재질이 균질하고 기계적 성질도 좋음. • 헤어 크랙이 생기기도 함. • 탄소 함유량은 0.3% 이상임.
세미 · 킬드강	중간 정도의 탈산	• 수축 공이 없고, 기공은 상당히 있지만, 편석은 적음. • 탄소 함유량은 0.15~0.3%, 일반 구조용강과 강관으로 사용

(2) 철강의 분류 및 성질

① 철강의 분류

- 5대 원소: C, Si, Mn, P, S
- 순철, 강(탄소강 · 합금강 · 주강), 주철(보통 · 합금 · 특수)

② 순철

특징	변태
• 탄소량(0.03% 이하)이 낮아서 기계 재료로서는 부적당(전기 재료) • 항장력이 낮고 투자율이 높아 변압기, 발전기용 철심으로 사용 • 단접성 · 용접성은 양호, 유동성 · 열처리성은 불량 • 전 · 연성이 풍부하여 박 철판으로 사용	• 동소 변태(912℃, 1400℃) – A_4 변태(1400℃): γ철(F.C.C.) ⇔ δ철(B.C.C.) – A_3 변태(912℃): δ철(B.C.C.) ⇔ γ철(F.C.C.) • 자기 변태 – A_2 변태(768℃): δ철(강 자성) ⇔ δ철(상 자성)

③ 강

- 제강로에서 제조하고, 담금질이 잘 되며 강도와 경도가 크다.
- 기계 재료로 사용하고, 아공석강 · 공석강 · 과공석강이 있다.

아공석강	C 0.86% 이하로, 페라이트와 펄라이트로 이루어짐.
공석강	C 0.86%로 펄라이트로 이루어짐.
과공석강	C 0.86% 이상으로 펄라이트와 시멘타이트로 이루어짐.

④ 주철

- 탄소 2.0~6.68%를 함유한 철로, 보통 4.5%까지의 것을 뜻한다.
- 큐폴라에서 제조, 담금질이 안 되며, 경도는 크지만 메지므로 주물 재료로 사용한다.
- 아공정 주철(C 1.7~4.3%), 공정 주철(C 4.3%), 과공징 주철(C 4.3% 이상)이 있다.

① 열전도율이 높은 순서는 구리 〉 금 〉 알루미늄 〉 니켈 〉 철이고, 전기 전도율이 가장 우수한 금속은 [ ]이다.

② 금속의 물리적 성질 중 [ ]은 0.53으로 비중이 가장 작고, 이리듐은 22.5로 비중이 가장 크다.

③ 금속의 기계적 성질 중 깨지는 성질을 [ ] 또는 메짐이라 한다.

④ 금속의 결정 구조에는 [ ], 면심입방격자(F.C.C), 조밀육방격자(H.C.P)가 있다.

⑤ [ ]은 하나의 금속에 다른 종류의 금속 또는 비금속을 고온 상태에서 녹여 혼합하는 것이다.

⑥ 용광로에서 철광석을 녹여 만든 선철은 철의 5대 원소인 탄소, 규소, 망간, [ ], 황이 다량 함유되어 있어 경도가 높고 취약하다.

⑦ [ ]는 주철을 제조하기 위한 노로, 용선로라고도 한다.

⑧ 철강은 순철, 강, 주철로 구분하는데, 이 중 강은 [ ], 합금강, 주강으로 구분할 수 있다.

⑨ 순철은 탄소 함유량 [ ]% 이하의 철을 뜻한다.

⑩ 순철은 탄소 함유량이 적어 [ ]이 풍부하다.

① 은(Ag) ② 리듐(Li) ③ 취성 ④ 체심입방격자(B.C.C) ⑤ 합금 ⑥ 인 ⑦ 큐폴라 ⑧ 탄소강 ⑨ 0.03 ⑩ 연성

2 각종 금속 용접

1) 탄소강 · 저합금강의 용접 및 재료

(1) 탄소강

① 탄소강의 성질

탄소강의 성질	탄소량과 인장 강도의 관계
• 인장 강도와 경도는 공석 조직 부근에서 최대 과공석 조직에서 경도는 증가하나 강도는 급격히 감소	• 탄소량에 따른 인장 강도: 20±100×C(%) (C 탄소 함유량) • 인장 강도에 따른 경도: 2.8×인장 강도

② 탄소강에서 생기는 취성(메짐)

- 적열 취성: 고온 900°C 이상에서 물체가 빨갛게 되어 메지는 현상이다.(원인은 S, 방지제 Mn)
- 청열 취성: 강이 200~300°C로 가열하면 강도가 최대로 되고, 연신율 · 단면 수축률 등은 줄어들게 되어 메지는 현상이다.(원인은 P, 방지제 Ni)

▲ 탄소강 및 저합금강

- 상온 취성: 충격, 피로 등에 대하여 깨지는 성질이다.(원인 P)
- 저온 취성: 천이 온도에 도달하면 급격히 감소하여 70°C 부근에서 충격치가 0에 도달한다.

③ 탄소강에 함유된 성분과 그 영향

원소(성분)	영향	
C	• 인장 강도, 경도, 항복점 증가 • 연신율, 충격값, 비중, 열전도 감소	
Mn	• 인장 강도, 경도, 인성, 점성 증가 • 담금질성 향상 • 탈산제	• 연성 감소 • 황(S)의 해를 제거 • 결정립의 성장 방해
Si	• 인장 강도, 탄성 한도, 경도 증가 • 연신율, 충격값 저하 • 탈산제	• 주조성(유동성) 증가 • 결정립 조대화, 가공성 및 용접성 저하
S	• 인성, 변형률, 충격치 저하 • 적열 취성의 원인	• 용접성을 저하 • 0.25% 정도 첨가하여 피절삭성 개선
P	• 연신율 감소, 편석 발생 • 청열 취성 · 상온 취성의 원인	• 결정립을 거칠게 하며 냉간 가공성 저하
Cu	• 부식 저항 증가	• 압연할 때 균열 발생
H	• 헤어크랙 및 은점의 원인	

④ **탄소강의 종류**

- 저탄소강: 탄소강이 0.3% 이하인 강으로 가공성이 우수하고, 단접은 양호하나 열처리가 불량하다. (극연강, 연강, 반경강)
- 고탄소강: 탄소량이 0.3% 이상인 강으로 경도가 우수하고, 열처리가 양호하나 단접이 불량하다. (반경강, 경강, 최경강)
- 기계 구조용 탄소 강재: 저탄소강(0.8~0.23%) 구조물, 일반 기계 부품으로 사용한다.
- 탄소 공구강: 고탄소강(0.6~1.5%), 킬드강으로 제조한다.
- 주강
  - 수축률이 주철의 2배이며 융점(1600℃)이 높고 강도는 크나 유동성이 작다.
  - 응력, 기포가 발생하여 조직이 억세므로, 주조 후 풀림이 필요하다.
- 쾌삭강: 강에 S, Zr, Pb, Ce 등을 첨가하여 피절삭성을 향상시킨 강이다.
- 침탄강: 표면에 C를 침투시켜 강인성과 내마멸성을 증가시킨 강이다.

⑤ **탄소강의 표준 조직**

페라이트(α, δ)	• 지철, 순철에 가까운 조직 • 극히 연하고 상온에서 강자성체인 체심입방격자 조직
펄라이트(α+Fe_3C)	• 726℃에서 오스테나이트가 페라이트와 시멘타이트의 층상의 공석정으로 변태한 것 • 페라이트보다 경도, 강도가 크고, 자성이 있음.
시멘타이트(Fe3C)	• 고온의 강 중에서 생성하는 탄화철 • 경도가 높고, 취성이 많으며, 상온에서 강자성체임.
오스테나이트(γ)	• 철에 탄소를 고용한 것(탄소가 최대 2.11% 고용) • 723℃에서 안정된 조직이며, 상자성체
레데뷰라이트	• γ+ Fe3C

하나 더

탄소강의 분류

① **조직학상**
- **아공석강** : 탄소 0.86% 이하, 페라이트와 펄라이트의 공석강
- **공석강** : 탄소 0.86%, 펄라이트
- **과공석강** : 탄소 0.86% 이상, 시멘타이트와 펄라이트의 공석강

② **탄소 함유량**
- **고탄소강** : 탄소 0.45~1.7%, 용접 시 층간 온도를 반드시 지켜야 함.
- **중탄소강** : 탄소 0.3~0.45%, 예열 온도 100~200℃로 가공성과 강인성을 동시에 요구하는 경우 사용
- **저탄소강** : 탄소 0.3% 미만, 피복 아크 용접에서 용접성이 가장 우수

③ **용도**
- **냉간 압연 강판** : 프레스 성형이 우수하고 표면이 미려하여 건설 분야의 소재로 가장 많이 사용
- **열간 압연 강판** : 아연도금 강판, 주석도금 강판 등의 재료에 사용
- **일반 구조용 압연 강재** : 특별한 기계적 성질을 필요로 하지 않는 곳에 사용(건축물, 조선, 교량 등)

(2) 합금강(특수강)

① **의미:** 탄소강에 다른 원소를 첨가하여 강의 기계적 성질이 개선된 것이다.

② **사용되는 특수 원소:** Ni, Mn, W, Cr, Mo, V, Al 등이 있다.

③ **첨가 원소의 영향**

첨가 원소	영향
Ni	인성 증가, 저온 충격 저항 증가
Cr	내마모성, 내식성 증가
Mo	뜨임 취성 방지
Mn	고온에서 강도 · 경도 증가, 탈산제
Si	전기 특성 및 내열성 양호, 탈산제 유동성 증가
Mo, V, W	취성 방지

④ **구조용 합금강:** 강인강, 표면 경화용강, 스프링강, 쾌삭강 등

	종류		특징
강인강 (인장 강도, 탄성 한도, 연율, 충격치 등의 성질이 우수하고, 가공성 및 내식성이 좋음.)	Ni강		• Ni 1.5~5% • 질량 효과가 적고 자경성을 가짐.
	Cr강		• Cr 1~2% • 자경성이 있어도 경도 증가 • 내마모성 및 내식성 개선
	Mn강	저망간강 (Mn 1~2%)	• Mn 1~2%, 일명 듀콜강 • 조직은 펄라이트 • 용접성 우수, 내식성 개선 위해 Cu 첨가
		고망간강 (Mn 10~14%)	• Mn 10~14%, 하드 필드강(수인강) • 조직은 오스테나이트 • 경도가 커서 내마모재, 광산, 기계, 칠드롤러
	Ni–Cr강		• Cr 1% 이하, 일명 SNC • 뜨임 취성이 있음. • 850℃에서 담금질하고 600℃에서 뜨임하여 솔바이트를 조직
	Ni–Cr–Mo강		• Mo 0.15~0.3 첨가로 뜨임 취성 방지 • 가장 우수한 구조용 강
	Cr–Mo강		• SNC 대용품
	Cr–Mn–Si강		• 크로만실 • 절도용, 크랭크축 등
	쾌삭강 **(피절삭성 향상)**	S, Pb	• 강도를 요하지 않는 부분에 사용
	표면경화용강	침탄강	• Ni, Cr, Mo 첨가
		질화강	• Al, Cr, Mo, Ti, V 등 첨가
	스프링강	Si–Mn, Cr–Mn, Cr–V, SUS	• 자동차 내식, 내열 스프링

⑤ **구조용 합금강:** 합금 공구강, 고속도강, 다이스강 등

분류	종류(성분 원소)	특징
합금 공구강(STS)	탄소 공구강에 Cr, Ni, W, V, Mo 등을 1~2종 첨가	• 내마모성 · 담금질 효과 개선 • 결정의 미세화
고속도강(SKH)	W 고속도강 (W : Cr : V = 18 : 4 : 1)	• 600℃ 경도 유지, 표준형 고속도강으로 H.S.S라 함. • 예열: 800~900℃ • **1차 경화:** 1250~1300℃에서 담금질 • **2차 경화:** 550~580℃에서 뜨임
	Co 고속도강	• 표준형에 Co 3% • 경도 및 점성 증가
	Mo 고속도강	• Mo 첨가로 뜨임 취성 방지
주조 경질 합금	스텔라이트 (Co–Cr–W)	• 단조가 곤란하여 주조한 상태로 연삭하여 사용 • 절삭 속도는 고속도강의 2배이지만, 인성은 떨어짐.
소결 경질 합금	초경합금 WC–Co, TiC–Co, TaC–Co	• Co 점결체 • 수소 기류 중에서 소결 • **1차 소결:** 800~1000℃ • **2차 소결:** 1400~1450℃ • D(다이스), G(주철), S(강절삭용) • 열처리 불필요 • 내마모성 및 고온 경도는 크지만 충격에 약함.
비금속 초경 합금	세라믹 Al_2O_3	• 1600℃ 소결 • 충격에 대단히 약함. • 고온 절삭, 고속 가공용
시효 경화 합금	Fe–W–Co	• 뜨임 경도가 높고 내열성이 우수 • 고속강보다 수명이 길고 석출 경화성이 큼.

⑥ **특수 용도 합금강:** 마텐자이트, 페라이트, 오스테나이트, 석출경화형, 듀플렉스 등

조직 분류	대표 강종	종류 (성분 원소)	특징
마텐자이트 (martensite)	410 SS	13% Cr	• 자성이 있고, 녹 발생의 가능성 있음. • 충격에 약하고 연신율이 작음. • 뛰어난 강도와 내마모성이 있음. • 열처리에 의해 경화됨. • 일반용품, 칼, 기계 부품, 의료용 기기, 밸브 등에 사용
페라이트 (ferrite)	430 SS	13% Cr	• 자성이 있고, 충격에 약하며, 연신율이 작음. • 용접 구조물로 사용이 제한됨. • 열처리에 의해 경화되지 않음. • 일반용품, 건축용, 장식용, 식품 공업용으로 사용
오스테나이트 (austenite)	304 SS 316 SS	18% Cr – 8% Ni	• 자성이 없고, 뛰어난 내식성이 있음. • 충격에 강하고, 연신율이 큼. • Cr 탄화물이 형성되는 예민화로 인하여 고온 사용이 제한 • 열처리에 의해 경화되지 않음. • 화학공업, 항공기, 원자력 발전 차량, 주방 기구 등에 사용

석출경화형 (precipitation hardening)	631 SS	16% Cr - 7% Ni - 1% Al	• 자성이 없고, 양호한 내식성을 가짐. • 열처리 후 높은 강도와 경도를 지님.
듀플렉스 (duplex)	SAF 2205 SAF 2507	18~30% Cr 4~6% Ni - 2~3% Mo	• austenite stainless steel의 단점을 보완한 강종 • ferrite 기지 위에 austenite가 50% 정도 공존하는 조직 • ferrite보다 양호한 인성, austenite보다 기계적 강도가 월등함. • 열팽창 계수가 작고, 열전도도가 높음.

하나 더

용어 정리

- **기경성** : 공기 중에서만 경화하는 성질
- **자경성** : 담금질 온도에서 대기 속에 공랭하는 것만으로 마텐자이트 조직이 생성되어 단단해지는 성질
- **수인강** : 하드필드 주강을 주조 상태의 딱딱하고 메진 성질을 없애기 위하여 1,000~1,100℃에서 수중 담금질하는 수인법으로 만든 강

베어링강의 종류

① **화이트 메탈**
- 주석, 납구, 구리, 아연, 안티몬의 합금으로 강도가 낮음.
- 용융점이 낮고 연함.

② **켈밋 합금**
- 구리(60~70%)와 납(30~40%)의 합금
- 화이트 메탈보다 내하중성이 크고, 열전도성이 우수
- 고속, 고하중용 베어링에 많이 사용

③ **배빗 메탈**
- 주석(80~90%), 구리(3~7%), 안티몬(3~12)의 합금
- 취급이 용이하고, 강도 · 피로 강도 · 열전도성이 나쁨.

베어링강의 구비 조건
- 탄성 한도와 피로 한도가 높을 것
- 내마모성과 내압성이 높을 것
- 내부식성이 클 것
- 열전도성이 클 것
- 강도 및 경도가 높을 것
- 마찰계수가 적을 것

(3) 탄소강 및 저합금강의 TIG 용접

① 용접 속도가 느리고, 용착 효율이 낮아 보통 TIG(불활성 가스 텅스텐 아크) 용접을 많이 이용하지 않는다.

② 배관 용접과 같이 한 면에서 용접하는 다층 맞대기 용접의 첫 층 용접이나 아주 얇은 박판 용접에 이용한다.

▲ 탄소강 및 저합금강의 TIG 용접

③ 림드강을 용접할 때는 모재가 완전히 탈산되어 있지 않기 때문에 용가재로서의 용접봉을 잘 선택하여 사용하지 않으면 결함이 발생되기 쉽다.

④ 저합금강의 경우는 모재와 비슷한 용접봉으로 용접하면 문제되지 않는다.

⑤ 탄소강 및 저합금강의 TIG 용접은 직류 정극성(DCSP)으로 용접한다.

① 탄소강의 주성분은 Fe + [ ]이다.

② 일반적으로 탄소강에서 탄소량이 증가하면 [ ]는 증가하고, [ ]은 감소한다.

③ [ ]은 가열되어 200~300°C 부근에서 상온일 때보다 메지게 되는 현상이다.

④ 합금강에 [ ]을 첨가하여 고온 강도 개선, 인성 향상, 적열 취성 방지를 할 수 있다.

⑤ 적열 메짐은 탄소강이 [ ]을/를 많이 함유하게 되어 나타나는 현상이다.

⑥ 공석강의 탄소 함량은 [ ]%이다.

① C ② 경도, 연성 ③ 청열 메짐 ④ 망간(Mn) ⑤ 황(S) ⑥ 0.86

2) 스테인리스강의 용접 및 재료

(1) 스테인리스강

① **특성:** 철 중에 고용된 크롬이 산화크롬 피막을 형성하고, 산화 침식에 저항하기 때문에 철에 크롬을 첨가하면 내식성이 크게 개선된다.

② **18-8 스테인리스강의 용접 시 유의할 사항**

- 짧은 아크 길이를 유지하고, 아크를 중단하기 전에 크레이터 처리를 한다.
- 낮은 전류 값으로 용접하여 용접 입열을 억제한다.
- 층간 온도가 320°C 이상이면 안 된다.
- 용접봉은 가급적 모재의 재질과 동일한 것을 사용한다.
- 예열 및 후열 처리할 필요가 없다.

③ 18-8 스테인리스강 용접 시 고온 균열의 발생 원인과 방지 대책

고온 균열의 발생 원인	방지 대책
• 크레이터 처리를 하지 않은 경우 • 아크 길이가 길거나 모재가 오염된 경우 • 구속력이 가해진 상태에서 용접하는 경우	• 크롬-니켈-망간계 오스테나이트 용접봉으로 용접 • 다층 용접에서 패스 간 온도를 150℃ 이하 유지

(2) 스테인리스강의 TIG 용접 방법

① 사용되는 아크 용접법

- 피복 아크 용접법, 불활성 가스 텅스텐 아크 용접법, 플라스마 아크 용접법, 불활성 가스 금속 아크 용접법, 서브머지드 아크 용접법 등이 사용된다.
- 얇은 판에는 스폿 용접, 심 용접 등의 저항 용접이 사용된다.

▲ 스테인리스강의 TIG 용접

② **용접 전원:** 직류로서 수하 특성을 갖춘 용접 전원 회로에 고주파 전원을 병용시켜 사용한다.

③ 전극봉

- 순 텅스텐, 토륨 텅스텐, 지르코늄 텅스텐 등이 있다.
- 순 텅스텐 전극봉은 용접 시 용융될 가능성이 높아 잘 사용하지 않는다.
- 토륨 텅스텐은 순 텅스텐에 비하여 수명이 길고, 전자 방출이 잘 되어 아크 발생이 쉬우며, 아크 안정성도 우수하므로 많이 사용한다.

④ 보호 가스

- 일반적으로 아르곤 가스를 사용한다. (고순도 가스 사용, 불순물 혼입에 주의)
- 헬륨 가스를 혼합하여 사용할 수 있지만, 아르곤 가스만을 사용할 때가 더 효과적이다.

⑤ 홈의 형상

- 기계 가공이 가장 좋지만 파우더 절단, 텅스텐 아크 절단, 플라스마 절단을 이용한다.
- 기계 가공 이외의 방법으로 절단한 경우에는 깨끗하면서도 절단면이 없는 소재의 표면이 드러나도록 그라인딩 작업을 해 줄 필요가 있다.

⑥ 지그 및 고정 장치

- 오스테나이트계 스테인리스강은 열팽창 계수가 크기 때문에 변형이 심하게 일어날 수 있다.

- 적절한 순서에 따라 용접을 하고, 지그 및 고정 장치를 이용함으로써 변형을 방지할 수 있다.
- 용접부의 형상에 따라 좌우 대칭의 순서로 용접 → 용접선 양쪽을 무거운 물체로 누름. → 뒷면 비드 쪽에 동으로 된 냉각판을 덧대어 용접부를 급냉시킴. → 구속 지그를 이용 → 가접을 이용하여 역변형(가접의 순서, 가접의 길이 등을 고려)을 준다.

오답 노트 분석하여 만점 받자! 오분만

① 18-8 스테인리스강에서 18은 [ ]의 함유 %를, 8은 니켈의 함유 %를 의미한다.

② 스테인리스강의 [ ] 향상을 위해 첨가하는 가장 효과적인 원소는 크롬이다.

③ 스테인리스강의 조직에 있어서 비자성 조직에 해당하는 것은 [ ]이다.

④ 스테인리스강의 용접 부식 원인에는 탄화물의 [ ]이 있다.

① 크롬(Cr) ② 내식성 ③ 오스테나이트계 ④ 석출

3) 주철 · 주강의 용접 및 재료

(1) 주철 일반

① 주철의 성질

- 탄소 함유량 1.7~6.68%의 강이다.
- 실용적 주철은 2.5~4.5%이다.
- 전 · 연성이 작고 가공이 안 된다.
- 비중은 7.1~7.3으로 흑연이 많아질수록 낮아진다.
- 담금질, 뜨임은 안 되나 주조 응력의 제거 목적으로 풀림 처리는 가능하다.
- 자연 시효: 주조 후 장시간 방치하여 주조 응력을 증가하는 것이다.

② 주철의 성장

- 고온에서 장시간 유지 또는 가열 냉각을 반복하면 주철의 부피가 팽창하여 변형 균열이 발생하는 현상이다.
- 성장 원인
  - Fe_3C의 흑연화에 의한 성장
  - A_1 변태에 따른 체적의 변화
  - 페라이트 중의 규소의 산화에 의한 팽창
  - 불균일한 가열로 인한 팽창

주철의 성장 방지 대책

- 흑연의 미세화(흑연화)로 조직을 치밀하게 한다.
- 평상 흑연을 구상 흑연화시킨다.
- 탄소 및 규소의 양을 적게 한다.
- 탄화물 안정 원소를 첨가하여 Fe_3C의 흑연화를 방지한다.
- 산화하기 쉬운 규소 대신에 내산화성인 니켈로 치환한다.

흑연화

- 촉진제: Si, Ni, Ti, Al
- 흑연화 방지제: Mo, S, Cr, V, Mn
- 전 탄소량: 유리 탄소와 화합 탄소를 합친 양이다.

③ 장 · 단점

장점	• 용융점이 낮고 유동성(주조성)이 좋음. • 가격이 저렴하며 절삭 가공이 용이 • 압축 강도가 큼(인장 강도의 3~4배).	• 마찰 저항성이 우수 • 내식성이 있음.
단점	• 인장 강도가 적음. • 상온에서 가단성 및 연성이 없음.	• 충격값이 큼. • 용접이 곤란함.

(2) 주철의 조직

① 펄라이트와 페라이트가 흑연으로 구성한다.

② 주철 중 탄소의 형상

- 유리 탄소(흑연): Si 많고, 냉각 속도가 느릴 때 회주철
- 화합 탄소(Fe_3C): Si 적고, 냉각 속도가 빠를 때 백주철

③ 흑연화: 화합 탄소가 3Fe와 C로 분리된다.

④ 흑연화의 영향: 용융점을 낮게 하고 강도가 작아진다.

⑤ 마우러 조직 선도: C, Si의 양, 냉각 속도에 따른 조직의 변화를 표시한 것이다.

- 백주철: 펄라이트 + 시멘타이트
- 반주철: 펄라이트 + 시멘타이트 + 흑연
- 펄라이트 주철: 펄라이트 + 흑연
- 보통 주철: 펄라이트 + 페라이트 + 흑연
- 극연 주철: 페라이트 + 흑연

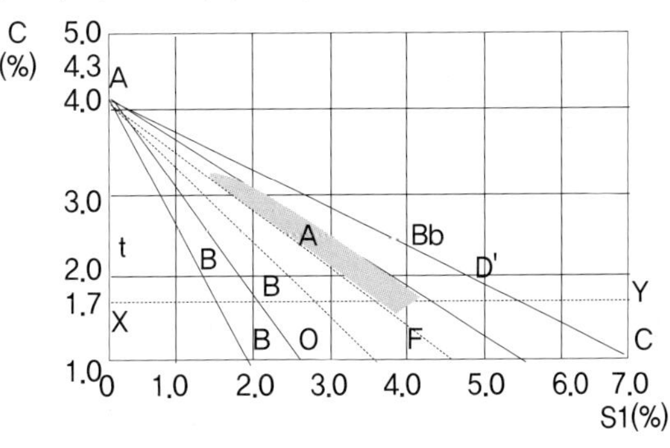

▲ 마우러 주철 조직도

⑥ 스테타이트: $Fe-Fe_3C-Fe_3P$의 3원

공정 조직으로 내마모성이 강해지나 다량일 때는 오히려 취약해진다.

(3) 주철의 종류

① 보통 주철(회주철 GC 1~3종)

- 인장 강도 10~20kgf/mm^{2}이다.
- 조직은 페라이트 + 흑연으로, 주물 및 일반 기계 부품에 사용한다.
- C = 3.2 ~ 3.8%, Si = 1.4 ~ 2.5%

② 고급 주철(회주철 GC 4~6종)

- 펄라이트 주철을 말한다.
- 인장 강도 25kgf/mm^2 이상이다.
- 고강도를 위하여 C, Si 양을 작게 한다.
- 조직은 펄라이트 + 흑연으로, 주로 강도를 요하는 기계 부품에 사용한다.
- 종류: 란츠, 에멜, 코살리, 파워스키, 미하나이트 주철

③ 특수 주철

종류	특징
미하나이트 주철	• 흑연의 형상을 미세 균일하게 하기 위하여 Si, Si-Ca 분말을 첨가하여 흑연의 핵 형성을 촉진 • 인장 강도 35~45kgf/mm^2 , 담금질이 가능 • 조직: 펄라이트+흑연(미세) • 고강도 내마멸, 내열성 주철 • 공작 기계 안내면, 내연 기관 실린더 등에 사용
특수 합금 주철	• 특수 원소 첨가하여 강도, 내열성, 내마모성 개선 • **내열 주철(크롬 주철)**: Austenite 주철로 비자성 • **내산 주철(규소 주철)**: 절삭되지 않아 연삭 가공에 의하여 사용 • 고Cr주철: 내식, 내마성 개선

구상 흑연 주철	• 용융 상태에서 Mg, Ce, Mg-Cu 등을 첨가하여 흑연을 편상에서 구상화로 석출시킴.
	• 기계적 성질
	  – 인장 강도는 주조 상태 50~70kgf/mm^2, 풀림 상태에서는 45~55kgf/mm^2
	  – 연신율은 12~20% 정도로 강과 유사
	• 조직
	  – Cementite형: Mg첨가량이 많고, C, Si가 적고 냉각 속도가 빠를 때
	  – Pearlite형: Cementite와 Ferrite의 중간
	  – Ferrite형: Mg 양이 적당, C 및 특히 Si가 많고, 냉각 속도 느릴 때
	• 성장도 적으며, 산화되기 어려움.
	• 가열할 때 발생하는 산화 및 균열 성장이 방지

칠드 주철	• 용융 상태에서 금형에 주입하여 접촉 면을 백주철로 만든 것 • 각종 롤러, 기차 바퀴에 사용 • Si가 적은 용선에 망간을 첨가하여 금형에 주입

가단 주철	• **백심 가단 주철(WMC)**: 탈탄이 목적(산화철을 가하여 950℃에서 70~100시간 가열)
	• **흑심 가단 주철(BMC)**: Fe_3C의 흑연화가 목적
	  – 1단계(850~950℃ 풀림): 유리 Fe_3C → 흑연화
	  – 2단계(680~730℃ 풀림): Perlite 중에 Fe_3C → 흑연화
	• **고력 펄라이트 가단 주철(PMC)**: 흑심 가단 주철에 2단계를 생략한 것
	• **가단 주철의 탈탄제**: 철광석, 밀 스케일, 헤어 스케일 등의 산화철을 사용

주철의 보수 용접법

- **스터드법** : 막대를 모재에 접속시켜 전류를 흘린 후 막대를 조금 떼어 아크를 발생시켜 적당히 용융되면 다시 용융지에 밀어붙여서 용착시키는 방법
- **비녀장법** : 가늘고 긴 용접을 할 때 용접선에 직각이 되게 꺾쇠 모양으로 직경 6mm 정도의 강봉을 박고 용접하는 방법
- **버터링법** : 처음에는 모재와 잘 융합되는 용접봉으로 적당한 두께까지 용착시키고 난 후에 다른 용접봉으로 용접하는 방법
- **로킹법** : 스터드 볼트 대신에 둥근 고랑을 파는 방법

주강과 주철의 비교

구분	주강	주철
수축률	큼.	작음.
용융점	높음.	낮음.
기계적 성질	우수	나쁨.
용접에 의한 보수	용이	어려움.

(4) 주철·주강의 용접 방법

① 주로 주물의 보수 용접에 많이 쓰인다.
- 주물의 상태, 결합의 위치, 크기와 특징, 겉모양 등을 고려해야 한다.
- 희주철의 보수 용접에는 가스 용접, 피복 아크 용접 및 가스 납땜법(brazing) 등이 주로 사용된다.
- 회주물의 보수 용접에서는 가스 토치 및 노 내에서 예열과 후열을 하게 된다.

② 백선화 방지를 위하여 주철 용접봉은 탄소 3.0~3.5%, 규소 3.0~3.5%, 망간 0.5~07%, 인 0.8% 이하, 황 0.06%, 알루미늄 1%를 함유할 때 대단히 좋은 시험 결과를 나타낸다.

③ 용착 금속 및 열영향부의 백선화를 방지하고, 흑연화를 촉진시키기 위해서 알루미늄, 니켈, 구리 등을 첨가한 용접봉도 사용되고 있다.

(5)주강의 특성

① 주철로 강도가 부족할 경우에 주로 사용하고, 형상이 크거나 복잡하여 단조품으로 만들기가 어렵다.

② 주조 조직 개선과 재질 균일화를 위해 풀림 처리를 하고, 표피 및 그 인접 부분의 품질이 양호하며, 용접에 의한 보수가 용이하다.

③ 유동성이 나쁘고, 고온 인장 강도가 낮으며, 주조 시의 수축량이 주철의 2배로 균열이 발생하기 쉽다.

④ 철도 차량, 조선, 기계 및 광산 구조용 재료로 사용된다.

① [　　]은 소성 변형이 어려운 금속으로, 인장 강도 · 휨 강도 · 충격값이 낮고, 압축 강도가 크다.

② 주철에는 보통 주철, 고급 주철, [　　] 주철이 있다.

③ [　　　　　] 주철은 바탕이 펄라이트이고, 흑연이 미세하게 분포되어 있으며, 내마멸성이 요구되는 공작 기계의 안내면과 강도를 요하는 기관의 실린더에 쓰인다.

④ 주철 중에 [　　]이 함유되어 있으면 주조 응력, 균열을 일으킨다.

⑤ [　　]의 수축률은 주철의 2배이다.

① 주철 ② 합금 ③ 미하나이트 ④ 유황 ⑤ 주강

4) 알루미늄과 그 합금의 용접 및 재료

(1) 알루미늄 일반

① 보크사이트, 명반석, 토혈암에서 제조한다.

② **알루미늄의 성질**

- 비중 2.7, 용융점 660℃, 변태점이 없고, 열 및 전기 양도체이다.
- 전 · 연성이 풍부하며 400~500℃에서 연신율이 최대이다.
- 풀림 온도 250~300℃이며, 순수 알루미늄은 유동성이 불량하여 주조가 되지 않는다.
- 무기산 염류에 침식되나 대기 중에서는 안정한 산화 피막을 형성한다.

▲ 보크사이트

(2) 알루미늄의 방식법

① Cu, Si, Mg 등과 고용체를 만들며 열처리로 석출 경화, 시효 경화시켜 성질을 개선한다.

② 송전선, 전기 재료, 자동차, 항공기, 폭약 제조 등에 사용한다.

③ **석출 경화**

- 알루미늄의 열처리법으로 급랭으로 얻은 과포화 고용체에서 과포화된 용해물을 석출시켜 안정시킨다.
- 석출 후 시간의 경과에 따라 시효 경화된다.

④ 알루미늄 방식법의 종류

수산법	• 알루마이트법이라 함. • Al 제품을 2%의 수산 용액에서 전류를 흘려 표면에 단단하고 치밀한 산화막을 형성시키는 방법
황산법	• 전해액은 황산, 가장 널리 사용되는 Al 방식법 • 경제적이고, 내식성과 내마모성이 우수하며, 착색력이 좋아 유지가 용이함.
크롬산법	• 전해액은 크롬산, 반투명이나 에나멜과 같은 색을 띰. • 광학 기계, 가전제품, 통신 기기 등에 사용

(3) 알루미늄 합금의 종류

① 주조용 알루미늄 합금

- Al-Cu: 주조성, 절삭성이 개선되지만 고온은 메짐, 수축 균열이 있다.
- Al-Si: 실루민으로 대표적인 주조용 알루미늄 합금이다.
- Al-Cu-Si: 라우탈이라 하며, 규소 첨가로 주조성 향상, 구리 첨가로 절삭성 향상된다.
- 다이캐스트용 합금: 유동성이 좋고 1000℃ 이하의 저온 용융 합금이며 Al-Cu계, Al-Si계 합금을 사용하여 금형에 주입시켜 만든다.
- 개질(개량) 처리 방법
  - 열처리 효과가 없고 개질 처리(규소의 결정을 미세화)로 성질을 개선한다.
  - 금속 나트륨 첨가법, 불소 첨가법, 수산화나트륨, 가성소다를 사용하는 방법이 있다.

② 내식용 알루미늄 합금

- 대표적인 것이 하이드로날륨으로 Al-Mg의 합금이다.
- 기타 알민(Al-Mn), 알드리(Al-Mg-Si) 등이 있다.

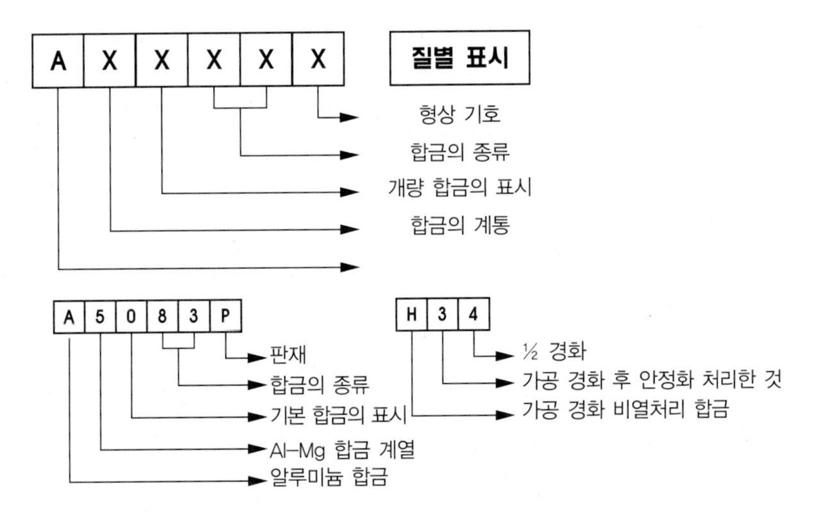

[그림 4-1] **알루미늄 합금의 기호 표시**

PART IV 용접 재료

③ **단련용 알루미늄 합금(가공용 알루미늄)**

- 두랄루민: 단조용 알루미늄 합금의 대표(비행기 외피)이다.
  - Al+Cu+Mg+Mn이 주성분, Si는 불순물로 함유된다.
  - 고온에서 급랭시켜 시효, 경화시켜 강인성을 얻는다.
- 초두랄루민: 두랄루민에 Mg은 증가, Si는 감소시킨다.
- 단련용 Y합금: Al-Cu-Ni 내열 합금이며 Ni의 영향으로 300~450℃에서 단조한다.

④ **내열용 알루미늄 합금**

- Y합금: Al+Cu(4%)+Ni(2%)+Mg(1.5%) 합금
  - 고온 강도가 크다.
  - 내연 기관의 피스톤, 공랭 실린더 헤드 등에 사용, 시효 경화성
- Lo-Ex: Al+Cu+Ni+Mg+Si 합금
  - 내열성이 우수하나 Y합금보다 열팽창 계수가 작다.
  - Na으로 개량 처리 및 피스톤 재료로 사용

(4) 알루미늄 및 그 합금의 TIG 용접 방법

① 전기 저항 용접법과 불활성 가스 아크 용접법이 가장 널리 이용되고 있다.

② **용접 전원**

- 직류 정극성, 직류 역극성, 교류가 사용된다.
- 특히 청정 작용이 용이하고 전극봉의 손실이 적은 교류가 주로 사용된다.

▲ 알루미늄의 TIG 용접 방법

③ **텅스텐 전극봉**

- 교류 용접에서 용접 전류의 부분적 정류 작용으로 텅스텐 분자가 부스러져 모재에 들어가는 경우가 있으므로 전극봉 지름에 비해 지나치게 높은 전류를 쓰지 않는다.
- 강이나 스테인리스에 사용하는 전극봉 모양과는 달리 고전류에서 사용하게끔 하며, 크리닝 작용을 위하여 전류가 넓게 퍼지도록 전극봉 단면을 그대로 그라인딩하여 사용해야 한다.

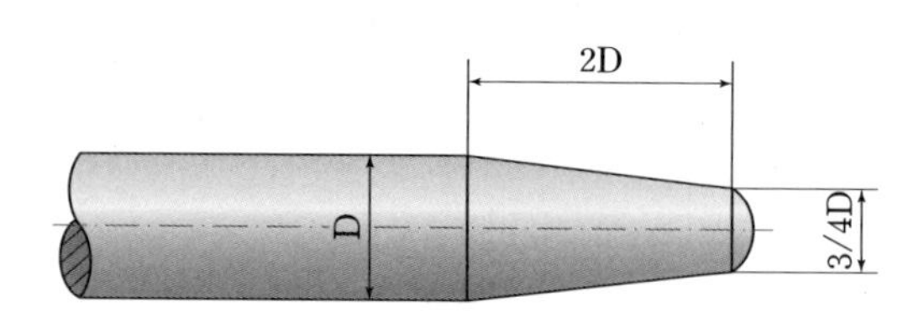

[그림 4-2] 교류 용접에서의 전극봉 가공 모양

④ **보호 가스**

- 아르곤 가스와 헬륨 가스가 가장 많이 사용된다.
- 가스의 순도가 매우 중요하고, 순도는 99.99% 이상을 의미한다.

⑤ **용접 방법**

- 모재의 청소가 대단히 중요한데, 이때는 아세톤이나 알코올 또는 약한 알칼리 용액에 넣어 세척한다.
- 오염 정도가 가벼운 것은 5% 알칼리 용액을 섞은 70℃의 물에 20~60초 동안 담근 후, 꺼내어 찬물로 씻고 건조한 공기로 말린다.
- 산화막의 제거는 반드시 스테인리스강 솔을 사용하여 제거하거나 줄질 또는 그라인더로 벗겨 낸다.
- 아크 발생은 고주파 전원을 이용하여 전극을 모재에 접촉시키지 않고 발생시킨 후, 용가재를 10~30° 정도 높여 용융지가 형성되는 즉시 한 방울씩 공급시켜 나간다.

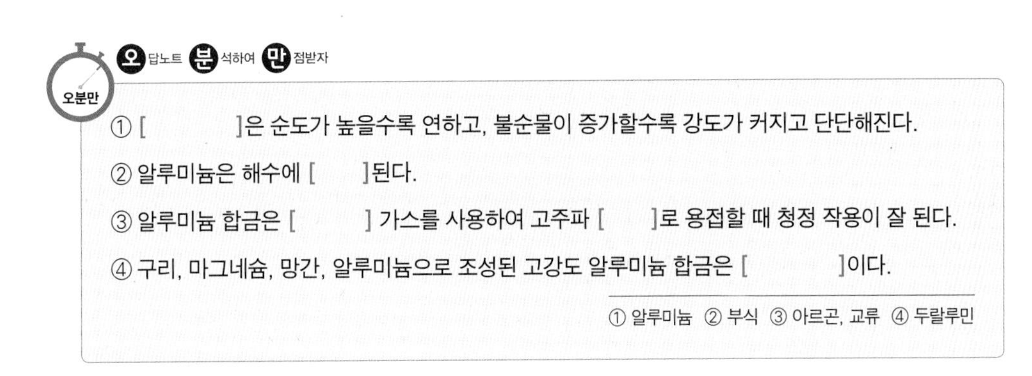
오 답노트 분 석하여 만 점받자
오분만

① [ ]은 순도가 높을수록 연하고, 불순물이 증가할수록 강도가 커지고 단단해진다.

② 알루미늄은 해수에 [ ]된다.

③ 알루미늄 합금은 [ ] 가스를 사용하여 고주파 [ ]로 용접할 때 청정 작용이 잘 된다.

④ 구리, 마그네슘, 망간, 알루미늄으로 조성된 고강도 알루미늄 합금은 [ ]이다.

① 알루미늄 ② 부식 ③ 아르곤, 교류 ④ 두랄루민

5) 구리와 그 합금의 용접 및 재료

(1) 구리의 제련과 분류

① 적동관, 황동관, 휘동관, 반동관 등의 광석을 용광로에서 용해, 20~40% Cu를 함유하는 황화구리(Cu_2S)와 황화철(FeS)의 혼합물로 만든 다음, 다시 전로에서 산화 정련하여 순도 98~99.5%의 조동(blister copper)으로 만든다.

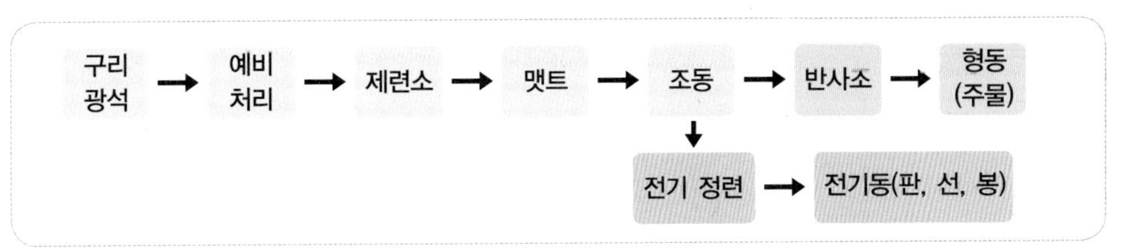

② 조동으로부터 제조하는 방법에 따른 분류

전기 구리	전기 분해에 의해 정련한 구리, 순도 99.99%
정련 구리	전기 구리를 용융정제한 것으로, 전기 열전도율이 크고 내식 · 전연성이 좋아 판 · 선 · 봉으로 사용
탈산 구리	인으로 탈산하여 산소를 0.01% 이하로 만든 구리
무산소 구리	산소나 탈산제를 포함하지 않는 것, 유리에 대한 봉착성이 좋음.

(2) 구리의 성질

① 비중은 8.96, 용융점 1083℃이며, 변태점이 없다.

② 비자성체이며, 전기와 열의 양도체이다.

③ 경화 정도에 따라 경질(H), 연질(O)로 구분한다.

④ 인장 강도는 가공도 70%에서 최대이며, 600~700℃에서 30분간 풀림하면 연화된다.

⑤ 황산, 염산에 용해되며 습기, 탄산가스, 해수에 녹이 생긴다.

▲ 구리

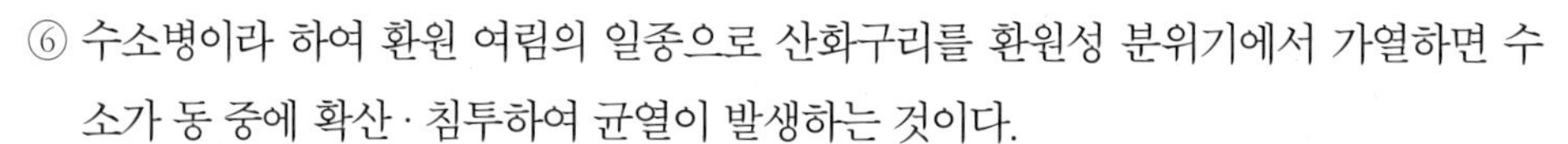

⑥ 수소병이라 하여 환원 여림의 일종으로 산화구리를 환원성 분위기에서 가열하면 수소가 동 중에 확산 · 침투하여 균열이 발생하는 것이다.

(3) 구리 합금

① 황동(Cu + Zn)

- 가공성, 주조성, 내식성, 기계적 성질이 개선된다.
- Zn의 함유량이 30%에서 연신율 최대이며, 40%에서는 인장 강도가 최대이다.
- 자연 균열: 냉간 가공에 의한 내부 응력이 공기 중의 암모니아 염류로 인하여 입간 부식을 일으켜 균열이 발생하는 현상으로, 방지책으로는 도금법, 저온 풀림법이 있다.
- 탈아연 현상: 해수에 침식되어 아연이 용해 · 부식되는 현상으로 염화아연이 원인, 방지책으로는 아연 편을 연결한다.
- 경년 변화: 상온 가공한 황동 스프링을 사용할 때 시간의 경과와 더불어 스프링 특성을 잃는 현상이다.
- 황동의 종류
  - 아연 5% 길딩 메탈(화폐, 메달용)
  - 15% 래드브라스(소켓 체결구용)
  - 20% 톰백(장신구)

② 특수 황동

종류		성분	특징
연 황동		6 : 4 황동 + Pb(1~1.5%)	• 절삭성 개선(쾌삭 황동) • 강도와 연신율은 감소 • 시계용 치차 등
주석 황동	네이벌	6 : 4 황동 + Sn(1%)	• Zn의 산화 및 탈Zn 방지 • 해수에 대한 내식성 개선 • 선박, 냉각용 등에 사용
	애드머럴티	7 : 3 황동 + Sn(1%)	• Zn의 산화 및 탈Zn 방지 • 해수에 대한 내식성 개선 • 선박, 냉각용 등에 사용
철황동(델타 메탈)		6 : 4 황동 + Fe(1% 내외)	• 강도, 내식성 개선 • 선박, 광산, 기어, 볼트 등
강력 황동		6 : 4 황동 + Mn, Al, Fe, Ni, Sn	• 주조 가공성 향상 • 강도, 내식성 개선 • 선박용 프로펠러, 광산 등
양은		7 : 3 황동 + Ni(15~20%)	• 부식 저항이 크고 주 · 단조 가능 • 가정용품, 열전쌍, 스프링 등으로 사용
규소 황동		Cu(80~85%) Zn(10~16%) Si(4~5%)	• 일명 실진 • 내식성, 주조성 양호 • 선박용
알루미늄 황동		Al 소량 첨가	• 내식성이 특히 강해짐. • 일브락, 알루미 브라스 등

③ 청동(Cu + Sn)

- 주조성, 강도, 내마멸성이 좋다.
- 주석의 4%에서 연신율 최대, 15% 이상에서 강도 · 경도가 급격히 증대된다.
- 포금(Cu + 10% Sn + 2% Zn): 청동의 구 명칭으로 청동 주물의 대표이며, 내식 · 내수압성이 좋다.

④ 특수 청동

- 인청동: 탈산제인 P를 첨가하여 내마멸성 냉간 가공으로 인장 강도, 탄성 한계가 증가하여 스프링제, 베어링 밸브 시트에 사용한다.
- 베어링용 청동: Cu + Sn(13~15%), 외측의 경도가 높은 조직으로 이루어진다.
- 납청동: Pb은 Cu와 합금을 만들지 않고 윤활 작용을 하므로, 베어링용으로 적합하다.
- 켈밋: Cu+Pb(30~40%), 열전도, 압축 강도가 크고 마찰 계수가 작으며, 고속 · 고하중용 베어링에 사용한다.
- 알루미늄 청동: 강도는 Al 10%에서, 가공성은 8%에서 최대이고, 주조성이 나쁘고, 내식 · 내열 · 내마멸성이 크다. (자기 풀림이 발생하여 결정이 커짐.)

(4) 기타 구리 합금

① **니켈-구리 합금:** 어드밴스(Ni 44%), 콘스탄탄(Ni 45%), 코슨 합금, 쿠니알 청동이 있다.

② **호이슬러 합금:** 강자성 합금으로, Cu-Mn-Al이 주성분이다.

③ **오일리스 베어링**

- 다공성 소결 합금 즉 베어링 합금의 일종이다.
- 무게의 20~30% 기름을 흡수시켜 흑연 분말 중에서 수소 기류로 소결시킨다.
- Cu-Sn-흑연 분말이 주성분이다.

(5) 구리 및 구리 합금의 TIG 용접 방법

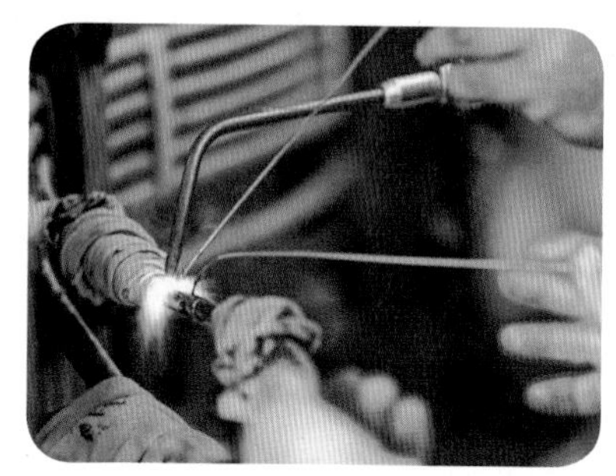

▲ 구리 및 구리 합금의 TIG 용접 방법

① 주로 불활성 가스 텅스텐 아크 용접법과 가스 용접이 많이 사용된다.

- 서브머지드 아크 용접법도 실용화되고 있다.
- 저항 용접법, 압접법, 초음파 용접법 등은 얇은 판에 쓰이고, 납땜법도 널리 사용된다.

② 피복 아크 용접은 슬래그 섞임과 기포가 발생하기 쉬워 사용이 곤란하다.

③ 구리 및 구리 합금의 용융 온도는 약 900~1,100℃이지만, 열전도도가 높아 다른 금속에 비해 가열 시간이 오래 걸린다.

④ 용융 금속이 응고될 때는 수소, 산소, 아황산가스(SO_2) 등이 발생되어 기공이 쉽게 발생한다. 특히 인(P), 규소(Si), 알루미늄(Al) 등의 탈산제가 함유된 동합금 용접에는 더욱 심하므로 주의해야 한다.

오분만 오답노트 분석하여 만점받자

① 구리는 [ ] 구조로, 성형성과 단조성이 좋다.

② 구리 합금의 가스 용접 시에는 붕사 75%, [ ] 25% 용제를 사용한다.

③ 구리의 녹는점(융점)은 [ ]℃이다.

④ [ ] 황동은 7:3 황동에 주석을 1% 정도 첨가하여, 탈아연 부식을 억제하고 내식성 및 내해수성을 증대시킨 특수 황동이다.

① 면심입방격자 ② 염화리튬 ③ 1,083 ④ 애드미럴티

6) 티탄과 그 합금의 용접 및 재료

(1) 티탄의 특성

▲ 티탄

① 티탄(titanium, Ti)은 회색 금속이다.

② 비중은 4.5, 마그네슘 및 알루미늄보다 크지만 강의 약 60%로 철과 알루미늄의 중간 정도이다.

③ 융점은 1,670℃로 높고, 고온에서 산소 · 질소 · 탄소와 반응하기 쉬워 용해 주조가 어렵다.

④ 전기 및 열의 전도성이 철보다 나쁘다.

⑤ 인장 강도는 30~50kgf/mm^2 정도이고, 선팽창계수는 작으며, 내식성은 좋다.

⑥ 수소를 함유하면 메지고, 산소와 질소를 함유하면 경도가 대단히 커진다.

⑦ 가공 경화율이 큰 금속이므로, 기계적 성질은 냉간 가공도에 의해 크게 변화한다.

⑧ 비강도가 높고, 내식성이 우수하여 가스 터빈 재료, 항공기, 로켓, 선박용, 원자로의 구조용 재료로 용도가 넓어져 가고 있다.

(2) 티탄 합금

① 비강도가 크고, 고온 강도도 높아 고온 재료, 내식성 · 내마멸성 재료로서 유리하다.

② 티탄에 비하여 내식성이 일반적으로 나쁘므로, 이것을 개선하기 위하여 Mo, Zr, V 등을 첨가한다.

③ Ti-Al, Ti-Mn, Ti-Cr계 합금 등이 있고, 가스 터빈의 날개 및 디스크, 제트 엔진의 축류, 압축기의 재료 등으로 쓰인다.

(3) 티탄 및 티탄 합금의 TIG 용접 방법

① 저전류 영역에서 아크가 안정되고, 펄스 전류를 적절히 조정할 수 있는 장치가 바람직하다. (원격 조정 장치가 부착된 것이 좋음.)

② 일반적으로 직류 정극성(DCSP)을 사용하며, 용접 토치는 충분한 용량을 가지고 용접부를 뒤쪽 비드까지 충분히 보호할 수 있는 특별한 장치가 요구된다.

③ 전극봉

- 토륨이 함유된 전극봉(EWTH-1~2)을 사용하고, 아크 집중을 좋게 하기 위하여 봉 끝을 뾰족하게 연마하여 사용한다.
- 세라믹 노즐에서 돌출되는 텅스텐 봉 길이는 가능한 짧게 하는 것이 유리하며, 봉의 청결 유지가 잘 되어야 한다.

④ 보호 가스

- 대기로부터 철저히 차단된 진공이나 불활성 가스 분위기 상태의 용기 속에서 작업하는 것이 이상적이다.

PART Ⅳ 용접 재료

- 구조물의 크기, 형상에 따라 시설 보완 문제가 뒤따르므로, 먼지나 분진이 없는 별도의 청결한 작업장에서 순도가 높은 아르곤 가스를 공급한다.
- 특수 고안된 용접 비드 보조 퍼징 지그를 용접 토치에 부착하여 작업한다.

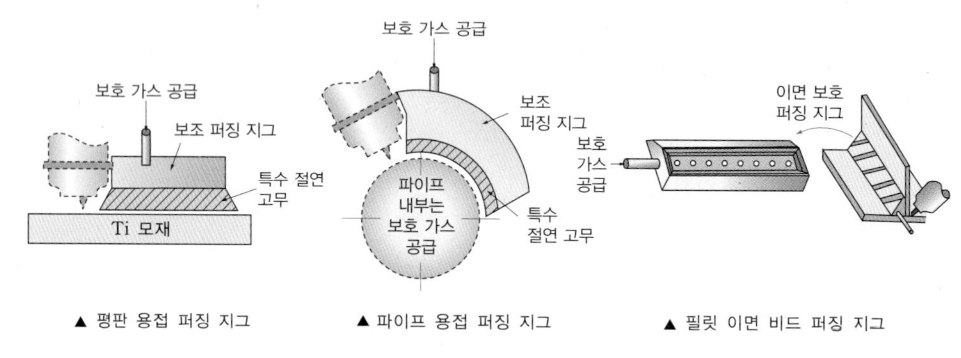

▲ 평판 용접 퍼징 지그 ▲ 파이프 용접 퍼징 지그 ▲ 필릿 이면 비드 퍼징 지그

[그림 4-3] **각종 보조 퍼징용 지그**

⑤ **절단 및 용접 준비:** 기계 가공, 플라스마 또는 레이저 절단이 바람직하다.

⑥ **용접 시공:** 가용접은 가능한 짧게 하고, 본 용접과 동일한 조건에서 실시한다.

7) 니켈과 그 합금의 용접 및 재료

(1) 니켈 일반

▲ 니켈

① 비중 8.9, 용융점 1455℃, 전기 저항이 크다.

② 연성이 크며 냉간 및 열간 가공이 쉽다.

③ 내식성과 내열성이 우수하며 열전도율이 좋다.

④ 인성이 풍부, 전연성이 있다.

⑤ 상온에서 강자성체이며, 변태점 이상에서 없어진다.

⑥ 황산, 염산에는 부식, 유기 화합물 등 알칼리에는 잘 견딘다.

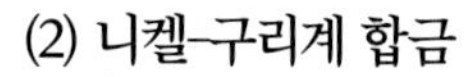

(2) 니켈-구리계 합금

① **모넬 메탈:** Cu에 60~70%의 Ni이 합금된 내식성과 고온 강도가 높은 강이다.

② **어드밴스:** 44%의 Ni에 1%의 Mn을 합금한 재료로 전기 저항선용으로 사용한다.

③ **콘스탄탄:** Cu에 Ni을 40~45%를 합금한 재료로, 온도 변화에 영향을 받으며, 전기 저항성이 커서 전열선, 열전쌍의 재료로 사용한다.

(3) 기타

① **화이트 메탈(배빗 메탈)**

- 백색 합금이며, Sn을 주성분으로 한 배빗 메탈이 있다.
- Sn-Cu-Sb-Zn이 주성분이다.

② **저융점 합금**

- Sm보다 융점(232℃)이 낮은 합금으로 퓨즈, 활자, 정밀 모형에 사용된다.
- Bi-Pb-Sn-Cd으로 구분되며, 우드 메탈, 뉴턴 합금, 로즈 합금, 리포터 위츠가 있다.

③ **땜납 합금**

- 연납: Pb-Sn의 합금, 용제로는 염화아연, 염화암모늄, 송진이 사용된다.
- 경납: 427℃ 이상의 융점을 갖는 납으로, 황동납 · 동납 · 금납 · 은납 등이 있다.

8) 마그네슘 용접 및 재료

(1) 마그네슘

① 실용 금속 중에서 가장 가볍다.
② 마그네사이트, 소금 앙금, 산화마그네슘으로 얻는다.
③ 비중 1.74, 용융점 650℃, 조밀 육방 격자이다.
④ 냉간 가공성이 나빠, 300℃ 이상에서 열간 가공한다.
⑤ 열, 전기의 양도체(65%)이며, 선팽창계수는 철의 2배 이다.
⑥ 가공 경화율이 크다. → 10~20%의 냉간 가공도(절단 가공성 · 마무리 면 우수)

▲ 마그네슘

(2) 마그네슘 합금

① **도우 메탈:** Mg-Al 합금, 하이드로날륨(Al-Mg)과 비교
② **일렉트론:** Mg-Al-Zn 합금, 내식성과 내열성이 있어 내연 기관 피스톤의 재료로 사용

PART Ⅳ 용접 재료

오답 노트 **분**석하여 **만**점 받자!
오분만

① [ ]은 내식성 및 내마모성이 우수하여 터빈 날개, 펌프 임펠러, 화학 공업용 재료 등에 사용되는 Ni-Cu계 합금이다.
② 니켈은 질산, [ ] 가스를 품은 공기에서 심하게 부식된다.
③ [ ]은 Mg-Al-Zn 합금으로 내연 기관의 피스톤 등에 사용된다.
④ [ ]은 비중이 1.74로 실용 금속 중 가장 가볍고, 해수, 산, 열에 약하다.
⑤ 구리 60%, 아연 40%의 황동은 [ ]이다.
⑥ [ ]은 주조성이 우수하여 다이캐스팅용으로 사용된다.

① 모넬 메탈 ② 황산 ③ 일렉트론 ④ 마그네슘 ⑤ 문츠메탈 ⑥ 아연

CHAPTER 02

용접 재료의 열처리

1 열처리

1) 일반 열처리

(1) 열처리

① **목적:** 금속을 적당한 온도로 가열 및 냉각시켜 특별한 성질을 부여하는 데 있다.

② **열처리 작업의 지배 요인**

- temperature range
- holding time
- cooling time
- 냉각능

(2) 담금질

① 강을 A_3 변태 및 A_1선 이상 30~50℃로 가열한 후 수랭 또는 유랭으로 급랭시켜서 강을 강하게 경도를 높이는 방법이다.

② **조직**

- 마텐자이트(martensite): 강을 수랭한 침상 조직으로, 강도는 크나 취성이 있다.
- 트루스타이트(troostite): 강을 유랭한 조직으로, α-Fe과 Fe_3C의 혼합 조직이다.
- 소르바이트(sorbite)
  - 공랭 또는 유랭 조직으로, α-Fe과 Fe_3C의 혼합 조직이다.
  - 강도와 탄성을 동시에 요구하는 구조용 재료로 사용한다.
- 펄라이트
  - α-Fe과 Fe_3C의 침상 조작으로 노중 냉각하여 얻는 조직이다.
  - 연성이 크고, 상온 가공과 절삭성이 양호하다.

③ **서브제로 처리(심랭 처리):** 담금질 직후 잔류 오스테나이트를 없애기 위해서 0℃ 이하로 냉각한다.

④ **질량 효과:** 재료의 크기에 따라 내 · 외부의 냉각 속도가 달라져 경도가 차이가 난다.

⑤ **경도 순서:** M 〉 T 〉 S 〉 P 〉 A 〉 F

⑥ **냉각 속도에 따른 조직 변화 순서**

- M(수랭) 〉 T(유랭) 〉 S(공랭) 〉 P(노냉)
- 이 중 pearlite는 열처리 조직이 아니다.

⑦ **담금질 액**

- 소금물: 냉각 속도가 가장 빠르다.
- 물: 처음은 경화 능력이 크지만, 온도가 올라갈수록 작아진다.
- 기름: 처음은 경화 능력이 작지만, 온도가 올라갈수록 커진다.

(3) 뜨임

① 담금질 된 강을 A_1 변태점 이하로 가열 후 냉각시켜 담금질로 인한 취성을 제거하고, 경도를 떨어뜨려 강인성을 증가시키기 위한 열처리이다.

② **뜨임의 종류**

- 저온 뜨임: 내부 응력만 제거하고 경도 유지, 뜨임 온도는 150℃이다.
- 고온 뜨임: Sorbite 조직으로 만들어 강인성 유지, 뜨임 온도는 500~600℃이다.

③ **뜨임 조직의 변화:** A → M → T → S → P

④ **뜨임 취성의 종류**

- 저온 뜨임 취성: 300~350℃ 정도에서 충격치가 저하된다.
- 뜨임 시효 취성: 500℃ 정도에서 시간의 경과와 더불어 충격치가 저하되는 현상으로, Mo 첨가로 방지가 가능하다.
- 뜨임 서냉 취성: 550~650℃ 정도에서 수랭 및 유랭한 것보다 서냉하면 취성이 커지는 현상이다.

(4) 불림

① 가공 재료의 잔류 응력을 제거하여 결정 조직을 균일화한다.

② 공기 중 공랭하여 미세한 sorbite 조직을 얻는다.

(5) 풀림

① 재질의 연화를 목적으로 노 안에서 서냉한다.

② **목적:** 내부 응력을 제거한다.

③ **종류**

- 고온 풀림: 완전 풀림, 확산 풀림, 항온 풀림 등
- 저온 풀림: 응력 제거 풀림, 재결정 풀림, 구성화 풀림 등

2) 특수 열처리

(1) 항온 열처리

① **효과:** 담금질과 뜨임을 같이 하므로 균열 방지 및 변형 감소의 효과가 있다.

② **방법:** 강을 A_1 변태점 이상으로 가열한 후 변태점 이하의 어느 일정한 온도로 유지된 항온 담금질욕 중에 넣어 일정 시간 항온 유지 후 냉각하는 열처리이다.

③ **특징**

- 계단 열처리보다 균열 및 변형 감소와 인성이 좋다.
- 특수강 및 공구강에 좋다.

④ **종류**

- 오스템퍼: 베이나이트 담금질로 뜨임이 불필요하다.
- 마템퍼: 마텐자이트와 베이나이트의 혼합 조직으로 충격치가 높아진다.
- 마퀜칭: S곡선의 코 아래에서 항온 열처리 후 뜨임으로 담금 균열과 변형이 적은 조직이 된다.
- 타임 퀜칭: 수중 혹은 유중 담금질하여 300~400℃ 정도로 냉각시킨 후 다시 수랭 또는 유랭하는 방법이다.
- 항온 뜨임: 뜨임 작업에서보다 인성이 큰 조직을 얻을 때 사용하는 것으로 고속도강, 다이스강의 뜨임에 사용한다.
- 항온 풀림: S곡선의 코 혹은 다소 높은 온도에서 항온 변태 후 공랭하여 연질의 펄라이트를 얻는 방법이다.

(2) 표면 경화 및 처리법

① **침탄법**

- 고체 침탄법: 침탄제인 코크스 분말이나 목탄과 침탄 촉진제(탄산 바륨, 적혈염, 소금)를 소재와 함께 900~950℃로 3~4시간 가열하여 표면에서 0.5~2mm의 침탄층을 얻는 방법이다.
- 액체 침탄법: 침탄제인 NaCN, KCN에 염화물 NaCl, KCl, $CaCl_2$ 등과 탄화염을 40~50% 첨가하고, 600~900℃에서 용해하여 C와 N가 동시에 소재의 표면에 침투하게 하여 표면을 경화시키는 방법으로 침탄 질화법이라고도 한다.
- 가스 침탄법

특징	• 메탄가스, 프로판 가스 등의 탄화 수소계 가스를 이용한 침탄법 • 작업이 간단, 열효율이 높음. • 연속 침탄에 의해 대량생산이 가능 • 온도를 임의로 조절할 수 있음. • 침탄 온도, 기체 혼합비, 공급량을 조절하여 균일한 침탄층을 얻음. • 가스 침탄 후 직접 열처리 가능, 1차 담금질, 2차 뜨임의 열처리가 가능

② **질화법**

- 암모니아(NH_3) 가스를 이용하여 520℃에서 50~100시간 가열하면 Al, Cr, Mo 등이 질화된다.
- 질화가 불필요하면 Ni, Sn 도금을 한다.

하나 더

침탄법과 질화법의 비교

비교 내용	침탄법	질화법
경도	작음.	큼.
열처리	필요	불필요
변형	큼.	적음.
수정	가능	불가능
시간	단시간	장시간
침탄층	단단함.	여림.

③ **금속 침투법:** 내식 · 내산 · 내마멸을 목적으로 금속을 침투시키는 열처리 방법이다.

- 세라다이징: Zn
- 크로마이징: Cr
- 칼로라이징: Al
- 실리코나이징: Si
- 브로마이징: Br

④ **화염 경화법:** 산소-아세틸렌 화염으로, 표면만 가열하여 냉각시켜 경화한다.

⑤ **고주파 경화법:** 고주파 열로 표면을 열처리하는 방법으로, 경화 시간이 짧고 탄화물을 고용시키기가 쉽다.

⑥ 방전 경화법, 하드 페이싱, 메탈 스프레이, 숏 피닝 등이 있다.

① 오스템퍼링, 마템퍼링, 마퀜칭은 [ ] 열처리 방법에 해당된다.

② [ ]의 기본 열처리 방법에는 불림, 뜨임, 담금질이 있다.

③ [ ]은 강을 A_1 변태점 이상으로 가열하여 기름이나 물속에서 급랭시키는 열처리 방법이다.

④ 열처리 방법 중 [ ]은 소재를 일정 온도에 가열 후 공랭시켜 표준화하는 것을 목적으로 한다.

⑤ 용접이나 단조 후 편석 및 잔류 응력을 제거하여 균일화시키거나 연화를 목적으로 하는 열처리 방법은 [ ]이다.

⑥ 뜨임은 재료의 [ ]을 증가시킬 목적으로 한다.

⑦ 침탄법에는 고체 침탄법, 액체 침탄법, [ ] 침탄법이 있다.

⑧ 금속의 표면에 스텔라이트나 경합금 등을 용접 또는 압접으로 융착시키는 것을 [ ]이라 한다.

① 항온 ② 탄소강 ③ 담금질 ④ 불림 ⑤ 풀림 ⑥ 인성 ⑦ 가스 ⑧ 하드 페이싱

평가문제

01 다음 중 철(Fe)의 재결정 온도는?

① 180~200℃ ② 200~250℃
✓③ 350~450℃ ④ 800~900℃

02 KS 규격의 SM45C에 대한 설명으로 옳은 것은?

① 인장 강도가 45kgf/mm²의 용접 구조용 탄소 강재
② Cr을 42~48% 함유한 특수 강재
③ 인장 강도 40~45kgf/mm²의 압연 강재
✓④ 화학 성분에서 탄소 함유량이 0.42~0.48%인 기계 구조물 탄소 강재

03 철계 주조재의 기계적 성질 중 인장 강도가 가장 높은 철은?

① 보통주철 ② 백심가단주철
③ 고급주철 ✓④ 구상흑연주철

04 탄소강에서 자성이 있으며 전성과 연성이 크고 연하며 순철에 가까운 조직은?

① 마텐자이트 ✓② 페라이트
③ 오스테나이트 ④ 시멘타이트

05 탄소강에 크롬(Cr), 텅스텐(W), 바나듐(V), 코발트(Co) 등을 첨가하여, 500~600℃의 고온에서도 경도가 저하되지 않고 내마멸성을 크게 한 강은?

① 합금 공구강 ✓② 고속도강
③ 초경합금 ④ 스텔라이트

06 일반적으로 철강을 크게 순철, 강, 주철로 나눌 때 기준이 되는 함유 원소는?

① Si ② Mn ③ P ✓④ C

07 KS 재료 기호 중 기계 구조용 탄소 강재의 기호는?

✓① SM 35C ② SS 490B
③ SF 340A ④ STKM 20A

08 탄소 공구강의 구비 조건으로 틀린 것은?

✓① 상온 및 고온 경도가 낮아야 한다.
② 내마모성이 커야 한다.
③ 가공이 용이하고, 가격이 싸야 한다.
④ 열처리가 쉬워야 한다.

09 일반적인 연강의 탄소 함유량은 얼마인가?

① 1.0~1.4% ✓② 0.13~0.2%
③ 1.5~1.9% ④ 2.0~3.0%

10 탄소의 함유량이 약 0.2~0.5% 정도인 주강은?

① 저탄소 주강 ✓② 중탄소 주강
③ 고탄소 주강 ④ 합금 주강

11 순철의 자기 변태점은?

① A_1 ✓② A_2 ③ A_3 ④ A_4

12 중탄소강(0.3~0.5% C)의 용접 시 탄소 함유량의 증가에 따라 저온 균열이 발생할 우려가 있으므로 적당한 예열이 필요하다. 이때 가장 적당한 예열 온도는?

✔ 100~200℃ ② 400~450℃
③ 500~600℃ ④ 800℃ 이상

13 주강에 대한 설명으로 틀린 것은?

① 주철로써는 강도가 부족할 경우에 사용된다.
② 용접에 의한 보수가 용이하다.
③ 주철에 비하여 주조 시의 수축량이 커서 균열 등이 발생하기 쉽다.
✔ 주철에 비하여 용융점이 낮다.

14 보통 주강에 3% 이하의 Cr을 첨가하여 강도와 내마멸성을 증가시켜 분쇄 기계, 석유화학, 공업용, 기계부품 등에 사용되는 합금 주강은?

① Ni 주강 ✔ Cr 주강
③ Mn 주강 ④ Ni-Cr 주강

15 다음 중 용접 구조용 압연 강재의 KS 재료 기호는?

① SS400 ② SSW41
③ SBC1 ✔ SM400A

16 제강법 중 쇳물 속으로 공기 또는 산소(O_2)를 불어 넣어 불순물을 제거하는 방법으로 연료를 사용하지 않는 것은?

① 평로 제강법
② 아크 전기로 제강법
✔ 전로 제강법
④ 유도 전기로 제강법

17 킬드강을 제조할 때 사용하는 탈산제는?

① C, Fe-Mn ② C, Al
③ Fe-Mn, S ✔ Fe-Si, Al

18 게이지용 강이 구비해야 할 특성에 대한 설명으로 틀린 것은?

① 담금질에 의한 변형 및 균열이 적어야 한다.
② 장시간 경과해도 치수의 변화가 적어야 한다.
③ 내마모성이 크고 내식성이 우수해야 한다.
✔ 담금질 응력 및 열팽창 계수가 커야 한다.

19 강판 용접 중 산화철을 환원시키기 위해 탈산제를 사용하는데, 이 때의 반응식 중 맞는 것은?

✔ $FeO + Mn \rightleftarrows Fe + MnO$
② $FeO + Mg \rightleftarrows Fe + MgO_2$
③ $FeO + Al \rightleftarrows Fe + Al_2O_3$
④ $FeO + Ti \rightleftarrows Fe + TiO_2$

20 다음 그래프는 금속의 기계적 성질과 냉간가공도의 관계를 나타낸 것이다. (　) 안에 들어갈 성질로 옳은 것은?

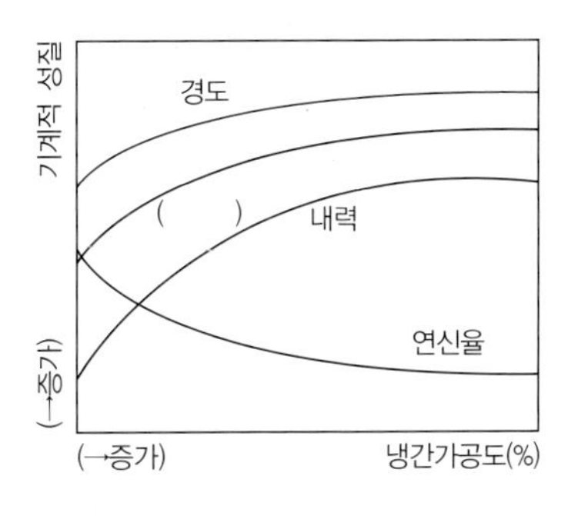

① 연성 ② 전성
✔ 인장 강도 ④ 단면수축률

21 프레스 성형성이 우수하고 표면이 미려하며, 치수가 정확하므로 제관, 차량, 냉장고, 전기 기기 등의 제조 및 건설 분야의 소재로 가장 많이 쓰이는 탄소강은?

✔ 냉간 압연 강판
② 열간 압연 강판
③ 일반 구조용 압연강
④ 탄소 공구강

22 고급 주철의 바탕은 어떤 조직으로 이루어졌는가?

✔ 펄라이트 ② 시멘타이트
③ 페라이트 ④ 오스테나이트

23 주조 시 주형에 냉금을 삽입하여 주물 표면을 급랭시킴으로써 백선화하고 경도를 증가시킨 내마모성 주철에 해당되는 것은?

① 보통주철 ② 고급주철
③ 합금주철 ✔ 칠드주철

24 주철의 용접이 곤란한 이유 중 틀린 것은?

① 수축이 많고 균열이 일어나기 쉽다.
② 일산화탄소가 발생하여 용착 금속에 기공이 생기기 쉽다.
✔ 모재와 같은 용접봉이면 급랭시켜도 좋다.
④ 불순물 함유 시 모재와 친화력이 떨어진다.

25 보통 주철의 일반적인 성분 중에 속하지 않는 원소는?

① 규소 ✔ 아연
③ 망간 ④ 탄소

26 다음 중 고온 경도가 가장 좋은 것은?

✔ WC-TiC-Co계 초경합금
② 고속도강
③ 탄소 공구강
④ 합금 공구강

27 다음 순금속 중 열전도율이 가장 높은 것은?

✔ 은(Ag) ② 금(Au)
③ 알루미늄(Al) ④ 주석(Sn)

28 상온 가공을 하여도 동소 변태를 일으켜 경화되지 않는 재료는?

① 은(Ag) ✔ 주석(Sn)
③ 아연(Zn) ④ 백금(Pt)

29 청백색의 조밀육방격자 금속이며, 비중이 7.1, 용융점이 420℃인 금속은?

① P ② Pb
③ Sn ✔ Zn

30 다음 중 열전도율이 가장 큰 금속은?

✔ 구리 ② 알루미늄
③ 스테인리스강 ④ 연강

31 구리의 성질에 관한 설명으로 틀린 것은?

① 전기 및 열의 전도율이 높은 편이다.
② 전연성이 좋아 가공이 용이하다.
✔ 화학적 저항력이 적어서 부식이 쉽다.
④ 아름다운 광택과 귀금속적 성질이 우수하다.

32 황동에 생기는 자연 균열의 방지법으로 가장 적합한 것은?

✔ 도료나 아연 도금을 실시한다.
② 황동판에 전기를 흐르게 한다.
③ 황동에 약간의 철을 합금시킨다.
④ 수증기를 제거시킨다.

33 구리 및 구리 합금의 용접성에 관한 설명으로 틀린 것은?

① 용접 후 응고 수축 시 변형이 생기기 쉽다.
② 충분한 용입을 얻기 위해서는 예열을 해야 한다.
✔ 구리는 연강에 비해 열전도도와 열팽창 계수가 낮다.
④ 구리 합금은 과열에 의한 아연 증발로 중독을 일으키기 쉽다.

34 7 : 3 황동에 주석을 1% 정도 첨가하여 탈아연 부식을 억제하고 내식성 및 내해수성을 증대시킨 특수 황동은?

① 쾌삭 황동 ② 네이벌 황동
✔ 애드머럴티 황동 ④ 강력 황동

35 델타 메탈(delta metal)에 속하는 것은?

① 7 : 3 황동에 Fe 1~2%를 첨가한 것
② 7 : 3 황동에 Sn 1~2%를 첨가한 것
③ 6 : 4 황동에 Sn 1~2%를 첨가한 것
✔ 6 : 4 황동에 Fe 1~2%를 첨가한 것

36 청동에 관한 설명으로 틀린 것은?

① 넓은 의미에서는 황동 이외의 구리 합금을 말한다.
② 부식에 잘 견디므로 밸브, 선박용 판, 동상 등의 재료로 사용된다.
✔ 좁은 의미로는 구리-아연의 합금이다.
④ 황동보다 내식성과 내마모성이 좋다.

37 비중이 2.7, 용융 온도가 660℃이며, 가볍고 내식성 및 가공성이 좋아 주물, 다이캐스팅, 전선 등에 쓰이는 비철 금속 재료는?

① 구리(Cu) ② 니켈(Ni)
③ 마그네슘(Mg) ✔ 알루미늄(Al)

38 알루미늄 합금이 아닌 것은?

① 실루민 ② Y합금
③ 초두랄루민 ✔ 모넬 메탈

39 내식성 알루미늄 합금에서 부식 균열을 방지하는 효과가 있는 원소는?

① 구리 ② 니켈
③ 철 ✔ 크롬

40 알루미늄의 특성을 설명한 것 중 틀린 것은?

① 가볍고 내식성이 좋다.
② 전기 및 열의 전도성이 좋다.
✔ 해수에서도 부식되지 않는다.
④ 상온 및 고온 가공이 쉽다.

41 내열성 알루미늄 합금으로 실린더 헤드, 피스톤 등에 사용되는 것은?

① 알민 ✔ Y합금
③ 하이드로날륨 ④ 알드레이

42 주조용 알루미늄 합금의 종류가 아닌 것은?

① Al-Cu계 합금 ② Al-Si계 합금
③ 내열용 Al합금 ✔ 내식성 Al 합금

43 알루미늄 합금, 구리 합금 용접에서 예열 온도로 가장 적합한 것은?

✔ 200~400℃ ② 100~200℃
③ 60~100℃ ④ 20~50℃

44 베어링에 사용되는 대표적인 구리 합금으로 70% Cu-30% Pb 합금은?

✔ 켈밋(kelmet)
② 배빗 메탈(babbit metal)
③ 다우 메탈(dow metal)
④ 톰백(tombac)

45 니켈강은 니켈에 소량의 탄소를 함유한 강으로 가열 후 공기 중에 방치하여도 담금질 효과를 나타내는데, 이와 같은 현상을 무엇이라 하는가?

✔ 기경성(air hardening)
② 수경성(water hardening)
③ 유경성(oil hardening)
④ 고경성(solid hardening)

46 니켈 – 구리 합금이 아닌 것은?

① 큐프로니켈
② 콘스탄탄
③ 모넬 메탈
✔ 문츠 메탈

47 3~4% Ni, 1% Si를 첨가한 구리 합금으로 강도와 전기 전도율이 좋은 것은?

① 켈밋(kelmet)
② 암즈(arms) 청동
③ 네이벌(naval) 황동
✔ 코슨(corson) 합금

48 마그네슘 합금에 속하지 않는 것은?

① 다우메탈
② 엘렉트론
③ 미쉬메탈
✔ 화이트메탈

49 아연과 그 합금에 대한 설명으로 틀린 것은?

① 조밀육방 격자형이며 청백색으로 연한 금속이다.
② 아연 합금에는 Zn-Al계, Zn-Al-Cu계 및 Zn-Cu계 등이 있다.
✔ 주조성이 나쁘므로 다이캐스팅용에 사용되지 않는다.
④ 주조한 상태의 아연은 인장 강도나 연신율이 낮다.

50 아연을 약 40% 첨가한 황동으로 고온 가공하여 상온에서 완성하며, 열교환기, 열간 단조품, 탄피 등에 사용되고 탈 아연 부식을 일으키기 쉬운 것은?

① 알브락
② 니켈 황동
✔ 문츠 메탈
④ 애드머럴티 황동

51 철강 재료를 강화 및 경화시킬 목적으로 물 또는 기름 속에 급랭하는 방법은?

① 불림 ② 풀림
✔ 담금질 ④ 뜨임

52 담금질한 강에 뜨임을 하는 주된 목적은?

✔ 재질에 인성을 갖게 하려고
② 조대화된 조직을 정상화하려고
③ 재질을 더욱 더 단단하게 하려고
④ 재질의 화학 성분을 보충하기 위해서

53 강을 표준 상태로 하기 위하여 가공 조직의 균일화, 결정립의 미세화, 기계적 성질의 향상을 목적으로 소재나 A_3나 A_{cm}보다 30~50℃ 정도 높은 온도로 가열·공랭한 후의 열처리 방법은?

✔ 불림 ② 심랭
③ 담금질 ④ 뜨임

54 열처리 방법 중 불림의 목적으로 가장 적합한 것은?

① 급랭시켜 재질을 경화시킨다.
✔ 소재를 일정 온도에 가열 후 공랭시켜 표준화한다.
③ 담금질된 것에 인성을 부여한다.
④ 재질을 강하게 하고 균일하게 한다.

55 풀림 열처리의 목적으로 틀린 것은?

✔ 내부의 응력 증가
② 조직의 균일화
③ 가스 및 불순물 방출
④ 조직의 미세화

56 다음 중 주조, 단조, 압연 및 용접 후에 생긴 잔류 응력을 제거할 목적으로 보통 500~600℃ 정도에서 가열하여 서냉시키는 열처리는?

① 담금질 ② 질화 불림
③ 저온 뜨임 ✔ 응력 제거 풀림

57 용접할 때 변형과 잔류 응력을 경감시키는 방법으로 틀린 것은?

① 용접 전 변형 방지책으로 억제법, 역변형법을 쓴다.
② 용접 시공에 의한 경감법으로는 대칭법, 후퇴법, 스킵법 등을 쓴다.
③ 모재의 열전도를 억제하여 변형을 방지하는 방법으로는 도열법을 쓴다.
✔ 용접 금속부의 변형과 응력을 제거하는 방법으로는 담금질을 한다.

58 잔류 응력을 경감시키기 위한 설명 중 틀린 것은?

① 적당한 용착법과 용접 순서를 선정할 것
✔ 용착 금속의 양(量)을 될 수 있는 대로 증가시킬 것
③ 적당한 포지셔너(positioner)를 이용할 것
④ 예열을 이용할 것

59 연강재 표면에 스텔라이트(Stellite)나 경합금을 용착시켜 표면 경화시키는 방법은?

① 브레이징(brazing)
② 숏 피닝(shot peening)
✔ 하드 페이싱(hard facing)
④ 질화법(nitriding)

60 강의 표면에 질소를 침투하여 확산시키는 질화법에 대한 설명으로 틀린 것은?

① 높은 표면 경도를 얻을 수 있다.
② 처리 시간이 길다.
✔ 내식성이 저하된다.
④ 내마멸성이 커진다.

61 침탄법의 종류가 아닌 것은?

① 고체 침탄법　② 액체 침탄법
③ 가스 침탄법　④✔ 증기 침탄법

62 화학적인 표면 경화법이 아닌 것은?

① 고체 침탄법
② 가스 침탄법
③✔ 고주파 경화법
④ 질화법

63 표면 경화 처리에서 침탄법의 설명으로 맞는 것은?

① 고체 침탄법, 액체 침탄법, 기체 침탄법이 있다.
②✔ 침탄 후 열처리가 필요하다.
③ 침탄 후 수정이 불가능하다.
④ 표면 경화 시간이 길다.

64 세라다이징이라는 금속 침투법은 어떤 금속을 침투시키는가?

①✔ Zn　② Cr　③ Al　④ B

65 속표면에 내식성과 내산성을 높이기 위해 다른 금속을 침투 확산시키는 방법으로, 종류와 침투제가 바르게 연결된 것은?

① 세라다이징 - Mn
②✔ 크로마이징 - Cr
③ 칼로라이징 - Fe
④ 실리코나이징 - C

66 은, 구리, 아연이 주성분으로 된 합금이며 인장 강도, 전연성 등의 성질이 우수하여 구리, 구리합금, 철강, 스테인리스강 등에 사용되는 납은?

① 마그네슘납　② 인동납
③✔ 은납　④ 알루미늄납

67 탄소강이 황(S)을 많이 함유하게 되면 고온에서 메짐이 나타나는데 이 현상을 무엇이라 하는가?

①✔ 적열 메짐　② 청열 메짐
③ 저온 메짐　④ 충격 메짐

68 각종 금속의 가스 용접 시 사용하는 용제들 중 주철 용접에 사용하는 용제들만 짝지어진 것은?

① 붕사 - 염화리튬
②✔ 탄산나트륨 - 붕사 - 중탄산나트륨
③ 염화리튬 - 중탄산나트륨
④ 규산칼륨 - 붕사 - 중탄산나트륨

69 용접 시 용접 균열이 발생할 위험성이 가장 높은 재료는?

① 저탄소강　② 중탄소강
③✔ 고탄소강　④ 순철

70 연납용 용제로만 구성되어 있는 것은?

① 붕사, 붕산, 염화아연
②✔ 염화아연, 염산, 염화암모늄
③ 불화물, 알칼리, 염산
④ 붕산염, 염화암모늄, 붕사

71 용접 금속에 수소가 잔류하면 헤어크랙의 원인이 된다. 용접 시 수소의 흡수가 가장 많은 강은?

✅ 저탄소 킬드강 ② 세미 킬드강
③ 고탄소 림드강 ④ 림드강

72 오스테나이트계 스테인리스강에 대한 설명 중 틀린 것은?

① 스테인리스강 중 내식성이 가장 높다.
② 비자성이다.
③ 용접이 비교적 잘되며, 가공성이 좋다.
✅ 염산, 염소가스, 황산 등에 강하다.

73 오스테나이트계 스테인리스강의 대표적인 화학적 조성으로 맞는 것은?

① 13% Cr, 18% Ni ② 13% Ni, 18% Cr
③ 18% Ni, 8% Cr ✅ 18% Cr, 8% Ni

74 오스테나이트계 스테인리스강의 용접 시 유의해야 할 사항으로 틀린 것은?

① 층간 온도가 320℃ 이상을 넘어서지 않도록 한다.
② 낮은 전류값으로 용접하여 용접 입열을 억제한다.
③ 아크를 중단하기 전에 크레이터 처리를 한다.
✅ 아크 길이를 길게 유지한다.

75 오스테나이트계 스테인리스강을 용접하여 사용 중에 용접에서 녹이 발생하였다. 이를 방지하기 위한 방법이 아닌 것은?

① Ti, V, W 등이 첨가된 재료를 사용한다.
② 저탄소의 재료를 선택한다.
③ 용제화 처리 후 사용한다.
✅ 크롬탄화물을 형성토록 시효 처리한다.

76 스테인리스강의 내식성 향상을 위해 첨가하는 가장 효과적인 원소는?

① Zn ② Sn
✅ Cr ④ Mg

77 오스테나이트계 스테인리스강은 용접 시 냉각되면서 고온 균열이 발생하는데 그 원인이 아닌 것은?

① 크레이터 처리를 하지 않았을 때
✅ 아크 길이를 짧게 했을 때
③ 모재가 오염되어 있을 때
④ 구속력이 가해진 상태에서 용접할 때

78 18-8 스테인리스강에서 18-8이 의미하는 것은 무엇인가?

① 몰리브덴이 18%, 크롬이 8% 함유되어 있다.
② 크롬이 18%, 몰리브덴이 8% 함유되어 있다.
✅ 크롬이 18%, 니켈이 8% 함유되어 있다.
④ 니켈이 18%, 크롬이 8% 함유되어 있다.

79 스테인리스강의 종류가 아닌 것은?

① 오스테나이트계 ② 페라이트계
✅ 펄라이트계 ④ 마텐자이트계

80 펄라이트 바탕에 흑연이 미세하고 고르게 분포되어 있으며 내마멸성이 요구되는 피스톤 링 등 자동차 부품에 많이 쓰이는 주철은?

✅ 미하나이트 주철 ② 구상흑연 주철
③ 고합금 주철 ④ 가단 주철

PART

V 기계 제도 (비절삭 부분)

1 제도 통칙

2 도시 기호

3 도면 해독

CHAPTER 01

제도 통칙

1 일반 사항

1) 제도와 도면

(1) 제도 일반 사항

① **정의:** 주문자가 의도하는 주문에 따라 설계자가 제품의 모양이나 크기를 일정한 규칙에 따라 선, 문자, 기호 등을 이용하여 도면으로 작성하는 과정이다.

② **목적:** 설계자의 의도를 도면 사용자에게 확실하고 쉽게 전달하는 데 있다.

③ **규격**

- KS의 종류: A(기본), B(기계), C(전기), D(금속), E(광산), F(토건), G(일용품), H(식료품), K(섬유), L(요업), M(화학), P(의료), R(수송기계), V(조선), W(항공)로 분류된다.
- 각 국의 공업 규격: 한국(KS), 영국(BS), 미국(ANSI), 독일(DIN), 일본(JIS), 국제표준(ISO) 등이다.

[표 5-1] **국제 표준 기호와 명칭**

표준 마크	표준 기호	표준 명칭	표준의 범위
ISO	ISO	국제표준화기구 (International Organization for Standardization)	전기 및 전자 공학 분야를 제외한 모든 분야
IEC	IEC	국제전기표준회의 (International Electrotechnical Commision)	전기 및 전자 공학 분야
I E T F	IETF	국제인터넷표준화기구 (Internet Engineering Task Force)	인터넷의 운영 · 관리 · 개발에 대한 협의와 프로토콜의 분석
	WSA	웹사이트표준협회(Website Standards Association Inc.)	웹 페이지의 생산과 의미의 규제와 안내

[표 5-2] **국가별 표준 기호 및 표준 명칭**

표준 마크	표준 기호	표준 명칭	표준의 범위
	KS	한국산업표준 (Korean Industrial Standards)	산업 전 분야
	JIS	일본공업표준 (Japanese Industrial Standards)	광공업 전 분야
	GB	중국 표준 (Guojia Biaozhun)	산업 전 분야
	ANSI	미국 표준 (American National Standards Institute)	산업 전 분야
	BS	영국 표준 (British Standards)	산업 전 분야
	DIN	독일 표준 (Deutsche Institut für Normung)	산업 전 분야
	NF	프랑스 표준 (Norme Française)	산업 전 분야
	UNI	이탈리아 표준 (Ente Nazionale Italiano di Unificazione)	산업 전 분야

④ **제도 용구:** 영식, 불식, 독일식의 3종류가 있으며 주로 독일식과 영식이 쓰인다.

컴퍼스	• 연필심은 바늘 끝보다 0.5mm 정도 낮게 끼움. • 빔(beam) 컴퍼스, 대형 컴퍼스, 중형 컴퍼스, 스프링 컴퍼스, 드롭 컴퍼스 순으로 원을 그릴 수 있음. • 원을 그릴 땐 6시 방향에서 시작하여 시계 방향으로 돌림. • 디바이더(분할기)는 원호의 등분, 선의 등분, 길이나 치수를 옮길 때 사용
자	삼각자, T자, 운형자, 스케일, 템플릿 등
기타 용구	각도기, 연필, 제도판(900×1,200, 600×900, 450×600), 먹줄펜, 지우개 판, 만능 제도기, 제도지(켄트지, 와트만 페이퍼), 기타

(2) 도면 일반 사항

① 종류

- 사용 목적에 따른 분류: 계획도, 제작도, 주문도, 승인도, 견적도, 설명도
- 내용에 따른 분류: 조립도, 부분 조립도, 부품도, 상세도, 공정도, 접속도, 배선도, 배관도, 계통도, 기초도, 설치도, 배치도, 장치도, 외형도, 구조선도, 곡면선도, 구조도, 전개도 등
- 도면 성질에 따른 분류: 원도, 트레이스도, 복사도

② 크기

- 도면 크기는 A열 사이즈를 사용한다.
- 도면을 접을 때는 A_4 크기로 접고 표제란이 겉으로 나오게 한다.
- 크기는 A_0 841×1189부터 시작하여 $\sqrt{2}$로 나누면, 근사값을 쉽게 구할 수 있다.
- A_1(594×841), A_2(420×594), A_3(297×420), A_4(210×297)
- 제도지의 각 변에서 윤곽선까지의 거리를 철하지 않을 때 A_n~ A_2는 20으로 하며, A_3부터는 10으로 함을 원칙으로 한다. 또한 철하는 부분을 모두 25로 한다.

[표 5-3] **도면의 크기 및 윤곽 치수(KS B 0001-20008)**

(단위: mm)

크기의 호칭		A0	A1	A2	A3	A4
a×b		841×1189	594×841	420×594	297×420	210×297
c (최소)		20	20	10	10	10
d (최소)	철하지 않을 때	20	20	10	10	10
	철할 때	25				

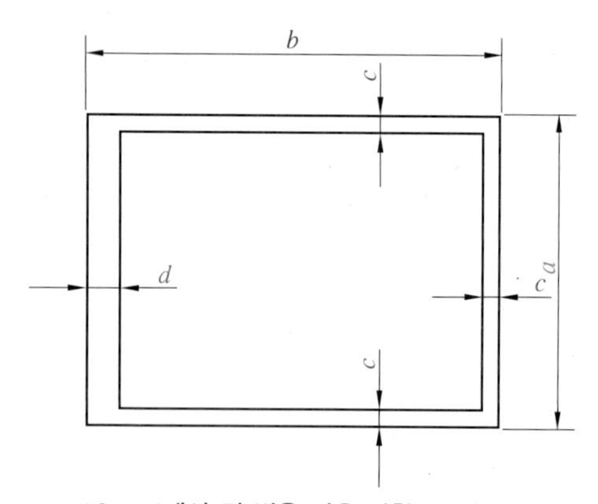

▲ A0~A4에서 긴 변을 좌우 방향으로 놓은 경우

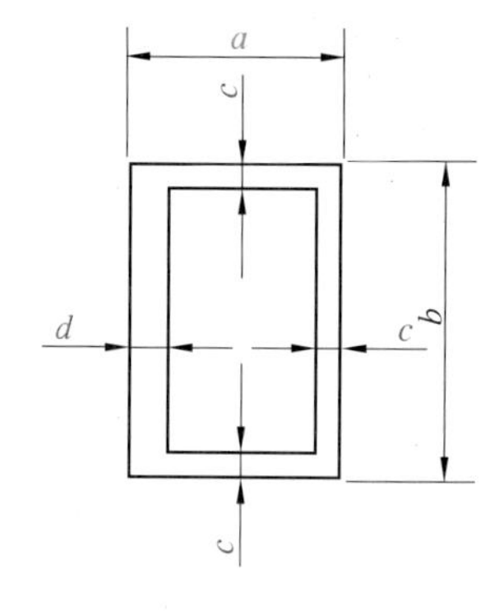

▲ A4에서 작은 변을 좌우 방향으로 놓은 경우

[그림 5-1] **도면 크기의 종류와 윤곽 치수**

③ **도면 양식에서 반드시 갖추어야 할 사항:** 표제란, 윤곽선, 중심 마크

윤곽선	• 도면에 기재하는 영역을 명확히 하여 내용을 손상하지 않도록 그리는 테두리선 • 선의 굵기는 도면의 크기에 따라 0.5mm 이상의 굵은 실선을 사용
표제란	• 도면의 오른쪽 하단에 위치 • 도명, 척도, 투상법, 도면 번호, 제도자, 작성 년 월 일 등을 표시
부품란	• 부품 번호는 부품에서 지시선을 빼어 그 끝에 원을 그리고 원 안에 숫자를 기입 • 숫자는 5~8mm 정도의 크기로 쓰고, 숫자를 쓰는 원의 지름은 10~16mm로 하며, 한 도면에서는 같은 크기로 함. • 오른쪽 위나 오른쪽 아래에 기입, 크기는 표제란에 따른 크기로 하고 오른쪽 아래에 기입할 때에는 표제란에 붙여서 아래에서 위로 기입(품번, 품명, 재료, 개수, 공정, 무게, 비고 등을 기록) • 표준 부품은 그 모양과 치수를 부품도에서 도시하지 않고 부품표에 호칭을 문자로 기입하여 나타내는 것이 일반적임.
중심 마크	• 복사 또는 마이크로필름을 촬영할 때 도면의 위치 결정을 편리하게 하기 위하여 설치 • 재단된 용지의 수평 및 수직의 2개 대칭축으로 용지 양쪽 끝에서 윤곽선의 안쪽으로 약 5mm까지 긋고, 최소 0.5mm 두께의 실선을 사용

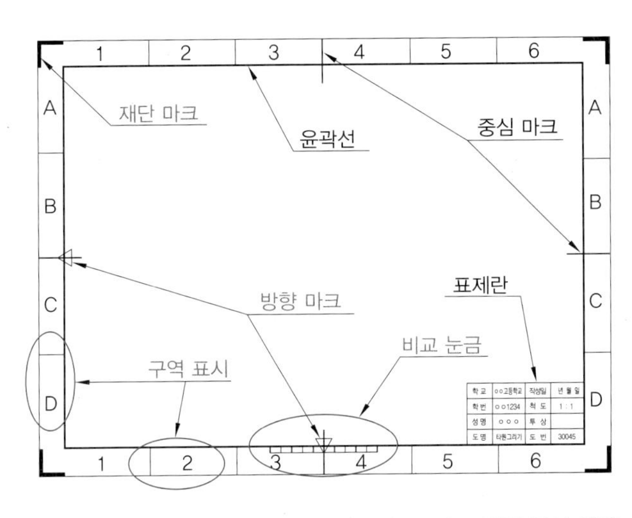

• 구역 표시: 도면에서 특정 부분의 위치를 지시하기 편리하도록 표시한 것

• 비교 눈금: 도면을 축소하거나 확대 · 복사할 때 편리하도록 표시한 것

• 재단 마크: 복사한 도면을 재단할 때 편리하도록 재단할 위치를 도면의 네 구석에 도면의 크기에 따라 다르게 표시한 것

[그림 5-2] **도면의 양식 예시**

2) 척도 및 척도의 기입

(1) 척도

① 척도의 종류

종류	난	척도
축척	1	1:2, 1:5, 1:10, 1:20, 1:50, 1:100, 1:200
	2	1:$\sqrt{2}$, 1:2.5, 1:2$\sqrt{2}$, 1:3, 1:4, 1:5$\sqrt{2}$, 1:25, 1:250
현척	–	1:1
배척	1	2:1, 5:1, 10:1, 20:1, 50:1
	2	$\sqrt{2}$:1, 2.5$\sqrt{2}$:1, 100:1

② **척도의 표시 방법**

- 축척: 실물 크기보다 작게 그린다.
- 현척: 실물 크기와 같게 그린다.
- 배척: 실물 크기보다 크게 그린다.

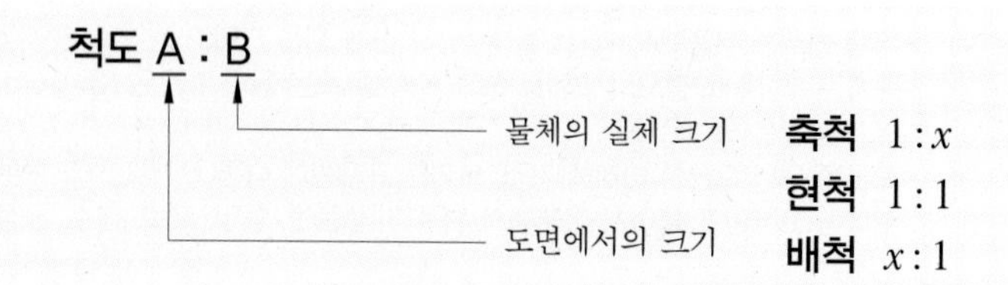

(2) 척도 기입 방법

① 척도는 원도를 사용할 때 사용하는 것으로서, 축소 확대한 복사도에는 적용하지 않는다.

② 축척, 현척 및 배척이 있다.

③ A : B (A: 도면에서의 크기, B: 물체의 실제 크기)

④ 척도의 기입은 표제란에 기입하는 것이 원칙이나 표제란이 없는 경우에는 도명이나 품번의 가까운 곳에 기입한다.

이름	○○고등학교 1학년 (○○○)	날짜	2016. 03. 01	
도명	수평 맞춤	척도	투상	검 도
도번	2016-II-04	1 : 1	⊕⊏	□□□

[그림 5-3] **척도를 표제란에 표시한 예**

① 제도 용지의 크기는 한국산업규격에 따라 사용하고 있는데, 일반적으로 큰 도면을 접을 경우 [ ] 크기로 접어야 한다.

② 기계 제도에서 도면 작성 시 표제란, [ ], 중심 마크 등은 반드시 기입해야 한다.

③ [ ]는 도면의 마이크로 사진 촬영, 복사 등의 작업을 편리하게 하기 위하여 표시한다.

④ 2 : 1, 5 : 1, 10 : 1 등과 같이 나타내는 축척은 [ ]이다.

① A4 ② 윤곽선 ③ 중심 마크 ④ 배척

2 선의 종류 및 도형의 표시법

1) 선

(1) 일반 사항

① **굵기:** 0.18, 0.25, 0.35, 0.5, 0.7, 1mm로 한다.

② **우선순위**

- 도면에서 2종류 이상의 선이 중복될 때는 외형선, 숨은선, 절단선, 중심선, 무게 중심선, 치수 보조선 등의 순으로 그린다.
- 외형선 → 은선 → 중심선, 절단선 → 파단선 → 치수선, 치수 보조선 → 단면 해칭선

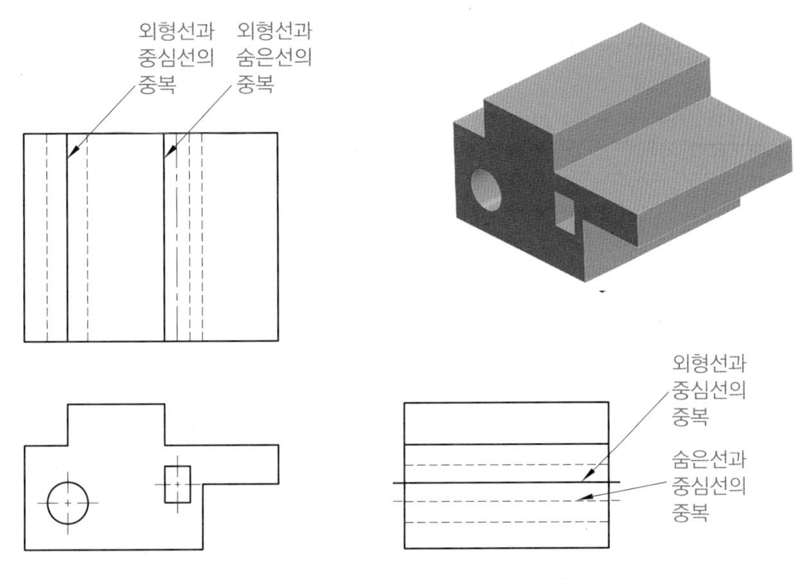

[그림 5-4] **중복된 선의 우선순위**

③ **선의 종류**

- 굵기에 따른 선의 종류

선의 종류	도면 크기에 맞는 선 굵기			선 굵기 예
가는 선	0.18mm	0.25mm	0.35mm	――――
굵은 선	0.35mm	0.5mm	0.7mm	――――
아주 굵은 선	0.7mm	1mm	1.4mm	━━━━
참고 사항	• 가는 선 : 굵은 선 : 아주 굵은 선 = 1 : 2 : 4의 비율 • 용지의 크기에 맞게 선의 굵기를 적용			

주: KS B 0001에는 0.18mm, 0.25mm, 0.35mm, 0.5mm, 0.7mm, 1mm로 규정되어 있다.

• 모양에 따른 선의 종류

선의 종류	선의 모양	내용
실선	――――――――	연속한 선
파선	— — — — — —	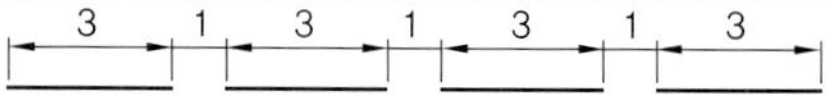 3 1 3 1 3 1 3
1점 쇄선	— - — - — - —	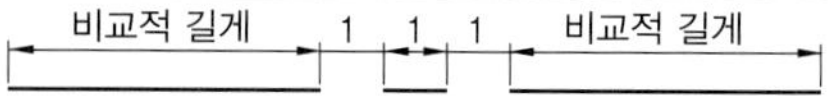 비교적 길게 1 1 1 비교적 길게
2점 쇄선	— -- — -- — --	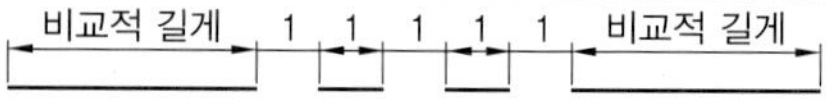 비교적 길게 1 1 1 1 1 비교적 길게
참고 사항	파선이나 쇄선은 선의 길이나 간격이 규정되어 있지 않으므로, 도형의 크기에 따라 그 비율을 달리하여 크기에 맞게 그림.	

• 용도에 따른 선의 종류

선의 명칭	모양	용도
치수선, 치수 보조선, 지시선, 회전 단면선, 수준면선	―――――	가는 실선
은선(숨은선)	- - - - - - - - - -	가는 파선 또는 굵은 파선
중심선, 기준선, 피치선	—·—·—	가는 1점 쇄선
특수 지정선	—·—·—	굵은 1점 쇄선
가상선, 무게 중심선	—··—··—	가는 2점 쇄선
파단선	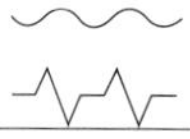 ～～～ ⁄\/\⁄	불규칙한 파형의 가는 실선 또는 지그재그선
절단선	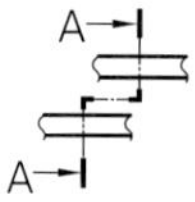 A A	가는 1점 쇄선으로 끝 부분 및 방향이 변하는 부분을 굵게 한 것
해칭선	 //////////	가는 실선으로 규칙적으로 줄을 늘어놓은 것
특수한 용도의 선	――――― ━━━━━	가는 실선, 아주 굵은 실선

(2) 선을 긋는 방법

① 직선은 연필을 긋는 방향으로 약 60°정도 기울임과 동시에 앞으로 약간 기울여서 연필심의 끝이 정확하게 자에 따라서 움직이게 한다.

② 수평선은 왼쪽에서 오른쪽으로, 수직선은 아래에서 위로 긋는다.

③ 경사선의 기준은 항상 왼쪽으로 한다.

④ 원이나 원호의 곡선은 수직 중심선 아래쪽에서 시작하여 시계 방향으로 그린다.

2) 문자

(1) 제도용 문자의 종류와 크기

① **종류:** KS A 0107에 한자는 3.15mm, 4.5mm, 6.3mm, 9mm, 12.5mm, 18mm의 6종류로, 한글 · 영문 · 숫자는 2.24mm, 3.15mm, 4.5mm, 6.3mm, 9mm, 12.5mm, 18mm의 7종류로 규정되어 있다.

② **크기:** 한자의 경우 기준 테두리의 높이(KS A 0202dp 규정)로 하고, 숫자와 영문의 경우는 문자의 선 굵기의 중심에서 기준 높이(H)로 한다.

(2) 문자 쓰는 법

① 글자는 명백히 쓰고 고딕체로 하여 수직 15° 경사로 씀을 원칙으로 한다.
② 문자는 가로 쓰기를 원칙으로 하고, 같은 도면에서는 같은 높이로 한다.
③ 문자와 나비는 대문자와 높이의 1/2, 소문자 높이의 약 2/5가 되게 한다.

① 제도에서 사용되는 문자 크기의 기준은 문자의 [ ]로 한다.
② 대상물의 보이는 부분의 모양을 표시하는 데 사용하는 선은 [ ]이다.
③ 도형의 특정 부분을 다른 부분과 구별하기 위해 사용하는 선을 [ ]이라 하는데, 가는 실선으로 나타낸다.
④ 선이 겹쳤을 때의 우선순위는 외형선 〉 숨은선 〉 절단선 〉 [ ] 〉 무게 중심선 〉 치수 보조선 순이다.
⑤ [ ]은 대상물이 보이지 않는 부분의 모양을 표시하는 데 사용하며, 가는 파선과 굵은 파선이 있다.

① 높이 ② 외형선 ③ 해칭선 ④ 중심선 ⑤ 파단선

3 투상법 및 도형의 표시 방법

1) 투상법

(1) 투상법 개요

① 의미

- 3차원 물체의 형상을 평면상에 표현하는 방법으로 물체에 빛을 비춰 평면에 비친 형상, 크기, 위치 등을 일정한 규칙에 따라 표시한다.
- 투상도: 물체의 한 면 또는 여러 면을 평면 사이에 놓고 여러 면에서 투시하여 투상면에 비추어진 물체의 모양을 1개의 평면 위에 그려 나타내는 것이다.

[그림 5-5] **투상법의 분류**

② **종류:** 목적, 외관, 관점과의 상호관계 등에 따라 정투상 도법, 사투상도법, 부등 · 등각 부상, 투시도법의 4종류가 있다.

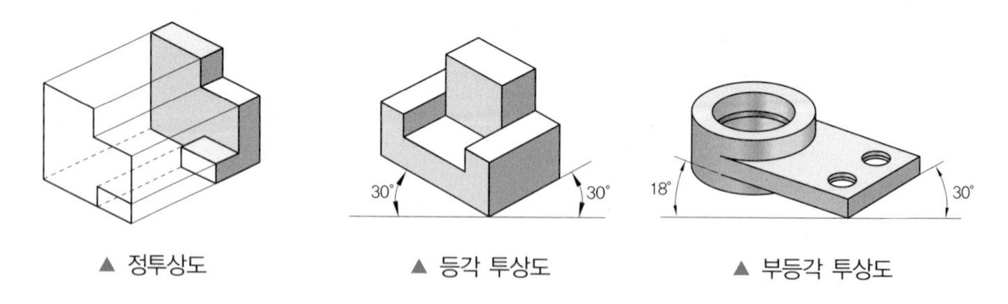

▲ 정투상도 ▲ 등각 투상도 ▲ 부등각 투상도

▲ 평행 투시도
(로마의 캄피돌리오 광장)

▲ 유각 투시도
(건축물의 입체도)

▲ 경사 투시도
(조감도)

③ **도면의 표시법**

- 물체의 투상도는 총 6개를 그릴 수 있지만, 일반적으로는 3면도 이하로 충분히 표현이 가능하다.
- 3개를 그릴 때는 3면도(정면도, 평면도, 우측 면도), 2면도(정면도, 평면도-정면도, 우측 면도), 1면도(정면도)로 물체를 나타낼 수 있다.

(2) 정투상법

① 물체를 평행한 위치에서 바라보며 투상하는 방법이다.

② 투상선은 모두 평행하며, 투상면과 직각으로 교차하는 평행 투상법이다.

③ 기계 제도에서는 원칙적으로 정투상법이 가장 많이 쓰이며, 직교하는 투상면의 공간을 4등분하여 '투상각'이라 한다.

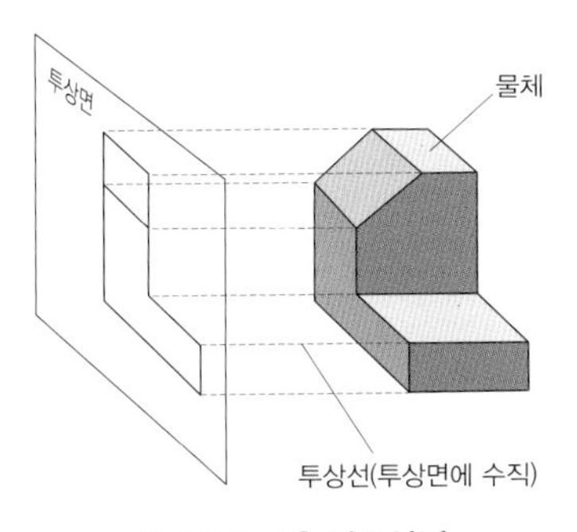

[그림 5-6] **정투상법**

④ **제1각법**

- 물체를 1각 안에 놓고 투상하는 것으로 '눈 → 물체 → 투상면'의 순으로 그린다.
- 정면도를 중심으로 아래쪽에 평면도, 왼쪽에는 우측면도를 그린다.

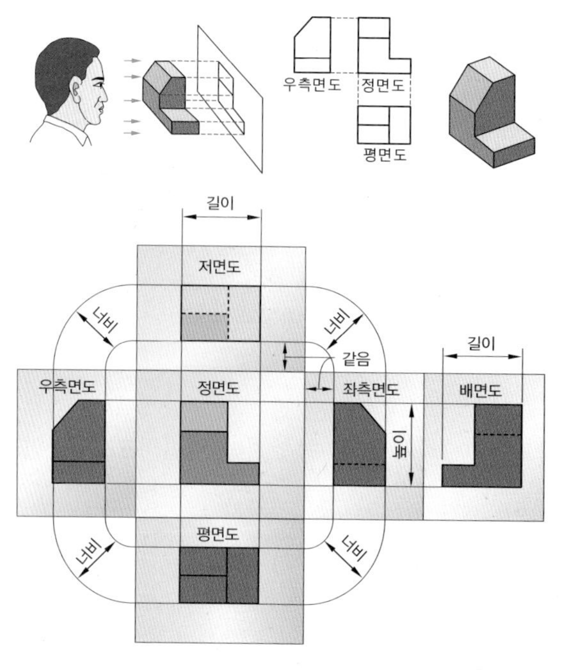

[그림 5-7] **제1각법의 표현**

⑤ 제3각법

- 물체를 제3각 안에 놓고 투상하는 것으로 '눈 → 투상면 → 물체'의 순으로 그린다.
- 정면도를 중심으로 위쪽에는 평면도, 왼쪽에는 좌측 면도를 그린다.

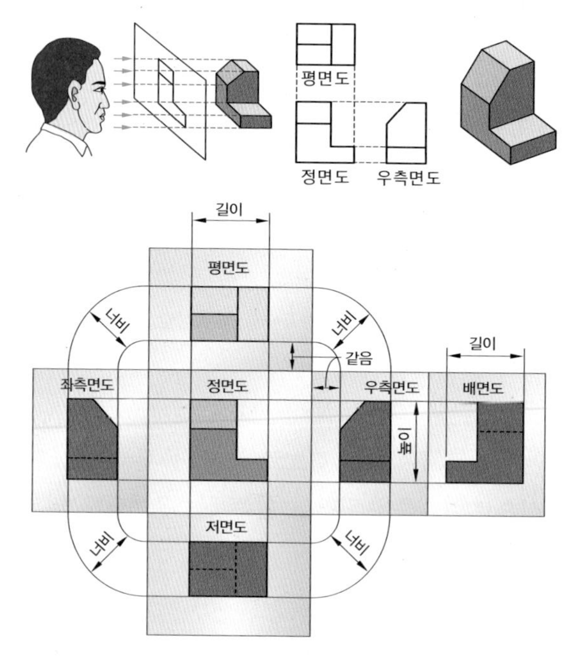

[그림 5-8] **제3각법의 표현**

⑥ 3각법이 1각법에 비해 좋은 점은 정면도 중심으로 할 때 물체의 전개도와 같기 때문에 이해가 쉬우며, 각 투상도의 비교가 쉽고 치수 기입이 편리하다.
⑦ 기계 제도에서는 제3각법으로 그리도록 되어 있으므로 특별히 투상법에 구별을 표시하지 않아도 되나, 특별히 명시해야 될 때는 도면 안의 적당한 위치에 3각법, 또는 1각법이라 기입하거나 문자 대신 기호를 사용하면 된다.
⑧ 투상도를 그리는 경우 선의 우선순위는 외형선, 은선, 중심선의 순으로, 겹치는 경우 우선 표시한다.

2) 도형의 표시 방법

(1) 부등·등각 투상법

① 정투상도는 직사하는 평행 광선에 의해 비쳐진 투상을 취하므로 경우에 따라 선이 겹쳐져 판단이 곤란한 경우에 이를 보완하고, 입체적으로 도시하기 위하여 경사진 광선에 의해 투상된 것을 그리는 방법이다.
② 등각 투상도, 부등각 투상도가 있다.

(2) 사투상법

① 정투상도에서 정면도의 크기와 모양은 그대로 사용하고, 평면도와 우측면도를 경사시켜 그리는 투상법이다.
② 카발리에도(60°)와 캐비닛도(40°)가 있다.

(3) 투시도

① 눈의 투시점과 물체의 각 점을 연결하여 방사선에 의하여 원근감을 갖도록 그린다.
② 기계 제도에서는 거의 쓰이지 않고 토목 · 건축 제도에 주로 쓰인다.

(4) 점의 투상법

① 점이 공간에 있을 때

② 점이 평화면 위에 있을 때

③ 점이 입화면 위에 있을 때

④ 점이 기선 위에 있을 때

(5) 직선의 투상법

① 한 화면에 평행한 직선은 실제 길이를 나타낸다.
② 한 화면에 수직인 직선은 점이 된다.
③ 한 면에 평행한 면의 경사진 직선은 실제 길이보다 짧게 나타난다.

(6) 평면의 투상법

① 한 화면에 평행한 평면은 실제의 모양을 나타낸다.
② 화면에 수직인 평면은 직선이 된다.
③ 화면에 경사진 평면은 단축되어 나타내게 된다.

(7) 투상도의 일반적인 원칙

① 은선이 적게 되는 투상도를 선택한다.
② 물체의 특징이나 모양 또는 치수를 가장 잘 나타낼 수 있는 투상도를 정면도로 한다.
③ 물품의 형상을 판단하기 쉬운 도면을 선택한다.
④ 물품의 주요면은 되도록 투상면에 평행 또는 수직되게 나타난다.

(8) 정면도 이외의 투상법

① **보조 투상도:** 물체가 경사면이 있어 투상을 시키면 실제 길이와 모양이 달라져 경사면에 별도로 투상면을 설정하고 이 면에 투상하면 실제 모양이 그려진다.
② **부분 투상도:** 물체의 일부 모양만을 도시해도 충분한 경우이다.
③ **국부 투상도:** 대상물의 구멍, 홈 등 한 국부의 모양을 도시하는 것으로 충분한 경우에는 그 필요 부분만을 국부 투상도로 나타낸다.
④ **회전 투상도:** 투상면이 어느 각도를 가지고 있기 때문에 그 실형을 표시하지 못할 때에는 그 부분을 회전해서 실제 길이를 나타낸다.
⑤ **요점 투상도:** 우측 면도나 좌측면도에 보이는 부분을 모두 나타내면 오히려 복잡해져서 알아보기 어려울 경우, 왼쪽 부분은 좌측면도에, 오른쪽 부분을 우측면도에 그 요점만 투상한다.
⑥ **복각 투상도**
- 도면에 물체의 앞면과 뒷면을 동시에 표현하는 방법이다.
- 정면도를 중심으로 우측 면도를 그릴 때 중심선의 왼쪽 반은 제1각법으로, 오른쪽 반은 제3각법으로 나타낸다.
- 정면도를 중심으로 좌측면도를 그릴 때 중심선의 왼쪽 반은 제3각법으로, 오른쪽 반은 제1각법으로 그린다.

⑦ **상세도(확대도):** 도면 중에는 그 크기가 너무 작아 치수 기입이 곤란한 경우, 그 부분을 적당한 위치에 배척으로 확대하여 상세화시키는 투상법이다.

① 일정한 법칙에 의해서 대상물의 형태를 평면상에 그리는 그림을 [ ]라고 한다.
② 투상도법 중 제1각법과 제3각법이 속하는 투상도법은 [ ]이다.

① 투상도 ② 정투상법

4 치수의 표시 방법

1) 치수 표시 방법

(1) 치수 기입 원칙

① 정확하고 이해하기 쉬워야 한다.

② 치수는 되도록 주 투상도(정면도)에 모아 기입한다.

③ 정면도에 기입할 수 없는 치수는 측면도나 평면도에 기입한다.

④ 관련되는 치수는 되도록 한 곳에 모아 기입한다.

⑤ 치수는 왼쪽과 위쪽에 기입한다.

⑥ 외형 치수, 전체 길이 치수는 반드시 기입한다.

⑦ 현장 작업할 때에 따로 계산하지 않고 치수를 볼 수 있어야 한다.

⑧ 치수는 공정별로 기입하는 것이 좋고, 치수는 중복 기입을 피한다.

⑨ 참고 치수는 치수 숫자에 괄호를 붙인다.

⑩ 치수는 다른 선과 교차하지 않도록 한다.

⑪ 제작 공정이 쉽고, 가공비가 최저로서 제품이 완성되는 치수여야 한다.

⑫ 특별한 지시가 없는 경우는 완성 치수를 기입하고, 도면에 치수 기입을 누락시키지 않아야 한다.

(2) 치수 단위

① 보통 완성 치수를 mm 단위로 하고, 단위 기호는 붙이지 않는다.

② 치수 숫자는 자리수가 많아도 3자리씩 끊는 점을 찍지 않는다.

③ 각도는 보통 도(°)로 표시하고 분(′) 및 초(″)를 병용할 수 있다.

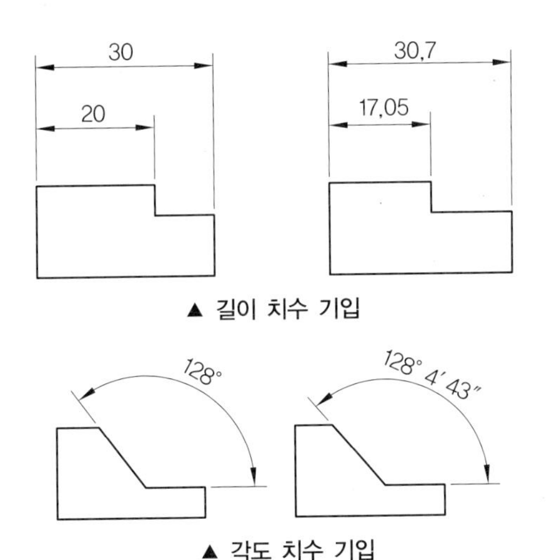

[그림 5-9] 길이 및 각도 치수 기입 단위

(3) 치수 기입

① 치수 기입의 요소는 치수선, 치수 보조선, 화살표, 치수 숫자, 지시선 등이 필요하다.

② 치수선은 연속선으로 연장하고 연장 선상 중앙에 치수를 기입한다.

③ 치수선은 다른 외형선과 평행하게 그리고 10~15mm 정도 띄어서 그린다.

④ 치수선은 다른 외형선과 다른 치수선과의 중복을 피한다.

⑤ 외형선, 은선, 중심선, 치수 보조선은 치수선으로 사용하지 않는다.

⑥ 치수 보조선은 외형선에 직각으로 긋는다.(단, 테이퍼부의 치수를 나타낼 때는 치수선과 60°의 경사로 긋는다.)

⑦ 치수 보조선의 길이는 치수선보다 약간 길게 긋도록 한다.

⑧ 화살표의 길이와 폭의 비율을 3 : 1 정도로 하며 길이는 도형의 크기에 따라 달라질 수 있지만 같은 도면 내에서는 같아야 한다.

⑨ 구멍이나 축 등의 중심거리를 나타낼 때는 구멍 중심선 사이에 치수선을 긋고 기입한다.

⑩ 치수 숫자의 크기는 작은 도면에서 2.24mm, 보통 도면에서는 3.5mm 또는 4.5mm로 하고 같은 도면에서는 같은 크기로 한다.

⑪ 치수 숫자를 치수선에 대하여 수직 방향은 도면의 우변으로부터, 수평 방향은 하변으로부터 읽도록 한다.

⑫ 구멍의 치수, 가공법 또는 품번 등을 기입하는 데 지시선을 사용한다. 지시선은 수평선에 60°가 되도록 끌어내거나 그 끝을 수평으로 구부려 긋는다.

⑬ 비례척에 따르지 않을 때의 치수 기입은 치수 숫자 밑에 굵은 선을 그어 표시하거나 NS로 표기한다.

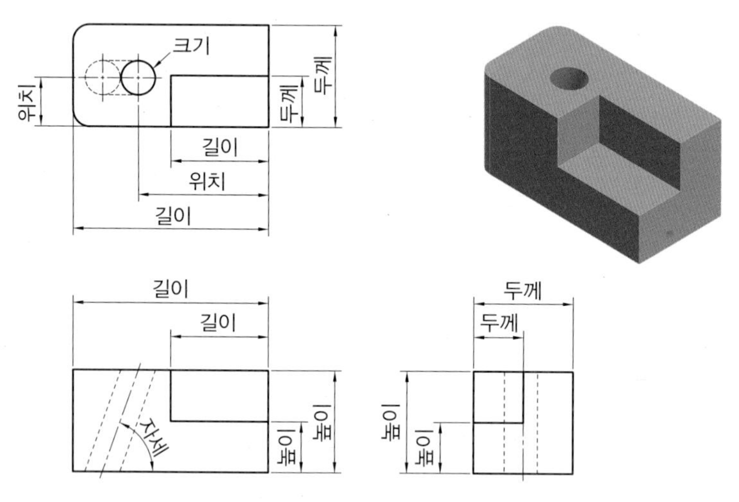

[그림 5-10] **치수 기입 방법**

(4) 치수 보조 기호

이름	모양	읽기	내용
지름	ϕ	파이	원형의 지름 치수 앞에 붙이며, 도형이 확실한 원형이면 파이(φ) 기호 생략 가능
반지름	*R*	아르	원형의 반지름 치수 앞에 붙임.
구의 지름	$S\phi$	에스파이	구의 지름 치수 앞에 붙임.
구의 반지름	*SR*	에스아르	구의 반지름 치수 앞에 붙임.
정사각형 기호	□	정사각	정사각형의 한 변의 치수 앞에 붙임.
45° 모따기	*C*	시	45°의 모따기 치수 앞에 붙임.
판의 두께	*t*	티	판재의 두께 치수 앞에 붙임.
원호의 길이	⌒	원호	원호의 길이 치수 앞이나 위에 붙임.
이론적으로 정확한 치수	[50]	테두리	이론적으로 정확한 치수를 사각형 테두리로 둘러쌈.
참고 치수	(50)	괄호	참고로 기입하며, 제작 치수로 사용하지 않음.

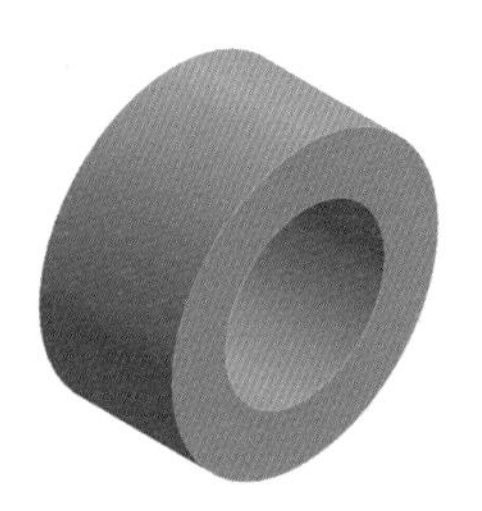
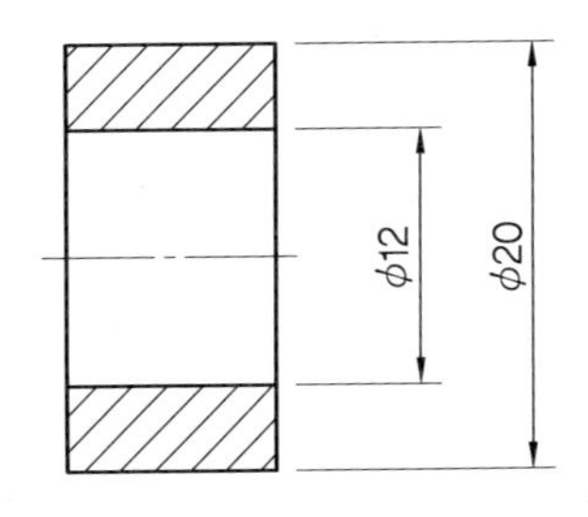

[그림 5-11] **지름 기호를 이용한 치수 기입 방법**

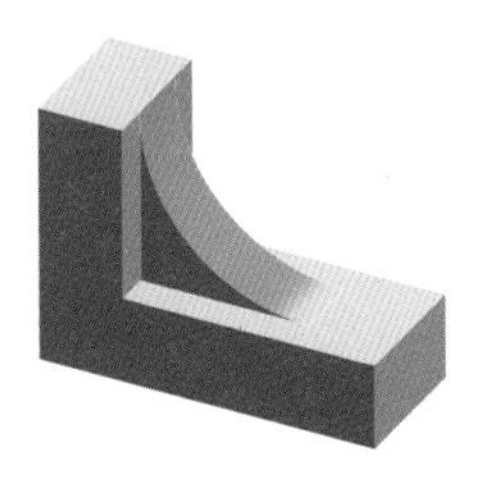
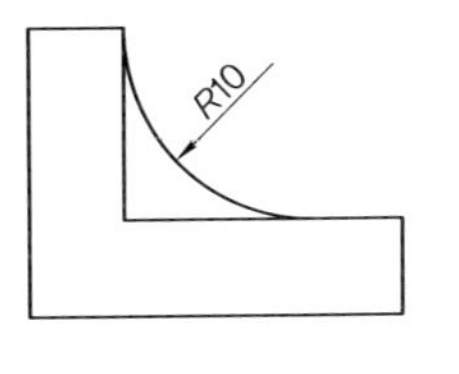

[그림 5-12] **반지름 기호를 이용한 치수 기입 방법**

(5) 여러 가지 치수 기입의 원칙

① 지름의 표시는 직경 치수로써 표시하고 치수 숫자 앞에 ∅의 기호를 붙이거나 도면에서 원이 명확할 경우에는 생략한다.

② 지름의 치수선은 가능한 한 직선으로 하고 대칭형의 도면은 중심선을 기준으로 한쪽에만 치수선을 나타내고 한쪽에는 화살표를 생략한다.

③ 원호의 크기는 반지름으로 치수를 표시하고 치수선은 호의 한쪽에만 화살표를 그리고 중심축에는 그리지 않으나 특히 중심을 표시할 필요가 있을 때는 +자로 그 위치를 표시한다.

④ 원호 치수가 180°가 넘을 경우는 지름의 치수를 기입한다.

(6) 현과 호

① 치수선의 기입 방법은 현의 길이를 나타낼 때는 직선, 호의 길이를 나타낼 때는 동심원호로 그린다.

② 특히 현과 호를 구별할 필요가 있을 때에는 호의 치수 숫자 위에 "⌒" 기호를 기입하거나, 치수 숫자 앞에 현 또는 호라고 기입한다.

③ 2개 이상 동심 원호 중에서 특정한 호의 길이를 명시할 필요가 있을 때에는 그 호에서 치수 숫자에 대해 지시선을 긋고, 지시된 호측에 화살표를 그리고 호의 치수를 기입한다.

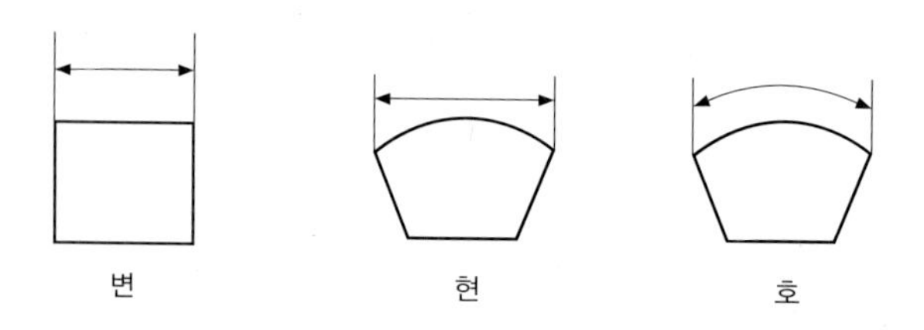

(7) 구멍

① 드릴 구멍, 리머 구멍, 펀칭 구멍, 코어 등의 구별을 표시할 필요가 있을 때에는 숫자에 그 구별을 함께 기입한다.

② 같은 종류, 같은 크기의 구멍이 같은 간격으로 있을 때에는 구멍의 총 수는 같은 장소의 총 수를 기입하고 구멍이 1개인 때에는 기입하지 않는다.

(8) 테이퍼와 기울기

① 한쪽의 기울기를 구배라 하고, 양면의 기울기를 테이퍼라 한다.

② 테이퍼는 중심선 중앙 위에 기입하고 기울기 경사면에 따라 기입한다.

③ 테이퍼는 축과 구멍이 테이퍼 면에서 정확하게 끼워 맞춤이 필요한 곳에만 기입하고, 그 외는 일반 치수로 기입한다.

(9) 기타 치수 기입법

① 치수에 중요도가 작은 치수를 참고로 나타낼 경우에는 치수 숫자에 괄호를 한다.

② 대칭인 도면은 중심선의 한쪽만을 그릴 수 있다. 이 경우 치수선은 원칙적으로 그 중심선을 지나 연장하며, 연장한 치수선 끝에는 화살표를 붙이지 않는다.

③ 치수표를 사용하여 치수 기입을 할 수 있다.

(10) 치수 공차

① **공차** = 최대 허용 치수 - 최소 허용 치수

② **치수 공차의 용어**

실제 치수	실제로 측정한 치수로 최종 가공된 치수
허용 한계 치수	허용 한계를 표시하는 크고 작은 두 치수 • 최대 허용 치수: 실 치수에 대하여 허용하는 최대 치수 • 최소 허용 치수: 실 치수에 대하여 허용하는 최소 치수
치수 허용차	허용 한계 치수에서 기준 치수를 뺀 값 • 위 치수 허용차: 최대 허용 치수에서 기준 치수를 뺀 값 • 아래 치수 허용차: 최소 허용 치수에서 기준 치수를 뺀 값
치수 기준	허용 한계 치수의 기준이 되는 호칭 치수

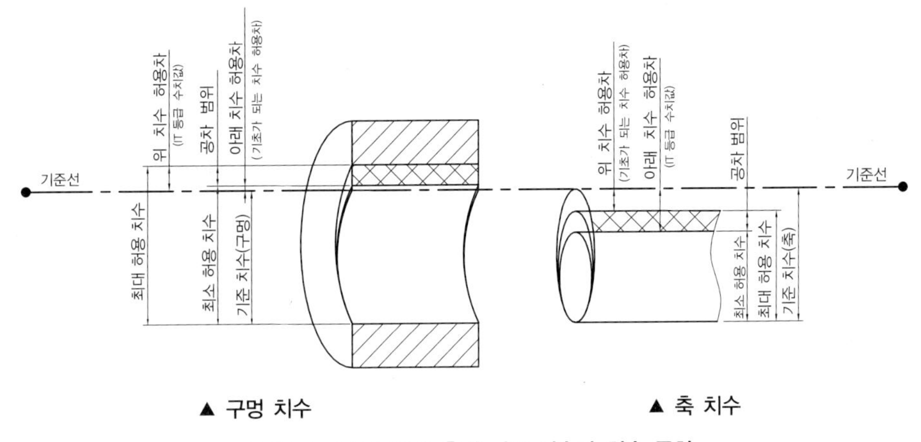

▲ 구멍 치수 ▲ 축 치수

[그림 5-13] **구멍과 축의 기준 치수와 치수 공차**

③ **IT 기본 공차:** 18등급이 있다.

- IT 01 ~ 04급: 게이지류에 사용
- IT 05 ~ 10급: 끼워 맞춤이 필요한 부분
- IT 11 ~ 16급: 끼워 맞춤이 필요 없는 부분

④ **구멍과 축**

- 구멍: 대문자로 표시하며, A가 가장 크고 Z로 갈수록 작아진다.
- 축: 소문자로 표시하며, a가 가장 작고 z로 갈수록 커진다.
- 최대 틈새: 구멍의 최대 허용 치수(A)에서 축의 최소 허용 치수(a)를 뺀 값이다.
- 최대 죔새: 구멍의 최소 허용 치수(Z)에서 축의 최대 허용 치수(z)를 뺀 값이다.
- 끼워 맞춤의 종류: 헐거운 끼워 맞춤, 억지 끼워 맞춤, 중간 끼워 맞춤이 있다.

2) 표면 거칠기와 다듬질 기호

(1) 표면 거칠기

① **의미:** 가공된 금속 표면에 생기는 주기가 짧고, 진폭이 비교적 작은 불규칙한 요철(凹 凸)의 크기를 뜻한다.

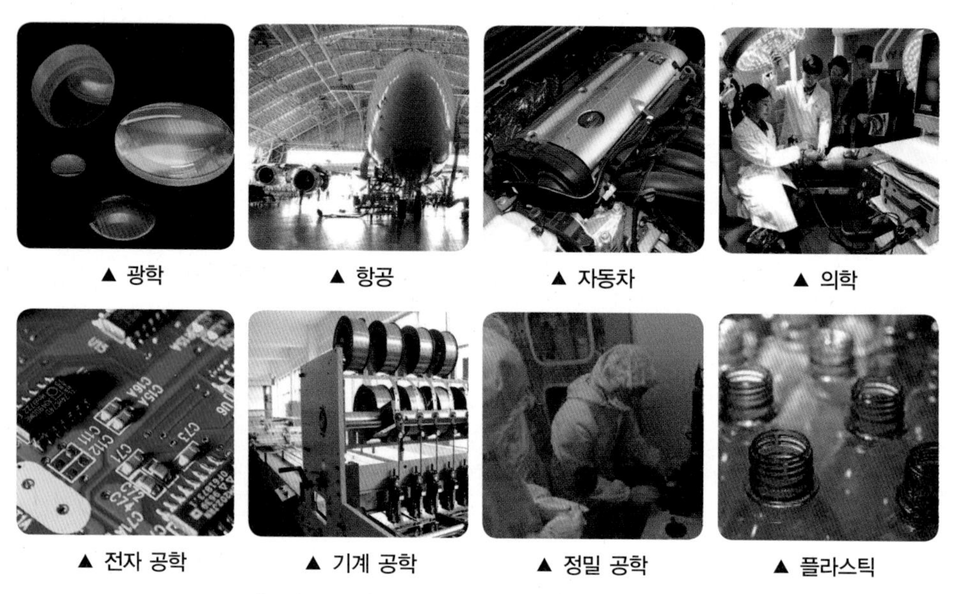

▲ 광학 ▲ 항공 ▲ 자동차 ▲ 의학

▲ 전자 공학 ▲ 기계 공학 ▲ 정밀 공학 ▲ 플라스틱

[그림 5-14] **표면 거칠기를 적용하는 산업 분야**

② **거칠기 표기 방법**

- 표면 기복의 차이는 미크론(μ_m) 단위를 사용한다.
- 최대 높이(R_{max}), 10점 평균 거칠기(R_z), 중심선 평균 거칠기(R_a)가 있으며, 각각 산술 평균값으로 나타낸다.

(2) 표면 기호

① **표면 거칠기 표시 방법:** 표면 기호 및 다듬질 기호에 의한 방법이 있다.

② **표면 기호**

- 표면 거칠기의 구분 값, 기준 길이 컷 오프 값, 가공 방법의 약호 및 가공 모양의 기호로 되어 있다.
- 구분 값의 하한 수치 및 그 기준 길이는 필요한 경우만 기입하고 기준 길이, 가공 방법의 약호, 가공 모양의 기호가 필요 없을 때에는 생략할 수도 있다.

(3) 다듬질 기호

[표 5-4] **표면 거칠기 기호와 다듬질 기호**

R_a	R_y	R_z	표면 거칠기 번호	표면 거칠기 기호	다듬질 기호
0.013a	0.05s	0.05z	–	z▽	▽▽▽▽
0.025a	0.1s	0.1z	N1		
0.05a	0.2s	0.2z	N2		
0.1a	0.4s	0.4z	N3		
0.2a	0.8s	0.8z	N4		
0.4a	1.6s	1.6z	N5	y▽	▽▽▽
0.8a	3.2s	3.2z	N6		
1.6a	6.3s	6.3z	N7		
3.2a	12.5s	12.5z	N8	x▽	▽▽
6.3a	25s	25z	N9		
12.5a	50s	50z	N10	w▽	▽
25a	100s	100z	N11		
50a	200s	200z	N12	~	~
100a	400s	400z	–		

오답 노트 **분**석하여 **만**점 받자!

오분만

① 치수선은 원칙적으로 지시하는 길이 또는 각도를 측정하는 방향에 [ ]하게 긋는다.

② Sø는 구의 [ ]을 나타내는 치수 보조 기호이다.

③ 판의 두께를 나타내는 치수 보조 기호는 [ ]이다.

④ 원칙적으로 [ ]는 중심선에 연하여 기입하고, 기울기는 변에 연하여 기입한다.

① 평행 ② 지름 ③ t ④ 테이퍼

5 부품 번호, 도면의 변경

1) 부품 번호의 표시 방법

① 부품 번호는 원칙적으로 아라비아 숫자를 사용한다.

② 조립도 속의 부품에 대해 별도로 제작도가 있는 경우라면, 부품 번호 대신 그 도면 번호를 기입할 수 있다.

③ 부품 번호의 기준

- 조립 순서를 따른다.
- 구성 부품의 중요도를 따른다.
- 기타 근거에 따라 순서를 정한다.

④ 부품 번호표의 기입 방법

- 부품 번호는 명확히 구별되는 글자로 쓰거나, 원 속에 글자를 쓴다.
- 부품 번호는 대상으로 하는 도형에 지시선으로 연결하여 기입하면 보기 좋다.
- 도면을 보기 쉽게 하기 위하여 부품 번호를 세로, 가로로 나란히 기입한다.

2) 도면의 변경

① 출도에 도면의 내용을 변경하였을 때는 변경한 곳에 적당한 기호를 붙여 변경하기 전의 도형, 치수 등을 보존한다.

② 변경이 있을 때에는 연월일, 이유 등을 명기한다.

6 체결용 기계 요소 표시 방법

1) 나사

(1) 나사의 원리

① 인접한 두 산의 직선거리를 측정한 값을 피치라 하고, 나사가 1회전하여 축 방향으로 진행한 거리를 리드라고 한다.

L = NP (L: 리드, N: 줄 수, P: 피치)

② 축 방향에서 시계 방향으로 돌려서 앞으로 나아가는 나사를 오른나사, 반대인 경우를 왼나사라 한다.

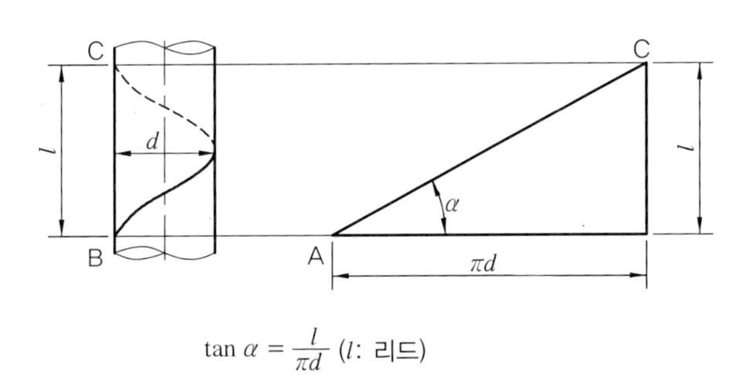

$$\tan \alpha = \frac{l}{\pi d} \ (l\text{: 리드})$$

[그림 5-15] **나사의 원리**

(2) 나사 산의 모양에 따른 나사의 종류와 용도

종류			개요와 용도
체결용 나사	삼각 나사	미터 나사	• 나사의 지름과 피치를 mm로 표시한 것 • 나사산의 각도는 60°이며, 미터 보통 나사와 미터 가는 나사가 있음.
		유니파이 나사	• 나사산의 각도가 60°인 인치계 나사 • 미국, 영국, 캐나다의 3국 협정에 따라 사용하는 나사
		관용 나사	• 나사산이 55°인 인치계 나사 • 관, 유체 기기 등의 접속에 사용하는 평행 나사와 나사부의 기밀성을 유지하기 위해 사용하는 테이퍼 나사가 있음.
운동용 나사	사각 나사		• 단면의 모양이 정사각형에 가까운 나사 • 프레스(press), 잭(jack), 바이스(vise) 등과 같이 힘을 전달하거나 부품을 이동하는 기구에 사용
	사다리꼴 나사		• 나사산의 각도는 미터계에서 30°, 인치계에서는 29° • 사각 나사에 비해 가공하기 쉬워서 공작 기계의 이송 나사로 많이 사용
운동용 나사	톱니 나사		• 압력 쪽은 사각 나사, 반대쪽은 삼각 나사로 제작하여 바이스와 같이 한 방향으로 큰 힘을 전달할 때 사용 • 나사산의 각도는 30°, 45°
	둥근 나사		• 사다리꼴 나사의 산봉우리 및 골 밑을 둥글게 만든 나사 • 먼지나 모래 등이 들어가기 쉬운 경우에 사용
	볼나사		• 축과 구멍의 끼워 맞춤 부분에 다수의 강구를 넣어 마찰을 매우 작게 한 것 • 정밀 공작 기계의 리드 스크루에 사용

(3) 나사의 표시 방법

① 나사의 잠긴 방향, 나사산의 줄 수, 나사의 호칭, 나사의 등급

좌 2줄 M50×3-2
왼나사 2줄 미터 가는 나사 2급

② 나사의 호칭: 나사의 종류, 표시 기호, 지름, 표시 숫자, 피치 또는 25.4mm에 대한 나사산의 수로서 다음과 같이 표시한다.

피치를 mm로 나타내는 경우	나사의 종류 나사의 지름 × 피치	예 M16×2
	일반적으로 미터 나사는 피치를 생략하나 M3, M4, M5에는 피치를 붙여 표시	-
피치를 산의 수로 표시하는 경우(유니파이 나사는 제외)	나사의 종류를 표시하는 기호, 수나사의 지름을 표시하는 숫자, 산, 산 수	예 TW 20 산6
	관용 나사는 산의 수를 생략, 각인에 한하여 산 대신에 하이픈을 사용	-
유니파이 나사	수나사의 지름을 표시하는 숫자 또는 번호, -, 산 수, 나사의 종류를 표시하는 기호	예 1/2-13 UNC * PF 1/2 - A: 관용 평행 나사 A급

(4) 나사의 등급

① 나사의 정도를 구분한 것으로 , 숫자 밑에 문자의 조합으로 나타낸다.
② 미터 나사는 급수가 작을수록, 유니파이 나사는 급수가 클수록 정도가 높다.

3A, 3B, 2B, 1A, 1B ← A: 수나사, B: 암나사

③ 나사의 등급은 필요 없을 경우에는 생략해도 좋다.
④ 암나사와 수나사의 등급을 동시에 표시할 수 있을 때에는 암나사의 등급 다음에 " / "을 넣고 수나사 등급을 표시한다.

M10-2/1: 한 줄 미터 보통 나사, 암나사 2급, 수나사 1급

2) 볼트와 너트

(1) 볼트의 종류

① 머리 모양에 따라

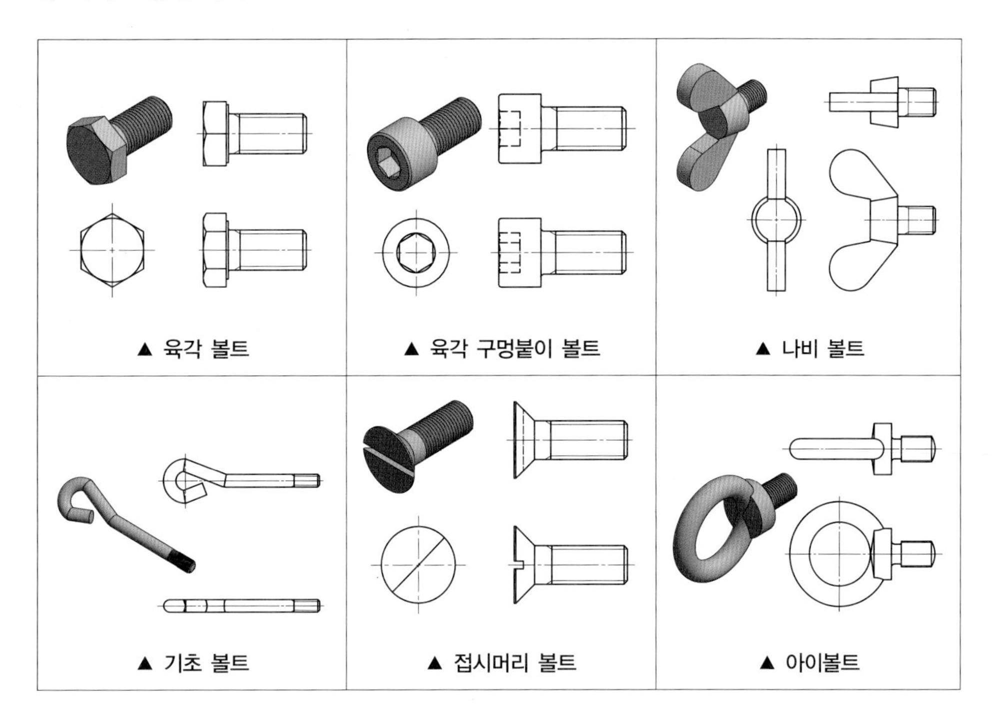

▲ 육각 볼트 ▲ 육각 구멍붙이 볼트 ▲ 나비 볼트

▲ 기초 볼트 ▲ 접시머리 볼트 ▲ 아이볼트

② 고정 방법에 따라

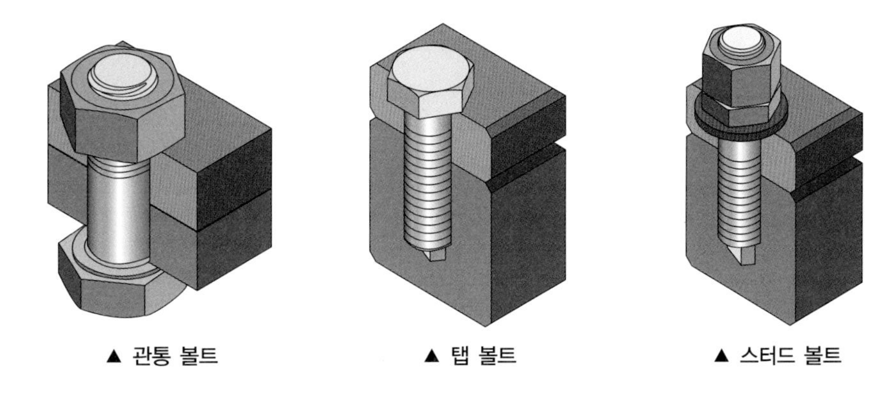

▲ 관통 볼트 ▲ 탭 볼트 ▲ 스터드 볼트

(2) 용도에 따른 너트의 종류

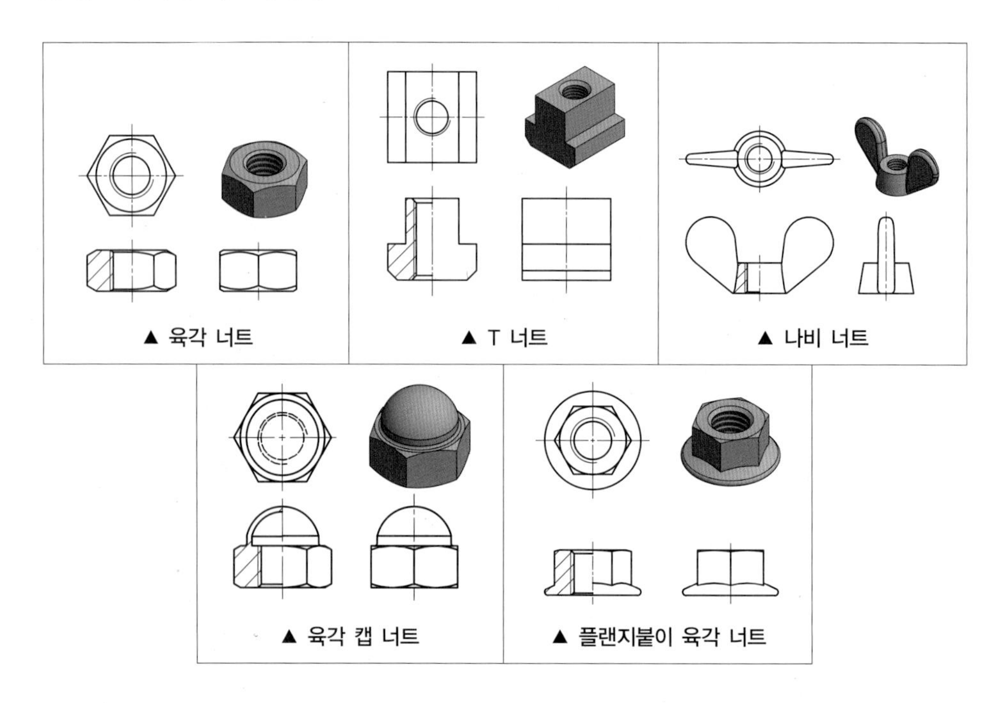

▲ 육각 너트 ▲ T 너트 ▲ 나비 너트 ▲ 육각 캡 너트 ▲ 플랜지붙이 육각 너트

(3) 볼트와 너트의 호칭

① 볼트의 호칭

규격 번호	종류	부품 등급	나사부의 호칭×길이		강도 구분	재료		지정 사항
KS B 1002	육각 볼트	A	M12×80	–	8.8	SM45C	–	둥근 끝

② 너트의 호칭

규격 번호	종류	형식	부품 등급	나사부의 호칭		강도 구분	재료		지정 사항
KS B 1012	육각 너트	스타일 1	A	M12	–	8	SM20C	–	자리붙이

③ 작은 나사: 보통 지름이 1 ~ 8mm

규격 번호	종류	나사의 호칭		길이	나사의 등급	강도 구분	재료	지정 사항
KS B 0228	+자 홈 접시머리 작은 나사	M5	×	0.8	25	SM20C	아연	도금

④ 세트 스크루

머리 모양	끝 모양	등급	나사의 호칭		길이	강도 구분	재료	지정 사항
사각	평행형	2급	M5	×	8.8	10 SM45C	아연	도금

3) 리벳

① **용도에 따라:** 일반용, 보일러용, 선박용 등이 있다.

② **리벳 머리의 종류에 따라:** 둥근 머리, 접시 머리, 납작 머리, 둥근 접시 머리, 얇은 납작 머리, 냄비 머리 등이 있다.

③ **리벳의 호칭:** 규격 번호를 사용하지 않는 경우는 종류의 명칭 앞에 열간 또는 내간을 기입한다.

규격 번호	종류	호칭 지름		길이	재료
KS B 1102	열간 둥근 머리 리벳	16	×	40	SBV 34

오답 노트 분석하여 만점 받자!

① 부품 번호는 원칙적으로 아라비아 [ ]로 기입한다.

② 도면의 [ ]이 있을 때에는 변경한 곳에 적당한 기호를 붙이고 변경 전의 도형, 치수 등을 보존한다.

③ 나사의 단면도에서 수나사와 암나사의 골지름은 가는 [ ]으로 도시한다.

④ [ ] 나사는 마찰이 매우 작고 백래시가 작아 정밀 공작 기계의 이송 장치에 사용된다.

⑤ 나사 표시 기호 "M50×2"에서 2는 나사 [ ]를 나타낸다.

⑥ [ ]의 호칭 방법은 "규격 번호, 종류, 호칭 지름 × 길이, 재료"이다.

① 숫자 ② 변경 ③ 실선 ④ 볼 ⑤ 피치 ⑥ 리벳

CHAPTER 02

도시 기호

1 재료 기호

(1) 주요 KS 재료 기호

① 보통 3부분으로 표시하고, 때로는 5부분으로 표시하기도 한다.

- 첫째 자리: 재질(영어의 머리 문자, 원소 기호 등으로 표시)
- 둘째 자리: 제품명, 또는 규격
- 셋째 자리: 재료의 종별, 최저 인장 강도, 탄소 함유량, 경 · 연질, 열 처리
- 넷째 자리: 제조법
- 다섯째 자리: 제품 형상으로 표시(일반적으로 잘 사용하지 않음.)

예
- SF40: S는 재질이 강이며, 제품명은 단조품으로 최저 인장 강도가 40kgf/mm²
- FRI-0: F는 재질이 강이며, R은 봉으로 1종 연질
- BsBMOR: 황동, 비철 금속 머

② KS 부문별 분류 기호

• 기본: A • 기계: B • 전기: C • 금속: D • 조선: V

(2) 기호 규격 및 제품명

	기호	뜻	기호	뜻
제1위 기호 재질, 명칭	Al	알루미늄	K	켈밋 합금
	AlA	알루미늄 합금	MgA	마그네슘 합금
	B	청동	NBS	네이벌 황동
	Bs	황동	Nis	양은
	C	초경합금	PB	인청동
	Cu	구리	S	강
	F	철	W	화이트 메탈
	HBs	강력 황동	Zn	아연

제2위 기호 규격, 제품명	B	바 또는 보일러	R	봉
	BF	단조봉	HN	질화 재료
	C	주조품	J	베어링 재
	BMC	흑심가단주철	K	공구강
	WMC	백심가단주철	NiCr	니켈 크롬강
	EH	내열강	KH	고속도강
	FM	단조재	F	단조품
제3위 기호 종별, 특성	O	연질	T_4	담금질 후 상온 시효
	1/4 H	1/4 경질	EH	특경질
	1/2 H	1/2 경질	T_2	담금질 후 풀림
	S	특질	W	담금질한 것
	3/4 H	3/4 경질	T_3	풀림
	H	경질	SH	초경질
제4위 기호 제조법	Oh	평로강	Cc	도가니강
	Oa	산성 평로강	R	압연
	Ob	염기성 평로강	F	단련
	Bes	전로강	Ex	압출
	E	전기로강	D	인발

2 용접 기호

(1) 용접 이음의 종류

① **일반적인 용접 이음:** 맞대기 이음, 겹치기 이음, 모서리 이음, 플레어 이음, T형 이음, 한면 덮개판 이음, 양면 덮개판 이음이 있다.

② **용접부의 형상에 따른 종류:** 맞대기 용접, 필릿 용접, 플러그 용접이 있다.

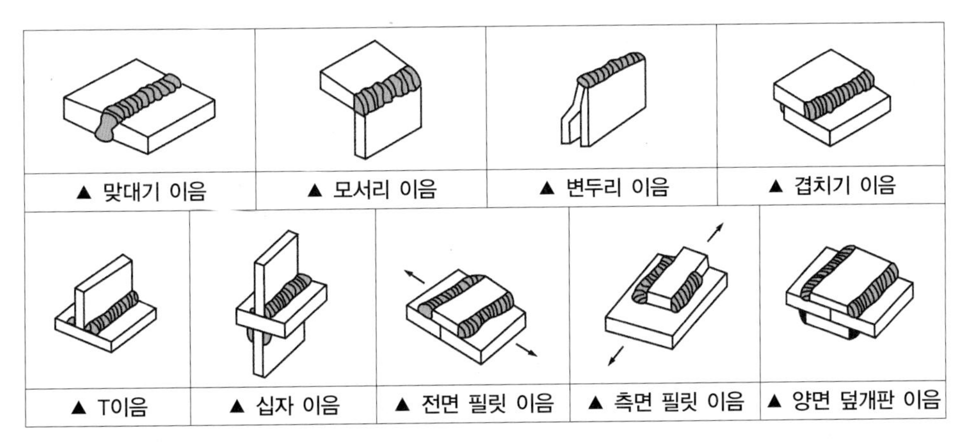

[그림 5-16] **용접 이음의 종류**

③ **맞대기 이음부(홈 형상)에 따른 종류:** I형 용접(I), V형 용접(V), X형 용접(양면 V형), U형 용접, H형 용접, K형 용접, J형 용접, 양면 J형 용접, 베벨형 등이 있다.

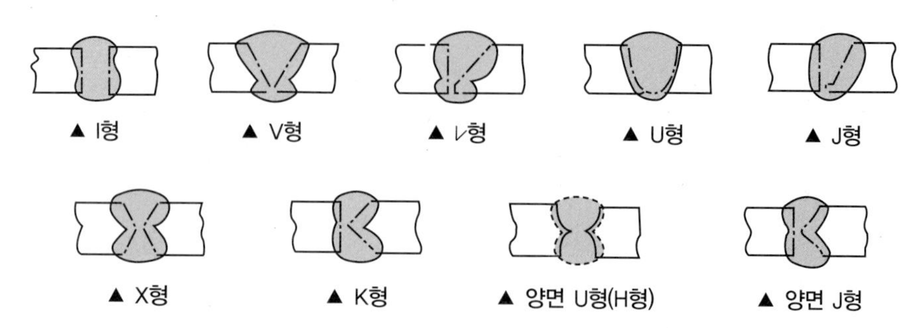

(2) 용접부의 기호 표시 방법

① 설명선은 기선, 화살, 꼬리로 구성되어 있으며, 꼬리는 필요가 없으면 생략 가능하다.

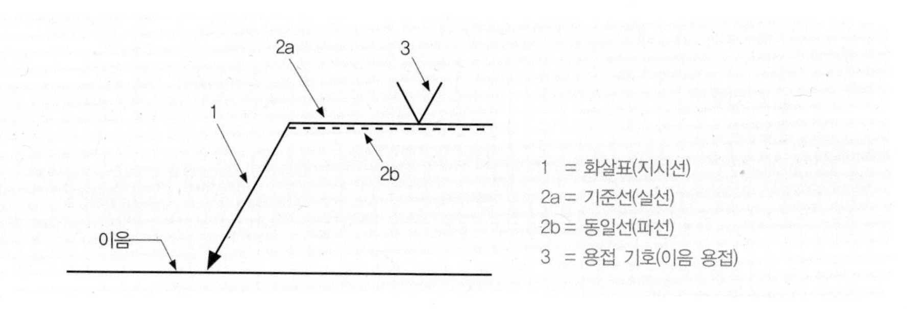

② 화살은 기선에 대하여 60°의 직선으로, 꼬리는 45°씩으로 그린다.

③ 용접할 쪽이 화살표 쪽 또는 앞쪽일 때는 기선의 아래에, 화살표의 반대쪽 또는 건너쪽을 용접시키는 경우엔 기선의 위쪽에 기입한다. 단, 겹치기 이음부의 저항 용접은 기선에 대칭으로 기입한다.

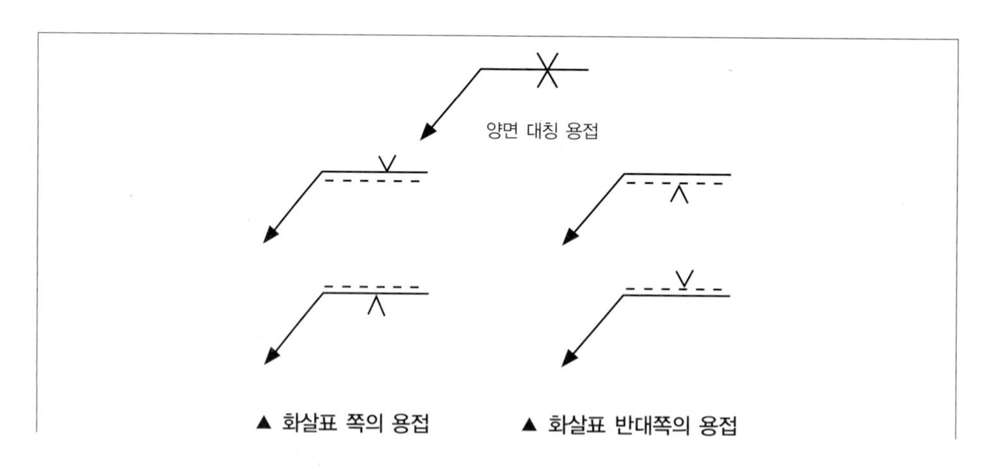

▲ 화살표 쪽의 용접　　▲ 화살표 반대쪽의 용접

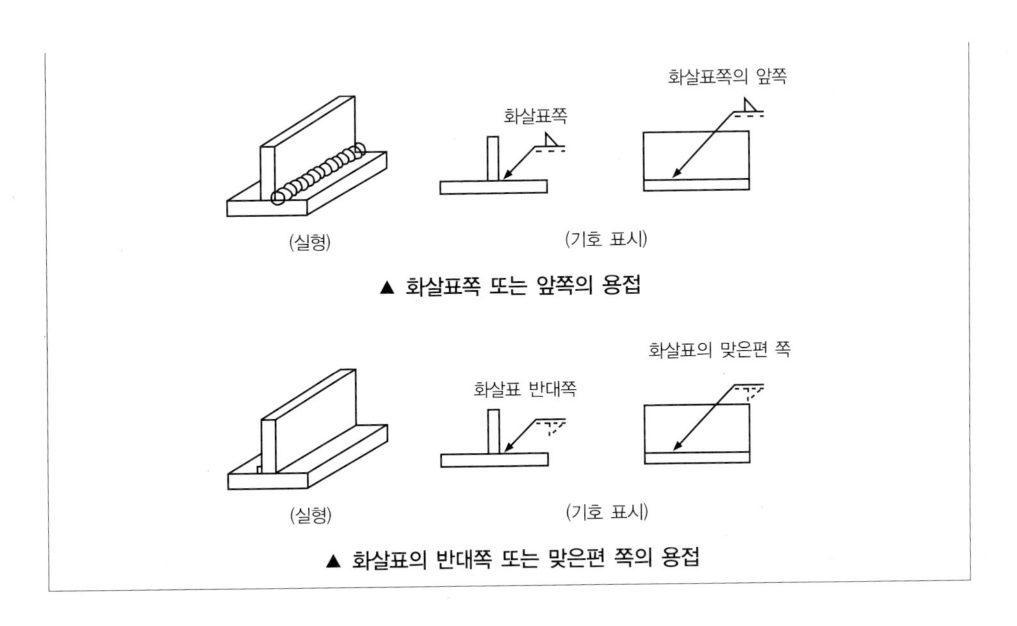

▲ 화살표쪽 또는 앞쪽의 용접

▲ 화살표의 반대쪽 또는 맞은편 쪽의 용접

④ 화살은 기선에서 2개 이상 붙일 수 있다.

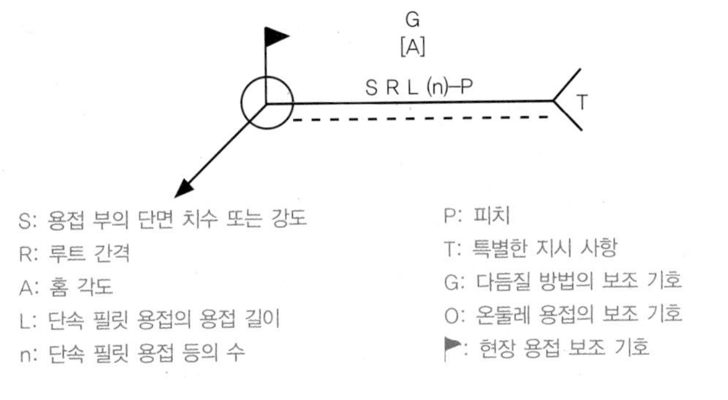

(3) 용접부의 기호

① 기본 기호

용접부 표면의 형상	기호	적용 예		
		명칭	도시	기호
평면(동일 평면으로 다듬질)		한쪽 면 V형 맞대기 용접		
볼록형		양면 V형 볼록형 맞대기 용접		
오목형		필릿 용접		
끝단부를 매끄럽게		필릿 용접 끝단부를 매끄럽게 다듬질		

② 용접 보조 기호

각법	화살표 쪽의 용접	화살표 반대쪽의 용접
[제3각법 기호]		
[제1각법 기호]		

(4) 용접부 비파괴 시험 기호

① 기본 기호와 기재 방법

기호	시험의 종류	기호	시험의 종류
RT	방사선 투과 시험	LT	누설 시험
UT	초음파 탐사 시험	ST	변형도 측정 시험
MT	지분 탐상 시험	VT	육안 시험
PT	침투 탐상 시험	PRT	내압 시험
ECT	와류 탐상 시험	AET	어쿠스틱 에밋션 시험

② 보조 기호로는 N(수직 탐상), A(경사각 탐상), S(한 방향으로부터 탐상), B(양 방향으로부터의 탐상), W(이중벽 촬영), D(염색, 배형광 탐상 시험), F(형상 탐상 시험), O(전 둘레 시험), Cm(요구 품질 등급)이 있다.

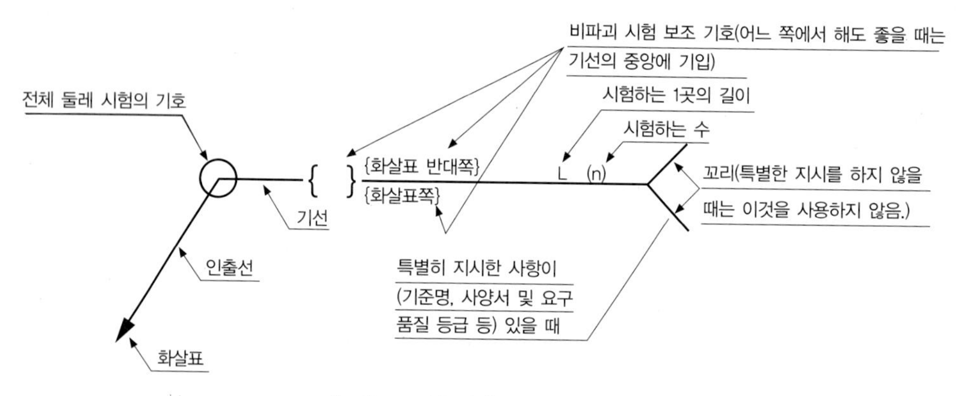

[그림 5-17] **비파괴 시험의 표시**

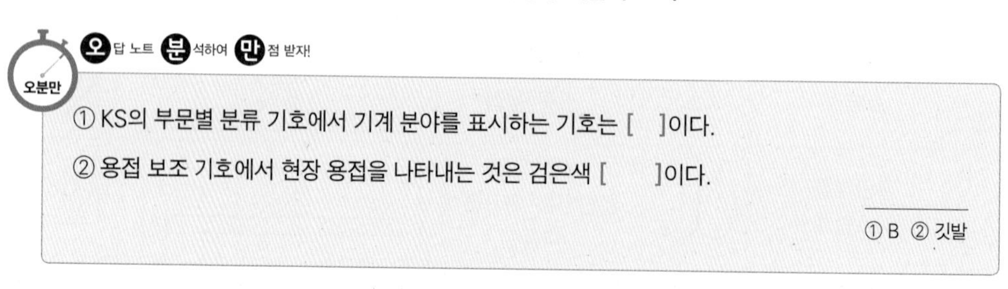
오답 노트 분석하여 만점 받자!

오분만

① KS의 부문별 분류 기호에서 기계 분야를 표시하는 기호는 [ ]이다.

② 용접 보조 기호에서 현장 용접을 나타내는 것은 검은색 [ ]이다.

① B ② 깃발

CHAPTER 03

도면 해독

1 배관의 도시 기호

(1) 배관 기호 및 도면의 해독

① 평면 배관도, 입면 배관도, 입체 배관도, 조립도, 부분 조립도 등이 있다.

② 치수 표시는 mm를 단위로 하고, 각도는 보통 도(°)로 표시한다.

③ 높이 표시는 EL(BOP, TOP), GL, FL로 표시한다.

④ 관의 도시는 실선으로 하고 같은 도면 내에서 같은 굵기의 실선으로 표시한다.

⑤ 관내를 통과하는 유체의 표시는 공기는 A, 가스는 G, 기름은 O, 수증기는 S, 물은 W로 한다.

⑥ 관의 굵기만을 도시할 때는 관 위에 지름을 표시한다.

⑦ 온도계와 압력계 표시는 계기의 표시 기호를 ◯ 안에 기입(압력계 P, 온도계 T)한다.

P

▲ 보일러 압력계

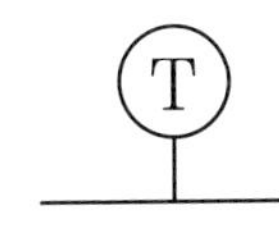

▲ 보일러 온도계

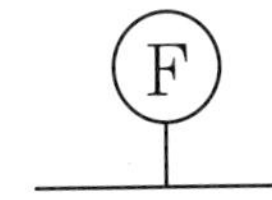

▲ 보일러 유량계

(2) 관의 접속 상태

① 관이 접속해 있지 않을 경우에는 두 선을 교차하거나 끊어서 표시하고, 관이 접속해 있을 경우에는 두 선의 교차 부분에 접속 표시 기호인 '●'을 사용하여 도시한다.

접속 상태	실제 모양	도시 기호	굽은 상태	실제 모양	도시 기호
접속하지 않을 때			관 A가 화면에 직각으로 바로 올라가 있는 경우		
접속하고 있을 때			관 B가 화면에 직각으로 뒤쪽으로 내려가 있는 경우		
분기하고 있을 때			관 C가 화면에 직각으로 바로 앞쪽으로 올라가 있고 관 D와 접속할 때		

② 접속하거나 분기할 때는 점으로 표시하고 교차할 때에는 점이 나타나지 않는다.

③ 관 연결 도시 기호

- 나사형은 '직선(|)'으로, 용접형은 ' × '로, 플랜지형은 '||'로, 턱걸이형은 ' ('로 하며, 납땜형은 ' O '로 표시한다.

연결 상태	(일반) 이음	용접식 이음	플랜지식 이음	턱걸이식 이음	유니언식 이음
도시 기호					

- 신축 이음(확장 조인트)은 루프형, 벨로즈형, 슬리브형, 스위블형이 있다.

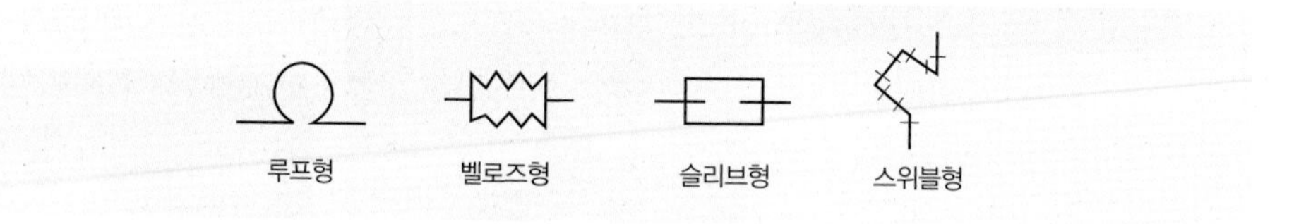

▲ 신축 이음의 도시 기호

(3) 밸브 및 콕

① 밸브 및 콕의 종류

종류	구조	개요 및 특징
스톱 밸브		• 밸브 몸체가 공 모양 • 유체가 아래쪽에서 들어와 밸브 시트 사이를 거쳐 흐르므로 유체 저항이 커짐. • 유량 조절 용이
게이트 밸브 또는 슬루스 밸브		• 밸브가 관의 축선에 직각 방향으로 개폐되는 구조 • 밸브를 자주 개폐할 필요가 없는 곳에 설치
체크 밸브		• 밸브의 구조에 따라 리프트형과 스윙형, 볼형 • 유체를 일정한 방향으로 흐르게 하며, 역류를 방지함.
안전 밸브		• 일정 압력에 도달하면 압력을 자동으로 외부로 방출하여 용기 내의 압력을 항상 안전하게 유지 • 보일러나 압력 용기 등 고압 배관에 설치
콕		• 구멍이 뚫려 있는 원뿔 모양의 플러그가 몸체 안에 끼워져 있어 이것을 90° 회전시키면 플러그에 뚫려 있는 구멍과 콕 몸체의 구멍이 일직선이 되어 유체가 흐름. • 주로 저압에 사용

② 밸브 및 콕의 이음 기호

부품 명칭	그림 기호	
	플랜지 이음	나사 이음
글로브 호스 밸브		
앵글 밸브		
체크 밸브		
게이트 밸브		
안전 밸브		
다이어프램 밸브		

부품 명칭	그림 기호	
	플랜지 이음	나사 이음
글로브 밸브		
콕		
전동 슬루스 밸브	M	M
슬루스 밸브		
플로트 밸브		
자동 밸브		

③ 밸브 및 콕의 몸체 표시 기호

종류	기호	종류	기호	종류	기호
글로브 밸브		슬루스 밸브		앵글 밸브	
체크 밸브 (게이트 밸브)		안전 밸브 (스프링식)		안전 밸브 (추식)	
콕 일반		밸브 일반		전자 밸브	S

(4) 공업 배관

① 공업 배관 도면에는 평면 배관도, 입면 배관도, 부분 배관 조립도, 공정도, 계통도, 배치도, 관 장치도 등이 있다.

② 계통도, PID(Pipe and Instrument Diagram), 관 장치도가 있다.

오분만

① 배관 제도 시 유체의 종류 중 온수는 H, 증기는 [ ]로 표시한다.

② 밸브 표시 기호 중 ▷◀은 [ ]를 뜻한다.

③ 배관 도시 기호 중 압력계를 나타내는 영문자는 [ ]이다.

④ 용접부 투과 시험 기호가 RT라면 [ ] 투과 시험을 뜻한다.

① S ② 체크 밸브 ③ P ④ 방사선

2 투상 도면 해독

1) 단면도 개요

(1) 단면도

① **의미:** 물체 내부의 모양, 또는 복잡한 것은 일반 투상법으로 나타내면 많은 은선이 섞여서 도면을 읽기 어려운 경우가 있을 수 있다. 이와 같은 경우 어느 면으로 절단하여 나타낸 형상을 '단면도'라 한다.

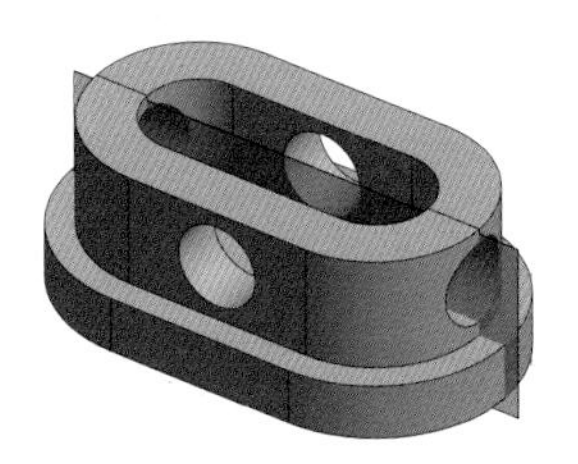

▲ 절단면의 설치

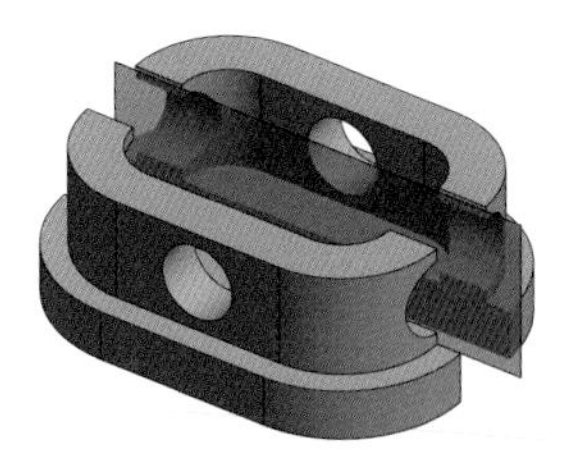

▲ 절단면을 따라 자른 모양

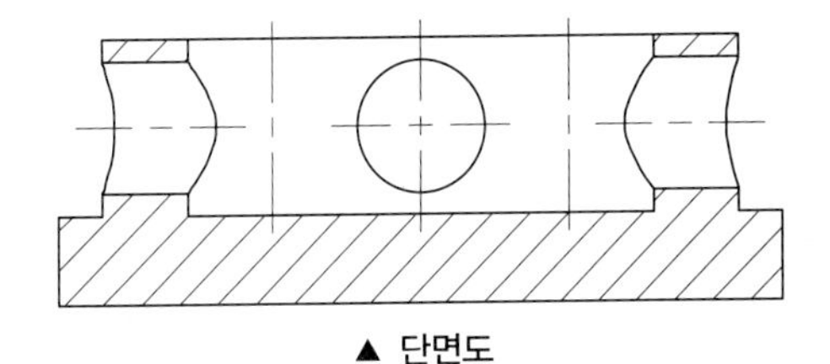

▲ 단면도

② **단면의 법칙**

- 기본 중심선으로 절단한 면을 표시하고, 필요 시 기본 중심선이 아닌 곳에서 절단하여 그려도 된다.
- 단면임을 표시할 필요가 있으면 해칭을 한다.
- 은선은 이해하기에 관계없으면 단면에 기입하지 않는다.
- 부분 단면은 단면의 한계를 표시하는 불규칙한 프리핸드로 그린다.
- 절단 평면의 기호는 정면도에 그 문자와 기호를 표시한다.
- 단면도에는 절단한 면과 절단면의 뒷면에 보이는 부분도 그린다.
- 상하 또는 좌우 대칭인 물체에서 외형과 단면을 동시에 나타낼 때에는 보통 대칭 중심의 위쪽 또는 오른쪽 단면으로 나타낸다.

③ 단면의 종류

온 단면도 (전단면도)	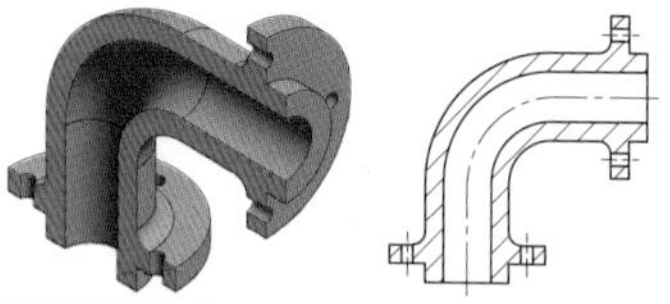	물체의 1/2을 절단
한쪽 단면도 (반단면)	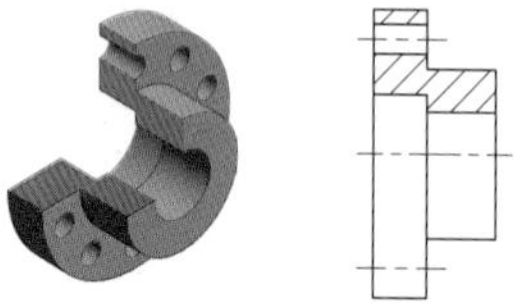	물체의 1/4을 절단(상하 또는 좌우가 대칭인 물체)
부분 단면도	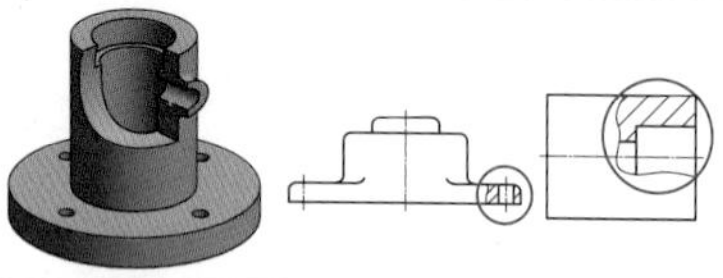	필요한 장소의 일부분만을 파단하여 단면을 나타내는 방법으로, 절단부는 파단선으로 표시
회전 단면도	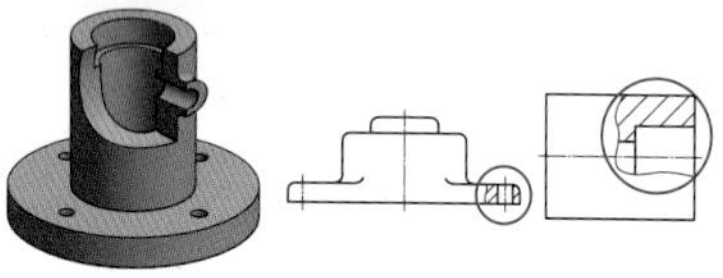	핸들, 바퀴의 암, 리브, 훅, 축 등의 단면은 정규의 투상법으로 나타내기 어렵기 때문에 물품은 축에 수직한 단면으로 절단하여 단먼과 90° 우회전하여 나타냄.
계단 단면도	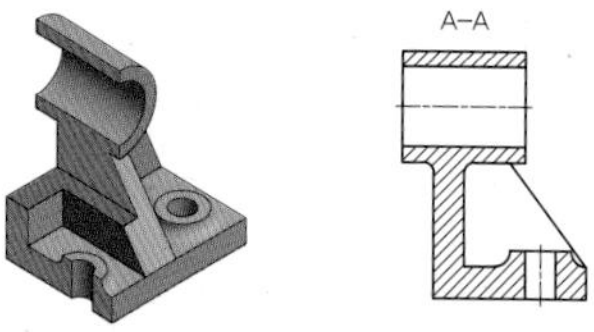 A-A	절단면이 투상면에 평행 또는 수직한 여러 면으로 되어 있어 명시할 곳을 계단 모양으로 절단하여 나타냄.

④ **절단하지 않는 부품 :** 속이 찬 원기둥 및 모기둥 모양의 부품(축, 볼트, 너트, 핀, 와셔, 리벳, 키, 나사 베어링 등)은 긴 쪽 방향으로 절단하지 않는다.

- 얇은 부분 : 리브, 웨브
- 부품의 특수한 부품 : 기어의 이, 풀리의 암

(2) 단면의 표시 방법

① 필요에 따라 해칭 또는 스머징을 한다.

② 해칭은 수평선에 대하여 45° 경사진 가는 실선(0.3mm 간격)으로 사선을 표시한다.

③ 부품도에는 해칭을 생략하지만, 조립도에는 부품 관계를 확실히 하기 위하여 해칭을 한다.

④ 비금속 재료의 단면 표시는 재료를 표시할 필요가 있을 때는 기호로 나타낸다.

⑤ **얇은 것들의 단면 도시**

- 패킹, 박판, 형강 등에서 그려진 단면이 얇은 경우는 굵게 그린 한 줄의 실선으로 표시
- 단면이 인접하여 있는 경우는 그들을 표시하는 선 사이에 약간의 간격을 두어 그림.

⑥ **대칭 도형의 생략**

- 정면도가 단면도로 된 경우에는 정면도에 가까운 곳의 반을 생략
- 정면도에 외형이 나타나 있을 경우에는 정면도에 가까운 곳의 반을 그림.
- 대칭 표시선: 대칭 중심선의 상하 또는 좌우에 두 줄의 짧고 가는 평행선을 그어 생략하는 것을 나타냄.

⑦ **중간부의 생략**

- 축, 봉, 관, 테이퍼 축 등의 동일 단면형의 부분이 긴 경우에는 중간 부분을 잘라 단축시켜 그림.
- 잘라 버린 끝 부분은 파단선으로 나타냄.
- 원형일 경우에는 끝 부분을 타원형으로 나타냄.
- 해칭을 한 단면에서는 파단선 생략도 가능

⑧ **기타 사항**

교차부의 도시	2면의 교차 부분이 라운드를 가질 경우 교차 부분이 라운드를 가지지 않는 경우의 교차선 위에 굵은 실선으로 그림.
연속된 같은 모양의 생략	같은 종류의 리벳 구멍, 볼트 구멍 등과 같이 같은 모양이 연속되어 있을 경우에는 그 양 끝부분 또는 필요 부분만 그리며, 다른 곳은 생략하고 중심선만 그려 그 위치를 표시
일부분에 특수한 모양을 갖는 경우	일부분에 특정한 모양을 가진 것은 그 부분이 그림의 위쪽에 나타나도록 그림.
특수한 가공 부분의 표시	특수한 가공을 하는 경우에는 그 범위를 외형선에 평행하게 약간 띄어서 굵은 1점 쇄선으로 나타냄.
상관체 및 상관선	• 상관체: 2개 이상의 입체가 서로 관통하여 하나의 입체가 된 것 • 상관선: 상관체가 나타난 각 입체의 경계선

2) 특별한 도시 방법

(1) 전개도

① **의미:** 어떤 입체도형을 한 평면 위에 펼쳐서 그린 도면으로, 상자 · 캐비닛, 덕트 및 항공기, 자동차 등의 몸체와 부품 제작에 이용한다.

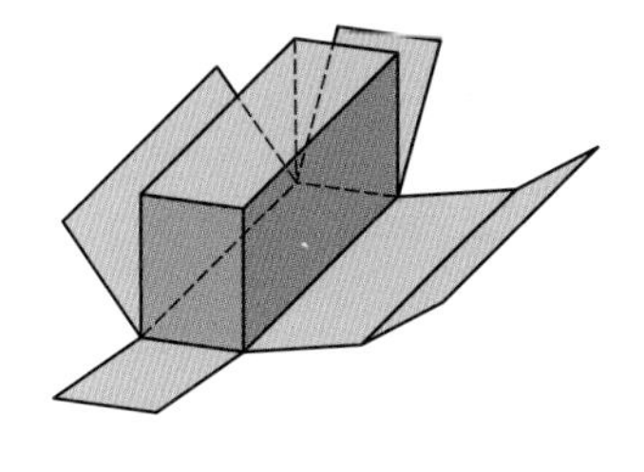

▲ 직육면체 전개

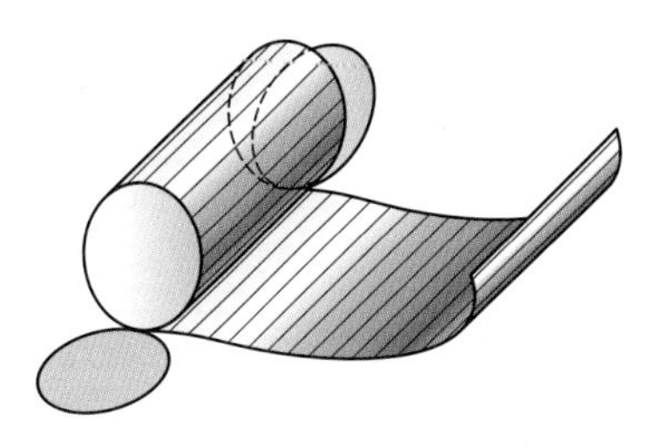

▲ 원기둥 전개

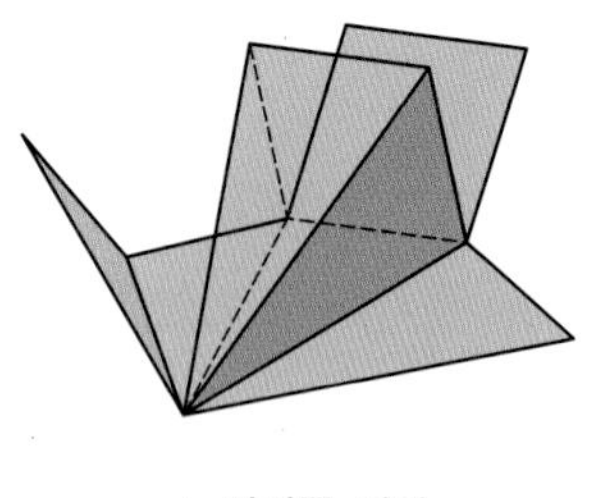
▲ 사각뿔 전개

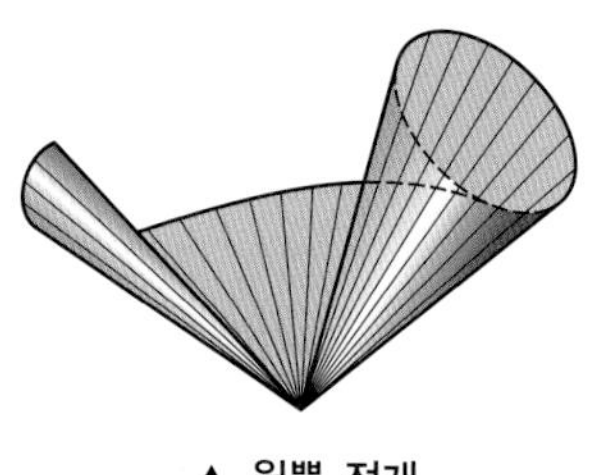
▲ 원뿔 전개

② **종류:** 평행선법, 삼각형법, 방사선법이 있고, 제품의 모양이 복잡할 때에는 혼용하기도 한다.

③ **평행선을 이용한 전개도법:** 각기둥, 원기둥과 같이 각 모서리가 직각을 만나는 물체를 그릴 때 주로 이용한다.

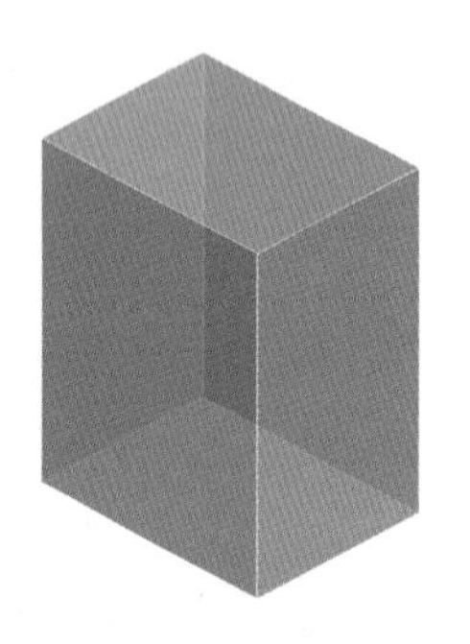
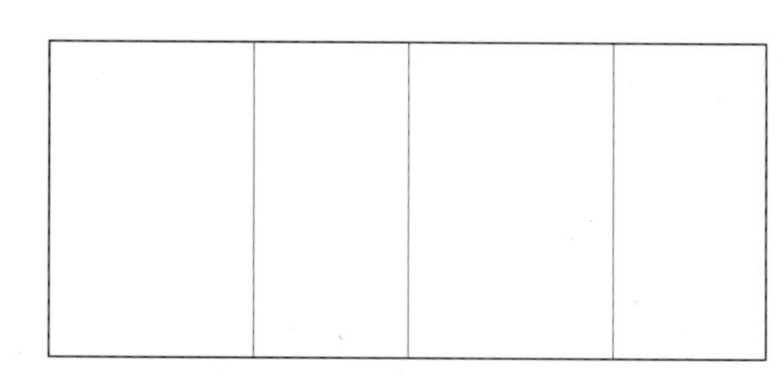

[그림 5-18] **사각기둥의 전개도**

④ **삼각형을 이용한 전개도법:** 경사지게 잘린 꼭짓점이 먼 원뿔, 각뿔 형태의 물체를 삼각형으로 분할하여 전개도를 그릴 때 이용한다.

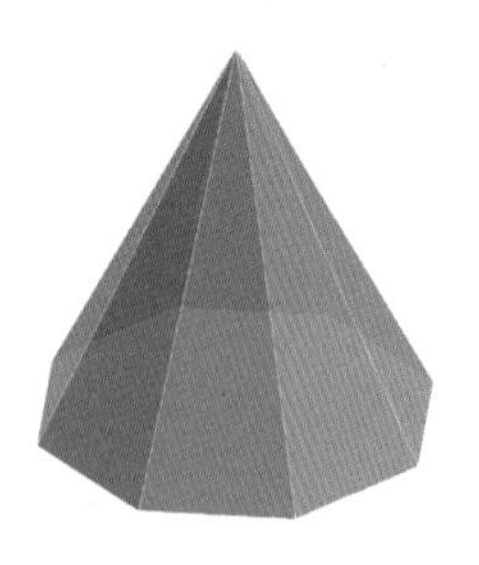
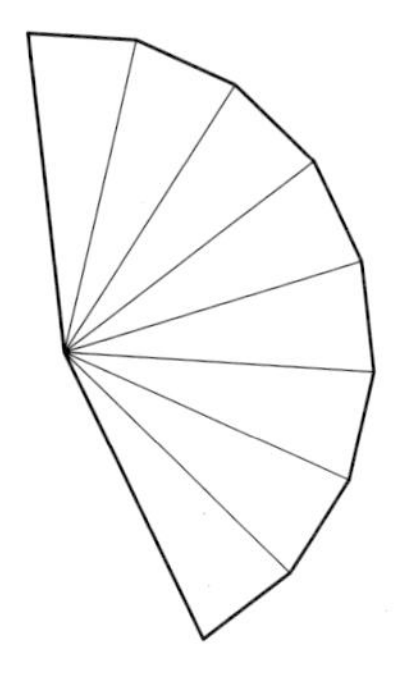

[그림 5-19] **8각뿔과 8각뿔의 전개도**

⑤ **방사선을 이용한 전개도법:** 원뿔이나 각뿔 형태의 물체 전개도를 그릴 때 주로 이용한다.

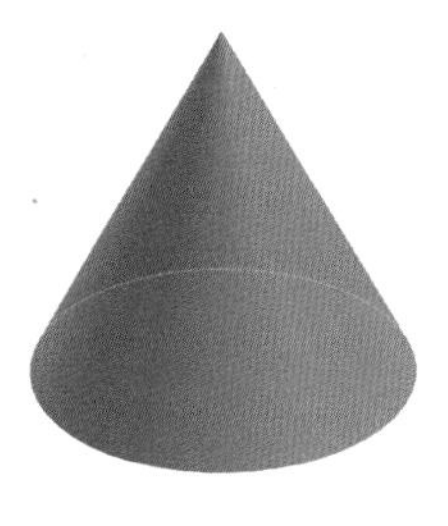

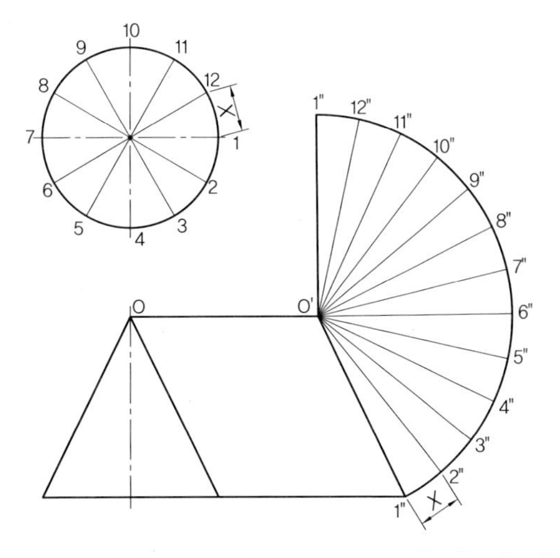

[그림 5-20] **방사선을 이용한 원뿔의 전개도**

오답 노트 **분**석하여 **만**점 받자!

오분만

① 핸들, 바퀴의 암, 리브 훅 등은 주로 단면의 모양을 90° 회전하여 단면 전후를 끊어서 그 사이에 그리는 [ ] 단면도를 이용한다.

② 속이 찬 [ ] 및 모기둥 모양의 부품은 절단하지 않는다.

③ 물체의 1/2을 절단하는 단면의 종류는 [ ]이다.

④ 단면이 인접되어 있을 경우에는 도형 사이에 [ ]mm 이상의 간격을 둔다.

① 회전도시 ② 원기둥 ③ 온 단면도(전단면도) ④ 0.7

PART V 기계 제도(비절삭 부분)

평가문제

01 기계 제도에서 도면에 치수를 기입하는 방법에 대한 설명으로 틀린 것은?

① 길이는 원칙으로 mm의 단위로 기입하고, 단위 기호는 붙이지 않는다.
✔ 치수의 자릿수가 많은 경우 세 자리마다 콤마를 붙인다.
③ 관련 치수는 되도록 한 곳에 모아서 기입한다.
④ 치수는 되도록 주 투상도에 집중하고 기입한다.

02 나사의 단면도에서 수나사와 암나사의 골밑(골지름)은 어떤 선으로 도시하는가?

① 굵은 실선 ② 가는 1점 쇄선
③ 가는 파선 ✔ 가는 실선

03 기계 제도에서 선의 굵기가 가는 실선이 아닌 것은?

① 치수선 ② 수준면선
③ 지시선 ✔ 특수 지정선

04 도면에 2가지 이상의 선이 같은 장소에 겹쳐 나타내게 될 경우 우선순위가 가장 높은 것은?

① 숨은선 ✔ 외형선
③ 절단선 ④ 중심선

05 불규칙한 파형의 가는 실선 또는 지그재그선을 사용하는 것은?

✔ 파단선 ② 치수 보조선
③ 치수선 ④ 지시선

06 가는 2점 쇄선을 사용하는 가상선의 용도가 아닌 것은?

✔ 단면도의 절단된 부분을 나타내는 것
② 가공 전·후의 형상을 나타내는 것
③ 인접 부분을 참고로 나타내는 것
④ 가공 부분을 이동 중의 특정한 위치 또는 이동 한계의 위치로 표시하는 것

07 기계 제도에서 대상물의 보이는 부분의 외형을 나타내는 선의 종류는?

① 가는 실선 ② 굵은 파선
✔ 굵은 실선 ④ 가는 일점 쇄선

08 용도에 의한 명칭에서 선의 굵기가 모두 가는 실선인 것은?

✔ 치수선, 치수 보조선, 지시선
② 중심선, 지시선, 숨은선
③ 외형선, 치수 보조선, 해칭선
④ 기준선, 피치선, 수준면선

09 일반적으로 치수선을 표시할 때, 치수선 양 끝에 치수가 끝나는 부분임을 나타내는 형상으로 사용하는 것이 아닌 것은?

① ②
③ ✔

10 다음 중 현의 길이를 표시하는 것은?

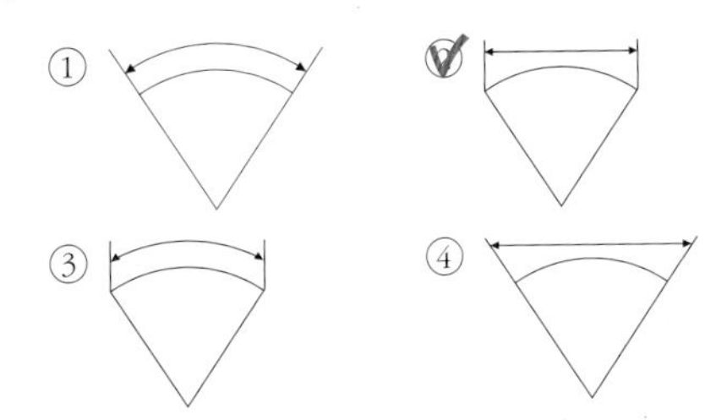

11 다음 중 호의 길이를 표시하는 치수 기입법은?

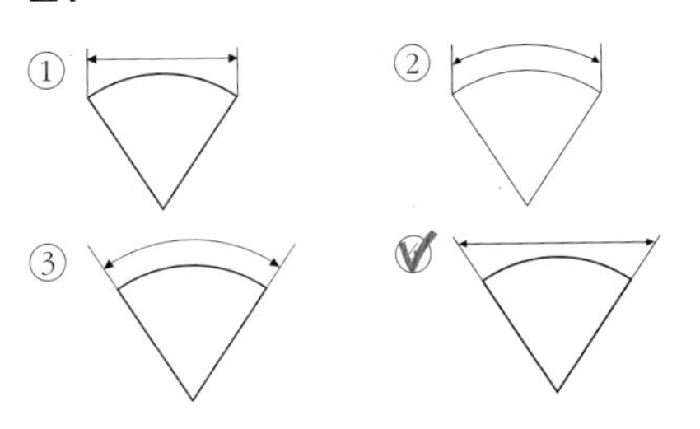

12 제3각법에 대한 설명 중 틀린 것은?

✔ 평면도는 배면도의 위에 배치된다.
② 저면도는 정면도의 아래에 배치된다.
③ 정면도 위쪽에 평면도가 배치된다.
④ 우측면도는 정면도의 우측에 배치된다.

13 도면에서 표제란의 투상법란에 보기와 같은 투상법 기호로 표시되는 경우는 몇 각법 기호인가?

[보기]

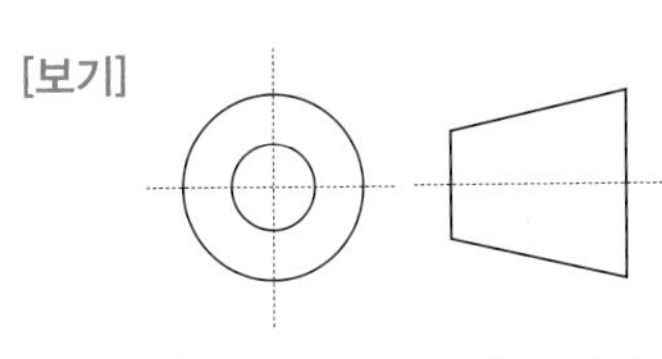

① 1각법　　② 2각법
✔ 3각법　　④ 4각법

14 도면의 표제란에 표시된 "NS"의 의미로 적절한 것은?

① 나사를 표시
✔ 비례척이 아닌 것을 표시
③ 각도를 표시
④ 보통 나사를 표시

15 도면의 척도 값 중 실제 형상을 축소하여 그리는 것은?

① 100 : 1　　② $\sqrt{2}$: 1
③ 1 : 1　　✔ 1 : 2

16 단면임을 나타내기 위하여 단면 부분의 주된 중심선에 대해 45°(도) 경사지게 나타내는 선들을 의미하는 것은?

① 호핑　　✔ 해칭
③ 코킹　　④ 스머징

17 도면의 마이크로 사진 촬영, 복사 등의 작업을 편리하게 하기 위하여 표시하는 것과 가장 관계가 깊은 것은?

① 윤곽선　　✔ 중심마크
③ 표제란　　④ 재단마크

18 도면의 긴 쪽 길이를 가로방향으로 한 X형 용지에서 표제란의 위치로 가장 적당한 것은?

① 오른쪽 중앙　　② 왼쪽 위
✔ 오른쪽 아래　　④ 왼쪽 아래

19 도면에서 표제란과 부품란으로 구분할 때, 부품란에 기입할 사항이 아닌 것은?

① 품명 ② 재질
③ 수량 ✓ 척도

20 도면에 나사가 'M10 × 1.5 – 6g'으로 표시되어 있을 경우 나사의 해독으로 가장 올바른 것은?

① 한 줄 왼나사 호칭경 10mm이고, 피치가 1.5mm이며 등급은 6g이다.
✓ 한 줄 오른나사 호칭경 10mm이고, 피치가 1.5mm이며 등급은 6g이다.
③ 한 줄 오른나사 호칭경 10mm이고, 피치가 1.5mm에서 6mm 중 하나면 된다.
④ 줄 수와 나사 감김 방향은 알 수가 없고, 미터나사 10mm의 경우 피치는 1.5mm×6mm이다.

21 배관 설비도의 계기 표시 기호 중에서 유량계를 나타내는 글자 기호는?

① T ② P ✓ F ④ V

22 배관의 간략 도시 방법에서 파이프의 영구 결합부(용접 또는 다른 공법에 의함.) 상태를 나타내는 것은?

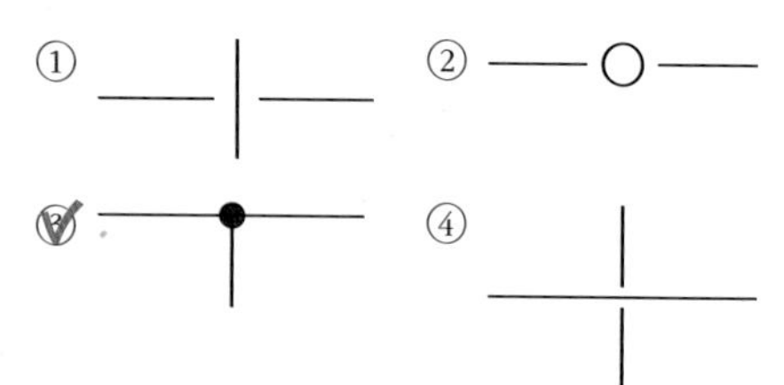

23 전개도법의 종류 중 주로 각기둥이나 원기둥의 전개에 가장 많이 이용되는 방법은?

① 삼각형을 이용한 전개도법
② 방사선을 이용한 전개도법
✓ 평행선을 이용한 전개도법
④ 사각형을 이용한 전개도법

24 보기와 같은 원통을 경사지게 절단한 제품을 제작할 때, 다음 중 어떤 전개법이 가장 적합한가?

[보기]

① 혼합형법
✓ 평행선법
③ 삼각형법
④ 방사선법

25 배관 도시기호 중 글로브 밸브인 것은?

✓ 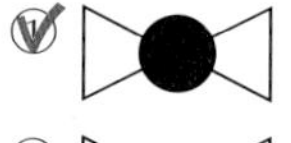 ② 
③ 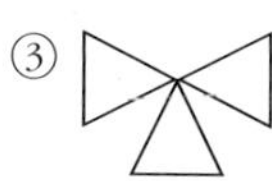 ④ 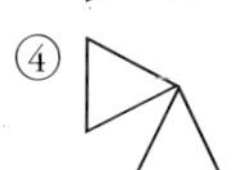

26 배관 도면에서 다음과 같은 기호의 의미로 가장 적합한 것은?

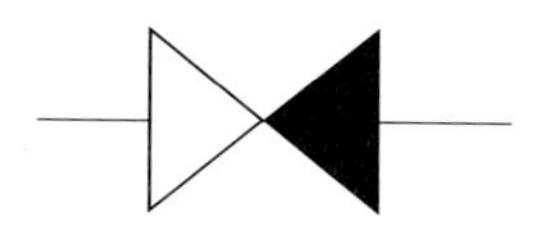

① 콕 일반 ② 볼 밸브
✓ 체크 밸브 ④ 안전 밸브

27 배관 도시 기호 중 체크 밸브에 해당하는 것은?

✓ 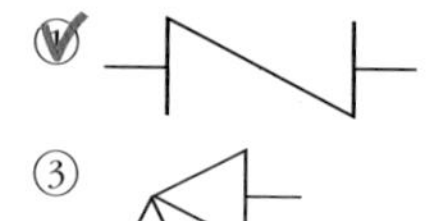 ② 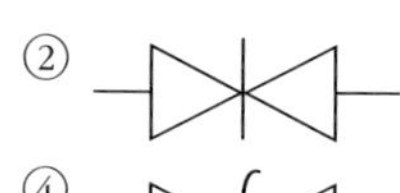
③ 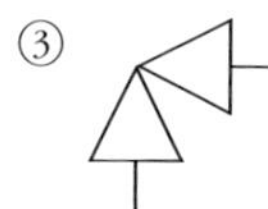 ④

28 치수 기입법에서 지름, 구의 지름 및 반지름, 모따기, 두께 등을 표시할 때 사용되는 보조 기호로 잘못된 것은?

✔① 모따기: R7
② 구의 반지름: SR5
③ 지름: ø3
④ 판의 두께: t4

29 경사면부가 있는 대상물에서 그 경사면의 실형을 나타낼 필요가 있는 경우에 그리는 투상도로 가장 적합한 것은?

✔① 보조 투상도
② 부분 투상도
③ 국부 투상도
④ 회전 투상도

30 특수 부분의 도형이 작은 까닭으로 그 부분의 상세한 도시나 치수 기입을 할 수 없을 때 그 부분을 에워싸고 영문자의 대문자로 표시하고, 그 부분을 확대하여 다른 장소에 그리는 투상도의 명칭은?

① 부분 투상도　② 보조 투상도
✔③ 부분 확대도　④ 국부 투상도

31 물체의 구멍, 홈 등 특정 부분만의 모양을 도시하는 것으로 다음과 같이 그려진 투상도의 명칭은?

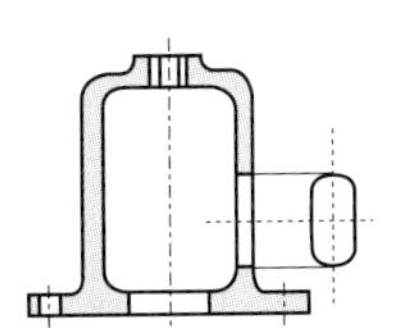

① 회전 투상도
② 보조 투상도
③ 부분 확대도
✔④ 국부 투상도

32 다음과 같이 외형도에 있어서 파단선을 경계로 필요로 하는 요소의 일부만을 단면으로 표시하는 단면도는?

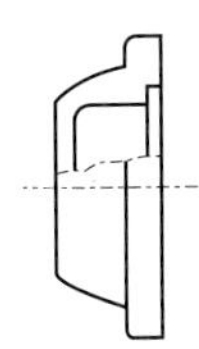

① 온 단면도
✔② 부분 단면도
③ 한쪽 단면도
④ 회전 단면도

33 보기와 같은 단면도의 명칭으로 가장 적합한 것은?

[보기]

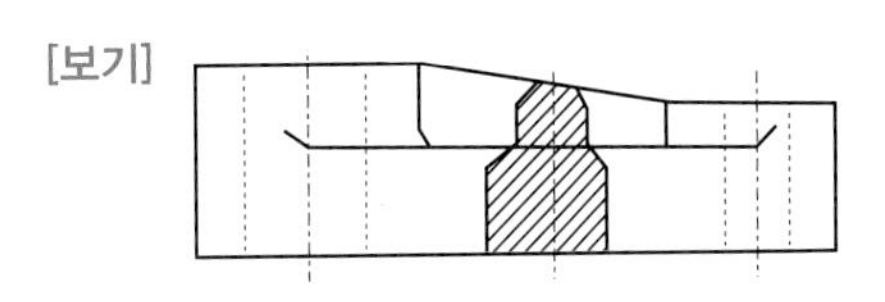

① 가상 단면도
✔② 회전 도시 단면도
③ 보조 투상 단면도
④ 곡면 단면도

34 다음과 같이 구조물의 부재 등에서 절단할 곳의 전후를 끊어서 90° 회전하여 그 사이에 단면 형상을 표시하는 단면도는?

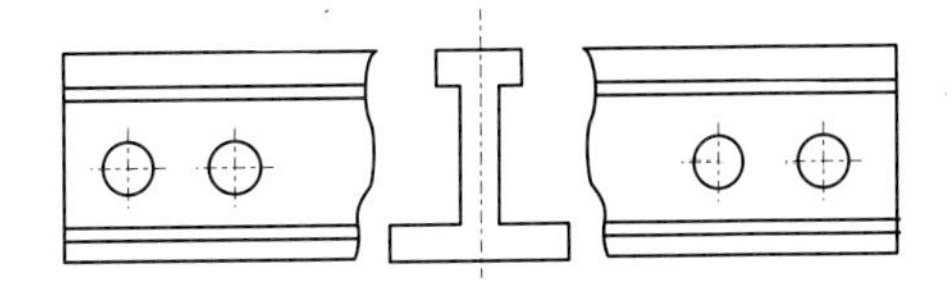

① 부분 단면도
② 한쪽 단면도
✔③ 회전 도시 단면도
④ 조합 단면도

35 다음과 같은 원뿔을 축선과 평행인 X-X 평면으로 절단했을 때 생기는 원뿔 곡선은 무엇인가?

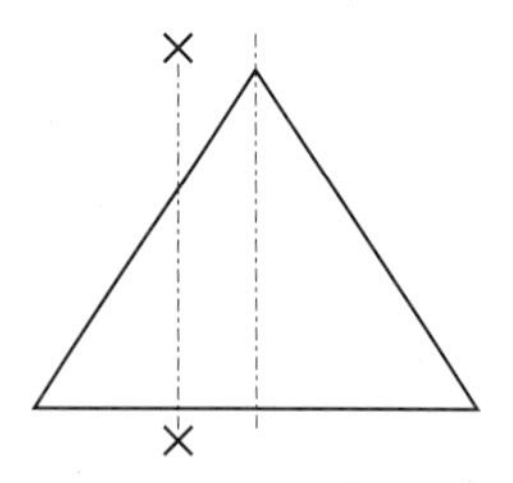

① 타원　　② 진원
✔ 쌍곡선　　④ 사이클로이드 곡선

36 보기와 같은 판금 제품인 원통을 정면에서 진원인 구멍 1개를 제작하려고 한다. 전개한 현도 판의 진원 구멍 부분 형상으로 가장 적합한 것은?

[보기]

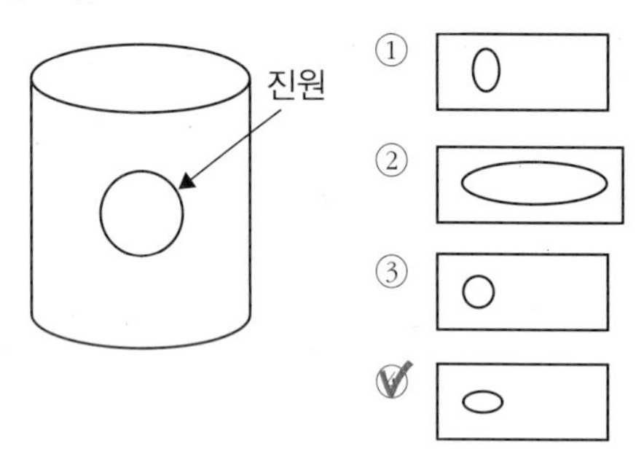

37 절단된 원추를 3각법으로 정투상한 정면도와 평면도가 보기와 같을 때, 가장 적합한 전개도 형상은?

[보기]

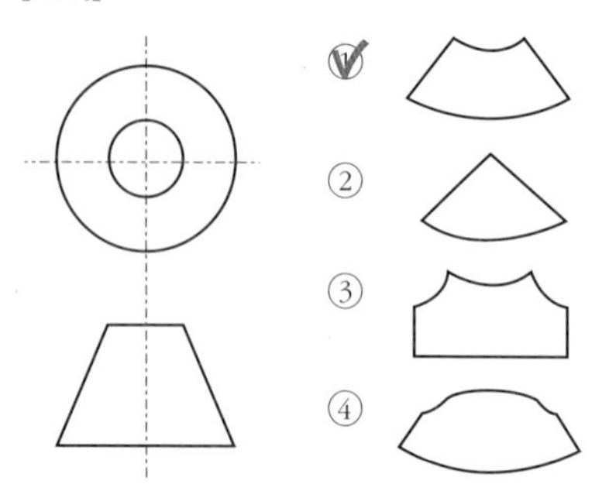

38 다음과 같이 철판에 구멍이 뚫려 있는 도면의 설명으로 올바른 것은?

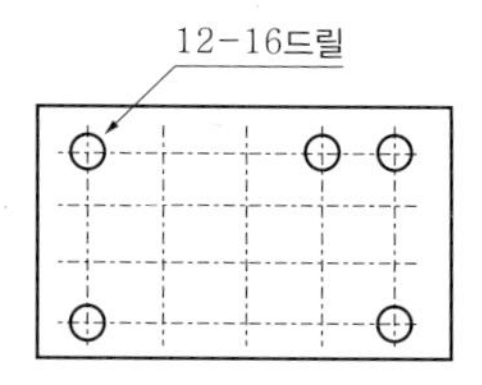

✔ 구멍 지름 16mm, 구멍 수량 12개
② 구멍 지름 20mm, 구멍 수량 16개
③ 구멍 지름 16mm, 구멍 수량 5개
④ 구멍 지름 20mm, 구멍 수량 5개

39 보기와 같은 제3각법의 정투상도에 가장 적합한 입체도는?

[보기]

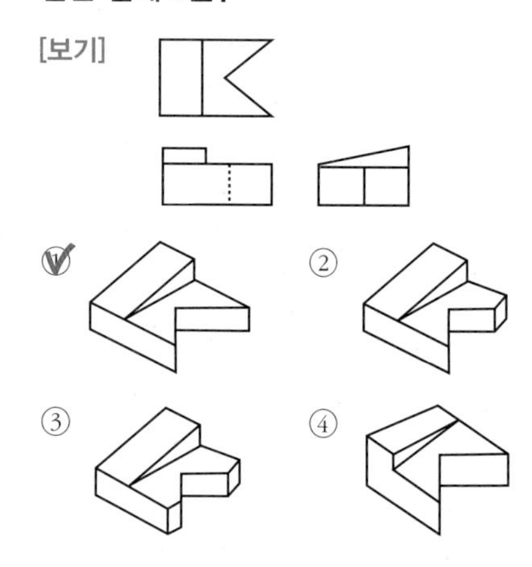

40 다음과 같은 입체도에서 화살표 방향을 정면으로 하여 제3각법 투상도로 가장 적합한 것은?

[보기]

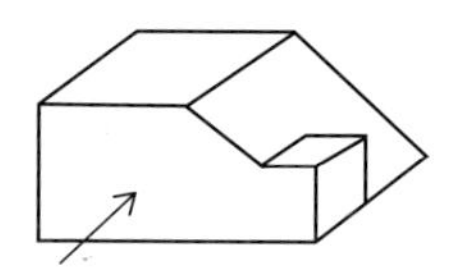

✔

② 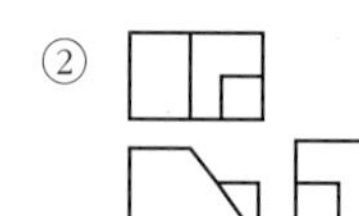

③

④ 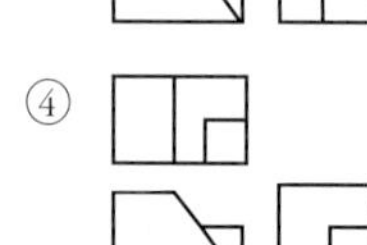

41 보기와 같이 화살표 방향을 정면도로 선택하였을 때 평면도의 모양은?

[보기]

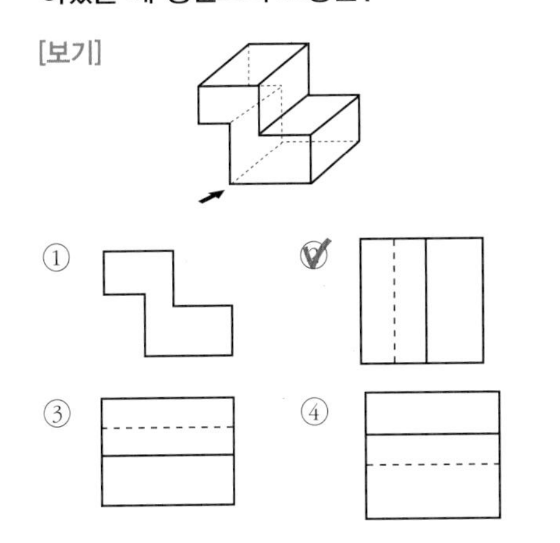

42 보기와 같은 입체도의 제3각 정투상도로 가장 적합한 것은?

[보기]

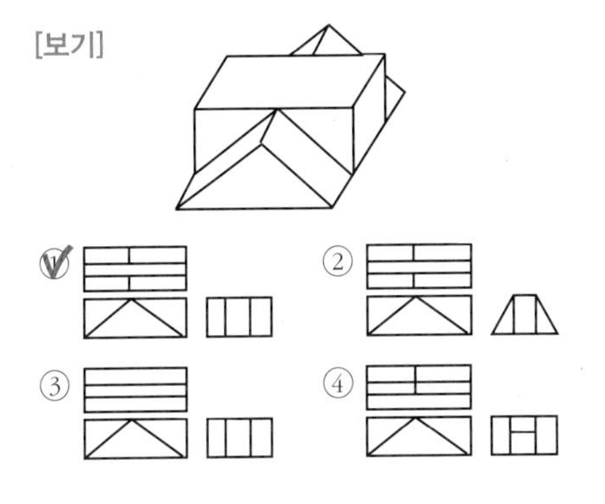

43 보기 입체도에서 화살표 방향을 정면으로 할 때 정면도로 가장 적합한 투상도는?

[보기]

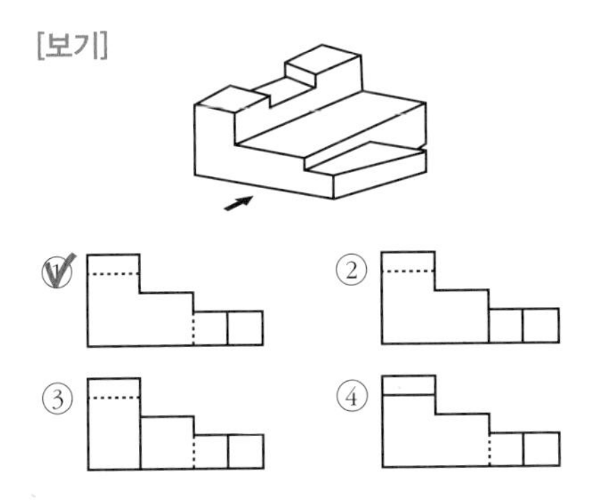

44 다음과 같은 입체도에서 화살표 방향을 정면으로 하여 3각법으로 도시할 때 평면도로 가장 적합한 것은?

[보기]

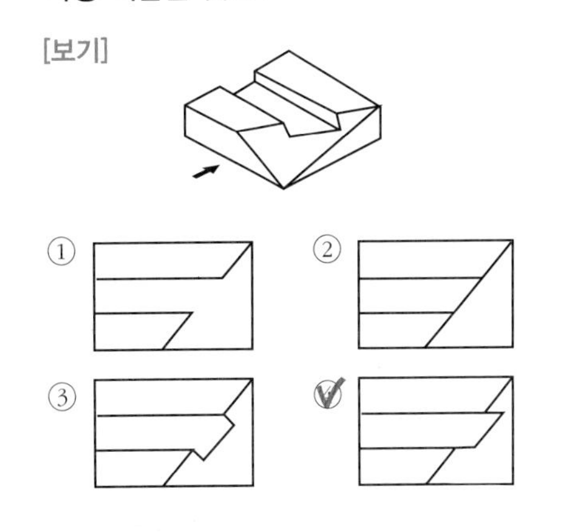

45 보기 입체도의 화살표 방향이 정면일 때 평면도로 적합한 것은?

[보기]

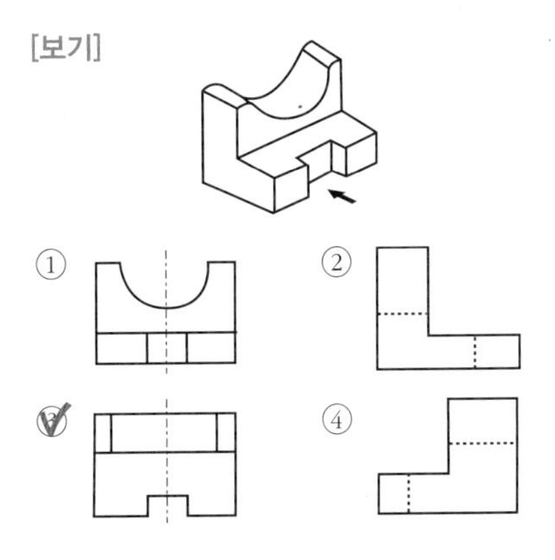

46 보기와 같은 입체도를 화살표 방향을 정면으로 하는 제3각법으로 제도한 정투상도는?

[보기]

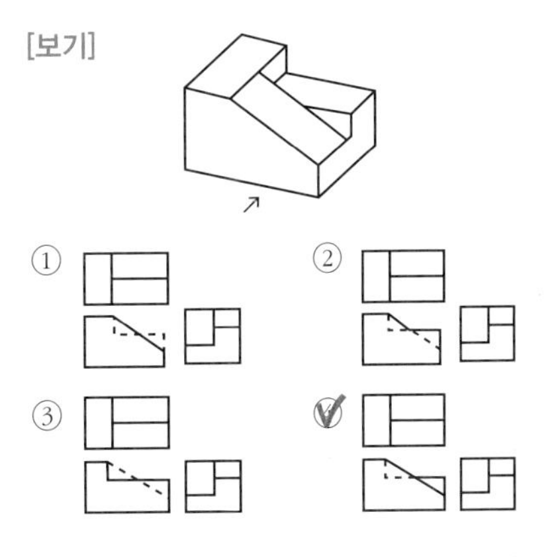

47 보기와 같은 입체도를 화살표 방향에서 본 투상도로 올바르게 도시된 것은?

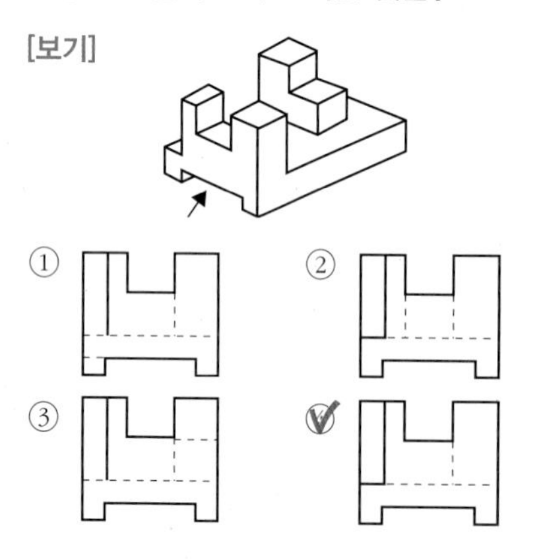

48 다음과 같은 입체도의 화살표 방향이 정면일 경우, 저면도로 가장 적합한 것은?

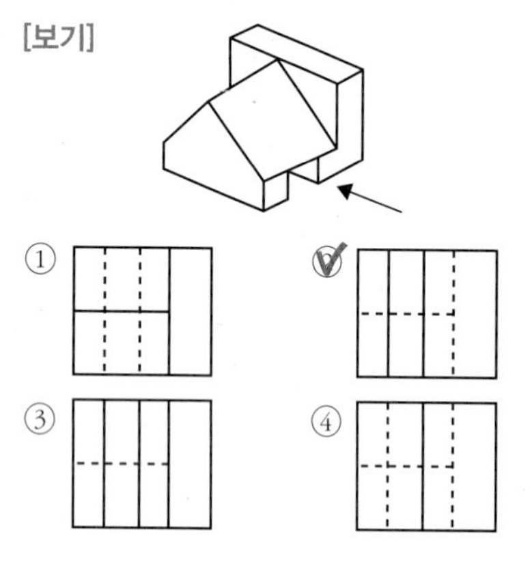

49 다음과 같은 입체도에서 화살표 방향 투상도로 가장 적절한 것은?

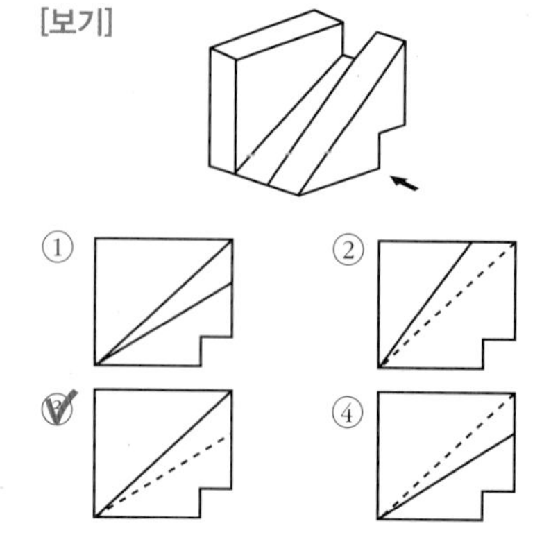

50 다음과 같은 입체도에서 화살표 방향이 정면일 때 제3각법으로 제도한 것으로 올바른 것은? (단, 정면을 기준으로 좌우 대칭 형상이다.)

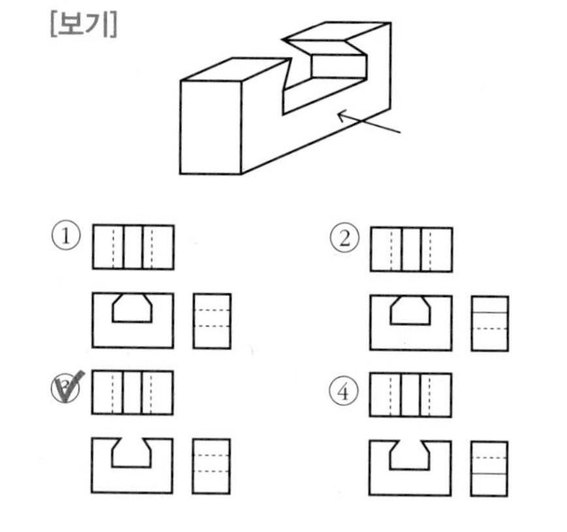

51 다음과 같은 입체도에서 화살표 방향이 정면일 경우 평면도로 가장 적당한 것은?

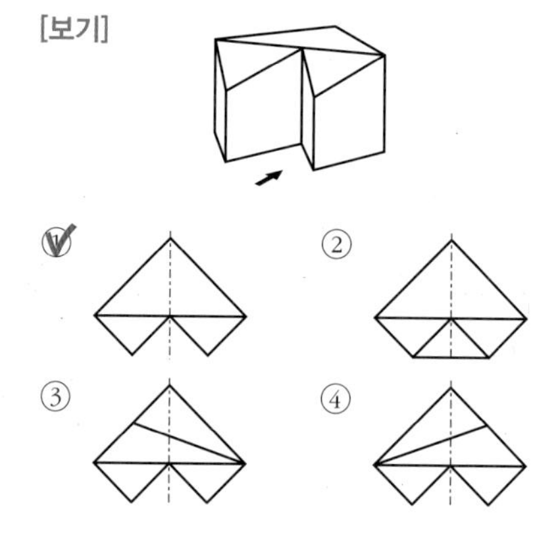

52 보기 입체도의 화살표 방향이 정면일 경우 좌측면도로 가장 적합한 것은?

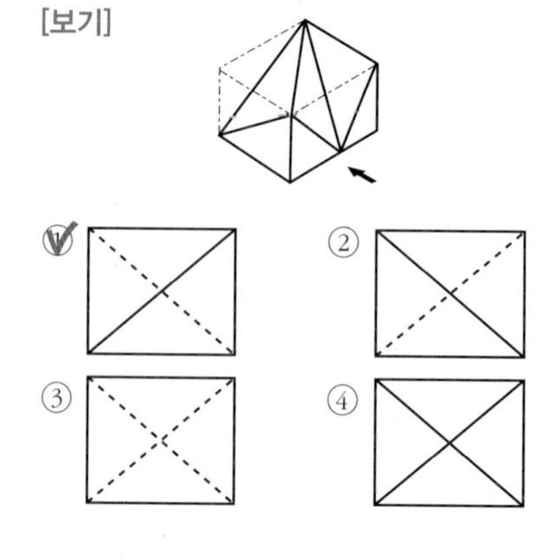

53 보기 등각 투상도를 화살표 방향에서 본 투상을 정면으로 할 경우 평면도로 가장 적합한 것은?

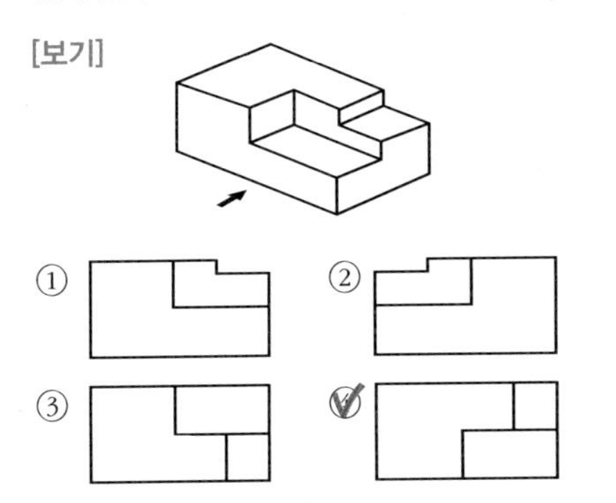

54 다음 입체도에서 화살표 방향이 정면일 때 평면도로 가장 적합한 것은? (단, 밑면의 홈은 모두 관통하는 홈임.)

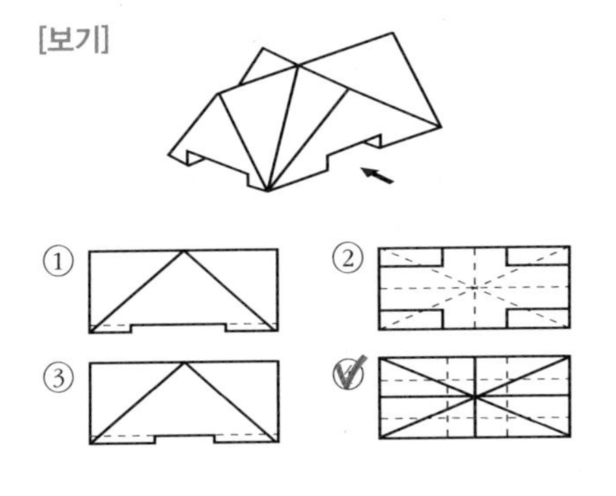

55 제3각법으로 정투상한 보기와 같은 각뿔의 전개도 형상으로 적절한 것은?

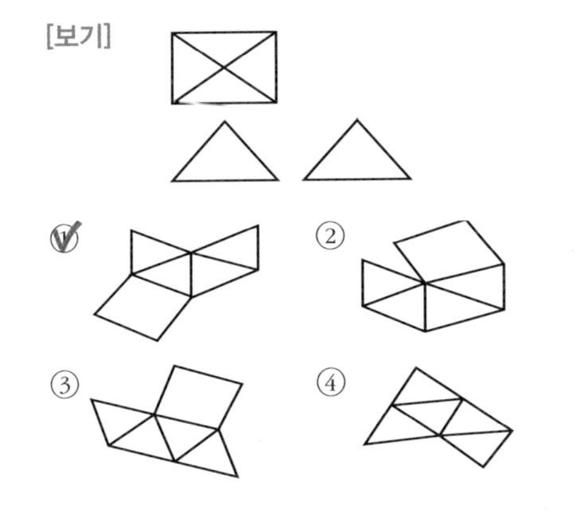

56 다음 보기의 제3각 정투상도에 가장 적합한 입체도는?

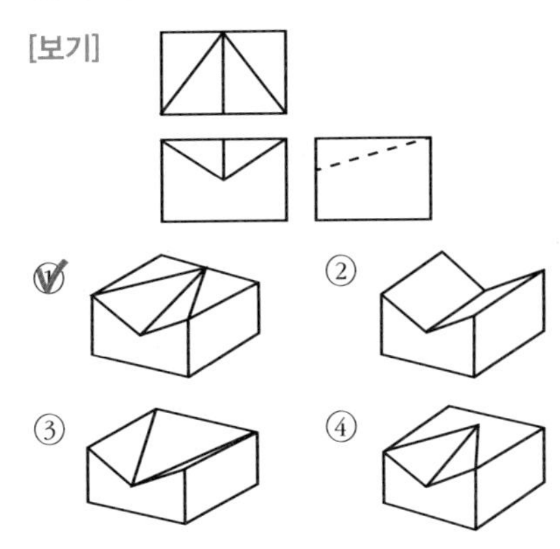

57 보기와 같이 제3각법으로 정투상한 도면의 입체도로 가장 적합한 것은?

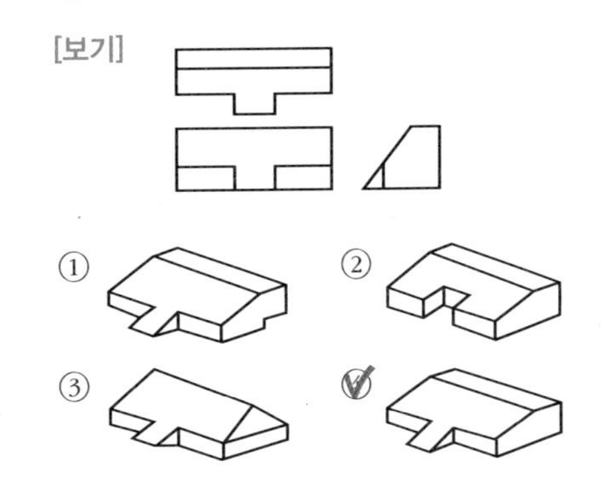

58 보기 도면에서 A~D선의 용도에 의한 명칭으로 틀린 것은?

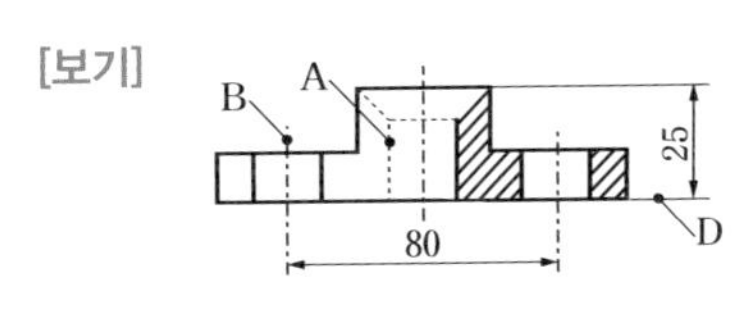

① A: 숨은선 ② B: 중심선

③ C: 치수선 ④ D: 지시선

59 다음과 같은 용접 도시 기호의 설명으로 올바른 것은?

[보기]

a5 ◺ 300

① 홈 깊이 5mm　② 목 길이 5mm
✔ 목 두께 5mm　④ 루트 간격 5mm

60 다음과 같은 용접 도시 기호를 올바르게 설명한 것은?

[보기]

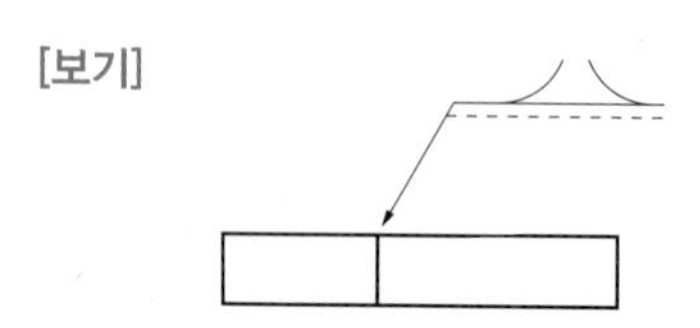

① 돌출된 모서리를 가진 평판 사이의 맞대기 용접이다.
✔ 평행(I형) 맞대기 용접이다.
③ U형 이음으로 맞대기 용접이다.
④ J형 이음으로 맞대기 용접이다.

61 다음의 용접 도시 기호는 어떤 용접을 나타내는가?

[보기]

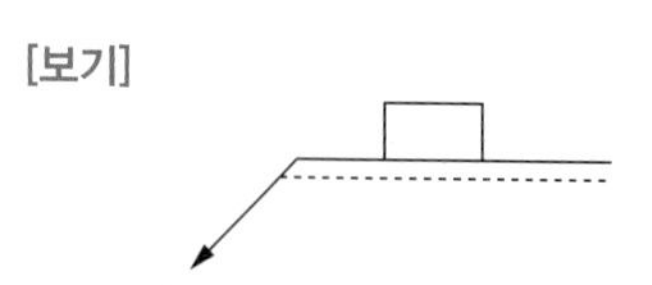

① 점 용접　✔ 플러그 용접
③ 심 용접　④ 가장자리 용접

62 치수 기입법에서 지름, 구의 지름 및 반지름, 모따기, 두께 등을 표시할 때 사용되는 보조 기호로 잘못된 것은?

✔ 두께: D6　② 반지름: R3
③ 모따기: C3　④ 구의 지름 Sø6

63 다음 용접부 보조 기호 중 현장 용접 기호만을 표시하는 것은?

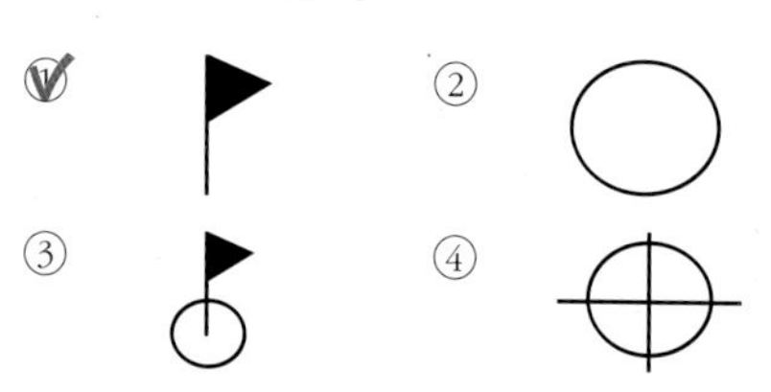

64 강판을 다음과 같이 용접할 때 KS 용접 기호는?

[보기]

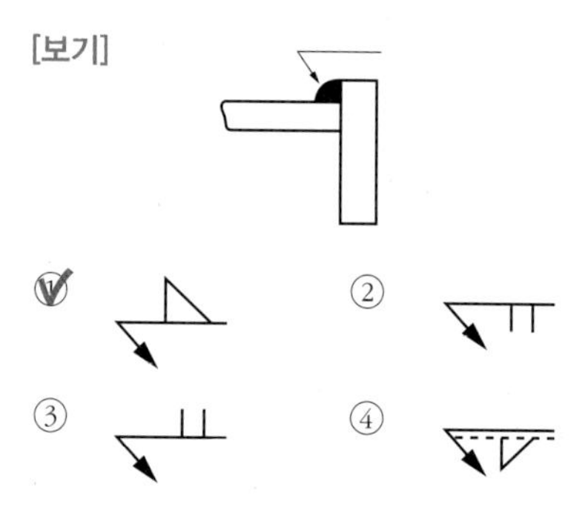

65 보기와 같은 KS 용접 기호 해독으로 올바른 것은?

[보기]

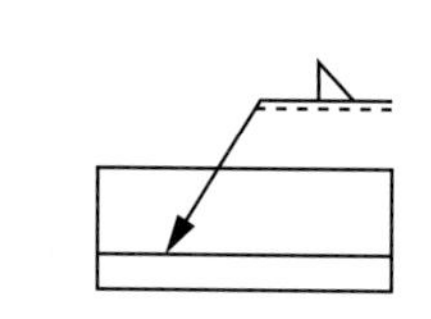

✔ 화살표 쪽에 용접
② 화살표 반대쪽에 용접
③ V홈에 단속 용접
④ 작업자 편한 쪽에 용접

66 보기에서 루트 간격(root opening)을 표시하는 것은?

[보기]

d
c
a
b

✔ a　② b　③ c　④ d

오분만 용접·특수 용접 기능사 필기

실전 모의고사

용접 기능사 실전 모의고사 (1회)

자격종목	코드	시험 시간	문항 수	수험번호	성명
용접 기능사	6223	60분	60		

01 15℃, $1kgf/cm^2$ 하에서 사용 전 용해 아세틸렌 병의 무게가 50kgf이고, 사용 후 무게가 47kgf일 때 사용한 아세틸렌의 양은 몇 L인가?

① 2915　② 2815
③ 3815　④ 2715

02 용접 작업 시 감전으로 인한 사망 재해의 원인과 가장 거리가 먼 것은?

① 용접 작업 중 홀더에 용접봉을 물릴 때나, 홀더가 신체에 접촉되었을 때
② 피용접물에 붙어 있는 용접봉을 떼려다 몸에 접촉되었을 때
③ 용접 후 슬래그를 제거하다가 슬래그가 몸에 접촉되었을 때
④ 1차 축과 2차 축의 케이블의 피복 손상부에 접촉되었을 때

03 MIG 용접에 있어 와이어 속도가 급격하게 감소하면 아크 전압이 높아져서 전극의 용융 속도가 감소하므로 아크 길이가 짧아져 다시 원래의 길이로 돌아오는 특성은?

① 부저항 특성
② 자기 제어 특성
③ 수하 특성
④ 정전류 특성

04 용접 전 반드시 확인해야 할 사항으로 틀린 것은?

① 예열·후열의 필요성을 검토한다.
② 용접 전류, 용접 순서, 용접 조건을 미리 선정한다.
③ 양호한 용접성을 얻기 위해서 용접부에 물로 분무한다.
④ 이음부에 페인트, 기름, 녹 등의 불순물이 없는지 확인 후 제거한다.

05 CO_2 가스 아크 용접에 사용되는 CO_2에 관한 설명으로 틀린 것은?

① 대기 중에서 기체로 존재하며, 공기보다 가볍다.
② 아르곤 가스와 혼합하여 사용할 경우 용융 금속의 이행이 스프레이 이행으로 변한다.
③ 공기 중에 농도가 높아지면 눈, 코, 입에 자극을 느끼게 된다.
④ 충전된 액체 상태의 가스가 용기로부터 기화되어 빠른 속도로 배출 시 팽창에 의해 온도가 낮아진다.

06 비파괴 검사 방법 중 자분 탐상 시험에서 자화방법의 종류에 속하는 것은?

① 극간법　② 스테레오법
③ 공진법　④ 펄스 반사법

07 CO_2 가스 아크 용접에서 솔리드 와이어(Solid wire) 혼합 가스법에 해당되지 않는 것은?

① CO_2 + O_2법
② CO_2 + CO법
③ CO + C_2H_2법
④ CO_2 + Ar + CO_2법

08 TIG 용접에서 박판 용접 시 뒷받침의 사용 목적으로 적절하지 않은 것은?

① 용착 금속의 손실을 방지한다.
② 용착 금속의 용락을 방지한다.
③ 용착 금속 내에 기공의 생성을 방지한다.
④ 산화에 의해 외관이 거칠어지는 것을 방지한다.

09 유도 방사에 의한 광의 증폭을 이용하여 용융하는 용접법은?

① 스터드 용접
② 맥동 용접
③ 레이저 용접
④ 서브머지드 아크 용접

10 불활성 가스 금속 아크(MIG) 용접에 관한 설명으로 틀린 것은?

① 아크 자기 제어 특성이 있다.
② 직류 역극성 이용 시 청정 작용에 의해 알루미늄 등의 용접이 가능하다.
③ 용접 후 슬래그 또는 잔류용제를 제거하기 위한 별도의 처리가 필요하다.
④ 전류 밀도가 높아 3mm 이상의 두꺼운 판의 용접에 능률적이다.

11 용접에서 예열하는 목적과 가장 거리가 먼 것은?

① 수소의 방출을 용이하게 하여 저온 균열을 방지한다.
② 열 영향부와 용착 금속의 연성을 방지하고, 경화를 증가시킨다.
③ 용접부의 기계적 성질을 향상시키고, 경화 조직의 석출을 방지시킨다.
④ 온도 분포가 완만하게 되어 열응력의 감소로 변형과 전류 응력의 발생을 적게 한다.

12 구속력이 가해진 상태에서 오스테나이트계 스테인리스강을 용접할 때 고온 균열을 방지하기 위해서 사용하는 용접봉은?

① 크롬계 오스테나이트 용접봉
② 망간계 오스테나이트 용접봉
③ 크롬-몰리브덴계 오스테나이트 용접봉
④ 크롬-니켈-망간계 오스테나이트 용접봉

13 B급 화재에 해당하는 것은?

① 일반 화재 ② 유류 화재
③ 전기 화재 ④ 금속 화재

14 MIG 용접에 사용되는 보호 가스로 적합하지 않은 것은?

① 순수 아르곤 가스
② 아르곤 - 산소 가스
③ 아르곤 - 헬륨 가스
④ 아르곤 - 수소 가스

15 CO_2 가스 아크 용접용 와이어 중 탈산제, 아크 안정제 등 합금 원소가 포함되어 있어 양호한 용착 금속을 얻을 수 있으며, 아크도 안정되어 스패터가 적고 비드의 외관이 깨끗하게 되는 것은?

① 혼합 솔리드 와이어
② 복합 와이어
③ 솔리드 와이어
④ 특수 와이어

16 현미경 시험을 하기 위해 사용되는 부식제 중 철강용에 해당되는 것은?

① 왕수
② 연화철액
③ 피크린산
④ 플루오르화 수소액

17 납땜할 때, 염산이 몸에 튀었을 경우 1차적 조치로 가장 적절한 것은?

① 빨리 물로 씻는다.
② 그냥 놓아두어야 한다.
③ 손으로 문질러 둔다.
④ 머큐로크롬을 바른다.

18 아크 분위기 중에서 수소가 너무 많을 때, 발생하는 용접 결함은?

① 용입 불량 ② 언더컷
③ 오버랩 ④ 비드 밑 균열

19 스터드 용접에서 페룰의 역할이 아닌 것은?

① 아크열을 발산한다.
② 용착부의 오염을 방지한다.
③ 용융 금속의 유출을 막아 준다.
④ 용융 금속의 산화를 방지한다.

20 용접부의 작업 검사에 있어 용접 중 작업 검사 사항으로 가장 적합한 것은?

① 용접 작업자의 기량
② 각 층마다의 융합 상태
③ 후열 처리 방법 및 상태
④ 용접 조건, 예열, 후열 등의 처리

21 잔류 응력 제거 방법에 있어 용접선 양측을 일정 속도로 이동하는 가스 불꽃에 의하여 너비 약 150mm를 150~200℃로 가열한 다음 곧 수랭하는 방법은?

① 피닝법
② 기계적 응력 완화법
③ 국부 풀림법
④ 저온 응력 완화법

22 산화철 분말과 알루미늄 분말을 혼합한 배합제에 점화하면 반응열이 약 2800℃에 달하며, 주로 레일 이음에 사용되는 용접법은?

① 스폿 용접
② 테르밋 용접
③ 심 용접
④ 일렉트로 가스 용접

23 플라스마 제트 절단에 관한 설명으로 틀린 것은?

① 플라스마 제트 절단은 플라스마 제트 에너지를 이용한 절단법의 일종이다.
② 절단하려는 재료에 전기적 접촉이 이루어짐으로 비금속 재료의 절단에는 적합하지 않다.
③ 절단 장치의 전원에는 직류가 사용되지만 아크 전압이 높아지면 무부하 전압도 높은 것이 필요하다.
④ 작동 가스로는 알루미늄 등의 경금속에 대해서는 아르곤과 수소의 혼합가스가 사용된다.

24 아크 에어 가우징에 사용되지 않는 것은?

① 가우징 토치 ② 가우징봉
③ 압축 공기 ④ 열 교환기

25 주철 용접 시 주의 사항으로 틀린 것은?

① 용접봉은 가능한 한 지름이 굵은 용접봉을 사용한다.
② 보수 용접을 행하는 경우는 결함 부분을 완전히 제거한 후 용접한다.
③ 균열의 보수는 균열의 성장을 방지하기 위해 균열의 양 끝에 정지 구멍을 뚫는다.
④ 용접 전류는 필요 이상 높이지 말고 직선 비드를 배치하며, 지나치게 용입을 깊게 하지 않는다.

26 가스 용접용 토치의 팁 중 표준 불꽃으로 1시간 용접 시 아세틸렌 소모량이 100L인 것은?

① 고압식 200번 팁
② 중압식 200번 팁
③ 가변압식 100번 팁
④ 불변압식 100번 팁

27 고체 상태에 있는 두 개의 금속 재료를 융접, 압접, 납땜으로 분류하여 접합하는 방법은?

① 기계적인 접합법
② 화학적 접합법
③ 전기적 접합법
④ 야금적 접합법

28 헬멧이나 핸드실드의 차광 유리 앞에 보호 유리를 끼우는 가장 타당한 이유는?

① 시력을 보호하기 위하여
② 가시광선을 차단하기 위하여
③ 적외선을 차단하기 위하여
④ 차광 유리를 보호하기 위하여

29 직류 아크 용접기의 음(−)극에 용접봉을, 양(+)극에 모재를 연결한 상태의 극성을 무엇이라 하는가?

① 직류 정극성 ② 직류 역극성
③ 직류 음극성 ④ 직류 용극성

30 수동 가스 절단 작업 중 절단면의 윗 모서리가 녹아 둥글게 되는 현상이 생기는 원인과 거리가 먼 것은?

① 팁과 강판 사이의 거리가 가까울 때
② 절단 가스의 순도가 높을 때
③ 예열 불꽃이 너무 강할 때
④ 절단 속도가 너무 느릴 때

31 **교류 아크 용접기의 종류 중 조작이 간단하고 원격 조정이 가능한 용접기는?**

① 가포화 리액터형 용접기
② 가동 코일형 용접기
③ 가동 철심형 용접기
④ 탭 전환형 용접기

32 **가연성 가스에 대한 설명 중 가장 옳은 것은?**

① 가연성 가스는 CO_2와 혼합하면 더욱 잘 탄다.
② 가연성 가스는 혼합 공기가 적은 만큼 완전 연소한다.
③ 산소, 공기 등과 같이 스스로 연소하는 가스를 말한다.
④ 가연성 가스는 혼합한 공기와의 비율이 적절한 범위 안에서 잘 연소한다.

33 **수중 절단 작업을 할 때에는 예열 가스의 양을 공기 중의 몇 배로 하는가?**

① 0.5 ~ 1배 ② 1.5 ~ 2배
③ 4 ~ 8배 ④ 9 ~ 16배

34 **아크 용접기의 구비 조건으로 틀린 것은?**

① 구조 및 취급이 간단해야 한다.
② 사용 중에 온도 상승이 커야 한다.
③ 전류 조정이 용이하고, 일정한 전류가 흘러야 한다.
④ 아크 발생 및 유지가 용이하고 아크가 안정되어야 한다.

35 **철강을 가스 절단하려고 할 때의 절단 조건으로 틀린 것은?**

① 슬래그의 이탈이 양호하여야 한다.
② 모재에 연소되지 않는 물질이 적어야 한다.
③ 생성된 산화물의 유동성이 좋아야 한다.
④ 생성된 금속 산화물의 용융 온도는 모재의 용융점보다 높아야 한다.

36 **아크 용접에서 피복제의 역할이 아닌 것은?**

① 전기 절연 작용을 한다.
② 용착 금속의 응고와 냉각 속도를 빠르게 한다.
③ 용착 금속에 적당한 합금 원소를 첨가한다.
④ 용적(globule)을 미세화하고, 용착 효율을 높인다.

37 **직류 용접에서 발생되는 아크 쏠림의 방지 대책 중 틀린 것은?**

① 큰 가접부 또는 이미 용접이 끝난 용착부를 향하여 용접할 것
② 용접부가 긴 경우 후퇴 용접법(back step welding)으로 할 것
③ 용접봉 끝을 아크가 쏠리는 방향으로 기울일 것
④ 되도록 아크를 짧게 하여 사용할 것

38 **산소-아세틸렌가스 불꽃 중 일반적인 가스 용접에는 사용하지 않고 구리, 황동 등의 용접에 주로 이용되는 불꽃은?**

① 탄화 불꽃 ② 중성 불꽃
③ 산화 불꽃 ④ 아세틸렌 불꽃

39 두 개의 모재를 강하게 맞대어 놓고 서로 상대 운동을 주어 발생되는 열을 이용하는 방식은?

① 마찰 용접 ② 냉간 압접
③ 가스 압접 ④ 초음파 용접

40 18–8형 스테인리스강의 특징을 설명한 것 중 틀린 것은?

① 비자성체이다.
② 18-8에서 18은 Cr %, 8은 Ni %이다.
③ 결정 구조는 면심입방격자를 갖는다.
④ 500~800℃로 가열하면 탄화물이 입계에 석출하지 않는다.

41 용접 금속의 용융부에서 응고 과정에 순서로 옳은 것은?

① 결정핵 생성 → 수지상정 → 결정경계
② 결정핵 생성 → 결정경계 → 수지상정
③ 수지상정 → 결정핵 생성 → 결정경계
④ 수지상정 → 결정경계 → 결정핵 생성

42 질량의 대소에 따라 담금질 효과가 다른 현상을 질량 효과라고 한다. 탄소강에 니켈, 크롬, 망간 등을 첨가하면 질량 효과는 어떻게 변하는가?

① 질량 효과가 커진다.
② 질량 효과가 작아진다.
③ 질량 효과는 변하지 않는다.
④ 질량 효과가 작아지다가 커진다.

43 Mg(마그네슘)의 융점은 약 몇 ℃인가?

① 650℃ ② 1538℃
③ 1670℃ ④ 3600℃

44 주철에 관한 설명으로 틀린 것은?

① 인장 강도가 압축 강도보다 크다.
② 주철은 백주철, 반주철, 회주철 등으로 나눈다.
③ 주철은 메짐(취성)이 연강보다 크다.
④ 흑연은 인장 강도를 약하게 한다.

45 강재 부품에 내마모성이 좋은 금속을 용착시켜 경질의 표면층을 얻는 방법은?

① 브레이징(brazing)
② 숏 피닝(shot peening)
③ 하드 페이싱(hard facing)
④ 질화법(nitriding)

46 용해 시 흡수한 산소를 인(P)으로 탈산하여 산소를 0.01% 이하로 한 것이며, 고온에서 수소 취성이 없고 용접성이 좋아 가스관, 열교환관 등으로 사용되는 구리는?

① 탈산구리 ② 정련구리
③ 전기구리 ④ 무산소구리

47 저합금강 중에서 연강에 비하여 고장력강의 사용 목적으로 틀린 것은?

① 재료가 절약된다.
② 구조물이 무거워진다.
③ 용접 공수가 절감된다.
④ 내식성이 향상된다.

48 주조 상태의 주강품 조직이 거칠고 취약하기 때문에 반드시 실시해야 하는 열처리는?

① 침탄 ② 풀림
③ 질화 ④ 금속 침투

49 합금강이 탄소강에 비하여 좋은 성질이 아닌 것은?

① 기계적 성질 향상
② 결정 입자의 조대화
③ 내식성, 내마멸성 향상
④ 고온에서 기계적 성질 저하 방지

50 산소나 탈산제를 품지 않으며, 유리에 대한 봉착성이 좋고 수소 취성이 없는 시판동은?

① 무산소동 ② 전기동
③ 정련동 ④ 탈산동

51 도면에 아래와 같이 리벳이 표시되었을 경우 올바른 설명은?

> 'ks b 1101 둥근 머리 리벳 25 × 36 SNRM 10'

① 호칭 지름은 25mm이다.
② 리벳 이름의 피치는 400mm이다.
③ 리벳의 재질은 황동이다.
④ 둥근머리부의 바깥지름은 36mm이다.

52 기계 제도 도면에서 't20'이라는 치수가 있을 경우 't'가 의미하는 것은?

① 모떼기 ② 재료의 두께
③ 구의 지름 ④ 정사각형의 변

53 도면에서의 지시한 용접법으로 바르게 짝지어진 것은?

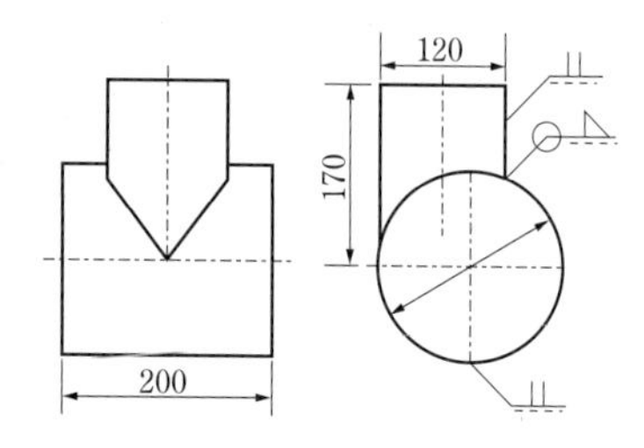

① 이면 용접, 필릿 용접
② 겹치기 용접, 플러그 용접
③ 평형 맞대기 용접, 필릿 용접
④ 심 용접, 겹치기 용접

54 다음 그림은 어떤 밸브의 도시 기호인가?

① 앵글 밸브 ② 체크 밸브
③ 게이트 밸브 ④ 안전 밸브

55 배관용 아크 용접 탄소강 강관의 KS 기호는?

① PW ② WM
③ SCW ④ SPW

56 기계 제작 부품 도면에서 도면의 윤곽선 오른쪽 아래 구석에 위치하는 표제란을 가장 올바르게 설명한 것은?

① 품번, 품명, 재질, 주서 등을 기재한다.
② 제작에 필요한 기술적인 사항을 기재한다.
③ 제조 공정별 처리 방법, 사용 공구 등을 기재한다.
④ 도번, 도명, 제도 및 검도 등 관련자 서명, 척도 등을 기재한다.

57 다음과 같이 제3각법으로 정면도와 우측면도를 작도할 때 누락된 평면도로 적합한 것은?

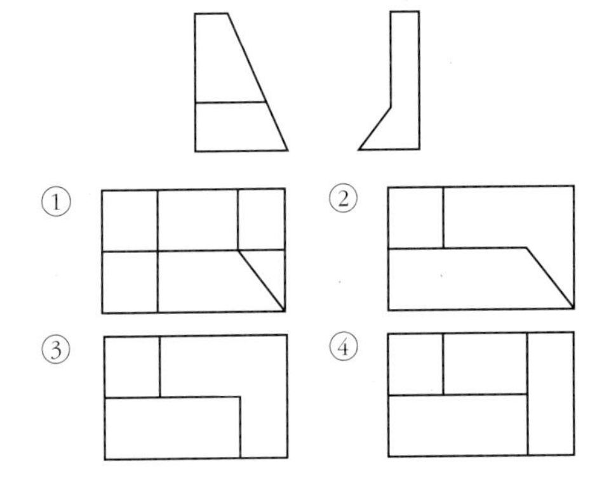

58 다음과 같은 원추를 전개하였을 경우 전개면의 꼭지각이 180°가 되려면 øD의 치수는 얼마가 되어야 하는가?

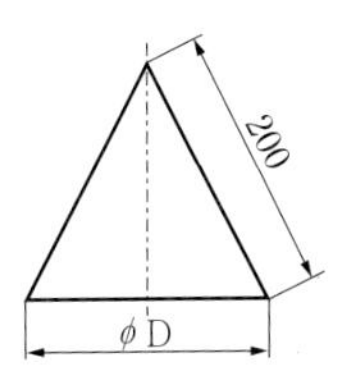

① ø100 ② ø120
③ ø180 ④ ø200

59 단면을 나타내는 해칭선의 방향이 가장 적합하지 않은 것은?

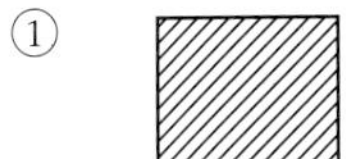
①
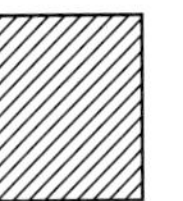
②
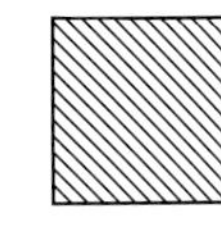
③
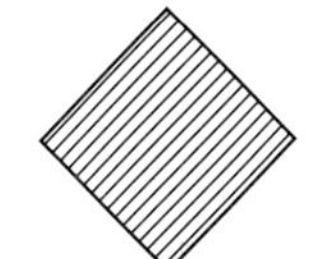
④

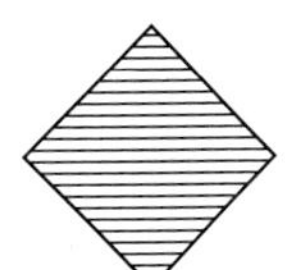

60 기계 제도에서 사용하는 선의 굵기의 기준이 아닌 것은?

① 0.9mm ② 0.25mm
③ 0.18mm ④ 0.7mm

정답 :: 실전 모의고사 (1회)

01	02	03	04	05	06	07	08	09	10
④	③	②	③	①	①	③	①	③	③
11	12	13	14	15	16	17	18	19	20
②	④	②	④	②	③	①	④	①	②
21	22	23	24	25	26	27	28	29	30
④	②	②	④	①	③	④	④	①	②
31	32	33	34	35	36	37	38	39	40
①	④	③	②	④	②	③	③	①	④
41	42	43	44	45	46	47	48	49	50
①	②	①	①	③	①	②	②	②	①
51	52	53	54	55	56	57	58	59	60
①	②	③	②	④	④	②	④	③	①

용접 기능사 실전 모의고사 (2회)

자격종목	코드	시험 시간	문항 수	수험번호	성명
용접 기능사	6223	60분	60		

01 구조물의 본 용접 작업에 대하여 설명한 것 중 맞지 않는 것은?

① 위빙 폭은 심선 지름의 2~3배 정도가 적당하다.
② 용접 시단부의 기공 발생 방지 대책으로 핫 스타트(hot start) 장치를 설치한다.
③ 용접 작업 종단에 수축공을 방지하기 위하여 아크를 빨리 끊어 크레이터를 남게 한다.
④ 구조물의 끝 부분이나 모서리, 구석 부분과 같이 응력이 집중되는 곳에서 용접봉을 갈아 끼우는 것을 피하여야 한다.

02 대전류, 고속도 용접을 실시하므로 이음부의 청정(수분, 녹, 스케일 제거 등)에 특히 유의하여야 하는 용접은?

① 수동 피복 아크 용접
② 반자동 이산화탄소 아크 용접
③ 서브머지드 아크 용접
④ 가스 용접

03 CO_2 가스 아크 용접 시 작업장의 CO_2 가스가 몇 % 이상이면 인체에 위험한 상태가 되는가?

① 1% ② 4%
③ 10% ④ 15%

04 안전을 위하여 가죽 장갑을 사용할 수 있는 작업은?

① 드릴링 작업 ② 선반 작업
③ 용접 작업 ④ 밀링 작업

05 CO_2 가스 아크 용접을 보호 가스와 용극 가스에 의해 분류했을 때 용극식의 솔리드 와이어 혼합 가스법에 속하는 것은?

① CO_2 + C법
② CO_2 + CO + Ar법
③ CO_2 + CO + O_2법
④ CO_2 + Ar법

06 다음 중 연소를 가장 바르게 설명한 것은?

① 물질이 열을 내며 탄화한다.
② 물질이 탄산가스와 반응한다.
③ 물질이 산소와 반응하여 환원한다.
④ 물질이 산소와 반응하여 열과 빛을 발생한다.

07 다음 그림과 같이 길이가 긴 T형 필릿 용접을 할 경우에 일어나는 용접 변형의 영향은?

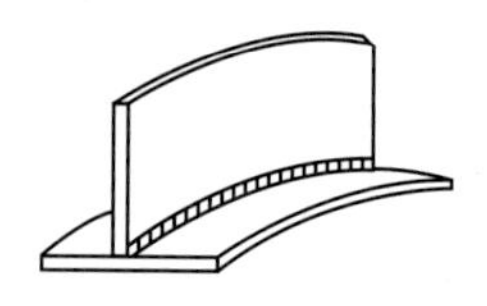

① 회전 변형 ② 세로 굽힘 변형
③ 좌굴 변형 ④ 가로 굽힘 변형

08 플라스마 아크 용접 장치에서 아크 플라스마의 냉각 가스로 쓰이는 것은?

① 아르곤과 수소의 혼합 가스
② 아르곤과 산소의 혼합 가스
③ 아르곤과 메탄의 혼합 가스
④ 아르곤과 프로판의 혼합 가스

09 용접부의 외관 검사 시 관찰 사항이 아닌 것은?

① 용입 ② 오버랩
③ 언더컷 ④ 경도

10 용접 균열의 분류에서 발생하는 위치에 따라서 분류한 것은?

① 용착 금속 균열과 용접 열영향부 균열
② 고온 균열과 저온 균열
③ 매크로 균열과 마이크로 균열
④ 입계 균열과 입안 균열

11 불활성 가스 텅스텐 아크 용접에서 고주파 전류를 사용할 때의 이점이 아닌 것은?

① 전극을 모재에 접촉시키지 않아도 아크 발생이 용이하다.
② 전극을 모재에 접촉시키지 않으므로 아크가 불안정하여 아크가 끊어지기 쉽다.
③ 전극을 모재에 접촉시키지 않으므로 전극의 수명이 길다.
④ 일정한 지름의 전극에 대하여 광범위한 전류의 사용이 가능하다.

12 용접부 시험 중 비파괴 시험 방법이 아닌 것은?

① 초음파 시험 ② 크리프 시험
③ 침투 시험 ④ 맴돌이 전류 시험

13 MIG 용접에서 와이어 송급 방식이 아닌 것은?

① 푸시 방식 ② 풀 방식
③ 푸시 풀 방식 ④ 포터블 방식

14 다음 중 오스테나이트계 스테인리스강을 용접하면 냉각하면서 고온 균열이 발생할 수 있는 경우는?

① 아크 길이가 너무 짧을 때
② 크레이터 처리를 하지 않았을 때
③ 모재 표면이 청정했을 때
④ 구속력이 없는 상태에서 용접할 때

15 다음 용착법 중에서 비석법을 나타낸 것은?

① $\overset{5}{\rightarrow}\ \overset{4}{\rightarrow}\ \overset{3}{\rightarrow}\ \overset{2}{\rightarrow}\ \overset{1}{\rightarrow}$ ② $\overset{2}{\rightarrow}\ \overset{3}{\rightarrow}\ \overset{4}{\rightarrow}\ \overset{1}{\rightarrow}\ \overset{5}{\rightarrow}$

③ $\overset{1}{\rightarrow}\ \overset{4}{\rightarrow}\ \overset{2}{\rightarrow}\ \overset{5}{\rightarrow}\ \overset{3}{\rightarrow}$ ④ $\overset{3}{\rightarrow}\ \overset{4}{\rightarrow}\ \overset{5}{\rightarrow}\ \overset{1}{\rightarrow}\ \overset{2}{\rightarrow}$

16 알루미늄을 TIG 용접법으로 접합하고자 할 경우 필요한 전원과 극성으로 가장 적합한 것은?

① 직류 정극성
② 직류 역극성
③ 교류 저주파
④ 교류 고주파

17 연납땜에 가장 많이 사용되는 용가재는?

① 주석 납
② 인동 납
③ 양은 납
④ 황동 납

18 충전 가스 용기 중 암모니아 가스 용기의 도색은?

① 회색 ② 청색
③ 녹색 ④ 백색

19 다음 그림에서 루트 간격을 표시하는 것은?

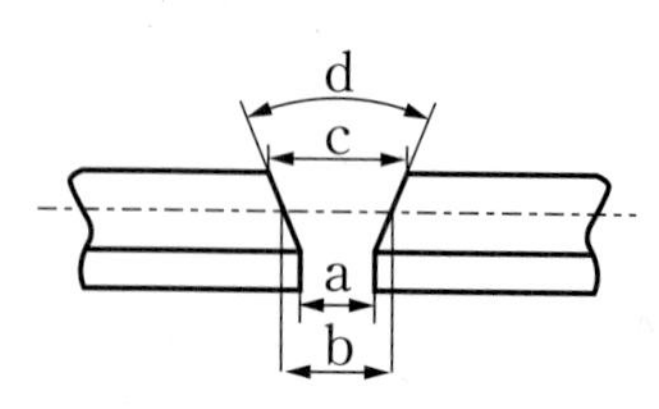

① a ② b
③ c ④ d

20 일렉트로 가스 아크 용접에 주로 사용하는 실드 가스는?

① 아르곤 가스
② CO_2 가스
③ 프로판 가스
④ 헬륨 가스

21 이음 형상에 따라 저항 용접을 분류할 때 맞대기 용접에 속하는 것은?

① 업셋 용접
② 스폿 용접
③ 심 용접
④ 프로젝션 용접

22 용접기의 보수 및 점검 사항 중 잘못 설명한 것은?

① 습기나 먼지가 많은 장소는 용접기 설치를 피한다.
② 용접기 케이스와 2차측 단자의 두 쪽 모두 접지를 피한다.
③ 가동 부분 및 냉각판을 점검하고 주유를 한다.
④ 용접 케이블의 파손된 부분은 절연 테이프로 감아 준다.

23 교류 아크 용접기의 종류에 속하지 않는 것은?

① 가동 코일형 ② 가동 철심형
③ 전동기 구동형 ④ 탭 전환형

24 용접봉에서 모재로 용융 금속이 옮겨 가는 용적 이행 상태가 아닌 것은?

① 단락형 ② 스프레이형
③ 탭 전환형 ④ 글로뷸러형

25 교류와 직류 아크 용접기를 비교해서 직류 아크 용접기의 특징이 아닌 것은?

① 구조가 복잡하다.
② 아크의 안정성이 우수하다.
③ 비피복 용접봉 사용이 가능하다.
④ 역률이 불량하다.

26 가스 용접에서 탄화 불꽃의 설명과 관련이 가장 적은 것은?

① 속불꽃과 겉불꽃 사이에 밝은 백색의 제3불꽃이 있다.
② 산화 작용이 일어나지 않는다.
③ 아세틸렌 과잉 불꽃이다.
④ 표준 불꽃이다.

27 전기 용접봉 E4301은 어느 계인가?

① 저수소계
② 고산화티탄계
③ 일미나이트계
④ 라임티타니아계

28 가스 절단 작업 시의 표준 드래그 길이는 일반적으로 모재 두께의 몇 % 정도인가?

① 5 ② 10
③ 20 ④ 30

29 산소 용기의 표시로 용기 윗부분에 각인이 찍혀 있다. 잘못 표시된 것은?

① 용기 제작사 명칭 및 기호
② 충전 가스 명칭
③ 용기 중량
④ 최저 충전 압력

30 피복 아크 용접기의 아크 발생 시간과 휴식 시간 전체가 10분이고, 아크 발생 시간이 3분일 때 이 용접기의 사용률(%)은?

① 10% ② 20%
③ 30% ④ 40%

31 두꺼운 판, 주강의 슬랙 덩어리, 암석의 천공 등의 절단에 이용되는 절단법은?

① 산소창 절단 ② 수중 절단
③ 분말 절단 ④ 포갬 절단

32 다음 중 직류 정극성을 나타내는 기호는?

① DCSP ② DCCP
③ DCRP ④ DCOP

33 용접에서 직류 역극성의 설명 중 틀린 것은?

① 모재의 용입이 깊다.
② 봉의 녹음이 빠르다.
③ 비드 폭이 넓다.
④ 박판, 합금강, 비철 금속의 용접에 사용한다.

34 피복 아크 용접봉의 피복제에 합금제로 첨가되는 것은?

① 규산칼륨 ② 페로망간
③ 이산화망간 ④ 붕사

35 100A 이상 300A 미만의 피복 금속 아크 용접 시 차광 유리의 차광도 번호가 가장 적합한 것은?

① 4 ~ 5번 ② 8 ~ 9번
③ 10 ~ 12번 ④ 15 ~ 16번

36 가스 절단에서 절단 속도에 영향을 미치는 요소가 아닌 것은?

① 예열 불꽃의 세기
② 팁과 모재의 간격
③ 역화 방지기의 설치 유무
④ 모재의 재질과 두께

37 두께가 6.0mm인 연강판을 가스 용접하려고 할 때 가장 적합한 용접봉의 지름은 몇 mm인가?

① 1.6 ② 2.6
③ 4.0 ④ 5.0

38 가스의 혼합비(가연성 가스 : 산소)가 최적의 상태일 때 가연성 가스의 소모량이 1이면 산소의 소모량이 가장 적은 가스는?

① 메탄 ② 프로판
③ 수소 ④ 아세틸렌

39 가변압식 토치의 팁 번호 400번을 사용하여 표준 불꽃으로 2시간 동안 용접할 때 아세틸렌가스의 소비량은 몇 ℓ인가?

① 400 ② 800
③ 1600 ④ 2400

40 두랄루민(duralumin)의 합금 성분은?

① Al + Cu + Sn + Zn
② Al + Cu + Si + Mo
③ Al + Cu + Ni + Fe
④ Al + Cu + Mg + Mn

41 탄소강에 관한 설명으로 옳은 것은?

① 탄소가 많을수록 가공 변형은 어렵다.
② 탄소강의 내식성은 탄소가 증가할수록 증가한다.
③ 아공석강에서 탄소가 많을수록 인장강도가 감소한다.
④ 아공석강에서 탄소가 많을수록 경도가 감소한다.

42 액체 침탄법에 사용되는 침탄제는?

① 탄산바륨 ② 가성소다
③ 시안화나트륨 ④ 탄산나트륨

43 다음 금속의 기계적 성질에 대한 설명 중 틀린 것은?

① 탄성 : 금속에 외력을 가해 변형되었다가 외력을 제거했을 때 원래 상태로 돌아오는 성질
② 경도 : 금속 표면이 외력에 저항하는 성질, 즉 물체의 기계적인 단단함의 정도를 나타내는 것
③ 취성 : 강도가 크면서 연성이 없는 것, 즉 물체가 약간의 변형에도 견디지 못하고 파괴되는 성질
④ 피로 : 재료에 인장과 압축 하중을 오랜 시간 동안 연속적으로 되풀이하여도 파괴되지 않는 현상

44 다이 캐스팅 합금강 재료의 요구 조건에 해당되지 않는 것은?

① 유동성이 좋아야 한다.
② 열간 메짐성(취성)이 적어야 한다.
③ 금형에 대한 점착성이 좋아야 한다.
④ 응고 수축에 대한 용탕 보급성이 좋아야 한다.

45 강을 담금질할 때 다음 냉각액 중에서 냉각 효과가 가장 빠른 것은?

① 기름 ② 공기
③ 물 ④ 소금물

46 주석청동 중에 납(Pb)을 3~26% 첨가한 것으로, 베어링 패킹 재료 등에 널리 사용되는 것은?

① 인청동 ② 연청동
③ 규소 청동 ④ 베릴륨 청동

47 페라이트계 스테인리스강의 특징이 아닌 것은?

① 표면 연마된 것은 공기나 물에 부식되지 않는다.
② 질산에는 침식되나 염산에는 침식되지 않는다.
③ 오스테나이트계에 비하여 내산성이 낮다.
④ 풀림 상태 또는 표면이 거친 것은 부식되기 쉽다.

48 Mg의 특성을 설명한 것으로 틀린 것은?

① Fe, Ni 및 Cu 등의 함유에 의하여 내식성이 대단히 좋다.
② 비중이 1.74로 실용 금속 중에서 매우 가볍다.
③ 알칼리에는 견디나 산이나 열에는 약하다.
④ 바닷물에 대단히 약하다.

49 주강에 대한 설명으로 잘못된 것은?

① 용접에 의한 보수가 용이하다.
② 주철에 비해 기계적 성질이 우수하다.
③ 주철로서는 강도가 부족할 경우에 사용한다.
④ 주철에 비해 용융점이 낮고 수축률이 크다.

50 가볍고 강하며 내식성이 우수하나 600℃ 이상에서는 급격히 산화되어 TIG 용접 시 용접 토치에 특수(shield gas) 장치가 반드시 필요한 금속은?

① Al ② Ti
③ Mg ④ Cu

51 다음 그림의 형강을 올바르게 나타낸 치수 표시법은? (단, 형강 길이는 K이다.)

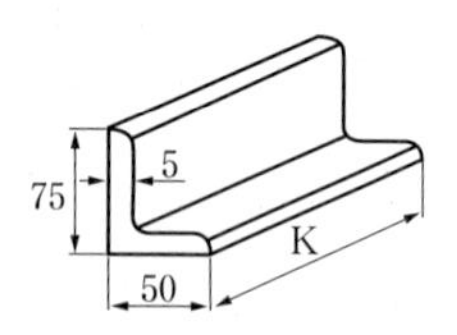

① L 75×50×5×K
② L 75×50×5-K
③ L 50×75-5-K
④ L 50×75×5×K

52 기계 제도에 관한 일반 사항의 설명으로 틀린 것은?

① 도형의 크기와 대상물의 크기와의 사이에는 올바른 비례 관계를 보유하도록 그린다. 다만 잘못 볼 염려가 없다고 생각되는 도면은 도면의 일부 또는 전부에 대하여 이 비례 관계는 지키지 않아도 좋다.
② 선의 굵기 방향의 중심은 선의 이론상 그려야 할 위치 위에 있어야 한다.
③ 서로 근접하여 그리는 선의 선 간격(중심거리)은 원칙적으로 평행선의 경우 선의 굵기의 3배 이상으로 하고, 선과 선의 간격은 0.7mm 이상으로 하는 것이 좋다.
④ 투명한 재료로 만들어지는 대상물 또는 부분은 투상도에서 전부 투명한 것(없는 것)으로 하여 나타낸다.

53 다음의 제3각 투상도에 가장 적합한 입체도는?

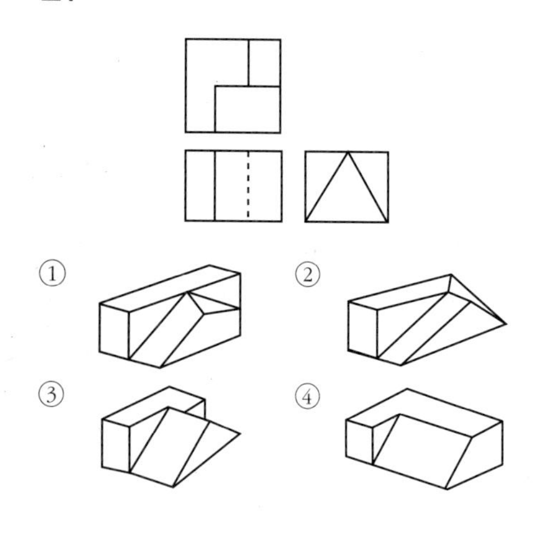

54 배관 제도 밸브 도시 기호에서 일반 밸브가 닫힌 상태를 도시한 것은?

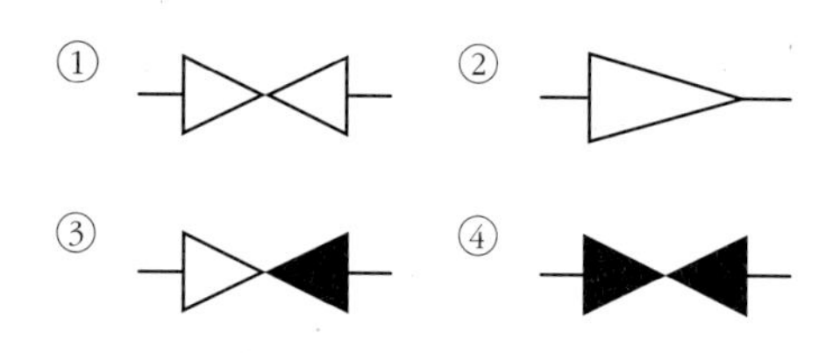

55 다음 용접 기호의 설명으로 옳은 것은?

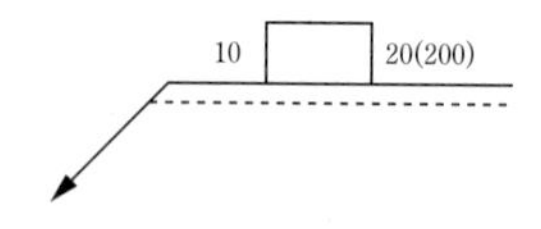

① 플러그 용접을 의미한다.
② 용접부 지름은 20mm이다.
③ 용접부 간격은 10mm이다.
④ 용접부 수는 200개이다.

56 정투상법의 제1각법과 제3각법에서 배열 위치가 정면도를 기준으로 동일한 위치에 놓이는 투상도는?

① 좌측면도 ② 평면도
③ 정면도 ④ 배면도

57 다음 중 원기둥의 전개에 가장 적합한 전개도법은?

① 평행선 전개도법
② 방사선 전개도법
③ 삼각형 전개도법
④ 역삼각형 전개도법

58 판의 두께를 나타내는 치수 보조 기호는?

① C ② R
③ □ ④ t

59 KS 재료 기호 SM10C에서 10C는 무엇을 뜻하는가?

① 제작 방법 ② 종별 번호
③ 탄소 함유량 ④ 최저 인장 강도

60 다음 투상도 중 표현하는 각법이 다른 하나는?

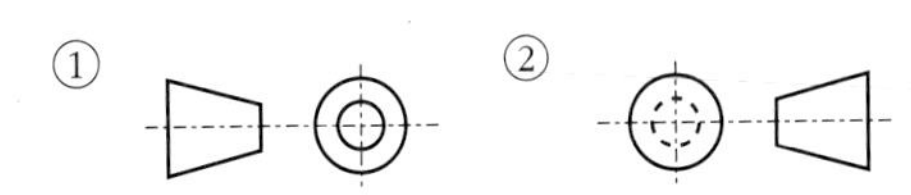

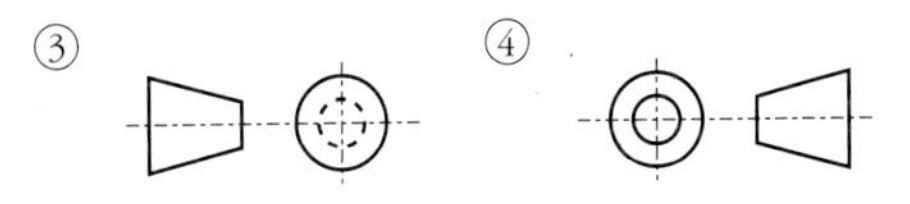

정답 :: 실전 모의고사 (2회)

01	02	03	04	05	06	07	08	09	10
③	③	④	③	④	④	②	①	④	①
11	12	13	14	15	16	17	18	19	20
②	②	④	②	③	④	①	④	①	②
21	22	23	24	25	26	27	28	29	30
①	②	③	③	④	④	③	③	④	③
31	32	33	34	35	36	37	38	39	40
①	①	①	②	③	③	③	③	②	④
41	42	43	44	45	46	47	48	49	50
①	③	④	③	④	②	②	①	④	②
51	52	53	54	55	56	57	58	59	60
②	④	③	④	①	④	①	④	③	③

용접 기능사 실전 모의고사 (3회)

자격종목	코드	시험 시간	문항 수	수험번호	성명
용접 기능사	6223	60분	60		

01 가스 용접에 있어 납땜의 용제가 갖추어야 할 조건으로 옳은 것은?

① 청정한 금속면의 산화가 잘 이루어질 것
② 전기 저항 납땜에 사용되는 것은 부도체일 것
③ 용제의 유효 온도 범위와 납땜의 온도가 일치할 것
④ 땜납이 표면 장력과 차이를 만들고 모재와의 친화력이 낮을 것

02 MIG 용접의 용적 이행 형태에 대한 설명으로 옳은 것은?

① 용적 이행에는 단락 이행, 스프레이 이행, 입상 이행이 있으며, 가장 많이 사용되는 것은 입상 이행이다.
② 스프레이 이행은 저전압 저전류에서 아르곤 가스를 사용하는 경합금 용접에서 주로 나타난다.
③ 입상 이행은 와이어보다 큰 용적으로 용융되어 이행하며 주로 CO_2 가스를 사용할 때 나타난다.
④ 직류 정극성일 때 스패터가 적고 용입이 깊게 되며, 용적 이행이 안정한 스프레이 이행이 된다.

03 CO_2 가스 아크 용접에서 일반적으로 다공성의 원인이 되는 가스가 아닌 것은?

① 산소 ② 수소
③ 질소 ④ 일산화탄소

04 CO_2 가스 아크 용접 결함에 있어 기공 발생의 원인으로 볼 수 없는 것은?

① 팁이 마모되어 있다.
② 용접 부위가 지저분하다.
③ CO_2 가스 유량이 부족하다.
④ 노즐과 모재 간의 거리가 너무 길다.

05 연소의 3요소를 올바르게 나열한 것은?

① 가연물, 산소, 공기
② 가연물, 빛, 탄산가스
③ 가연물, 산소, 정촉매
④ 가연물, 산소, 점화원

06 용접 비용 계산 시의 비용 절감 요소로 틀린 것은?

① 대기 시간 최대화
② 효과적인 재료 사용 계획
③ 합리적이고 경제적인 설계
④ 가공 불량에 의한 용접의 손실 최소화

07 TIG 용접 토치는 공랭식과 수랭식으로 분류되는데 가볍고 취급이 용이한 공랭식 토치의 경우 일반적으로 몇 A 정도까지 사용하는가?

① 200 ② 380
③ 450 ④ 650

08 용접 작업에 있어 가용접 시 주의해야 할 사항으로 옳은 것은?

① 본 용접보다 높은 온도로 예열한다.
② 개선 홈 내의 가접부는 백 치핑으로 완전히 제거한다.
③ 가접의 위치는 주로 부품의 끝 모서리에 한다.
④ 용접봉은 본 용접 작업 시에 사용하는 것 보다 두꺼운 것을 사용한다.

09 일렉트로 슬래그 용접 이음의 종류로 볼 수 없는 것은?

① 모서리 이음 ② 필릿 이음
③ T 이음 ④ X 이음

10 용접용 보안면의 일반 구조에 관한 설명으로 틀린 것은?

① 복사열에 노출될 수 있는 금속 부분은 단열 처리해야 한다.
② 착용자와 접촉하는 보안면의 모든 부분에는 피부 자극을 유발하지 않는 재질을 사용해야 한다.
③ 용접용 보안면의 내부 표면은 유광 처리하고 보안면 내부로는 일정량 이상의 빛이 들어오도록 해야 한다.
④ 보안면에는 돌출 부분, 날카로운 모서리 혹은 사용 도중 불편하거나 상해를 줄 수 있는 결함이 없어야 한다.

11 서브머지드 아크 용접에 사용되는 용제에 관한 설명으로 틀린 것은?

① 소결형 용제는 용융형 용제에 비하여 용제의 소모량이 적다.
② 용융형 용제는 거친 입자의 것일수록 높은 전류에 사용해야 한다.
③ 소결형 용제는 페로실리콘, 페로망간 등에 의해 강력한 탈산 작용이 된다.
④ 용제는 용접부를 대기로부터 보호하면서 아크를 안정시키고, 야금 반응에 의하여 용착 금속의 재질을 개선하기 위해 사용한다.

12 가스 용접 작업에 관한 안전 사항으로 틀린 것은?

① 아세틸렌 병 주변에서 흡연하지 않는다.
② 호스의 누설 시험 시에는 비눗물을 사용한다.
③ 산소 및 아세틸렌 병 등 빈 병은 섞어서 보관한다.
④ 용접 시 토치의 끝을 긁어서 오물을 털지 않는다.

13 전기 저항 용접에 있어 맥동 점용접에 관한 설명으로 옳은 것은?

① 1개의 전류 회로에 2개 이상의 용접점을 만드는 용접법이다.
② 전극을 2개 이상으로 하여 2점 이상의 용접을 하는 용접법이다.
③ 점용접의 기본적인 방법으로 1쌍의 전극으로 1점의 용접부를 만드는 용접법이다.
④ 모재 두께가 다른 경우 전극의 과열을 피하기 위하여 사이클 단위를 몇 번이고 전류를 단속하여 용접하는 것이다.

14 다음 중 제품별 노내 및 국부 풀림의 유지 온도와 시간이 올바르게 연결된 것은?

① 탄소강 주강품 : 625±25℃ 판 두께 25mm에 대하여 1시간
② 기계 구조용 연강재 : 725±25℃ 판 두께 25mm에 대하여 1시간
③ 보일러용 압연강재 : 625±25℃ 판 두께 25mm에 대하여 1시간
④ 용접 구조용 연강재 : 725±25℃ 판 두께 25mm에 대하여 1시간

15 TIG 용접에서 교류 전원 사용 시 모재가 (−)극이 될 때 모재 표면의 수분, 산화물 등의 불순물로 인하여 전자 방출 및 전류의 흐름이 어렵고, 텅스텐 전극이 (−)극이 되는 경우에 전자가 다량으로 방출되는 등 2차 전류가 평형하지 않게 되는데, 이러한 현상을 무엇이라 하는가?

① 전극의 소손 작용
② 전극의 전압 상승 작용
③ 전극의 청정 작용
④ 전극의 정류 작용

16 다음 (   ) 안에 가장 적합한 내용은?

> 일렉트로 슬래그 용접은 용융 용접의 일종으로서 와이어와 용융 슬래그 사이에 (   )을 이용하여 용접하는 특수한 용접 방법이다.

① 전자 빔열
② 통전된 전류의 저항열
③ 가스열
④ 통전된 전류의 아크열

17 가스 절단 작업 시의 주의 사항으로 틀린 것은?

① 가스 절단에 알맞은 보호구를 착용한다.
② 절단 진행 중에 시선은 절단면을 떠나서는 안 된다.
③ 호스는 흐트러지지 않도록 정해진 꼬임 상태로 작업한다.
④ 가스 호스가 용융 금속이나 산화물의 비산으로 인해 손상되지 않도록 한다.

18 다음 중 CO_2 아크 용접 시 박판의 아크 전압(V_0) 산출 공식으로 가장 적당한 것은? (단, I는 용접 전류 값을 의미한다.)

① $V_0=0.07\times I+20\pm5.0$
② $V_0=0.05\times I+11.5\pm3.0$
③ $V_0=0.06\times I+40\pm6.0$
④ $V_0=0.04\times I+15.5\pm1.5$

19 다음 중 방사선 투과 검사에 대한 설명으로 틀린 것은?

① 내부 결함 검출에 용이하다.
② 검사 결과를 필름에 영구적으로 기록할 수 있다.
③ 라미네이션 및 미세한 표면 균열도 검출된다.
④ 방사선 투과 검사에 필요한 기구로는 투과도계, 계조계, 증감지 등이 있다.

20 용접 결함에 있어 치수상 결함에 해당하는 것은?

① 오버랩 ② 기공
③ 언더컷 ④ 변형

21 볼트나 환봉 등을 강판이나 형강에 직접 용접하는 방법으로 볼트나 환봉을 홀더에 끼우고 모재와 볼트 사이에 순간적으로 아크를 발생시켜 용접하는 것은?

① 피복 아크 용접 ② 스터드 용접
③ 테르밋 용접 ④ 전자 빔 용접

22 용접부의 검사 방법에 있어 비파괴 시험으로 비드 외관, 언더컷, 오버랩, 용입 불량, 표면 균열 등의 검사에 가장 적합한 것은?

① 부식 검사
② 외관 검사
③ 초음파 탐상 검사
④ 방사선 투과 검사

23 압축 공기를 이용하여 가우징, 결함 부위 제거, 절단 및 구멍 뚫기 등에 널리 사용되는 아크 절단 방법은?

① 탄소 아크 절단
② 금속 아크 절단
③ 산소 아크 절단
④ 아크 에어 가우징

24 가스 용접에서 산소 용기 취급에 대한 설명이 잘못된 것은?

① 산소 용기의 밸브, 조정기 등을 기름천으로 잘 닦는다.
② 산소 용기의 운반 시에는 충격을 주어서는 안 된다.
③ 산소 밸브의 개폐는 천천히 해야 한다.
④ 가스 누설의 점검은 비눗물로 한다.

25 200V용 아크 용접기의 1차 입력이 15KVA일 때 퓨즈의 용량은 얼마(A)가 적합한가?

① 65 ② 75
③ 90 ④ 100

26 용접법과 기계적 접합법을 비교할 때, 용접법의 장점이 아닌 것은?

① 작업 공정이 단축되며 경제적이다.
② 기밀성, 수밀성, 유밀성이 우수하다.
③ 재료가 절약되고 중량이 가벼워진다.
④ 이음 효율이 낮다.

27 산소-아세틸렌가스 용접의 장점이 아닌 것은?

① 가열 시 열량 조절이 쉽다.
② 전원 설비가 없는 곳에서도 쉽게 설치할 수 있다.
③ 피복 아크 용접보다 유해 광선의 발생이 적다.
④ 피복 아크 용접보다 일반적으로 신뢰성이 높다.

28 가변압식 가스 용접 토치에서 팁의 능력에 대한 설명으로 옳은 것은?

① 매 시간당 소비되는 아세틸렌가스의 양
② 매 시간당 소비되는 산소의 양
③ 매 분당 소비되는 아세틸렌가스의 양
④ 매 분당 소비되는 산소의 양

29 가스 용접에서 모재의 두께가 8mm일 경우 적합한 가스 용접봉의 지름(mm)은? (단, 이론적인 계산식으로 구한다.)

① 2.0 ② 3.0
③ 4.0 ④ 5.0

30 피복 아크 용접봉에 탄소량을 적게 하는 가장 큰 이유는?

① 스패터 방지를 위하여
② 균열 방지를 위하여
③ 산화 방지를 위하여
④ 기밀 유지를 위하여

31 전류 조정이 용이하고 전류 조정을 전기적으로 하기 때문에 이동 부분이 없으며 가변 저항을 사용함으로써 용접 전류의 원격 조정이 가능한 용접기는?

① 탭 전환형
② 가동 코일형
③ 가동 철심형
④ 기포화 리액터형

32 아세틸렌은 액체에 잘 용해되며 석유에는 2배, 알코올에는 6배가 용해된다. 아세톤에는 몇 배가 용해되는가?

① 12 ② 20
③ 25 ④ 50

33 직류 아크 용접기에 대한 설명으로 맞는 것은?

① 발전형과 정류기형이 있다.
② 구조가 간단하고 보수도 용이하다.
③ 누설 자속에 의하여 전류를 조정한다.
④ 용접 변압기의 리액턴스에 의해서 수하 특성을 얻는다.

34 용접봉의 피복 배합제 중 탈산제로 쓰이는 가장 적합한 것은?

① 탄산칼륨 ② 페로망간
③ 형석 ④ 이산화망간

35 절단 부위에 철분이나 용제의 미세한 입자를 압축 공기나 압축 질소를 사용하여 연속적으로 팁을 통하여 분출시켜 그 산화열 또는 용제의 화학 작용을 이용하여 절단하는 것은?

① 분말 절단 ② 수중 절단
③ 산소창 절단 ④ 포갬 절단

36 아크 용접에서 아크 쏠림 방지법이 아닌 것은?

① 교류 용접기를 사용한다.
② 접지점을 2개로 한다.
③ 짧은 아크를 사용한다.
④ 직류 용접기를 사용한다.

37 압접에 속하지 않는 용접법은?

① 스폿 용접
② 심 용접
③ 프로젝션 용접
④ 서브머지드 아크 용접

38 두께가 12.7mm인 연강판을 가스 절단할 때 가장 적합한 표준 드래그 길이는?

① 약 2.4mm ② 약 5.2mm
③ 약 5.6mm ④ 약 6.4mm

39 가스 용접 작업에서 양호한 용접부를 얻기 위해 갖추어야 할 조건으로 잘못된 것은?

① 기름, 녹 등을 용접 전에 제거하여 결함을 방지한다.
② 모재의 표면이 균일하면 과열의 흔적은 있어도 된다.
③ 용착 금속의 용입 상태가 균일해야 한다.
④ 용접부에 첨가된 금속의 성질이 양호해야 한다.

40 탄소강에 니켈이나 크롬 등을 첨가하여 대기 중이나 수중 또는 산에 잘 견디는 내식성을 부여한 합금강으로 불수강이라고도 하는 것은?

① 고속도강 ② 주강
③ 스테인리스강 ④ 탄소공구강

41 Cu의 용융점은 몇 ℃인가?

① 1083℃ ② 960℃
③ 1530℃ ④ 1455℃

42 철강의 탄소 함유량에 따라 대분류한 것은?

① 순철, 강, 주철
② 순철, 주강, 주철
③ 선철, 강, 주철
④ 선철, 합금강, 주물

43 경도가 큰 재료를 A_1 변태점 이하의 일정 온도로 가열하여 인성을 증가시킬 목적으로 하는 열 처리법은?

① 뜨임 ② 풀림
③ 불림 ④ 담금질

44 공구용 강재로 고탄소강을 사용하는 목적으로 가장 적합한 것은?

① 경도와 내마모성을 필요로 하기 때문에
② 인성과 연성이 필요하기 때문에
③ 피로와 충격에 견디어야 하기 때문에
④ 표면 경화를 할 목적으로

45 마그네슘의 성질에 대한 설명 중 잘못된 것은?

① 비중은 1.74이다.
② 비강도가 알루미늄 합금보다 우수하다.
③ 면심입방격자이며 냉간 가공이 우수하다.
④ 구상 흑연 주철의 첨가제로 사용한다.

46 탄소강의 열처리 방법 중 표면 경화 열처리에 속하는 것은?

① 풀림 ② 담금질
③ 뜨임 ④ 질화법

47 내열강의 원소로 많이 사용되는 것은?

① 코발트(Co) ② 크롬(Cr)
③ 망간(Mn) ④ 인(P)

48 알루미늄에 약 10%까지의 마그네슘을 첨가한 합금으로 다른 주물용 알루미늄 합금에 비하여 내식성, 강도, 연신율이 우수한 것은?

① 실루민 ② 두랄루민
③ 하이드로날륨 ④ Y합금

49 탄소강에서 적열 취성을 방지하기 위하여 첨가하는 원소는?

① S ② Mn
③ P ④ Ni

50 용접 입열이 일정할 때 냉각 속도가 가장 느린 재료는?

① 연강　② 스테인리스강
③ 알루미늄　④ 구리

51 다음과 같은 도면에 대한 설명으로 가장 올바른 것은?

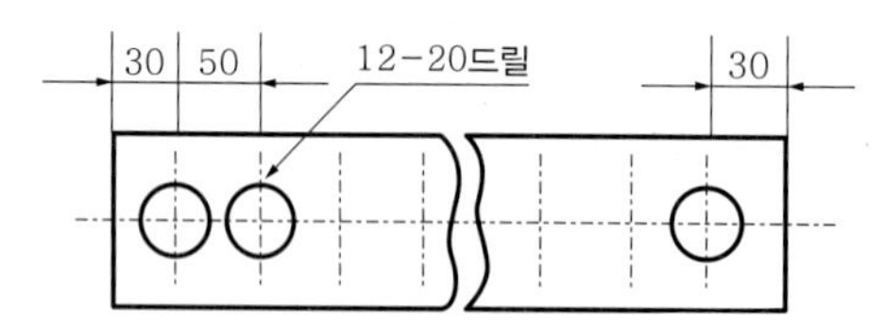

① 전체 길이가 660mm이다.
② 드릴 가공 구멍의 지름은 12mm이다.
③ 드릴 가공 구멍의 수는 12개이다.
④ 드릴 가공 구멍의 피치는 30mm이다.

52 KS 기계 제도의 일반 사항에 대한 설명으로 틀린 것은?

① 치수는 참고치수, 이론적으로 정확한 치수를 기입할 수도 있다.
② 도형의 크기와 대상물의 크기와의 사이에는 올바른 비례 관계를 보유하도록 그린다. 다만 잘못 볼 염려가 없다고 생각되는 도면은 도면의 일부 또는 전부에 대하여 이 비례 관계는 지키지 않아도 좋다.
③ 기능상의 요구, 호환성, 제작 기술 수준 등을 기본으로 불가결의 경우만 기하 공차를 지시한다.
④ 길이 치수는 특별히 지시가 없는 한 그 대상물의 측정을 2점 측정에 따라 행한 것으로 하여 지시한다.

53 일반 구조용 압연 강재 SS400에서 400이 나타내는 것은?

① 최저 인장 강도
② 최저 압축 강도
③ 평균 인장 강도
④ 최대 인장 강도

54 다음 그림의 용접 도시 기호가 나타내는 것은?

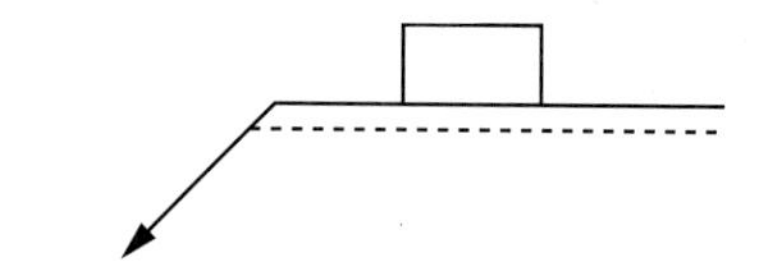

① 점 용접
② 플러그 용접
③ 심 용접
④ 가장자리 용접

55 여러 선들이 겹칠 경우, 선의 우선순위가 가장 높은 것은?

① 중심선　② 치수 보조선
③ 절단선　④ 숨은선

56 다음 구조물의 도면에서 (A), (B)의 단면도의 명칭은?

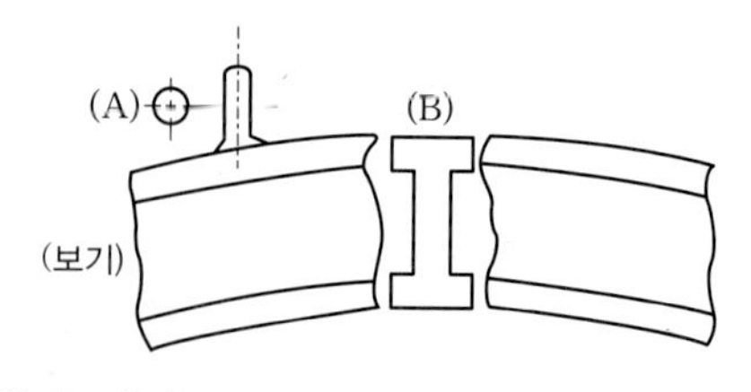

① 온 단면도
② 변환 단면도
③ 회전도시 단면도
④ 부분 단면도

57 다음 입체도의 화살표 방향을 정면도로 한다면 좌측면도로 적합한 투상도는?

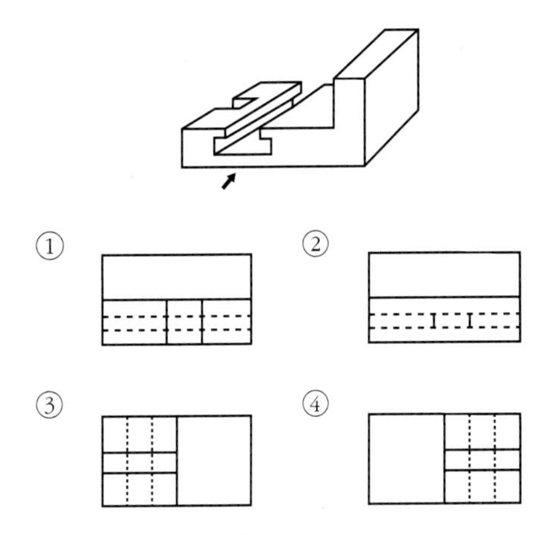

58 KS 배관 제도의 밸브 도시 기호에서 이 뜻하는 것은?

① 안전 밸브 ② 체크 밸브
③ 일반 밸브 ④ 앵글 밸브

59 다음 그림과 같은 제3각법 정투상도에 가장 적합한 입체도는?

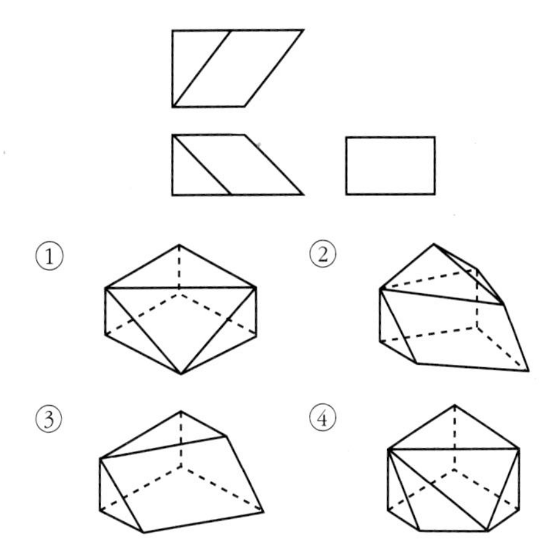

60 치수 기입이 "□20"으로 치수 앞에 정사각형이 표시되었을 경우의 올바른 해석은?

① 이론적으로 정확한 치수가 20mm이다.
② 체적이 $20mm^3$인 정육면체이다.
③ 면적이 $20mm^3$인 정육면체이다.
④ 한 변의 길이가 20mm인 정사각형이다.

정답 :: 실전 모의고사 (3회)

01	02	03	04	05	06	07	08	09	10
③	③	①	①	④	①	①	②	④	③
11	12	13	14	15	16	17	18	19	20
②	③	④	①	④	②	③	④	③	④
21	22	23	24	25	26	27	28	29	30
②	②	④	①	②	④	④	①	④	②
31	32	33	34	35	36	37	38	39	40
④	③	①	②	①	④	④	①	②	③
41	42	43	44	45	46	47	48	49	50
①	①	①	①	③	④	②	③	②	②
51	52	53	54	55	56	57	58	59	60
②	④	①	②	④	③	①	②	③	④

용접 기능사 실전 모의고사 (4회)

자격종목	코드	시험 시간	문항 수	수험번호	성명
용접 기능사	6223	60분	60		

01 용접 작업 시 안전에 관한 사항으로 틀린 것은?

① 높은 곳에서 용접 작업할 경우 추락, 낙하 등의 위험이 있으므로 항상 안전벨트와 안전모를 착용한다.
② 용접 작업 중에 여러 가지 유해 가스가 발생하기 때문에 통풍 또는 환기 장치가 필요하다.
③ 가연성의 분진, 화약류 등 위험물이 있는 곳에서는 용접을 해서는 안 된다.
④ 가스 용접은 강한 빛이 나오지 않기 때문에 보안경을 착용하지 않아도 괜찮다.

02 전기 저항 용접법 중 주로 기밀, 수밀, 유밀성을 필요로 하는 탱크의 용접 등에 가장 적합한 것은?

① 점(spot) 용접법
② 심(seam) 용접법
③ 프로젝션(projection) 용접법
④ 플래시(flash) 용접법

03 용접부의 중앙으로부터 양끝을 향해 용접해 나가는 방법으로, 이음의 수축에 의한 변형이 서로 대칭이 되게 할 경우에 사용되는 용착법을 무엇이라 하는가?

① 전진법 ② 비석법
③ 캐스케이드법 ④ 대칭법

04 불활성 가스를 이용한 용가재인 전극 와이어를 송급 장치에 의해 연속적으로 보내어 아크를 발생시키는 소모식 또는 용극식 용접 방식을 무엇이라 하는가?

① TIG 용접
② MIG 용접
③ 피복 아크 용접
④ 서브머지드 아크 용접

05 용접부에 결함 발생 시 보수하는 방법 중 틀린 것은?

① 기공이나 슬래그 섞임 등이 있는 경우는 깎아 내고 재용접한다.
② 균열이 발견되었을 경우 균열 위에 덧살올림 용접을 한다.
③ 언더컷일 경우 가는 용접봉을 사용하여 보수한다.
④ 오버랩일 경우 일부분을 깎아 내고 재용접한다.

06 용접할 때 용접 전 적당한 온도로 예열을 하면 냉각 속도를 느리게 하여 결함을 방지할 수 있다. 예열 온도 설명 중 옳은 것은?

① 고장력강의 경우는 용접 홈을 50~350℃로 예열
② 저합금강의 경우는 용점 홈을 200~500℃로 예열
③ 연강을 0℃ 이하에서 용접할 경우는 이음의 양쪽 폭 100mm 정도를 40~250℃로 예열
④ 주철의 경우는 용접 홈을 40~75℃로 예열

07 서브머지드 아크 용접에 관한 설명으로 틀린 것은?

① 장비의 가격이 고가이다.
② 홈 가공의 정밀을 요하지 않는다.
③ 불가시 용접이다.
④ 주로 아래보기 자세로 용접한다.

08 안전표지 색채 중 방사능 표지의 색상은 무엇인가?

① 빨강　　② 노랑
③ 자주　　④ 녹색

09 용접부의 시험에서 비파괴 검사로만 짝지어진 것은?

① 인장 시험 - 외관 시험
② 피로 시험 - 누설 시험
③ 형광 시험 - 충격 시험
④ 초음파 시험 - 방사선 투과 시험

10 용접 시공 시 발생하는 용접 변형이나 잔류 응력 발생을 최소화하기 위하여 용접 순서를 정할 때의 유의 사항으로 틀린 것은?

① 동일 평면 내에 많은 이음이 있을 때 수축은 가능한 자유단으로 보낸다.
② 중심선에 대하여 대칭으로 용접한다.
③ 수축이 적은 이음은 가능한 먼저 용접하고, 수축이 큰 이음은 나중에 한다.
④ 리벳 작업과 용접을 같이 할 때에는 용접을 먼저 한다.

11 용접부 검사 방법에 있어 비파괴 시험에 해당하는 것은?

① 피로 시험
② 화학 분석 시험
③ 용접 균열 시험
④ 침투 탐상 시험

12 다음 중 불활성 가스(inert gas)가 아닌 것은?

① Ar　　② He
③ Ne　　④ CO_2

13 납땜에서 경납용 용제에 해당하는 것은?

① 염화 아연　　② 인산
③ 염산　　④ 붕산

14 논 가스 아크 용접의 장점으로 틀린 것은?

① 보호 가스나 용제를 필요로 하지 않는다.
② 피복 아크 용접봉의 저수소계와 같이 수소의 발생이 적다.
③ 용접 비드가 좋지만 슬래그 박리성은 나쁘다.
④ 용접 장치가 간단하며 운반이 편리하다.

15 용접선과 하중의 방향이 평행하게 작용하는 필릿 용접은?

① 전면 ② 측면
③ 경사 ④ 변두리

16 납땜 시 용제가 갖추어야 할 조건이 아닌 것은?

① 모재의 불순물 등을 제거하고 유동성이 좋을 것
② 청정한 금속면의 산화를 쉽게 할 것
③ 땜납의 표면 장력에 맞추어 모재와의 친화도를 높일 것
④ 납땜 후 슬래그 제거가 용이할 것

17 피복 아크 용접 시 전격을 방지하는 방법으로 틀린 것은?

① 전격 방지기를 부착한다.
② 용접 홀더에 맨손으로 용접봉을 갈아 끼운다.
③ 용접기 내부에 함부로 손을 대지 않는다.
④ 절연성이 좋은 장갑을 사용한다.

18 맞대기 이음에서 판 두께 100mm, 용접 길이 300cm, 인장 하중이 9000kgf일 때 인장 응력은 몇 kgf/cm^{2}인가?

① 0.3 ② 3
③ 30 ④ 300

19 용접 이음부 홈의 종류 중, 박판 용접에 가장 적합한 것은?

① K형 ② H형
③ I형 ④ V형

20 주철의 보수 용접 방법에 해당되지 않는 것은?

① 스터드링 ② 비녀장법
③ 버터링법 ④ 백킹법

21 MIG 용접이나 탄산가스 아크 용접과 같이 전류 밀도가 높은 자동이나 반자동 용접기가 갖는 특성은?

① 수하 특성과 정전압 특성
② 정전압 특성과 상승 특성
③ 수하 특성과 상승 특성
④ 맥동 전류 특성

22 CO_2 가스 아크 용접에서 아크 전압에 대한 설명으로 옳은 것은?

① 아크 전압이 높으면 비드 폭이 넓어진다.
② 아크 전압이 높으면 비드가 볼록해진다.
③ 아크 전압이 높으면 용입이 깊어진다.
④ 아크 전압이 높으면 아크 길이가 짧아진다.

23 가스 용접에서 산화 불꽃으로 용접할 경우 가장 적합한 용접 재료는?

① 황동 ② 모넬메탈
③ 알루미늄 ④ 스테인리스

24 용접기의 사용률이 40%인 경우 아크 시간과 휴식 시간을 합한 전체 시간을 10분으로 했을 때, 발생 시간은 몇 분인가?

① 4 ② 6
③ 8 ④ 10

25 얇은 철판을 쌓아 포개어 놓고 한꺼번에 절단하는 방법으로 가장 적합한 것은?

① 분말 절단 ② 산소창 절단
③ 포갬 절단 ④ 금속 아크 절단

26 용접봉의 용융 속도는 무엇으로 표시하는가?

① 단위 시간당 소비되는 용접봉의 길이
② 단위 시간당 형성되는 비드의 길이
③ 단위 시간당 용접 입열의 양
④ 단위 시간당 소모되는 용접 전류의 양

27 전류 조정을 전기적으로 하여 원격 조정이 가능한 교류 용접기는?

① 가포화 리액터형
② 가동 코일형
③ 가동 철심형
④ 탭 전환형

28 35℃에서 150kgf/cm^{2}으로 압축하여 내부 용적 40.7리터의 산소 용기에 충전하였을 때, 용기 속의 산소량은 몇 리터인가?

① 4470 ② 5291
③ 6105 ④ 7000

29 아크 전류가 일정할 때 아크 전압이 높아지면 용융 속도가 늦어지고, 아크 전압이 낮아지면 용융 속도는 빨라진다. 이와 같은 아크 특성은?

① 부저항 특성
② 절연 회복 특성
③ 전압 회복 특성
④ 아크 길이 자기 제어 특성

30 산소-아세틸렌 용접법에서 전진법과 비교한 후진법의 설명으로 틀린 것은?

① 용접 속도가 느리다.
② 열 이용률이 좋다.
③ 용접 변형이 작다.
④ 홈 각도가 작다.

31 가스 절단에 있어 양호한 절단면을 얻기 위한 조건으로 옳은 것은?

① 드래그가 가능한 클 것
② 절단면 표면의 각이 예리할 것
③ 슬래그 이탈이 이루어지지 않을 것
④ 절단면이 평활하며 드래그의 홈이 깊을 것

32 피복 아크 용접봉의 피복 배합제 성분 중 가스 발생제는?

① 산화티탄 ② 규산나트륨
③ 규산칼륨 ④ 탄산바륨

33 가스 절단에 대한 설명으로 옳은 것은?

① 강의 절단 원리는 예열 후 고압 산소를 불어내면 강보다 용융점이 낮은 산화철이 생성되고, 이때 산화철은 용융과 동시 절단된다.
② 양호한 절단면을 얻으려면 절단면이 평활하며 드래그의 홈이 높고 노치 등이 있을수록 좋다.
③ 절단 산소의 순도는 절단 속도와 절단면에 영향이 없다.
④ 가스 절단 중에 모래를 뿌리면서 절단하는 방법을 가스 분말 절단이라 한다.

34 가스 용접에 사용되는 가스의 화학식을 잘못 나타낸 것은?

① 아세틸렌 : C_2H_2
② 프로판 : C_3H_8
③ 에탄 : C_4H_7
④ 부탄 : C_4H_{10}

35 아크 발생 초기에 모재가 냉각되어 있어 용접 입열이 부족한 관계로 아크가 불안정하기 때문에 아크 초기에만 용접 전류를 특별히 크게 하는 장치를 무엇이라 하는가?

① 원격 제어 장치
② 핫 스타트 장치
③ 고주파 발생 장치
④ 전격 방지 장치

36 납땜 용제가 갖추어야 할 조건으로 틀린 것은?

① 모재의 산화 피막과 같은 불순물을 제거하고 유동성이 좋을 것
② 청정한 금속면의 산화를 방지할 것
③ 납땜 후 슬래그의 제거가 용이할 것
④ 침지 땜에 사용되는 것은 젖은 수분을 함유할 것

37 직류 아크 용접 시 정극성으로 용접할 때의 특징이 아닌 것은?

① 박판, 주철, 합금강, 비철 금속의 용접에 이용된다.
② 용접봉의 녹음이 느리다.
③ 비드 폭이 좁다.
④ 모재의 용입이 깊다.

38 피복 아크 용접 결함 중 기공이 생기는 원인으로 틀린 것은?

① 용접 분위기 가운데 수소 또는 일산화탄소 과잉
② 용접부의 급속한 응고
③ 슬래그의 유동성이 좋고 냉각하기 쉬울 때
④ 과대 전류와 용접 속도가 빠를 때

39 금속 재료의 경량화와 강인화를 위하여 섬유 강화 금속 복합 재료가 많이 연구되고 있다. 강화 섬유 중에서 비금속계로 짝지어진 것은?

① K, W　　② W, Ti
③ W, Be　　④ SiC, Al_2O_3

40 상자성체 금속에 해당되는 것은?

① Al　　② Fe
③ Ni　　④ Co

41 구리(Cu)합금 중에서 가장 큰 강도와 경도를 나타내며 내식성, 도전성, 내피로성 등이 우수하여 베어링, 스프링 및 전극 재료 등으로 사용되는 재료는?

① 인(P) 청동　　② 규소(Si) 동
③ 니켈(Ni) 청동　　④ 베릴륨(Be) 동

42 고 Mn강으로 내마멸성과 내충격성이 우수하고, 특히 인성이 우수하기 때문에 파쇄 장치, 기차 레일, 굴착기 등의 재료로 사용되는 것은?

① 엘린바(elinvar)
② 디디뮴(didymium)
③ 스텔라이트(stellite)
④ 해드필드(hadfield)

43 시험편의 지름이 15mm, 최대 하중이 5200kgf일 때 인장 강도는?

① 16.8kgf/mm² ② 29.4kgf/mm²
③ 33.8kgf/mm² ④ 55.8kgf/mm²

44 다음 중 경금속에 해당하는 것은?

① Cu ② Be
③ Ni ④ Sn

45 순철의 자기 변태(A_2)점 온도는 약 몇 ℃인가?

① 210℃ ② 768℃
③ 910℃ ④ 1400℃

46 주철의 일반적인 성질을 설명한 것 중 틀린 것은?

① 용탕이 된 주철은 유동성이 좋다.
② 공정 주철의 탄소량은 4.3% 정도이다.
③ 강보다 용융 온도가 높아 복잡한 형상이라도 주조하기 어렵다.
④ 주철에 함유하는 전 탄소(total carbon)는 흑연 + 화합탄소로 나타낸다.

47 포금(gun metal)에 대한 설명으로 틀린 것은?

① 내해수성이 우수하다.
② 성분은 8~12% Sn 청동에 1~2% Zn을 첨가한 합금이다.
③ 용해 주조 시 탈산제로 사용되는 P의 첨가량을 많이 하여 합금 중에 P를 0.05~0.5% 정도 남게 한 것이다.
④ 수압, 수증기에 잘 견디므로 선박용 재료로 널리 사용된다.

48 황동은 도가니로, 전리고 또는 반사로 중에서 용해하는데, Zn의 증발로 손실이 있기 때문에 이를 억제하기 위해서는 용탕 표면에 어떤 것을 덮어 주는가?

① 소금 ② 석회석
③ 숯가루 ④ Al 분말 가루

49 건축용 철골, 볼트, 리벳 등에 사용되는 것으로 연신율이 약 22%이고, 탄소 함량이 약 0.15%인 강재는?

① 연강 ② 경강
③ 최경강 ④ 탄소공구강

50 저용융점(fusible) 합금에 대한 설명으로 틀린 것은?

① Bi를 55% 이상 함유한 합금은 응고 수축을 한다.
② 용도로는 화재통보기, 압축공기용 탱크 안전밸브 등에 사용된다.
③ 33~66% Pb를 함유한 Bi 합금은 응고 후 시효 진행에 따라 팽창 현상을 나타낸다.
④ 저용융점 합금은 약 250℃ 이하의 용융점을 갖는 것이며 Pb, Bi, Sn, In 등의 합금이다.

51 치수 기입 방법이 틀린 것은?

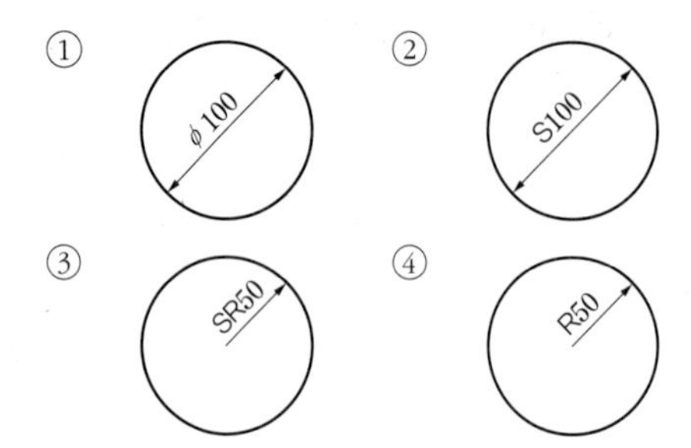

52 다음 배관의 등각 투상도(isometric drawing)를 평면도로 나타낸 것은?

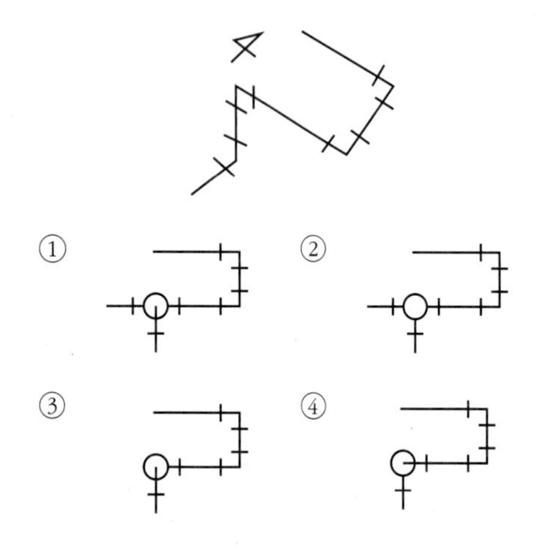

53 표제란에 표시하는 내용이 아닌 것은?

① 재질 ② 척도
③ 각법 ④ 제품명

54 다음 용접 기호에 대한 설명으로 옳은 것은?

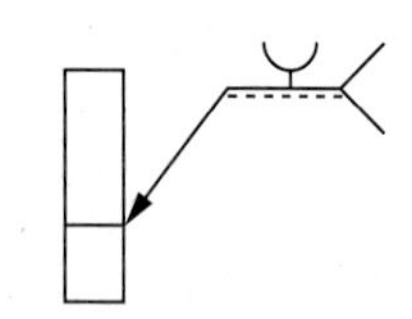

① U형 맞대기 용접, 화살표쪽 용접
② V형 맞대기 용접, 화살표쪽 용접
③ U형 맞대기 용접, 화살표 반대쪽 용접
④ V형 맞대기 용접, 화살표 반대쪽 용접

55 전기 아연도금 강판 및 강대의 KS기호 중 일반용 기호는?

① SECD ② SECE
③ SEFC ④ SECC

56 다음 도면은 정면도와 우측면도만이 올바르게 도시되어 있다. 평면도로 가장 적합한 것은?

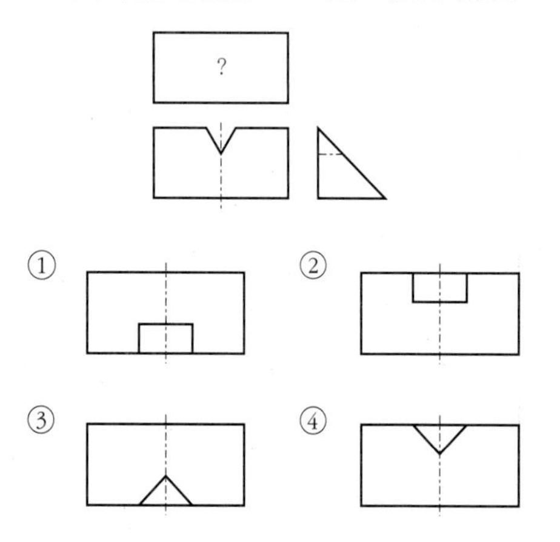

57 선의 종류와 용도에 대한 설명의 연결이 틀린 것은?

① 가는 실선 : 짧은 중심을 나타내는 선
② 가는 파선 : 보이지 않는 물체의 모양을 나타내는 선
③ 가는 1점 쇄선 : 기어의 피치원을 나타내는 선
④ 가는 2점 쇄선 : 중심이 이동한 중심궤적을 표시하는 선

58 다음 입체도를 제3각법으로 올바르게 투상한 투상도는?

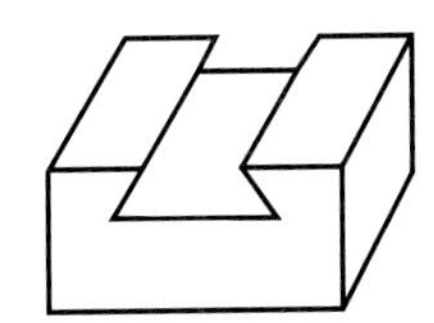

①　②

③　④

59 KS에서 규정하는 체결 부품의 조립 간략 표시 방법에서 구멍에 끼워 맞추기 위한 구멍, 볼트, 리벳의 기호 표시 중 공장에서 드릴 가공 및 끼워 맞춤을 하는 것은?

① 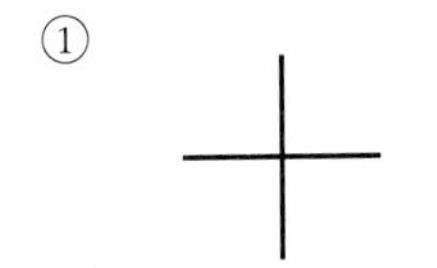

② 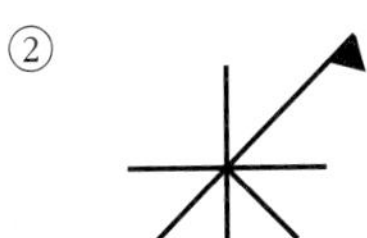

③ 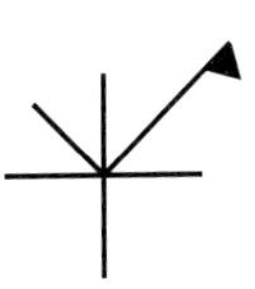

④

60 다음 단면도에서 "A"가 나타내는 것은?

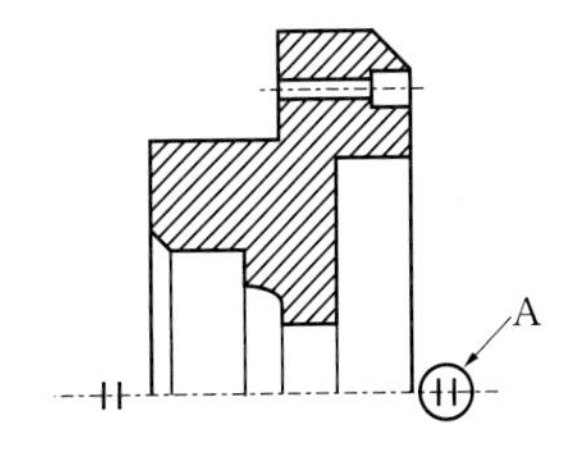

① 바닥 표시 기호
② 대칭 도시 기호
③ 반복 도형 생략 기호
④ 한쪽 단면도 표시 기호

정답 :: 실전 모의고사 (4회)

01	02	03	04	05	06	07	08	09	10
④	②	④	②	②	①	②	②	④	③
11	12	13	14	15	16	17	18	19	20
④	④	④	③	②	②	②	②	③	④
21	22	23	24	25	26	27	28	29	30
②	①	①	①	③	①	①	③	④	①
31	32	33	34	35	36	37	38	39	40
②	④	①	③	②	④	①	③	④	①
41	42	43	44	45	46	47	48	49	50
④	④	②	②	②	③	③	③	①	①
51	52	53	54	55	56	57	58	59	60
②	④	①	①	④	③	④	③	①	②

용접 기능사 실전 모의고사 (5회)

자격종목	코 드	시험 시간	문항 수	수험번호	성명
용접 기능사	6223	60분	60		

01 텅스텐과 몰리브덴 재료 등을 용접하기에 가장 적합한 용접은?

① 전자 빔 용접
② 일렉트로 슬래그 용접
③ 탄산가스 아크 용접
④ 서브머지드 아크 용접

02 서브머지드 아크 용접 시, 받침쇠를 사용하지 않을 경우 루트 간격을 몇 mm 이하로 하여야 하는가?

① 0.2　② 0.4
③ 0.6　④ 0.8

03 연납땜 중 내열성 땜납으로 주로 구리, 황동용에 사용되는 것은?

① 인동납　② 황동납
③ 납-은납　④ 은납

04 용접부 검사법 중 기계적 시험법이 아닌 것은?

① 굽힘 시험　② 경도 시험
③ 인장 시험　④ 부식 시험

05 일렉트로 가스 아크 용접의 특징 설명 중 틀린 것은?

① 판 두께에 관계없이 단층으로 상진 용접한다.
② 판 두께가 얇을수록 경제적이다.
③ 용접 속도는 자동으로 조절된다.
④ 정확한 조립이 요구되며, 이동용 냉각 동판에 급수 장치가 필요하다.

06 텅스텐 전극봉 중에서 전자 방사 능력이 현저하게 뛰어난 장점이 있으며 불순물이 부착되어도 전자 방사가 잘되는 전극은?

① 순 텅스텐 전극
② 토륨 텅스텐 전극
③ 지르코늄 텅스텐 전극
④ 마그네슘 텅스텐 전극

07 표면 피복 용접을 올바르게 설명한 것은?

① 연강과 고장력강의 맞대기 용접을 말한다.
② 연강과 스테인리스강의 맞대기 용접을 말한다.
③ 금속 표면에 다른 종류의 금속을 용착시키는 것을 말한다.
④ 스테인리스 강판과 연강판재를 접합 시 스테인리스 강판에 구멍을 뚫어 용접하는 것을 말한다.

08 산업용 용접 로봇의 기능이 아닌 것은?

① 작업 기능　② 제어 기능
③ 계측 인식 기능　④ 감정 기능

09 불활성 가스 금속 아크 용접(MIG)의 용착 효율은 얼마 정도인가?

① 58%　② 78%
③ 88%　④ 98%

10 일렉트로 슬래그 용접의 특징으로 틀린 것은?

① 박판 용접에는 적용할 수 없다.
② 장비 설치가 복잡하며 냉각 장치가 요구된다.
③ 용접 시간이 길고 장비가 저렴하다.
④ 용접 진행 중 용접부를 직접 관찰할 수 없다.

11 용접에 있어 모든 열적 요인 중 가장 영향을 많이 주는 요소는?

① 용접 입열　② 용접 재료
③ 주위 온도　④ 용접 복사열

12 사고의 원인 중 인적 사고 원인에서 선천적 원인은?

① 신체의 결함　② 무지
③ 과실　④ 미숙련

13 TIG 용접에서 직류 정극성을 사용하였을 때 용접 효율을 올릴 수 있는 재료는?

① 알루미늄　② 마그네슘
③ 마그네슘 주물　④ 스테인리스강

14 재료의 인장 시험 방법으로 알 수 없는 것은?

① 인장 강도　② 단면 수축율
③ 피로 강도　④ 연신율

15 용접 변형 방지법의 종류에 속하지 않는 것은?

① 억제법　② 역변형법
③ 도열법　④ 취성 파괴법

16 솔리드 와이어와 같이 단단한 와이어를 사용할 경우 적합한 용접 토치 형태로 옳은 것은?

① Y형　② 커브형
③ 직선형　④ 피스톨형

17 안전·보건표지의 색채, 색도 기준 및 용도에서 색채에 따른 용도를 올바르게 나타낸 것은?

① 빨간색 : 안내
② 파란색 : 지시
③ 녹색 : 경고
④ 노란색 : 금지

18 용접 금속의 구조성의 결함이 아닌 것은?

① 변형
② 기공
③ 언더컷
④ 균열

19 금속 재료의 미세 조직을 금속 현미경을 사용하여 광학적으로 관찰하고 분석하는 현미경 시험의 진행 순서로 맞는 것은?

① 시료 채취 → 연마 → 세척 및 건조 → 부식 → 현미경 관찰
② 시료 채취 → 연마 → 부식 → 세척 및 건조 → 현미경 관찰
③ 시료 채취 → 세척 및 건조 → 연마 → 부식 → 현미경 관찰
④ 시료 채취 → 세척 및 건조 → 부식 → 연마 → 현미경 관찰

20 강판의 두께가 12mm, 폭 100mm인 평판을 V형 홈으로 맞대기 용접 이음할 때, 이음 효율 η=0.8로 하면 인장력 P는? (단, 재료의 최저 인장 강도는 40N/mm^3이고, 안전율은 4로 한다.)

① 960N　　② 9600N
③ 860N　　④ 8600N

21 목재, 섬유류, 종이 등에 의한 화재의 급수에 해당하는 것은?

① A급　　② B급
③ C급　　④ D급

22 용접부의 시험 중 용접성 시험에 해당하지 않는 시험법은?

① 노치 취성 시험
② 열특성 시험
③ 용접 연성 시험
④ 용접 균열 시험

23 가스 용접의 특징으로 옳은 것은?

① 아크 용접에 비해서 불꽃의 온도가 높다.
② 아크 용접에 비해 유해 광선의 발생이 많다.
③ 전원 설비가 없는 곳에서는 쉽게 설치할 수 없다.
④ 폭발의 위험이 크고 금속이 탄화 및 산화될 가능성이 많다.

24 산소-아세틸렌 용접에서 표준 불꽃으로 연강판 두께 2mm를 60분간 용접하였더니 200L의 아세틸렌가스가 소비되었다면, 다음 중 가장 적당한 가변압식 팁의 번호는?

① 100번　　② 200번
③ 300번　　④ 400번

25 연강용 가스 용접봉의 시험편 처리 표시 기호 중 NSR이 뜻하는 것은?

① 625 ± 25℃로써 용착 금속의 응력을 제거한 것
② 용착 금속의 인장 강도를 나타낸 것
③ 용착 금속의 응력을 제거하지 않은 것
④ 연신율을 나타낸 것

26 피복 아크 용접에서 사용하는 아크 용접용 기구가 아닌 것은?

① 용접 케이블 ② 접지 클램프
③ 용접 홀더 ④ 팁 클리너

27 피복 아크 용접봉 피복제의 주된 역할로 옳은 것은?

① 스패터의 발생을 많게 한다.
② 용착 금속에 필요한 합금 원소를 제거한다.
③ 모재 표면에 산화물이 생기게 한다.
④ 용착 금속의 냉각 속도를 느리게 하여 급랭을 방지한다.

28 용접의 특징에 대한 설명으로 옳은 것은?

① 복잡한 구조물 제작이 어렵다.
② 기밀, 수밀, 유밀성이 나쁘다.
③ 변형의 우려가 없어 시공이 용이하다.
④ 용접사의 기량에 따라 용접부의 품질이 좌우된다.

29 가스 절단에서 팁(Tip)의 백심 끝과 강판 사이의 간격으로 가장 적당한 것은?

① 0.1 ~ 0.3mm ② 0.4 ~ 1mm
③ 1.5 ~ 2mm ④ 4 ~ 5mm

30 스카핑 작업에서 냉간재의 스카핑 속도로 가장 적합한 것은?

① 1 ~ 3m/min
② 5 ~ 7m/min
③ 10 ~ 15m/min
④ 20 ~ 25m/min

31 AW-300, 무부하 전압 80V, 아크 전압 20V인 교류 용접기를 사용할 때, 다음 중 역률과 효율을 올바르게 계산한 것은? (단, 내부 손실을 4kW라 한다.)

① 역률 : 80.0%, 효율 : 20.6%
② 역률 : 20.6%, 효율 : 80.8%
③ 역률 : 60.0%, 효율 : 41.7%
④ 역률 : 41.7%, 효율 : 60.6%

32 가스 용접에서 후진법에 대한 설명으로 틀린 것은?

① 전진법에 비해 용접 변형이 작고 용접 속도가 빠르다.
② 전진법에 비해 두꺼운 판의 용접에 적합하다.
③ 전진법에 비해 열 이용률이 좋다.
④ 전진법에 비해 산화의 정도가 심하고 용착 금속 조직이 거칠다.

33 피복 아크 용접에 관한 사항으로 다음의 (　　)에 들어가야 할 용어는?

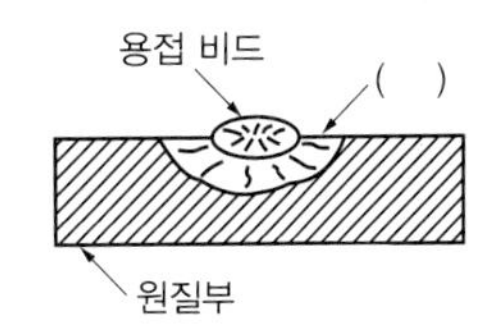

① 용락부 ② 용융지
③ 용입부 ④ 열 영향부

34 용접봉에서 모재로 용융 금속이 옮겨 가는 이행 형식이 아닌 것은?

① 단락형 ② 글로뷸러형
③ 스프레이형 ④ 철심형

35 직류 아크 용접에서 용접봉의 용융이 늦고, 모재의 용입이 깊어지는 극성은?

① 직류 정극성　② 직류 역극성
③ 용극성　④ 비용극성

36 아세틸렌가스의 성질로 틀린 것은?

① 순수한 아세틸렌가스는 무색·무취이다.
② 금, 백금, 수은 등을 포함한 모든 원소와 화합 시 산화물을 만든다.
③ 각종 액체에 잘 용해되며, 물에는 1배, 알코올에는 6배 용해된다.
④ 산소와 적당히 혼합하여 연소시키면 높은 열을 발생한다.

37 아크 용접기에서 부하 전류가 증가하여도 단자 전압이 거의 일정하게 되는 특성은?

① 절연 특성　② 수하 특성
③ 정전압 특성　④ 보존 특성

38 피복제 중에 산화티탄을 약 35% 정도 포함하였고, 슬래그의 박리성이 좋아 비드의 표면이 고우며 작업성이 우수한 특징을 지닌 연강용 피복 아크 용접봉은?

① E4301　② E4311
③ E4313　④ E4316

39 상율(Phase Rule)과 무관한 인자는?

① 자유도　② 원소 종류
③ 상의 수　④ 성분 수

40 공석 조성을 0.80% C라고 하면, 0.2% C 강의 상온에서의 초석페라이트와 펄라이트의 비는 약 몇 % 인가?

① 초석페라이트 75% : 펄라이트 25%
② 초석페라이트 25% : 펄라이트 75%
③ 초석페라이트 80% : 펄라이트 20%
④ 초석페라이트 20% : 펄라이트 80%

41 금속의 물리적 성질에서 자성에 관한 설명 중 틀린 것은?

① 연철(鍊鐵)은 잔류 자기는 작고, 보자력이 크다.
② 영구 자석 재료는 쉽게 자기를 소실하지 않는 것이 좋다.
③ 금속을 자석에 접근시킬 때 금속에 자석의 극과 반대의 극이 생기는 금속을 상자성체라 한다.
④ 자기장의 강도가 증가하면 자화되는 강도도 증가하나 어느 정도 진행되면 포화점에 이르는 이 점을 퀴리점이라 한다.

42 탄소강의 표준 조직이 아닌 것은?

① 페라이트　② 펄라이트
③ 시멘타이트　④ 마텐자이트

43 주요 성분이 Ni-Fe 합금인 불변강의 종류가 아닌 것은?

① 인바 ② 모넬 메탈
③ 엘린바 ④ 플래티나이트

44 탄소강 중에 함유된 규소의 일반적인 영향 중 틀린 것은?

① 경도의 상승
② 연신율의 감소
③ 용접성의 저하
④ 충격값의 증가

45 이온화 경향이 가장 큰 것은?

① Cr ② K
③ Sn ④ H

46 실온까지 온도를 내려 다른 형상으로 변형시켰다가 다시 온도를 상승시키면, 어느 일정한 온도 이상에서 원래의 형상으로 변화하는 합금은?

① 제진 합금 ② 방진 합금
③ 비정질 합금 ④ 형상 기억 합금

47 금속에 대한 설명으로 틀린 것은?

① 리튬(Li)은 물보다 가볍다.
② 고체 상태에서 결정 구조를 가진다.
③ 텅스텐(W)은 이리듐(Ir)보다 비중이 크다.
④ 일반적으로 용융점이 높은 금속은 비중도 큰 편이다.

48 고강도 Al 합금으로 조성이 'Al-Cu-Mg-Mn' 인 합금은?

① 라우탈 ② Y-합금
③ 두랄루민 ④ 하이드로날륨

49 7:3 황동에 1% 내외의 Sn을 첨가하여 열교환기, 증발기 등에 사용되는 합금은?

① 코슨 황동
② 네이벌 황동
③ 애드미럴티 황동
④ 에버듀어 메탈

50 구리에 5~20% Zn을 첨가한 황동으로, 강도는 낮으나 전연성이 좋고 색깔이 금색에 가까워, 모조금이나 판 및 선 등에 사용되는 것은?

① 톰백
② 켈밋
③ 포금
④ 문츠메탈

51 열간 성형 리벳의 종류별 호칭 길이(L)를 표시한 것 중 잘못 표시된 것은?

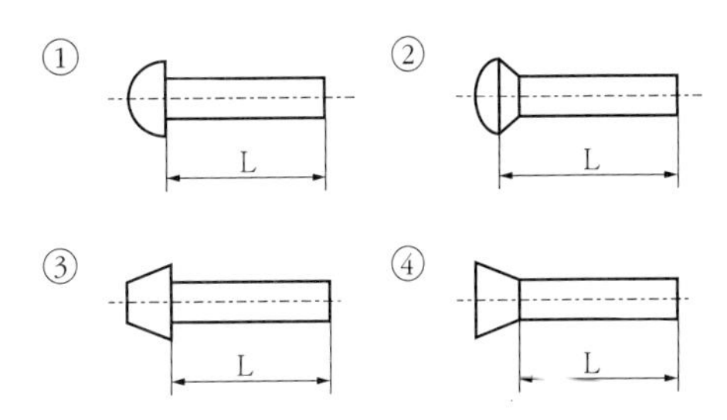

52 배관용 탄소 강관의 재질 기호는?

① SPA ② STK
③ SPP ④ STS

53 **다음 KS 용접 보조 기호에 대한 설명으로 옳은 것은?**

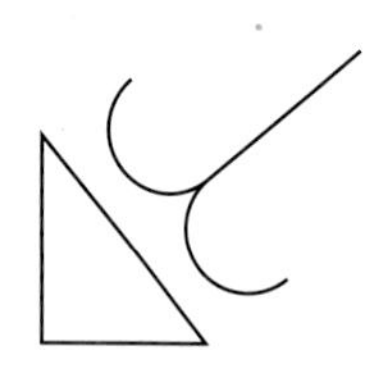

① 필릿 용접부 토우를 매끄럽게 함.
② 필릿 용접 끝단부를 볼록하게 다듬질 함.
③ 필릿 용접 끝단부에 영구적인 덮개 판을 사용
④ 필릿 용접 중앙부에 제거 가능한 덮개 판을 사용

54 **다음과 같은 경 ㄷ 형강의 치수 기입 방법으로 옳은 것은? (단, L은 형강의 길이를 나타낸다.)**

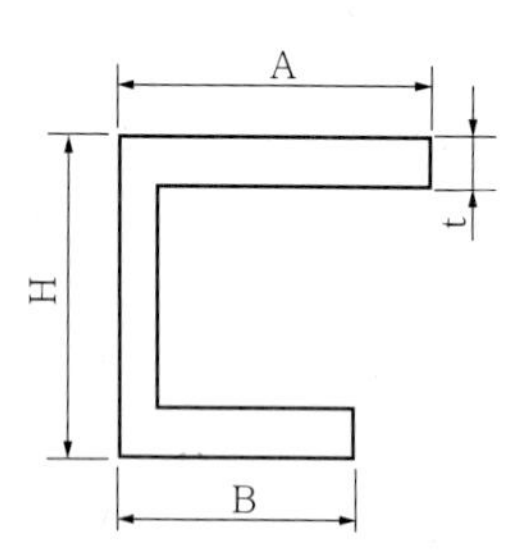

① ㄷ A×B×H×t － L
② ㄷ H×A×B×t － L
③ ㄷ B×A×H×t － L
④ ㄷ H×B×A×L - t

55 **도면에서 반드시 표제란에 기입해야 하는 항목으로 틀린 것은?**

① 재질
② 척도
③ 투상법
④ 도명

56 **선의 종류와 명칭이 잘못된 것은?**

① 가는 실선 - 해칭선
② 굵은 실선 - 숨은선
③ 가는 2점 쇄선 - 가상선
④ 가는 1점 쇄선 - 피치선

57 **다음 입체도에서 화살표 방향을 정면으로 할 때 평면도로 가장 적합한 것은?**

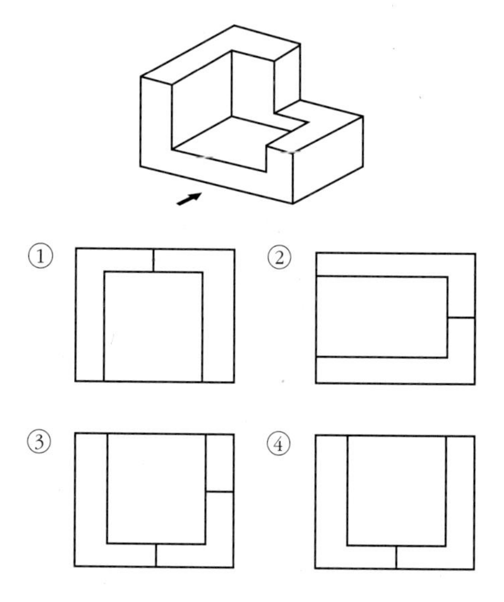

58 **도면의 밸브 표시 방법 중, 안전 밸브에 해당하는 것은?**

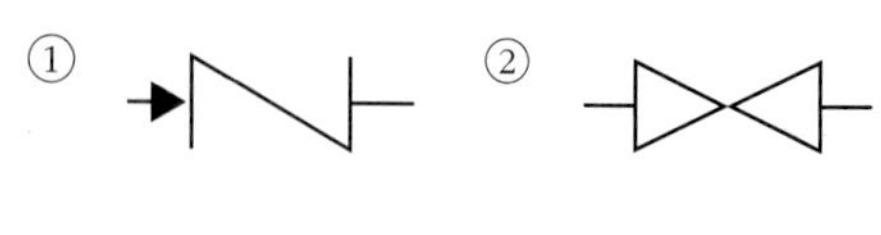

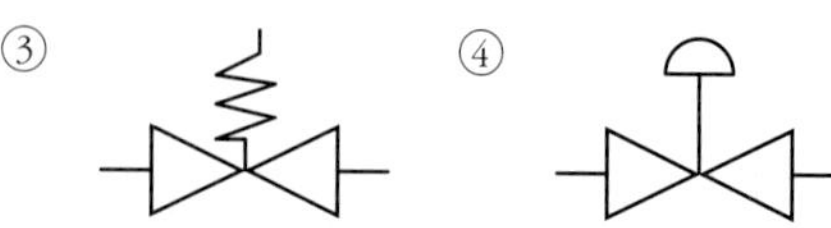

59 제1각법과 제3각법에 대한 설명 중 틀린 것은?

① 제3각법은 평면도를 정면도의 위에 그린다.
② 제1각법은 저면도를 정면도의 아래에 그린다.
③ 제3각법의 원리는 눈 → 투상면 → 물체의 순서가 된다.
④ 제1각법에서 우측면도는 정면도를 기준으로 본 위치와는 반대쪽인 좌측에 그려진다.

60 일반적으로 치수선을 표시할 때, 치수선 양 끝에 치수가 끝나는 부분임을 나타내는 형상으로 사용하는 것이 아닌 것은?

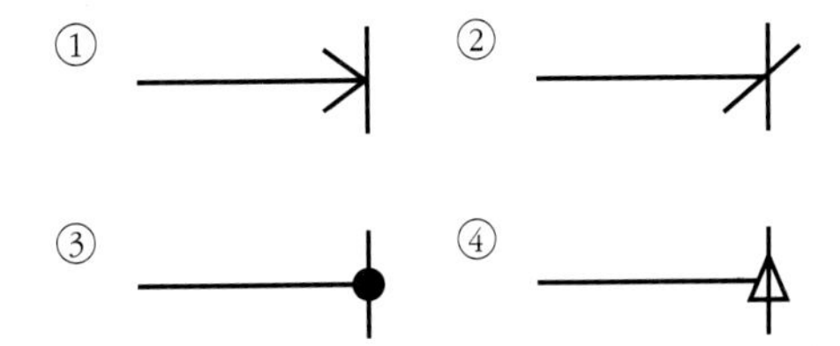

정답 :: 실전 모의고사 (5회)

01	02	03	04	05	06	07	08	09	10
①	④	③	④	②	②	③	④	④	③
11	12	13	14	15	16	17	18	19	20
①	①	④	③	④	②	②	①	①	②
21	22	23	24	25	26	27	28	29	30
①	②	④	②	③	④	④	④	③	②
31	32	33	34	35	36	37	38	39	40
④	④	④	④	①	②	③	③	②	①
41	42	43	44	45	46	47	48	49	50
①	④	②	④	②	④	③	③	③	①
51	52	53	54	55	56	57	58	59	60
④	③	①	②	①	②	①	③	②	④

특수 용접 기능사 실전 모의고사 (1회)

자격종목	코 드	시험 시간	문항 수	수험번호	성명
특수 용접 기능사	6222	60분	60		

01 저압식 토치의 아세틸렌 사용 압력은 발생 기식의 경우 몇 kgf/cm^3 이하의 압력으로 사용하여야 하는가?

① 0.07　② 0.17
③ 0.3　④ 0.4

02 가스 용접용 용제(Flux)에 대한 설명으로 옳은 것은?

① 용제는 용융 온도가 높은 슬래그를 생성한다.
② 용제의 융점은 모재의 융점보다 높은 것이 좋다.
③ 용착 금속의 표면에 떠올라 용착 금속의 성질을 불량하게 한다.
④ 용제는 용접 중에 생기는 금속의 산화물 또는 비금속 개재물을 용해한다.

03 텅스텐 아크 절단이 곤란한 금속은?

① 경합금　② 동합금
③ 비철 금속　④ 비금속

04 절단 작업과 관계가 가장 적은 것은?

① 산소창 절단
② 아크 에어 가우징
③ 크레이터
④ 분말 절단

05 용접의 단점과 가장 거리가 먼 것은?

① 잔류 응력이 발생할 수 있다.
② 이종(異種) 재료의 접합이 불가능하다.
③ 열에 의한 변형과 수축이 발생할 수 있다.
④ 작업자의 능력에 따라 품질이 좌우된다.

06 용접봉을 용접기의 음극(−)에, 모재를 양(+)극에 연결한 경우를 무슨 극성이라고 하는가?

① 직류 역극성　② 교류 정극성
③ 직류 정극성　④ 교류 역극성

07 포갬 절단(stack cutting)에 관한 설명으로 틀린 것은?

① 예열 불꽃으로 산소-아세틸렌 불꽃보다 산소-프로판 불꽃이 적합하다.
② 절단 시 판과 판 사이에는 산화물이나 불순물을 깨끗이 제거하여야 한다.
③ 판과 판 사이의 틈새는 0.1mm 이상으로 포개어 압착시킨 후 절단하여야 한다.
④ 6mm 이하의 비교적 얇은 판을 작업 능률을 높이기 위하여 여러 장 겹쳐 놓고 한 번에 절단하는 방법을 말한다.

08 액화탄산가스 1kg이 완전히 기화되면 상온 1기압에서 약 몇 L가 되겠는가?

① 318L ② 400L
③ 510L ④ 650L

09 아크가 발생하는 초기에만 용접 전류를 특별히 많게 할 목적으로 사용되는 아크 용접기의 부속 기구는?

① 변압기(transformer)
② 핫 스타트(hot start) 장치
③ 전격 방지 장치(voltage reducing device)
④ 원격 제어 장치(remote control equipment)

10 가스 용접에서 전진법과 비교한 후진법(back handle method)의 특징으로 틀린 것은?

① 용접 변형이 크다.
② 용접 속도가 빠르다.
③ 소요 홈의 각도가 작다.
④ 두꺼운 판의 용접에 적합하다.

11 다음 중 연강용 피복 아크 용접봉의 종류에 있어 E43130에 해당하는 피복제 계통은?

① 저수소계 ② 일미나이트계
③ 고셀룰로스계 ④ 고산화티탄계

12 다음 중 가스 절단에 있어 양호한 절단면을 얻기 위한 조건으로 옳은 것은?

① 드래그가 가능한 한 클 것
② 절단면 표면의 각이 예리할 것
③ 슬래그 이탈이 이루어지지 않을 것
④ 절단면이 평활하며 드래그의 홈이 깊을 것

13 AW-250, 무부하 전압 80V, 아크 전압 20V인 교류 용접기를 사용할 때 역률과 효율은 각각 약 얼마인가? (단, 내부 손실은 4kW이다.)

① 역률 45%, 효율 56%
② 역률 48%, 효율 69%
③ 역률 54%, 효율 80%
④ 역률 69%, 효율 72%

14 아크 용접봉 피복제의 역할로 옳은 것은?

① 스패터의 발생을 증가시킨다.
② 용착 금속에 적당한 합금 원소를 첨가한다.
③ 용착 금속의 응고와 냉각 속도를 빠르게 한다.
④ 대기 중으로부터 산화, 질화 등을 활성화시킨다.

15 직류 아크 용접 시에 발생되는 아크 쏠림(arc-blow)이 일어날 때 볼 수 있는 현상으로 이음의 한쪽 부재만이 녹고 다른 부재가 녹지 않아 용입 불량, 슬래그 혼입 등의 결함이 발생할 때의 조치 사항으로 가장 적절한 것은?

① 긴 아크를 사용한다.
② 용접 전류를 하강시킨다.
③ 용접봉 끝을 아크 쏠림 방향으로 기울인다.
④ 접지 지점을 바꾸고, 용접 지점과의 거리를 멀리 한다.

16 가스 절단 시 예열 불꽃이 강할 때 생기는 현상이 아닌 것은?

① 드래그가 증가한다.
② 절단면이 거칠어진다.
③ 모서리가 용융되어 둥글게 된다.
④ 슬래그 중 철 성분의 박리가 어려워진다.

17 용접기의 특성에 있어 수하 특성의 역할로 가장 적합한 것은?

① 열량의 증가
② 아크의 안정
③ 아크 전압의 상승
④ 저항의 감소

18 강괴의 종류 중 탄소 함유량이 0.3% 이상이고, 재질이 균일하며, 기계적 성질 및 방향성이 좋아 합금강, 단조용 강, 침탄강의 원재료로 사용되나 수축관이 생긴 부분이 산화되어 가공 시 압착되지 않아 잘라내야 하는 것은?

① 킬드 강괴 ② 세미킬드 강괴
③ 림드 강괴 ④ 캡드 강괴

19 알루미늄 합금에 있어 두랄루민의 첨가 성분으로 가장 많이 함유된 원소는?

① Mn ② Cu
③ Mg ④ Zn

20 일명 포금(gun metel)이라고 불리는 청동의 주요 성분으로 옳은 것은?

① 8~12% Sn에 1~2% Zn 함유
② 2~5% Sn에 15~20% Zn 함유
③ 5~10% Sn에 10~15% Zn 함유
④ 15~20% Sn에 5~8% Zn 함유

21 보통 주철의 일반적인 주성분에 속하지 않는 것은?

① 규소 ② 아연
③ 망간 ④ 탄소

22 항복점과 인장 강도가 크고, 용접성이 우수하며, 조직은 펄라이트로, 듀콜(ducol)강이라고도 불리는 것은?

① 고망간강 ② 저망간강
③ 코발트강 ④ 텅스텐강

23 담금질 강의 경도를 증가시키고 시효 변형을 방지하기 위한 목적으로 하는 심랭처리(subzero treatment)는 몇 ℃의 온도에서 처리하는 것을 말하는가?

① 0℃ 이하
② 300℃ 이하
③ 600℃ 이하
④ 800℃ 이상

24 마그네슘에 관한 설명으로 틀린 것은?

① 실용 금속 중 가장 가벼우며, 절삭성이 우수하다.
② 조밀육방격자를 가지며, 고온에서 발화하기 쉽다.
③ 냉간 가공이 거의 불가능하여 일정 온도에서 가공한다.
④ 내식성이 우수하여 바닷물에 접촉하여도 침식되지 않는다.

25 탄소강에서의 잔류 응력 제거 방법으로 가장 적절한 것은?

① 재료를 앞뒤로 반복하여 굽힌다.
② 재료의 취약 부분에 드릴로 구멍을 낸다.
③ 재료를 일정 온도에서 일정 시간 유지 후 서랭시킨다.
④ 일정한 온도로 금속을 가열한 후 기름에 급랭시킨다.

26 금속 표면에 스텔라이트나 경합금 등의 금속을 용착시켜 표면 경화층을 만드는 방법을 무엇이라 하는가?

① 숏 피닝
② 고주파 경화법
③ 화염 경화법
④ 하드 페이싱

27 스테인리스강의 분류에 해당하지 않는 것은?

① 페라이트계
② 마텐자이트계
③ 스텔라이트계
④ 오스테나이트계

28 KS상 탄소강 주강품의 기호가 "SC360"일 때 360이 나타내는 의미로 옳은 것은?

① 연신율
② 탄소 함유량
③ 인장 강도
④ 단면 수축률

29 정지 구멍(Stop hole)을 뚫어 결함 부분을 깎아 내고 재용접해야 하는 결함은?

① 균열
② 언더컷
③ 오버랩
④ 용입 부족

30 용접 시에 발생한 변형을 교정하는 방법 중 가열을 통하여 변형을 교정하는 방법에 있어 가장 적절한 가열 온도는?

① 1200℃ 이상
② 800~900℃
③ 500~600℃
④ 300℃ 이하

31 일반적으로 MIG 용접에 주로 사용되는 전원은?

① 교류 역극성
② 직류 역극성
③ 교류 정극성
④ 직류 정극성

32 다음 중 일렉트로 가스 아크 용접의 특징으로 틀린 것은?

① 판 두께가 두꺼울수록 경제적이다.
② 판 두께에 관계없이 단층으로 상진 용접한다.
③ 용접 장치가 간단하며, 취급이 쉬우며, 고도의 숙련을 요하지 않는다.
④ 스패터 및 가스의 발생이 적고, 용접 작업 시 바람의 영향을 적게 받는다.

33 서브머지드 아크 용접에서 용접의 시점과 끝점의 결함을 방지하기 위해 모재와 홈의 형상이나 두께, 재질 등이 동일한 것을 붙이는데 이를 무엇이라 하는가?

① 시험편
② 백킹제
③ 엔드탭
④ 마그네틱

34 다층 용접 시 용착법의 종류에 해당하지 않는 것은?

① 빌드업법
② 캐스케이드법
③ 스킵법
④ 선진 블록법

35 귀마개를 착용하고 작업하면 안 되는 작업자는?

① 조선소의 용접 및 취부작업자
② 자동차 조립 공장의 조립 작업자
③ 강재 하역장의 크레인 신호자
④ 판금 작업장의 타출 판금 작업자

36 주로 모재 및 용접부의 연성과 결함의 유무를 조사하기 위한 시험 방법은?

① 인장 시험
② 굽힘 시험
③ 피로 시험
④ 충격 시험

37 CO_2 가스 아크 용접의 장점으로 틀린 것은?

① 용착 금속의 기계적 성질이 우수하다.
② 슬래그 혼입이 없고, 용접 후 처리가 간단하다.
③ 전류 밀도가 높아 용입이 깊고 용접 속도가 빠르다.
④ 풍속 2m/s 이상의 바람에도 영향을 받지 않는다.

38 TIG 용접 시 주로 사용되는 가스는?

① CO_2　② H_2
③ O_2　④ Ar

39 피복 아크 용접에서 오버랩의 발생 원인으로 가장 적당한 것은?

① 전류가 너무 적다.
② 홈의 각도가 너무 좁다.
③ 아크의 길이가 너무 길다.
④ 용착 금속의 냉각 속도가 너무 빠르다.

40 저항 용접의 종류 중에서 맞대기 용접이 아닌 것은?

① 업셋 용접
② 프로젝션 용접
③ 퍼커션 용접
④ 플래시 버트 용접

41 전격으로 인해 순간적으로 사망할 위험이 가장 높은 전류량(mA)은?

① 5~10mA ② 10~20mA
③ 20~25mA ④ 50~100mA

42 열적 핀치 효과와 자기적 핀치 효과를 이용하는 용접은?

① 초음파 용접
② 고주파 용접
③ 레이저 용접
④ 플라스마 아크 용접

43 연소의 3요소에 해당하지 않는 것은?

① 가연물 ② 부촉매
③ 산소 공급원 ④ 점화원

44 용접 열원을 외부로부터 가하는 것이 아니라 금속 분말의 화학 반응에 의한 열을 사용하여 용접하는 방식은?

① 테르밋 용접
② 전기 저항 용접
③ 잠호 용접
④ 플라스마 용접

45 필릿 용접의 경우 루트 간격의 양에 따라 보수 방법이 다른데, 간격이 1.5~4.5mm일 때의 보수 방법으로 가장 적합한 것은?

① 라이너를 넣는다.
② 규정대로 각장(목길이)으로 용접한다.
③ 부족한 판을 300mm 이상 잘라 내서 대체한다.
④ 넓혀진 만큼 각장(목길이)을 증가시켜 용접한다.

46 용접부의 검사 방법에 있어 기계적 시험법에 해당하는 것은?

① 피로 시험
② 부식 시험
③ 누설 시험
④ 자기 특성 시험

47 TIG 용접에 사용하는 토륨 텅스텐 전극봉에는 몇 % 정도의 토륨이 함유되어 있는가?

① 0.3~0.5% ② 1~2%
③ 4~5% ④ 6~7%

48 용접 조립 순서는 용접 순서 및 용접 작업의 특성을 고려하여 계획하며, 불필요한 잔류 응력이 남지 않도록 미리 검토하여 조립 순서를 결정하여야 하는데, 다음 중 용접 구조물을 조립하는 순서에서 고려하여야 할 사항과 가장 거리가 먼 것은?

① 가능한 구속 용접을 실시한다.
② 가접용 정반이나 지그를 적절히 선택한다.
③ 구조물의 형상을 고정하고 지지할 수 있어야 한다.
④ 용접 이음의 형상을 고려하여 적절한 용접법을 선택한다.

49 경납용 용제로 가장 적절한 것은?

① 염화아연($ZnCl_2$)
② 염산(HCl)
③ 붕산(H_3BO_3)
④ 인산(H_3PO_4)

50 아세틸렌(C_2H_2)가스의 폭발성에 해당되지 않는 것은?

① 406~408℃가 되면 자연 발화한다.
② 마찰, 진동, 충격 등의 외력이 작용하면 폭발 위험이 있다.
③ 아세틸렌 90%, 산소 10%의 혼합 시 가장 폭발 위험이 크다.
④ 은, 수은 등과 접촉하면 이들과 화합하여 120℃ 부근에서 폭발성이 있는 화합물을 생성한다.

51 기계제도에서 대상물의 보이는 부분의 겉모양을 표시하는 선의 종류는?

① 가는 파선　② 굵은 파선
③ 굵은 실선　④ 가는 실선

52 리벳의 호칭 길이를 머리 부위까지 포함하여 전체 길이로 나타내는 리벳은?

① 둥근머리 리벳
② 냄비머리 리벳
③ 접시머리 리벳
④ 납작머리 리벳

53 배관의 끝부분 도시 기호가 그림과 같은 경우 ㉠과 ㉡의 명칭이 올바르게 연결된 것은?

① ㉠ 블라인더 플랜지 ㉡ 나사식 캡
② ㉠ 나사박음식 캡　㉡ 용접식 캡
③ ㉠ 나사박음식 캡　㉡ 블라인더 플랜지
④ ㉠ 블라인더 플랜지 ㉡ 용접식 캡

54 화살표 방향이 정면인 입체도를 3각법으로 투상한 도면으로 가장 적합한 것은?

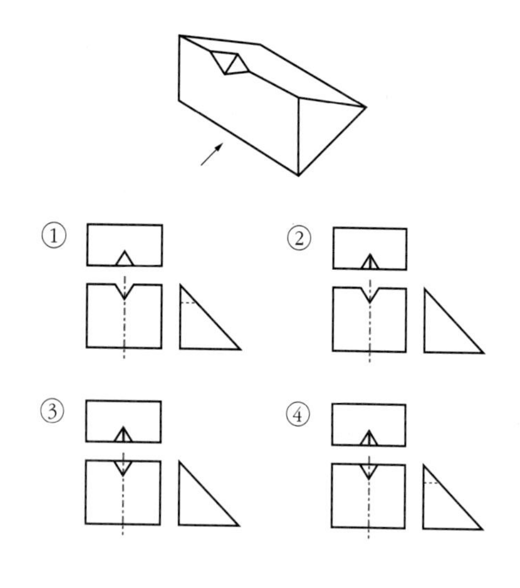

55 대상물의 일부를 파단한 경계 또는 일부를 떼어 낸 경계를 표시하는 데 사용하는 선은?

① 가상선
② 파단선
③ 절단선
④ 외형선

56 정투상법에 관한 설명으로 올바른 것은?

① 제1각법에서는 정면도의 왼쪽에 평면도를 배치한다.
② 제1각법에서는 정면도의 밑에 평면도를 배치한다.
③ 제3각법에서는 평면도의 왼쪽에 우측면도를 배치한다.
④ 제3각법에서는 평면도의 위쪽에 정면도를 배치한다.

57 플러그 용접에서 용접부 수는 4개, 간격은 70mm, 구멍의 지름은 8mm일 경우 그 용접 기호 표시로 올바른 것은?

① 4.8-70
② 8.4-70
③ 4.8(70)
④ 8.4(70)

58 제3각법으로 그린 각각 다른 물체의 투상도이다. 정면도, 평면도, 우측면도가 모두 올바르게 그려진 것은? ?

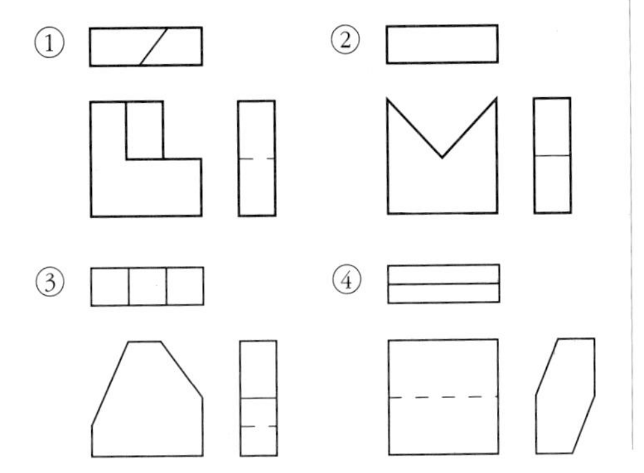

59 다음 용접 기호와 그 설명으로 틀린 것은?

① : 블록 필릿 용접
② : 블록 양면 V형 용접
③ : 평면 마감 처리한 V형 맞대기 용접
④ : 이면 용접이 있으며 표면 모두 평면 마감 처리한 V형 맞대기 용접

60 도면에서 사용되는 긴 용지에 대해서 그 호칭 방법과 치수 크기가 서로 맞지 않는 것은?

① A3×3 : 420mm×630mm
② A3×4 : 420mm×1189mm
③ A4×3 : 297mm×630mm
④ A4×4 : 297mm×841mm

정답 :: 실전 모의고사 1회

01	02	03	04	05	06	07	08	09	10
①	④	④	③	②	③	③	③	②	①
11	12	13	14	15	16	17	18	19	20
④	②	①	②	④	①	②	①	②	①
21	22	23	24	25	26	27	28	29	30
②	②	①	④	③	④	③	③	①	③
31	32	33	34	35	36	37	38	39	40
②	④	③	③	③	②	④	④	①	②
41	42	43	44	45	46	47	48	49	50
④	④	②	①	④	①	②	①	③	③
51	52	53	54	55	56	57	58	59	60
③	③	④	②	②	②	④	③	①	①

특수 용접 기능사 실전 모의고사 (2회)

자격종목	코 드	시험 시간	문항 수	수험번호	성명
특수 용접 기능사	6222	60분	60		

01 CO_2 용접에서 발생되는 일산화탄소와 산소 등의 가스를 제거하기 위해 사용되는 탈산제는?

① Mn ② Ni ③ W ④ Cu

02 용접부의 균열 발생의 원인 중 틀린 것은?

① 이음의 강성이 큰 경우
② 부적당한 용접봉 사용 시
③ 용접부의 서랭
④ 용접 전류 및 속도 과대

03 플라스마 아크 용접의 장점이 아닌 것은?

① 용접 속도가 빠르다.
② 1층으로 용접할 수 있으므로 능률적이다.
③ 무부하 전압이 높다.
④ 각종 재료의 용접이 가능하다.

04 MIG 용접 시 와이어 송급 방식의 종류가 아닌 것은?

① 풀(pull) 방식
② 푸시(push) 방식
③ 푸시언더(push-under) 방식
④ 푸시풀(push-pull) 방식

05 용접 이음부 중에서 냉각 속도가 가장 빠른 이음은?

① 맞대기 이음 ② 변두리 이음
③ 모서리 이음 ④ 필릿 이음

06 CO_2 용접 시 저전류 영역에서의 가스 유량으로 가장 적당한 것은?

① 5~10 l /min ② 10~15 l /min
③ 15~20 l /min ④ 20~25 l /min

07 비소모성 전극봉을 사용하는 용접법은?

① MIG 용접
② TIG 용접
③ 피복 아크 용접
④ 서브머지드 아크 용접

08 용접부 비파괴 검사법인 초음파 탐상법의 종류가 아닌 것은?

① 투과법 ② 펄스 반사법
③ 형광 탐상법 ④ 공진법

09 공기보다 약간 무거우며 무색, 무미, 무취의 독성이 없는 불활성 가스로 용접부의 보호 능력이 우수한 가스는?

① 아르곤 ② 질소
③ 산소 ④ 수소

10 예열 방법 중 국부 예열의 가열 범위는 용접 선 양쪽에 몇 mm 정도로 하는 것이 가장 적합한가?

① 0 ~ 50mm　② 50 ~ 100mm
③ 100 ~ 150mm　④ 150 ~ 200mm

11 인장 강도가 750MPa인 용접 구조물의 안전율은? (단, 허용 응력은 250MPa이다.)

① 3　② 5
③ 8　④ 12

12 용접부의 결함은 치수상 결함, 구조상 결함, 성질상 결함으로 구분된다. 구조상 결함들로만 구성된 것은?

① 기공, 변형, 치수 불량
② 기공, 용입 불량, 용접 균열
③ 언더컷, 연성 부족, 표면 결함
④ 표면 결함, 내식성 불량, 융합 불량

13 연납땜(Sn+Pb)의 최저 용융 온도는 몇 ℃인가?

① 327℃　② 250℃
③ 232℃　④ 183℃

14 레이저 용접의 특징으로 틀린 것은?

① 루비 레이저와 가스 레이저의 두 종류가 있다.
② 광선이 용접의 열원이다.
③ 열 영향 범위가 넓다.
④ 가스 레이저로는 주로 CO_2가스 레이저가 사용된다.

15 용접부의 연성 결함을 조사하기 위하여 사용되는 시험은?

① 인장 시험　② 경도 시험
③ 피로 시험　④ 굽힘 시험

16 용융 슬래그와 용융 금속이 용접부로부터 유출되지 않게 모재의 양측에 수랭식 동판을 대어 용융 슬래그 속에서 전극 와이어를 연속적으로 공급하여 주로 용융 슬래그의 저항열로 와이어와 모재 용접부를 용융시키는 것으로 연속 주조 형식의 단층 용접법은?

① 일렉트로 슬래그 용접
② 논 가스 아크 용접
③ 그래비트 용접
④ 테르밋 용접

17 맴돌이 전류를 이용하여 용접부를 비파괴 검사하는 방법으로 옳은 것은?

① 자분 탐상 검사
② 와류 탐상 검사
③ 침투 탐상 검사
④ 초음파 탐상 검사

18 화재 및 폭발의 방지 조치로 틀린 것은?

① 대기 중에 가연성 가스를 방출시키지 말 것
② 필요한 곳에 화재 진화를 위한 방화 설비를 설치할 것
③ 배관에서 가연성 증기의 누출 여부를 철저히 점검할 것
④ 용접 작업 부근에 점화원을 둘 것

19 연납땜의 용제가 아닌 것은?

① 붕산　② 염화아연
③ 인산　④ 염화암모늄

20 점용접에서 용접점이 앵글재와 같이 용접 위치가 나쁠 때, 보통 팁으로는 용접이 어려운 경우에 사용하는 전극의 종류는?

① P형 팁　② E형 팁
③ R형 팁　④ F형 팁

21 용접 작업의 경비를 절감시키기 위한 유의사항으로 틀린 것은?

① 용접봉의 적절한 선정
② 용접사의 작업 능률의 향상
③ 용접 지그를 사용하여 위보기 자세의 시공
④ 고정구를 사용하여 능률 향상

22 표준 홈 용접에 있어 한쪽에서 용접으로 완전 용입을 얻고자 할 때, V형 홈이음의 판 두께로 가장 적합한 것은?

① 1 ~ 10mm　② 5 ~ 15mm
③ 20 ~ 30mm　④ 35 ~ 50mm

23 프로판($C2H_8$)의 성질을 설명한 것으로 틀린 것은?

① 상온에서 기체 상태이다.
② 쉽게 기화하며 발열량이 높다.
③ 액화하기 쉽고 용기에 넣어 수송이 편리하다.
④ 온도 변화에 따른 팽창률이 작다.

24 용접기의 특성에 있어 수하 특성의 역할로 가장 적합한 것은?

① 열량의 증가
② 아크의 안정
③ 아크 전압의 상승
④ 개로 전압의 증가

25 용접기의 사용률이 40%일 때, 아크 발생 시간과 휴식 시간의 합이 10분이면 아크 발생 시간은?

① 2분　② 4분
③ 6분　④ 8분

26 가스 용접에서 용제를 사용하는 주된 이유로 적합하지 않은 것은?

① 재료 표면의 산화물을 제거한다.
② 용융 금속의 산화·질화를 감소하게 한다.
③ 청정 작용으로 용착을 돕는다.
④ 용접봉 심선의 유해 성분을 제거한다.

27 교류 아크 용접기의 종류 중 코일의 감긴 수에 따라 전류를 조정하는 것은?

① 탭 전환형　② 가동 철심형
③ 가동 코일형　④ 가포화 리액터형

28 피복 아크 용접에서 아크 쏠림의 방지 대책이 아닌 것은?

① 접지점을 될 수 있는 대로 용접부에서 멀리 할 것
② 용접봉 끝을 아크 쏠림 방향으로 기울일 것
③ 접지점 2개를 연결할 것
④ 교류 용접으로 할 것

29 피복제의 역할이 아닌 것은?

① 스패터의 발생을 많게 한다.
② 중성 또는 환원성 분위기를 만들어 질화, 산화 등의 해를 방지한다.
③ 용착 금속의 탈산 정련 작용을 한다.
④ 아크를 안정하게 한다.

30 용접봉을 여러 가지 방법으로 움직여 비드를 형성하는 것을 운봉법이라 하는데, 위빙비드 운봉 폭은 심선 지름의 몇 배가 적당한가?

① 0.5 ~ 1.5배 ② 2 ~ 3배
③ 4 ~ 5배 ④ 6 ~ 7배

31 수중 절단 작업 시 절단 산소의 압력은 공기 중의 몇 배 정도로 하는가?

① 1.5 ~ 2배 ② 3 ~ 4배
③ 5 ~ 6배 ④ 8 ~ 10배

32 산소병의 내용적이 40.7리터인 용기에 압력이 100kgf/cm^{2}로 충전되어 있다면, 프랑스식 팁 100번을 사용하여 표준 불꽃으로 약 몇 시간까지 용접이 가능한가?

① 16시간 ② 22시간
③ 31시간 ④ 41시간

33 가스 용접 토치를 취급할 때의 주의 사항이 아닌 것은?

① 토치를 망치나 갈고리 대용으로 사용하여서는 안 된다.
② 점화되어 있는 토치를 아무 곳에나 함부로 방치하지 않는다.
③ 팁 및 토치를 작업장 바닥이나 흙 속에 함부로 방치하지 않는다.
④ 작업 중 역류나 역화 발생 시 산소의 압력을 높여서 예방한다.

34 용접기의 특성 중 부하 전류가 증가하면 단자 전압이 저하되는 특성은?

① 수하 특성 ② 동전류 특성
③ 정전압 특성 ④ 상승 특성

35 가스 절단 시 예열 불꽃이 강할 때 생기는 현상이 아닌 것은?

① 드래그가 증가한다.
② 절단면이 거칠어진다.
③ 모서리가 용융되어 둥글게 된다.
④ 슬래그 중의 철 성분의 박리가 어려워진다.

36 [보기]와 같이 연강용 피복 아크 용접봉을 표시하였다. 설명으로 틀린 것은?

보기
E4316

① E : 전기 용접봉
② 43 : 용착 금속의 최저 인장 강도
③ 16 : 피복제의 계통 표시
④ E4316 : 일미나이트계

37 가스 절단에서 고속 분출을 얻는 데 가장 적합한 다이버전트 노즐은 보통의 팁에 비하여 산소 소비량이 같을 때 절단 속도를 몇 % 정도 증가시킬 수 있는가?

① 5 ~ 10% ② 10 ~ 15%
③ 20 ~ 25% ④ 30 ~ 35%

38 직류 아크 용접에서 정극성(DCSP)에 대한 설명으로 옳은 것은?

① 용접봉의 녹음이 느리다.
② 용입이 얕다.
③ 비드 폭이 넓다.
④ 모재를 음극(-)에 용접봉을 양극(+)에 연결한다.

39 게이지용 강이 갖추어야 할 성질에 대한 설명 중 틀린 것은?

① HRC 55 이하의 경도를 가져야 한다.
② 팽창계수가 보통 강보다 작아야 한다.
③ 시간이 지남에 따라 치수 변화가 없어야 한다.
④ 담금질에 의하여 변형이나 담금질 균열이 없어야 한다.

40 알루미늄에 대한 설명으로 옳지 않은 것은?

① 비중이 2.7로 낮다.
② 용융점은 1067℃이다.
③ 전기 및 열전도율이 우수하다.
④ 고강도 합금으로 두랄루민이 있다.

41 강의 표면 경화 방법 중 화학적 방법이 아닌 것은?

① 침탄법　　② 질화법
③ 침탄 질화법　　④ 화염 경화법

42 황동 합금 중에서 강도는 낮으나 전연성이 좋고 금색에 가까워 모조금이나 판 및 선에 사용되는 합금은?

① 톰백(tombac)
② 7-3 황동(cartridge brass)
③ 6-4 황동(muntz metal)
④ 주석 황동(tin brass)

43 다음 중 비중이 가장 작은 것은?

① 청동　　② 주철
③ 탄소강　　④ 알루미늄

44 냉간 가공 후 재료의 기계적 성질을 설명한 것 중 옳은 것은?

① 항복 강도가 감소한다.
② 인장 강도가 감소한다.
③ 경도가 감소한다.
④ 연신율이 감소한다.

45 금속간 화합물에 대한 설명으로 옳은 것은?

① 자유도가 5인 상태의 물질이다.
② 금속과 비금속 사이의 혼합 물질이다.
③ 금속이 공기 중의 산소와 화합하여 부식이 일어난 물질이다.
④ 두 가지 이상의 금속 원소가 간단한 원자비로 결합되어 있으며, 원래 원소와는 전혀 다른 성질을 갖는 물질이다.

46 물과 얼음의 상태도에서 자유도가 "0(zero)"일 경우 몇 개의 상이 공존하는가?

① 0　　② 1
③ 2　　④ 3

47 변태 초소성의 조건과 원칙에 대한 설명 중 틀린 것은?

① 재료에 변태가 있어야 한다.
② 변태 진행 중에 작은 하중에도 변태 초소성이 된다.
③ 감도지수(m)의 값은 거의 0(zero)의 값을 갖는다.
④ 한 번의 열 사이클로 상당한 초소성 변형이 발생한다.

48 Mg-희토류계 합금에서 희토류 원소를 첨가할 때 미시메탈(Micsh-metal)의 형태로 첨가한다. 미시 메탈에서 세륨(Ce)을 제외한 합금 원소를 첨가한 합금의 명칭은?

① 탈타뮴　　② 디디뮴
③ 오스뮴　　④ 갈바늄

49 인장 시험에서 변형량을 원표점 거리에 대한 백분율로 표시한 것은?

① 연신율　　② 항복점
③ 인장 강도　　④ 단면 수축률

50 강에 인(P)이 많이 함유되면 나타나는 결함은?

① 적열 메짐　　② 연화 메짐
③ 저온 메짐　　④ 고온 메짐

51 화살표가 가리키는 용접부의 반대쪽 이음의 위치로 옳은 것은?

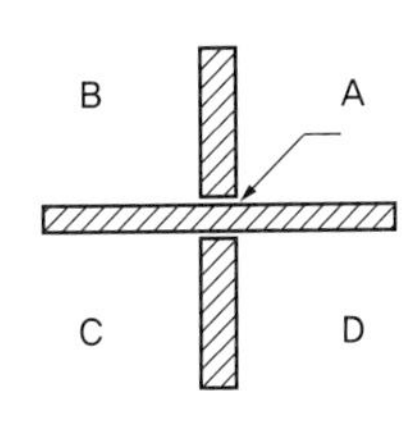

① A　　② B
③ C　　④ D

52 재료 기호에 대한 설명 중 틀린 것은?

① SS 400은 일반 구조용 압연 강재이다.
② SS 400의 400은 최고 인장 강도를 의미한다.
③ SM 45C는 기계 구조용 탄소 강재이다.
④ SM 45C의 45C는 탄소 함유량을 의미한다.

53 보기 입체도의 화살표 방향이 정면일 때 평면도로 적합한 것은?

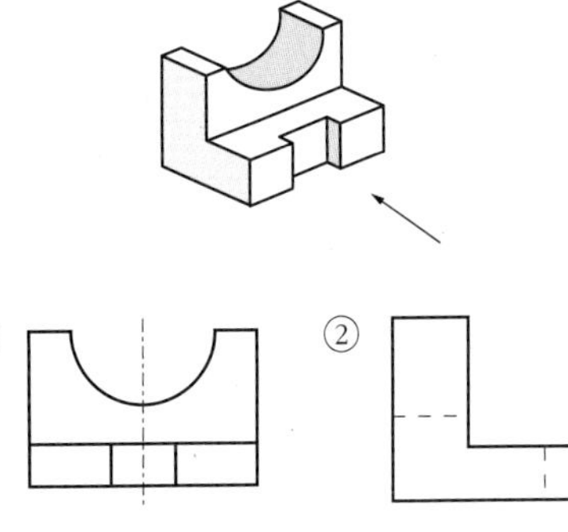

① 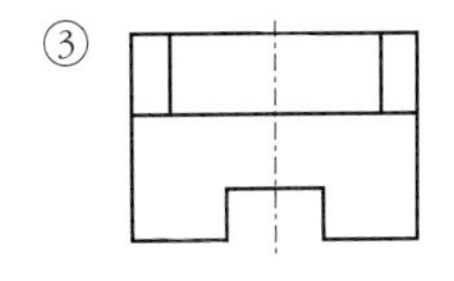　　② 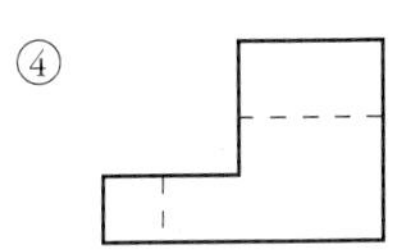

③　　④

54 보조 투상도의 설명으로 가장 적합한 것은?

① 물체의 경사면을 실제 모양으로 나타낸 것
② 특수한 부분을 부분적으로 나타낸 것
③ 물체를 가상해서 나타낸 것
④ 물체를 90° 회전시켜서 나타낸 것

55 용접부의 보조 기호에서 제거 가능한 이면 판재를 사용하는 경우의 표시 기호는?

56 다음 그림과 같이 상하면의 절단된 경사각이 서로 다른 원통의 전개도 형상으로 가장 적합한 것은?

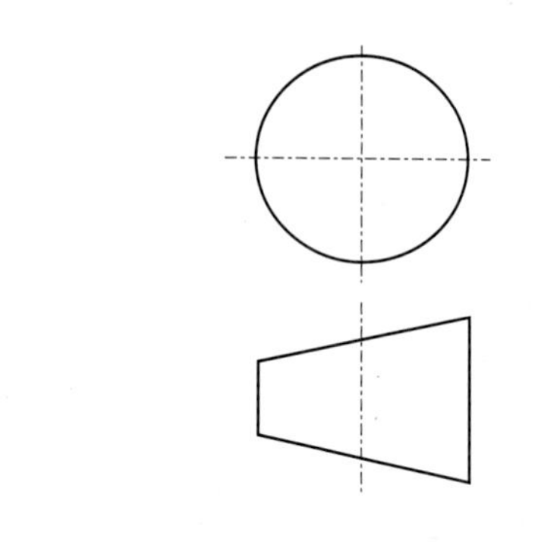

①

②

③

④

57 기계나 장치 등의 실체를 보고 프리핸드(freehand)로 그린 도면은?

① 배치도　　② 기초도
③ 조립도　　④ 스케치도

58 도면에서 2종류 이상의 선이 겹쳤을 때, 우선하는 순위를 바르게 나타낸 것은?

① 숨은선 〉 절단선 〉 중심선
② 중심선 〉 숨은선 〉 절단선
③ 절단선 〉 중심선 〉 숨은선
④ 무게 중심선 〉 숨은선 〉 절단선

59 관용 테이퍼 나사 중 평행 암나사를 표시하는 기호는? (단, ISO 표준에 있는 기호로 한다.)

① G　　② R
③ Rc　　④ Rp

60 현의 치수 기입 방법으로 옳은 것은?

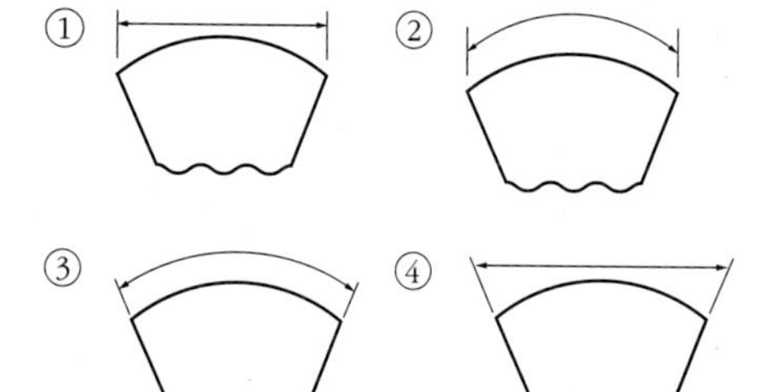

정답　　:: 실전 모의고사 2회

01	02	03	04	05	06	07	08	09	10
①	③	③	③	④	②	②	③	①	②
11	12	13	14	15	16	17	18	19	20
①	②	④	③	④	①	②	④	①	②
21	22	23	24	25	26	27	28	29	30
③	②	④	②	②	④	①	②	①	②
31	32	33	34	35	36	37	38	39	40
①	④	④	①	①	④	③	①	①	②
41	42	43	44	45	46	47	48	49	50
④	①	④	④	④	④	③	②	①	③
51	52	53	54	55	56	57	58	59	60
②	②	③	①	③	④	④	①	④	①

특수 용접 기능사 실전 모의고사 (3회)

자격종목	코드	시험 시간	문항 수	수험번호	성명
특수 용접 기능사	6222	60분	60		

01 피복 아크 용접 후 실시하는 비파괴 검사 방법이 아닌 것은?

① 자분 탐상법
② 피로 시험법
③ 침투 탐상법
④ 방사선 투과 검사법

02 용접 이음에 대한 설명으로 틀린 것은?

① 필릿 용접에서는 형상이 일정하고, 미용착부가 없어 응력 분포 상태가 단순하다.
② 맞대기 용접 이음에서 시점과 크레이터 부분에서는 비드가 급랭하여 결함을 일으키기 쉽다.
③ 전면 필릿 용접이란 용접선의 방향이 하중의 방향과 거의 직각인 필릿 용접을 말한다.
④ 겹치기 필릿 용접에서는 루트부에 응력이 집중되기 때문에 보통 맞대기 이음에 비하여 피로 강도가 낮다.

03 변형과 잔류 응력을 최소로 해야 할 경우 사용되는 용착법으로 가장 적합한 것은?

① 후진법　② 전진법
③ 스킵법　④ 덧살 올림법

04 이산화탄소 용접에 사용되는 복합 와이어(flux cored wire)의 구조에 따른 종류가 아닌 것은?

① 아코스 와이어
② T관상 와이어
③ Y관상 와이어
④ S관상 와이어

05 불활성 가스 아크 용접에 주로 사용되는 가스는?

① CO_2　② CH_4
③ Ar　④ C_2H_2

06 용접 결함에서 구조상 결함에 속하는 것은?

① 기공
② 인장 강도의 부족
③ 변형
④ 화학적 성질 부족

07 TIG 용접에 대한 설명 중 틀린 것은?

① 박판 용접에 적합한 용접법이다.
② 교류나 직류가 사용된다.
③ 비소모식 불활성 가스 아크 용접법이다.
④ 전극봉은 연강봉이다.

08 **아르곤(Ar)가스는 1기압 하에서 6500(L) 용기에 몇 기압으로 충전하는가?**

① 100기압 ② 120기압
③ 140기압 ④ 160기압

09 **불활성 가스 텅스텐(TIG) 아크 용접에서 용착 금속의 용락을 방지하고 용착부 뒷면의 용착 금속을 보호하는 것은?**

① 포지셔너(psitioner)
② 지그(zig)
③ 뒷받침(backing)
④ 엔드 탭(end tap)

10 **냉간 가공을 받은 금속의 재결정에 대한 일반적인 설명으로 틀린 것은?**

① 가공도가 낮을수록 재결정 온도는 낮아진다.
② 가공 시간이 길수록 재결정 온도는 낮아진다.
③ 철의 재결정 온도는 330~450℃ 정도이다.
④ 재결정 입자의 크기는 가공도가 낮을수록 커진다.

11 **용접 결함 중 치수상의 결함에 대한 방지 대책과 가장 거리가 먼 것은?**

① 역변형법 적용이나 지그를 사용한다.
② 습기, 이물질 제거 등 용접부를 깨끗이 한다.
③ 용접 전이나 시공 중에 올바른 시공법을 적용한다.
④ 용접 조건과 자세, 운봉법을 적정하게 한다.

12 **TIG 용접에 사용되는 전극봉의 조건으로 틀린 것은?**

① 고융용점의 금속
② 전자 방출이 잘되는 금속
③ 전기 저항률이 많은 금속
④ 열전도성이 좋은 금속

13 **철도 레일 이음 용접에 적합한 용접법은?**

① 테르밋 용접
② 서브머지드 용접
③ 스터드 용접
④ 그래비티 및 오토콘 용접

14 **통행과 운반 관련 안전 조치로 가장 거리가 먼 것은?**

① 한 눈을 팔거나 주머니에 손을 넣고 걷지 말 것
② 기계와 다른 시설물과의 사이의 통행로 폭은 30cm 이상으로 할 것
③ 운반차는 규정 속도를 지키고 운반 시 시야를 가리지 않게 할 것
④ 통행로와 운반차, 기타 시설물에는 안전 표지색을 이용한 안전표지를 할 것

15 **플라스마 아크의 종류 중 모재가 전도성 물질이어야 하며, 열효율이 높은 아크는?**

① 이행형 아크
② 비이행형 아크
③ 중간형 아크
④ 피복 아크

16 TIG 용접에서 전극봉은 세라믹 노즐의 끝에서부터 몇 mm 정도 돌출시키는 것이 가장 적당한가?

① 1~2mm
② 3~6mm
③ 7~9mm
④ 10~12mm

17 파괴 시험 방법 중 충격 시험에 해당하는 것은?

① 전단 시험
② 샤르피 시험
③ 크리프 시험
④응력 부식 균열 시험

18 초음파 탐상 검사 방법이 아닌 것은?

① 공진법
② 투과법
③ 극간법
④ 펄스 반사법

19 레이저 빔 용접에 사용되는 레이저의 종류가 아닌 것은?

① 고체 레이저
② 액체 레이저
③ 극간법
④ 펄스 반사법

20 저탄소강의 용접에 관한 설명으로 틀린 것은?

① 용접 균열의 발생 위험이 크기 때문에 용접이 비교적 어렵고, 용접법의 적용에 제한이 있다.
② 피복 아크 용접의 경우 피복 아크 용접봉은 모재와 강도 수준이 비슷한 것을 선정하는 것이 바람직하다.
③ 판의 두께가 두껍고 구속이 큰 경우에는 저수소계 계통의 용접봉이 사용된다.
④ 두께가 두꺼운 강재일 경우 적절한 예열을 할 필요가 있다.

21 15℃, 1kgf/cm^2 하에서 사용 전 용해 아세틸렌 병의 무게가 50kgf이고, 사용 후 무게가 47kgf일 때 사용한 아세틸렌의 양은 몇 리터(L)인가?

① 2915 ② 2815
③ 3815 ④ 2715

22 용착법 중 다층 쌓기 방법인 것은?

① 전진법
② 대칭법
③ 스킵법
④ 캐스케이드법

23 두께 20mm인 강판을 가스 절단하였을 때 드래그(drag)의 길이가 5mm이었다면 드래그 양은 몇 %인가?

① 5 ② 20
③ 25 ④ 100

24 가스 용접에 사용되는 용접용 가스 중 불꽃 온도가 가장 높은 가연성 가스는?

① 아세틸렌 ② 메탄
③ 부탄 ④ 천연가스

25 가스 용접에서 전진법과 후진법을 비교하여 설명한 것으로 옳은 것은?

① 용착 금속의 냉각도는 후진법이 서랭된다.
② 용접 변형은 후진법이 크다.
③ 산화의 정도가 심한 것은 후진법이다.
④ 용접 속도는 후진법보다 전진법이 더 빠르다.

26 가스 절단 시 절단면에 일정한 간격의 곡선이 진행 방향으로 나타나는데 이것을 무엇이라 하는가?

① 슬래그(slag)
② 태핑(tapping)
③ 드래그(drag)
④ 가우징(gouging)

27 피복 금속 아크 용접봉의 피복제가 연소한 후 생성된 물질이 용접부를 보호하는 방식이 아닌 것은?

① 가스 발생식
② 슬래그 생성식
③ 스프레이 발생식
④ 반가스 발생식

28 용해 아세틸렌 용기 취급 시의 주의 사항으로 틀린 것은?

① 아세틸렌 충전구가 동결 시는 50℃ 이상의 온수로 녹여야 한다.
② 저장 장소는 통풍이 잘 되어야 한다.
③ 용기는 반드시 캡을 씌워 보관한다.
④ 용기는 진동이나 충격을 가하지 말고 신중히 취급해야 한다.

29 AW300, 정격 사용률이 40%인 교류 아크 용접기를 사용하여 실제 150A의 전류 용접을 한다면 허용 사용률은?

① 80% ② 120%
③ 140% ④ 160%

30 용접 용어와 그 설명이 잘못 연결된 것은?

① 모재 : 용접 또는 절단되는 금속
② 용융풀 : 아크열에 의해 용융된 쇳물 부분
③ 슬래그 : 용접봉이 용융지에 녹아 들어가는 것
④ 용입 : 모재가 녹은 깊이

31 직류 아크 용접에서 용접봉을 용접기의 음(−)극에, 모재를 양(+)극에 연결한 경우의 극성은?

① 직류 정극성
② 직류 역극성
③ 용극성
④ 비용극성

32 강제 표면의 흠이나 개재물, 탈탄층 등을 제거하기 위하여 얇고 타원형 모양으로 표면을 깎아 내는 가공법은?

① 산소창 절단
② 스카핑
③ 탄소 아크 절단
④ 가우징

33 가동 철심형 용접기를 설명한 것으로 틀린 것은?

① 교류 아크 용접기의 종류에 해당한다.
② 미세한 전류 조정이 가능하다.
③ 용접 작업 중 가동 철심의 진동으로 소음이 발생할 수 있다.
④ 코일의 감긴 수에 따라 전류를 조정한다.

34 용접 중 전류를 측정할 때 전류계(클램프 미터)의 측정 위치로 적합한 것은?

① 1차측 접지선
② 피복 아크 용접봉
③ 1차측 케이블
④ 2차측 케이블

35 저수소계 용접봉은 용접 시점에서 기공이 생기기 쉽다. 이것의 해결 방법으로 가장 적당한 것은?

① 후진법 사용
② 용접봉 끝에 페인트 도색
③ 아크 길이를 길게 사용
④ 접지점을 용접부에 가깝게 물림.

36 가스 용접의 특징으로 틀린 것은?

① 전기가 필요 없다.
② 응용 범위가 넓다.
③ 박판 용접에 적당하다.
④ 폭발의 위험이 없다.

37 피복 아크 용접에 있어 용접봉에서 모재로 용융 금속이 옮겨 가는 상태를 분류한 것이 아닌 것은?

① 폭발형
② 스프레이형
③ 글로뷸러형
④ 단락형

38 주철의 용접 시 예열 및 후열 온도는 얼마 정도가 가장 적당한가?

① 100~200℃
② 300~400℃
③ 500~600℃
④ 700~800℃

39 융점이 높은 코발트(Co) 분말과 1~5m 정도의 세라믹, 탄화텅스텐 등의 입자들을 배합하여 확산과 소결 공정을 거쳐서 분말 야금법으로 입자강화 금속 복합재료를 제조한 것은?

① FRP
② FRS
③ 서멧(cermet)
④ 진공청정구리(OFHC)

40 황동에 납(Pb)을 첨가하여 절삭성을 좋게 한 황동으로 스크루, 시계용 기어 등의 정밀가공에 사용되는 합금은?

① 리드 브라스(lead brass)
② 문츠 메탈(munts metal)
③ 틴 브라스(tin brass)
④ 실루민(silumin)

41 탄소강에 함유된 원소 중에서 고온 메짐(hot shortness)의 원인이 되는 것은?

① Si　　② Mn
③ P　　④ S

42 알루미늄의 표면 방식법이 아닌 것은?

① 수산법
② 염산법
③ 황산법
④ 크롬산법

43 재료 표면상에 일정한 높이로부터 낙하시킨 추가 반발하여 튀어 오르는 높이로부터 경도값을 구하는 경도기는?

① 쇼어 경도기
② 로크웰 경도기
③ 비커즈 경도기
④ 브리넬 경도기

44 Fe-C 평형 상태도에서 나타날 수 없는 반응은?

① 포정 반응
② 편정 반응
③ 공석 반응
④ 공정 반응

45 강의 담금질 깊이를 깊게 하고 크리프 저항과 내식성을 증가시키며 뜨임 메짐을 방지하는 데 효과가 있는 합금 원소는?

① Mo　　② Ni
③ Cr　　④ Si

46 2~10% Sn, 0.6% P 이하의 합금이 사용되며 탄성률이 높아 스프링 재료로 가장 적합한 청동은?

① 알루미늄 청동
② 망간 청동
③ 니켈 청동
④ 인청동

47 알루미늄 합금 중 대표적인 단련용 Al 합금으로 주요 성분이 Al-Cu-Mg-Mn인 것은?

① 알민
② 알드레리
③ 두랄루민
④ 하이드로날륨

48 인장 시험에서 표점 거리가 50mm의 시험편을 시험 후 절단된 표점 거리를 측정하였더니 65mm가 되었다. 이 시험편의 연신율은 얼마인가?

① 20%　② 23%
③ 30%　④ 33%

49 면심입방격자 구조를 갖는 금속은?

① Cr　② Cu
③ Fe　④ Mo

50 노멀라이징(normalizing) 열 처리의 목적으로 옳은 것은?

① 연화를 목적으로 한다.
② 경도 향상을 목적으로 한다.
③ 인성 부여를 목적으로 한다.
④ 재료의 표준화를 목적으로 한다.

51 물체를 수직 단면으로 절단하여 그림과 같이 조합하여 그릴 수 있는데, 이러한 단면도를 무슨 단면도라고 하는가?

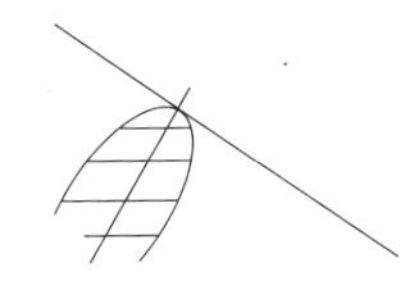

① 온 단면도　② 한쪽 단면도
③ 부분 단면도　④ 회전도시 단면도

52 일면 개선형 맞대기 용접의 기호로 맞는 것은?

① 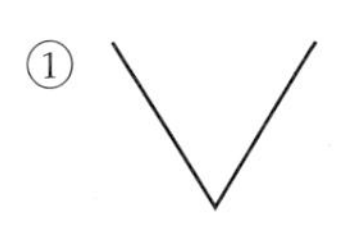　② 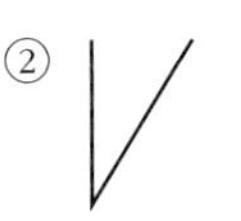
③ 　④ 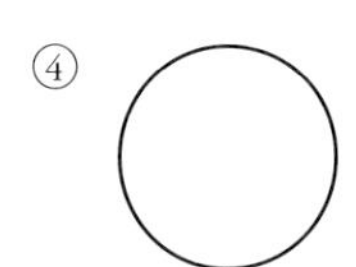

53 다음 배관 도면에서 없는 배관 요소는?

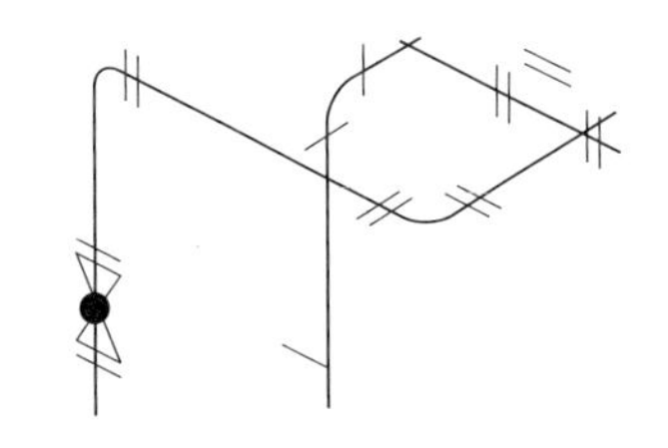

① 티　② 엘보
③ 플랜지 이음　④ 나비 밸브

54 치수선상에서 인출선을 표시하는 방법으로 옳은 것은?

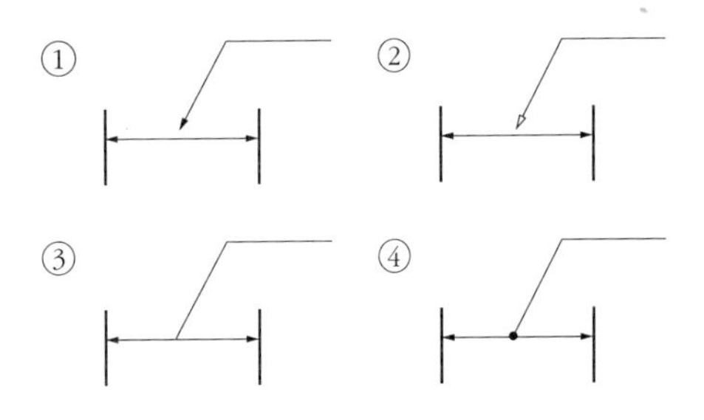

55 KS 재료기호 "SM10C"에서 10C는 무엇을 뜻하는가?

① 일련번호　② 항복점
③ 탄소 함유량　④ 최저 인장 강도

56 다음과 같이 정투상도의 제3각법으로 나타낸 정면도와 우측면도를 보고, 평면도를 올바르게 도시한 것은?

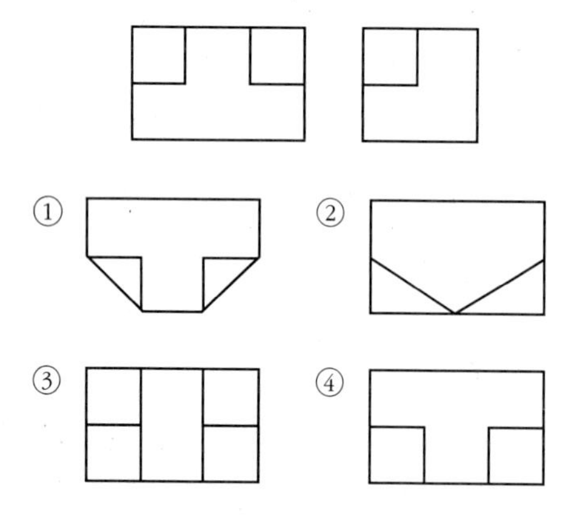

57 도면을 축소 또는 확대했을 경우, 그 정도를 알기 위해서 설정하는 것은?

① 중심 마크　　② 비교 눈금
③ 도면의 구역　　④ 재단 마크

58 선의 종류와 용도에 의한 명칭 연결이 틀린 것은?

① 가는 1점 쇄선 : 무게 중심선
② 굵은 1점 쇄선 : 특수 지정선
③ 가는 실선 : 중심선
④ 아주 굵은 실선 : 특수한 용도의 선

59 원기둥의 전개에 가장 적합한 전개도법은?

① 평행선 전개도법
② 방사선 전개도법
③ 삼각형 전개도법
④ 타출 전개도법

60 나사의 단면도에서 수나사와 암나사의 골밑(골지름)을 도시하는 데 적합한 선은?

① 가는 실선　　② 굵은 실선
③ 가는 파선　　④ 가는 1점 쇄선

정답 :: 실전 모의고사 3회

01	02	03	04	05	06	07	08	09	10
②	①	③	②	③	①	④	③	③	①
11	12	13	14	15	16	17	18	19	20
②	③	①	②	①	②	②	③	④	①
21	22	23	24	25	26	27	28	29	30
④	④	③	①	①	③	③	①	④	③
31	32	33	34	35	36	37	38	39	40
①	②	④	④	①	④	①	③	③	①
41	42	43	44	45	46	47	48	49	50
④	②	①	②	①	④	③	③	②	④
51	52	53	54	55	56	57	58	59	60
④	②	④	③	③	④	②	①	①	①

특수 용접 기능사 실전 모의고사 (4회)

자격종목	코 드	시험 시간	문항 수	수험번호	성명
특수 용접 기능사	6222	60분	60		

01 피복 아크 용접에서 용접봉의 용융 속도로 맞는 것은?

① 아크 전류 × 아크 저항
② 무부하 전압 × 아크 저항
③ 아크 전류 × 용접봉 쪽 전압 강하
④ 아크 전류 × 무부하 전압

02 가스 용접 시 모재가 주철인 경우 사용되는 용제에 속하지 않는 것은?

① 탄산나트륨 15%
② 붕사 15%
③ 중탄산나트륨 15%
④ 염화칼륨 45%

03 직류 아크 용접에서 맨(bare) 용접봉을 사용했을 때 심하게 일어나는 현상으로, 용접 중에 아크가 한쪽으로 쏠리는 현상은?

① 언더컷(undercut)
② 자기 불림(magnetic blow)
③ 오버랩(over lap)
④ 기공(blow hole)

04 탄소 아크 절단에 대해 설명한 것 중 틀린 것은?

① 전원은 주로 직류 역극성이 사용된다.
② 주철 및 고탄소강의 절단에서는 절단면은 가스 절단에 비하여 대단히 거칠다.
③ 중후판의 절단은 전자세로 작업한다.
④ 주철 및 고탄소강의 절단에서는 절단면에 약간의 탈탄이 생긴다.

05 발전기형 용접기와 정류기형 용접기의 특징을 비교한 아래의 [표]에서 내용이 틀린 것은?

구분	발전기형	정류기형
㉠ 전원	없는 곳에서 가능	없는 곳에서 불가능
㉡ 직류 전원	완전한 직류	불완전한 직류
㉢ 구조	간단	복잡
㉣ 고장	많다.	적다.

① ㉠　② ㉡
③ ㉢　④ ㉣

06 가스 용접에서 압력 조정기의 압력 전달 순서가 올바르게 된 것은?

① 부르동관 → 링크 → 섹터 기어 → 피니언
② 부르동관 → 피니언 → 링크 → 섹터 기어
③ 부르동관 → 링크 → 피니언 → 섹터 기어
④ 부르동관 → 피니언 → 섹터 기어 → 링크

07 피복 아크 용접봉에서 피복제의 역할로 맞는 것은?

① 냉각 속도를 빠르게 한다.
② 스패터의 발생을 증가시킨다.
③ 산화 정련 작용을 한다.
④ 아크를 안정시킨다.

08 용접 홀더 중 손잡이 외 부분이 전격의 위험이 적도록 절연체로 제조되어 있어 주로 많이 사용되는 것은?

① A형　② B형
③ C형　④ D형

09 가스 에너지 중 스스로 연소할 수 없으나 다른 가연성 물질을 연소시킬 수 있는 지연성 가스는?

① 수소　② 프로판
③ 산소　④ 메탄

10 연강용 아크 용접봉의 특성에 대한 설명 중 틀린 것은?

① 일미나이트계는 슬래그 생성계이다.
② 고셀룰로스계는 슬래그 생성식이다.
③ 고산화티탄계는 아크 안정성이 좋다.
④ 저수소계는 기계적 성질이 우수하다.

11 가스 용접 불꽃에서 아세틸렌 과잉 불꽃이라 하며, 속불꽃과 겉불꽃 사이에 아세틸렌 페더가 있는 것은?

① 바깥 불꽃　② 중성 불꽃
③ 산화 불꽃　④ 탄화 불꽃

12 일반적으로 모재의 두께가 6mm인 경우 사용할 가스 용접봉의 지름은 몇 mm인가?

① 1.0　② 1.6
③ 2.6　④ 4.0

13 가스 절단에서 표준 드래그는 보통 판 두께의 얼마 정도인가?

① 1/4　② 1/5
③ 1/10　④ 1/100

14 가스 가우징에 대한 설명 중 옳은 것은?

① 용접부의 결함, 가접의 제거 등에 사용된다.
② 드릴 작업의 일종이다.
③ 저압식 토치의 압력 조절 방법의 일종이다.
④ 가스의 순도를 조절하기 위한 방법이다.

15 교류 아크 용접기의 부속 장치에 해당되지 않는 것은?

① 고주파 발생 장치
② 자기 제어 장치
③ 전격 방지 장치
④ 원격 제어 장치

16 용기에 충전된 아세틸렌가스의 양을 측정하는 방법은?

① 기압에 의해 측정한다.
② 아세톤이 녹는 양에 의해서 측정한다.
③ 무게에 의하여 측정한다.
④ 사용 시간에 의하여 측정한다.

17 용접법의 분류에서 초음파 용접은 어디에 속하는가?

① 납땜　　② 압접
③ 융접　　④ 아크 용접

18 일반적인 주강의 특성에 대한 설명으로 틀린 것은?

① 주강품은 압연재나 단조품과 같은 수준의 기계적 성질을 가지고 있다.
② 주철에 비하여 용융점이 1600℃ 전후의 고온이며, 수축률도 적기 때문에 주조하는 데 어려움이 없다.
③ 주철에 비하여 기계적 성질이 월등하게 좋다.
④ 용접에 의한 보수가 용이하다.

19 Ni 합금 중에서 구리에 Ni 40~50% 정도를 첨가한 합금으로 저항선, 전열선 등으로 사용되며 열전쌍의 재료로도 사용되는 것은?

① 모넬 메탈　　② 퍼멀로이
③ 콘스탄탄　　④ 큐프로니켈

20 오스테나이트 스테인리스강 용접 시의 유의사항으로 틀린 것은?

① 짧은 아크 길이를 유지한다.
② 아크를 중단하기 전에 크레이터 처리를 한다.
③ 낮은 전류값으로 용접하여 용접 입열을 억제한다.
④ 용접하기 전에 예열을 하여야 한다.

21 순철에 대한 설명 중 맞는 것은?

① 순철은 동소체가 없다.
② 전기 재료 변압기 철심에 많이 사용된다.
③ 강도가 높아 기계 구조용으로 적합하다.
④ 순철에는 전해철, 탄화철, 쾌삭강 등이 있다.

22 탄소강의 상태도에서 나타나는 반응은?

① 인장 반응, 공정 반응, 압축 반응
② 전단 반응, 굽힘 반응, 공석 반응
③ 포정 반응, 공정 반응, 공석 반응
④ 흑연 반응, 공정 반응, 전단 반응

23 Sn-Sb-Cu 의 합금으로 주석계 화이트 메탈이라고도 부르는 것은?

① 연납　　② 경납
③ 바안 메탈　　④ 배빗 메탈

24 주조용 알루미늄 합금 중 라우탈 합금은?

① Al-Cu-Si계 합금 바안 메탈
② Mg-Al-Zn계 합금
③ Sn-Sb-Cu계 합금
④ Cu-Zn-Ni계 합금

25 주조 시 주형에 냉금을 삽입하여 주물의 표면을 급랭시켜 백선화하고 경도를 증가시킨 내마모성 주철은?

① 가단 주철　　② 구상흑연 주철
③ 고규소 주철　　④ 칠드 주철

26 강이나 주철제의 작은 볼을 고속 분사하는 방식으로 표면층을 가공 경화시키는 것은?

① 금속 침투법 ② 숏 피닝
③ 하드 페이싱 ④ 질화법

27 황동 표면에 불순물 또는 부식성 물질이 녹아 있는 수용액의 작용에 의해서 발생되는 현상은?

① 탈 아연 부식 ② 자연 균열
③ 고온 탈아연 ④ 경년 변화

28 경도와 강도를 높이기 위한 열처리 방법은?

① 담금질 ② 뜨임
③ 풀림 ④ 불림

29 용접 변형이 발생하는 중요 요인과 가장 거리가 먼 것은?

① 피 용접 재질
② 이음부 형상
③ 판 두께
④ 용접봉의 건조 상태

30 불활성 가스 아크 용접의 특징을 올바르게 설명한 것은?

① 용융 금속이 대기와 접촉하지 않아 산화, 질화를 방지한다.
② 산화막이 강한 금속이나 산화되기 쉬운 금속은 용접이 불가능하다.
③ 교류 전원을 사용할 때에는 직류 정극성을 사용할 때보다 용입이 깊다.
④ 수평 필릿 용접 전용이며, 작업 능률이 높다.

31 볼트나 환봉을 강판에 용접할 때 가장 적합한 것은?

① 테르밋 용접
② 스터드 용접
③ 서브머지드 아크 용접
④ 불활성 가스 용접

32 금속산화물이 알루미늄에 의하여 산소를 빼앗기는 반응에 의해 생성되는 열을 이용하여 금속을 용접하는 것은?

① 테르밋 용접
② 일렉트로 슬래그 용접
③ 서브머지드 아크 용접
④ 마찰 용접

33 정전압 특성에 관한 내용이 맞는 것은?

① 전류가 증가하여도 전압이 일정하게 되는 것
② 전압이 증가하여도 전류가 일정하게 되는 것
③ 전류가 증가할 때 전압이 높아지는 것
④ 전압이 증가할 때 전류가 높아지는 것

34 CO_2 가스 아크 용접 시 이산화탄소의 농도가 3~4%일 때 인체에 미치는 영향으로 가장 적합한 것은?

① 두통, 뇌빈혈을 일으킨다.
② 위험 상태가 된다.
③ 치사(致死)량이 된다.
④ 인체에 아무런 영향이 없다.

35 용접에서 오버랩이 생기는 원인이 아닌 것은?

① 용접봉의 선택이 불량할 때
② 용접 전류가 너무 적을 때
③ 용접봉의 유지 각도가 불량할 때
④ 모재의 재질이 불량할 때

36 모재 열 영향부의 연성과 노치 취성 악화의 원인으로 가장 거리가 먼 것은?

① 냉각 속도가 너무 빠를 때
② 이음 설계의 강도 계산이 부적합할 때
③ 용접봉의 선택이 부적합한 때
④ 모재에 탄소 함유량이 과다했을 때

37 다음 중 가장 두꺼운 판을 용접할 수 있는 용접법은?

① 불활성 가스 아크 용접
② 산소-아세틸렌 용접
③ 일렉트로 슬래그 용접
④ 이산화탄소 아크 용접

38 전기 용접기의 취급 관리에 대한 안전 사항으로서 잘못된 것은?

① 용접기는 항상 건조한 곳에 설치 후 작업한다.
② 용접 전류는 용접봉 심선의 굵기에 따라 적정 전류를 정한다.
③ 용접 전류 조정은 용접을 진행하면서 조정한다.
④ 용접기는 통풍이 잘되고 그늘진 곳에 설치를 한다.

39 납땜의 용제 중 부식성이 없는 용제는?

① 염산　② 염화아연
③ 송진　④ 염화암모늄

40 논 가스 아크 용접(non-gas arc welding)의 장점이 아닌 것은?

① 용접 장치가 간단하며 운반이 편리하다.
② 피복 아크 용접봉 중 고산화티탄계와 같이 수소의 발생이 많다.
③ 길이가 긴 용접물에 아크를 중단하지 않고 연속 용접을 할 수 있다.
④ 용접 전원으로 교류, 직류를 모두 사용할 수 있고 전자세 용접이 가능하다.

41 용접 포지셔너(welding positioner)를 사용하여 구조물을 용접하려 한다. 용접 능률이 가장 좋은 자세는?

① 아래보기 자세　② 직립 자세
③ 수평 자세　④ 위보기 자세

42 용접 작업 전의 준비 사항이 아닌 것은?

① 모재 재질 확인　② 용접봉의 선택
③ 용접 비드 검사　④ 지그의 선정

43 일반적으로 용접 이음에 생기는 결함 중 이음 강도에 가장 큰 영향을 주는 것은?

① 기공　② 균열
③ 언더컷　④ 오버랩

44 방사선 투과 검사 결함 중 원형 지시 형태인 것은?

① 균열　② 언더컷
③ 용입 불량　④ 기공

45 다음 그림과 같이 필릿 용접하였을 때 어느 방향으로 변형이 가장 크게 나타나는가?

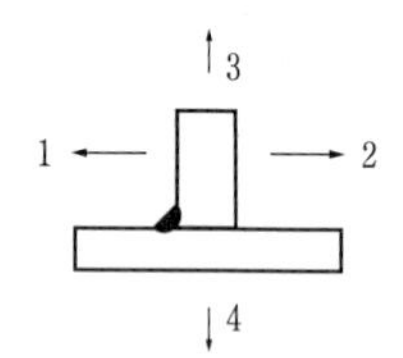

① 1　② 2
③ 3　④ 4

46 산소와 아세틸렌 용기 및 가스 용접 장치 등의 사용 방법으로 잘못된 것은?

① 산소병과 아세틸렌가스 병 등을 혼합하여 보관해서는 안 된다.
② 가스 용접 장치는 화기로부터 5m 이상 떨어진 곳에 설치해야 한다.
③ 산소병 밸브, 조정기, 도관 등은 기름 묻은 천으로 깨끗이 닦는다.
④ 아세틸렌 병은 세워서 사용하며 병에 충격을 주어서는 안 된다.

47 불활성 가스 금속 아크 용접법에서 장치별 기능 설명으로 틀린 것은?

① 용접 전원은 정전류 특성 또는 상승 특성의 직류 용접기가 사용되고 있다.
② 제어 장치의 기능으로 보호 가스 제어와 용접 전류 제어, 냉각수 순환 기능을 갖는다.
③ 와이어 송급 장치는 직류 전동기, 감속 장치, 송급 롤러와 와이어 송급 속도 제어 장치로 구성되어 있다.
④ 토치는 형태, 냉각 방식, 와이어 송급 방식 또는 용접기의 종류에 따라 다양하다.

48 용접 작업에서 소재의 예열 온도에 관한 설명 중 옳은 것은?

① 고장력강, 저합금강, 스테인리스강의 경우 용접부를 50~350℃로 예열한다.
② 연강을 0℃ 이하에서 용접할 경우, 이음의 양쪽 폭 100mm 정도를 80~140℃로 예열한다.
③ 주철, 고급 내열 합금은 용접 균열을 방지하기 위하여 예열을 하지 않는다.
④ 열전도가 좋은 알루미늄 합금, 구리 합금은 500~600℃로 예열한다.

49 서브머지드 아크 용접 장치에서 용접기의 전류 용량에 따른 분류 중 최대 전류가 2000A일 경우에 해당하는 용접기는?

① 대형(M형)
② 표준 만능형(UZ형)
③ 경량형(DS형)
④ 반자동형(SMW형)

50 용접 후처리에서 변형을 교정하는 일반적인 방법으로 틀린 것은?

① 얇은 판에 대한 점 수축법
② 형재에 대하여 직선 수축법
③ 가열한 후 해머로 두드리는 법
④ 두꺼운 판을 수랭한 후 압력을 걸고 가열하는 법

51 다음 그림의 배관 도시 기호가 뜻하는 것은?

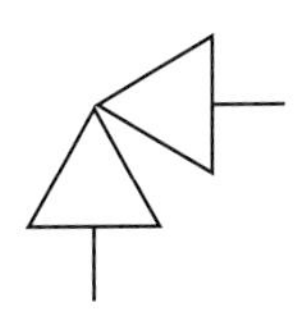

① 앵글 밸브　　② 체크 밸브
③ 게이트 밸브　　④ 안전 밸브

52 다음 도면의 (*) 안의 치수로 가장 적합한 것은?

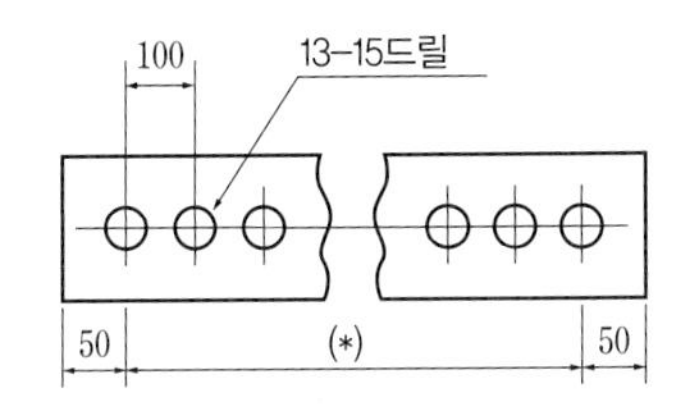

① 1400　　② 1300
③ 1200　　④ 1100

53 다음 입체도의 화살표 방향인 정면도를 가장 올바르게 투상한 것은?

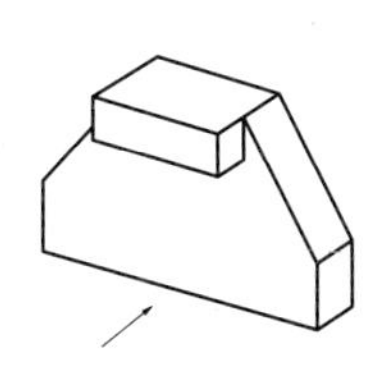

① 　　②

③ 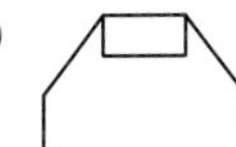　　④ 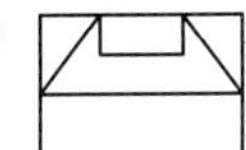

54 화살표 방향이 정면일 때 좌우 대칭이 보기와 같은 입체도의 좌측면도로 가장 적합한 것은?

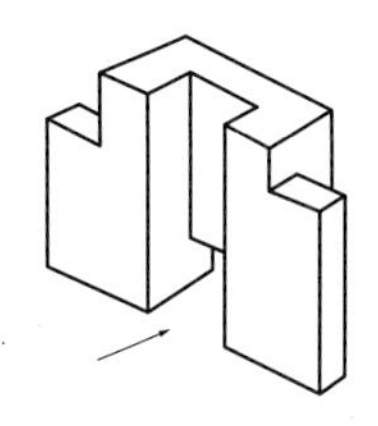

①　　② 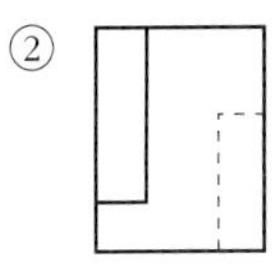

③　　④

55 한 변이 100mm인 정사각형을 2:1로 도시하려고 한다. 실제 정사각형 면적을 L이라고 하면, 도면 도형의 정사각형 면적은 얼마인가?

① 1/2L　　② 2L
③ 1/4L　　④ 4L

56 기계제도에서 선의 굵기가 가는 실선이 아닌 것은?

① 치수선　　② 수준면선
③ 지시선　　④ 특수지정선

57 다음 도면에 표시된 치수에서 최소 허용 치수는?

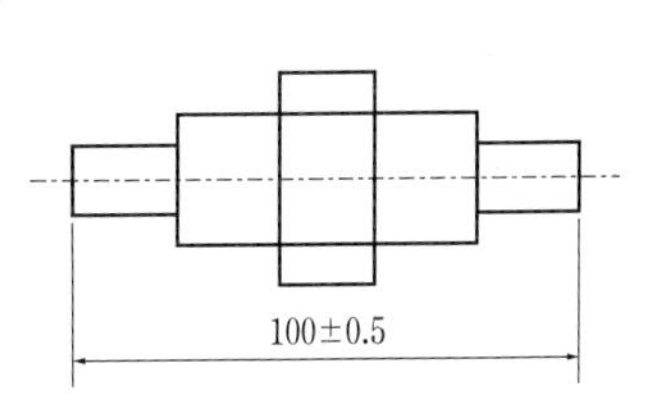

① 0.5　　② 99.5
③ 100　　④ 100.5

58 다음 재료 기호 중에서 용접 구조용 압연 강재는?

① SM 570 ② SS 330
③ WMC 330 ④ SWRS 62A

59 다음과 같이 용접을 하고자 할 때 용접 도시 기호를 올바르게 나타낸 것은?

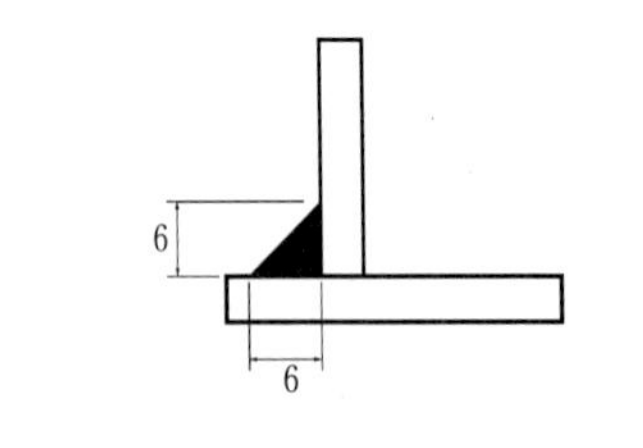

① z6 300
② z6 300
③ a6 300
④ a6 300

60 인쇄된 제도 용지에서 다음 중 반드시 표시해야 하는 사항을 모두 고른 것은?

㉠ 표제란	㉡ 윤곽선
㉢ 방향 마크	㉣ 비교 눈금
㉤ 도면 구역 표시	㉥ 중심 마크
㉦ 재단 마크	

① ㉠, ㉡, ㉤
② ㉠, ㉡, ㉥
③ ㉠, ㉡, ㉢, ㉤
④ ㉠, ㉡, ㉢, ㉣, ㉤, ㉦

정답 :: 실전 모의고사 4회

01	02	03	04	05	06	07	08	09	10
③	④	②	①	③	①	④	①	③	②
11	12	13	14	15	16	17	18	19	20
④	④	②	①	②	③	②	②	③	④
21	22	23	24	25	26	27	28	29	30
②	③	④	①	④	②	①	①	④	①
31	32	33	34	35	36	37	38	39	40
②	①	①	①	④	②	③	③	③	②
41	42	43	44	45	46	47	48	49	50
①	③	②	④	①	③	①	①	②	④
51	52	53	54	55	56	57	58	59	60
①	③	③	④	④	④	②	①	②	②

특수 용접 기능사 실전 모의고사 (5회)

자격종목	코드	시험 시간	문항 수	수험번호	성명
특수 용접 기능사	6222	60분	60		

01 용접부의 외부에서 주어지는 열량을 무엇이라 하는가?

① 용접 외열 ② 용접 가열
③ 용접 열효율 ④ 용접 입열

02 아크 에어 가우징의 특징에 대한 설명 중 틀린 것은?

① 가스 가우징보다 작업의 능률이 높다.
② 모재에 미치는 영향이 별로 없다.
③ 비철 금속의 절단도 가능하다.
④ 장비가 복잡하여 조작하기가 어렵다.

03 용접기에 "AW-300"이란 표시가 있다. 여기서 "300"이 의미하는 것은?

① 2차 최대 전류
② 최고 2차 무부하 전압
③ 정격 사용률
④ 정격 2차 전류

04 가스 용접법에서 후진법과 비교한 전진법의 설명에 해당하는 것은?

① 열 이용률이 나쁘다.
② 용접 속도가 빠르다.
③ 용접 변형이 작다.
④ 용접 가능한 판 두께가 두껍다.

05 다음 (   )에 알맞은 말은?

> 스테인리스강용 용접봉의 피복제는 루틸을 주성분으로 한 (   )와 형석, 석회석 등을 주성분으로 한 (   )가 있는데, 전자는 아크가 안정되고 스패터도 적으며, 후자는 아크가 불안정하며 스패터도 큰 입자인 것이 비산된다.

① 일미나이트계, 저수소계
② 라임계, 티탄계
③ 저수소계, 일미나이트계
④ 티탄계, 라임계

06 산소-아세틸렌가스를 이용하여 용접할 때 사용하는 산소 압력 조정기의 취급에 관한 설명 중 틀린 것은?

① 산소 용기에 산소 압력 조정기를 설치할 때 압력 조정기 설치구에 있는 먼지를 털어 내고 연결한다.
② 산소 압력 조정기 설치구 나사부나 조정기의 각 부에 그리스를 발라 잘 조립되도록 한다.
③ 산소 압력 조정기를 견고하게 설치 한 후 가스 누설 여부를 비눗물로 점검한다.
④ 산소 압력 조정기의 압력 지시계가 잘 보이도록 설치하며 유리가 파손되지 않도록 한다.

07 산소-아세틸렌가스 용접기로 두께가 3.2mm인 연강 판을 V형 맞대기 이음을 하고자 한다. 이때 연강용 가스 용접봉의 지름(mm)을 계산식에 의해 구하면 얼마인가?

① 4.6 ② 3.2
③ 3.6 ④ 2.6

08 용접의 단점이 아닌 것은?

① 재질의 변형과 잔류 응력 발생
② 제품의 성능과 수명 향상
③ 저온 취성 발생
④ 용접에 의한 변형과 수축

09 정격 사용률 40%, 정격 2차 전류 300(A)인 용접기로 180(A) 전류를 사용하여 용접하는 경우, 이 용접기의 허용 사용률은? (단, 소수점 미만은 버린다.)

① 109% ② 111%
③ 113% ④ 115%

10 피복 아크 용접에서 피복제의 역할이 아닌 것은?

① 아크를 안정되게 한다.
② 스패터를 적게 한다.
③ 용착 금속에 적당한 합금 원소를 공급한다.
④ 용착 금속에 산소를 공급한다.

11 산소-아세틸렌의 불꽃에서 속불꽃과 겉불꽃 사이에 백색의 제3의 불꽃, 즉 아세틸렌 페더라고도 하는 것은?

① 탄화 불꽃 ② 중성 불꽃
③ 산화 불꽃 ④ 백색 불꽃

12 피복 아크 용접기에 관한 설명으로 맞는 것은?

① 용접기는 역률과 효율이 낮아야 한다.
② 용접기는 무부하 전압이 낮아야 한다.
③ 용접기의 역률이 낮으면 입력 에너지가 증가한다.
④ 용접기의 사용률은 아크 시간÷(아크 시간-휴식 시간)에 대한 백분율이다.

13 피복 아크 용접봉의 운봉법 중 수직 용접에 주로 사용되는 것은?

① 8자형 ② 진원형
③ 6각형 ④ 3각형

14 아크 용접에서 정극성과 비교한 역극성의 특징은?

① 모재의 용입이 깊다.
② 용접봉의 녹음이 빠르다.
③ 비드 폭이 좁다.
④ 후판 용접에 주로 사용된다.

15 용접용 산소 용기 취급상의 주의 사항 중 틀린 것은?

① 용기 운반 시 충격을 주어서는 안 된다.
② 통풍이 잘되고 직사광선이 잘 드는 곳에 보관한다.
③ 기름이 묻은 손이나 장갑을 끼고 취급하지 않는다.
④ 가연성 물질이 있는 곳에는 용기를 보관하지 말아야 한다.

16 강재 표면의 홈이나 개재물, 탈탄층 등을 제거하기 위하여 될 수 있는 대로 얇게 그리고 타원형 모양으로 표면을 깎아 내는 가공법은?

① 가우징 ② 드래그
③ 프로젝션 ④ 스카핑

17 가스 절단에서 재료 두께가 25mm일 때 표준 드래그의 길이는 다음 중 몇 mm 정도인가?

① 10 ② 8
③ 5 ④ 2

18 Al, Cu, Mn, Mg을 주성분으로 하는 알루미늄 합금은?

① 실루민 ② 두랄루민
③ Y 합금 ④ 로우엑스

19 기계 구조용 탄소 강재에 해당하는 것은?

① SM30C ② STD11
③ SP37 ④ STC6

20 탄소강의 인장 강도, 탄성 한도를 증가시키며 내식성을 향상시키는 성분은?

① 황(S) ② 구리(Cu)
③ 인(P) ④ 망간(Mn)

21 용접성이 가장 좋은 스테인리스강은?

① 펄라이트계 스테인리스강
② 페라이트계 스테인리스강
③ 마텐자이트계 스테인리스강
④ 오스테나이트계 스테인리스강

22 열처리 방법에 있어 불림의 목적으로 가장 적합한 것은?

① 급랭시켜 재질을 경화시킨다.
② 담금질된 것에 인성을 부여한다.
③ 재질을 강하게 하고 균일하게 한다.
④ 소재를 일정 온도에 가열 후 공랭시켜 표준화한다.

23 칼로라이징(calorizing) 금속 침투법은 철강 표면에 어떠한 금속을 침투시키는가?

① 규소 ② 알루미늄
③ 크롬 ④ 아연

24 구리 및 구리 합금의 용접성에 대한 설명으로 옳은 것은?

① 순구리의 열전도도는 연강의 8배 이상이므로 예열이 필요 없다.
② 구리의 열팽창 계수는 연강보다 50% 이상 크므로, 용접 후 응고 수축 시 변형이 생기지 않는다.
③ 순수 구리의 경우 구리에 산소 이외에 납이 불순물로 존재하면, 균열 등의 용접 결함이 발생된다.
④ 구리 합금의 경우 과열에 의한 주석의 증발로 작업자가 중독을 일으키기 쉽다.

25 주철의 결점을 개선하기 위하여 백주철의 주물을 만들고, 이것을 장시간 열처리하여 탄소의 상태를 분해 또는 소실시켜 인성 또는 연성을 증가시킨 주철은?

① 회주철(gray cast iron)
② 반주철(mottled cast iron)
③ 가단 주철(malleable cast iron)
④ 칠드 주철(chilled cast iron)

26 니켈(Ni)에 관한 설명으로 옳은 것은?

① 증류수 등에 대한 내식성이 나쁘다.
② 니켈은 열간 및 냉간 가공이 용이하다.
③ 360℃ 부근에서는 자기 변태로 강자성체이다.
④ 아황산가스(SO_2)를 품는 공기에서는 부식되지 않는다.

27 금속 재료의 가공 방법에 있어 냉간 가공의 특징으로 볼 수 없는 것은?

① 제품의 표면이 미려하다.
② 제품의 치수 정도가 좋다.
③ 연신율과 단면 수축률이 저하된다.
④ 가공 경화에 의한 강도가 저하된다.

28 일반적으로 경금속과 중금속을 구분할 때 중금속은 비중이 얼마 이상을 말하는가?

① 1.0　　② 2.0
③ 4.5　　④ 7.0

29 용접 홈 종류 중 두꺼운 판을 한쪽 방향에서 충분한 용입을 얻으려고 할 때 사용되는 것은?

① U형 홈　　② X형 홈
③ H형 홈　　④ I형 홈

30 용접 분위기 가운데 수소 또는 일산화탄소가 과잉될 때 발생하는 결함은?

① 언더컷　　② 기공
③ 오버랩　　④ 스패터

31 화학적 시험에 해당되는 것은?

① 물성 시험
② 열특성 시험
③ 설퍼 프린트 시험
④ 함유 수소 시험

32 이산화탄소 아크 용접의 특징이 아닌 것은?

① 전원은 교류 정전압 또는 수하 특성을 사용한다.
② 가시 아크이므로, 시공이 편리하다.
③ MIG 용접에 비해 용착 금속에 기공 생김이 적다.
④ 산화 및 질화가 되지 않는 양호한 용착 금속을 얻을 수 있다.

33 소화기의 설명으로 옳지 않은 것은?

① A급 화재에는 포말소화기가 적합하다.
② A급 화재란 보통 화재를 뜻한다.
③ C급 화재에는 CO_2 소화기가 적합하다.
④ C급 화재란 유류 화재를 뜻한다.

34 용접법 중 용접봉을 용제 속에 넣고 아크를 일으켜 용접하는 것은?

① 원자 수소 용접
② 서브머지드 아크 용접
③ 불활성 가스 아크 용접
④ 이산화탄소 아크 용접

35 전자 빔 용접의 특징 중 잘못 설명한 것은?

① 용접 변형이 적고 정밀 용접이 가능하다.
② 열전도율이 다른 이종 금속의 용접이 가능하다.
③ 진공 중에서 용접하므로 불순 가스에 의한 오염이 적다.
④ 용접물의 크기에 제한이 없다.

36 불활성 가스 텅스텐 아크 용접법의 극성에 대한 설명으로 틀린 것은?

① 직류 정극성에서는 모재의 용입이 깊고 비드 폭이 좁다.
② 직류 역극성에서는 전극 소모가 많으므로 지름이 큰 전극을 사용한다.
③ 직류 정극성에서는 청정 작용이 있어 알루미늄이나 마그네슘 용접에 아르곤 가스를 사용한다.
④ 직류 역극성에서는 모재의 용입이 얕고, 비드 폭이 좁다.

37 CO_2 가스 아크 용접에서 플럭스 코어드 와이어의 단면 형상이 아닌 것은?

① NCG형 ② Y관상형
③ 풀(pull)형 ④ 아코스(arcos)형

38 납땜의 용제가 갖추어야 할 조건 중 맞는 것은?

① 모재나 땜납에 대한 부식 작용이 최대한일 것
② 납땜 후 슬래그 제거가 용이할 것
③ 전기 저항 납땜에 사용되는 것은 부도체일 것
④ 침지 땜에 사용되는 것은 수분을 함유하여야 할 것

39 모재 두께가 9~10mm인 연강 판의 V형 맞대기 피복 아크 용접 시 홈의 각도로 적당한 것은?

① 20~40° ② 40~50°
③ 60~70° ④ 90~100°

40 용접부의 잔류 응력을 제거하기 위한 방법으로 끝이 둥근 해머로 용접부를 연속적으로 때려 용접 표면상에 소성 변형을 주어 용접 금속부의 인장 응력을 완화하는 방법은?

① 코킹법 ② 피닝법
③ 저온 응력 완화법 ④ 국부 풀림법

41 가스 용접에 의한 역화가 일어날 경우 대처 방법으로 잘못된 것은?

① 아세틸렌을 차단한다.
② 산소 밸브를 열어 산소량을 증가시킨다.
③ 팁을 물로 식힌다.
④ 토치의 기능을 점검한다.

42 응급처치 구명 4대 요소에 속하지 않는 것은?

① 상처 보호
② 지혈
③ 기도 유지
④ 전문 구조 기관의 연락

43 용접 작업 시 전격 방지를 위한 주의 사항 중 틀린 것은?

① 캡타이어 케이블의 피복 상태, 용접기의 접지 상태를 확실하게 점검할 것
② 기름기가 묻었거나 젖은 보호구와 복장은 입지 말 것
③ 좁은 장소의 작업에서는 신체를 노출시키지 말 것
④ 개로 전압이 높은 교류 용접기를 사용할 것

44 CO_2 가스 아크 용접 결함에 있어서 다공성이란 무엇을 의미하는가?

① 질소, 수소, 일산화탄소 등에 의한 기공을 말한다.
② 와이어 선단부에 용적이 붙어 있는 것을 말한다.
③ 스패터가 발생하여 비드의 외관에 붙어 있는 것을 말한다.
④ 노즐과 모재 간 거리가 지나치게 작아서 와이어 송급 불량을 의미한다.

45 용접 지그 선택의 기준이 아닌 것은?

① 물체를 튼튼하게 고정시킬 크기와 힘이 있어야 할 것
② 용접 위치를 유리한 용접 자세로 쉽게 움직일 수 있을 것
③ 물체의 고정과 분해가 용이해야 하며 청소에 편리할 것
④ 변형이 쉽게 되는 구조로 제작될 것

46 MIG알루미늄 용접을 그 용적 이행 형태에 따라 분류할 때 해당되지 않는 용접법은?

① 단락 아크 용접
② 스프레이 아크 용접
③ 펄스 아크 용접
④ 저전압 아크 용접

47 선박이나 보일러 등의 두꺼운 판을 용접할 때 용융 슬래그와 와이어의 저항 열을 이용하여 연속적으로 상진하면서 용접하는 것은?

① 테르밋 용접
② 일렉트로 슬래그 용접
③ 넌시일드 아크 용접
④ 서브머지드 아크 용접

48 심 용접에서 사용하는 통전 방법이 아닌 것은?

① 포일 통전법
② 단속 통전법
③ 연속 통전법
④ 맥동 통전법

49 **가스 용접 장치에 대한 설명으로 틀린 것은?**

① 화기로부터 5m 이상 떨어진 곳에 설치한다.
② 전격 방지기를 설치한다.
③ 아세틸렌가스 집중 장치 시설에는 소화기를 준비한다.
④ 작업 종료 시 메인 밸브 및 콕 등을 완전히 잠근다.

50 **아크 용접 로봇 자동화 시스템의 구성으로 틀린 것은?**

① 포지셔너(positioner)
② 아크 발생 장치
③ 모재 가공부
④ 안전 장치

51 **기계 제도의 일반 사항에 관한 설명으로 틀린 것은?**

① 잘못 볼 염려가 없다고 생각되는 도면은, 도면의 일부 또는 전부에 대하여 비례관계를 지키지 않아도 좋다.
② 선의 굵기, 방향의 중심은 이론상 그려야 할 위치 위에 그린다.
③ 선이 근접하여 그리는 선의 간격은 원칙적으로 평행선의 경우 선의 굵기의 3배 이상으로 하고, 선과 선의 간격은 0.7 mm 이상으로 하는 것이 좋다.
④ 다수의 선이 1점에 집중할 경우 그 점 주위를 스머징하여 검게 나타낸다.

52 **다음의 양면 필릿 용접 기호를 가장 올바르게 해석한 것은?**

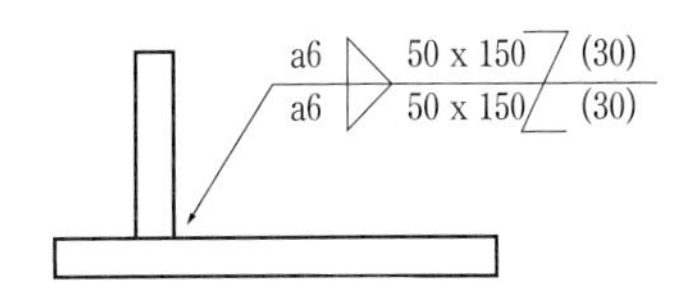

① 목 길이 6mm, 용접 길이 150mm, 인접한 용접부 간격 50mm
② 목 길이 6mm, 용접 길이 50mm, 인접한 용접부 간격 30mm
③ 목 길이 6mm, 용접 길이 150mm, 인접한 용접부 간격 30mm
④ 목 길이 6mm, 용접 길이 50mm, 인접한 용접부 간격 50mm

53 **제3각법으로 정투상한 다음의 정면도와 우측면도에 가장 적합한 평면도는?**

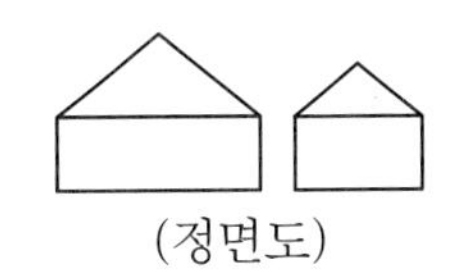
(정면도)

① 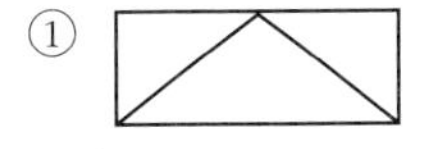
② 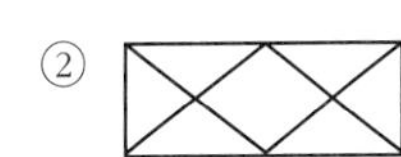
③ 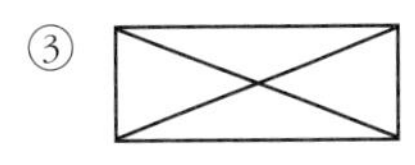
④ 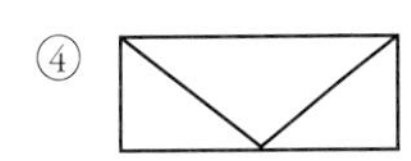

54 **제도에 사용되는 문자 크기의 기준으로 맞는 것은?**

① 문자의 폭
② 문자의 높이
③ 문자의 대각선의 길이
④ 문자의 높이와 폭의 비율

55 치수를 나타내기 위한 치수선의 표시가 잘못된 것은? ?

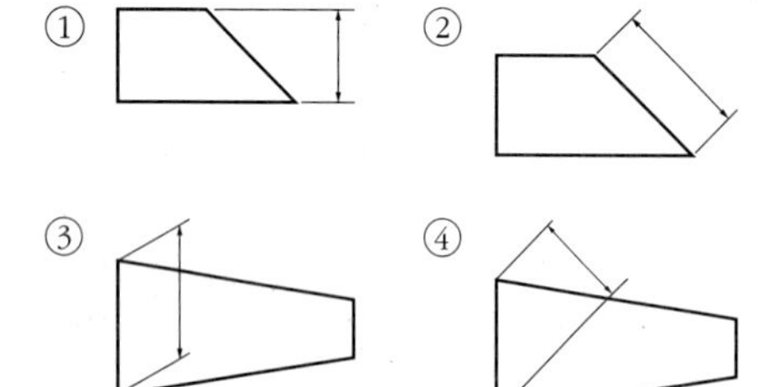

56 다음 그림의 A 부분과 같이 경사면부가 있는 대상물에서 그 경사면의 실형을 표시할 필요가 있는 경우 사용하는 투상도는?

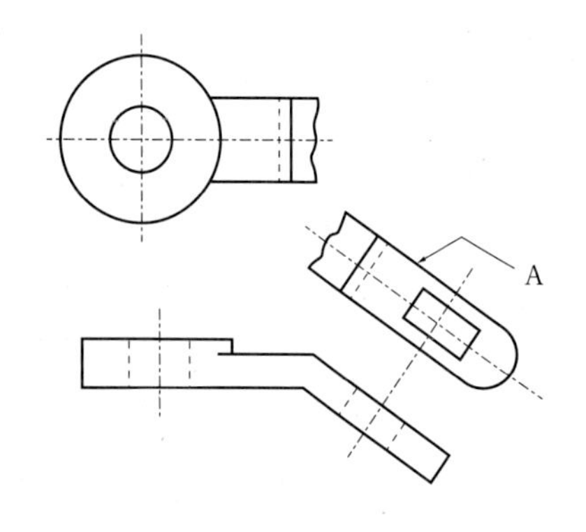

① 국부 투상도　　② 전개 투상도
③ 회전 투상도　　④ 보조 투상도

57 나사 표시 기호 "M50 × 2"에서 "2"는 무엇을 나타내는가?

① 나사산의 수　　② 나사 피치
③ 나사의 줄 수　　④ 나사의 등급

58 다음 도면에서 가는 실선으로 대각선을 그려 도시한 면의 설명으로 올바른 것은?

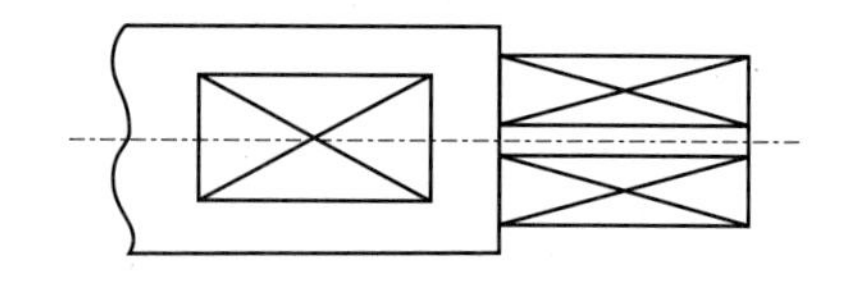

① 대상의 면이 평면임을 도시
② 특수 열처리한 부분을 도시
③ 다이아몬드의 볼록 현상을 도시
④ 사각형으로 관통한 면

59 배관에서 유체의 종류 중 공기를 나타내는 기호는?

① A　　② C
③ S　　④ W

60 배관용 탄소 강관의 KS기호는?

① SPP　　② SPCD
③ STKM　　④ SAPH

정답　:: 실전 모의고사 5회

01	02	03	04	05	06	07	08	09	10
④	④	④	①	④	②	④	②	②	④
11	12	13	14	15	16	17	18	19	20
①	③	④	②	②	④	③	②	①	②
21	22	23	24	25	26	27	28	29	30
④	④	②	③	③	②	④	③	①	②
31	32	33	34	35	36	37	38	39	40
④	①	④	②	④	③	③	②	③	②
41	42	43	44	45	46	47	48	49	50
②	④	④	①	④	④	②	①	②	③
51	52	53	54	55	56	57	58	59	60
④	③	③	②	④	④	②	①	①	①

오분만 용접 · 특수 용접 기능사 필기

기출문제 해설

용접 기능사 필기 기출문제 (2014년 1월 26일 시행)

자격종목	코 드	시험 시간	문항 수	수험번호	성명
용접 기능사	6223	60분	60		

01 용접 결함 중 구조상 결함이 아닌 것은?

① 슬래그 섞임
② 용입 불량과 융합 불량
③ 언더컷
④ 피로 강도 부족

> **!**
> **용접 결함의 종류**
> ① 치수상 결함 : 변형, 치수 불량
> ② 구조상 결함 : 언더컷, 오버랩, 균열, 스패터, 슬래그 섞임, 기공 등
> ③ 성질상 결함 : 기계적, 화학적

02 화재 발생 시 사용하는 소화기에 대한 설명으로 틀린 것은?

① 전기로 인한 화재에는 포말 소화기를 사용한다.
② 분말 소화기는 유류 화재에 적합하다.
③ CO_2 가스 소화기는 소규모의 인화성 액체 화재나 전기 설비 화재의 초기 진화에 좋다.
④ 보통 화재에는 포말, 분말, CO_2 소화기를 사용한다.

> **!**
> 포말 소화기는 수계 소화기로 전기 화재에는 부적합하다.

03 용접기 설치 및 보수할 때 지켜야 할 사항으로 옳은 것은?

① 셀렌 정류기형 직류 아크 용접기는 습기나 먼지 등이 많은 곳에 설치해도 괜찮다.
② 조정 핸들, 미끄럼 부분 등에는 주유하지 않는다.
③ 용접 케이블 등의 파손된 부분은 즉시 절연 테이프로 감아야 한다.
④ 냉각용 선풍기, 바퀴 등에도 주유해서는 안 된다.

> **!**
> **교류 용접기를 취급할 때의 주의 사항**
> ① 탭 전환은 아크 발생 중지 후 행할 것
> ② 가동 부분, 냉각 팬을 점검하고 주유할 것
> ③ 정격 사용 이상으로 사용할 때 과열되어 소손이 생기므로 주의
> ④ 2차측 단자의 한쪽과 용접기 케이스는 반드시 접지할 것
> ⑤ 습한 장소, 직사광선이 드는 곳에는 용접기를 설치하지 말 것

Ans
01 ④ 02 ① 03 ③

04 서브머지드 아크 용접에서 다전극 방식에 의한 분류가 아닌 것은?

① 탠덤식 ② 횡병렬식
③ 횡직렬식 ④ 이행 형식

!
서브머지드 아크 용접에서 전극의 종류에 따른 분류

종류	전극 배치	특징	용도
탠덤식	2개의 전극을 독립 전원에 접속	비드 폭이 좁고, 용입이 깊으며, 용접 속도가 빠름.	파이프라인의 용접에 사용
횡직렬식	2개의 용접봉 중심이 한 곳에서 만나도록 배치	아크 복사열에 의해 용입이 매우 얕고, 자기 불림이 생길 수 있음.	육성 용접에 주로 사용
횡병렬식	2개 이상의 용접봉을 나란히 옆으로 배열	용입은 중간 정도이며, 비드 폭이 넓어짐.	

05 TIG 용접에서 직류 정극성으로 용접할 때 전극 선단의 각도로 가장 적합한 것은?

① 5 ~ 10° ② 10 ~ 20°
③ 30 ~ 50° ④ 60 ~ 70°

!
TIG 용접에서 전극 선단의 각도는 30~50°가 적합

06 필릿 용접부의 보수 방법에 대한 설명으로 옳지 않는 것은?

① 간격이 1.5mm 이하일 때에는 그대로 용접하여도 좋다.
② 간격이 1.5 ~ 4.5mm일 때에는 넓어진 만큼 각장을 감소시킬 필요가 있다.
③ 간격이 4.5mm일 때에는 라이너를 넣는다.
④ 간격이 4.5mm 이상일 때에는 300mm 정도의 치수로 판을 잘라 낸 후 새로운 판으로 용접한다.

!
필릿 용접부의 간격이 넓어진 만큼 각장이 작아지면 안 된다.

07 다음과 같은 다층 용접법은?

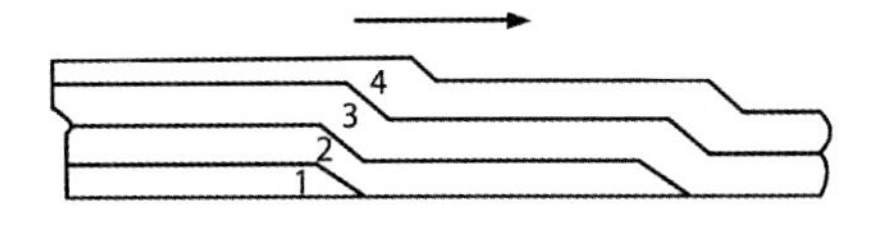

① 빌드업법 ② 캐스케이드법
③ 전진 블록법 ④ 스킵법

!
다층 용접법의 종류
① 덧살 올림법(빌드업법) : 열영향이 크고 슬래그 섞임 우려가 있음, 한랭 시 구속이 클 때 후판에서 첫 층 균열이 있다.
② 캐스케이드법 : 하부분의 몇 층을 용접하다가 다음 층으로 연속시켜 용접하는 법, 결함이 적지만 잘 사용하지 않는다.
③ 전진 블록법 : 한 개의 용접봉으로 살을 붙일만한 길이로 구분해서 여러 층으로 쌓아 올린 후, 다음 부분으로 진행함, 첫 층 균열 발생 우려가 있을 때 사용

08 용접 작업 시 작업자의 부주의로 발생하는 안염, 각막염, 백내장 등을 일으키는 원인은?

① 용접 흄 가스 ② 아크 불빛
③ 전격 재해 ④ 용접 보호 가스

!
용접 작업 시 재해의 종류
① 아크열에 의한 화상 및 화재의 위험
② 아크 불빛의 자외선과 적외선의 열로 인한 전광성 안염
③ 가연성 가스의 폭발에 의한 위험
④ 용접기의 높은 무부하 전압에 의한 전격의 위험

Ans
04 ④ 05 ③ 06 ② 07 ② 08 ②

09 플라스마 아크 용접에 대한 설명으로 잘못된 것은?

① 아크 플라스마의 온도는 10000 ~ 30000℃ 온도에 달한다.
② 핀치 효과에 의해 전류 밀도가 크므로 용입이 깊고 비드 폭이 좁다.
③ 무부하 전압이 일반 아크 용접기에 비하여 2~5배 정도 낮다.
④ 용접 장치 중에 고주파 발생 장치가 필요하다.

> !
> **플라스마 아크 용접의 특징**
> ① 용접 변형이 작다.
> ② 용접의 품질이 균일하다.
> ③ 용접의 기계적 성질이 좋다.
> ④ 용접 속도를 크게 할 수 있다.
> ⑤ 용입이 크고 비드의 폭이 좁다.
> ⑥ 무부하 전압이 일반 아크 용접보다 2~5배 더 높다.
> ⑦ 핀치 효과에 의해 전류 밀도가 크고, 안정적이며 보유 열량이 크다.

10 전기 저항 점용접법에 대한 설명으로 틀린 것은?

① 인터랙 점용접이란 용접 점의 부분에 직접 2개의 전극을 물리지 않고 용접 전류가 피용접물의 일부를 통하여 다른 곳으로 전달하는 방식이다.
② 단극식 점용접이란 전극이 1쌍으로 1개의 점용접부를 만드는 것이다.
③ 맥동 점용접은 사이클 단위를 몇 번이고 전류를 연속하여 통전하는 것으로 용접 속도 향상 및 용접 변형 방지에 좋다.
④ 직렬식 점용접이란 1개의 전류 회로에 2개 이상의 용접점을 만드는 방법으로, 전류 손실이 많아 전류를 증가시켜야 한다.

> !
> 맥동 점용접은 모재의 두께가 다를 경우, 전극의 과열을 막기 위해 전류를 단속하면서 용접하는 방법이다. 전류를 연속하여 통전하여 용접 속도를 향상시키면서 용접 변형을 방지하는 용접법은 심 용접이다.

11 가스 용접에서 가변압식(프랑스식) 팁(TIP)의 능력을 나타내는 기준은?

① 1분에 소비하는 산소 가스의 양
② 1분에 소비하는 아세틸렌가스의 양
③ 1시간에 소비하는 산소 가스의 양
④ 1시간에 소비하는 아세틸렌가스의 양

12 아크 쏠림은 직류 아크 용접 중에 아크가 한쪽으로 쏠리는 현상을 말하는데, 아크 쏠림 방지법이 아닌 것은?

① 접지점을 용접부에서 멀리한다.
② 아크 길이를 짧게 유지한다.
③ 가용접을 한 후 후퇴 용접법으로 용접한다.
④ 가용접을 한 후 전진법으로 용접한다.

13 용접기의 가동 핸들로 1차 코일을 상하로 움직여 2차 코일의 간격을 변화시켜 전류를 조정하는 용접기로 맞는 것은?

① 가포화 리액터형
② 가동 코어 리액터형
③ 가동 코일형
④ 가동 철심형

> !
> **교류 용접기 종류**
> ① 탭 전환형 : 무부하 전압이 높아 전격 위험이 크고, 코일의 감긴 수에 따라 전류를 조정하는 것, 미세 전류 조정이 불가능함.
> ② 가동 코일형 : 1차 코일의 거리 조정으로 전류 조정
> ③ 가동 철심형 : 가동 철심을 움직여 누설 자속을 변동시켜 전류를 조정, 미세 전류 조정이 가능
> ④ 가포화 리액터형 : 전류 조정이 용이하고, 전류 조정을 전기적으로 하기 때문에 이동 부분이 없고 가변 저항의 변화로 전류 조정, 원격 조정 가능

Ans
09 ③ 10 ③ 11 ④ 12 ④ 13 ③

14 프로판 가스가 완전 연소하였을 때 설명으로 맞는 것은?

① 완전 연소하면 이산화탄소로 된다.
② 완전 연소하면 이산화탄소와 물이 된다.
③ 완전 연소하면 일산화탄소와 물이 된다.
④ 완전 연소하면 수소가 된다.

15 아세틸렌가스가 산소와 반응하여 완전 연소할 때 생성되는 물질은?

① CO, H_2O ② $2CO_2, H_2O$
③ CO, H_2 ④ CO_2, H_2

!
아세틸렌의 완전 연소식
• $2C_2H_2 + 5O_2 \rightarrow 4CO_2 + 2H_2O$

16 용접부에 X선을 투과하였을 경우 검출할 수 있는 결함이 아닌 것은?

① 선상 조직 ② 비금속 개재물
③ 언더컷 ④ 용입 불량

!
선상 조직의 원인은 급격한 냉각으로 발생되는 결함이며, X선으로는 검출할 수 없다.

17 다층 용접 방법 중 각 층마다 전체의 길이를 용접하면서 쌓아 올리는 용착법은?

① 전진 블록법 ② 덧살 올림법
③ 캐스케이드법 ④ 스킵법

18 용접부의 시험 검사에서 야금학적 시험 방법에 해당되지 않는 것은?

① 파면 시험 ② 육안 조직 시험
③ 노치 취성 시험 ④ 설퍼 프린트 시험

!
야금학적 시험은 금속의 조직 변화를 통해 금속의 특성을 알아보는 시험법이다. 노치 취성 시험은 파괴 시험법에 속한다.

19 구리와 아연을 주성분으로 한 합금으로 철강이나 비철금속의 납땜에 사용되는 것은?

① 황동납 ② 인동납
③ 은납 ④ 주석납

!
구리와 아연은 황동의 합금으로, 납땜에 이용될 때는 황동납으로 사용한다.

20 탄산가스 아크 용접에 대한 설명으로 맞지 않는 것은?

① 가시 아크이므로 시공이 편리하다.
② 철 및 비철류의 용접에 적합하다.
③ 전류 밀도가 높고 용입이 깊다.
④ 바람의 영향을 받으므로 풍속 2m/s 이상일 때에는 방풍 장치가 필요하다.

21 이산화탄소 아크 용접의 솔리드 와이어 용접봉에 대한 설명으로 YGA-50W-1.2-20에서 "50"이 뜻하는 것은?

① 용접봉의 무게
② 용착 금속의 최소 인장 강도
③ 용접 와이어
④ 가스 실드 아크 용접

!
CO_2 용접용 솔리드 와이어의 호칭 방법
① Y – 용접 와이어 ② G – 가스 실드 아크 용접
③ A – 내후성 강의 종류 ④ 50 – 와이어의 최저 인장 강도
⑤ W – 와이어의 화학 성분 ⑥ 1.2 – 지름
⑦ 20 – 무게

Ans
14 ② 15 ② 16 ① 17 ② 18 ③ 19 ①
20 ② 21 ②

22 스터드 용접법의 종류가 아닌 것은?

① 아크 스터드 용접법
② 텅스텐 스터드 용접법
③ 충격 스터드 용접법
④ 저항 스터드 용접법

23 아크 용접부에 기공이 발생하는 원인과 가장 관련이 없는 것은?

① 이음 강도 설계가 부적당할 때
② 용착부가 급랭될 때
③ 용접봉에 습기가 많을 때
④ 아크 길이, 전류 값 등이 부적당할 때

> !
> **기공 발생의 원인**
> ① 수소, CO_2의 과잉
> ② 용접부의 급속한 응고
> ③ 모재의 황 함유량 과대
> ④ 기름, 페인트, 녹
> ⑤ 아크 길이, 전류의 부적당
> ⑥ 빠른 용접 속도

24 전자 빔 용접의 종류 중 고전압 소전류형의 가속 전압은?

① 20 ~ 40kV ② 50 ~ 70kV
③ 70 ~ 150kV ④ 150 ~ 300kV

> !
> **전자 빔의 종류**
> ① 고전압형 60~150kV
> ② 저전압형 30~60kV

25 TIG 용접기의 주요 장치 및 기구가 아닌 것은?

① 보호 가스 공급 장치
② 와이어 공급 장치
③ 냉각수 순환 장치
④ 제어 장치

26 MIG 용접 제어 장치의 기능으로 크레이터 처리 기능에 의해 낮아진 전류가 서서히 줄어들면서 아크가 끊어지며 이면 용접부가 녹아내리는 것을 방지하는 것을 의미하는 것은?

① 예비 가스 유출 시간
② 스타트 시간
③ 크레이터 충전 시간
④ 번 백 시간

> !
> 번 백 시간 : 불활성 가스 금속 아크 용접의 제어 장치, 크레이터 처리 기능에 의해 낮아진 전류가 서서히 줄어들면서 아크가 끊어지는 기능으로, 이면 용접 부위가 녹아내리는 것을 방지하는 제어 기능

27 일반적으로 안전을 표시하는 색채 중 특정 행위의 지시 및 사실의 고지 등을 나타내는 색은?

① 노란색 ② 녹색
③ 파란색 ④ 흰색

28 산소 프로판 가스 절단에서 프로판 가스 1에 대하여 얼마 비율의 산소를 필요로 하는가?

① 8 ② 6
③ 4.5 ④ 2.5

29 용접 설계의 일반적인 주의 사항 중 틀린 것은?

① 용접에 적합한 구조 설계를 할 것
② 용접 길이는 될 수 있는 대로 길게 할 것
③ 결함이 생기기 쉬운 용접 방법은 피할 것
④ 구조상의 노치부를 피할 것

> !
> **용접 구조물 설계 시 주의 사항**
> ① 용접에 적합한 설계를 한다.
> ② 용접 길이는 가능한 한 짧게, 용착량도 강도상 필요한 최소치로 한다.
> ③ 각종 이음의 특성을 잘 알고 사용하며, 용접하기 쉽게 설계한다.
> ④ 약한 필릿 용접은 피하고, 맞대기 용접을 주로 한다.
> ⑤ 반복 하중을 받는 이음에서는 이음 표면을 평활하게 한다.
> ⑥ 구조상 노치를 피한다.

Ans
22 ② 23 ① 24 ③ 25 ② 26 ④ 27 ③
28 ③ 29 ②

30 가스 용접에서 양호한 용접부를 얻기 위한 조건으로 틀린 것은?

① 모재 표면의 기름, 녹 등을 용접 전에 제거하여 결함을 방지하여야 한다.
② 용착 금속의 용입 상태가 불균일해야 한다.
③ 과열의 흔적이 없어야 하며, 용접부에 첨가된 금속의 성질이 양호해야 한다.
④ 슬래그, 기공 등의 결함이 없어야 한다.

31 직류 아크 용접에서 역극성의 특징으로 맞는 것은?

① 용입이 깊어 후판 용접에 사용된다.
② 박판, 주철, 고탄소강, 합금강 등에 사용된다.
③ 봉의 녹음이 느리다.
④ 비드 폭이 좁다.

!
직류 아크 용접에서 역극성의 특징
① 모재가 –이며, 용접봉이 +이다.
② 모재에 입열량이 30%이며 용접봉은 입열량이 70%이므로 용접봉 소모가 많다.
③ 용입이 적어 박판 용접에 적합하다.
④ 비드의 폭이 넓다.

32 직류 아크 용접기와 비교한 교류 아크 용접기의 설명에 해당되는 것은?

① 아크의 안정성이 우수하다.
② 자기 쏠림 현상이 있다.
③ 역률이 매우 양호하다.
④ 무부하 전압이 높다.

33 피복 아크 용접봉에서 피복 배합제인 아교는 무슨 역할을 하는가?

① 아크 안정제 ② 합금제
③ 탈산제 ④ 환원 가스 발생제

34 피복 금속 아크 용접봉은 습기의 영향으로 기공(blow hole)과 균열(crack)의 원인이 된다. 보통 용접봉 (1)과 저수소계 용접봉 (2)의 온도와 건조 시간은? (단, 보통 용접봉은 (1)로, 저수소계 용접봉은 (2)로 나타냈다.)

① (1) 70~100℃ 30~60분,
(2) 100~150℃ 1~2시간
② (1) 70~100℃ 2~3시간,
(2) 100~150℃ 20~30분
③ (1) 70~100℃ 30~60분,
(2) 300~350℃ 1~2시간
④ (1) 70~100℃ 2~3시간,
(2) 300~350℃ 20~30분

!
용접봉의 보관 방법
저수소 용접봉 : 300~350℃에서 2시간 건조
일반 용접봉 : 70~100℃에서 30~1시간 건조

35 가스 가공에서 강제 표면의 홈, 탈탄층 등의 결함을 제거하기 위해 얇게 그리고 타원형 모양으로 표면을 깎아 내는 가공법은?

① 가스 가우징 ② 분말 절단
③ 산소창 절단 ④ 스카핑

!
기타 절단법의 종류
① 수중 절단 : 주로 침몰선의 해체, 교량 건설 등에 사용됨.
② 산소창 절단 : 토치 대신 내경이 3.2~6mm, 1.5~3m인 강관을 통하여 절단 산소를 내보내고 이 강관의 연소열을 이용하여 절단함.
③ 가스 가우징 : 용접 뒷면 따내기, 금속 표면의 홈 가공을 하기 위하여 깊은 홈을 파내는 가공법
④ 스카핑 : 강제 표면의 탈탄층 또는 홈을 제거하기 위해 사용함.

Ans
30 ② 31 ② 32 ④ 33 ④ 34 ③ 35 ④

36 용접법을 융접, 압접, 납땜으로 분류할 때 압접에 해당하는 것은?

① 피복 아크 용접 ② 전자 빔 용접
③ 테르밋 용접 ④ 심 용접

37 가스 용접 시 사용하는 용제에 대한 설명으로 틀린 것은?

① 용제의 융점은 모재의 융점보다 낮은 것이 좋다.
② 용제는 용융 금속의 표면에 떠올라 용착 금속의 성질을 양호하게 한다.
③ 용제는 용접 중에 생기는 금속의 산화물 또는 비금속 개재물을 용해하여 용융 온도가 높은 슬래그를 만든다.
④ 연강에는 일반적으로 용제를 사용하지 않는다.

> !
> 가스 용접 시 용제를 사용하는 이유는 산화물과 불순물을 제거하는 데 있다.

38 A는 병 전체 무게(빈 병 + 아세틸렌가스)이고, B는 빈 병의 무게이며, 또한 15℃ 1기압에서의 아세틸렌가스 용적을 905리터라고 할 때, 용해 아세틸렌가스의 양 C(리터)를 계산하는 식은?

① C = 905(B - A)
② C = 905 + (B - A)
③ C = 905(A - B)
④ C = 905 + (A - B)

> !
> 용기 안의 아세틸렌 양
> • 905(A−B)
> • A는 병 전체의 양
> • B는 빈 병의 무게
> → 용해 아세틸렌 1kg을 기화시키면 905L의 C_2H_2 발생

39 저 용융점 합금이 아닌 것은?

① 아연과 그 합금 ② 금과 그 합금
③ 주석과 그 합금 ④ 납과 그 합금

> !
> 저융점 합금은 납과 주석의 용융점을 기준으로 230℃ 이하의 합금을 의미함.

40 내용적 40.7리터의 산소병에 150kgf/cm^{2}의 압력이 게이지에 표시되었다면 산소병에 들어 있는 산소량은 몇 리터인가?

① 3400 ② 4055
③ 5055 ④ 6105

> !
> 용기에 들어 있는 총가스의 양
> 총가스의 양 = 내용적 × 가스 압력
> = 40.7 × 150 = 6105

41 18−8 스테인리스강의 조직으로 맞는 것은?

① 페라이트 ② 오스테나이트
③ 펄라이트 ④ 마텐자이트

> !
> 스테인리스강의 종류
> ① 페라이트계 스테인리스강 : 크롬 12% 이상 − 자성체
> ② 마텐자이트계 스테인리스강 : 크롬 13% 이상 − 자성체
> ③ 오스테나이트계 스테인리스강 : 크롬 18% + 니켈 8% − 비자성체
> ④ 석출경화형 스테인리스강 : 크롬 + 니켈 − 비자성체

Ans
36 ④ 37 ③ 38 ③ 39 ② 40 ④ 41 ②

42 주철의 편상 흑연 결함을 개선하기 위하여 마그네슘, 세슘, 칼슘 등을 첨가한 것으로 기계적 성질이 우수하여 자동차 주물 및 특수 기계의 부품용 재료에 사용되는 것은?

① 미하나이트 주철 ② 구상 흑연 주철
③ 칠드 주철 ④ 가단 주철

!
펄라이트(α+Fe_3C): 726℃에서 오스테나이트가 페라이트와 시멘타이트 층상의 공석정으로 변태한 것으로 페라이트보다 경도, 강도는 크며 자성이 있다.

43 특수 주강 중 주로 롤러 등으로 사용되는 것은?

① Ni 주강 ② Ni - Cr 주강
③ Mn 주강 ④ Mo 주강

!
내마멸성과 인성이 요구되는 롤러용 재료로는 Mn 주강이 주로 사용된다.

44 탄소가 0.25%인 탄소강이 0~500℃의 온도 범위에서 일어나는 기계적 성질의 변화 중 온도가 상승함에 따라 증가되는 성질은?

① 항복점 ② 탄성 한계
③ 탄성 계수 ④ 연신율

!
연신율은 재료의 늘어난 정도를 백분율로 나타내는 치수로, 온도가 상승하면 재료의 성질이 연하게 되는 것으로 연신율은 커지게 된다.

45 용접할 때 예열과 후열이 필요한 재료는?

① 15mm 이하 연강판
② 중탄소강
③ 순철판
④ 18℃일 때 18mm 연강판

!
연강이나 순철과 같은 저탄소강은 예열이나 후열 처리가 필요 없다.

46 알루미늄 합금(alloy)의 종류가 아닌 것은?

① 실루민(silumin) ② Y 합금
③ 로엑스(Lo - Ex) ④ 인코넬(inconel)

47 철강에서 펄라이트 조직으로 구성되어 있는 강은?

① 경질강 ② 공석강
③ 강인강 ④ 고용체강

48 Ni – Cu계 합금에서 60 ~ 70% Ni 합금은?

① 모넬 메탈(monel - metal)
② 어드밴스(advance)
③ 콘스탄탄(constantan)
④ 알민(almin)

!
니켈–구리계 합금
① 모넬 메탈 : Cu에 60~70%의 Ni이 합금된 내식성과 고온 강도가 높은 강
② 어드밴스 : 44%의 Ni에 1%의 Mn을 합금한 재료로 전기 저항선용으로 사용
③ 콘스탄탄 : Cu에 Ni을 40~45% 합금한 재료로 온도 변화에 영향을 받으며, 전기 저항성이 커서 전열선, 열전쌍에 재료로 사용
④ 알민 : 내식용 알루미늄 합금으로 Al에 Mn을 합금한 재료이며, 내식성이 크고 용접성이 우수

Ans
42 ② 43 ③ 44 ④ 45 ② 46 ④ 47 ② 48 ①

49 가스 침탄법의 특징에 대한 설명으로 틀린 것은?

① 침탄 온도, 기체 혼합비 등의 조절로 균일한 침탄층을 얻을 수 있다.
② 열효율이 좋고 온도를 임의로 조절할 수 있다.
③ 대량 생산에 적합하다.
④ 침탄 후 직접 담금질이 불가능하다.

!
가스 침탄법의 특징
① 작업이 간단하고 열효율이 높다.
② 연속 침탄에 의해 대량생산이 가능하다.
③ 열효율이 좋고 온도를 임의로 조절할 수 있다.
④ 침탄 온도, 기체 혼합비, 공급량을 조절하여 균일한 침탄층을 얻는다.
⑤ 가스 침탄 후 직접 열처리가 가능하고 1차 담금질, 2차 뜨임의 열처리가 가능하다.

50 풀림의 목적이 아닌 것은?

① 결정립을 조대화시켜 내부 응력을 상승시킨다.
② 가공 경화 현상을 해소시킨다.
③ 경도를 줄이고 조직을 연화시킨다.
④ 내부 응력을 제거한다.

!
풀림 열처리의 목적
① 재료의 내부 응력을 제거
② 조직을 연화하고 균일화시킴.
③ 가공 경화 현상을 해소
④ 경도를 줄이고 조직을 연화

51 기계 제도에서 도면에 치수를 기입하는 방법에 대한 설명으로 틀린 것은?

① 길이는 원칙으로 mm의 단위로 기입하고, 단위 기호는 붙이지 않는다.
② 치수의 자릿수가 많을 경우 세 자리마다 콤마를 붙인다.
③ 관련 치수는 되도록 한 곳에 모아서 기입한다.
④ 치수는 되도록 주 투상도에 집중하여 기입한다.

52 단면도의 표시 방법에 관한 설명 중 틀린 것은?

① 단면을 표시할 때에는 해칭 또는 스머징을 한다.
② 인접한 단면의 해칭은 선의 방향 또는 각도를 변경하든지 그 간격을 변경하여 구별한다.
③ 절단했기 때문에 이해를 방해하는 것이나 절단하여도 의미가 없는 것은 원칙적으로 긴 쪽 방향으로는 절단하여 단면도를 표시하지 않는다.
④ 개스킷 같이 얇은 제품의 단면은 투상선을 한 개의 가는 실선으로 표시한다.

!
단면의 표시법 중 개스킷 같이 얇은 제품은 굵은 실선으로 표시해야 한다.

53 2종류 이상의 선이 같은 장소에서 중복될 경우 가장 우선적으로 그려야 할 선은?

① 중심선 ② 숨은선
③ 무게 중심선 ④ 치수 보조선

!
선의 우선순위: 외형선 → 은선 → 절단선 → 무게 중심선

54 도면에 리벳의 호칭이 "KS B 1102 보일러용 둥근 머리 리벳 13 × 30 SV 400"로 표시된 경우 올바른 설명은?

① 리벳의 수량 13개
② 리벳의 길이 30mm
③ 최대 인장 강도 400kPa
④ 리벳의 호칭 지름 30mm

!
리벳 호칭의 해설
① SV 400 : 재료
② 13 × 300 : 호칭 지름 × 길이
③ 보일러용 둥근 머리 리벳 : 종류
④ KS B 1102 : 규격번호

Ans
49 ④ 50 ① 51 ② 52 ④ 53 ② 54 ②

55 전개도는 대상물을 구성하는 면을 평면 위에 전개한 그림을 의미하는데, 원기둥이나 각기둥의 전개에 가장 적합한 전개도법은?

① 평행선 전개도법
② 방사선 전개도법
③ 삼각형 전개도법
④ 사각형 전개도법

> !
> **전개도법의 종류**
> ① 평행선법 : 삼각기둥, 사각기둥과 같은 여러 가지 각기둥과 원기둥을 평행하게 전개도를 그림.
> ② 방사선법 : 삼각뿔, 사각뿔 등의 각뿔과 원뿔을 꼭짓점을 기준으로 부채꼴로 펼쳐서 전개도를 그리는 방법
> ③ 삼각형법 : 꼭짓점이 먼 각뿔, 원뿔 등을 해당 면을 삼각형으로 분할하여 전개도를 그리는 방법

56 일반 구조용 탄소 강관의 KS 재료 기호는?

① SPP ② SPS
③ SKH ④ STK

57 배관도에 사용된 밸브 표시가 올바른 것은?

① 밸브 일반 
② 게이트 밸브 
③ 나비 밸브 
④ 체크 밸브 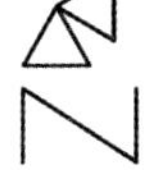

58 용접 보조 기호 중 현장 용접을 나타내는 기호는?

① ②
③ ④

59 다음 투상법은 몇 각법을 나타내는 기호인가?

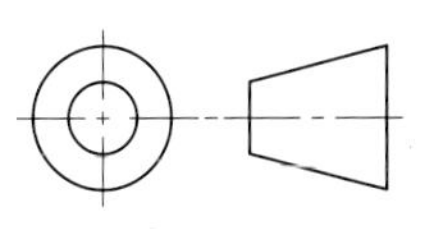

① 제1각법 ② 제2각법
③ 제3각법 ④ 제4각법

> !
> 제3각법의 순서 : 눈 → 투상 → 물체

60 다음 정면도와 우측면도에 가장 적합한 평면도는?

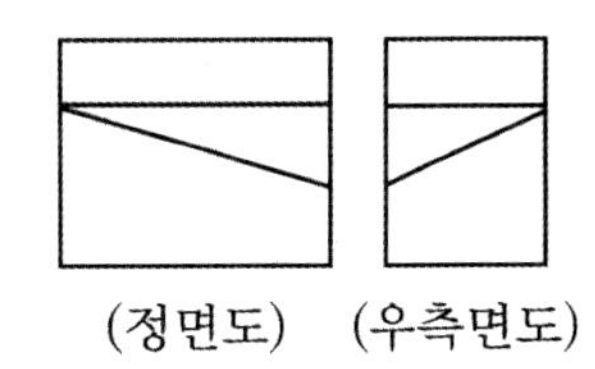

(정면도) (우측면도)

① 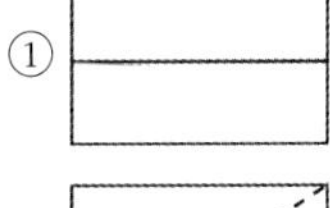
② 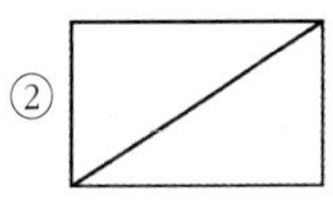
③ 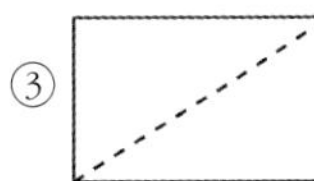
④ 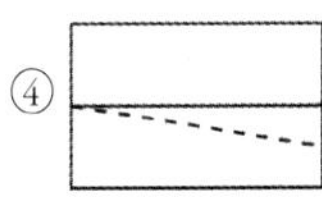

Ans
55 ① 56 ④ 57 ④ 58 ① 59 ③ 60 ②

용접 기능사 필기 기출문제 (2014년 4월 6일 시행)

자격종목	코 드	시험 시간	문항 수	수험번호	성명
용접 기능사	6223	60분	60		

01 가연성 가스로 스파크 등에 의한 화재에 대하여 가장 주의해야 할 가스는?

① C_3H_8　　② CO_2
③ He　　④ O_2

> ! 가연성 가스 : 가연성 가스는 산소와 반응하여 화재나 폭발을 일으키는 가스로 아세틸렌, 프로판, 메탄, 수소, 부탄 등이 있으며 각 가스는 고유의 폭발 범위를 갖는다.

02 서브머지드 아크 용접기에서 다전극 방식에 의한 분류에 속하지 않는 것은?

① 푸시 풀식　　② 탠덤식
③ 횡병렬식　　④ 횡직렬식

03 용접기의 구비 조건에 해당되는 사항으로 옳은 것은?

① 사용 중 용접기 온도 상승이 커야 한다.
② 용접 중 단락되었을 경우 대전류가 흘러야 된다.
③ 소비 전력이 큰 역률이 좋은 용접기를 구비한다.
④ 무부하 전압을 최소로하여 전격기의 위험을 줄인다.

04 CO_2 가스 아크 용접 장치 중 용접 전원에서 박판 아크 전압을 구하는 식은? (단, I는 용접 전류의 값이다.)

① $V = 0.04 \times I + 15.5 \pm 1.5$
② $V = 0.004 \times I + 155.5 \pm 11.5$
③ $V = 0.05 \times I + 111.5 \pm 2$
④ $V = 0.005 \times I + 1111.5 \pm 2$

> ! **CO_2 용접에서 아크 전압 구하는 식**
> ① 박판의 아크 전압 $V = 0.04 \times I + 15.5 \pm 1.5$
> ② 후판의 아크 전압 $V = 0.04 \times I + 20 \pm 2$

05 다음 [보기]와 같은 용착법은?

보기

①	④	②	⑤	③
→	→	→	→	→

① 대칭법　　② 전진법
③ 후진법　　④ 스킵법

> ! **용접 진행 방향에 따른 분류**
> ① 전진법 : 용접 시작 부분보다 끝나는 부분이 수축 및 잔류 응력이 커서 용접 이음이 짧고, 변형 및 잔류 응력이 그다지 문제가 되지 않을 때 사용한다.
> ② 후퇴법 : 용접을 단계적으로 후퇴하면서 전체 길이를 용접하는 방법으로 수축과 잔류 응력을 줄이는 방법이다.
> ③ 대칭법 : 용접할 전 길이에 대하여 중심에서 좌우로 또는 용접물 형상에 따라 좌우 대칭으로 용접하여 변형과 수축 응력을 경감한다.
> ④ 비석법 : 스킵법이라고도 하며 짧은 용접 길이로 나누어 놓고 간격을 두면서 용접하는 방법으로, 특히 잔류 응력을 작게 할 경우 사용한다.

Ans
01 ①　02 ①　03 ④　04 ①　05 ④

06 용접 이음 설계 시의 주의 사항으로 틀린 것은?

① 구조상의 노치부를 피한다.
② 용접 구조물의 특성 문제를 고려한다.
③ 맞대기 용접보다 필릿 용접을 많이 하도록 한다.
④ 용접성을 고려한 사용 재료의 선정 및 열영향 문제를 고려한다.

07 불활성 가스 아크 용접에 관한 설명으로 틀린 것은?

① 아크가 안정되어 스패터가 적다.
② 피복제나 용제가 필요하다.
③ 열 집중성이 좋아 능률적이다.
④ 철 및 비철 금속의 용접이 가능하다.

08 용접 후 인장 또는 굴곡 시험으로 파단시켰을 때 은점을 발견할 수 있는데 이 은점을 없애는 방법은?

① 수소 함유량이 많은 용접봉을 사용한다.
② 용접 후 실온으로 수개월 간 방치한다.
③ 용접부를 염산으로 세척한다.
④ 용접부를 망치로 두드린다.

!
은점은 수소가 원인이며, 용접 후 실온으로 수개월 방치하면 은점이 없어진다.

09 가스 중에서 최소의 밀도로 가장 가볍고 확산 속도가 빠르며, 열전도가 가장 큰 가스는?

① 수소 ② 메탄
③ 프로판 ④ 부탄

!
수소 가스 : 가스 중에서 밀도가 가장 작고 가벼워서 확산 속도가 빠르며, 열전도성이 가장 크기 때문에 폭발했을 때 위험성이 크다.

10 초음파 탐상법에서 널리 사용되며 초음파의 펄스를 시험체의 한쪽 면으로부터 송신하여 결함 에코의 형태로 결함을 판정하는 방법은?

① 투과법 ② 공진법
③ 침투법 ④ 펄스 반사법

11 이산화탄소의 특징이 아닌 것은?

① 색, 냄새가 없다.
② 공기보다 가볍다.
③ 상온에서도 쉽게 액화한다.
④ 대기 중에서 기체로 존재한다.

!
이산화탄소 가스의 특징
① 액화하기 쉽다.
② 가스가 투명하며 무미, 무취이다.
③ 공기보다 1.53배, 아르곤보다 1.38배 무겁다.

12 용접 전류가 낮거나, 운봉 및 유지 각도가 불량할 때 발생하는 용접 결함은?

① 용락 ② 언더컷
③ 오버랩 ④ 선상 조직

!
용접부의 결함의 종류
① 치수상 결함 : 변형, 치수 불량
② 구조상 결함 : 언더컷, 오버랩, 균열, 스패터, 용입 불량, 슬래그 섞임, 기공, 은점 등
③ 성질상 결함 : 기계적, 화학적

13 알루미늄 분말과 산화철 분말을 1 : 3의 비율로 혼합하고, 점화제로 점화하면 일어나는 화학반응은?

① 테르밋 반응 ② 용융 반응
③ 포정 반응 ④ 공석 반응

Ans
06 ③ 07 ② 08 ② 09 ① 10 ④ 11 ②
12 ③ 13 ①

14 용접부의 검사법 중 기계적 시험이 아닌 것은?

① 인정 시험　② 부식 시험
③ 굽힘 시험　④ 피로 시험

15 주성분이 은, 구리, 아연의 합금인 경납으로 인장 강도, 전연성 등의 성질이 우수하여 구리, 구리 합금, 철강, 스테인리스강 등에 사용되는 납재는?

① 양은납　② 알루미늄납
③ 은납　④ 내열납

> !
> 은납은 경납용 용제에 속하며 은, 구리, 아연의 합금으로, 인장 강도와 전연성이 우수하여 구리, 구리 합금, 철강, 스테인리스강의 접합에 주로 사용된다.

16 전기 저항 점용접 작업 시 용접기에서 조정할 수 있는 3대 요소에 해당하지 않는 것은?

① 용접 전류　② 전극 가압력
③ 용접 전압　④ 통전 시간

17 비용극식 불활성 가스 아크 용접은?

① GMAW　② GTAW
③ MMAW　④ SMAW

> !
> **비용극식 불활성 가스 아크 용접**
> 전기를 통하는 전극봉이 녹지 않은 상태에서 전류를 공급하는 것으로 GTAW가 여기에 속한다.

18 CO_2 가스 아크 용접에서 일반적으로 용접 전류를 높게 할 때의 사항을 열거한 것 중 옳은 것은?

① 용접 입열이 작아진다.
② 와이어의 녹아내림이 빨라진다.
③ 용착율과 용입이 감소한다.
④ 우수한 비드 형상을 얻을 수 있다.

> !
> CO_2 가스 아크 용접에서 용접 전류를 높이면 와이어의 공급 속도가 빨라지며, 더 많은 열로 인하여 용융 속도가 빨라진다.

19 불활성 가스 금속 아크 용접에서 가스 공급 계통의 확인 순서로 가장 적합한 것은?

① 용기 → 감압 밸브 → 유량계 → 제어 장치 → 용접 토치
② 용기 → 유량계 → 감압 밸브 → 제어 장치 → 용접 토치
③ 감압 밸브 → 용기 → 유량계 → 제어 장치 → 용접 토치
④ 용기 → 제어 장치 → 감압 밸브 → 유량계 → 용접 토치

20 용접을 크게 분류할 때 압접에 해당 되지 않는 것은?

① 저항 용접　② 초음파 용접
③ 마찰 용접　④ 전자 빔 용접

> !
> **접합 방법에 따른 분류 중 압접의 종류**
> ① 전기 저항 용접　② 고주파 용접
> ③ 초음파 용접　④ 마찰 용접
> ⑤ 유도가열 용접

21 주철 용접 시의 주의 사항으로 틀린 것은?

① 용접봉은 가능한 한 지름이 굵은 용접봉을 사용한다.
② 보수 용접을 행하는 경우는 결함 부분을 완전히 제거한 후 용접한다.
③ 균열의 보수는 균열의 성장을 방지하기 위해 균열의 양 끝에 정지 구멍을 뚫는다.
④ 용접 전류는 필요 이상 높이지 말고 직선 비드를 배치하며, 지나치게 용입을 깊게 하지 않는다.

Ans
14 ②　15 ③　16 ③　17 ②　18 ②　19 ①
20 ④　21 ①

22 **용접 현장에서 지켜야 할 안전 사항 중 잘못 설명한 것은?**

① 탱크 내에서는 혼자 작업한다.
② 인화성 물체 부근에서는 작업을 하지 않는다.
③ 좁은 장소에서의 작업 시는 통풍을 실시한다.
④ 부득이 가연성 물체 가까이서 작업할 때는 화재 발생 예방 조치를 한다.

> !
> 탱크 내에서 용접 시 발생 가스에 의한 질식 사고가 우려되므로, 반드시 보조 작업자와 함께 작업을 실시해야 한다.

23 **용접 시 냉각 속도에 관한 설명 중 틀린 것은?**

① 예열을 하면 냉각 속도가 완만하게 된다.
② 얇은 판보다는 두꺼운 판이 냉각 속도가 크다.
③ 알루미늄이나 구리는 연강보다 냉각 속도가 느리다.
④ 맞대기 이음보다는 T형 이음이 냉각 속도가 크다.

24 **수소 함유량이 타 용접봉에 비해서 1/10 정도 현저하게 적고 특히 균열의 감수성이나 탄소, 황의 함유량이 많은 강의 용접에 적합한 용접봉은?**

① E4301　　② E4313
③ E4316　　④ E4324

25 **아크 에어 가우징에 사용되지 않는 것은?**

① 가우징 토치　　② 가우징 봉
③ 압축 공기　　④ 열교환기

> !
> 탄소 아크 절단에 압축 공기를 병용, 흑연으로 된 탄소봉에 구리 도금한 전극을 이용한다.

26 **교류 아크 용접기의 종류 중 조작이 간단하고 원격 조정이 가능한 용접기는?**

① 가동 코일형 용접기
② 가포화 리액터형 용접기
③ 가동 철심형 용접기
④ 탭 전환형 용접기

27 **가연성 가스에 대한 설명 중 가장 옳은 것은?**

① 가연성 가스는 CO_2와 혼합하면 더욱 잘 탄다.
② 가연성 가스는 혼합 공기가 적은 만큼 완전 연소한다.
③ 산소, 공기 등과 같이 스스로 연소하는 가스를 말한다.
④ 가연성 가스는 혼합한 공기와의 비율이 적절한 범위 안에서 잘 연소한다.

> !
> 가연성 가스 : 혼합 공기와의 비율이 적절한 비율일 때 연소 범위 안에서 잘 연소되는 가스

Ans
22 ①　23 ③　24 ③　25 ④　26 ②　27 ④

28 수중 절단 작업을 할 때에는 예열 가스의 양을 공기 중의 몇 배로 하는가?

① 0.5~1배 ② 1.5~2배
③ 4~8배 ④ 9~16배

> **!**
> **수중 절단**
> 예열 가스의 양은 공기 중에서보다 4~8배이고, 압력은 1.6~2배로 사용한다.

29 아크 용접기의 구비 조건으로 틀린 것은?

① 구조 및 취급이 간단해야 한다.
② 사용 중에 온도 상승이 커야 한다.
③ 전류 조정이 용이하고, 일정한 전류가 흘러야 한다.
④ 아크 발생 및 유지가 용이하고 아크가 안정되어야 한다.

30 철강을 가스 절단하려고 할 때 절단 조건으로 틀린 것은?

① 슬래그의 이탈이 양호하여야 한다.
② 모재에 연소되지 않은 물질이 적어야 한다.
③ 생성 산화물의 유동성이 좋아야 한다.
④ 생성된 금속 산화물의 용융 온도는 모재의 용융점보다 높아야 한다.

> **!**
> **가스 절단의 절단 조건**
> ① 슬래그의 이탈이 양호해야 한다.
> ② 모재에 연소되지 않는 물질이 적어야 한다.
> ③ 생성된 산화물이 유동성이 좋아야 한다.
> ④ 생성된 금속 산화물의 용융 온도는 모재의 용융점보다 작아야 한다.

31 가스 용접용 토치의 팁 중 표준 불꽃으로 1시간 용접 시 아세틸렌 소모량이 100L인 것은?

① 고압식 200번 팁
② 중압식 200번 팁
③ 가변압식 100번 팁
④ 불변압식 100번 팁

> **!**
> 프랑스식 팁 : 시간당 소비되는 아세틸렌의 양으로 번호를 표시하며, 니들 밸브가 있는 가변압식 B형

32 고체 상태에 있는 두 개의 금속 재료를 융접, 압접, 납땜으로 분류하여 접합하는 방법은?

① 기계적 접합법 ② 화학적 접합법
③ 전기적 접합법 ④ 야금적 접합법

> **!**
> 야금적 접합 : 야금이란 광석에서 금속을 추출하고 용융 후 정련하여 사용 목적에 알맞은 형상으로 제조하는 기술(용접: 야금적 접합의 일종)

33 헬멧이나 핸드 실드의 차광 유리 앞에 보호 유리를 끼우는 가장 타당한 이유는?

① 시력 보호 ② 가시광선 차단
③ 적외선 차단 ④ 차광 유리 보호

> **!**
> 흑유리는 시력의 보호를 위해 사용하며, 백유리는 흑유리를 보호하기 위해 사용함.

Ans
28 ③ 29 ② 30 ④ 31 ③ 32 ④ 33 ④

34 **직류 아크 용접기의 음(−)극에 용접봉을, 양(+)극에 모재를 연결한 상태의 극성을 무엇이라 하는가?**

① 직류 정극성 ② 직류 역극성
③ 직류 음극성 ④ 직류 용극성

> !
> **직류 정극성의 특징**
> ① DCSP
> ② 용입이 깊고 비드 폭은 좁다.
> ③ 용접봉은 천천히 녹는다.
> ④ 후판 용접에 적합하다.

35 **수동 가스 절단 작업 중 절단면의 윗 모서리가 녹아 둥글게 되는 현상이 생기는 원인과 거리가 먼 것은?**

① 팁과 강판 사이의 거리가 가까울 때
② 절단 가스의 순도가 높을 때
③ 예열 불꽃이 너무 강할 때
④ 절단 속도가 너무 느릴 때

36 **두 개의 모재를 강하게 맞대어 놓고 서로 상대 운동을 주어 발생되는 열을 이용하는 방식은?**

① 마찰 용접 ② 냉간 압접
③ 가스 압접 ④ 초음파 용접

> !
> 마찰 용접 : 압접의 일종으로 두 개의 모재를 강하게 맞대어 놓고, 서로 상대 운동을 주어 발생되는 열을 이용하는 용접법

37 **18−8형 스테인리스강의 특징을 설명한 것 중 틀린 것은?**

① 비자성체이다.
② 18−8에서 18은 Cr %, 8은 Ni %이다.
③ 결정 구조는 면심 입방 격자를 갖는다.
④ 500~800℃로 가열하면 탄화물이 입계에 석출하지 않는다.

38 **아크 용접에서 피복제의 역할이 아닌 것은?**

① 전기 절연 작용을 한다.
② 용착 금속의 응고와 냉각 속도를 빠르게 한다.
③ 용착 금속에 적당한 합금 원소를 첨가한다.
④ 용적(globule)을 미세화하고, 용착 효율을 높인다.

39 **직류 용접에서 발생되는 아크 쏠림의 방지 대책 중 틀린 것은?**

① 큰 가접부 또는 이미 용접이 끝난 용착부를 향하여 용접할 것
② 용접부가 긴 경우 후퇴 용접법으로 할 것
③ 용접봉 끝을 아크가 쏠리는 방향으로 기울일 것
④ 되도록 아크를 짧게 하여 사용할 것

> !
> **아크 쏠림**
> 전류가 흐를 때 자장이 용접봉에 대하여 비대칭일 때 발생하는 현상
>
> **아크 쏠림의 방지책**
> ① 아크 블로우, 자기 불림, 자기 쏠림.
> ② 용접봉의 끝을 아크 쏠림 반대쪽으로 숙임.
> ③ 교류 용접기를 사용
> ④ 접지를 용접 부위에서 멀리 둠.
> ⑤ 용접부의 시종단에 엔드탭을 댐.
> ⑥ 아크 길이를 짧게 함.

Ans
34 ① 35 ② 36 ① 37 ④ 38 ② 39 ③

40 산소-아세틸렌가스 불꽃 중 일반적인 가스 용접에는 사용하지 않고 구리, 황동 등의 용접에 주로 이용되는 불꽃은?

① 탄화 불꽃 ② 중성 불꽃
③ 산화 불꽃 ④ 아세틸렌 불꽃

!
산소와 아세틸렌 불꽃의 종류
① 중성 불꽃 : 표준 불꽃
② 산화 불꽃 : 산화성 불꽃, 산소 과잉 불꽃, 바깥 불꽃으로만 형성 → 구리, 황동, 아연 등 용접
③ 탄화 불꽃 : 아세틸렌 과잉 불꽃, 환원성 불꽃으로 산소 부족 시 발생 → 산화 방지가 필요한 스테인레스강, 스텔라이트, 모넬 메탈용

41 용접 금속의 용융부에서 응고 과정의 순서로 옳은 것은?

① 결정핵 생성 → 결정 경계 → 수지 상정
② 결정핵 생성 → 수지 상정 → 결정 경계
③ 수지 상정 → 결정핵 생성 → 결정 경계
④ 수지 상정 → 결정 경계 → 결정핵 생성

42 탄소강에 니켈, 크롬, 망간 등을 첨가하면, 질량 효과는 어떻게 변하는가?

① 질량 효과가 커진다.
② 질량 효과는 변하지 않는다.
③ 질량 효과가 작아지다가 커진다.
④ 질량 효과가 작아진다.

!
질량 효과
탄소강을 담금질하였을 때 내외부의 냉각 속도의 차이에 의해 경도의 차이가 생기는 것을 의미. 니켈, 크롬, 망간 등을 첨가하면 질량 효과가 작아진다.

43 Mg(마그네슘)의 융점은 약 몇 ℃인가?

① 650℃ ② 1,538℃
③ 1,670℃ ④ 3,600℃

!
마그네슘의 특징
① 실용 금속 중에서 가장 가벼움.
② 마그네사이트, 소금앙금, 산화마그네슘으로 얻어짐.
③ 비중 1.74, 용융점 650℃, 조밀육방격자
④ 냉간 가공성이 나쁘므로, 300℃ 이상에서 열간 가공
⑤ 열, 전기의 양도체(65%)
⑥ 선팽창 계수는 철의 2배
⑦ 가공 경화율이 큼. → 10~20%의 냉간 가공도
⑧ 절단 가공성이 좋고 마무리 면이 우수함.

44 주철에 관한 설명으로 틀린 것은?

① 주철은 백주철, 반주철, 회주철 등으로 나눈다.
② 인장 강도가 압축 강도보다 크다.
③ 주철은 메짐(취성)이 연강보다 크다.
④ 흑연은 인장 강도를 약하게 한다.

!
주철의 특징
① 압축 강도와 인장 강도가 크다.
② 기계의 가공성이 좋고 값이 싸다.
③ 고온에서 기계적 강도가 크다.
④ 용융점이 낮고 유동성이 좋아 주조하기 쉽다.
⑤ 강에 비해 탄소 함량이 많아 취성과 경도가 커지고, 인장 강도는 작아진다.
⑥ 주철을 파면상으로 분류하면 백주철, 반주철, 회주철로 구분된다.

Ans
40 ③ 41 ② 42 ④ 43 ① 44 ②

45 강재 부품에 내마모성이 좋은 금속을 용착시켜 경질의 표면층을 얻는 방법은?

① 브레이징(brazing)
② 쇼트 피닝(shot peening)
③ 하드 페이싱(hard facing)
④ 질화법(nitriding)

!
하드 페이싱 : 소재 표면에 스텔라이트나 경합금 등을 용접 또는 압접으로 융착시키는 표면 경화법

46 합금강이 탄소강에 비하여 좋은 성질이 아닌 것은?

① 기계적 성질 향상
② 결정 입자의 조대화
③ 내식성, 내마멸성 향상
④ 고온에서 기계적 성질 저하 방지

!
합금강의 장점
① 기계적 성질 향상
② 내식성, 내마멸성의 향상
③ 고온에서 기계적 성질 저하 방지
④ 결정 입자가 미세해져 기계적 성질 향상

47 산소나 탈산제를 품지 않으며, 유리에 대한 봉착성이 좋고 수소 취성이 없는 시판동은?

① 무산소동 ② 전기동
③ 전련동 ④ 탈산동

!
구리의 종류
① 무산소 구리 : 탈산제로 산소를 제거하여 유리에 대한 봉착성이 좋고 수소의 취성이 없는 시판동
② 전기 구리 : 전기 분해에 의해 정련한 구리, 순도 99.8%
③ 정련 구리 : 제련한 구리를 다시 정련시켜 순도를 99.9% 이상으로 만든 구리
④ 탈산동 : 인으로 탈산하여 산소를 0.01% 이하로 만든 구리

48 용해 시 흡수한 산소를 인(P)으로 탈산하여 산소를 0.01% 이하로 한 것이며, 고온에서 수소 취성이 없고 용접성이 좋아 가스관, 열교환관 등으로 사용되는 구리는?

① 탈산 구리 ② 정련 구리
③ 전기 구리 ④ 무산소 구리

49 저합금강 중에서 연강에 비하여 고장력강의 사용 목적으로 틀린 것은?

① 재료가 절약된다.
② 구조물이 무거워진다.
③ 용접 공수가 절감된다.
④ 내식성이 향상된다.

!
고장력강 사용 목적
① 재료가 절약된다.
② 구조물이 가벼워진다.
③ 용접 공수가 절감된다.
④ 내식성이 향상된다.

50 주조 상태의 주강품 조직이 거칠고 취약하기 때문에 반드시 실시해야 하는 열처리는?

① 침탄 ② 풀림
③ 질화 ④ 금속 침투

!
주조 상태의 주강품은 거칠고 취약하기 때문에 반드시 풀림 열처리를 해야 한다.

Ans
45 ③ 46 ② 47 ① 48 ① 49 ② 50 ②

51 기계 제도 도면에서 "t120"이라는 치수가 있을 경우 "t"가 의미하는 것은?

① 모따기　　② 재료의 두께
③ 구의 지름　　④ 정사각형의 변

52 기계 제도에서 사용하는 선의 굵기 기준이 아닌 것은?

① 0.9mm　　② 0.25mm
③ 0.18mm　　④ 0.7mm

> **!**
> **선의 굵기의 종류**
> ① 0.18mm　② 0.25mm　③ 0.34mm
> ④ 0.5mm　⑤ 0.7mm　⑥ 1mm

53 기계 제작 부품 도면에서 도면의 윤곽선 오른쪽 아래 구석에 위치하는 표제란을 가장 올바르게 설명한 것은?

① 품번, 품명, 재질, 주서 등을 기재한다.
② 제작에 필요한 기술적인 사항을 기재한다.
③ 제조 공정별 처리 방법, 사용 공구 등을 기재한다.
④ 도번, 도명, 제도 및 검토 등 관련자 서명, 척도 등을 기재한다.

> **!**
> 표제란은 도면 관리와 도면을 설명해 주는 중요 사항인 도명, 도면 번호, 회사명, 척도, 투상법, 작성연일, 설계자, 검토자, 재질, 수량 등을 기입한다.

54 배관용 아크 용접 탄소강 강관의 KS 기호는?

① PW　　② WM
③ SCW　　④ SPW

55 도면에 다음과 같이 리벳이 표시되었을 경우 올바른 설명은?

KS b 1101 둥근 머리 리벳 25 × 36 SWRM 10

① 호칭 지름은 25mm이다.
② 리벳 이음의 피치는 400mm이다.
③ 리벳의 재질은 황동이다.
④ 둥근 머리부의 바깥 지름은 36mm이다.

> **!**
> **리벳 표시**
> ① KS B 1101 : 규격 번호
> ② 둥근 머리 리벳 : 종류
> ③ 25 × 36 : 호칭 지름 × 길이
> ④ SWRM : 재료(연강선재)

56 다음은 어떤 밸브의 도시 기호인가?

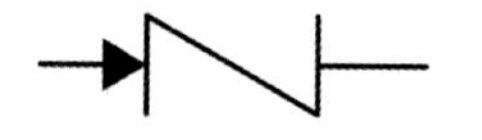

① 앵글 밸브　　② 체크 밸브
③ 게이트 밸브　　④ 안전 밸브

Ans
51 ②　52 ①　53 ④　54 ④　55 ①　56 ②

57 다음과 같은 원추를 전개하였을 경우 전개면의 꼭지각이 180°가 되려면 ØD의 치수는 얼마가 되어야 하는가?

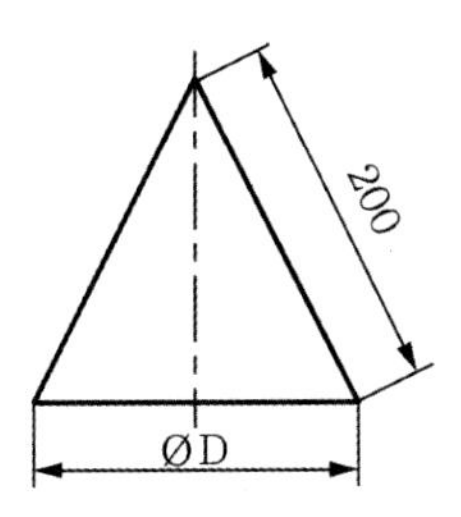

① ø100　　② ø120
③ ø180　　④ ø200

!

전개면의 꼭지각 $\theta = 360 \times \dfrac{r(\text{원의 반지름})}{l(\text{모선의 길이})}$

원의 지름 D를 구하면

$180 = 360 \times \dfrac{r}{200}$

$180 \times 200 = 360r$

$\dfrac{180 \times 200}{180} = r$, r = 100이므로 D는 200mm이다.

58 도면에서의 지시한 용접법으로 바르게 짝지어진 것은?

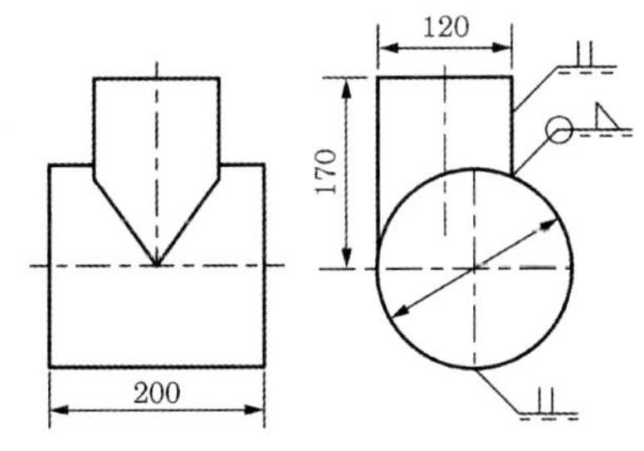

① 이면 용접, 필릿 용접
② 겹치기 용접, 플러그 용접
③ 평형 맞대기 용접, 필릿 용접
④ 심 용접, 겹치기 용접

59 단면을 나타내는 해칭선의 방향이 가장 적합하지 않은 것은?

①

②

③

④

!

단면도를 표시하는 데는 해칭이나 스머징이 이용되는데, 해칭선은 45°의 가는 실선으로 표시하며 2~3mm 간격으로 선을 그린다.

60 다음과 같이 제3각법으로 정면도와 우측면도를 작도할 때 누락된 평면도로 적합한 것은?

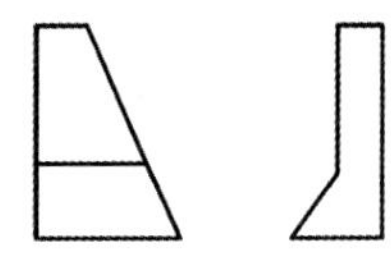

①

②

③

④

Ans
57 ④　58 ③　59 ③　60 ②

용접 기능사 필기 기출문제 (2014년 7월 20일 시행)

자격종목	코 드	시험 시간	문항 수	수험번호	성명
용접 기능사	6223	60분	60		

01 MIG 용접의 용적 이행 중 단락 아크 용접에 관한 설명으로 맞는 것은?

① 안정된 스프레이 형태로 용접된다.
② 고주파 및 저전류 펄스를 활용한 용접이다.
③ 임계 전류 이상의 용접 전류에서 많이 적용된다.
④ 저전류, 저전압에서 나타나며 박판 용접에 사용된다.

!
MIG 용접에서 사용하는 용적 이행 방식 중 단락 이행 용접 방식은 저전압, 저전류를 나타내며 박판 용접에 사용된다.

02 용접 결합 중 내부에 생기는 결함은?

① 언더컷 ② 오버랩
③ 크레이터 균열 ④ 기공

!
용접의 표면 결합 : 언더컷, 오버랩, 크레이터 균열, 용입 부족 등

03 불활성 가스 텅스텐 아크 용접에서 중간 형태의 용입과 비드 폭을 얻을 수 있으며, 청정 효과가 있어 알루미늄이나 마그네슘 등의 용접에 사용되는 전원은?

① 직류 정극성 ② 직류 역극성
③ 고주파 교류 ④ 교류 전원

!
GTAW 용접법에서 알루미늄이나 마그네슘을 용접할 때는 직류 역극성을 이용하고, 아르곤 가스가 산화 피막에 부딪쳐 피막을 벗겨 내는 이온화 작용에 의해 청정 작용을 일으키며, 이때 사용하는 전원으로는 ACHF라는 고주파 교류 전원을 이용한다.

04 용접용 용제는 성분에 의해 용접 작업성, 용착 금속의 성질이 크게 변화하는데, 다음 중 원료와 제조 방법에 따른 서브머지드 아크 용접의 용접용 용제에 속하지 않는 것은?

① 고온 소결형 용제
② 저온 소결형 용제
③ 용융형 용제
④ 스프레이형 용제

Ans
01 ④ 02 ④ 03 ③ 04 ④

05 용접 시 발생하는 변형을 적게 하기 위하여 구속하고 용접하였다면 잔류 응력은 어떻게 되는가?

① 잔류 응력이 작게 발생한다.
② 잔류 응력이 크게 발생한다.
③ 잔류 응력은 변함없다.
④ 잔류 응력과 구속 용접과는 관계없다.

!
용접 시 철(Fe)은 열을 받아 팽창을 일으키는데, 이때 구속된 용접물은 열에 의해 팽창하려는 힘과 구속하려는 힘 때문에 내부에 잔류 응력은 더 크게 발생한다.

06 용접 결함 중 균열의 보수 방법으로 가장 옳은 방법은?

① 작은 지름의 용접봉으로 재용접한다.
② 굵은 지름의 용접봉으로 재용접한다.
③ 전류를 높게 하여 재용접한다.
④ 정지 구멍을 뚫어 균열 부분은 홈을 판 후 재용접한다.

07 안전·보건 표지의 색채, 색도 기준 및 용도에서 문자 및 빨간색 또는 노란색에 대한 보조색으로 사용되는 색채는?

① 파란색 ② 녹색
③ 흰색 ④ 검은색

08 감전의 위험으로부터 용접 작업자를 보호하기 위해 교류 용접기에 설치하는 것은?

① 고주파 발생 장치 ② 전격 방지 장치
③ 원격 제어 장치 ④ 시간 제어 장치

!
전격 방지기
감전에 의한 전기 재해를 방지하기 위해 설치하는 교류 아크 용접기의 부속 장치로 전압이 85 ~ 95V인 무부하 전압을 25 ~ 35V로 낮춰 주는 역할을 하는 안전장치이다.

09 산화하기 쉬운 알루미늄을 용접할 경우에 가장 적합한 용접법은?

① 서브머지드 아크 용접
② 불활성 가스 아크 용접
③ 아크 용접
④ 피복 아크 용접

10 용접 홈의 형식 중 두꺼운 판의 양면 용접을 할 수 없는 경우에 가공하는 방법으로 한쪽 용접에 의해 충분한 용입을 얻으려고 할 때 사용되는 홈은?

① I형 홈 ② V형 홈
③ U형 홈 ④ H형 홈

11 다음 용접법 중 저항 용접이 아닌 것은?

① 스폿 용접 ② 심 용접
③ 프로젝션 용접 ④ 스터드 용접

!
용접: 용접, 압접, 납땜
① 용접 : 모재와 용접봉이 녹아서 붙는다.
② 압접 : 용접 + 가압으로 5가지
→ 전기 저항 용접, 고주파 용접, 초음파 용접, 마찰 용접, 유도가열 용접
③ 납땜 : 모재는 녹지 않고 용접봉이 녹아서 붙여 준다.
→ 연납땜, 경납땜
④ 저항 용접은 겹치기법, 맞대기법이 있다.
→ 겹치기법 : 점용접, 심 용접, 프로젝션 용접
→ 맞대기법 : 업셋, 플래시, 퍼커션

Ans
05 ② 06 ④ 07 ④ 08 ② 09 ② 10 ③ 11 ④

12 아크 용접의 재해라 볼 수 없는 것은?

① 아크 광선에 의한 전안염
② 스패터의 비산으로 인한 화상
③ 역화로 인한 화재
④ 전격에 의한 감전

> ! 역화로 인한 재해는 가스 용접 시 발생할 수 있는 재해

13 전자 빔 용접의 장점과 거리가 먼 것은?

① 고진공 속에서 용접을 하므로 대기와 반응되기 쉬운 활성 재료도 용이하게 용접된다.
② 두꺼운 판의 용접이 불가능하다.
③ 용접을 정밀하고 정확하게 할 수 있다.
④ 에너지 집중이 가능하기 때문에 고속으로 용접이 된다.

14 대상물에 감마선(γ-선), 엑스선(X-선)을 투과시켜 필름에 나타나는 상으로 결함을 판별하는 비파괴 검사법은?

① 초음파 탐상 검사
② 침투 탐상 검사
③ 와전류 탐상 검사
④ 방사선 투과 검사

> ! **방사선 투과 검사(RT) : 가장 확실하고 널리 사용**
> - X선 투과 검사 : 균열, 융합 불량, 기공, 슬래그 섞임 등의 내부 결함 검출에 사용(X선 발생 장치로는 관구식, 베타트론식), 미소 균열이나 모재 면에서 평행한 라미네이션 등의 검출이 곤란한 단점(후판 곤란, 깊이·크기·위치 측정 가능 → 스테레오법)
> - γ선 투과 검사 : X선으로 투과하기 힘든 후판에 사용, γ선원으로는 라듐, 코발트 60, 세슘 134, 이리듐이 있음.

15 다음 그림 중에서 용접 열량의 냉각 속도가 가장 큰 것은?

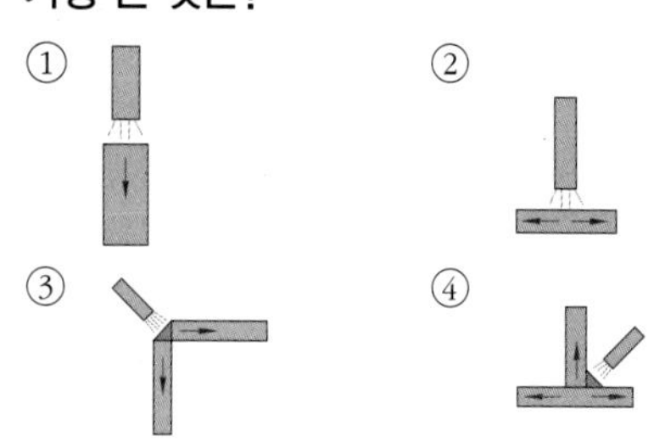

> ! 용접 열량의 냉각 속도는 방열 면적이 클수록 빨라지기 때문에 후판이 박판보다 빠르고 열이 전달될 면이 많을수록 빨리 냉각되며 열전도율이 빠른 금속이 냉각 속도가 빠르다.

16 납땜 시 강한 접합을 위한 틈새는 어느 정도가 가장 적당한가?

① 0.02~0.10mm ② 0.20~0.30mm
③ 0.30~0.40mm ④ 0.40~0.50mm

> ! 납땜 시 강한 접합을 위한 틈새는 0.02 ~ 0.1mm가 적당

17 맞대기 저항 용접의 종류가 아닌 것은?

① 업셋 용접
② 프로젝션 용접
③ 퍼커션 용접
④ 플래시 버트 용접

18 MIG 용접에서 가장 많이 사용되는 용적 이행 형태는?

① 단락 이행 ② 스프레이 이행
③ 입상 이행 ④ 글로뷸러 이행

Ans
12 ③ 13 ② 14 ④ 15 ④ 16 ① 17 ② 18 ②

19 다음과 같이 각 층마다 전체의 길이를 용접하면서 쌓아 올리는 가장 일반적인 용착법은?

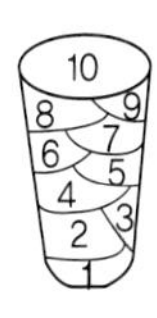

① 교호법 ② 덧살 올림법
③ 캐스케이드법 ④ 전진 블록법

!

① 덧살 올림법(빌드업법) : 열 영향이 크고 슬래그 섞임 우려가 있고, 한랭 시 구속이 클 때 후판에서 첫 층 균열이 있다.
② 캐스케이드법 : 하부분의 몇 층을 용접하다가 다음 층으로 연속시켜 용접하는 법, 결함이 적지만 잘 사용하지 않는다.
③ 전진 블록법 : 한 개의 용접봉으로 살을 붙일만한 길이로 구분해서 여러 층으로 쌓아 올린 후 다음 부분으로 진행하며, 첫 층 균열 발생 우려가 있다.

20 CO_2 가스 아크 용접에서 솔리드 와이어에 비교한 복합 와이어의 특징을 설명한 것으로 틀린 것은?

① 양호한 용착 금속을 얻을 수 있다.
② 스패터가 많다.
③ 아크가 안정된다.
④ 비드 외관이 깨끗하여 아름답다.

!

CO_2 용접에서 복합 와이어의 특징
① 와이어의 색상이 까맣다.
② 아크가 안정적이다.
③ 용착 속도가 빠르다.
④ 와이어의 가격이 비싸다.
⑤ 스패터의 발생량이 적다.
⑥ 비드의 형상과 외관이 아름답다.
⑦ 동일 전류에서 전류 밀도가 높다.
⑧ 양호한 용착 금속을 얻을 수 있다.

21 용접부의 검사 방법에 있어 비파괴 검사법이 아닌 것은?

① X선 투과 시험 ② 형광 침투 시험
③ 피로 시험 ④ 초음파 시험

22 금속 산화물이 알루미늄에 의하여 산소를 빼앗기는 반응에 의해 생성되는 열을 이용하여 금속을 접합시키는 용접법은?

① 스터드 용접
② 테르밋 용접
③ 원자 수소 용접
④ 일렉트로 슬래그 용접

!

테르밋 용접의 원리와 특징
- 원리 : 테르밋 반응에 의한 화학 반응열을 이용하여 용접
- 특징

① 테르밋제는 산화철 분말(FeO, Fe_2O_3, Fe_3O_4) 3~4에, 알루미늄 분말을 1로 혼합한다. (2800℃의 열이 발생)
② 점화제로는 과산화바륨, 마그네슘이 있다.
③ 용융 테르밋 용접과 가압 테르밋 용접이 있다.
④ 작업이 간단하고 기술 습득이 용이하다.
⑤ 전력이 불필요하다.
⑥ 용접 시간이 짧고 용접 후 변형도 적다.
⑦ 용도로는 철도 레일, 덧붙이 용접, 큰 단면의 주조, 단조품의 용접에 이용된다.

23 용접에 의한 이음을 리벳 이음과 비교했을 때, 용접 이음의 장점이 아닌 것은?

① 이음 구조가 간단하다.
② 판 두께에 제한을 거의 받지 않는다.
③ 용접 모재의 재질에 대한 영향이 작다.
④ 기밀성과 수밀성을 얻을 수 있다.

Ans
19 ② 20 ② 21 ③ 22 ② 23 ③

24 피복 아크 용접 회로의 순서가 올바르게 연결된 것은?

① 용접기 - 전극 케이블 - 용접봉 홀더 - 피복 아크 용접봉 - 아크 - 모재 - 접지 케이블
② 용접기 - 용접봉 홀더 - 전극 케이블 - 모재 - 아크 - 피복 아크 용접봉 - 접지 케이블
③ 용접기 - 피복 아크 용접봉 - 아크 - 모재 - 접지 케이블 - 전극 케이블 - 용접봉 홀더
④ 용접기 - 전극 케이블 - 접지 케이블 - 용접봉 홀더 - 피복 아크 용접봉 - 아크 - 모재

25 연강용 가스 용접봉의 용착 금속의 기계적 성질 중 시험편의 처리에서 '용접한 그대로 응력을 제거하지 않은 것'을 나타내는 기호는?

① NSR ② SR
③ GA ④ GB

!
연강용 가스 용접봉에 응력을 제거한 용접봉은 "SR"로 표시되며, 응력을 제거하지 않은 용접봉은 "NSR"로 표시한다.

26 용접 중에 아크가 전류의 자기 작용에 의해서 한쪽으로 쏠리는 현상을 아크 쏠림(Arc Blow)이라 한다. 다음 중 아크 쏠림의 방지법이 아닌 것은?

① 직류 용접기를 사용한다.
② 아크의 길이를 짧게 한다.
③ 보조판(엔드탭)을 사용한다.
④ 후퇴법을 사용한다.

27 연강용 피복 금속 아크 용접봉에서 피복제의 염기성이 가장 높은 것은?

① 저수소계 ② 고산화 철계
③ 고셀룰로오스계 ④ 티탄계

28 가스 절단에서 양호한 절단면을 얻기 위한 조건으로 맞지 않는 것은?

① 드래그가 가능한 한 클 것
② 절단면 표면의 각이 예리할 것
③ 슬래그 이탈이 양호할 것
④ 경제적인 절단이 이루어질 것

!
가스 절단에서 양호한 절단면을 얻기 위한 조건
① 드래그 홈이 얕을 것
② 슬래그가 잘 이탈할 것
③ 드래그가 가능한 작을 것(두께이 20%)
④ 단면 표면의 각이 예리할 것
⑤ 절단면이 평활하여 노치 등이 없을 것

29 용접봉의 용융 금속이 표면 장력의 작용으로 모재에 옮겨 가는 용적 이행으로 맞는 것은?

① 스프레이형 ② 핀치 효과형
③ 단락형 ④ 용적형

30 피복 아크 용접봉에서 피복제의 가장 중요한 역할은?

① 변형 방지 ② 인장력 증대
③ 모재 강도 증가 ④ 아크 안정

!
피복제의 역할
① 아크 안정 ② 산화·질화 방지
③ 용적의 미세화 ④ 서냉으로 취성 방지
⑤ 탈산 정련 작용 ⑥ 슬래그 박리성 증대
⑦ 유동성 증가 ⑧ 전기 절연 작용

Ans
24 ① 25 ① 26 ① 27 ① 28 ① 29 ③ 30 ④

31 저수소계 용접봉의 특징이 아닌 것은?

① 용착 금속 중의 수소량이 다른 용접봉에 비해서 현저하게 적다.
② 용착 금속의 취성이 크며 화학적 성질도 좋다.
③ 균열에 대한 감수성이 특히 좋아서 두꺼운 판 용접에 사용된다.
④ 고탄소강 및 황의 함유량이 많은 쾌삭강 등의 용접에 사용되고 있다.

32 폭발 위험성이 가장 큰 산소와 아세틸렌의 혼합비(%)는?

① 40 : 60 ② 15 : 85
③ 60 : 40 ④ 85 : 15

!
아세틸렌은 폭발 범위가 가장 넓은 위험한 가스이며 산소와 혼합 시 산소 85 : 아세틸렌 15일 때가 가장 위험하다.

33 발전(모터, 엔진형)형 직류 아크 용접기와 비교하여 정류기형 직류 아크 용접기를 설명한 것 중 틀린 것은?

① 고장이 적고 유지 보수가 용이하다.
② 취급이 간단하고 가격이 싸다.
③ 초소형 경량화 및 안정된 아크를 얻을 수 있다.
④ 완전한 직류를 얻을 수 있다.

!
직류 아크 용접기 중 정류기형은 완전한 직류를 얻을 수 없는 것이 단점이다.

34 35℃에서 150kgf/cm²으로 압축하여 내부 용적 45.7리터의 산소 용기에 충전하였을 때, 용기 속의 산소량은 몇 리터인가?

① 6855 ② 5250
③ 6105 ④ 7005

!
산소량 = 내용적 × 기압 = 150 × 45.7 = 6855

35 산소 프로판 가스 용접 시 산소 : 프로판 가스의 혼합비로 가장 적당한 것은?

① 1 : 1 ② 2 : 1
③ 2.5 : 1 ④ 4.5 : 1

!
산소-프로판 가스의 혼합 비율은 4.5 : 1이 적합하다.

36 교류 피복 아크 용접기에서 아크 발생 초기에 용접 전류를 강하게 흘려보내는 장치를 무엇이라고 하는가?

① 원격 제어 장치 ② 핫 스타트 장치
③ 전격 방지기 ④ 고주파 발생 장치

Ans
31 ② 32 ④ 33 ④ 34 ① 35 ④ 36 ②

37 아크 절단법의 종류가 아닌 것은?

① 플라스마 제트 절단
② 탄소 아크 절단
③ 스카핑
④ 티그 절단

38 부탄가스의 화학 기호로 맞는 것은?

① C_4H_{10} ② C_3H_8
③ C_5H_{12} ④ C_2H_6

> !
> 화학 기호
> ① 아세틸렌 : C_2H_2
> ② 프로판 : C_3H_8
> ③ 부탄 : C_4H_{10}
> ④ 메탄 : CH_4
> ⑤ 암모니아 : NH_3

39 아크 에어 가우징에 가장 적합한 홀더 전원은?

① DCRP
② DCSP
③ DCRP, DCSP 모두 좋다.
④ 대전류의 DCSP가 가장 좋다.

40 고장력강(HT)의 용접성을 가급적 좋게 하기 위해 줄여야 할 합금 원소는?

① C ② Mn
③ Si ④ Cr

> !
> 탄소의 함유량을 줄이면 용접성이 좋아진다.

41 내식강 중에서 가장 대표적인 특수 용도용 합금강은?

① 주강 ② 탄소강
③ 스테인리스강 ④ 알루미늄강

> !
> 내식강의 종류 : 대표로는 스테인리스강
> ① 페라이트계 스테인리스강
> ② 마텐자이트 스테인리스강
> ③ 오스테나이트 스테인리스강
> ④ 석출 경화형 스테인리스강

42 열간 가공이 쉽고 다듬질 표면이 아름다우며 용접성이 우수한 강으로 몰리브덴 첨가로 담금질성이 높아 각종 축, 강력 볼트, 암, 레버 등에 많이 사용되는 강은?

① 크롬 - 몰리브덴강
② 크롬 - 바나듐강
③ 규소 - 망간강
④ 니켈 - 구리 - 코발트강

> !
> 크롬-몰리브덴강은 열간 가공이 쉽고, 다듬질 표면이 아름다우며 용접성이 우수한 강으로, 각종 축, 강력 볼트, 암이나 레버 등에 많이 사용된다.

43 아공석강의 기계적 성질 중 탄소 함유량이 증가함에 따라 감소하는 성질은?

① 연신율 ② 경도
③ 인장 강도 ④ 항복 강도

> !
> 아공석강 : 순철에 C의 함유량이 0.02 ~ 0.8%가 합금된 것으로, 강도와 경도가 증가하나 연신율은 떨어짐.

Ans
37 ③ 38 ① 39 ① 40 ① 41 ③ 42 ① 43 ①

44 금속 침투법에서 칼로라이징이란 어떤 원소로 사용하는 것인가?

① 니켈　② 크롬
③ 붕소　④ 알루미늄

> !
> 금속 침투법 : 내식, 내산, 내마멸성을 증가시킬 목적으로 금속을 침투시키는 열처리

45 주조 시 주형에 냉금을 삽입하여 주물 표면을 급랭시키는 방법으로 제조되어 금속 압연용 롤러 등으로 사용되는 주철은?

① 가단 주철　② 칠드 주철
③ 고급 주철　④ 페라이트 주철

> !
> 칠드 주철은 주조 시 주형에 냉금을 삽입하여 주물의 표면을 급랭시키는 방법으로 제조되며 금속 압연용 롤러 등으로 사용된다.

46 알루마이트법이라 하여, Al 제품을 2% 수산 용액에서 전류를 흘려 표면에 단단하고 치밀한 산화막을 만드는 방법은?

① 통산법　② 황산법
③ 수산법　④ 크롬산법

47 주위의 온도에 의하여 선팽창 계수나 탄성률 등의 특정한 성질이 변하지 않는 불변강이 아닌 것은?

① 인바　② 엘린바
③ 슈퍼 인바　④ 배빗 메탈

> !
> 배빗 메탈 : 화이트 메탈이라고도 불리며 Sn, Sb계 합금의 총칭을 의미

48 다음 가공법 중 소성 가공법이 아닌 것은?

① 주조　② 압연
③ 단조　④ 인발

> !
> **소성 가공**
> • 물체에 변형을 준 뒤 외력을 제거해도 원래 상태로 돌아가지 않는 성질인 소성을 이용하여 가공하는 가공법
> • 압연, 인발, 단조, 프레스 가공

49 담금질에서 나타나는 조직으로 경도와 강도가 가장 높은 조직은?

① 시멘타이트　② 오스테나이트
③ 소르바이트　④ 마텐자이트

> !
> **담금질에서 나타나는 조직, 강도의 순서**
> 페라이트 〈 오스테나이트 〈 펄라이트 〈 소르바이트 〈 베이나이트 〈 트루스타이트 〈 마텐자이트

50 일반적으로 강에 S, Pb, P 등을 첨가하여 절삭성을 향상시킨 강은?

① 구조용강　② 쾌삭강
③ 스프링강　④ 탄소공구강

> !
> 쾌삭강 : 절삭성을 향상 시킨 강으로, 강에 S, Pb, P 등을 첨가하여 만든 강

Ans
44 ④　45 ②　46 ③　47 ④　48 ①　49 ④　50 ②

51 KS 재료 기호에서 고압 배관용 탄소강관을 의미하는 것은?

① SPP　　② SPS
③ SPPA　　④ SPPH

!
KS 재료 기호
① SPP : 배관용 탄소강관
② SPS : 스프링용 강
③ SPPH : 고압배관용 탄소강 강관

52 용도에 의한 명칭에서 선의 종류가 모두 가는 실선인 것은?

① 치수선, 치수 보조선, 지시선
② 중심선, 지시선, 숨은선
③ 외형선, 치수 보조선, 해칭선
④ 기준선, 피치선, 수준면선

!
선의 굵기가 가는 실선인 것
① 치수선　② 치수 보조선　③ 지시선
④ 회전 단면선　⑤ 수준면선　⑥ 해칭선

53 리벳의 호칭 방법으로 옳은 것은?

① 규격 번호, 종류, 호칭지름×길이, 재료
② 명칭, 등급, 호칭지름×길이, 재료
③ 규격 번호, 종류, 부품 등급, 호칭, 재료
④ 명칭, 다듬질 정도, 호칭, 등급, 강도

!
리벳의 호칭 방법
- 규격 번호, 종류, 호칭지름 × 길이, 재료
- KS B 0112 열간 둥근 머리 리벳 10×30 SM50

54 도면에서 표제란과 부품란으로 구분할 때, 일반적으로 표제란에만 기입하는 것은?

① 부품 번호　　② 부품 기호
③ 수량　　④ 척도

!
표제란에 쓰는 내용 : 도명, 척도, 투상법, 도면 번호, 제작자, 작성 년 월 일 등
부품란에 쓰는 내용 : 품번, 품명, 재료, 개수, 공정, 무게, 비고 등

55 다음과 같이 파단선을 경계로 필요로 하는 요소의 일부만을 단면으로 표시하는 단면도는?

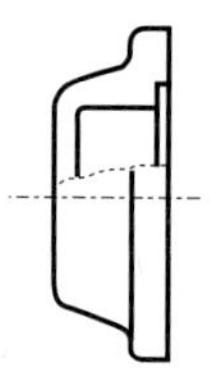

① 온 단면도
② 부분 단면도
③ 한쪽 단면도
④ 회전 도시 단면도

!
단면도의 종류
① 온 단면도(전단면도) : 물체의 1/2를 절단
② 한쪽 단면도(반단면) : 물체의 1/4를 절단(상하, 좌우가 대칭인 물체)
③ 부분 단면 : 필요한 장소의 일부분만을 파단하여 단면을 나타내는 방법으로 절단부는 파단선으로 표시
④ 회전 단면 : 핸들, 바퀴의 암, 리브, 훅, 축 등의 단면은 정규의 투상법으로 나타내기 어렵기 때문에 물품은 축에 수직한 단면으로 절단하여 단면과 90° 우회전하여 나타낸다.
⑤ 계단 단면 : 절단면이 투상면에 평행 또는 수직한 여러 면으로 되어 있어 명시할 곳을 계단 모양으로 절단하여 나타냄.

Ans
51 ④　52 ①　53 ①　54 ④　55 ②

56 다음과 같은 치수 기입 방법은?

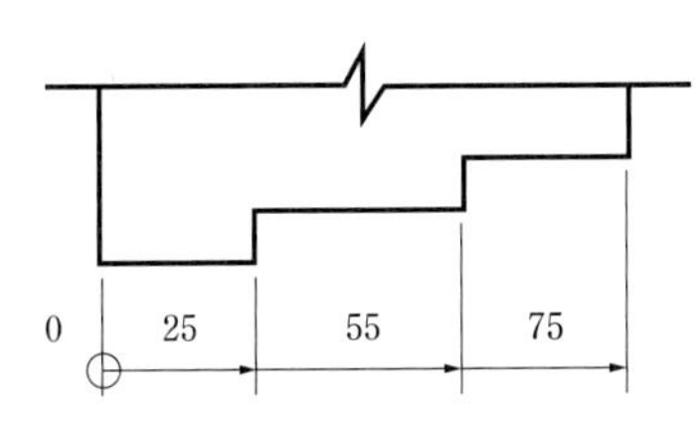

① 직렬 치수 기입법
② 병렬 치수 기입법
③ 조합 치수 기입법
④ 누진 치수 기입법

57 관의 구배를 표시하는 방법 중 틀린 것은?

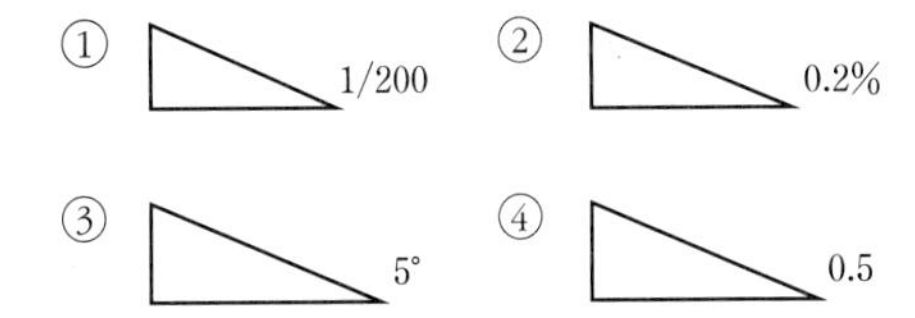

> !
> 관의 구배를 표시할 때 단위 없이 소수점만으로 표시하지 않는다.

58 다음 용접 이음 방법의 명칭으로 가장 적합한 것은?

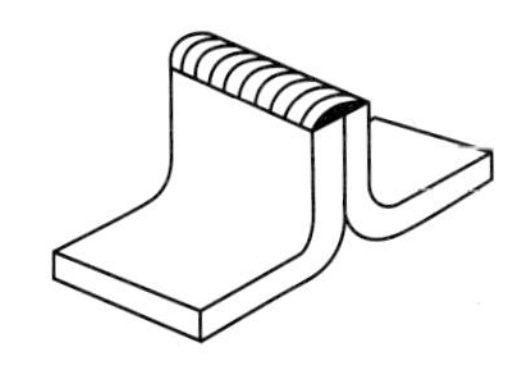

① 연속 필릿 용접
② 플랜지형 겹치기 용접
③ 연속 모서리 용접
④ 플랜지형 맞대기 용접

59 다음 원뿔을 전개하였을 경우 나타난 부채꼴의 전개각(전개된 물체의 꼭지각)이 150°가 되려면 ℓ의 치수는?

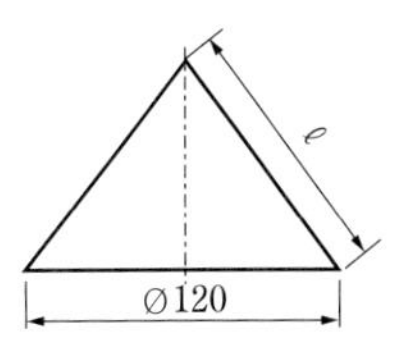

① 100
② 122
③ 144
④ 150

> !
> 전개면의 꼭지각 구하는 식 $\theta = 360 \times \frac{\gamma}{l}$
> (γ : 원의 반지름 l : 모선의 길이)
> $150 = 360 \times \frac{60}{l}$
> $l = \frac{360 \times 60}{150} = 144$mm임.

60 다음 제3각 정투상도의 3면도를 기초로 한 입체도로 가장 적합한 것은?

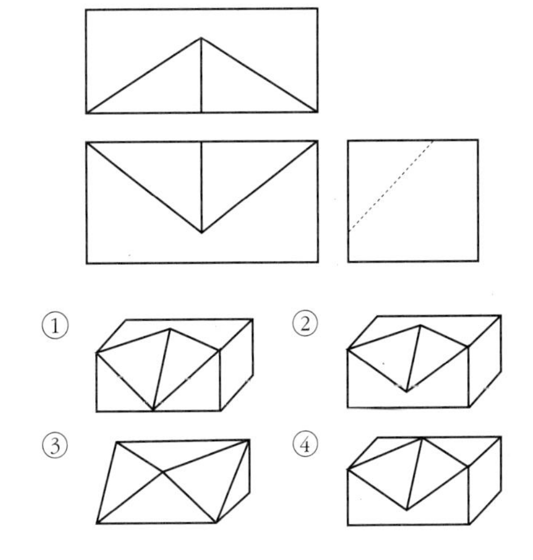

Ans
56 ④ 57 ④ 58 ④ 59 ③ 60 ②

용접 기능사 필기 기출문제 (2014년 10월 11일 시행)

자격종목	코 드	시험 시간	문항 수	수험번호	성명
용접 기능사	6223	60분	60		

01 차축, 레일의 접합, 선박의 프레임 등 비교적 큰 단면을 가진 주조나 단조품의 맞대기 용접과 보수 용접에 주로 사용되는 용접법은?

① 오토콘 용접
② 테르밋 용접
③ 원자 수소 아크 용접
④ 서브머지드 아크 용접

> ! 차축, 레일의 접합, 선박의 프레임 등 비교적 큰 단면을 가진 주조나 단조품의 맞대기 용접과 보수 방법에는 테르밋 용접이 주로 사용된다.

02 용접부 시험 중 비파괴 시험 방법이 아닌 것은?

① 피로 시험　② 자기적 시험
③ 누설 시험　④ 초음파 시험

03 불활성 가스 금속 아크 용접의 제어 장치로써 크레이터 처리 기능에 의해 낮아진 전류가 서서히 줄어들면서 아크가 끊어지는 기능으로 이면 용접 부위가 녹아내리는 것을 방지하는 것은?

① 예비 가스 유출 시간
② 스타트 시간
③ 크레이터 충전 시간
④ 번 백 시간

> ! 번 백 타임 : GMAW 용접에서 용접부 끝에서 발생하는 불량을 처리할 때 이면 용접 부위가 녹아내림을 방지하기 위해 사용하는 제어 기능이다.

04 용접 결함의 보수 용접에 관한 사항으로 가장 적절하지 않은 것은?

① 재료의 표면에 얕은 결함은 덧붙임 용접으로 보수한다.
② 덧붙임 용접으로 보수할 수 있는 한도를 초과할 때에는 결함 부분을 잘라 내어 맞대기 용접으로 보수한다.
③ 결함이 제거된 모재 두께가 필요한 치수보다 얕게 되었을 때에는 덧붙임 용접으로 보수한다.
④ 언더컷이나 오버랩 등은 그대로 보수 용접을 하거나 정으로 따내기 작업을 한다.

> ! 재료의 표면에 있는 얕은 결함은 스카핑으로 결함을 제거한 뒤 재용접해 주어야 한다.

Ans
01 ② 02 ① 03 ④ 04 ①

05 **불활성 가스 금속 아크 용접의 용적 이행 방식 중 용융 이행 상태는 아크 기류 중에서 용가재가 고속으로 용융, 미입자의 용적으로 분사되어 모재에 용착되는 용적 이행은?**

① 용락 이행 ② 단락 이행
③ 스프레이 이행 ④ 글로뷸러 이행

!

GMAW의 용적 이행 방식의 종류
① 단락 이행형 : 박판 용접에 적합, 입열량이 적고 용입이 얕다. 저전류의 CO_2 및 MIG 용접에서 솔리드 와이어를 사용 할 때 발생한다.
② 입상 이행형 : 용적이 용융 방울 모양이며 깊은 용입을 얻을 수 있고, 능률적이며 스패터 발생이 많다.
③ 스프레이형 : 용적이 작은 입자로 되어 스패터 발생이 적고 비드 외관이 좋으며, 가장 많이 사용되고 용가재가 고속으로 용융되어 미입자의 용적으로 이행된다. 고전압, 고전류에서 발생하며, 용착 속도도 빠르다.
④ 맥동 이행형 : 연속적으로 스프레이 이행을 사용할 때, 높은 열로 인해 용접부의 물성이 변화되었거나 박판용접 시 용락으로 인해 용접이 불가능하게 되었을 때, 낮은 전류에서도 스프레이 이행이 이루어지게 하여 박판 용접이 가능하게 한다.

06 **경납용 용가재에 대한 각각의 설명이 틀린 것은?**

① 알루미늄납 : 일반적으로 알루미늄에 규소, 구리를 첨가하여 사용하며 융점은 660℃ 정도이다.
② 황동납 : 구리와 니켈의 합금으로, 값이 저렴하여 공업용으로 많이 쓰인다.
③ 인동납 : 구리가 주성분이며 소량의 은, 인을 포함한 합금으로 되어 있다. 일반적으로 구리 및 구리 합금의 땜납으로 쓰인다.
④ 은납 : 구리, 은, 아연이 주성분으로 구성된 합금으로 인장 강도, 전연성 등의 성질이 우수하다.

!

구리와 아연의 합금으로 철강이나 비철금속의 납땜에 사용되는 합금 재료로 전기 전도도가 낮고 진동에 대한 저항력도 작다.

07 **토륨 텅스텐 전극봉에 대한 설명으로 맞는 것은?**

① 전자 방사 능력이 떨어진다.
② 아크 발생이 어렵고 불순물 부착이 많다.
③ 직류 정극성에는 좋으나 교류에는 좋지 않다.
④ 전극의 소모가 많다.

08 **일렉트로 슬래그 용접의 단점에 해당되는 것은?**

① 다전극을 이용하면 더욱 능률을 높일 수 있다.
② 용접 진행 중에 용접부를 직접 관찰할 수 없다.
③ 최소한의 변형과 최단 시간의 용접법이다.
④ 용접 능률과 용접 품질이 우수하므로 후판 용접 등에 적당하다.

09 **다음 전기 저항 용접 중 맞대기 용접이 아닌 것은?**

① 버트 심 용접 ② 업셋 용접
③ 프로젝션 용접 ④ 퍼커션 용접

!

전기 저항 용접의 분류
• 겹치기 용접법 : 점용접, 심 용접, 프로젝션 용접
• 맞대기 용접법 : 업셋 용접, 플래시 용접, 퍼커션 용접

Ans
05 ③ 06 ② 07 ③ 08 ② 09 ③

10 CO_2 가스 아크 용접 시 저전류 영역에서 가스 유량은 약 몇 L/min 정도가 가장 적당한가?

① 1 ~ 5 ② 6 ~ 10
③ 10 ~ 15 ④ 16 ~ 20

> !
> **CO_2 용접에서 전류의 크기에 따른 가스 유량**
> • 250A 이하 : 10 ~ 15L/min
> • 250A 이상 : 20 ~ 25L/min

11 상온에서 강하게 압축함으로써 경계면을 국부적으로 소성 변형시켜 접합하는 것은?

① 냉간 압접 ② 플래시 버트 용접
③ 업셋 용접 ④ 가스 압접

> !
> **냉간 압접**
> 상온에서 강하게 압축함으로써 경계면을 국부적으로 소성 변형시켜 접합하는 가공법이다.

12 서브머지드 아크 용접에서 다전극 방식에 의한 분류가 아닌 것은?

① 유니언식 ② 횡병렬식
③ 횡직렬식 ④ 탠덤식

13 용착 금속의 극한 강도가 $30kgf/mm^2$ 안전율이 6이면 허용 응력은?

① $3kgf/mm^2$ ② $4kgf/mm^2$
③ $5kgf/mm^2$ ④ $6kgf/mm^2$

> !
> $\text{안전율} = \dfrac{\text{인장 강도}}{\text{허용 응력}} = \dfrac{30}{6} = 5kgf/mm^2$

14 하중의 방향에 따른 필릿 용접의 종류가 아닌 것은?

① 전면 필릿 ② 측면 필릿
③ 연속 필릿 ④ 경사 필릿

15 모재 두께 9mm, 용접 길이 150mm인 맞대기 용접의 최대 인장 하중(kgf)은 얼마인가? (단, 용착 금속의 인장 강도는 $43kgf/mm^2$ 이다.)

① 716kgf ② 4450kgf
③ 40635kgf ④ 58050kgf

> !
> $\text{인장 강도} = \dfrac{\text{작용하는 힘}}{\text{작용면적}} = \dfrac{F}{A}$
>
> $43kgf/mm^2 = \dfrac{F}{9mm \times 150mm}$
>
> $F = 43 \times (9 \times 150) = 58{,}050kgf$

16 화재의 폭발 및 방지 조치 중 틀린 것은?

① 필요한 곳에 화재를 진화하기 위한 발화 설비를 설치할 것
② 용접 작업 부근에 점화원을 두지 않도록 할 것
③ 대기 중에 가연성 가스를 누설 또는 방출시키지 말 것
④ 배관 또는 기기에서 가연성 증기가 누출되지 않도록 할 것

> !
> 화재를 진화하기 위해서는 스프링클러, 소화전, 소화기 등의 방화 설비 등을 준비해야 한다.

17 용접 변형에 대한 교정 방법이 아닌 것은?

① 가열법
② 절단에 의한 정형과 재용접
③ 가압법
④ 역변형법

> !
> 역변형법은 용접 전에 변형의 크기와 방향을 예측하여 미리 반대쪽으로 변형시키는 방법이다.

Ans
10 ③ 11 ① 12 ① 13 ③ 14 ③ 15 ④
16 ① 17 ④

18 용접 시 두통이나 뇌빈혈을 일으키는 이산화탄소 가스의 농도는?

① 1 ~ 2%　② 3 ~ 4%
③ 10 ~ 15%　④ 20 ~ 30%

!
CO_2 농도의 영향
- 3~4% 두통, 뇌빈혈
- 15% 이상 위험
- 30% 이상 치명적

19 용접에서 예열에 관한 설명 중 틀린 것은?

① 용접 작업에 의한 수축 변형을 감소시킨다.
② 용접부의 냉각 속도를 느리게 하여 결함을 방지한다.
③ 고급 내열 합금도 용접 균열을 방지하기 위하여 예열을 한다.
④ 알루미늄 합금, 구리 합금은 50~70℃의 예열이 필요하다

!
예열의 목적
- 모재의 수축 응력을 감소하여 균열 발생 억제
- 냉각 속도를 느리게 하여 결함 및 수축 변형을 방지
- 용착 금속의 수소 성분이 나갈 수 있는 여유를 주어 비드 밑 균열 방지
- 용접 금속에 연성 및 인성을 부여

20 현미경 조직 시험 순서 중 가장 알맞은 것은?

① 시험편 채취 - 마운팅 - 샌드페이퍼 연마 - 폴리싱 - 부식 - 현미경 검사
② 시험편 채취 - 폴리싱 - 마운팅 - 샌드페이퍼 연마 - 부식 - 현미경 검사
③ 시험편 채취 - 마운팅 - 폴리싱 - 샌드페이퍼 연마 - 부식 - 현미경 검사
④ 시험편 채취 - 마운팅 - 부식 - 샌드페이퍼 연마 - 폴리싱 - 현미경 검사

21 용접부의 연성 결함의 유무를 조사하기 위하여 실시하는 시험법은?

① 경도 시험　② 인장 시험
③ 초음파 시험　④ 굽힘 시험

22 TIG 용접 및 MIG 용접에 사용되는 불활성 가스로 가장 적합한 것은?

① 수소 가스　② 아르곤 가스
③ 산소 가스　④ 질소 가스

!
불활성 가스 : 산소와 반응을 하지 않는 가스로 용접 및 소화약제로 주로 사용하며, 아르곤 가스, 헬륨 가스, CO_2 가스 등이 용접에서 이용됨.

23 가스 용접 시 양호한 용접부를 얻기 위한 조건에 대한 설명 중 틀린 것은?

① 용착 금속의 용입 상태가 균일해야 한다.
② 용접부에는 기름, 먼지, 녹 등을 완전히 제거하여야 한다.
③ 용접부에 첨가된 금속의 성질이 양호하지 않아도 된다.
④ 슬래그, 기공 등의 결함이 없어야 한다.

!
가스 용접 시 양호한 용접부를 얻기 위해선 용접부에 첨가된 금속의 성질도 양호해야 함.

Ans
18 ②　19 ④　20 ①　21 ④　22 ②　23 ③

24 교류 아크 용접기 종류 중 AW-500의 정격 부하 전압은 몇 V인가?

① 28V ② 32V
③ 36V ④ 40V

> !
> 교류 아크 용접기의 규격

종류	정격 2차 전류	정격 사용율%	정격 부하 전압	용접봉 지름(mm)
AW200	200	40	30	2 ~ 4
AW300	300	40	35	2.6 ~ 6
AW400	400	40	40	3.2 ~ 8
AW500	500	60	40	4 ~ 8

25 연강 피복 아크 용접봉인 E4316의 계열은 어느 계열인가?

① 저수소계 ② 고산화티탄계
③ 철분 저수소계 ④ 일미나이트계

26 용해 아세틸렌가스는 각각 몇 ℃, 몇 kgf/cm^{2}로 충전하는 것이 가장 적합한가?

① 40℃, 160kgf/cm^2
② 35℃, 150kgf/cm^2
③ 20℃, 30kgf/cm^2
④ 15℃, 15kgf/cm^2

27 용접의 원리는 금속과 금속을 서로 충분히 접근시키면 금속원자 간에 ( )이 작용하여 스스로 결합하게 된다. 괄호 안에 알맞은 용어는?

① 인력 ② 기력
③ 자력 ④ 응력

> !
> 용접은 원자 간의 인력에 의해 결합하는 원리이며, 원자 간의 거리는 10^{-8}cm이다.

28 산소 아크 절단을 설명한 것 중 틀린 것은?

① 가스 절단에 비해 절단면이 거칠다.
② 절단 속도가 빨라 철강 구조물 해체, 수중 해체 작업에 이용된다.
③ 중실(속이 찬) 원형봉의 단면을 가진 강(steel) 전극을 사용한다.
④ 직류 정극성이나 교류를 사용한다.

29 피복 아크 용접봉의 피복 배합제의 성분 중에서 탈산제에 해당하는 것은?

① 산화티탄(Ti)
② 규소철(Fe-Si)
③ 셀룰로오스(Cellulose)
④ 일미나이트(TiO_2FeO)

30 다음 중 가연성 가스로만 되어 있는 것은?

① 아세틸렌, 헬륨
② 수소, 프로판
③ 아세틸렌, 아르곤
④ 산소, 이산화탄소

> !
> 가스의 분류
> - 조연성 가스 : 다른 연소 물질이 타는 것을 도와주는 가스로 산소, 공기 등
> - 가연성 가스 : 산소나 공기와 혼합하여 점화하면 빛과 열을 내면서 연소하는 가스로 아세틸렌, 수소, 프로판, 메탄, 부탄 등
> - 불활성 가스 : 산소와 반응하지 않는 기체로 용접에서는 아르곤, 헬륨 등

Ans
24 ④ 25 ① 26 ④ 27 ① 28 ③ 29 ② 30 ②

31 용접법을 크게 융접, 압접, 납땜으로 분류할 때 압접에 해당되는 것은?

① 전자 빔 용접
② 초음파 용접
③ 원자 수소 용접
④ 일렉트로 슬래그 용접

> !
> 압접의 종류 : 전기 저항 용접, 초음파 용접, 고주파 용접, 마찰 용접, 유도가열 용접

32 정격 2차 전류 200A, 정격 사용률 40%, 아크 용접기로 150A의 용접 전류 사용 시 허용 사용률은 약 얼마인가?

① 51% ② 61%
③ 71% ④ 81%

> !
> $$허용\ 사용률 = \frac{(정격\ 2차\ 전류)^2}{실제\ 용접\ 전류^2} \times 정격\ 사용율\ \%$$
> $$= \frac{(200)^2}{150^2} \times 40\% = 71\%$$

33 가스 용접에 대한 설명 중 옳은 것은?

① 열 집중성이 좋아 효율적인 용접이 가능하다.
② 아크 용접에 비해 불꽃의 온도가 높다.
③ 전원 설비가 있는 곳에서만 설치가 가능하다.
④ 가열할 때 열량 조절이 비교적 자유롭기 때문에 박판 용접에 적합하다.

34 연강용 피복 아크 용접봉의 피복 배합제 중 아크 안정제 역할을 하는 종류로 묶어 놓은 것 중 옳은 것은?

① 알루미나, 마그네슘, 탄산나트륨
② 적철강, 알루미나, 붕산
③ 붕산, 구리, 마그네슘
④ 산화티탄, 규산나트륨, 석회석, 탄산나트륨

35 가스 가우징용 토치의 본체는 프랑스식 토치와 비슷하나 팁은 비교적 저압으로 대용량의 산소를 방출할 수 있도록 설계되어 있는데 이는 어떤 설계 구조인가?

① 초코 ② 인젝트
③ 오리피스 ④ 슬로우 다이버전트

36 가스 용접 작업에서 후진법의 특징이 아닌 것은?

① 열 이용률이 좋다.
② 용접 속도가 빠르다.
③ 용접 변형이 작다.
④ 얇은 판의 용접에 적당하다.

37 가스 절단 시 양호한 절단면을 얻기 위한 품질 기준이 아닌 것은?

① 절단면의 표면 각이 예리할 것
② 절단면이 평활하며 노치 등이 없을 것
③ 슬래그 이탈이 양호할 것
④ 드래그의 홈이 높고 가능한 클 것

> !
> 가스 절단 시 양호한 절단면을 얻기 위한 조건
> • 드래그의 홈이 얕을 것
> • 슬래그의 이탈이 양호할 것
> • 슬래그가 작을 것(20%)
> • 절단면의 표면 각이 예리할 것
> • 절단면이 평활하여 노치 등이 없을 것

Ans
31 ② 32 ③ 33 ④ 34 ④ 35 ④ 36 ④ 37 ④

38 피복 아크 용접봉은 피복제가 연소한 후 생성된 물질이 용접부를 보호한다. 용접부의 보호 방식에 따른 분류가 아닌 것은?

① 가스 발생식 ② 스프레이형
③ 반가스 발생식 ④ 슬래그 생성식

39 직류 아크 용접에서 정극성의 특징 설명으로 맞는 것은?

① 비드 폭이 넓다.
② 주로 박판 용접에 쓰인다.
③ 모재의 용입이 깊다.
④ 용접봉이 빨리 녹는다.

!

직류 정극성(DCSP)의 특징
- 모재가 + (입열량 70%), 용접봉 – (입열량 30%)
- 용입이 깊다.
- 용접봉은 천천히 녹는다.
- 비드 폭 좁다.
- 후판 용접에 적합하다.

40 스테인리스강의 종류에 해당되지 않는 것은?

① 마텐자이트계 스테인리스강
② 레데뷰라이트계 스테인리스강
③ 석출경화형 스테인리스강
④ 페라이트계 스테인리스강

!

스테인리스강의 종류
- Cr계
  - 페라이트계 스테인리스강(Fe + Cr 12% 이상), 자성체
  - 마텐자이트계 스테인리스강(Fe + Cr 13% 이상), 자성체, 열처리
- Cr + Ni계
  - 오스테나이트계 스테인리스강(Fe + Cr 18% + Ni 8%), 비자성체
  - 석출경화형 스테인리스강(Fe + Cr + Ni), 비자성체

41 금속 침투법 중 칼로라이징은 어떤 금속을 침투시킨 것인가?

① B ② Cr
③ Al ④ Zn

!

금속 침투법
- 내식, 내산, 내마멸성을 증가시킬 목적으로 금속을 침투시키는 열처리
- 크로마이징 : Cr, 세라다이징 : Zn, 칼로라이징 : Al, 실리코나이징 : Si, 브로마이징 : Br

42 마그네슘(Mg)의 특징 중 틀린 것은?

① 비강도가 Al 합금보다 떨어진다.
② 비중이 약 1.74 정도로 실용 금속 중 가볍다.
③ 항공기, 자동차 부품, 전기기기, 선박, 광학기계, 인쇄제판 등에 사용된다.
④ 구상흑연 주철의 첨가제로 사용된다.

43 Al–Si계 합금의 조대한 공정조직을 미세화하기 위하여 나트륨(Na), 수산화나트륨(NaOH), 알칼리염류 등을 합금 용탕에 첨가하여 10~15분간 유지하는 처리는?

① 시효 처리
② 폴링 처리
③ 개량 처리
④ 응력 제거 풀림 처리

!

개량 처리 : Al–Si계 합금의 조대한 공정조직을 미세화하기 위해 나트륨, 가성소다, 알칼리염류 등을 합금 용탕에 첨가하여 10~15분간을 유지하는 처리 방법

Ans
38 ② 39 ③ 40 ② 41 ③ 42 ① 43 ③

44 조성이 2.0~3.0% C, 0.6~1.5% Si 범위의 것으로 백주철을 열처리로에 넣어 가열해서 탈탄 또는 흑연화 방법으로 제조한 주철은?

① 가단 주철 ② 칠드 주철
③ 구상 흑연 주철 ④ 고력 합금 주철

!
가단 주철 : 회주철의 결점을 보완한 것으로 백주철의 주물을 장시간 열처리하여 탈탄과 시멘타이트의 흑연화에 의한 연성을 갖게 하여 단조가공을 가능하게 한 주철

45 구리(Cu)에 대한 설명으로 옳은 것은?

① 구리의 전기 전도율은 금속 중에서 은(Ag)보다 높다.
② 구리는 체심입방격자이며, 변태점이 있다.
③ 전기 구리는 O_2나 탈산제를 품지 않는 구리이다.
④ 구리는 CO_2가 들어 있는 공기 중에서 염기성 탄산구리가 생겨 녹청색이 된다.

46 담금질에 대한 설명 중 옳은 것은?

① 정지된 물속에서 냉각 시 대류 단계에서 냉각 속도가 최대가 된다.
② 위험 구역에서는 급냉한다.
③ 강을 경화시킬 목적으로 실시한다.
④ 임계 구역에서는 서냉한다.

!
일반 열처리의 종류
- 담금질(퀜칭) : 강도와 경도를 증진, 소금물 최대 효과
- 뜨임(템퍼링) : 담금질로 인한 취성 제거, 강인성 증가 (MO, W, V)
- 풀림(어닐링) : 재질의 변화, 내부 응력 제거, 서냉 처리, 국부 풀림 625±25
- 불림(노멀라이징) : 조직의 균일화, 공랭, 미세조직화, A_3 변태점에서 실시 −912℃

47 열간 가공과 냉간 가공을 구분하는 온도로 옳은 것은?

① 재결정 온도
② 재료가 녹는 온도
③ 물이 어는 온도
④ 고온 취성 발생 온도

!
열간 가공과 냉간 가공을 구분하는 온도는 재결정 온도이며, 철의 재결정 온도는 350~450℃이다.

48 강의 표준 조직이 아닌 것은?

① 페라이트(ferrite)
② 시멘타이트(cementite)
③ 펄라이트(pearlite)
④ 소르바이트(sorbite)

49 보통 주강에 3% 이하의 Cr을 첨가하여 강도와 내마멸성을 증가시켜 분쇄기계, 석유화학 공업용 기계부품 등에 사용되는 합금 주강은?

① Ni 주강 ② Cr 주강
③ Mn 주강 ④ Ni-Cr 주강

!
Cr 주강 : 보통 주강에 3% 이하의 Cr을 첨가하면 강도와 내마멸성이 우수해져 분쇄기계, 석유화학 공업용 기계부품 등에 사용되는 합금 주강

50 탄소량이 가장 적은 강은?

① 연강 ② 반경강
③ 최경강 ④ 탄소공구강

!
탄소강의 탄소 함유량에 따른 분류
- 연강 : 0.15~0.29%의 탄소 함유량
- 반경강 : 0.3~0.4%의 탄소 함유량
- 최경강 : 0.5~0.6%의 탄소 함유량
- 탄소공구강 : 0.6~1.6%의 탄소 함유량

Ans
44 ① 45 ④ 46 ③ 47 ① 48 ④ 49 ② 50 ①

51 기계 제도에서의 척도에 대한 설명으로 잘못된 것은?

① 척도란 도면에서의 길이와 대상물의 실제 길이의 비이다.
② 축척의 표시는 2:1, 5:1, 10:1 등과 같이 나타낸다.
③ 도면을 정해진 척도값으로 그리지 못하거나 비례하지 않을 때에는 척도를 'NS'로 표시할 수 있다.
④ 척도는 표제란에 기입하는 것이 원칙이다.

> !
> **기계 제도에서 척도**
> • 척도는 배척, 현척, 축척
> • 축척의 표시는 1 : 2, 1 : 5, 1 : 10 등과 같이 표시
> • 현척이란 제품과 도면이 같은 비율로 그린 것을 의미
> • 배척의 표시는 2 : 1, 5 : 1, 10 : 1 등과 같이 표시
> • 비례 척도가 아닌 표시는 NS로 표시하거나 숫자에 밑줄

52 다음 배관 도면에 포함되어 있는 요소로 볼 수 없는 것은?

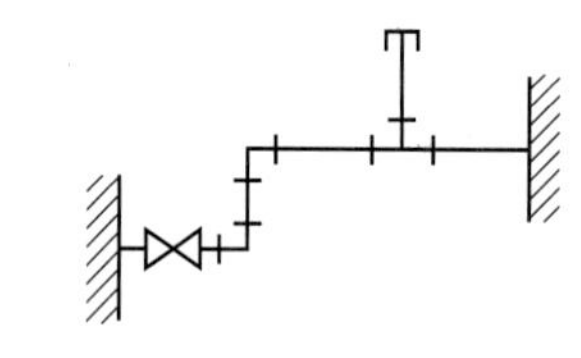

① 엘보 ② 티
③ 캡 ④ 체크 밸브

> !
> 체크 밸브 =

53 리벳 구멍에 카운터 싱크가 없고 공장에서 드릴 가공 및 끼워 맞추기 할 때의 간략 표시 기호는?

① ②
③ ④

54 다음의 지름이 같은 원기둥과 원기둥이 직각으로 만날 때의 상관선은 어떻게 나타나는가?

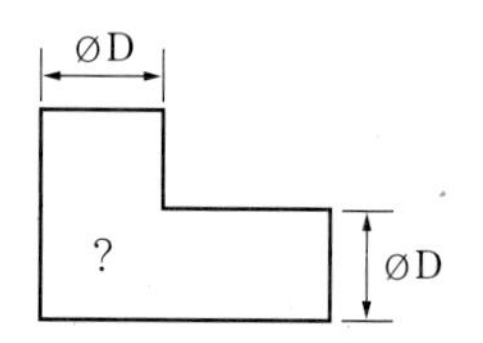

① 점선 형태의 직선
② 실선 형태의 직선
③ 실선 형태의 포물선
④ 실선 형태의 하이포이드 곡선

> !
> 원기둥과 원기둥이 직각으로 만나면 그 상관선은 실선 형태의 직선으로 표시한다.

55 리벳 이음(Rivet Joint) 단면의 표시법으로 가장 올바르게 투상된 것은?

① ②
③ ④

Ans
51 ② 52 ④ 53 ③ 54 ② 55 ④

56 KS 재료 기호 중 기계 구조용 탄소 강재의 기호는?

① SM 35C　　② SS 490B
③ SF 340A　　④ STKM 20A

> !
> **탄소 강재의 기호 표시**
> • SM 35C : 기계 구조용 탄소 강재
> • SS 490B : 일반 구조용 강재
> • SF 340A : 탄소강 단조품
> • STKM 20A : 기계 구조용 탄소 강관

57 치수 기입의 원칙에 대한 설명으로 가장 적절한 것은?

① 중요한 치수는 중복하여 기입한다.
② 치수는 되도록 주 투상도에 집중하여 기입한다.
③ 계산하여 구한 치수는 되도록 식을 같이 기입한다.
④ 치수 중 참고 치수에 대하여는 네모 상자 안에 치수 수치를 기입한다.

58 다음 용접 기호에서 "3"의 의미로 올바른 것은?

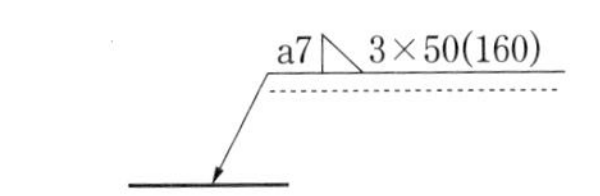

① 용접부 수　　② 필릿 용접 목두께
③ 용접의 길이　　④ 용접부 간격

> !
> **용접 기호 해설**
> ① a7 : 목 두께 7mm
> ② ◺ : 필릿 용접 기호
> ③ 3 × 50 : 용접부 개수 × 용접 길이
> ④ (160) : 용접부 간 간격

59 다음 중 지시선 및 인출선을 잘못 나타낸 것은?

① 
② 
③
④

> !
> 지시선 및 인출선을 기입할 때 ④와 같이 치수선에서 다시 인출선을 끌어내면 안 된다.

60 제3각 정투상법으로 투상한 다음 그림의 우측면도로 가장 적합한 것은?

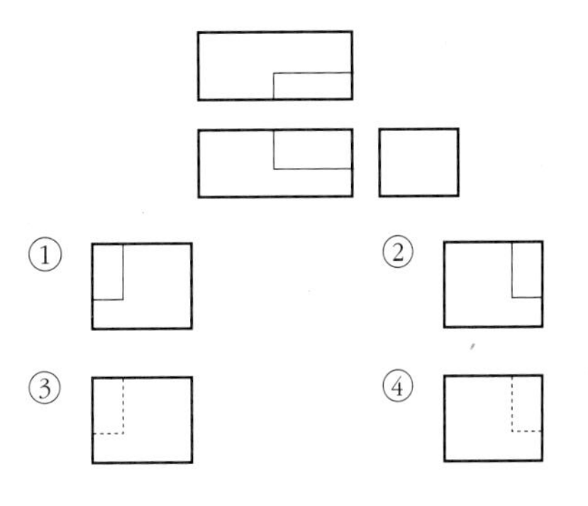

> !
> 정면도의 오른쪽 윗부분과 평면도의 오른쪽 하단부가 대칭이며 우측면도에서 보면 왼쪽 상단에 빈 공간이 생긴다는 것을 알 수 있음.

Ans
56 ①　57 ②　58 ①　59 ④　60 ①

용접 기능사 필기 기출문제 (2015년 1월 25일 시행)

자격종목	코드	시험 시간	문항 수	수험번호	성명
용접 기능사	6223	60분	60		

01 불활성 가스 텅스텐 아크 용접(TIG)의 KS규격이나 미국용접협회(AWS)에서 정하는 텅스텐 전극봉의 식별 색상이 황색이면 어떤 전극봉인가?

① 순텅스텐 ② 지르코늄 텅스텐
③ 1% 토륨 텅스텐 ④ 2% 토륨 텅스텐

> !
> **전극봉의 종류**
> - 순텅스텐 : 초록색
> - 1% 토륨 텅스텐 : 노랑색
> - 2% 토륨 텅스텐 : 빨강색
> - 1% 산화란탄 텅스텐 : 흑색
> - 2% 산화란탄 텅스텐 : 황녹색
> - 1% 산화셀륨 텅스텐 : 분홍색
> - 2% 산화셀륨 텅스텐 : 회색
> - 지르코니아 : 갈색

02 서브머지드 아크 용접의 다전극 방식에 의한 분류가 아닌 것은?

① 푸시식 ② 탠덤식
③ 횡병렬식 ④ 횡직렬식

03 정지 구멍(stop hole)을 뚫어 결함 부분을 깎아 내고 재용접해야 하는 결함은?

① 균열 ② 언더컷
③ 오버랩 ④ 용입 부족

> !
> 구조상 결함 중 균열이 발생되면 균열의 양 끝에 정지 구멍을 뚫어 주고, 결함 부분을 깎아 내고 재용접을 해 주어야 한다.

04 비파괴 시험에 해당하는 시험법은?

① 굽힘 시험 ② 현미경 조직 시험
③ 파면 시험 ④ 초음파 시험

> !
> 비파괴 시험법의 종류 : VT 외관 검사, MT 자분 탐상, PT 침투 탐상(형광 F), UT 초음파 탐상, RT 방사선 검사, LT 누설 검사, ECT 맴돌이 검사

05 산업용 로봇 중 직각좌표계 로봇의 장점에 속하는 것은?

① 오프라인 프로그래밍이 용이하다.
② 로봇 주위에 접근이 가능하다.
③ 1개의 선형축과 2개의 회전축으로 이루어졌다.
④ 작은 설치 공간에 큰 작업 영역이다.

Ans
01 ③ 02 ① 03 ① 04 ④ 05 ①

06 용접 후 변형 교정 시 가열 온도 500~600℃, 가열 시간 약 30초, 가열 지름 20~30mm로 하여, 가열한 후 즉시 수냉하는 변형 교정법을 무엇이라 하는가?

① 박판에 대한 수냉 동판법
② 박판에 대한 살수법
③ 박판에 대한 수냉 석면포법
④ 박판에 대한 점 수축법

!
용접 후 변형 교정법
- 박판에 대한 점 수축법 – 소성 가공을 이용
- 형재에 대한 직선 수축법
- 가열 후 해머질 하는 방법
- 후판에 대해 가열 후 압력을 가하고 수냉하는 법
- 롤러에 거는 법

07 용접 전의 일반적인 준비 사항이 아닌 것은?

① 사용 재료를 확인하고 작업 내용을 검토한다.
② 용접 전류, 용접 순서를 미리 정해 둔다.
③ 이음부에 대한 불순물을 제거한다.
④ 예열 및 후열 처리를 실시한다.

08 금속 간의 원자가 접합되는 인력 범위는?

① 10^{-4}cm ② 10^{-6}cm
③ 10^{-8}cm ④ 10^{-10}cm

!
용접
금속 간의 거리를 약 10^{-8}cm(1 Å)로 붙여 주는 것으로 원자 간에 인력으로 접합되며, 두 개의 재료를 용융, 반용융 또는 고상 상태에서 압력이나 용접 재료를 첨가하여 틈새를 메우는 것이다.

09 불활성 가스 금속 아크 용접(MIG)에서 크레이터 처리에 의해 전류가 서서히 줄어들면서 아크가 끊어지는 기능으로 용접부가 녹아내리는 것을 방지하는 제어 기능은?

① 스타트 시간
② 예비 가스 유출 시간
③ 번 백 시간
④ 크레이터 충전 시간

10 용접용 지그 선택의 기준으로 적절하지 않은 것은?

① 물체를 튼튼하게 고정시켜 줄 크기와 힘이 있을 것
② 변형을 막아 줄 만큼 견고하게 잡아 줄 수 있을 것
③ 물품의 고정과 분해가 어렵고 청소가 편리할 것
④ 용접 위치를 유리한 용접 자세로 쉽게 움직일 수 있을 것

!
용접 시 지그 사용의 목적
- 대량생산이 가능하다.
- 용접 작업을 용이하게 한다.
- 재품의 치수를 정확하게 한다.
- 용접부의 신뢰도가 높아진다.
- 다듬질을 좋게 한다.
- 변형을 억제한다.

11 테르밋 용접의 특징에 관한 설명으로 틀린 것은?

① 전기가 필요 없다.
② 용접 작업이 단순하다.
③ 용접 시간이 길고 용접 후 변형이 크다.
④ 용접 기구가 간단하고 작업 장소의 이동이 쉽다.

Ans
06 ④ 07 ④ 08 ③ 09 ③ 10 ③ 11 ③

12 **서브머지드 아크 용접에 대한 설명으로 틀린 것은?**

① 가시 용접으로 용접 시 용착부를 육안으로 식별 가능하다.
② 용융 속도와 용착 속도가 빠르며 용입이 깊다.
③ 용착 금속의 기계적 성질이 우수하다.
④ 개선각을 작게 하여 용접 패스 수를 줄일 수 있다.

13 **용접 설계상 주의해야 할 사항으로 틀린 것은?**

① 국부적으로 열이 집중되도록 할 것
② 용접에 적합한 구조의 설계를 할 것
③ 결함이 생기기 쉬운 용접 방법은 피할 것
④ 강도가 약한 필릿 용접은 가급적 피할 것

14 **이산화탄소 아크 용접법에서 이산화탄소(CO_2)의 역할을 설명한 것 중 틀린 것은?**

① 아크를 안정시킨다.
② 용융 금속 주위를 산성 분위기로 만든다.
③ 용융 속도를 빠르게 한다.
④ 양호한 용착 금속을 얻을 수 있다.

> !
> 용융 속도는 이산화탄소 가스의 역할이 아니라 전류의 역할임.

15 **이산화탄소 아크 용접에 관한 설명으로 틀린 것은?**

① 팁과 모재 간의 거리는 와이어의 돌출 길이에 아크 길이를 더한 것이다.
② 와이어 돌출 길이가 짧아지면 용접 와이어의 예열이 많아진다.
③ 와이어의 돌출 길이가 짧아지면 스패터가 부착되기 쉽다.
④ 약 200A 미만의 저전류를 사용할 경우 팁과 모재 간의 거리는 10~15mm 정도 유지한다.

16 **강구조물 용접에서 맞대기 이음의 루트 간격의 차이에 따라 보수 용접을 하는데, 이 보수 방법으로 틀린 것은?**

① 맞대기 루트 간격 6mm 이하일 때에는 이음부의 한쪽 또는 양쪽을 덧붙임 용접한 후 절삭하여 규정 간격으로 개선 홈을 만들어 용접한다.
② 맞대기 루트 간격 15mm 이상일 때에는 판을 전부 또는 일부(대략 300mm 이상의 폭)를 바꾼다.
③ 맞대기 루트 간격 6~15mm일 때에는 이음부에 두께 6mm 정도의 뒷댐판을 대고 용접한다.
④ 맞대기 루트 간격 15mm 이상일 때에는 스크랩을 넣어서 용접한다.

> !
> **강구조물 용접에서 맞대기 이음의 루트 간격의 차이에 따른 보수 방법**
> - 맞대기 루트 간격 6mm 이하일 경우 이음부의 한쪽 또는 양쪽 덧붙임 용접한 후 절삭하여 규정 간격으로 개선 홈을 만들어 용접한다.
> - 맞대기 루트 간격이 6~15mm 이상일 때에는 판을 전부 또는 일부(대략 300mm 이상의 폭)를 바꾼다.

Ans
12 ①　13 ①　14 ③　15 ②　16 ④

17 **용접 시공 시 발생하는 용접 변형이나 잔류 응력의 발생을 줄이기 위해 용접 시공 순서를 정한다. 이 순서에 대한 사항으로 틀린 것은?**

① 제품의 중심에 대하여 대칭으로 용접을 진행시킨다.
② 같은 평면 안에 이음이 있을 때에는 수축은 가능한 자유단으로 보낸다.
③ 수축이 적은 이음을 가능한 먼저 용접하고 수축이 큰 이음을 나중에 용접한다.
④ 리벳 작업과 용접을 같이 할 때는 용접을 먼저 실시하여 용접열에 의해서 리벳의 구멍이 늘어남을 방지한다.

18 **용접 작업 시의 전격에 대한 방지 대책으로 올바르지 않은 것은?**

① TIG 용접 시 텅스텐 전극봉을 교체할 때는 전원 스위치를 차단하지 않고 해야 한다.
② 습한 장갑이나 작업복을 입고 용접하면 감전의 위험이 있으므로 주의한다.
③ 절연 홀더의 절연 부분이 균열이나 파손되었으면 곧바로 보수하거나 교체한다.
④ 용접 작업이 끝났을 때나 장시간 중지할 때에는 반드시 스위치를 차단시킨다.

19 **단면적이 $10cm^2$의 평판을 완전 용입 맞대기 용접한 경우의 하중은 얼마인가? (단, 재료의 허용 응력을 $1600kgf/cm^2$로 한다.)**

① 160kgf ② 1600kgf
③ 16000kgf ④ 16kgf

!
10 × 1600 = 16000(kgf)

20 **용접 길이가 짧거나 변형 및 잔류 응력의 우려가 적은 재료를 용접할 경우 가장 능률적인 용착법은?**

① 전진법 ② 후진법
③ 비석법 ④ 대칭법

!
- 전진법 : 1 → 2 → 3 → 4 → 5
- 후퇴법 : 5 → 4 → 3 → 2 → 1
- 대칭법 : 4 → 2 → 5 → 1 → 3
- 스킵법(비석법) : 1 → 4 → 2 → 5 → 3

21 **아세틸렌(C_2H_2)가스의 폭발성에 해당되지 않는 것은?**

① 406~408℃가 되면 자연 발화한다.
② 마찰, 진동, 충격 등의 외력이 작용하면 폭발 위험이 있다.
③ 아세틸렌 90%, 산소 10%의 혼합 시 가장 폭발 위험이 크다.
④ 은, 수은, 동과 접촉하면 이들과 화합하여 120℃ 부근에서 폭발성이 있는 화합물을 생성한다.

22 **스터드 용접의 특징 중 틀린 것은?**

① 긴 용접 시간으로 용접 변형이 크다.
② 용접 후의 냉각 속도가 비교적 빠르다.
③ 알루미늄, 스테인리스강 용접이 가능하다.
④ 탄소 0.2%, 망간 0.7% 이하 시 균열 발생이 없다.

!
스터드 용접법의 특징
- 용접 시간이 길지만 용접 변형이 작다.
- 용접 후 냉각 속도가 빠르다.
- 알루미늄, 스테인리스 용접이 가능하다.
- 탄소 0.2%, 망간 0.7% 이하 시 균열 발생이 없다.

Ans
17 ③ 18 ① 19 ③ 20 ① 21 ③ 22 ①

23 연강용 피복 아크 용접봉 중 저수소계 용접봉을 나타내는 것은?

① E 4301 ② E 4311
③ E 4316 ④ E 4327

24 산소-아세틸렌가스 용접의 장점이 아닌 것은?

① 용접기의 운반이 비교적 자유롭다.
② 아크 용접에 비해서 유해 광선의 발생이 적다.
③ 열의 집중성이 높아서 용접이 효율적이다.
④ 가열할 때 열량 조절이 비교적 자유롭다.

25 직류 피복 아크 용접기와 비교한 교류 피복 아크 용접기의 설명으로 옳은 것은?

① 무부하 전압이 낮다.
② 아크의 안정성이 우수하다.
③ 아크 쏠림이 거의 없다.
④ 전격의 위험이 적다.

26 산소 용기의 각인 사항에 포함되지 않은 것은?

① 내용적 ② 내압 시험 압력
③ 가스 충전 일시 ④ 용기 중량

> !
> 산소 용기의 표시
> • W : 용기의 중량 • V : 충전가스의 내용적
> • TP : 내압시험압 • FP : 최고 충전압

27 정류기형 직류 아크 용접기에서 사용되는 셀렌 정류기는 80℃ 이상이면 파손되므로 주의하여야 하는데, 실리콘 정류기는 몇 ℃ 이상에서 파손되는가?

① 120℃ ② 150℃
③ 80℃ ④ 100℃

> !
> 실리콘 정류기의 파손 온도 : 150℃
> 셀렌 정류기의 파손 온도 : 80℃

28 가스 용접 작업 시 후진법의 설명으로 옳은 것은?

① 용접 속도가 빠르다.
② 열 이용률이 나쁘다.
③ 얇은 판의 용접에 적합하다.
④ 용접 변형이 크다.

29 절단의 종류 중 아크 절단에 속하지 않는 것은?

① 탄소 아크 절단
② 금속 아크 절단
③ 플라스마 제트 절단
④ 수중 절단

> !
> 아크 절단의 종류 : 산소 절단법, 탄소 아크 절단법, 금속 아크 절단법, 플라스마 제트 절단법, 티그 및 미그 절단법, 아크에어 가우징

Ans
23 ③ 24 ③ 25 ③ 26 ③ 27 ② 28 ① 29 ④

30 강재의 표면에 개재물이나 탈탄층 등을 제거하기 위하여 비교적 얇고 넓게 깎아 내는 가공법은?

① 스카핑 ② 가스 가우징
③ 아크 에어 가우징 ④ 워트 제트 절단

> !
> 스카핑은 강제 표면의 탈탄층 또는 흠을 제거하기 위해 사용되며 표면을 얇고 넓게 깎아 내는 것으로, 냉간제의 속도는 냉간제 : 5 ~ 7m/min, 열간제 : 20m/min

31 용접기에서 모재를 (+)극에, 용접봉을 (−)극에 연결하는 아크 극성으로 옳은 것은?

① 직류 정극성 ② 직류 역극성
③ 용극성 ④ 비용극성

32 야금적 접합법의 종류에 속하는 것은?

① 납땜 이음 ② 볼트 이음
③ 코터 이음 ④ 리벳 이음

> !
> 용접을 접합의 종류로 분류할 때 기계적 이음법과 야금적 이음법으로 분류되며, 용접은 야금적 접합법에 속한다.

33 수중 절단 작업에 주로 사용되는 연료 가스는?

① 아세틸렌 ② 프로판
③ 벤젠 ④ 수소

> !
> 수중 절단 작업 시
> • 사용 가스는 주로 수소
> • 예열 가스의 양을 공기 중보다 4~8배, 압력 1.5~2배

34 탄소 아크 절단에 압축 공기를 병용하여 전극 홀더의 구멍에서 탄소 전극봉에 나란히 분출하는 고속의 공기를 분출시켜 용융 금속을 불어 내어 홈을 파는 방법은?

① 아크 에어 가우징 ② 금속 아크 절단
③ 가스 가우징 ④ 가스 스카핑

> !
> 아크 에어 가우징의 특징
> • 탄소 아크 절단에 압축 공기를 병용 – 흑연으로 된 탄소봉에 구리 도금한 전극 이용
> • 가스 가우징보다 능률이 2~3배 좋다.
> • 균열 발견이 쉽다, 소음이 없다.
> • 철, 비철 금속도 가능하다.
> • 전원은 직류 역극성을 이용(미그 절단)한다.
> • 전압은 35V, 전류는 200~500A, 압축 공기는 6~7kgf/cm^{2}이다.

35 가스 용접 시 팁 끝이 순간적으로 막혀 가스 분출이 나빠지고 혼합실까지 불꽃이 들어가는 현상을 무엇이라고 하는가?

① 인화 ② 역류
③ 점화 ④ 역화

> !
> • 역류 : 산소가 아세틸렌 도관으로 흘러 들어가는 현상
> • 인화 : 불꽃이 혼합실까지 들어가는 현상

Ans
30 ① 31 ① 32 ① 33 ④ 34 ① 35 ①

36 피복배합제의 종류에서 규산나트륨, 규산칼륨 등의 수용액이 주로 사용되며 심선에 피복제를 부착하는 역할을 하는 것은 무엇인가?

① 탈산제 ② 고착제
③ 슬래그 생성제 ④ 아크 안정제

> **!**
> **피복제의 종류**
> ① 가스 발생제 : 석회석, 셀룰로오스, 톱밥, 아교
> ② 슬래그 생성제 : 석회석, 형석, 탄산나트륨, 일미나이트
> ③ 아크 안정제 : 규산나트륨, 규산칼륨, 산화티탄, 석회석
> ④ 탈산제 : 페로실리콘, 규산칼륨, 아교, 소맥분, 해초

37 판의 두께(t)가 3.2mm인 연강판을 가스 용접으로 보수하고자 할 때 사용할 용접봉의 지름(mm)은?

① 1.6mm ② 2.0mm
③ 2.6mm ④ 3.0mm

> **!**
> **가스 용접봉의 지름과 판 두께의 관계식**
> $D = \frac{T}{2} + 1$ $\frac{D \text{ 지름}}{T \text{ 두께}}$

38 가스 절단 시 예열 불꽃의 세기가 강할 때의 설명으로 틀린 것은?

① 절단면이 거칠어진다.
② 드래그가 증가한다.
③ 슬래그 중의 철 성분의 박리가 어려워진다.
④ 모서리가 용융되어 둥글게 된다.

39 황(S)이 적은 선철을 용해하여 구상 흑연 주철을 제조 시 주로 첨가하는 원소가 아닌 것은?

① Al ② Ca
③ Ce ④ Mg

> **!**
> 구상 흑연 시 첨가하는 원소 : Ca, Ce, Mg

40 해드필드(hadfield)강은 상온에서 오스테나이트 조직을 가지고 있다. Fe 및 C 이외의 주요 성분은?

① Ni ② Mn
③ Cr ④ Mo

> **!**
> 해드필드강 : 고망간 합금강으로 10~14%의 망간이 함유되어 있으며, 조직은 오스테나이트로 경도가 커서 내마모재로 사용, 광산, 기계, 칠드, 롤러 등의 용도로 사용된다.

41 조밀육방격자의 결정 구조로 옳게 나타낸 것은?

① FCC ② BCC
③ FOB ④ HCP

42 전극 재료의 선택 조건을 설명한 것 중 틀린 것은?

① 비저항이 작아야 한다.
② Al과의 밀착성이 우수해야 한다.
③ 산화 분위기에서 내식성이 커야 한다.
④ 금속 규화물의 용융점이 웨이퍼 처리 온도보다 낮아야 한다.

> **!**
> 금속 규화물의 용융점이 웨이퍼 처리 온도보다 높아야 한다.

Ans
36 ② 37 ③ 38 ② 39 ① 40 ② 41 ④ 42 ④

43 황동에 주석을 1% 첨가한 것으로 전연성이 좋아 관 또는 판을 만들어 증발기, 열교환기 등에 사용되는 것은?

① 문츠 메탈 ② 네이벌 황동
③ 카트리지 브라스 ④ 애드미럴티 황동

44 탄소강의 표준 조직을 검사하기 위해 A_3, Acm 선보다 30~50℃ 높은 온도로 가열한 후 공기 중에 냉각하는 열처리는?

① 노멀라이징 ② 어닐링
③ 템퍼링 ④ 퀜칭

> !
> **일반 열처리의 종류**
> ① 담금질(퀜칭) : 강도와 경도를 증진. 소금물 최대 효과
> ② 뜨임(템퍼링) : 담금질로 인한 취성 제거, 강인성 증가 (MO, W, V)
> ③ 풀림(어닐링) : 재질의 변화, 내부 응력 제거, 서냉 처리, 국부 풀림 −625±25℃
> ④ 불림(노멀라이징) : 조직의 균일화, 공랭, 미세조직화, A3 변태점에서 실시 −912℃

45 소성 변형이 일어나면 금속이 경화하는 현상을 무엇이라 하는가?

① 탄성 경화 ② 가공 경화
③ 취성 경화 ④ 자연 경화

> !
> 금속을 냉간 가공하면 결정 입자가 미세화되어 재료가 단단해지고 연신율과 수축율은 감소하여 강도가 증가되는 가공 방법이다.

46 납황동은 황동에 납을 첨가하여 어떤 성질을 개선한 것인가?

① 강도 ② 절삭성
③ 내식성 ④ 전기 전도도

> !
> 납황동은 쾌삭강으로 불리며 황동에 납을 첨가하면 절삭성이 개선된다.

47 마우러 조직도에 대한 설명으로 옳은 것은?

① 주철에서 C와 P 양에 따른 주철의 조직 관계를 표시한 것이다.
② 주철에서 C와 Mn 양에 따른 주철의 조직 관계를 표시한 것이다.
③ 주철에서 C와 Si 양에 따른 주철의 조직 관계를 표시한 것이다.
④ 주철에서 C와 S 양에 따른 주철의 조직 관계를 표시한 것이다.

48 순 구리(Cu)와 철(Fe)의 용융점은 약 몇 ℃인가?

① Cu : 660℃, Fe : 890℃
② Cu : 1063℃, Fe : 1050℃
③ Cu : 1083℃, Fe : 1539℃
④ Cu : 1455℃, Fe : 2200℃

> !
> **용융점**
> 구리 : 1083℃, 알루미늄 : 660℃, 마그네슘 : 650℃, 철 : 1538℃

49 게이지용 강이 갖추어야 할 성질로 틀린 것은?

① 담금질에 의한 변형이 없어야 한다.
② HRC 55 이상의 경도를 가져야 한다.
③ 열팽창 계수가 보통 강보다 커야 한다.
④ 시간에 따른 치수 변화가 없어야 한다.

Ans
43 ④ 44 ① 45 ② 46 ② 47 ③ 48 ③ 49 ③

50 다음에서 마텐자이트 변태가 가장 빠른 것은?

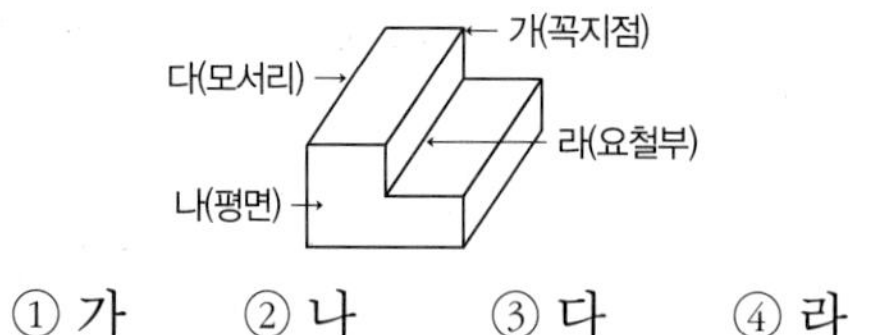

① 가 ② 나 ③ 다 ④ 라

> **!** 마텐자이트 변태는 냉각 속도가 빠를 때 생성되며 꼭지점 부근의 냉각 속도가 가장 빠르므로 가점에서 변태가 가장 심하게 나타난다.

51 다음 입체도의 제3각 정투상도로 적합한 것은?

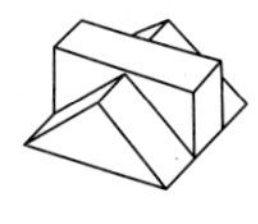

① ② ③ ④

52 저온 배관용 탄소 강관 기호는?

① SPPS ② SPLT
③ SPHT ④ SPA

> **!** SPPS : 압력 배관용 탄소강관 SPLT : 저온 배관용 강관
> SPHT : 고온 배관용 탄소강관 SPA : 배관용 합금강

53 이면 용접 기호는?

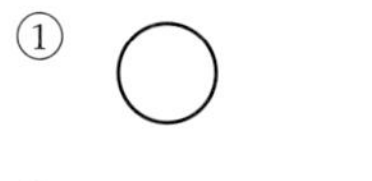

① ② ③ ④

54 현의 치수 기입을 올바르게 나타낸 것은?

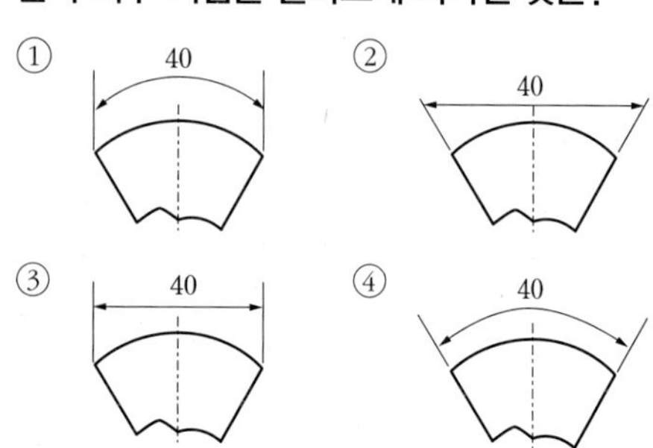

55 대상물을 한쪽 단면도로 올바르게 나타낸 것은?

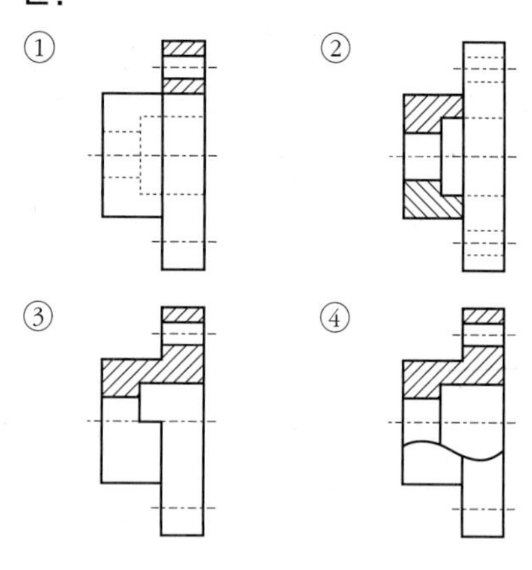

Ans
50 ① 51 ② 52 ② 53 ③ 54 ③ 55 ③

56 **도면에서 단면도 해칭에 대한 설명으로 틀린 것은?**

① 해칭선은 반드시 주된 중심선에 45°로만 경사지게 긋는다.
② 해칭선은 가는 실선으로 규칙적으로 줄을 늘어놓는 것을 말한다.
③ 단면도에 재료 등을 표시하기 위해 특수한 해칭(또는 스머징)을 할 수 있다.
④ 단면 면적이 넓을 경우에는 그 외형선에 따라 적절한 범위에 해칭(또는 스머징)을 할 수 있다.

> !
> 해칭선은 중심선에 대해서 45°로 주로 사용하지만 경우에 따라서 30°, 60°로도 가능하다

57 **배관의 간략 도시 방법 중 환기계 및 배수계의 끝장치 도시 방법의 평면도에서 다음과 같이 도시된 것의 명칭은?**

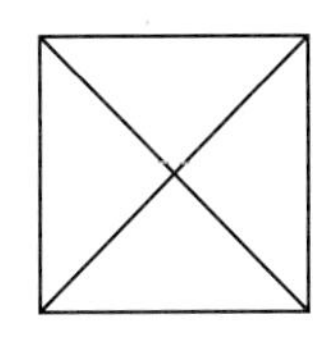

① 배수구
② 환기관
③ 벽붙이 환기 삿갓
④ 고정식 환기 삿갓

58 **다음 입체도에서 화살표 방향에서 본 투상을 정면으로 할 때 평면도로 가장 적합한 것은?**

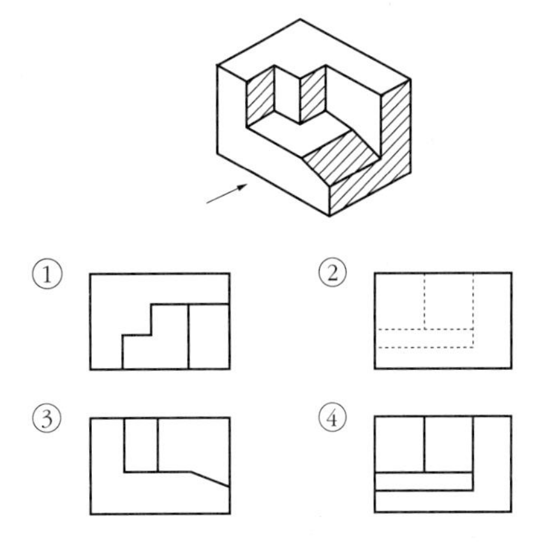

59 **나사 표시가 "L 2N M50×2 − 4h"로 나타날 때 이에 대한 설명으로 틀린 것은?**

① 왼 나사이다.
② 2줄 나사이다.
③ 미터 가는 나사이다.
④ 암나사 등급이 4h이다.

60 **무게 중심선과 같은 선의 모양을 가진 것은?**

① 가상선　　② 기준선
③ 중심선　　④ 피치선

> !
> 가상선과 무게 중심선은 가는 이점 쇄선으로 표시함.

Ans
56 ①　57 ④　58 ①　59 ④　60 ①

용접 기능사 필기 기출문제 (2016년 1월 24일 시행)

자격종목	코 드	시험 시간	문항 수	수험번호	성명
용접 기능사	6223	60분	60		

01 지름이 10cm인 단면에 8000kgf의 힘이 작용할 때 발생하는 응력은 약 몇 kgf/㎠인가?

① 89 ② 102
③ 121 ④ 158

> !
> 응력 $= \frac{P}{A} = \frac{8000}{\pi \times 6^2} = 101.86 = 102$

02 화재의 분류 중 C급 화재에 속하는 것은?

① 전기 화재 ② 금속 화재
③ 가스 화재 ④ 일반 화재

> !
> 화재의 분류
> • A–일반(백색) B–유류(황색) C–전기(청색) D–금속
> • 연소의 3요소 – 점화원, 가연물, 산소공급원

03 다음 중 귀마개를 착용하고 작업하면 안 되는 작업자는?

① 조선소의 용접 및 취부작업자
② 자동차 조립공장의 조립작업자
③ 강재 하역장의 크레인 신호자
④ 판금작업장의 타출 판금작업

04 용접 열원을 외부로부터 공급받는 것이 아니라, 금속산화물과 알루미늄간의 분말에 점화제를 넣어 점화제의 화학반응에 의하여 생성되는 열을 이용한 금속 용접법은?

① 일렉트로 슬래그 용접
② 전자 빔 용접
③ 테르밋 용접
④ 저항 용접

> !
> 테르밋 용접
> • 특수용접이며 융접이다.
> • 금속 산화물이 알루미늄에 의하여 산소를 빼앗기는 반응에 의해 생성되는 열을 이용하여 접합
> • 산화철분말(3~4) + 알루미늄분말 (1)
> • 점화제로 과산화바륨, 마그네슘, 알루미늄
> • 작업이 간단하다.
> • 전력이 불필요하며 철도 레일 이음 용접에 주로 사용함
> • 시간이 짧고 용접변형도 적다

05 용접 작업 시 전격 방지대책으로 틀린 것은?

① 절연 홀더의 절연부분이 노출, 파손되면 보수하거나 교체한다.
② 홀더나 용접봉은 맨손으로 취급한다.
③ 용접기의 내부에 함부로 손을 대지 않는다.
④ 땀, 물 등으로 습기찬 작업복, 장갑, 구두 등을 착용하지 않는다.

Ans
01 ② 02 ① 03 ③ 04 ③ 05 ②

06 서브머지드 아크 용접봉 와이어 표면에 구리를 도금한 이유는?

① 접촉 팁과의 전기 접촉을 원활히 한다.
② 용접 시간이 짧고 변형을 적게 한다.
③ 슬래그 이탈성을 좋게 한다.
④ 용융 금속의 이행을 촉진시킨다

!
- 서브머지드 아크 용접에서 아크를 발생할 때 모재와 용접와이어 사이에서 통전시켜주는 재료
- 스틸울(CO_2에서 콘택트 팁)
- 용접봉에 구리 도금하는 이유 : 전기가 잘 통하기 위해, 용접봉이 부식되지 않기 위해

07 기계적 접합으로 볼 수 없는 것은?

① 볼트 이음　　② 리벳 이음
③ 접어 잇기　　④ 압접

!
접합의 종류
- 기계적 접합법 : 볼트, 리벳, 나사, 핀, 코터이음, 키, 접어 잇기
- 야금적 접합법 : 고체 상태에 있는 두 개의 금속재료를 열이나 압력, 또는 열과 압력을 동시에 가해서 서로 접합하는 것(용접, 압접, 납땜 등)

08 플래시 용접법(flash welding)의 특징으로 틀린 것은?

① 가열 범위가 좁고 열영향부가 적으며 용접 속도가 빠르다.
② 용접면에 산화물의 개입이 적다.
③ 종류가 다른 재료의 용접이 가능하다.
④ 용접면의 끝맺음 가공이 정확하여야 한다.

!
플래시 용접의 특징
- 용접의 강도가 크다.
- 용접전의 가공에 주의하지 않아도 된다.
- 전력소비가 적다.　　• 용접속도가 크다.
- 업셋량이 작다.　　• 모재 가열이 적다.
- 전력소비가 적다.
- 이종 금속 용접 범위가 크다.

09 서브머지드 아크 용접부의 결함으로 가장 거리가 먼 것은?

① 기공　　② 균열
③ 언더컷　　④ 용착

10 다음이 설명하고 있는 현상은?

> 알루미늄 용접에서는 사용 전류에 한계가 있어 용접 전류가 어느 정도 이상이 되면 청정 작용이 일어나지 않아 산화가 심하게 생기며 아크 길이가 불안정하게 변동되어 비드 표면이 거칠게 주름이 생기는 현상

① 번 백(burn back)
② 퍼커링(pickering)
③ 버터링(buttering)
④ 멜트 백킹(melt backing)

11 CO_2 가스 아크 용접 결함에 있어서 다공성이란 무엇을 의미하는가?

① 질소, 수소, 일산화탄소 등에 의한 기공을 말한다.
② 와이어 선단부에 용적이 붙어 있는 것을 말한다.
③ 스패터가 발생하여 비드의 외관에 붙어 있는 것을 말한다.
④ 노즐과 모재간 거리가 지나치게 적어서 와이어 송급 불량을 의미한다.

!
다공성이란 기공이 여러 군데 생기는 현상으로 기공의 원인이 되는 가스는 질소, 수소, 일산화탄 소등이 있다.

Ans
06 ④　07 ④　08 ④　09 ④　10 ②　11 ①

12 아크 쏠림의 방지대책에 관한 설명으로 틀린 것은?

① 교류용접으로 하지 말고 직류용접으로 한다.
② 용접부가 긴 경우는 후퇴법으로 용접한다.
③ 아크 길이는 짧게 한다.
④ 접지부를 될 수 있는 대로 용접부에서 멀리한다.

> **!**
> **아크쏠림의 방지책**
> • 전류가 흐를 때 자장이 용접봉에 대하여 비대칭일 때 발생함 – 직류 용접기에서 발생함
> • 아크 블로우, 자기불림, 자기쏠림이라 한다.
>
> • 교류 용접기를 사용
> • 접지를 용접부위에서 멀리 둔다.
> • 용접부의 시종단에 엔드탭을 설치한다.
> • 아크길이를 짧게 한다.
> • 용접봉의 끝을 아크쏠림 반대쪽으로 숙인다.
> • 긴 용접선은 후퇴법을 이용하여 용접한다.

13 박판의 스테인리스강의 좁은 홈의 용접에서 아크 교란 상태가 발생할 때 적합한 용접방법은?

① 고주파 펄스 티그 용접
② 고주파 펄스 미그 용접
③ 고주파 펄스 일렉트로 슬래그 용접
④ 고주파 펄스 이산화탄소 아크 용접

14 현미경 시험을 하기 위해 사용되는 부식제 중 철강용에 해당되는 것은?

① 왕수
② 염화제2철용액
③ 피크린산
④ 플루오르화수소액

> **!**
> **철강에 주로 사용되는 부식액의 종류**
> • 부식액이란 : 금속 재료의 부식시험에 사용되는 각종 용액
> • 구리 및 구리합금의 부식액은 염화제2철
> • 금, 납용 : 불화수소, 왕수
> • 철강에 사용되는 부식액의 종류
> – 염산 1 : 물 1의 용액
> – 염산 3.8 : 황산 1.2 : 물 5.0의 용액
> – 초산 1: 물 3의 용액
> – 피크린산

15 용접 자동화의 장점을 설명한 것으로 틀린 것은?

① 생산성 증가 및 품질을 향상시킨다.
② 용접조건에 따른 공정을 늘일 수 있다.
③ 일정한 전류 값을 유지할 수 있다.
④ 용접와이어의 손실을 줄일 수 있다.

16 용접부의 연성 결함을 조사하기 위하여 사용되는 시험법은?

① 브리넬 시험 ② 비커스 시험
③ 굽힘 시험 ④ 충격 시험

Ans
12 ① 13 ① 14 ② 15 ② 16 ③

17 서브머지드 아크 용접에 관한 설명으로 틀린 것은?

① 아크발생을 쉽게 하기 위하여 스틸 울(steel wool)을 사용한다.
② 용융속도와 용착속도가 빠르다.
③ 홈의 개선각을 크게 하여 용접효율을 높인다.
④ 유해 광선이나 흄(fume) 등이 적게 발생한다.

!
서브머지드 아크용접기(잠호용접, 링컨용접, 유니언 멜트용접)의 특징
- 용접속도가 수동 용접에 비해 10~20배 정도
- 용입은 2~3배 정도가 커서 능률적이다.
- 용접홈의 크기가 작아도 되며 용접재료의 소비 및 변형이 작다.
- 용접 조건만 일정하다면 용접공의 기술 차이에 의한 품질 격차가 없다.
- 한번 용접으로 75mm까지 가능하다.
- 설비비가 고가이다.
- 아래보기, 수평필릿 자세에 한정한다.
- 홈의 정밀도가 높아야 한다(루트간격 0.8mm 이하).
- 용접부가 보이지 않아 용접부를 확인 할 수 없다.
- 시공조건을 잘못 잡으면 제품의 불량률이 커진다.

18 가용접에 대한 설명으로 틀린 것은?

① 가용접 시에는 본용접보다도 지름이 큰 용접봉을 사용하는 것이 좋다.
② 가용접은 본용접과 비슷한 기량을 가진 용접사에 의해 실시되어야 한다.
③ 강도상 중요한 것과 용접의 시점 및 종점이 되는 끝 부분은 가용접을 피한다.
④ 가용접은 본 용접을 실시하기 전에 좌우의 홈 또는 이음부분을 고정하기 위한 짧은 용접이다.

!
- 가용접 시에는 본용접보다도 지름이 작은 용접봉을 사용하는 것이 좋다.

19 용접 이음의 종류가 아닌 것은?

① 겹치기 이음 ② 모서리 이음
③ 라운드 이음 ④ T형 필릿 이음

20 플라스마 아크 용접의 특징으로 틀린 것은?

① 용접부의 기계적 성질이 좋으며 변형도 적다.
② 용입이 깊고 비드 폭이 좁으며 용접속도가 빠르다.
③ 단층으로 용접할 수 있으므로 능률적이다.
④ 설비비가 적게 들고 무부하 전압이 낮다.

!
플라즈마 아크용접은 일반 아크용접보다 2~5배로 무부하 전압이 높고 설비비가 많이 든다.

21 용접 자세를 나타내는 기호가 틀리게 짝지어진 것은?

① 위보기자세 : O
② 수직자세 : V
③ 아래보기자세 : U
④ 수평자세 : H

!
아래보기 자세는 F로 표시한다.

22 이산화탄소 아크 용접의 보호가스 설비에서 저전류 영역의 가스유량은 약 몇 L/min 정도가 가장 적당한가?

① 1~5
② 6~9
③ 10~15
④ 20~25

!
저전류 영역은 10–15 L/min
고전류 영역은 20–25 L/min

Ans
17 ③ 18 ① 19 ③ 20 ④ 21 ③ 22 ③

23 가스 용접의 특징으로 틀린 것은?

① 응용 범위가 넓으며 운반이 편리하다.
② 전원 설비가 없는 곳에서도 쉽게 설치할 수 있다.
③ 아크 용접에 비해서 유해 광선의 발생이 적다.
④ 열집중성이 좋아 효율적인 용접이 가능하여 신뢰성이 높다.

> **!** 가스용접의 특징
> - 폭발의 위험이 있다.
> - 운반이 편리하고 설비비가 싸다.
> - 아크용접에 비해 불꽃의 온도가 낮다.
> - 전원이 없는 곳에 쉽게 설치 할 수 있다.
> - 아크용접에 비해 유해광선의 피해가 적다.
> - 열 집중성이 나빠서 효율적인 용접이 어렵다.
> - 가열시 열량 조절이 쉽고, 박판용접에 적합하다.
> - 가열 범위가 커서 용접 변형이 크고 일반적으로 신뢰성이 낮다.

24 규격이 AW 300인 교류 아크 용접기의 정격 2차 전류 조정 범위는?

① 0~300A
② 20~220A
③ 60~330A
④ 120~430A

25 아세틸렌가스의 성질 중 15℃ 1기압에서 아세틸렌 1리터의 무게는 약 몇 g인가?

① 0.151　　② 1.176
③ 3.143　　④ 5.117

> **!** C_2H_2 가스의 특징
> - 비중은 1.176g이다.
> - 15℃, 15기압에서 충전
> - 406~408℃에서 자연발화 된다.
> - 아세틸렌 발생기는 60℃ 이하 유지
> - 카바이트 1kg에서 348L의 C_2H_2가 발생
> - 마찰·진동·충격에 의하여 폭발 위험성이 크다.
> - 아세틸렌 15%, 산소 85%의 혼합 시 가장 위험
> - 은, 수온, 동과 접촉 시 120℃ 부근에서 폭발성

26. 가스 용접에서 모재의 두께가 6mm일 때 사용되는 용접봉의 직경은 얼마인가?

① 1mm　　② 4mm
③ 7mm　　④ 9mm

> **!** 가스용접봉의 지름과 판두께의 관계식

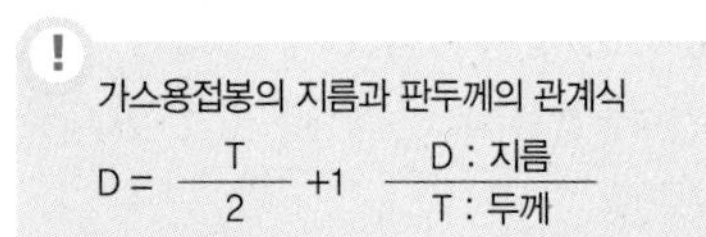

$$D = \frac{T}{2} + 1 \qquad \frac{D : 지름}{T : 두께}$$

27 피복 아크 용접 시 아크열에 의하여 용접봉과 모재가 녹아서 용착금속이 만들어지는데 이때 모재가 녹은 깊이를 무엇이라 하는가?

① 용융지　　② 용입
③ 슬래그　　④ 용적

> **!** 피복 아크 용접의 용어정리

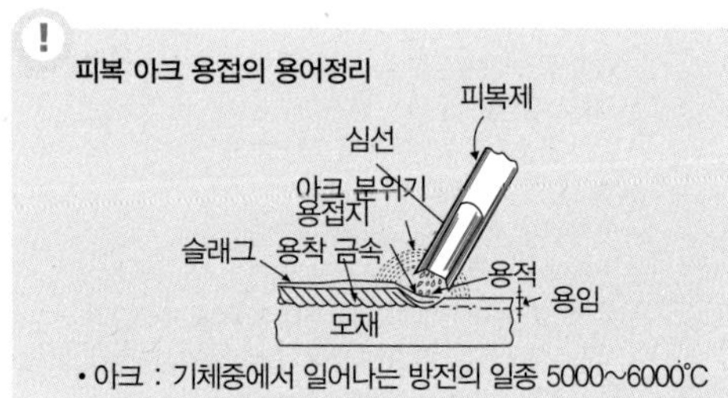

> - 아크 : 기체중에서 일어나는 방전의 일종 5000~6000℃
> - 용적 : 용접봉이 녹은 쇳물
> - 용융지 : 모재가 녹은 쇳물
> - 용착 : 용접봉이 녹아 용융지에 들어가서 응고한 부분
> - 용입 : 모재가 녹은 깊이
> - 슬래그 : 용착부에 나타난 비금속 물질

28 직류아크용접기로 두께가 15mm이고, 길이가 5m인 고장력 강판을 용접하는 도중에 아크가 용접봉 방향에서 한쪽으로 쏠리었다. 다음 중 이러한 현상을 방지하는 방법이 아닌 것은?

① 이음의 처음과 끝에 엔드탭을 이용한다.
② 용량이 더 큰 직류용접기로 교체한다.
③ 용접부가 긴 경우에는 후퇴 용접법으로 한다.
④ 용접봉 끝을 아크쏠림 반대 방향으로 기울인다.

> **!**

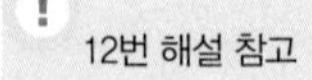

12번 해설 참고

Ans
23 ④　24 ③　25 ②　26 ②　27 ②　28 ②

29 강재 표면의 홈이나 개재물, 탈탄층 등을 제거하기 위해 얇고, 타원형 모양으로 표면으로 깎아내는 가공법은?

① 가스 가우징 ② 너깃
③ 스카핑 ④ 아크 에어 가우징

> !
> **스카핑**
> • 강제 표면의 탈탄층 또는 홈을 제거하기 위해 사용함(얇고 넓게 깎아 내기).
> • 열간재 가공속도 – 20 m/min, 냉간재 가공속도 – 6~7 m/min

30 가스용기를 취급할 때의 주의사항으로 틀린 것은?

① 이동할 때는 가스용기의 밸브를 잠근다.
② 가스용기에 진동이나 충격을 가하지 않는다.
③ 가스용기의 저장은 환기가 잘되는 장소에 한다.
④ 가연성 가스용기는 눕혀서 보관한다.

31 피복아크 용접봉은 금속심선의 겉에 피복제를 발라서 말린 것으로, 한쪽 끝을 홀더에 물려 전류가 통할 수 있도록 심선길이의 얼마만큼을 피복하지 않고 남겨두는가?

① 3mm ② 10mm
③ 15mm ④ 25mm

32 다음 중 두꺼운 강판, 주철, 강괴 등의 절단에 이용되는 절단법은?

① 산소창 절단 ② 수중 절단
③ 분말 절단 ④ 포갬 절단

> !
> **산소창 절단**
> • 토치 대신 내경이 3.2~6mm, 1.5~3m인 강관을 통하여 절단 산소를 내보내고 이 강관의 연소열을 이용하여 절단함, 주강의 슬랙 덩어리, 암석천공에 이용

33 피복 배합제의 성분 중 탈산제로 사용되지 않는 것은?

① 규소철 ② 망간철
③ 알루미늄 ④ 유황

> !
> **피복제의 종류**
> • 가스 발생제 : 석회석, 샘플로오스, 톱밥, 아교
> • 슬랙 생성제 : 석회석, 형석, 탄산수소나트륨, 일미나이트
> • 아크안정제 : 규산나트륨, 규산칼륨, 산화티탄, 석회석, 탄산바륨
> • 피복제의 탈산제 : 페로실리콘, 페로망간, 페로티탄, 알루미늄
> • 고착제 : 규산 나트륨, 규산칼륨, 아교, 소맥분, 해초

34 고셀룰로오스계 용접봉은 셀룰로오스를 몇 % 정도 포함하고 있는가?

① 0~5 ② 6~15
③ 20~30 ④ 30~40

35 용접법의 분류 중 압접에 해당하는 것은?

① 테르밋 용접
② 전자 빔 용접
③ 유도가열 용접
④ 탄산가스 아크 용접

> !
> **접합방법에 따른 용접의 종류**
> • 용접 : 모재와 용가재를 모두 녹임(대부분의 용접법)
> • 압접 : 열이나 압력 또는 열과 압력을 동시에 가함
>   – 전기저항용접, 초음파용접, 고주파용접, 마찰용접, 유도가열용접
> • 냉간압접, 가스압접, 가압테르밋 용접 등
> • 납땜 : 모재는 녹이지 않고 용접봉을 녹어 붙임 450℃를 기준으로 연납땜, 경납땜으로 구별
>   – 연납땜
>   – 경납땜 : 가스납땜, 노내납땜, 저항납땜, 담금납땜, 유도가열납땜

Ans
29 ③ 30 ④ 31 ④ 32 ① 33 ④ 34 ③ 35 ③

36 피복 아크 용접에서 일반적으로 가장 많이 사용되는 차광유리의 차광도 번호는?

① 4~5 ② 7~8
③ 10~11 ④ 14~15

37 가스절단에 이용되는 프로판 가스와 아세틸렌 가스를 비교하였을 때 프로판 가스의 특징으로 틀린 것은?

① 절단면이 미세하며 깨끗하다.
② 포갬 절단 속도가 아세틸렌보다 느리다.
③ 절단 상부 기슭이 녹은 것이 적다.
④ 슬래그의 제거가 쉽다.

> !
> **프로판 가스의 특징**
> - 절단면이 미세하고 깨끗하다.
> - 절단면 상부에 모서리 녹음이 적다.
> - 슬래그 제거가 쉽다.
> - 포갬 절단 속도가 아세틸렌보다 빠르다.
> - 후판절단이 아세틸렌보다 빠르다.

38 교류아크용접기의 종류에 속하지 않는 것은?

① 가동코일형
② 탭전환형
③ 정류기형
④ 가포화 리액터형

> !
> **교류용접기 종류**
> - 탭전환형, 가동코일형, 가동철심형, 가포화리액터형
> - 탭전환형 : 무부하 전압이 높아 전격위험이 크고 코일의 감긴 수에 따라 전류를 조정하는 것, 미세 전류 조정이 불가능함
> - 가동코일형 : 1차코일의 거리조정으로 전류조정
> - 가동철심형 : 가동철심을 움직여 누설자속을 변동시켜 전류를 조정, 미세전류 조정이 가능
> - 가포화리액터형 : 전류 조정이 용이하고 전기적으로 하기 때문에 이동 부분이 없고 가변저항의 변화로 전류조정, 원격조정 가능

39 Mg 및 Mg 합금의 성질에 대한 설명으로 옳은 것은?

① Mg의 열전도율은 Cu와 Al보다 높다.
② Mg의 전기전도율은 Cu와 Al보다 높다.
③ Mg 합금보다 Al 합금의 비강도가 우수하다.
④ Mg는 알칼리에 잘 견디나, 산이나 염수에는 침식된다.

> !
> **Mg의 특징**
> - 비중 1.7(실용금속 중 가장 가벼움)
> - 융점 650℃, 조밀육방격자(Zn)
> - 마그네사이트, 소금앙금, 산화마그네슘에서 얻음
> - 열, 전기의 양도체 (65%)
> - 선팽창 계수는 철의 2배,
> - 내식성이 나쁨
> - 가공 경화율이 크다 – 10~20%의 냉간가공도
> - 절단가공성이 좋고 마무리면 우수

40 금속간 화합물의 특징을 설명한 것 중 옳은 것은?

① 어느 성분 금속보다 용융점이 낮다.
② 어느 성분 금속보다 경도가 낮다.
③ 일반 화합물에 비하여 결합력이 약하다.
④ Fe_3C는 금속간 화합물에 해당되지 않는다.

41 니켈-크롬 합금 중 사용한도가 1,000℃까지 측정할 수 있는 합금은?

① 망가닌
② 우드메탈
③ 배빗메탈
④ 크로멜-알루멜

Ans
36 ③ 37 ② 38 ③ 39 ④ 40 ③ 41 ④

42 주철에 대한 설명으로 틀린 것은?

① 인장강도에 비해 압축강도가 높다.
② 회주철은 편상 흑연이 있어 감쇠능이 좋다.
③ 주철 절삭 시에는 절삭유를 사용하지 않는다.
④ 액상일 때 유동성이 나쁘며, 충격 저항이 크다.

!
주철
- 전·연성이 작고 가공이 어려움.
- 담금질, 뜨임은 어렵지만 주조응력의 제거 목적으로 풀림 처리는 가능하다(미하나이트주철-담금질 가능).
- 압축강도, 내마모성, 주조성이 우수하다.
- 압축강도가 인장강도보다 2~ 3배 크다.
- 기계의 가공성이 좋고 값이 싸다.
- 용융점이 낮고 유동성이 좋아 주조하기 쉽다.
- 강에 비해 탄소의 함량이 많아 취성과 경도가 커지고 인장강도는 작아진다.
- 주철을 파면상으로 분류시 백주철, 반주철, 회주철로 구분한다.

43 철에 Al, Ni, Co를 첨가한 합금으로 잔류자속 밀도가 크고 보자력이 우수한 자성 재료는?

① 퍼멀로이 ② 센더스트
③ 알니코 자석 ④ 페라이트 자석

!
- 알코니자석은 Ni 10-20%, Al 7-10%, Co 20-40%, Cu 3-5%, Ti 1%와 Fe의 합금으로
- 영구자석으로 널리 사용됨

44 물과 얼음, 수증기가 평형을 이루는 3 중점 상태에서의 자유도는?

① 0 ② 1 ③ 2 ④ 3

!
성분수를 C, 상의 수를 P라 할 때
자유도 F=C-P+2이므로 F=1-3+2=0 이다.

45 황동의 종류 중 순 Cu와 같이 연하고 코이닝하기 쉬우므로 동전이나 메달 등에 사용되는 합금은?

① 95% Cu~5% Zn 합금
② 70% Cu~30% Zn 합금
③ 60% Cu~40% Zn 합금
④ 50% Cu~50% Zn 합금

!
황동의 종류
- Cu + 5% Zn : 길딩메탈(메달용)
- Cu + 15% Zn : 래드브라스(소켓 체결구)
- Cu + 20% Zn : 톰백(장신구용)
- Cu + 30% Zn : 카트리지 황동 : 연신율이 최고
- Cu + 40% Zn : 문쯔 메탈(열교환기, 열간단조품, 탄피 등에 사용)
- Cu + 40% + Fe (1%) : 델타 메탈 → 내식성 개선, 선박, 광산, 기어, 볼트
- 애드미럴티 황동 : 7:3 황동에 주석1% 첨가, 탈아연 부식억제, 내식성, 내 해수성을 증대시킨 것
- 네이벌 : 6:4 황동에 Sn 1% 첨가, 탈아연 부식방지

46 금속재료의 표면에 강이나 주철의 작은 입자(Ø0.5mm~1.0mm)를 고속으로 분사시켜, 표면의 경도를 높이는 방법은?

① 침탄법 ② 질화법
③ 폴리싱 ④ 쇼트피닝

47 탄소강은 200~300℃에서 연신율과 단면수축률이 상온보다 저하되어 단단하고 깨지기 쉬우며, 강의 표면이 산화되는 현상은?

① 적열메짐 ② 상온메짐
③ 청열메짐 ④ 저온메짐

!
탄소강에서 생기는 취성
- 적열취성 : 고온 900℃ 이상에서 물체가 빨갛게 되어 메지는 현상으로 원인은 S, 방지제 Mn
- 청열취성 : 강이 200~300℃로 가열하면 강도가 최대로 되고 연신률, 단면 수축률 등은 줄어들게 되어 메지는 현상으로 원인은 P, 방지제 Ni
- 상온취성 : 충격, 피로 등에 대하여 깨지는 성질 음인 P
- 저온취성 : 천이온도에 도달하면 급격히 감소하여 -70℃ 부근에서 충격치가 0에 도달함

Ans
42 ④ 43 ③ 44 ① 45 ① 46 ④ 47 ③

48 강에 S, Pb 등의 특수 원소를 첨가하여 절삭할 때 칩을 잘게 하고 피삭성을 좋게 만든 강은 무엇은가?

① 불변강 ② 쾌삭강
③ 베어링강 ④ 스프링강

49 주위의 온도 변화에 따라 선팽창 계수나 탄성률 등의 특정한 성질이 변하지 않는 불변강이 아닌 것은?

① 인바
② 엘린바
③ 코엘린바
④ 스텔라이트

!
불변강(Ni합금강)
- 인바(Ni: 36%) 열전쌍, 시계 등
- 엘린바(Ni36%~Cr12%) 시계스프링, 정밀계측기
- 플래티나이트(Ni:10~16%) : 전구, 진공관의 유리봉입선
- 퍼멀로이(Ni: 75%~80%) 해저전선의 장하코일
- 코엘린바, 수퍼인바, 초인바, 이스에라스틱

50 Al의 비중과 용융점(℃)은 약 얼마인가?

① 2.7, 660℃ ② 4.5, 390℃
③ 8.9, 220℃ ④ 10.5, 450℃

51 기계제도에서 물체의 보이지 않는 부분의 형상을 나타내는 선은?

① 외형선 ② 가상선
③ 절단선 ④ 숨은선

!
선의 종류와 용도
- 외형선 – 굵은 실선
- 가는 실선 – 치수선, 치수보조선, 지시선, 회전단면선, 수준면선, 해칭선
- 은선 – 보이지 않는 선, 가는 파선 또는 굵은 파선으로 선의 종류는 있으나 용도가 없습니다.
- 가는 1점쇄선 – 중심선, 기준선, 피치선
- 가는 2점쇄선 – 가상선 무게 중심선
- 굵은 1점쇄선 – 특수지정선
- 파단선 – 물체의 일부를 파단한 곳을 표시하는 선으로 불규칙한 파형의 가는 실선 또는 지그재그선

52 그림과 같은 입체도의 화살표 방향을 정면도로 표현할 때 실제와 동일한 형상으로 표시되는 면을 모두 고른 것은?

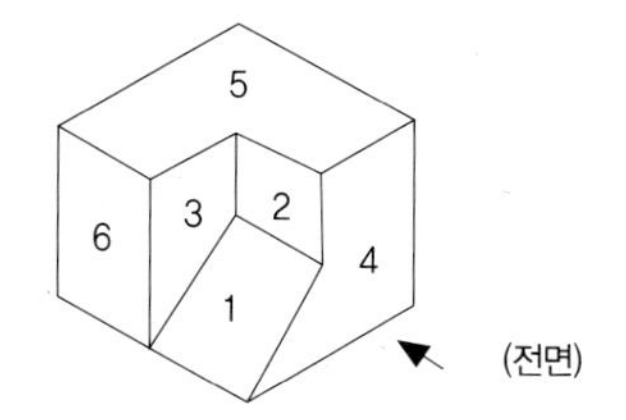

① 3과 4 ② 4와 6
③ 2와 6 ④ 1과 5

53 다음 중 한쪽 단면도를 올바르게 도시한 것은?

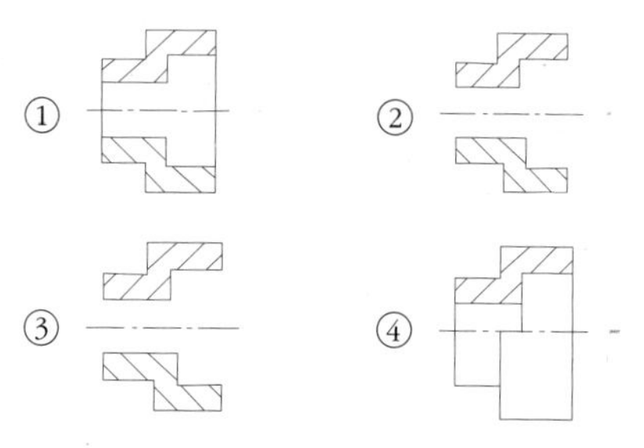

!
한쪽 단면도는 기본 중심선에 대칭인 물체의 1/4만 잘라내어 절반은 단면도로 다른 절반은 외형도로 나타내는 단면도법이다.

54 다음 재료 기호 중 용접구조용 압연 강재에 속하는 것은?

① SPPS 380
② SPCC
③ SCW 450
④ SM 400C

!
SPPS : 압력배관용 탄소강관, SPCC : 냉간압연강판, SCW : 용접구조용 주강품

Ans
48 ② 49 ④ 50 ① 51 ④ 52 ① 53 ④ 54 ④

55 그림의 도면에서 X의 거리는?

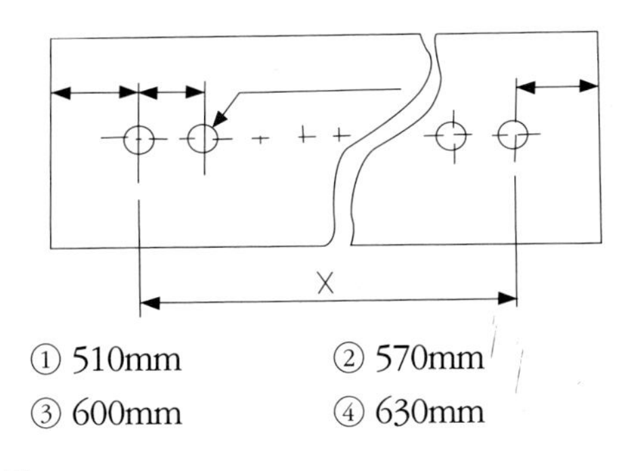

① 510mm ② 570mm
③ 600mm ④ 630mm

> ! X = (20−1) × 30 = 570mm

56 다음 치수 중 참고 치수를 나타내는 것은?

① (50) ② □50
③ 50(테두리) ④ 50(밑줄)

> ! 참고치수는 괄호에 표시한다.

57 주투상도를 나타내는 방법에 관한 설명으로 옳지 않은 것은?

① 조립도 등 주로 기능을 나타내는 도면에서는 대상물을 사용하는 상태로 표시한다.
② 주투상도를 보충하는 다른 투상도는 되도록 적게 표시한다.
③ 특별한 이유가 없을 경우 대상물을 세로 길이로 놓은 상태로 표시한다.
④ 부품도 등 가공하기 위한 도면에서는 가공에 있어서 도면을 가장 많이 이용하는 공정에서 대상물을 놓은 상태로 표시한다.

> ! 특별한 이유가 없는 경우 대상물을 가로 길이로 놓은 상태로 표시 한다.

58 그림에서 나타난 용접기호의 의미는?

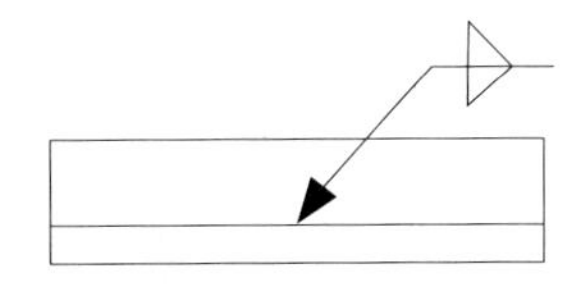

① 플래어 K형 용접
② 양쪽 필릿 용접
③ 플러그 용접
④ 프로젝션 용접

59 그림과 같은 배관 도면에서 도시기호 S는 어떤 유체를 나타내는 것인가?

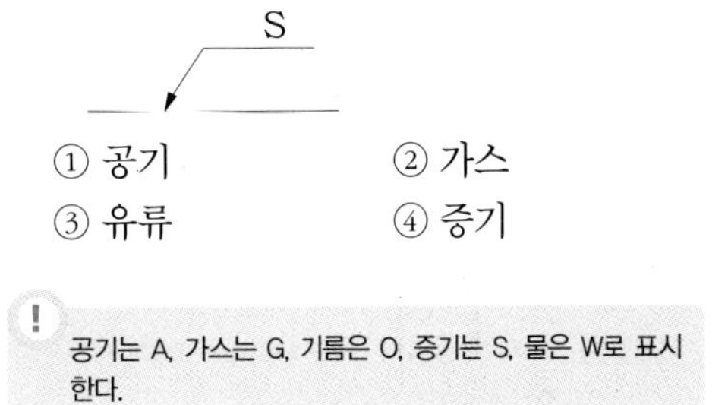

① 공기 ② 가스
③ 유류 ④ 증기

> ! 공기는 A, 가스는 G, 기름은 O, 증기는 S, 물은 W로 표시한다.

60 그림의 입체도에서 화살표 방향을 정면으로 하여 제3각법으로 그린 정투상도는?

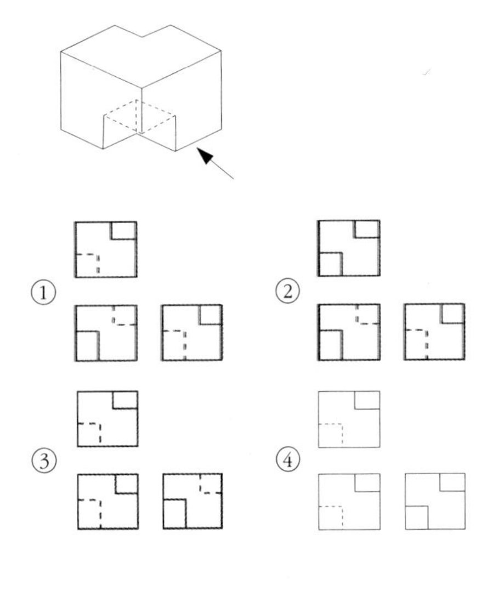

Ans
55 ② 56 ① 57 ③ 58 ② 59 ④ 60 ①

용접 기능사 필기 기출문제 (2016년 4월 2일 시행)

자격종목	코 드	시험 시간	문항 수	수험번호	성명
용접 기능사	6223	60분	60		

01 서브머지드 아크 용접에서 사용하는 용제 중 흡습성이 가장 적은 것은?

① 용융형 ② 혼성형
③ 고온소결형 ④ 저온소결형

> **!**
> **서브머지드 아크용접법에서 용융형 용제의 특징**
> - 고속용접에 적합
> - 용제의 화학적 균일성이 양호
> - 용제의 입도는 가는 입자일수록 높은 전류를 사용함, 거친입자의 용제를 높은 전류에서 사용하면 비드가 거칠고 언더컷이 발생하며 가는 입자의 용제를 사용하면 비드의 폭이 넓어지고 용입이 낮아 진다.

02 고주파 교류 전원을 사용하여 TIG 용접을 할 때 장점으로 틀린 것은?

① 긴 아크유지가 용이하다.
② 전극봉의 수명이 길어진다.
③ 비접촉에 의해 융착 금속과 전극의 오염을 방지한다.
④ 동일한 전극봉 크기로 사용할 수 있는 전류 범위가 작다.

> **!**
> 직류 정극성보다 고주파 교류전원에서 동일한 전극봉 크기로 사용할 수 있는 전류 범위가 작다.

03 맞대기 용접이음에서 판두께가 9mm, 용접선길이 120mm, 하중이 7560N 일 때, 인장응력은 몇 N/㎟인가?

① 5 ② 6
③ 7 ④ 8

> **!**
> 인장응력 $= \dfrac{\text{하중}}{\text{판두께} \times \text{용접선 길이}} = \dfrac{7650}{9 \times 120} = 7$

04 용접 설계상 주의사항으로 틀린 것은?

① 용접에 적합한 설계를 할 것
② 구조상의 노치부가 생성되게 할 것
③ 결함이 생기기 쉬운 용접 방법은 피할 것
④ 용접이음이 한곳으로 집중되지 않도록 할 것

> **!**
> **용접 조립 시, 용접 구조물 설계 시 주의사항**
> - 물품에 대칭이 되도록 한다.
> - 용접에 적합한 설계를 한다.
> - 구조상 노치를 피한다.
> - 약한 필릿 용접은 피하고 맞대기 용접을 한다.
> - 반복하중을 받는 이음에서는 이음 표면을 평활하게 한다.
> - 용접선에 대하여 수축력의 합이 0이 되도록 한다.
> - 리벳과 용접을 같이 할 때에는 용접을 먼저 한다.
> - 각종 이음의 특성을 잘 알고 사용하며 용접하기 쉽게 설계한다.
> - 큰 구조물은 구조물에 중앙에서 끝으로 향하여 용접한다.
> - 용접길이는 가능한 한 짧게, 용착량도 강도상 필요한 최소치로 한다.
> - 수축이 큰 맞대기 이음을 먼저 용접하고 그다음에 필렛 용접을 한다.

Ans
01 ① 02 ④ 03 ③ 04 ②

05 납땜에 사용되는 용제가 갖추어야 할 조건으로 틀린 것은?

① 청정한 금속면의 산화를 방지할 것
② 납땜 후 슬래그의 제거가 용이할 것
③ 모재나 땜납에 대한 부식 작용이 최소한 일 것
④ 전기 저항 납땜에 사용되는 것은 부도체 일 것

06 용접이음부에 예열하는 목적을 설명한 것으로 틀린 것은?

① 수소의 방출을 용이하게 하여 저온균열을 방지 한다.
② 모재의 열 영향부와 용착금속의 연화를 방지하고, 경화를 증가시킨다.
③ 용접부의 기계적 성질을 향상시키고, 경화조직의 석출을 방지한다.
④ 온도분포가 완만하게 되어 열응력의 감소로 변형과 잔류응력의 발생을 적게 한다.

!
예열의 목적
- 용접 금속에 연성 및 인성을 부여한다.
- 모재의 수축응력을 감소하여 균열발생 억제
- 고장력강은 50 ~ 350℃정도로 예열을 한다.
- 냉각속도를 느리게 하여 결함 및 수축 변형을 방지한다.
- 용착금속의 수소성분이 나갈 수 있는 여유를 주어 비드 밑 균열 방지

07 전자 빔 용접의 특징으로 틀린 것은?

① 정밀 용접이 가능하다.
② 용접부의 열 영향부가 크고 설비비가 적게 든다.
③ 용입이 깊어 다층용접도 단층용접으로 완성할 수 있다.
④ 유해가스에 의한 오염이 적고 높은 순도의 용접이 가능하다.

!
전자빔 용접
파장이 같은 빛을 렌즈로 집광하면 매우 작은 점으로 집중되면서 높은 에너지로 고온의 열을 얻을 수 있는데 이를 열원으로 하여 용접하는 특수 용접방법이다.

08 샤르피식의 시험기를 사용하는 시험 방법은?

① 경도시험
② 인장시험
③ 피로시험
④ 충격시험

!
충격시험법 : 샤르피식, 아이조드식

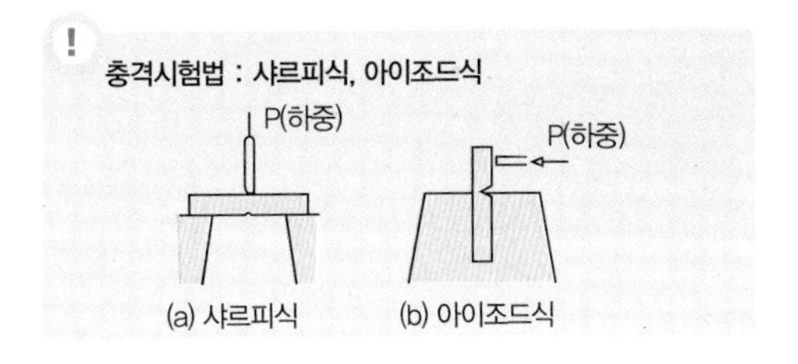

(a) 샤르피식 (b) 아이조드식

09 다음 중 서브머지드 아크 용접의 다른 명칭이 아닌 것은?

① 잠호 용접
② 헬리 아크 용접
③ 유니언 멜트 용접
④ 불가시 아크 용접

!
헬리아크 용접은 티그용접을 의미한다.

10 용접제품을 조립하다가 V홈 맞대기 이음 홈의 간격이 5㎜ 정도 멀어졌을 때 홈의 보수 및 용접방법으로 가장 적합한 것은?

① 그대로 용접한다.
② 뒷댐판을 대고 용접한다.
③ 덧살올림 용접 후 가공하여 규정 간격을 맞춘다.
④ 치수에 맞는 재료로 교환하여 루트 간격을 맞춘다.

Ans
05 ④ 06 ② 07 ② 08 ④ 09 ② 10 ③

11 **한 부분의 몇 층을 용접하다가 이것을 다음 부분의 층으로 연속시켜 전체 모양이 계단 형태를 이루는 용착법은?**

① 스킵법
② 덧살 올림법
③ 전진 블록법
④ 캐스케이드법

> **!**
> **다층 용접법**
> • 덧살올림법(빌드업법) : 열 영향이 크고 슬래그 섞임 우려가 있음, 한랭시 구속이 클 때 후판에서 첫 층 균열이 있다.
> • 캐스케이드법 : 하부분의 몇 층을 용접하다가 다음 층으로 연속시켜 용접 하는 법, 결함이 적지만 잘 사용 하지 않음
> • 전진 블록법 : 한 개의 용접봉으로 살을 붙일만한 길이로 구분해서 여러 층으로 쌓아 올린후 다음 부분으로 진행함, 첫 층 균열발생 우려가 있다.

12 **산소와 아세틸렌 용기의 취급상의 주의사항으로 옳은 것은?**

① 직사광선이 잘 드는 곳에 보관한다.
② 아세틸렌병은 안전상 눕혀서 사용한다.
③ 산소병은 40℃ 이하 온도에서 보관한다.
④ 산소병 내에 다른 가스를 혼합해도 상관없다.

13 **피복 아크 용접의 필릿 용접에서 루트 간격이 45mm 이상일 때의 보수 요령은?**

① 규정대로의 각장으로 용접한다.
② 두께 6mm 정도의 뒤판을 대서 용접한다.
③ 라이너를 넣든지 부족한 판을 300mm 이상 잘라내서 대체 하도록 한다.
④ 그대로 용접하여도 좋으나 넓혀진 만큼 각장을 증가 시킬 필요가 있다.

14 **다음 중 초음파 탐상법의 종류가 아닌 것은?**

① 극간법
② 공진법
③ 투과법
④ 펄스 반사법

> **!**
> **초음파 탐상의 종류**
> • 투과법 : 초음파 펄스를 시험체의 한쪽 면에서 송신하고 반대쪽에서 수신하는 방법
> • 공진법 : 시험체에 가해진 초음파 진동수와 고유 진동수가 일치 할 때 진동 폭이 커지는 공진현상을 이용하여 시험체의 두께를 측정하는 방법
> • 펄스반사법 : 시험체 내로 초음파 펄스를 송신하고 내부 또는 바닥면에서 그 반사체를 탐지하는 결함의 형태로 내부 결함이나 재질을 조사하는 방법이며 결함에코의 형태로 결함을 판정하는 방법으로 가장 많이 사용하고 있다.

15 **CO_2 가스 아크 편면용접에서 이면 비드의 형성은 물론 뒷면 가우징 및 뒷면 용접을 생략할 수 있고, 모재의 중량에 따른 엎기(turn over) 작업을 생략할 수 있도록 홈 용접부 이면에 부착하는 것은?**

① 스캘롭
② 엔드탭
③ 뒷댐재
④ 포지셔너

> **!**
> 세라믹 뒷땜제 : 세라믹은 무기질 비금속 재료로써 고온에서 소결한 것으로 1,200℃의 열에도 잘 견디기 때문에 CO_2 용접 시(플럭스코어드) 뒷땜재로 주로 사용되고 있다.

Ans
11 ④ 12 ③ 13 ③ 14 ① 15 ③

16 **탄산가스 아크 용접의 장점이 아닌 것은?**

① 가시 아크이므로 시공이 편리하다.
② 적용되는 재질이 철계통으로 한정되어 있다.
③ 용착 금속의 기계적 성질 및 금속학적 성질이 우수하다.
④ 전류 밀도가 높아 용입이 깊고 용접 속도를 빠르게 할 수 있다.

> !
> **이산화탄소 아크용접 특징**
> - 바람에 영향을 받으므로 방풍장치가 필요하다(반드시 2m/s 이상시 필요).
> - 용제를 사용하지 않아 슬래그의 혼입이 없다.
> - 용접 금속의 기계적, 야금적 성질이 우수하다.
> - 전류 밀도가 높아 용입이 깊고 용융 속도가 빠르다.

17 **현상제(MgO, $BaCO_3$)를 사용하여 용접부의 표면 결함을 검사하는 방법은?**

① 침투 탐상법
② 자분 탐상법
③ 초음파 탐상법
④ 방사선 투과법

> !
> 침투탐상(Penetrant Testing) : PT

18 **미세한 알루미늄 분말과 산화철 분말을 혼합하여 과산화바륨과 알루미늄 등의 혼합분말로 된 점화제를 넣고 연소시켜 그 반응열로 용접하는 방법은?**

① MIG 용접 ② 테르밋 용접
③ 전자 빔 용접 ④ 원자 수소 용접

> !
> **테르밋 용접**
> - 특수용접이며 융접이다.
> - 금속 산화물이 알루미늄에 의하여 산소를 빼앗기는 반응에 의해 생성되는 열을 이용하여 접합
> - 산화철분말(3~4) + 알루미늄분말 (1)
> - 점화제로 과산화바륨, 마그네슘, 알루미늄
> - 작업이 간단하다.
> - 전력이 불필요하며 철도 레일 이음 용접에 주로 사용함
> - 시간이 짧고 용접변형도 적다.

19 **용접결함에서 언더컷이 발생하는 조건이 아닌 것은?**

① 전류가 너무 낮을 때
② 아크 길이가 너무 길 때
③ 부적당한 용접봉을 사용할 때
④ 용접속도가 적당하지 않을 때

> !
> **용접부의 결함 중 구조상 결함의 원인**
> - 피트 : 합금원소가 많을 때, 습기, 페인트, 녹, 황 함유시
> - 스 패 터 : 전류 높을 때, 건조되지 않은 용접봉 사용시, 아크길이가 길 때
> - 용입불량 : 이음설계 결함, 용접 속도가 빠를 때, 전류가 낮을 때, 용접봉 선택불량
> - 언더컷 : 전류가 높을 때, 아크길이가 클 때, 속도가 부적합 할 때
> - 오버랩 : 용접전류가 낮을 때, 용접봉의 부적합 선택
> - 선상구조 : 용착금속의 냉각속도가 빠를 때, 모재 재질 불량, X선으로는 검출 할 수 없다
> - 기공의 원인 : 수소, CO_2의 과잉, 용접부의 급속한 응고, 모재의 황 함유량가 과대, 기름, 페인트, 녹, 아크길이, 전류의 부적당, 용접속도 빠를 때
> - 비드 밑 균열 : 용접 이후 용접열에 의해 조직이 변하는 주변 열영향부에서 수소의 확산에 의해 발생하는 균열이다.
> - 아크 스트라이크 : 용접이음의 밖에서 아크를 발생시킬 때 아크열에 의하여 모재에 결함이 생기는 것

20 **플라스마 아크 용접장치에서 아크 플라스마의 냉각가스로 쓰이는 것은?**

① 아르곤과 수소의 혼합가스
② 아르곤과 산소의 혼합가스
③ 아르곤과 메탄의 혼합가스
④ 아르곤과 프로판의 혼합가스

21 **피복아크용접 작업 시 감전으로 인한 재해의 원인으로 틀린 것은?**

① 10차 측과 2차 측 케이블의 피복 손상부에 접촉되었을 경우
② 피용접물에 붙어있는 용접봉을 떼려다 몸에 접촉되었을 경우
③ 용접기기의 보수 중에 입출력 단자가 절연된 곳에 접촉 되었을 경우
④ 용접 작업 중 홀더에 용접봉을 물릴 때나, 홀더가 신체에 접촉 되었을 경우

Ans
16 ② 17 ① 18 ② 19 ① 20 ① 21 ③

22 보기에서 설명하는 서브머지드 아크 용접에 사용되는 용제는?

- 화학적 균일성이 양호하다.
- 반복 사용성이 좋다.
- 비드 외관이 아름답다.
- 용접 전류에 따라 입자의 크기가 다른 용제를 사용해야 한다.

① 소결형 ② 혼성형
③ 혼합형 ④ 용융형

! 1번 문제해설 확인

23 기체를 수천도의 높은 온도로 가열하면 그 속도의 가스원자가 원자핵과 전자로 분리되어 양(+)과 음(−) 이온상태로 된 것을 무엇이라 하는가?

① 전지빔 ② 레이저
③ 테르밋 ④ 플라스마

24 정격 2차 전류 300A, 정격 사용률 40%인 아크용접기로 실제 200A 용접 전류를 사용하여 용접하는 경우 전체시간을 10분으로 하였을 때 다음 중 용접 시간과 휴식 시간을 올바르게 나타낸 것은?

① 10분 동안 계속 용접한다.
② 5분 용접 후 5분간 휴식한다.
③ 7분 용접 후 3분간 휴식한다.
④ 9분 용접 후 1분간 휴식한다.

25 용해 아세틸렌 취급 시 주의 사항으로 틀린 것은?

① 저장 장소는 통풍이 잘 되어야 된다.
② 저장 장소에는 화기를 가까이 하지 말아야 한다.
③ 용기는 진동이나 충격을 가하지 말고 신중히 취급해야 한다.
④ 용기는 아세톤의 유출을 방지하기 위해 눕혀서 보관한다.

26 다음 중 아크 절단법이 아닌 것은?

① 스카핑
② 금속 아크 절단
③ 아크 에어 가우징
④ 플라즈마 제트

27 피복아크 용접봉의 피복제 작용을 설명한 것 중 틀린 것은?

① 스패터를 많게 하고, 탈탄 정련작용을 한다.
② 용융금속의 용적을 미세화하고, 용착효율을 높인다.
③ 슬래그 제거를 쉽게 하며, 파형이 고운 비드를 만든다.
④ 공기로 인한 산화, 질화 등의 해를 방지하여 용착금속을 보호한다.

!
피복제의 역할(용제)
- 아크안정
- 산·질화 방지
- 용적의 미세화
- 유동성 증가
- 전기절연작용
- 서냉으로 취성방지
- 탈산정련
- 슬래그 박리성 증대

28 용접법의 분류 중에서 융접에 속하는 것은?

① 시임 용접
② 테르밋 용접
③ 초음파 용접
④ 플래시 용접

!
접합방법에 따른 용접의 종류
- 융접 : 모재와 용가재를 모두 녹임(대부분의 용접법)
- 압접 : 열이나 압력, 또는 열과 압력을 동시에 가함
  - 전기저항용접, 초음파용접, 고주파용접, 마찰용접, 유도가열용접 냉간압접, 가스압접, 가압테르밋 용접 등
- 납땜 : 모재는 녹이지 않고 용접봉을 녹여 붙임 450℃를 기준으로 연납땜, 경납땜으로 구별
  - 연납땜
  - 경납땜 : 가스납땜, 노내납땜, 저항납땜, 담금납땜, 유도가열납땜

Ans
22 ④ 23 ④ 24 ④ 25 ④ 26 ① 27 ① 28 ②

29 산소 용기의 윗부분에 각인되어 있는 표시 중 최고 충전 압력의 표시는 무엇인가?

① TP ② FP
③ WP ④ LP

> **!**
> **산소용기의 각인 표시**
> • W – 용기의 중량
> • V – 충전가스의 내용적
> • TP – 내압시험압
> • FP – 최고충전압

30 2개의 모재에 압력을 가해 접촉시킨 다음 접촉에 압력을 주면서 상대운동을 시켜 접촉면에서 발생하는 열을 이용하는 용접법은?

① 가스압접
② 냉간압접
③ 마찰용접
④ 열간압접

31 사용률이 60%인 교류 아크 용접기를 사용하여 정격전류로 6분 용접하였다면 휴식시간은 얼마인가?

① 2분 ② 3분
③ 4분 ④ 5분

32 모재의 절단부를 불활성가스로 보호하고 금속전극에 대전류를 흐르게 하여 절단하는 방법으로 알루미늄과 같이 산화에 강한 금속에 이용되는 절단방법은?

① 산소 절단
② TIG 절단
③ MIG 절단
④ 플라스마 절단

33 용접기의 특성 중에서 부하전류가 증가하면 단자 전압이 저하하는 특성은?

① 수하 특성
② 상승 특성
③ 정전압 특성
④ 자기제어 특성

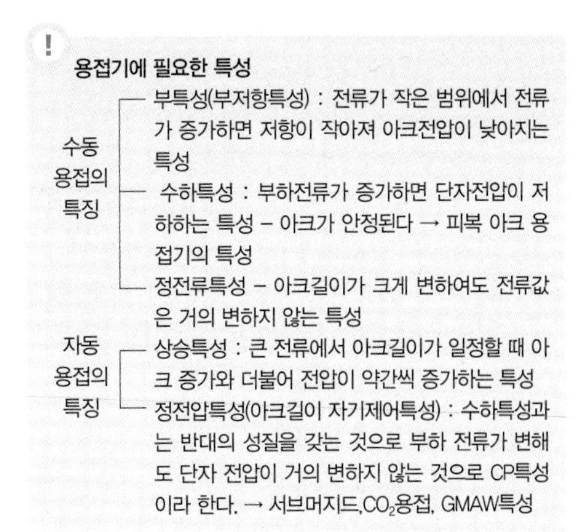
!
용접기에 필요한 특성

수동 용접의 특징	부특성(부저항특성) : 전류가 작은 범위에서 전류가 증가하면 저항이 작아져 아크전압이 낮아지는 특성
	수하특성 : 부하전류가 증가하면 단자전압이 저하하는 특성 – 아크가 안정된다 → 피복 아크 용접기의 특성
	정전류특성 – 아크길이가 크게 변하여도 전류값은 거의 변하지 않는 특성
자동 용접의 특징	상승특성 : 큰 전류에서 아크길이가 일정할 때 아크 증가와 더불어 전압이 약간씩 증가하는 특성
	정전압특성(아크길이 자기제어특성) : 수하특성과는 반대의 성질을 갖는 것으로 부하 전류가 변해도 단자 전압이 거의 변하지 않는 것으로 CP특성이라 한다. → 서브머지드, CO_2용접, GMAW특성

34 산소–아세틸렌 불꽃의 종류가 아닌 것은?

① 중성 불꽃 ② 탄화 불꽃
③ 산화 불꽃 ④ 질화 불꽃

35 리벳이음과 비교하여 용접이음의 특징을 열거한 중 틀린 것은?

① 구조가 복잡하다.
② 이음 효율이 높다.
③ 공정의 수가 절감된다.
④ 유밀, 기밀, 수밀이 우수하다.

> **!**
> **용접의 장점**
> • 작업의 공정을 줄일 수 있다.
> • 형상의 자유를 추구할 수 있다.
> • 이음 효율이 향상 된다(이음효율 100%).
> • 중량이 경감되고 재료 및 시간이 절약된다.
> • 보수와 수리가 용이하다.

Ans
29 ② 30 ③ 31 ③ 32 ③ 33 ① 34 ④ 35 ①

36 아크 에어 가우징 작업에 사용되는 압축공기의 압력으로 적당한 것은?

① 1~3kgf/㎠ ② 5~7kgf/㎠
③ 9~12kgf/㎠ ④ 14~156kgf/㎠

> **!**
> **아크 에어 가우징의 특징**
> - 탄소아크절단에 압축공기를 병용 : 흑연으로 된 탄소봉에 구리 도금한 전극을 이용
> - 가스 가우징보다 능률이 2~3배 좋음
> - 균열발견이 쉽다고 소음이 없음
> - 철, 비철 금속도 가능
> - 전원은 직류역극성이용(미그절단)
> - 전압은 35V, 전류는 200~500A, 압축공기는 6~7kgf/cm^2

37 탄소 전극봉 대신 절단 전용의 특수 피복을 입힌 전극봉을 사용하여 절단하는 방법은?

① 금속아크 절단
② 탄소아크 절단
③ 아크에어 가우징
④ 플라스마 제트 절단

> **!**
> - 탄소아크절단
>   - 흑연, 탄소 전극봉과 금속사이에서 아크를 발생시켜 금속의 일부를 용융 제거하는 절단법
> - 금속아크 절단
>   - 탄소 전극봉 대신 절단 전용의 특수 피복을 입힌 피복봉을 사용하여 절단하는 절단법
> - 산소아크 절단
>   - 중공의 피복아크 용접봉과 모재와의 사이에 아크를 발생시키고 이 아크열을 이용하여 절단하는 방법

38 산소 아크 절단에 대한 설명으로 가장 적합한 것은?

① 전원은 직류 역극성이 사용된다.
② 가스절단에 비하여 절단속도가 느리다.
③ 가스절단에 비하여 절단면이 매끄럽다.
④ 철강 구조물 해체나 수중 해체 작업에 이용된다.

> **!**
> **산소 아크 절단의 특징**
> - 전극의 운봉이 필요 없다.
> - 입열 시간이 적어 변형이 적다.
> - 가스 절단에 비해 절단면이 거칠다
> - 전원은 직류 정극성이나 교류를 사용한다.
> - 중공의 원형봉을 정극봉으로 사용한다.
> - 절단 속도가 빨라 철강 구조물 해체나 수중 해체 작업에 사용된다.

39 다이캐스팅 주물품, 단조품 등의 재료로 사용되며 융점이 약 660℃이고, 비중이 약 2.7인 원소는?

① Sn ② Ag
③ Al ④ Mn

> **!**
> **Al의 특징**
> - 경금속, 2.7(비중), 융점 660℃
> - 산화피막 – 대기중 부식방지
> - 해수와 산알카리에 부식, 염산에의 침식이 빠름
> - 열, 전기의 양도체 (65%)
> - 전연성이 풍부
> - 면심입방격자
> - 80%이상의 진한질산에 침식을 견딤
> - 내식성, 가공성이 좋아 주물, 다이케스팅, 전선 등에 쓰이는 비철 금속 재료

40 다음 중 주철에 관한 설명으로 틀린 것은?

① 비중은 C와 Si 등이 많을수록 작아진다.
② 용융점은 C와 Si 등이 많을수록 낮아진다.
③ 주철을 600℃ 이상의 온도에서 가열 및 냉각을 반복하면 부피가 감소한다.
④ 투자율을 크게 하기 위해서는 화합 탄소를 적게 하고 유리 탄소를 균일하게 분포시킨다.

> **!**
> **주철**
> - 담금질, 뜨임은 어려우나 주조응력의 제거 목적으로 풀림 처리는 가능하다(미하나이트주철–담금질 가능)
> - 압축강도, 내마모성, 주조성이 우수하다
> - 압축강도가 인장강도보다 2~3배 크다
> - 용융점이 낮고 유동성이 좋아 주조하기 쉽다.
> - 강에 비해 탄소의 함량이 많아 취성과 경도가 커지고 인장강도는 작아진다.
> - 주철을 파면상으로 분류시 백주철, 반주철, 회주철로 구분한다.

Ans
36 ② 37 ① 38 ④ 39 ③ 40 ③

41 금속의 소성변형을 일으키는 원인 중 원자 밀도가 장 큰 격자면에서 잘 일어나는 것은?

① 슬립 ② 쌍정
③ 전위 ④ 편석

42 다음 중 Ni – Cu 합금이 아닌 것은?

① 어드밴스
② 콘스탄탄
③ 모넬메탈
④ 니칼로이

43 침탄법에 대한 설명으로 옳은 것은?

① 표면을 용융시켜 연화시키는 것이다.
② 망상 시멘타이트를 구상화시키는 방법이다.
③ 강재의 표면에 아연을 피복시키는 방법이다.
④ 홈강재의 표면에 탄소를 침투시켜 경화시키는 것이다.

> !
> **침탄법과 질화법의 비교**
> • 질화법은 질화처리 후 열처리가 필요없다.
> • 질화법은 침탄에 비하여 경화에 의한 변형이 적다.
> • 질화법은 침탄법에 비해 경도가 높다.
> • 질화법은 침탄법에 비해 처리시간이 길다.
> • 질화법은 침탄법에 내마모성과 내식성이 커진다.
> • 질화법은 침탄법보다 침탄층이 여리다.
> • 질화법은 수정이 불가능하다.

44 그림과 같은 결정격자의 금속 원소는?

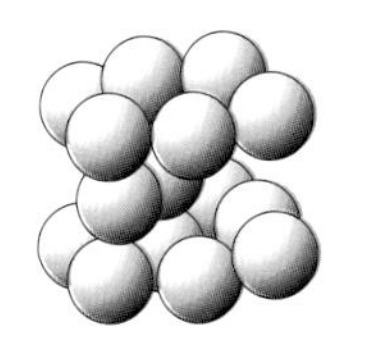
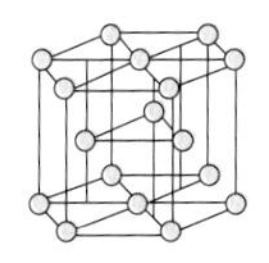

① Mi ② Mg
③ Al ④ Au

> !
> **금속 결정의 종류**

종류	특징	금속
채심 입방 경자(B, C, C)	강도가 크고 전·연성은 떨어진다.	Cr, No, Vi, V, Ta, K, Na, α–Fe, β–Fe
현심 입장 경리(F, C, C)	전·연성이 풍부하여 가옹성이 우수하다.	Ag, Al, Acl, Cu, Pb, P, Ca, γ–Fe
조밀 육방 격자(H, C, P)	전·연성 및 가공성이 불량하다.	Ti, Be, Mg, Zn, Zr

45 전해 인성 구리는 약 400℃ 이상의 온도에서 사용하지 않는 이유로 옳은 것은?

① 풀림취성을 발생시키기 때문이다.
② 수소취성을 발생시키기 때문이다.
③ 고온취성을 발생시키기 때문이다.
④ 상온취성을 발생시키기 때문이다.

46 구상흑연주철은 주조성, 가공성 및 내마멸성이 우수하다. 이러한 구상흑연주철 제조 시 구상화제로 첨가되는 원소로 옳은 것은?

① P, S
② O, N
③ Pb, Zn
④ Mg, Ca

> !
> 구상화 첨가제 : Mg, Ca, Ce

Ans
41 ① 42 ④ 43 ④ 44 ② 45 ② 46 ④

47 **형상 기억 효과를 나타내는 합금이 일으키는 변태는?**

① 펄라이트 변태
② 마텐자이트 변태
③ 오스테나이트 변태
④ 레데뷰라이트 변태

> **!** 형상기억 합금은 니켈–티타늄 합금으로 온도 및 응력에 의존하여 생기는 마텐자이트 변태와 그 역변태에 기초한 형상기억 효과를 나타낸다.

48 **Y합금의 일종으로 Ti과 Cu를 0.2% 정도씩 첨가한 것으로 피스톤에 사용되는 것은?**

① 두랄루민　② 코비탈륨
③ 로엑스합금　④ 하이드로날륨

> **!** **알루미늄 합금의 종류**
> 1) 주조용 알루미늄의 대표
> • 실루민(Al+Si) – 알펙스라고 표현(si 14%)
> • 라우탈(Al+Si+Cu)
> 2) 내식성 알루미늄의 대표
> • 하이드로날륨(Al+Mg)
> 3) 단조용(가공용) 알루미늄의 대표
> • 두랄루민(Al+Cu+Mg+Mn)
> 4) 내열용 알루미늄의 대표
> • Y합금 (Al+Cu+Ni+Mg)
> • Lo –ex(Al+Cu+Ni+Mg+Si)

49 **시험편을 눌러 구부리는 시험방법으로 굽힘에 대한 저항력을 조사하는 시험방법은?**

① 충격시험　② 굽힘시험
③ 전단시험　④ 인장시험

50 **Fe–C 평형상태도에서 공정점의 C%는?**

① 0.02%　② 0.8%
③ 4.3%　④ 6.67%

> **!** 공정점은 탄소의 함유가 0.86%를 나타낸다.

51 **다음 용접 기호 중 표면 육성을 의미하는 것은?**

①　②
③　④

> **!** 2. 서페이싱 이음　3. 경사이음　4. 겹침이음

52 **배관의 간략 도시방법에서 파이프의 영구 결합부(용접 또는 다른 공법에 의한다) 상태를 나타내는 것은?**

① 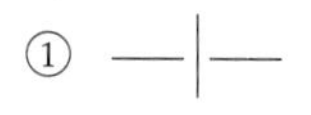　②
③　④

> **!** 1과 4는 관이 접속하지 않은 상태, 3은 관이 접속하고 있을 때 Tee를 써서 분기함을 나타낸다.

53 **제3각법의 투상도에서 도면의 배치 관계는?**

① 평면도를 중심하여 정면도는 위에 우측면도는 우측에 배치된다.
② 정면도를 중심하여 평면도는 밑에 우측면도는 우측에 배치된다.
③ 정면도를 중심하여 평면도는 위에 우측면도는 우측에 배치된다.
④ 정면도를 중심하여 평면도는 위에 우측면도는 좌측에 배치된다.

54 **그림과 같이 제3각법으로 정투상한 각뿔의 전개도 형상으로 적합한 것은?**

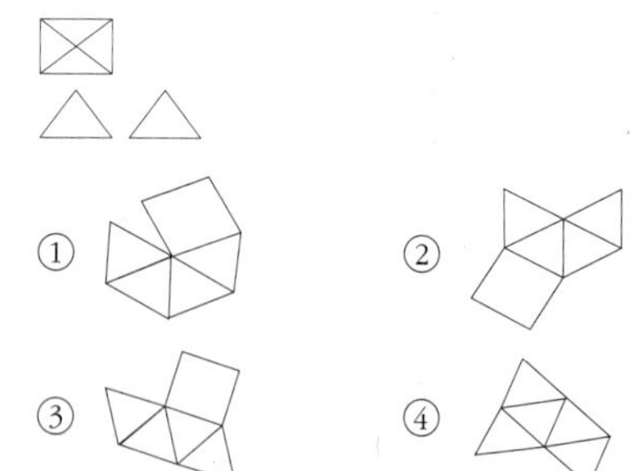

Ans
47 ②　48 ②　49 ②　50 ③　51 ①　52 ③　53 ③
54 ②

55 도면에 대한 호칭방법이 다음과 같이 나타날 때 이에 대한 설명으로 틀린 것은?

K2 B ISO 5457-Alt-TP 112.5-R-TBL

① 도면은 KS B ISO 5457을 따른다.
② A1 용지 크기이다.
③ 재단하지 않은 용지이다.
④ 112.5g/㎡ 사양의 트레이싱지이다.

> ! 재단한 용지는 R로, 재단하지 않은 용지는 U로 표시한다.

56 그림과 같은 도면에서 나타난 "□40" 치수에서 "□"가 뜻하는 것은?

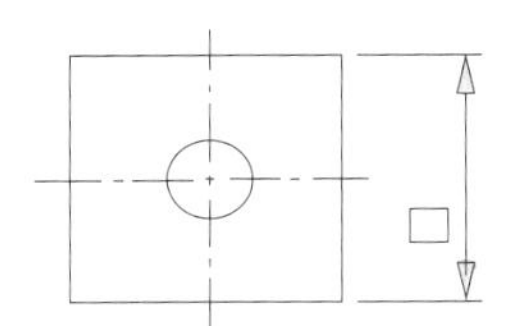

① 정사각형의 변
② 이론적으로 정확한 치수
③ 판의 두께
④ 참고치수

57 그림과 같이 원통을 경사지게 절단한 제품을 제작할 때, 다음 중 어떤 전개법이 가장 적합한가?

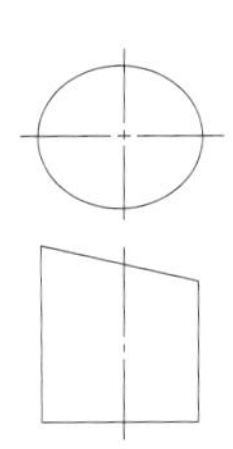

① 사각형법 ② 평행선법
③ 삼각형법 ④ 방사선법

> ! 평행선 전개도법은 원기둥, 각기둥 등과 같이 중심축이 나란한 직선의 물체를 표시한다.

58 다음 중 가는 실선으로 나타내는 경우가 아닌 것은?

① 시작점과 끝점을 나타내는 치수선
② 소재의 굽은 부분이나 가공 공정의 표시선
③ 상세도를 그리기 위한 틀의 선
④ 금속 구조 공학 등의 구조를 나타내는 선

> ! 치수선, 치수보조선, 지시선, 회전단면선, 수준면선, 해칭선

59 그림과 같은 도면에서 괄호 안의 치수는 무엇을 나타내는가?

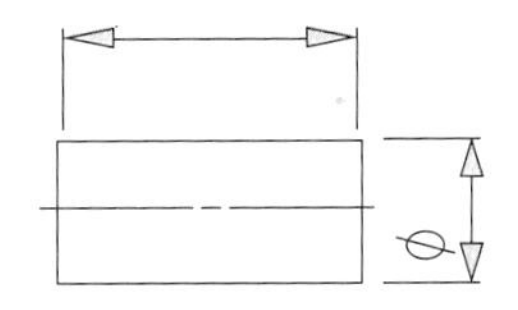

① 완성 치수
② 참고 치수
③ 다듬질 치수
④ 비례척이 아닌 치수

60 다음 중 일반 구조용 탄소 강관의 KS 재료 기호는?

① SPP ② SPS
③ SKH ④ STK

> ! SPP-배관용 탄소 강관, SPS-스프링강재, SKH-고속도 공구강 강재

Ans
55 ③ 56 ① 57 ② 58 ④ 59 ② 60 ④

용접 기능사 필기 기출문제 (2016년 7월 10일 시행)

자격종목	코 드	시험 시간	문항 수	수험번호	성명
용접 기능사	6223	60분	60		

01 다음 중 용접 시 수소의 영향으로 발생하는 결함과 가장 거리가 먼 것은?

① 기공 ② 균열
③ 은점 ④ 설퍼

> ! H_2 : 강을 여리게 하고 산이나 알칼리에 약하며 헤어크랙, 저온균열, 기공, 은점의 원인이며 수중 절단 시 사용

02 가스 중에서 최소의 밀도로 가장 가볍고 확산속도가 빠르며, 열전도가 가장 큰 가스는?

① 수소 ② 메탄
③ 프로판 ④ 부탄

> ! **수소의 성질**
> - 0℃, 1기압 1L의 무게는 0.089g이다.
> - 기공 원인이 된다.
> - 납땜, 수중절단에 이용
> - 저온 균열의 원인이 된다.
> - 비드 밑 균열의 원인이다.
> - 고온, 고압에서 취성의 원인이다.
> - 물고기 눈처럼 빛나는 은점의 원인이다.
> - 무미, 무취, 불꽃이 육안 확인 어렵다(청색)
> - 머리카락 모양처럼 생기는 헤어크랙의 원인이다.
> - 제조법은 물의 전기분해법, 코크스의 가스화법
> - 수소가스는 가스 중에서 밀도가 가장 작고 가벼워서 확산속도가 빠르며 열전도성이 가장 크기 때문에 폭발했을 때 위험성이 크다(폭명기생성).

03 용착금속의 인장강도가 55N/㎥, 안전율이 6이라면 이음의 허용응력은 약 몇 N/㎡인가?

① 0.92 ② 9.2
③ 92 ④ 920

> ! 안전율 = $\frac{\text{인장강도}}{\text{허용응적}}$
>
> 허용응력 = $\frac{\text{인장강도}}{\text{안전율}} = \frac{55}{6} = 9.2$

04 팁 끝이 모재에 닿는 순간 순간적으로 팁 끝이 막혀 팁 속에서 폭발음이 나면서 불꽃이 꺼졌다가 다시 나타나는 현상은?

① 인화
② 역화
③ 역류
④ 선화

> ! • 역류 : 산소가 아세틸렌 도관으로 흘러 들어가는 현상
> • 인화 : 불꽃이 혼합실까지 들어가는 현상

Ans
01 ④ 02 ① 03 ② 04 ②

05 다음 중 파괴 시험 검사법에 속하는 것은?

① 부식시험
② 침투시험
③ 음향시험
④ 와류시험

> !
> **비파괴검사의 종류**
> - 외관검사(View Testing) : VT
> - 누설검사(Leak Testing) : LT
> - 침투탐상(Penetrant Testing) : PT
> - 자분탐상(Magnetic Particle Testing) : MT
> - 초음파탐상(Ultrasonic Testing) : UT
> - 방사선검사(Radiographic Teating) : RT
> - 맴돌이검사(Eddy Current Testing) : ECT

06 TIG 용접 토치의 분류 중 형태에 따른 종류가 아닌 것은?

① T형 토치
② Y형 토치
③ 직선형 토치
④ 플랙시블형 토치

> !
> 티그용접 토치에는 Y형 토치는 없다.

07 용접에 의한 수축 변형에 영향을 미치는 인자로 가장 거리가 먼 것은?

① 가접
② 용접 입열
③ 판의 예열 온도
④ 판 두께에 따른 이음 형상

> !
> **용접에서 변형의 주된 이유**
> - 용착금속의 용착불량
> - 열로 인한 용착금속의 팽창과 수축

08 전자동 MIG 용접과 반자동 용접을 비교했을 때 전자동 MIG 용접의 장점으로 틀린 것은?

① 용접 속도가 빠르다.
② 생산 단가를 최소화 할 수 있다.
③ 우수한 품질의 용접이 얻어진다.
④ 용착 효율이 낮아 능률이 매우 좋다.

> !
> **불활성가스 금속아크용접(GMAW)의 특징**
> - 용접기 조작이 간단, 손쉽게 용접
> - 용접속도가 빠르다.
> - 정전압특성(서브,CO_2), 상승특성
> - 슬래그가 없고 스패터가 최소화, 용접후처리 불필요
> - 용착효율이 좋다(MIG 95%, 수동피복아크용접(60%)
> - MIG용접의 전류밀도는 아크용접의 6~8배이다.
> - 전 자세 용접가능, 용입 크고, 전류밀도 높다.

09 다음 중 탄산가스 아크 용접의 자기쏠림 현상을 방지하는 대책으로 틀린 것은?

① 엔드탭을 부착한다.
② 가스 유량을 조절한다.
③ 어스의 위치를 변경한다.
④ 용접부의 틈을 적게 한다.

> !
> **아크쏠림의 방지책**
> - 교류 용접기를 사용
> - 접지를 용접부위에서 멀리둔다.
> - 용접부의 시종단에 엔드탭을 설치한다.
> - 아크길이를 짧게 한다.
> - 용접봉의 끝을 아크쏠림 반대쪽으로 숙인다.
> - 긴 용접선은 후퇴법을 이용하여 용접한다.

10 다음 용접법 중 비소모식 아크 용접법은?

① 논 가스 아크 용접
② 피복 금속 아크 용접
③ 서브머지드 아크 용접
④ 불활성 가스 텅스텐 아크 용접

> !
> **비소모식이란?**
> 전극봉이 녹지 않는 용접 방식을 의미하며 티그용접에서는 텅스텐 전극봉이 아크를 발생 시킬 뿐 용접봉은 따로 공급해 주어야 한다.

Ans
05 ① 06 ② 07 ① 08 ④ 09 ② 10 ④

11 용접부를 끝이 구면인 해머로 가볍게 때려 용착금속부의 표면에 소성변형을 주어 인장 응력을 완화시키는 잔류 응력 제거법은?

① 피닝법
② 노내 풀림법
③ 저온 응력 완화법
④ 기계적 응력 완화법

> !
> **잔류응력 제거법**
> - 노내풀림법, 국부풀림법, 기계적 응력완화법, 저온 응력완화법, 피닝법
> - 노내풀림법 : 유지 온도가 높고, 시간이 길수록 효과가 크다. 노내 출입 온도 300 ℃이하를 유지하고 풀림온도 600~650 ℃(판 두께 25mm, 1시간)
> - 국부풀림법 : 큰 제품, 현장 구조물 등 노내 풀림이 곤란한 경우 사용, 용접선 좌우 양측 250mm 또는 판 두께의 12배 이상의 범위를 가열 후 서냉 처리, 동일한 온도를 유지하기 위해 유도가열장치 사용
> - 기계적 응력완화법 : 용접부에 하중을 주어 약간의 소성변형으로 응력 제거함
> - 저온 응력완화법 : 용접선 좌우를 정속도로 가스불꽃을 150mm의 나비로 150~200 ℃로 가열 후 수랭하는 방법으로 용접선 방향의 인장 응력을 완화 시키는 방법이다.
> - 피닝법 : 끝이 둥근 특수 해머로 용접부를 연속적으로 타격 하여 표면의 소성 변형을 일으켜 인장응력을 완화 시키며 첫 층 용접의 균열 방지목적으로 700℃에서 열간 피닝 한다.

12 용접 변형의 교정법에서 점 수축법의 가열온도와 가열시간으로 가장 적당한 것은?

① 100~200℃, 20초
② 300~400℃, 20초
③ 500~600℃, 30초
④ 700~800℃, 30초

> !
> **용접 후 변형 교정법**
> - 박판에 대한 점 수축법 : 소성가공을 이용(가열온도 500~600℃, 30초 정도)
> - 형재에 대한 직선 수축법
> - 가열 후 해머질 하는 방법
> - 후판에 대해 가열 후 압력을 가하고 수냉 하는 법 : 순서
> - 로울러에 거는법
> - 절단하여 정형 후 재용접 하는 법
> - 피닝법 : 피닝법은 특수해머를 사용하여 모재의 표면에 지속적으로 충격을 가해 줌으로써 재료 내부에 있는 잔류 응력을 완화시키면서 표면층에 소성변형을 주는 방법이다.

13 수직판 또는 수평면 내에서 선회하는 회전 영역이 넓고 팔이 기울어져 상하로 움직일 수 있어 주로 스폿 용접, 중량물 취급 등에 많이 이용되는 로봇은?

① 다관절 로봇
② 극좌표 로봇
③ 원통 좌표 로봇
④ 직각 좌표계 로봇

> !
> **용접의 자동화에서 자동제어의 장점**
> - 제품의 품질이 균일화되어 불량품이 감소한다.
> - 인간에게 불가능한 고속 작업도 가능하다.
> - 연속작업 및 정밀한 작업이 가능하다.
> - 위험한 사고의 방지가 가능하다.

14 서브머지드 아크 용접 시 발생하는 기공의 원인이 아닌 것은?

① 직류 역극성 사용
② 용제의 건조 불량
③ 용제의 산포량 부족
④ 와이어 녹, 기름, 페인트

> !
> **기공의 방지 대책**
> - 모재의 기름, 페인트, 녹 등을 제거한다.
> - 용제를 완전건조 한다.
> - 노즐에 부착되어 있는 스패터를 제거한 후 용접한다.
> - 용제를 충분히 도포 한다.

Ans
11 ① 12 ③ 13 ② 14 ①

15 다음 중 전자 빔 용접에 관한 설명으로 틀린 것은?

① 용입이 낮아 후판 용접에는 적용이 어렵다.
② 성분 변화에 의하여 용접부의 기계적 성질이나 내식성의 저하를 가져올 수 있다.
③ 가공재나 열처리에 대하여 소재의 성질을 저하시키지 않고 용접할 수 있다.
④ 10-4~10-6mmHg 정도의 높은 진공실 속에서 음극으로부터 방출된 전자를 고전압으로 가속시켜 용접을 한다.

!
전자빔 용접
- 원리
  고진공 중에서 전자를 전자 코일로써 적당한 크기로 만들어 양극 전압에 의해 가속시켜서 접합부에 충돌시킨 열로 응집하는 방법이다.
- 특징
  - 용접부가 좁고 용접이 깊다.
  - 얇은 판에서 두꺼운 판까지 광범위한 용집이 가능하다 (정밀 제품의 자동화에 좋다)
  - 고용융점 재료 또는 열전도율이 다른 이층 금속과의 용접이 용이하다.
  - 고속공형, 저장공형, 대기압형이 있다.
  - 저전압 대전류형, 고전압 소전류형이 있다.
  - 피용접물의 크기 제한을 받으며 장치가 고가이다.
  - 용접부의 경화 현상이 일어나기 쉽다.
  - 비기장치 및 X선 방호가 필요하다.

16 안전 보건표지의 색채, 색도기준 및 용도에서 지시의 용도 색채는?

① 검은 색 ② 노란색
③ 빨간 색 ④ 파란 색

!
안전색채
- 적색 : 방화, 금지, 경고, 방향표시
- 황색 : 주의표시
- 오렌지색 : 위험표시
- 녹색 : 안전지도, 위생표시
- 청색 : 주의, 수리 중, 송전중 표시
- 보라색 : 방사능위험
- 백색 : 파란색, 녹색의 보조색, 주의표시
- 흑색 : 방향표시, 문자 및 빨간색의 보조색

17 X선이나 γ선을 재료에 투과시켜 투과된 빛의 강도에 따라 사진 필름에 감광시켜 결함을 검사하는 비파괴 시험법은?

① 자분 탐상 검사
② 침투 탐상 검사
③ 초음파 탐상 검사
④ 방사선 투과 검사

!
비파괴 시험의 분류
- 표면검사 : VT, LT, PT, ECT
- 내면검사 : 방사선검사, 초음파검사

18 다음 중 용접봉의 용융속도를 나타낸 것은?

① 단위 시간 당 용접 입열의 양
② 단위 시간 당 소모되는 용접 전류
③ 단위 시간 당 형성되는 비드의 길이
④ 단위 시간 당 소비되는 용접봉의 길이

!
용융속도 : 단위시간에 소모되는 용접봉의 무게, 용접전류 × 용접봉쪽 전압강하

19 물체와의 가벼운 충돌 또는 부딪침으로 인하여 생기는 손상으로 충격 부위가 부어오르고 통증이 발생되며 일반적으로 피부 표면에 창상이 없는 상처를 뜻하는 것은?

① 출혈
② 화상
③ 찰과상
④ 타박상

Ans
15 ① 16 ④ 17 ④ 18 ④ 19 ④

20 일명 비석법이라고도 하며, 용접 길이를 짧게 나누어 간격을 두면서 용접하는 용착법은?

① 전진법 ② 후진법
③ 대칭법 ④ 스킵법

> !
> **용착법**
> - 전진법 : 용접 시작 부분보다 끝나는 부분이 수축 및 잔류응력이 커서 용접이음이 짧고 변형 및 잔류 응력이 그다지 문제가 되지 않을 때 사용 전진법 1 2 3 4 5
> - 후퇴법 : 용접을 단계적으로 후퇴하면서 전체적 길이를 용접하는 방법으로 수축과 잔류응력을 줄이는 방법 후퇴법 5 4 3 2 1
> - 대칭법 : 용접전 길이에 대하여 중심에서 좌우로 또는 용접부의 형상에 따라 좌우대칭으로 용접하여 변형과 수축응력을 경감한다. 대칭법 4 2 1 3
> - 비석법(스킵법) : 짧은 동점길이로 나누어 놓고 간격을 두면서 용접하는 방법으로 특히 잔류응력을 적게 할 경우에 사용 스킵법(비석법) 1 4 2 5 3

21 금속 산화물이 알루미늄에 의하여 산소를 빼앗기는 반응에 의해 생성되는 열을 이용한 용접법은?

① 마찰 용접
② 테르밋 용접
③ 일렉트로 슬래그 용접
④ 서브머지드 아크 용접

> !
> **테르밋 용접**
> - 특수용접이며 용접이다.
> - 금속 산화물이 알루미늄에 의하여 산소를 빼앗기는 반응에 의해 생성되는 열을 이용하여 접합
> - 산화철분말(3~4) + 알루미늄분말 (1)
> - 점화제로 과산화바륨, 마그네슘, 알루미늄
> - 작업이 간단하다.
> - 전력이 불필요 하며 철도 레일 이음용접에 주로 사용함
> - 시간이 짧고 용접변형도 적다.

22 저항 용접의 장점이 아닌 것은?

① 대량 생산에 적합하다.
② 후열 처리가 필요하다.
③ 산화 및 변질 부분이 적다.
④ 용접봉, 용제가 불필요하다.

> !
> **전기 저항 용점의 특징**
> 1) 용접사 기능무관
> 2) 용접 시간이 짧고 대량생산에 적합
> 3) 산화 및 변형이 적고 용접부가 깨끗하고 가압 효과가 크다.
> 4) 압접의 일종, 설비복잡, 가격 비싸다.
> 5) 후열처리 필요, 이종금속의 접합은 불가능

23 정격 2차 전류 200A, 정격 사용률 40%인 아크용접기로 실제 아크 전압 30V, 아크 전류 130A로 용접을 수행한다고 가정할 때 허용 사용률은 약 얼마인가?

① 70%
② 75%
③ 80%
④ 95%

> !
> **허용사용률**
>
> $$= \frac{(\text{정격2차전류})^2}{(\text{실제용접전류})^2} \times \text{정격사용율\%}$$
>
> $$= \frac{(200)^2}{(130)^2} \times 40 = 75\%$$

Ans
20 ④ 21 ② 22 ② 23 ②

24 아크 전류가 일정할 때 아크 전압이 높아지면 용접봉의 용융속도가 늦어지고 아크 전압이 낮아지면 용융속도가 빨라지는 특성을 무엇이라 하는가?

① 부저항 특성
② 절연회복 특성
③ 전압회복 특성
④ 아크 길이 자기 제어 특성

> !
> **용접기에 필요한 특성**
>
> 수동 용접의 특징
> - 부특성(부저항특성) : 전류가 작은 범위에서 전류가 증가하면 저항이 작아져 아크전압이 낮아지는 특성
> - 수하특성 : 부하전류가 증가하면 단자전압이 저하하는 특성 – 아크가 안정된다 → 피복 아크 용접기의 특성
> - 정전류특성 – 아크길이가 크게 변하여도 전류값은 거의 변하지 않는 특성
>
> 자동 용접의 특징
> - 상승특성 : 큰 전류에서 아크길이가 일정할 때 아크 증가와 더불어 전압이 약간씩 증가하는 특성
> - 정전압특성(아크길이 자기제어특성) : 수하특성과는 반대의 성질을 갖는 것으로 부하 전류가 변해도 단자 전압이 거의 변하지 않는 것으로 CP특성이라 한다. → 서브머지드, CO_2용접, GMAW특성

25 강재 표면의 흠이나 개재물, 탈탄층 등을 제거하기 위하여 될 수 있는 대로 얇게 그리고 타원형 모양으로 표면을 깎아내는 가공법은?

① 분말 절단
② 가스 가우징
③ 스카핑
④ 플라즈마 절단

> !
> **가스 가우징**
> - 용접 뒷면 따내기, 금속 표면의 홈가공을 하기 위하여 깊은 홈을 파내는 가공법
> - 스카핑
> - 강제 표면의 탈탄층 또는 흠을 제거하기 위해 사용함(얇고 넓게 깎아 내기), 열간재 가공속도 – 20m/min, 냉간재 가공속도 – 6~7m/min

26 다음 중 야금적 접합법에 해당되지 않는 것은?

① 융접(fusion welding)
② 접어 잇기(seam)
③ 압접(pressure welding)
④ 납땜(brazing and soldering)

> !
> **접합의 종류**
> - 기계적 접합법 : 볼트, 리벳, 나사, 핀, 코터이음, 키, 접어 잇기
> - 야금적 접합법 : 고체 상태에 있는 두 개의 금속재료를 열이나 압력, 또는 열과 압력을 동시에 가해서 서로 접합하는 것(융접, 압접, 납땜 등)

27 다음 중 불꽃의 구성 요소가 아닌 것은?

① 불꽃심
② 속불꽃
③ 겉불꽃
④ 환원불꽃

28 피복 아크 용접봉에서 피복제의 주된 역할이 아닌 것은?

① 용융금속의 용적을 미세화하여 용착효율을 높인다.
② 용착금속의 응고와 냉각속도를 빠르게 한다.
③ 스패터의 발생을 적게 하고 전기 절연 작용을 한다.
④ 용착금속에 적당한 합금원소를 첨가한다.

> !
> **피복제의 역할(용제)**
> - 아크안정
> - 용적의 미세화
> - 전기절연작용
> - 탈산정련
> - 산·질화 방지
> - 유동성 증가
> - 서냉으로 취성방지
> - 슬래그 박리성 증대

Ans
24 ④ 25 ③ 26 ② 27 ④ 28 ②

29 교류 아크 용접기에서 안정한 아크를 얻기 위하여 상용주파의 아크 전류에 고전압의 고주파를 중첩시키는 방법으로 아크 발생과 용접 작업을 쉽게 할 수 있도록 하는 부속장치는?

① 전격방지장치
② 고주파 발생장치
③ 원격 제어장치
④ 핫 스타트장치

> **!**
> **교류용접기의 부속장치(설명)**
> 1) 전격방지기 : 감전의 위험으로부터 작업자 보호, 2차 무부하 전압을 25V~35V로 유지
> 2) 핫스타트장치(아크부스터) : 처음 모재에 접촉한 순간 0.2~0.25초의 순간적인 대전류를 흘려 아크의 발생 초기 안정도모
> 3) 고주파 발생장치 : 아크의 안정을 확보하기 위하여
> 4) 원격제어장치 : 원거리의 전류와 전압의 조절장치(가포화 리액터형)

30 피복 아크 용접봉의 피복제 중에서 아크를 안정시켜 주는 성분은?

① 붕사
② 페로망간
③ 니켈
④ 산화티탄

> **!**
> **피복제의 종류**
> • 가스 발생제 : 석회석, 셀룰로오스, 톱밥, 아교
> • 슬랙 생성제 : 석회석, 형석, 탄산수소나트륨, 일미나이트
> • 아크안정제 : 규산나트륨, 규산칼륨, 산화티탄, 석회석, 탄산바륨
> • 피복제의 탈산제 : 페로실리콘, 페로망간, 페로티탄, 알루미늄
> • 고착제 : 규산 나트륨, 규산칼륨, 아교, 소맥분, 해초

31 산소 용기의 취급 시 주의사항으로 틀린 것은?

① 기름이 묻은 손이나 장갑을 착용하고는 취급하지 않아야 한다.
② 통풍이 잘되는 야외에서 직사광선에 노출시켜야 한다.
③ 용기의 밸브가 얼었을 경우에는 따뜻한 물로 녹여야 한다.
④ 사용 전에는 비눗물 등을 이용하여 누설 여부를 확인한다.

> **!**
> **산소 및 아세틸렌 용기 취급 시 주의사항**
> • 타격 및 충격을 주지 말 것
> • 누설 검사는 비눗물로 할 것
> • 용기를 눕혀서 보관하지 말 것
> • 다른 가연성 가스와 함께 보관하지 말 것
> • 직사광선, 화기가 있는 고온의 장소를 피할 것
> • 용기내의 온도는 항상 40℃ 이하로 유지할 것
> • 용기 내의 압력이 너무 상승(170기압)되지 않도록 할 것
> • 용기 및 밸브 조정기 등에 기름이 부착되지 않도록 할 것
> • 밸브가 동결 되었을 때 더운 물 또는 증기를 사용하여 녹일 것

Ans
29 ② 30 ④ 31 ②

32 피복 아크 용접봉의 기호 중 고산화티탄계를 표시한 것은?

① E 4301 ② E 4303
③ E 4311 ④ E 4313

!
용접기호 E4327 중 "27"의 뜻
- E : 피복금속 아크용접봉
- 43 : 용착금속의 최소 인장강도
- 27 : 피복제 계통(0,1은 전자세, 2는 F, H-FILLET, 3은 F,4는 전자세 또는 특정자세)

1) 4301 : 일미나이트계(슬랙 생성식)-산화티탄, 산화철을 약 30% 이상 함유한 광석, 사석을 주성분으로 기계적 성질이 우수하고 용접성이 우수
2) 4303 : 라임티탄계 - 피복용 스테인리스강의 성분으로 산화티탄을 30% 이상 함유한 용접봉으로 비드의 외관이 아름답고 언더컷이 발생하지 않음
3) 4311 : 고셀룰로오스계(가스실드식) - 슬래그가 적어 좁은 홈의 용접에 적합, 비드표면이 거칠지만 환원성이므로 용착금속의 기계적 성질이 양호하고 수직상진, 하진 및 위보기 용접에서 우수한 작업성을 가지며 스패터가 많으며 피복제 중 셀룰로오스가 20~30% 포함되며 슬래그계 용접봉 보다 용접전류를 10~15% 낮게한다.
4) 4313 : 고산화티탄계-산화티탄 35%, 아크안정,CR봉, 비드좋다, 경구조물, 경자동차, 박판 용접에 적합
5) 4316 : 저수소계(슬랙 생성식)-석회석과 형석을 주성분으로 한 것으로 , 수소의 함량이 1/10 정도, 기계적성질과 균열의 감수성이 우수, 황의 함유량이 많고 염기성 함유가 높다.
6) 4324 : 철분 산화티탄계로 아래보기 자세와 수평 필릿 자세에 한정
7) 4326 : 철분 저수소계
8) 4327 : 철분 산화철계
9) 4340 : 특수계

33 가스 절단에서 프로판 가스와 비교한 아세틸렌가스의 장점에 해당되는 것은?

① 후판 절단의 경우 절단속도가 빠르다.
② 박판 절단의 경우 절단속도가 빠르다.
③ 중첩 절단을 할 때에는 절단속도가 빠르다.
④ 절단면이 거칠지 않다.

!
프로판 가스의 특징
- 절단면이 미세하고 깨끗하다.
- 절단면 상부에 모서리 녹음이 적다.
- 슬래그 제거가 쉽다.
- 포갭 절단 속도가 아세틸렌보다 빠르다.
- 후판절단이 아세틸렌보다 빠르다.

34 용접기의 구비조건이 아닌 것은?

① 구조 및 취급이 간단해야 한다.
② 사용 중에 온도 상승이 적어야 한다.
③ 전류 조정이 용이하고 일정한 전류가 흘러야 한다.
④ 용접 효율과 상관없이 사용 유지비가 적게 들어야 한다.

!
피복 아크 용접기의 구비 조건
- 내구성이 좋아야 한다.
- 역률과 효율이 높아야 한다.
- 무부하 전압이 작아야 한다.
- 구조 및 취급이 간단해야 한다.
- 사용 중 온도 상승이 적어야 한다.
- 전격 방지기가 설치되어 있어야 한다.
- 아크 발생이 쉽고 아크가 안정되어야 한다.
- 전류 조정이 용이하고 전류가 일정하게 흘러야 한다.

35 다음 중 연강을 가스 용접할 때 사용하는 용제는?

① 붕사
② 염화나트륨
③ 사용하지 않는다.
④ 중탄산소다 + 탄산소다

!
용제
- 연강용 : 사용하지 않음
- Al 용 : 염화칼륨, 염화나트륨, 황산칼륨
- 연납용 : 염산, 염화아연, 염화암모늄, 송진, 수지
- 경납용 : 붕사, 붕산, 염화리튬, 빙정석, 산화제1동
- 고탄소강용 : 중탄산나트륨, 탄산나트륨, 붕사
- 경금속용 : 염화리튬, 염화나트륨, 염화칼륨

Ans
32 ④ 33 ② 34 ④ 35 ③

36 프로판 가스의 특징으로 틀린 것은?

① 안전도가 높고 관리가 쉽다.
② 온도 변화에 따른 팽창률이 크다.
③ 액화하기 어렵고 폭발 한계가 넓다.
④ 상온에서는 기체 상태이고 무색, 투명하다.

> !
> **프로판 가스의 특징**
> • 절단면이 미세하고 깨끗하다.
> • 절단면 상부에 모서리 녹음이 적다.
> • 슬래그 제거가 쉽다.
> • 포갭 절단 속도가 아세틸렌보다 빠르다.
> • 후판절단이 아세틸렌보다 빠르다.

37 피복 아크 용접봉에서 아크 길이와 아크 전압의 설명으로 틀린 것은?

① 아크 길이가 너무 길면 불안정하다.
② 양호한 용접을 하려면 짧은 아크를 사용한다.
③ 아크 전압은 아크 길이에 반비례한다.
④ 아크 길이가 적당할 때 정상적인 작은 입자의 스패터가 생긴다.

38 다음 중 용융금속의 이행 형태가 아닌 것은?

① 단락형 ② 스프레이형
③ 연속형 ④ 글로블러형

> !
> **피복아크 용접봉의 용융금속의 3가지 이행형식**
> • 단락형 : 박피용 용접봉, 맨용접봉
> • 스프레이형 : 4301, 4313
> • 글로뷸러형 : 7016

39 강자성을 가지는 은백색의 금속으로 화학 반응용 촉매, 공구 소결재로 널리 사용되고 바이탈륨의 주성분 금속은?

① Ti ② Co
③ Al ④ Pt

40 재료에 어떤 일정한 하중을 가하고 어떤 온도에서 긴 시간 동안 유지하면 시간이 경과함에 따라 스트레인이 증가하는 것을 측정하는 시험 방법은?

① 피로 시험 ② 충격 시험
③ 비틀림 시험 ④ 크리프 시험

> !
> 크리프시험법 : 일정한 하중을 가하고 긴 시간동안 유지하면 시간이 경과 함에 따라 스트레인이 증가하는 것을 시험하는 검사방법

41 금속의 결정구조에서 조밀육방격자(HCP)의 배위수는?

① 6 ② 8
③ 10 ④ 12

> !
> 조밀육방격장(HCP)는 격장의 배위수가 12개이다.

42 주석청동의 용해 및 주조에서 1.5~1.7%의 아연을 첨가할 때의 효과로 옳은 것은?

① 수축률이 감소된다.
② 침탄이 촉진된다.
③ 취성이 향상된다.
④ 가스가 흡입된다.

43 금속의 결정구조에 대한 설명으로 틀린 것은?

① 결정입자의 경계를 결정입계라 한다.
② 결정체를 이루고 있는 각 결정을 결정입자라 한다.
③ 체심입방격자는 단위격자 속에 있는 원자수가 3개이다.
④ 물질을 구성하고 있는 원자가 입체적으로 규칙적인 배열을 이루고 있는 것을 결정이라 한다.

Ans
36 ③ 37 ③ 38 ③ 39 ② 40 ④ 41 ④ 42 ①
43 ③

44 Al의 표면을 적당한 전해액 중에서 양극 산화처리하면 표면에 방식성이 우수한 산화 피막층이 만들어진다. 알루미늄의 방식 방법에 많이 이용되는 것은?

① 규산법　② 수산법
③ 탄화법　④ 질화법

!
알루미늄 방식법의 종류
- 수산법 : 알루마이트법이라고도 하며 Al 제품을 2%의 수산 용액에서 전류를 흘려 표면에 단단하고 치밀한 산화막을 형성 시키는 방법이다.
- 황산법 : 전해액으로 황산을 사용하며, 가장 널리 사용되는 Al 방식법이다. 경제적이며 내식성과 내마모성이 우수하고 착색력이 좋아서 유지 하기가 용이하다.
- 크롬산법 : 전해액으로 크롬산을 사용하며, 반투명이나 애나멜과 같은 색을 띤다. 광학기계나 가전제품, 통신기기 등에 사용된다.

45 강의 표면 경화법이 아닌 것은?

① 풀림
② 금속 용사법
③ 금속 침투법
④ 하드 페이싱

!
풀림은 일반 열처리법으로 응력을 제거하기 위한 목적으로 사용된다.

46 비금속 개재물이 강에 미치는 영향이 아닌 것은?

① 고온 메짐의 원인이 된다.
② 인성은 향상시키나 경도를 떨어뜨린다.
③ 열처리 시 개재물로 인한 균열을 발생시킨다.
④ 단조나 압연 작업 중에 균열의 원인이 된다.

47 해드필드강(hadfield steel)에 대한 설명으로 옳은 것은?

① Ferrite계 고 Ni강이다.
② Pearlite계 고 Co강이다.
③ Cementite계 고 Cr강이다.
④ Austenite계 Mn강이다.

!
해드필드 강(고 Mn강)
- 망간 10 – 14%의 강은 상온에서 오스테나이트 조직을 가지며 내마멸성이 특히 우수하며 각종 광산기계
- 기차 레일의 교차점, 냉간 인발용의 드로잉 다이스 등에 이용되는 강

저 망간강의 특징
- Mn 1～2%
- 듀콜강
- 펄라이트 조직
- 용접성우수
- 내식성개선 Cu첨가

48 잠수함, 우주선 등 극한 상태에서 파이프의 이음쇠에 사용되는 기능성 합금은?

① 초전도 합금
② 수소 저장 합금
③ 아모퍼스 합금
④ 형상 기억 합금

49 탄소강에서 탄소의 함량이 높아지면 낮아지는 것은?

① 경도　② 항복강도
③ 인장강도　④ 단면 수축률

!
탄소량이 증가 시 증가하는 것
- 강도, 경도, 비열, 보자력, 전기저항
- 감소하는 것
  - 인성, 전성, 연신율, 충격값
  - 비중, 선팽창계수, 열전도도
  - 내식성, 용접성

Ans
44 ②　45 ①　46 ②　47 ④　48 ④　49 ④

50 3~5% Ni, 1% Si을 첨가한 Cu 합금으로 C 합금이라고도 하며, 강력하고 전도율이 좋아 용접봉이나 전극재료로 사용되는 것은?

① 톰백
② 문쯔메탈
③ 길딩메탈
④ 코슨합금

51 치수 기입법에서 지름, 반지름, 구의 지름 및 반지름, 모떼기, 두께 등을 표시할 때 사용하는 보조기호 표시가 잘못된 것은?

① 두께 : D6
② 반지름 : R3
③ 모떼기 : C3
④ 구의 반지름 : SØ6

> !
> 제도에서 두께는 t로 표시 된다.

52 인접부분을 참고로 표시하는데 사용하는 것은?

① 숨은 선
② 가상선
③ 외형선
④ 피치선

> !
> 가상선(가는 이점쇄선)
> - 도시된 물체의 앞면을 표시
> - 인접부분을 참고로 표시
> - 가공 전 또는 가공 후의 모양을 표시
> - 이동하는 부분의 이동위치를 표시
> - 공구, 지그 등의 위치를 표시
> - 반복을 표시하는 선

53 보기와 같은 KS 용접 기호의 해독으로 틀린 것은?

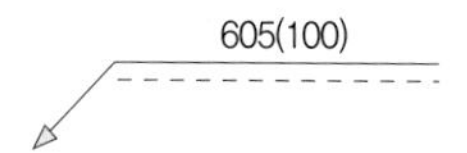

① 화살표 반대쪽 점용접
② 점 용접부의 지름 6mm
③ 용접부의 개수(용접 수) 5개
④ 점 용접한 간격은 100mm

> !
> - 점용접으로 용접하며 용접부의 지름이 6mm이고 5개를 용접하며 간격은 100mm이다.
> - 그리고 화살표쪽을 용접한다.(실선에 표시되면 화살표쪽 용접이고 파선에 표시되면 화살표 반대쪽을 용접)

54 좌우, 상하 대칭인 그림과 같은 형상을 도면화하려고 할 때 이에 관한 설명으로 틀린 것은? (단, 물체에 뚫린 구멍의 크기는 같고 간격은 6mm로 일정하다.)

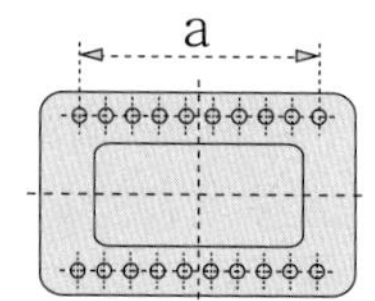

① 치수 a는 9×6(=54)으로 기입할 수 있다.
② 대칭기호를 사용하여 도형을 1/2로 나타낼 수 있다.
③ 구멍은 동일 형상일 경우 대표 형상을 제외한 나머지 구멍은 생략할 수 있다.
④ 구멍은 크기가 동일하더라도 각각의 치수를 모두 나타내야 한다.

Ans
50 ④ 51 ① 52 ② 53 ① 54 ④

55 그림과 같은 제3각법 정투상도에 가장 적합한 입체도는?

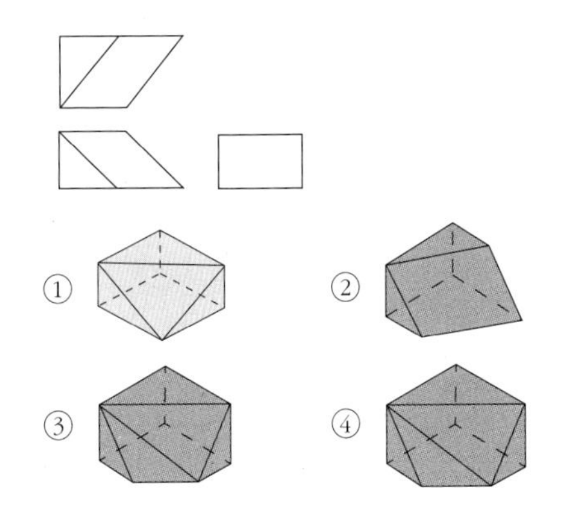

56 3각 기둥, 4각 기둥 등과 같은 각 기둥 및 원기둥을 평행하게 펼치는 전개 방법의 종류는?

① 삼각형을 이용한 전개도법
② 평행선을 이용한 전개도법
③ 방사선을 이용한 전개도법
④ 사다리꼴을 이용한 전개도법

57 SF-340A는 탄소강 단강품이며, 340은 최저인장강도를 나타낸다. 이 때 최저 인장강도의 단위로 가장 옳은 것은?

① N/m^2　　② kgf/m^2
③ N/mm^2　　④ kgf/mm^2

! 최저인장강도의 단위는 N/mm^2이다.

58 배관 도면에서 그림과 같은 기호의 의미로 가장 적합한 것은?

① 체크 밸브　　② 볼 밸브
③ 콕 일반　　④ 안전 밸브

! 밸브의 종류

종류	그림 기호	종류	그림 기호
밸브 일반		전자 밸브	
글로브 밸브		전동 밸브	
체크 밸브		콕 일반	
슬루스 벨브 (페이트 밸브)		닫힌 콕 일반	
앵글 밸브		닫혀 있는 밸브 일반	
3방향 밸브		볼 밸브	
안전 밸브 (스프링 식)		안전 밸브 (추식)	
공기빼기 밸브		버터플라이 밸브	

59 한쪽 단면도에 대한 설명으로 올바른 것은?

① 대칭형의 물체를 중심선을 경계로 하여 외형도의 절반과 단면도의 절반을 조합하여 표시한 것이다.
② 부품도의 중앙 부위의 전후를 절단하여 단면을 90° 회전시켜 표시한 것이다.
③ 도형 전체가 단면으로 표시된 것이다.
④ 물체의 필요한 부분만 단면으로 표시한 것이다.

60 판금 작업 시 강판재료를 절단하기 위하여 가장 필요한 도면은?

① 조립도　　② 전개도
③ 배관도　　④ 공정도

Ans
55 ③　56 ②　57 ③　58 ①　59 ①　60 ②

특수 용접 기능사 필기 기출문제 (2014년 1월 26일 시행)

				수험번호	성명
자격종목	코 드	시험 시간	문항 수		
특수 용접 기능사	6222	60분	60		

01 고속 분출을 얻는 데 적합하고, 보통의 팁에 비하여 산소의 소비량이 같을 때 절단 속도를 20~25% 증가시킬 수 있는 절단 팁은?

① 직선형 팁 ② 산소 - LP형 팁
③ 보통형 팁 ④ 다이버전트형 팁

> ! 다이버전트형 팁은 고속 분출을 얻을 수 있도록 설계되어 있으므로, 보통 팁에 비해 절단 속도를 20~25% 증가시킬 수 있다.

02 직류 아크 용접의 극성에 관한 설명으로 틀린 것은?

① 전자의 충격을 받는 양극이 음극보다 발열량이 작다.
② 정극성일 때는 용접봉의 용융이 늦고 모재의 용입은 깊다.
③ 역극성일 때는 용접봉의 용융 속도는 빠르고 모재의 용입이 얕다.
④ 얇은 판의 용접에는 용락을 피하기 위해 역극성을 사용하는 것이 좋다.

03 정격 2차 전류가 200A, 정격 사용률이 40%의 아크 용접기로 150A의 용접 전류를 사용하여 용접하는 경우 사용률은 약 몇 % 인가?

① 33% ② 40%
③ 50% ④ 71%

> ! **사용 허용률의 공식**
>
> $=\dfrac{(\text{정격 2차 전류})^2}{(\text{실제 용접 전류})^2} \times \text{정격 사용률\%}$
>
> $=\dfrac{(200)^2}{150^2} \times 40 = 71\%$

04 연강 용접봉에 비해 고장력강 용접봉의 장점이 아닌 것은?

① 재료의 취급이 간단하고 가공이 용이하다.
② 동일한 강도에서 판의 두께를 얇게 할 수 있다.
③ 소요 강재의 중량을 상당히 무겁게 할 수 있다.
④ 구조물의 하중을 경감시킬 수 있어 그 기초 공사가 단단해진다.

> ! 고장력강 용접봉의 장점은 동일한 구조물을 만들 때 소요되는 강재의 양이 작아도 되며, 중량을 경감시킬 수 있다.

Ans
01 ④ 02 ① 03 ④ 04 ③

05 아크 에어 가우징 시 압축 공기의 압력으로 가장 적합한 것은?

① 1~3kgf/cm^2　② 5~7kgf/cm^2
③ 9~15kgf/cm^2　④ 11~20kgf/cm^2

06 가스 불꽃의 온도가 가장 높은 것은?

① 산소 - 메탄 불꽃
② 산소 - 프로판 불꽃
③ 산소 - 수소 불꽃
④ 산소 - 아세틸렌 불꽃

> !
> 산소-아세틸렌 불꽃의 온도는 약 3,430℃이다.

07 가연성 가스가 가져야 할 성질과 가장 거리가 먼 것은?

① 발열량이 클 것
② 연소 속도가 느릴 것
③ 불꽃의 온도가 높을 것
④ 용융 금속과 화학 반응을 일으키지 않을 것

> !
> 가연성 가스가 가져야 할 성질
> ① 발열량이 클 것
> ② 연소 속도가 빠를 것
> ③ 불꽃의 온도가 높을 것
> ④ 용융 금속과 화학적 반응을 일으키지 말 것

08 수중 절단(underwater cutting)에 관한 설명으로 틀린 것은?

① 일반적으로 수중 절단은 수심 45m 정도까지 작업이 가능하다.
② 수중 작업 시 절단 산소의 압력은 공기 중에서의 1.5~2배로 한다.
③ 수중 작업 시 예열 가스의 양은 공기 중에서의 4~8배 정도로 한다.
④ 연료 가스로는 수소, 아세틸렌, 프로판, 벤젠 등이 사용되나 그 중 아세틸렌이 가장 많이 사용된다.

09 원판상의 롤러 전극 사이에 용접할 2장의 판을 두고 가압, 통전하여 전극을 회전시키며 연속적으로 점용접을 반복하는 용접법은?

① 심 용접　② 프로젝션 용접
③ 전자 빔 용접　④ 테르밋 용접

> !
> 심 용접 : 압접인 전기 저항 용접의 겹치기 용접법으로, 원판상의 롤러 전극 사이에 용접할 2장의 판을 두고 가압, 통전하여 전극을 회전시키며, 연속적으로 점용접을 반복한다.

10 강재의 가스 절단 시 팁 끝과 연강판 사이의 거리는 백심에서 1.5~2.0mm 정도 떨어지게 하며, 절단부를 예열하여 약 몇 ℃ 정도가 되었을 때 고압 산소를 이용하여 절단을 시작하는 것이 좋은가?

① 300~450℃　② 500~600℃
③ 650~750℃　④ 800~900℃

> !
> 절단 시 절단의 시작점은 적열 상태인 800~900℃ 정도가 적합하다.

11 산소 – 아세틸렌가스 용접에서 주철에 사용하는 용제에 해당하지 않는 것은?

① 붕사　② 탄산나트륨
③ 염화나트륨　④ 중탄산나트륨

!

용접 금속	용제의 종류
연강	사용하지 않음.
고탄소강, 주철, 특수강	탄산수소나트륨, 탄산나트륨, 황혈염, 붕사, 붕산 등
구리, 구리 합금	붕사, 붕산, 플루오르나트륨, 규산나트륨, 인산화물 등
알루미늄	염화나트륨, 염화칼륨, 염화리튬, 플르오르화칼륨, 황산칼륨 등

Ans
05 ② 06 ④ 07 ② 08 ④ 09 ① 10 ④ 11 ③

12 **내용적이 40L, 충전 압력이 150kgf/cm²인 산소 용기의 압력이 50kgf/cm²까지 내려갔다면 소비한 산소의 양은 몇 L인가?**

① 2000L ② 3000L
③ 4000L ④ 5000L

> !
> 산소 용기의 소비한 양 : 내용적 × 용기의 압력이므로,
> 40 × (150 − 50) = 4000L

13 **저용점 합금에 대한 설명 중 틀린 것은?**

① 납(Pb: 용융점 327℃)보다 낮은 융점을 가진 합금을 말한다.
② 가융 합금이라 한다.
③ 2원 또는 다원계의 공정 합금이다.
④ 전기 퓨즈, 화재 경보기, 저온 땜납 등에 이용된다.

> !
> 저용점 합금 : 용융점이 약 232℃인 주석을 기준으로, 이보다 낮은 융점을 가진 합금

14 **금속의 공통적 특성이 아닌 것은?**

① 상온에서 고체이며 결정체이다.(단, Hg은 제외)
② 열과 전기의 양도체이다.
③ 비중이 크고 금속적 광택을 갖는다.
④ 소성 변형이 없어 가공하기 쉽다.

15 **대표적인 주조 경질 합금은?**

① HSS ② 스텔라이트
③ 콘스탄탄 ④ 켈밋

> !
> 스텔라이트 : 주조 경질 합금의 재료, C : 2~4%,
> Cr : 15~30%, W : 10~15%, Co : 40~50%,
> Fe : 5%의 합금

16 **정전압 특성에 관한 설명으로 옳은 것은?**

① 부하 전압이 변화하면 단자 전압이 변하는 특성
② 부하 전류가 증가하면 단자 전압이 저하하는 특성
③ 부하 전압이 변화하여도 단자 전압이 변하지 않는 특성
④ 부하 전류가 변화하지 않아도 단자 전압이 변하는 특성

> !
> **용접기에 필요한 특성**
> ① 부특성(부저항 특성) : 작은 범위에서 전류가 증가하면 저항이 작아져 아크 전압이 낮아지는 특성
> ② 수하 특성 : 부하 전류가 증가하면 단자 전압이 저하하는 특성 → 피복 아크 용접기의 특성
> ③ 정전류 특성 : 아크 길이가 크게 변하여도 전류값은 거의 변하지 않는 특성
> ④ 상승 특성 : 큰 전류에서 아크 길이가 일정할 때 아크 증가와 더불어 전압이 약간씩 증가하는 특성
> ⑤ 정전압 특성(자기 제어 특성) : 수하 특성과는 반대의 성질을 갖는 것으로 부하 전류가 변해도 단자 전압이 거의 변하지 않는 것으로 CP 특성 → 서브머지드, CO_2 용접, GMAW 특성

17 **피복 아크 용접에서 용접 속도(welding speed)에 영향을 미치지 않는 것은?**

① 모재의 재질 ② 이음 모양
③ 전류 값 ④ 전압 값

> !
> **피복 아크 용접에서 용접 속도에 영향을 미치는 요소**
> ① 용접 전류 값
> ② 모재의 재질
> ③ 이음부의 모양
> ④ 용접봉의 재질

Ans
12 ③ 13 ① 14 ④ 15 ② 16 ③ 17 ④

18 연강용 피복 아크 용접봉 피복제의 역할과 가장 거리가 먼 것은?

① 아크를 안정하게 한다.
② 전기를 잘 통하게 한다.
③ 용착 금속의 급랭을 방지한다.
④ 용착 금속의 탈산 및 정련 작용을 한다.

19 피복 아크 용접에 있어 위빙 운봉 폭은 용접봉 심선 지름의 얼마로 하는 것이 가장 적절한가?

① 1배 이하　② 약 2~3배
③ 약 4~5배　④ 약 6~7배

20 전기 용접에 있어 전격 방지기가 기능하지 않을 경우 2차 무부하 전압은 어느 정도가 가장 적합한가?

① 20~30V　② 40~50V
③ 60~70V　④ 90~100V

!
전격 방지기는 무부하 전압이 85~95 정도의 전압을 25~35V로 낮춰 주는 작용을 한다.

21 구리는 비철 재료 중에 비중을 크게 차지한 재료이다. 다른 금속 재료와의 비교 설명 중 틀린 것은?

① 철에 비해 용융점이 높아 전기제품에 많이 사용된다.
② 아름다운 광택과 귀금속적 성질이 우수하다.
③ 전기 및 열의 전도도가 우수하다.
④ 전연성이 좋아 가공이 용이하다.

!
철의 용융점은 1,538℃ 정도이고, 구리의 용융점은 1,083℃이다.

22 크롬강의 특징을 잘못 설명한 것은?

① 크롬강은 담금질이 용이하고 경화층이 깊다.
② 탄화물이 형성되어 내마모성이 크다.
③ 내식 및 내열강으로 사용한다.
④ 구조용은 W, V, Co를 첨가하고 공구용은 Ni, Mn, Mo를 첨가한다.

!
구조용 크롬강은 내식성, 내열성, 담금질성의 향상을 위해 Ni, Mn, Mo를 첨가하고, 공구용 크롬강은 W, V, Mo를 첨가한다.

23 고 Ni의 초고장력강이며 1370~2060Mpa의 인장 강도와 높은 인성을 가진 석출경화형 스테인리스강의 일종은?

① 마레이징(maraging)강
② Cr 18% - Ni 8%의 스테인리스강
③ 13% Cr강의 마텐자이트계 스테인리스강
④ Cr 12 ~ 17%, C 0.2%의 페라이트계 스테인리스강

!
마레이징강 : 석출경화형 스테인리스강으로, 18%의 Ni이 함유된 고니켈강이고, 인장 강도가 약 1,370~2,060Mpa의 초고장력강

24 열처리 방법에 따른 효과로 옳지 않은 것은?

① 불림 - 미세하고 균일한 표준 조직
② 풀림 - 탄소강의 경화
③ 담금질 - 내마멸성 향상
④ 뜨임 - 인성 개선

!
일반 열처리의 종류
① 담금질(퀜칭) : 강을 강하게 만듦, 소금물 최대 효과
② 뜨임(탬퍼링) : 담금질로 인한 취성 제거, 강인성 증가(MO, W, V)
③ 풀림(어닐링) : 재질의 변화, 내부 응력 제거, 서냉, 국부 풀림 온도 −625±25℃
④ 불림(노멀라이징) : 조직의 균일화, 공랭, 미세조직화, A_3 변태점 −912℃

Ans
18 ②　19 ②　20 ④　21 ①　22 ④　23 ①　24 ②

25 **침탄법을 침탄제의 종류에 따라 분류할 때 해당되지 않는 것은?**

① 고체 침탄법　② 액체 침탄법
③ 가스 침탄법　④ 화염 침탄법

26 **용접 결함 방지를 위한 관리 기법에 속하지 않는 것은?**

① 설계 도면에 따른 용접 시공 조건의 검토와 작업 순서를 정하여 시공한다.
② 용접 구조물의 재질과 형상에 맞는 용접 장비를 사용한다.
③ 작업 중인 시공 상황을 수시로 확인하고 올바르게 시공할 수 있게 관리한다.
④ 작업 후에 시공 상황을 확인하고 올바르게 시공할 수 있게 관리한다.

!
시공 관리는 작업 후에 진행하는 것이 아니라, 작업 중에 지속적으로 관리를 해서 완벽한 시공이 되도록 해야 한다.

27 **비자성이고 상온에서 오스테나이트 조직인 스테인리스강은? (단, 숫자는 %를 의미한다.)**

① 18 Cr - 8 Ni 스테인리스강
② 13 Cr 스테인리스강
③ Cr계 스테인리스강
④ 13 Cr - Al 스테인리스강

!
스테인리스강의 종류
① 종류 : 오스테나이트(18-8, 비자성), 페라이트, 마텐자이트, 석출경화형
- 오스테나이트(18-8) – 예열하지 않는다.
- 페라이트(Cr 13%) – 자성체
- 마텐자이트(페라이트를 열처리) – 자성체

② 오스테나이트계 SUS의 특성
- 예열하지 않는다.
- 층간 온도 320℃를 지킨다.
- 용접봉은 얇고, 모재와 같은 종으로, 낮은 전류로 용접 입열을 줄인다.
- 짧은 아크 유지, 크레이터 처리한다.

28 **담금질 가능한 스테인리스강으로 용접 후 경도가 증가하는 것은?**

① STS 316　② STS 304
③ STS 202　④ STS 410

!
담금질이 가능한 스테인리스강은 STS 410이다.

29 **청동은 다음 중 어느 합금을 의미하는가?**

① Cu - Zn　② Fe - Al
③ Cu - Sn　④ Zn - Sn

!
청동 : 구리의 합금으로 Cu + Sn
황동 : 구리의 합금으로 Cu + Zn

30 **티그 용접의 전원 특성 및 사용법에 대한 설명이 틀린 것은?**

① 역극성을 사용하면 전극의 소모가 많아진다.
② 알루미늄 용접 시 교류를 사용하면 용접이 잘된다.
③ 정극성은 연강, 스테인리스강 용접에 적당하다.
④ 정극성을 사용할 때 전극은 둥글게 가공하여 사용하는 것이 아크가 안정된다.

31 **서브머지드 아크 용접에 사용되는 용융형 용제에 대한 설명 중 틀린 것은?**

① 흡수성이 거의 없으므로 재건조가 불필요하다.
② 미용융 용제는 다시 사용이 가능하다.
③ 고속 용접성이 양호하다.
④ 합금 원소의 첨가가 용이하다.

!
아크 용접 작업 시 전류의 조절은 아크를 발생하기 전에 조절해야 하며, 전류가 맞지 않을 시 아크를 중단하고 전류를 조절해야 한다.

Ans
25 ④　26 ④　27 ①　28 ④　29 ③　30 ④　31 ④

32 이산화탄소 가스 아크 용접에서 아크 전압이 높을 때 비드 형상으로 맞는 것은?

① 비드가 넓어지고 납작해진다.
② 비드가 좁아지고 납작해진다.
③ 비드가 넓어지고 볼록해진다.
④ 비드가 좁아지고 볼록해진다.

!
이산화탄소 가스 아크 용접에서 전류와 전압
① 전류 : 전류는 와이어의 공급 속도를 의미하며, 전류가 높으면 용착량이 많아진다.
② 전압 : 전압은 비드의 모양을 결정하는 것으로, 전류에 비해 전압이 높으면 비드의 모양은 납작해지며, 전류에 비해 전압이 낮으면 비드의 모양이 볼록해진다.

33 테르밋 용접의 점화제가 아닌 것은?

① 과산화바륨　② 망간
③ 알루미늄　④ 마그네슘

34 파장이 같은 빛을 렌즈로 집광하면 매우 작은 점으로 집중이 가능하고 높은 에너지로 집속하면 높은 열을 얻을 수 있다. 이것을 열원으로 하여 용접하는 방법은?

① 레이저 용접
② 일렉트로 슬래그 용접
③ 테르밋 용접
④ 플라스마 아크 용접

!
레이저 빔 용접 : 파장이 같은 빛을 렌즈로 집광하면 매우 작은 점으로, 집중되면서 높은 에너지로 고온의 열을 얻을 수 있다. 이를 열원으로 하여 용접하는 특수 용접 방법

35 보통 화재와 기름 화재의 소화기로는 적합하나 전기 화재의 소화기로는 부적합한 것은?

① 포말 소화기　② 분말 소화기
③ CO_2 소화기　④ 물 소화기

!
포말 소화기는 수계소화 약제로, 전기 화재 시에는 부적합하다.

36 용접성 시험이 아닌 것은?

① 노치 취성 시험　② 용접 연성 시험
③ 파면 시험　④ 용접 균열 시험

!
파면 시험은 강재의 작은 노치부를 만들어서 재료를 타격하며 절단된 면을 육안 조직 검사를 하는 방법이므로, 용접성을 판단하는 시험법은 아니다.

37 용접부의 표면이 좋고 나쁨을 검사하는 것으로 가장 많이 사용하며 간편하고 경제적인 검사 방법은?

① 자분 검사　② 외관 검사
③ 초음파 검사　④ 침투 검사

!
외관 검사는 재료의 외관을 육안으로 검사하는 방법으로, 가장 간편하고 경제적인 비파괴 검사 방법이다.

38 이산화탄소 아크 용접에서 일반적인 용접 작업(약 200A 미만)에서의 팁과 모재 간 거리는 몇 mm 정도가 가장 적합한가?

① 0~5mm　② 10~15mm
③ 40~50mm　④ 30~40mm

!
이산화탄소 아크 용접에서 노즐의 팁과 모재와의 거리를 아크 길이라 하며, 모재 간 거리는 10~15mm 정도가 적당하다.

Ans
32 ①　33 ②　34 ①　35 ①　36 ③　37 ②　38 ②

39 **불활성 가스 금속 아크 용접의 용접 토치 구성 부품 중 와이어가 송출되면서 전류를 통전시키는 역할을 하는 것은?**

① 가스 분출기(gas diffuser)
② 팁(tip)
③ 인슐레이터(insulator)
④ 플렉시블 콘듀잇(flexible conduit)

> !
> 이산화탄소 아크 용접기의 토치에서 콘택트 팁은 전류를 통전시키는 역할을 한다.

40 **경납용 용제의 특징으로 틀린 것은?**

① 모재와 친화력이 있어야 한다.
② 용융점이 모재보다 낮아야 한다.
③ 모재와의 전위차가 가능한 한 커야 한다.
④ 모재와 야금적 반응이 좋아야 한다.

> !
> 납땜은 연납용, 경납용으로 구별되며, 모재와의 전위차는 가능한 한 작아야 납땜이 잘 이루어진다.

41 **아크 용접 작업에 관한 사항으로 올바르지 않은 것은?**

① 용접기는 항상 환기가 잘되는 곳에 설치할 것
② 전류는 아크를 발생하면서 조절할 것
③ 용접기는 항상 건조되어 있을 것
④ 항상 정격에 맞는 전류로 조절할 것

42 **점용접 조건의 3대 요소가 아닌 것은?**

① 고유 저항 ② 가압력
③ 전류의 세기 ④ 통전 시간

> !
> 전기 저항 용접의 3요소 : 전류의 세기, 통전 시간, 가압력

43 **화재 및 폭발의 방지 조치 사항으로 틀린 것은?**

① 용접 작업 부근에 점화원을 두지 않는다.
② 인화성 액체의 반응 또는 취급은 폭발 한계 범위 이내의 농도로 한다.
③ 아세틸렌이나 LP 가스 용접 시에는 가연성 가스가 누설되지 않도록 한다.
④ 대기 중에 가연성 가스를 누설 또는 방출시키지 않는다.

> !
> 인화성 액체의 반응 또는 취급은 폭발 범위를 벗어나야 한다. (폭발 범위 = 폭발 한계 → 폭발 발생)

44 **용접부에 언더컷이 발생했을 경우 결함 보수 방법으로 가장 적당한 것은?**

① 드릴로 정지 구멍을 뚫고 다듬질한다.
② 절단 작업을 한 다음 재용접한다.
③ 가는 용접봉을 사용하여 보수 용접한다.
④ 일부분을 깎아 내고 재용접한다.

> !
> **결함의 보수**
> ① 언더컷의 보수 : 가는 용접봉으로 용접
> ② 오버랩의 보수 : 깎아 내고, 재용접

Ans
39 ② 40 ③ 41 ② 42 ① 43 ② 44 ③

45 액체 이산화탄소 25kg 용기는 대기 중에서 가스량이 대략 12700L이다. 20L/min의 유량으로 연속 사용할 경우 사용 가능한 시간(hour)은 약 얼마인가?

① 60시간 ② 6시간
③ 10시간 ④ 1시간

!

사용 가스의 양이 12,700L이라는 것은 분당 12,700L를 사용한다는 뜻이다. (12,700 ÷ 20 = 635min, 635 ÷ 60 = 10시간)

46 용접부의 인장 응력을 완화하기 위하여 특수 해머로 연속적으로 용접부 표면층을 소성 변형 주는 방법은?

① 피닝법
② 저온 응력 완화법
③ 응력 제거 어닐링법
④ 국부 가열 어닐링법

!

피닝법 : 특수 해머를 사용하여 모재의 표면에 지속적으로 충격을 가해 줌으로써, 재료 내부에 있는 잔류 응력을 완화시키면서 표면층에 소성 변형을 주는 방법

47 용접에서 변형 교정 방법이 아닌 것은?

① 얇은 판에 대한 점 수축법
② 롤러에 거는 방법
③ 형재에 대한 직선 수축법
④ 노내 풀림법

!

용접 후 변형 교정법
① 박판에 대한 점 수축법
② 형재에 대한 직선 수축법
③ 가열 후 해머질하는 방법
④ 후판에 대해 가열 후 압력을 가하고 수냉하는 법(순서)
⑤ 롤러에 거는 법
⑥ 절단하여 정형 후 재용접하는 법
⑦ 피닝법

48 용접재 예열의 목적으로 옳지 않은 것은?

① 변형 방지 ② 잔류 응력 감소
③ 균열 발생 방지 ④ 수소 이탈 방지

49 가스 용접 작업 시 주의 사항으로 틀린 것은?

① 반드시 보호안경을 착용한다.
② 산소 호스와 아세틸렌 호스는 색깔 구분 없이 사용한다.
③ 불필요한 긴 호스를 사용하지 말아야 한다.
④ 용기 가까운 곳에서는 인화 물질의 사용을 금한다.

!

산소 호스의 색깔은 녹색이나 흑색이며, 아세틸렌가스의 호스는 적색이어야 한다.

50 플러그 용접에서 전단 강도는 일반적으로 구멍의 면적당 전용착 금속 인장 강도의 몇 % 정도로 하는가?

① 20~30% ② 40~50%
③ 60~70% ④ 80~90%

Ans
45 ③ 46 ① 47 ④ 48 ④ 49 ② 50 ③

51 일반적으로 표면의 결 도시 기호에서 표시하지 않는 것은?

① 표면 재료 종류
② 줄무늬 방향의 기호
③ 표면의 파상도
④ 컷 오프 값, 평가 길이

52 도면의 일반적인 구비 조건으로 거리가 먼 것은?

① 대상물의 크기, 모양, 자세, 위치의 정보가 있어야 한다.
② 대상물을 명확하고 이해하기 쉬운 방법으로 표현해야 한다.
③ 도면의 보존, 검색 이용이 확실히 되도록 내용과 양식을 구비해야 한다.
④ 무역과 기술의 국제 교류가 활발하므로 대상물의 특징을 알 수 없도록 보안성을 유지해야 한다.

53 일반구조용 압연 강재의 KS 재료 기호는?

① SS 490 ② SSW 41
③ SBC 1 ④ SM 400A

54 치수 숫자와 함께 사용되는 기호가 바르게 연결된 것은?

① 지름 : P ② 정사각형 : □
③ 구면의 지름 : ø ④ 구의 반지름 : C

55 다음 용접 기호에서 a7이 의미하는 뜻으로 알맞은 것은?

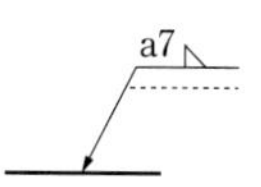

① 용접부 목 길이가 7mm이다.
② 용접 간격이 7mm이다.
③ 용접 모재의 두께가 7mm이다.
④ 용접부 목 두께가 7mm 이다.

> **!**
> **용접 기호 해설**
> ① a7 : 목 두께 7mm
> ② ◺ : 필릿 용접
> ③ ◺ 이 실선 위에 표시되어 있으므로, 화살표 쪽에 목 두께 7mm가 되도록 용접함을 뜻함.
> ④ z7 : 목 길이, 각장, 다리 길이가 7mm임을 의미함.

56 다음 도면에서 지름 3mm 구멍의 수는 모두 몇 개인가?

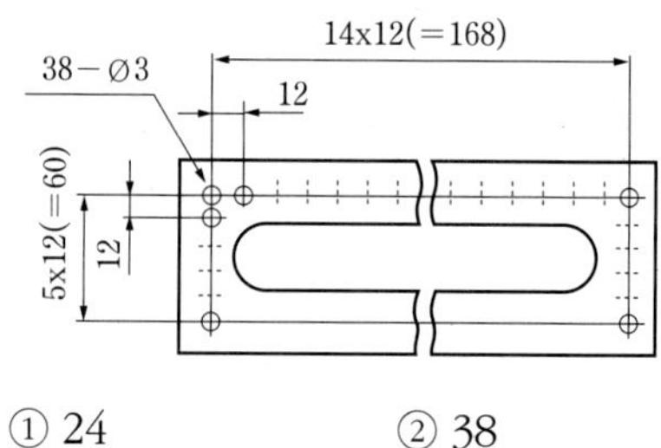

① 24 ② 38
③ 48 ④ 60

> **!**
> 38 − θ3에서 3mm의 구멍이 38개임을 표현한 것이다.

Ans
51 ① 52 ④ 53 ① 54 ② 55 ④ 56 ②

57 직원뿔 전개도의 형태로 가장 적합한 형상은?

① 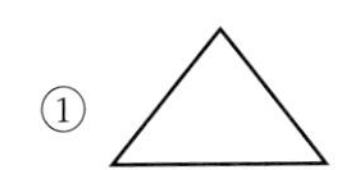

② 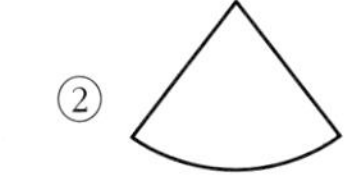

③ 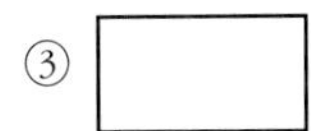

④

58 배관의 접합 기호 중 플랜지 연결을 나타내는 것은?

① 

②

③

④

> **!**
> **배관의 접합 기호**
> ① 일반 연결 ② 플랜지 연결
> ③ 유니온 연결 ④ 마개와 소켓 연결

59 다음 그림에서 '6.3' 선이 나타내는 선의 명칭으로 옳은 것은?

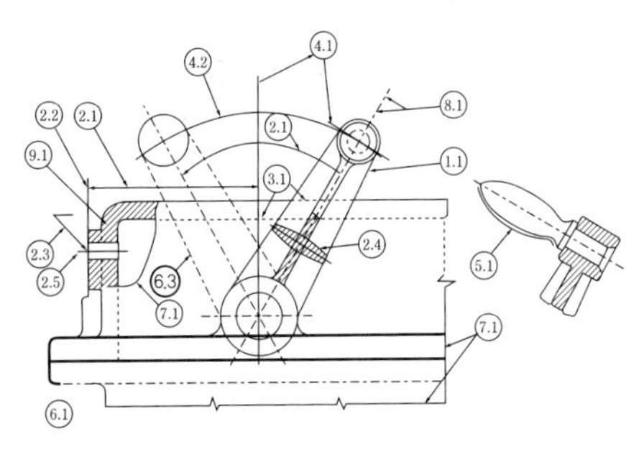

① 가상선 ② 절단선
③ 중심선 ④ 무게 중심선

> **!**
> **가상선의 용도**
> ① 가는 이점 쇄선으로 표시
> ② 도시된 물체의 앞면을 표시
> ③ 인접 부분을 참고로 표시
> ④ 가공 전 또는 가공 후의 모양을 표시
> ⑤ 이동하는 부분의 이동 위치를 표시
> ⑥ 공구, 지그 등의 위치를 표시·반복을 표시하는 선

60 그림과 같은 입체도에서 화살표 방향을 정면으로 할 때 제3각법으로 올바르게 정투상한 것은

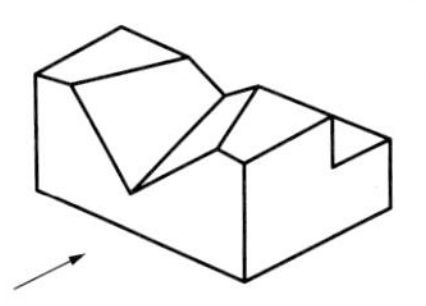

①

②

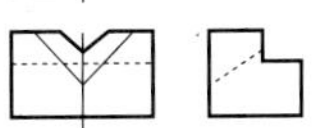

③

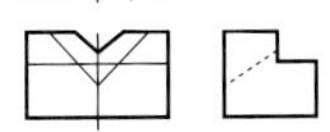

④

> **!**
> 3각법은 정면도, 평면도 우측면도로 주로 투상한다.

Ans
57 ② 58 ② 59 ① 60 ②

특수 용접 기능사 필기 기출문제 (2014년 4월 6일 시행)

자격종목	코 드	시험 시간	문항 수	수험번호	성명
특수 용접 기능사	6222	60분	60		

01 절단용 산소 중의 불순물이 증가되면 나타나는 결과가 아닌 것은?

① 절단 속도가 늦어진다.
② 산소의 소비량이 적어진다.
③ 절단 개시 시간이 길어진다.
④ 절단 홈의 폭이 넓어진다.

> !
> **절단용 산소 중의 불순물이 증가 시 나타나는 현상**
> ① 절단 속도가 늦어진다.
> ② 산소의 소비량이 많아진다.
> ③ 절단 개시 시간이 길어진다.
> ④ 절단층의 폭이 넓어진다.

02 탄소 아크 절단에 압축 공기를 병용하여 전극 홀더의 구멍에서 탄소 전극봉에 나란히 분출하는 고속의 공기를 분출시켜 용융 금속을 불어내어 홈을 파는 방법은?

① 금속 아크 절단
② 아크 에어 가우징
③ 플라스마 아크 절단
④ 불활성 가스 아크 절단

03 가스 용접 시 전진법과 후진법을 비교 설명한 것 중 틀린 것은?

① 전진법은 용접 속도가 느리다.
② 후진법은 열 이용률이 좋다.
③ 후진법은 용접 변형이 크다.
④ 전진법은 개선 홈의 각도가 크다.

04 피복 아크 용접봉에서 피복 배합제인 아교의 역할은?

① 고착제　② 합금제
③ 탈산제　④ 아크 안정제

> !
> **피복제의 종류**
> ① 가스 발생제 : 석회석, 셀룰로오스, 톱밥, 아교 등
> ② 슬래그 생성제 : 석회석, 형석, 탄산나트륨, 일미나이트 등
> ③ 아크 안정제 : 규산나트륨, 규산칼륨, 산화티탄, 석회석
> ④ 탈산제 : 페로실리콘, 페로망간, 페로티탄, 페로바나듐
> ⑤ 고착제 : 규산나트륨, 규산칼륨, 아교, 소맥분, 해초 등

05 교류 아크 용접기 부속 장치 중 용접봉 홀더의 종류(KS)가 아닌 것은?

① 400호　② 300호
③ 200호　④ 100호

> !
> KS 규격에 따른 용접봉 홀더의 종류에 100호는 포함되어 있지 않다.

Ans
01 ②　02 ②　03 ③　04 ①　05 ④

06 균열에 대한 감수성이 좋아 구속도가 큰 구조물의 용접이나 탄소가 많은 고탄소강 및 황의 함유량이 많은 쾌삭강 등의 용접에 사용되는 용접봉의 계통은?

① 고산화티탄계 ② 일미나이트계
③ 라임티탄계 ④ 저수소계

!
피복 아크 용접봉의 종류
① 4301 : 일미나이트계(슬래그 생성식)
② 4303 : 라임티탄계
③ 4311 : 고셀룰로오스계 – 가스 실드식
④ 4313 : 고산화 티탄계 – 산화 티탄 35%, 아크 안정, CR봉, 비드가 좋다, 경구조물 경자동차, 박판 용접
⑤ 4316 : 저수소계 – 기계적 성질이 우수하며 균열에 대한 감수성이 좋고 구속도가 큰 용접물에 적합하다.
⑥ 4324 : 철분 산화티탄계
⑦ 4326 : 철분 저수소계
⑧ 4327 : 철분 산화철계

07 서브머지드 아크 용접법에서 다전극 방식의 종류에 해당되지 않는 것은?

① 탠덤식 ② 횡병렬식
③ 횡직렬식 ④ 종직렬식

08 스테인리스강을 용접하면 용접부가 입계 부식을 일으켜 내식성을 저하시키는 원인으로 가장 적합한 것은?

① 자경성 때문이다.
② 적열 취성 때문이다.
③ 탄화물의 석출 때문이다.
④ 산화에 의한 취성 때문이다.

09 라우탈(Lautal) 합금의 주성분은?

① Al - Cu - Si ② Al - Si - Ni
③ Al - Cu - Mn ④ Al - Si - Mn

!
라우탈: 주조용 알루미늄 합금, 주성분은 Al + Cu + Si

10 열처리 중 항온 열처리 방법에 해당되지 않는 것은?

① 마퀜칭 ② 마템퍼링
③ 오스템퍼링 ④ 인상 담금질

!
항온 열처리
① 오스템퍼 ② 마템퍼 ③ 마퀜칭
④ 타임퀜칭 ⑤ 항온 뜨임 ⑥ 항온 풀림

11 금속의 접합법 중 야금학적 접합법이 아닌 것은?

① 융접 ② 압접
③ 납땜 ④ 볼트 이음

!
용접은 야금적 접합이고, 볼트 이음은 기계적 이음이다.

12 아세틸렌가스의 성질에 대한 설명으로 옳은 것은?

① 수소와 산소가 화합된 매우 안정된 기체이다.
② 1L의 무게는 1기압 15℃에서 117g이다.
③ 가스 용접용 가스이며, 카바이드로부터 제조된다.
④ 공기를 1로 했을 때의 비중은 1.91이다.

!
C_2H_2 가스의 특징
① 406~408℃에서 자연 발화된다.
② 마찰·진동·충격에 의하여 폭발 위험성이 있다.
③ 은, 수은, 동과 접촉 시 120℃ 부근에서 폭발한다.
④ 아세틸렌 15%, 산소 85%에서 가장 위험하다.
⑤ 아세틸렌의 양 구하는 식 : 905(A–B)
A : 병 전체의 무게, B : 빈 병의 무게
⑥ 카바이드 1kg에서 348L의 C_2H_2가 발생한다.
⑦ 비중은 1.176g이고, −15℃, 15기압에서 충전한다.
⑧ 아세틸렌 발생기는 60℃ 이하를 유지한다.

Ans
06 ④ 07 ④ 08 ③ 09 ① 10 ④ 11 ④ 12 ③

13 오스테나이트계 스테인리스강은 용접 시 냉각되면서 고온 균열이 발생되는데, 그 주원인이 아닌 것은?

① 아크 길이가 짧을 때
② 모재가 오염되어 있을 때
③ 크레이터 처리를 하지 않을 때
④ 구속력이 가해진 상태에서 용접할 때

14 직류 아크 용접의 극성에 관한 설명으로 옳은 것은?

① 직류 정극성에서는 용접봉의 녹는 속도가 빠르다.
② 직류 역극성에서는 용접봉에 30%의 열 분배가 되기 때문에 용입이 깊다.
③ 직류 정극성에서는 용접봉에 70%의 열 분배가 되기 때문에 모재의 용입이 얕다.
④ 직류 역극성은 박판, 주철, 고탄소강, 비철금속의 용접에 주로 사용된다.

15 가스 압접의 특징으로 틀린 것은?

① 이음부의 탈탄층이 전혀 없다.
② 작업이 거의 기계적이어서, 숙련이 필요하다.
③ 용가재 및 용제가 불필요하고, 용접 시간이 빠르다.
④ 장치가 간단하여 설비비, 보수비가 싸고 전력이 불필요하다.

> **!**
> 가스 압접의 특징
> ① 용접 시간이 빠르다.
> ② 유지 보수 가격이 저렴하다.
> ③ 설비비와 보수비가 저렴하다.
> ④ 이음부에 탈탄층이 존재하지 않는다.
> ⑤ 전력이 불필요하며 장치가 간단하다.
> ⑥ 이음부에 첨가 금속이나 용제가 불필요하다.
> ⑦ 작업이 기계적이어서 작업자의 숙련도가 필요치 않다.

16 직류 용접기와 비교한 교류 용접기의 특징으로 맞지 않은 것은?

① 유지가 쉽다.
② 아크가 불안정하다.
③ 감전의 위험이 적다.
④ 고장이 적고, 값이 싸다.

17 가스 절단 시 예열 불꽃이 약할 때 나타나는 현상으로 틀린 것은?

① 절단 속도가 늦어진다.
② 역화 발생이 감소된다.
③ 드래그가 증가한다.
④ 절단이 중단되기 쉽다.

18 피복 아크 용접 작업에서 아크 길이에 대한 설명 중 틀린 것은?

① 아크 길이는 일반적으로 3mm 정도가 적당하다.
② 아크 전압은 아크 길이에 반비례한다.
③ 아크 길이가 너무 길면 아크가 불안정하게 된다.
④ 양호한 용접은 짧은 아크(short arc)를 사용한다.

> **!**
> 아크 길이는 용접봉의 끝과 모재 간의 거리를 말하며, 용접봉 두께가 3mm 이상 시 아크 길이는 3mm 정도, 용접봉의 두께가 3mm 이하이면, 용접봉의 두께 만큼 거리를 두는 게 적당하다.

Ans
13 ① 14 ④ 15 ② 16 ③ 17 ② 18 ②

19 가스 절단에 영향을 미치는 인자가 아닌 것은?

① 후열 불꽃　② 예열 불꽃
③ 절단 속도　④ 절단 조건

!

가스 절단에 영향을 미치는 요소
① 예열 불꽃
② 절단 조건
③ 절단 속도
④ 산소 가스의 순도, 압력
⑤ 가스의 분출량과 속도

20 피복 아크 용접에서 아크열에 의해 모재가 녹아 들어간 깊이는?

① 용적　② 용입
③ 용락　④ 용착 금속

!

용접의 용어
① 용적 : 용접봉이 녹은 쇳물
② 용융지 : 모재가 녹은 깊이
③ 용착 금속 : 용적이 용융지에 들어가 굳어진 금속

21 탄소강의 담금질 중 고온의 오스테나이트 영역에서 소재를 냉각하면 냉각 속도의 차에 따라 마텐자이트, 페라이트, 펄라이트, 소르바이트 등의 조직으로 변태되는데, 이들 조직 중에서 강도와 경도가 가장 높은 것은?

① 소르바이트　② 페라이트
③ 펄라이트　④ 마텐자이트

!

금속 조직의 강도와 경도가 높은 순서
페라이트 → 오스테나이트 → 펄라이트계 → 소르바이트 → 베이나이트 → 마텐자이트 → 시멘타이트

22 Mg-Al에 소량의 Zn과 Mn을 첨가한 합금은?

① 엘린바(Elinvar)
② 일렉트론(Elektron)
③ 퍼멀로이(Permalloy)
④ 모넬 메탈(Monel metal)

!

일렉트론 : 마그네슘 합금, Mg + Al + Zn + Mn의 합금

23 산소-아세틸렌가스를 사용하여 담금질성이 있는 강재의 표면만을 경화시키는 방법은?

① 질화법　② 가스 침탄법
③ 화염 경화법　④ 고주파 경화법

24 시험 재료의 전성, 연성 및 균열의 유무 등 용접 부위를 시험하는 시험법은?

① 굴곡 시험　② 경도 시험
③ 압축 시험　④ 조직 시험

!

굴곡 시험(굽힘 시험)
용접한 재료의 표면을 매끈하게 연삭한 후, 굽힘 시험기를 이용하여 굴곡 시험(굽힘 시험)을 하면 연성이나 균열의 여부를 파악할 수 있어서 국가 자격증 시험에서 주로 사용된다.

25 납땜 시 사용하는 용제가 갖추어야 할 조건이 아닌 것은?

① 사용 재료의 산화를 방지할 것
② 전기 저항 납땜에는 부도체를 사용할 것
③ 모재와의 친화력을 좋게 할 것
④ 산화 피막 등의 불순물을 제거하고 유동성이 좋을 것

!

용제의 구비 조건
① 산화 피막 및 불순물을 제거할 수 있어야 한다.
② 모재와 친화력이 좋고 유동성이 우수해야 한다.
③ 슬래그 제거가 용이하고, 인체에 해가 없어야 한다.
④ 부식 작용이 적어야 한다.
⑤ 용제의 유효 온도 범위와 납땜 온도가 일치해야 한다.

Ans
19 ①　20 ②　21 ④　22 ②　23 ③　24 ①　25 ②

26 불활성 가스 텅스텐 아크 용접의 장점으로 틀린 것은?

① 용제가 불필요하다.
② 용접 품질이 우수하다.
③ 전 자세 용접이 가능하다.
④ 후판 용접에 능률적이다.

27 제품을 제작하기 위한 조립 순서에 대한 설명으로 틀린 것은?

① 대칭으로 용접하여 변형을 예방한다.
② 리벳 작업과 용접을 같이 할 때는 리벳 작업을 먼저 한다.
③ 동일 평면 내에 많은 이음이 있을 때는 수축은 가능한 자유단으로 보낸다.
④ 용접선의 직각 단면 중심축에 대하여 용접의 수축력의 합이 0(zero)이 되도록 용접 순서를 취한다.

> **!**
> **조립**
> ① 수축이 큰 이음을 먼저 용접하고, 다음에 필릿 용접한다.
> ② 큰 구조물은 구조물의 중앙에서 끝으로 향하여 용접한다.
> ③ 용접선에 대하여 수축력의 합이 0(zero)이 되도록 한다.
> ④ 리벳과 같이 쓸 때는 용접을 먼저 한다.
> ⑤ 용접이 불가능한 곳이 없도록 한다.
> ⑥ 물품의 중심에 대하여 대칭으로 용접을 진행한다.

28 언더컷의 원인이 아닌 것은?

① 전류가 높을 때
② 전류가 낮을 때
③ 빠른 용접 속도
④ 운봉 각도의 부적합

> **!**
> 전류가 낮을 때 발생하는 결함은 오버랩이다.

29 반자동 CO_2 가스 아크 편면(one side) 용접 시 뒷댐 재료로 가장 많이 사용되는 것은?

① 세라믹 제품　② CO_2 가스
③ 테프론 테이프　④ 알루미늄 판재

> **!**
> 세라믹은 무기질 비금속 재료로, 고온에서 소결한 것으로 1,200℃의 열에도 잘 견디기 때문에 CO_2 용접(플럭스 코어드) 시 뒷땜 재료로 주로 사용되고 있다.

30 서브머지드 아크 용접에서 맞대기 용접 이음 시 받침쇠가 없을 경우 루트 간격은 몇 mm 이하가 가장 적합한가?

① 0.8mm　② 1.5mm
③ 2.0mm　④ 2.5mm

31 금속의 공통적 특성에 대한 설명으로 틀린 것은?

① 열과 전기의 부도체이다.
② 금속 특유의 광택을 갖는다.
③ 소성 변형이 있어 가공이 가능하다.
④ 수은을 제외하고 상온에서 고체이며, 결정체이다.

> **!**
> **금속의 공통적 성질**
> ① 실온에서 고체이며, 결정체이다.(예외, 수은은 액체)
> ② 빛을 발산하고, 고유의 광택이 있다.
> ③ 가공이 용이하고, 연·전성이 크다.
> ④ 열, 전기의 양도체이다.
> ⑤ 비중이 크고 경도 및 용융점이 높다.

32 베어링에 사용되는 대표적인 구리 합금으로 70% Cu – 30% Pb 합금은?

① 톰백(tombac)
② 다우 메탈(dow metal)
③ 켈밋(kelmet)
④ 배빗 메탈(babbit metal)

> **!**
> 켈밋: 베어링용 재료로 많이 사용되며, 구리 70%와 납 30~40%인 합금을 의미

Ans
26 ④　27 ②　28 ②　29 ①　30 ①　31 ①　32 ③

33 구리(Cu)와 그 합금에 대한 설명 중 틀린 것은?

① 가공하기 쉽다.
② 전연성이 우수하다.
③ 아름다운 색을 가지고 있다.
④ 비중이 약 2.7인 경금속이다.

34 주강에 대한 설명으로 틀린 것은?

① 주조 조직 개선과 재질 균일화를 위해 풀림 처리를 한다.
② 주철에 비해 기계적 성질이 우수하고, 용접에 의한 보수가 용이하다.
③ 주철에 비해 강도는 작으나 용융점이 낮고 유동성이 커서 주조성이 좋다.
④ 탄소 함유량에 따라 저탄소 주강, 중탄소 주강, 고탄소 주강으로 분류한다.

35 주철에서 탄소와 규소의 함유량에 의해 분류한 조직의 분포를 나타낸 것은?

① T.T.T 곡선
② Fe-C 상태도
③ 공정 반응 조직도
④ 마우러(maurer) 조직도

!
마우러 조직도
주철의 조직을 지배하는 주요 요소인 C와 Si의 함유량에 따른 주철의 조직 관계도를 나타낸 그림이다.

36 전기 저항 점용접 작업 시 용접기 조작에 대한 3대 요소가 아닌 것은?

① 가압력　　② 통전 시간
③ 전극봉　　④ 전류 세기

37 논 가스 아크 용접(non gas arc welding)의 장점에 대한 설명으로 틀린 것은?

① 바람이 있는 옥외에서도 작업이 가능하다.
② 용접 장치가 간단하며 운반이 편리하다.
③ 융착 금속의 기계적 성질은 다른 용접법에 비해 우수하다.
④ 피복 아크 용접봉의 저수소계와 같이 수소의 발생이 적다.

!
논 가스 아크 용접의 장점
① 보호 가스나 용제가 불필요하다.
② 바람이 있는 옥외에서도 사용이 가능하다.
③ 전원으로 교류 및 직류를 모두 사용할 수 있다.
④ 전 자세 용접이 가능하다.
⑤ 용접 비드가 아름답고, 슬래그의 박리성이 우수한다.
⑥ 용접 장치가 간단하고 운반이 편리하다.
⑦ 아크를 중단하지 않고 연속 용접을 할 수 있다.

38 전격에 의한 사고를 입을 위험이 있는 경우와 거리가 가장 먼 것은?

① 옷이 습기에 젖어 있을 때
② 케이블의 일부가 노출되어 있을 때
③ 홀더의 통전 부분이 절연되어 있을 때
④ 용접 중 용접봉 끝에 옷이 닿았을 때

!
홀더의 통전 부분이 절연 처리가 되면, 전격에 의한 사고는 발생하지 않는다.

Ans
33 ④　34 ③　35 ④　36 ③　37 ③　38 ③

39 용접부의 내부 결합으로써 슬래그 섞임을 방지하는 것은?

① 용접 전류를 최대한 낮게 한다.
② 루트 간격을 최대한 좁게 한다.
③ 저층의 슬래그는 제거하지 않고 용접한다.
④ 슬래그가 앞지르지 않도록 운봉 속도를 유지한다.

> !
> 슬래그 섞임은 용접의 구조적 결함으로, 슬래그가 앞지르지 않도록 운봉 속도를 유지해야 한다.

40 수냉 동판을 용접부의 양면에 부착하고 용융된 슬래그 속에서 전극 와이어를 연속적으로 송급하여 용융 슬래그 내를 흐르는 저항 열에 의하여 전극 와이어 및 모재를 용융 접합시키는 용접법은?

① 초음파 용접
② 플라스마 제트 용접
③ 일렉트로 가스 용접
④ 일렉트로 슬래그 용접

> !
> **일렉트로 슬래그 용접의 특징**
> ① 전기 저항 열을 이용하여 용접(줄의 법칙 적용)한다.
> ② 두꺼운 판의 용접으로 적합하다.(단층으로 용접이 가능)
> ③ 매우 능률적이고 변형이 적다.
> ④ 홈 모양이 I형이기 때문에 홈 가공이 간단하다.
> ⑤ 변형이 적고, 능률적이며, 경제적이다.
> ⑥ 아크가 보이지 않고, 아크 불꽃이 없다.
> ⑦ 기계적 성질이 나쁘다.
> ⑧ 노치 취성이 크다.(냉각 속도가 느리기 때문에)
> ⑨ 가격이 비싸고, 용접 시간에 비하여 준비 시간이 길다.
> ⑩ 용도로는 보일러 드럼, 압력 용기의 수직 또는 원주 이음, 대형 부품의 롤러 등의 후판 용접에 쓰인다

41 용접 후 잔류 응력이 있는 제품에 하중을 주어 용접부에 약간의 소성 변형을 일으키게 한 다음, 하중을 제거하는 잔류 응력 경감 방법은?

① 노내 풀림법
② 국부 풀림법
③ 기계적 응력 완화법
④ 저온 응력 완화법

42 연강용 피복 용접봉에서 피복제의 역할이 아닌 것은?

① 아크를 안정시킨다.
② 스패터(spatter)를 많게 한다.
③ 파형이 고운 비드를 만든다.
④ 용착 금속의 탈산 정련 작용을 한다.

43 누전에 의한 화재 예방 대책으로 틀린 것은?

① 금속관 내에 접속점이 없도록 해야 한다.
② 금속관의 끝에는 캡이나 절연 부싱을 하여야 한다.
③ 전선 공사 시 전선 피복의 손상이 없는지를 점검한다.
④ 전기 기구의 분해 조립을 쉽게 하기 위하여 나사의 조임을 헐겁게 해 놓는다.

Ans
39 ④ 40 ④ 41 ③ 42 ② 43 ④

44 솔리드 이산화탄소 아크 용접의 특징에 대한 설명으로 틀린 것은?

① 바람의 영향을 전혀 받지 않는다.
② 용제를 사용하지 않아 슬래그의 혼입이 없다.
③ 용접 금속의 기계적, 야금적 성질이 우수하다.
④ 전류 밀도가 높아 용입이 깊고 용융 속도가 빠르다.

!
솔리드 이산화탄소 아크 용접 특징
① 바람에 영향을 받으므로 방풍 장치가 필요하다.
② 용제를 사용하지 않아 슬래그의 혼입이 없다.
③ 용접 금속의 기계적, 야금적 성질이 우수하다.
④ 전류 밀도가 높아 용입이 깊고, 용융 속도가 빠르다.

45 화상에 의한 응급조치로 적절하지 않은 것은?

① 냉찜질을 한다.
② 붕산수에 찜질한다.
③ 전문의의 치료를 받는다.
④ 물집을 터트리고 수건으로 감싼다.

!
화상 발생 시 가장 먼저 냉찜질을 실시하고, 의사의 진료를 받아야 하며, 물집을 터트려서는 안 된다.

46 서브머지드 아크 용접에 사용되는 용접용 용제 중 용융형 용제에 대한 설명으로 옳은 것은?

① 화학적 균일성이 양호하다.
② 미용융 용제는 다시 사용이 불가능하다.
③ 흡습성이 있어 재건조가 필요하다.
④ 용융 시 분해되거나 산화되는 원소를 첨가할 수 있다.

47 아크 발생 시간이 3분, 아크 발생 정지 시간이 7분일 경우 사용률(%)은?

① 100% ② 70%
③ 50% ④ 30%

48 용접부의 결함 검사법에서 초음파 탐상법의 종류에 해당되지 않는 것은?

① 공진법 ② 투과법
③ 스테레오법 ④ 펄스 반사법

49 서브머지드 아크 용접용 재료 중 와이어의 표면에 구리를 도금한 이유에 해당되지 않는 것은?

① 콘택트 팁과의 전기적 접촉을 좋게 한다.
② 와이어에 녹이 발생하는 것을 방지한다.
③ 전류의 통전 효과를 높게 한다.
④ 용착 금속의 강도를 높게 한다.

!
서브머지드 아크 용접용 와이어는 구리 도금이 되어 있는데, 이는 전기적 접촉을 용이하게 하며 내식성을 증진시키기 위한 것이다. 구리 도금으로 강도를 높일 수는 없다.

50 공랭식 MIG 용접 토치의 구성 요소가 아닌 것은?

① 와이어 ② 공기 호스
③ 보호 가스 호스 ④ 스위치 케이블

!
공랭식 미그 용접 토치의 구성 요소
① 노즐 ② 토치 바디 ③ 콘택트 팁
④ 공기 호스 ⑤ 스위치 ⑥ 불활성 가스 호스

Ans
44 ① 45 ④ 46 ① 47 ④ 48 ③ 49 ④ 50 ②

51 용기 모양의 대상물 도면에서 아주 굵은 실선을 외형선으로 표시하고 치수 표시가 Øint 34로 표시된 경우 가장 올바르게 해독한 것은?

① 도면에서 int로 표시된 부분의 두께 치수
② 화살표로 지시된 부분의 폭방향 치수가 ø34mm
③ 화살표로 지시된 부분의 안쪽 치수가 ø34mm
④ 도면에서 int로 표시된 부분만 인치 단위 치수

52 냉간 압연 강판 및 강대에서 일반용으로 사용되는 종류의 KS 재료 기호는?

① SPSC ② SPHC
③ SSPC ④ SPCC

53 미터 나사의 호칭 지름은 수나사의 바깥지름을 기준으로 정한다. 이에 결합되는 암나사의 호칭 지름은 무엇이 되는가?

① 암나사의 골지름
② 암나사의 안지름
③ 암나사의 유효지름
④ 암나사의 바깥지름

> !
> 암나사의 호칭 지름은 암나사에 끼워지는 수나사의 바깥지름으로 하며, 수나사의 바깥지름은 암나사의 골지름과 같다.

54 바퀴의 암(arm), 림(rim), 축(shaft), 훅(hook) 등을 나타낼 때 주로 사용하는 단면도로서, 단면의 일부를 90° 회전하여 나타낸 단면도는?

① 부분 단면도
② 회전 도시 단면도
③ 계단 단면도
④ 곡면 단면도

> !
> 회전 도시 단면도 : 핸들이나 벨트 풀리, 바퀴의 암, 림, 축, 훅 등의 모양을 단면의 90°로 회전시켜 투상도의 안이나 밖에 그리는 단면법

55 도면의 마이크로필름 촬영이나 복사할 때의 편의를 위해 만든 것은?

① 중심 마크 ② 비교 눈금
③ 도면 구역 ④ 재단 마크

> !
> **중심 마크**
> 도면의 마이크로필름 촬영, 복사 등의 편의를 위하여 만든 윤곽선으로부터 도면의 가장자리(테두리)에 이르는 수직한 0.5mm의 직선으로 위치는 도면 4변의 중앙에 그린다.

56 원호의 길이 치수 기입에서 원호를 명확히 하기 위해서 치수에 사용되는 치수 보조 기호는?

① (20) ② C20
③ [20] ④ $\overset{\frown}{20}$

57 용접부의 도시 기호가 "a4◺3 × 25(7)"일 때의 설명으로 틀린 것은?

① ◺ - 필릿 용접
② 3 - 용접부의 폭
③ 25 - 용접부의 길이
④ 7 - 인접한 용접부의 간격

Ans
51 ③ 52 ④ 53 ① 54 ② 55 ① 56 ④ 57 ②

58 배관의 간략 도시 방법 중 환기계 및 배수계의 끝부분 장치 도시 방법의 평면도에서 다음과 같이 도시된 것의 명칭은?

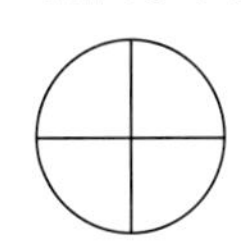

① 회전식 환기 삿갓
② 고정식 환기 삿갓
③ 벽붙이 환기 삿갓
④ 곡이 붙은 배수구

59 다음 입체를 제3각법으로 나타낼 때 가장 적합한 투상도는? (단, 화살표 방향을 정면으로 한다.)

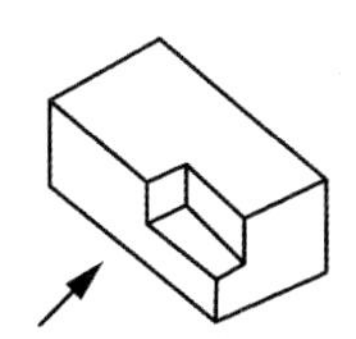

①

②

③

④

60 다음 입체도에서 화살표 방향이 정면일 경우 좌측면도로 가장 적합한 것은?

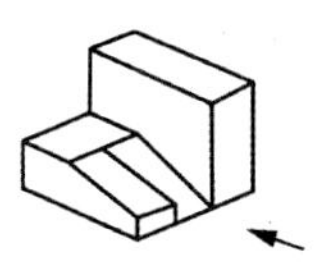

①

②

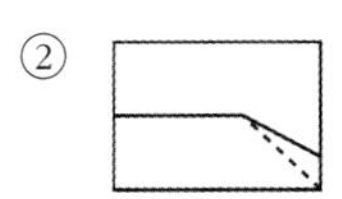

③

④

Ans
58 ④ 59 ④ 60 ②

특수 용접 기능사 필기 기출문제 (2014년 7월 20일 시행)

자격종목	코 드	시험 시간	문항 수	수험번호	성명
특수 용접 기능사	6222	60분	60		

01 금속산화물이 알루미늄에 의하여 산소를 빼앗기는 반응에 의해 생성되는 열을 이용하여 금속을 접합하는 용접 방법은?

① 일렉트로 슬래그 용접
② 테르밋 용접
③ 불활성 가스 금속 아크 용접
④ 스폿 용접

!
테르밋 용접법의 특징
① 테르밋제는 산화철 분말 약 3~4, 알루미늄 분말을 1로 혼합한다.(2800℃의 열이 발생)
② 점화제로는 과산화바륨, 마그네슘이 있다.
③ 용융 테르밋 용접과 가압 테르밋 용접이 있다.
④ 작업이 간단하고, 기술 습득이 쉽다.
⑤ 전력이 불필요하다.
⑥ 용접 시간이 짧고, 용접 후의 변형도 적다.
⑦ 용도로는 철도 레일, 덧붙이 용접, 큰 단면의 주조, 단조품의 용접에 이용된다.

02 맞대기 용접에서 판 두께가 대략 6mm 이하의 경우에 사용되는 홈의 형상은?

① I형　② X형
③ U형　④ H형

!
판 두께에 따른 홈의 형상
① 6mm 이하 : I형
② 6 ~ 19mm : V형 , 베벨형, J형
③ 12mm 이상 : X형, K형, 양면 J
④ 16 ~ 50mm : U형
⑤ 50mm 이상 : H형

03 TIG 용접에서 청정 작용이 가장 잘 발생하는 용접 전원은?

① 직류 역극성일 때
② 직류 정극성일 때
③ 교류 정극성일 때
④ 극성에 관계없음.

!
TIG 용접에서 Mg, Al을 용접할 때에는 직류 역극성을 이용하고, 아르곤 가스의 산화 피막을 제거하는 청정 작용과 전원은 ACHF라는 고주파 교류 전원을 이용하여 용접을 한다.

04 서브머지드 아크 용접에서 기공의 발생 원인과 거리가 가장 먼 것은?

① 용제의 건조 불량
② 용접 속도의 과대
③ 용접부의 구속이 심할 때
④ 용제 중에 불순물의 혼입

Ans
01 ② 02 ① 03 ① 04 ③

05 **안전모의 일반 구조에 대한 설명으로 틀린 것은?**

① 안전모는 모체, 착장체 및 턱끈을 가질 것
② 착장체의 구조는 착용자의 머리 부위에 균등한 힘이 분배되도록 한 것
③ 안전모의 내부 수직 거리는 25mm 이상 50mm 미만일 것
④ 착장체의 머리 고정대는 착용자의 머리 부위에 고정하도록 조절할 수 없을 것

!
안전모는 착장체의 머리, 고정대는 착용자의 머리 부위에 알맞게 하기 위해 조절이 가능해야 한다.

06 **아크 전류가 일정할 때 아크 전압이 높아지면 용접봉의 용융 속도가 늦어지고, 아크 전압이 낮아지면 용융 속도가 빨라지는 특성은?**

① 부저항 특성
② 전압 회복 특성
③ 절연 회복 특성
④ 아크 길이 자기 제어 특성

07 **일반적으로 피복 아크 용접 시 운봉 폭은 심선 지름의 몇 배인가?**

① 1~2배 ② 2~3배
③ 5~6배 ④ 7~8배

!
피복 아크 용접에서 비드의 폭은 용접봉의 2~3배 정도가 적합하다.

08 **시중에서 시판되는 구리 제품의 종류가 아닌 것은?**

① 전기동 ② 산화동
③ 정련동 ④ 무산소동

!
구리의 종류
① 무산소 구리 : 탈산제로 산소를 제거하여 유리에 대한 봉착성이 좋고 수소의 취성이 없는 시판동이다.
② 전기 구리 : 전기 분해에 의해 정련한 구리를 말하며 순도가 99.8%이다.
③ 정련 구리 : 제련한 구리를 다시 정련시켜 순도를 99.9% 이상으로 만든 구리이다.
④ 탈산동 : 인으로 탈산하여 산소를 0.01% 이하로 만든 구리이다.

09 **암모니아(NH_3) 가스 중에서 500℃ 정도로 장시간 가열하여 강제품의 표면을 경화시키는 열처리는?**

① 침탄 처리 ② 질화 처리
③ 화염 경화 처리 ④ 고주파 경화 처리

!
질화법 : 암모니아 가스를 이용하여 520℃에서 50~100시간 가열하면, Al, Cr, Mo 등이 질화되며, 질화가 불필요하면 Ni, Sn 도금을 한다.

10 **냉간 가공을 받은 금속의 재결정에 대한 일반적인 설명으로 틀린 것은?**

① 가공도가 낮을수록 재결정 온도는 낮아진다.
② 가공 시간이 길수록 재결정 온도는 낮아진다.
③ 철의 재결정 온도는 330~450℃ 정도이다.
④ 재결정 입자의 크기는 가공도가 낮을수록 커진다.

!
냉간 가공을 받은 금속의 가공도가 클수록 재결정 온도는 낮아진다.

Ans
05 ④ 06 ④ 07 ② 08 ② 09 ② 10 ①

11 황동의 화학적 성질에 해당되지 않는 것은?

① 질량 효과 ② 자연 균열
③ 탈아연 부식 ④ 고온 탈아연

!
- 황동 : 황동은 구리 + 아연의 합금, 자연 균열, 탈아연 부식, 고온 탈아연 현상 등이 화학적 성질이다.
- 질량 효과 : 담금질 처리를 할 때 내·외부의 열처리 효과의 차이에 의해 나타난 효과를 말한다.

12 18% Cr - 8% Ni계 스테인리스강의 조직은?

① 페라이트계 ② 마텐자이트계
③ 오스테나이트계 ④ 시멘타이트계

!
오스테나이트계 스테인리스강의 구성 성분
18% Cr – 8% Ni

13 주강 제품에는 기포, 기공 등이 생기기 쉬우므로 제강 작업 시에 쓰이는 탈산제는?

① P.S ② Fe-Mn
③ SO_2 ④ Fe_2O_3

!
제강 작업 시 탈산제
① Fe–Mn(페로망간), ② Fe–Si(페로실리콘)
③ Fe–Ti(페로티탄), ④ 알루미늄

14 Fe–C 상태도에서 아공석강의 탄소 함량으로 옳은 것은?

① 0.025~0.8% C ② 0.80~2.0% C
③ 2.0~4.3% C ④ 4.3~6.67% C

!
아공석강 : 공석강의 탄소 함유량보다 적게 함유된 강(공석강의 탄소 함유량 0.86)

15 저온 메짐을 일으키는 원소는?

① 인(P) ② 황(S)
③ 망간(Mn) ④ 니켈(Ni)

!
탄소강에서 생기는 취성(메짐)

취성의 종류	현상	원인
청열 취성	강이 200~300℃로 가열되면 경도, 강도가 최대로 되고, 연신율, 단면 수축률은 줄어들게 되어 메지게 되는 것으로, 이 때 표면에 청색의 산화 피막이 형성됨.	P
적열 취성	고온 900℃ 이상에서 물체가 빨갛게 되어 메지는 것을 적열 취성이라 함.	S
상온 취성	충격, 피로 등에 대하여 깨지는 성질로 일명 냉간 취성이라 함.	P

16 피복 아크 용접 시 용접 회로의 구성 순서가 바르게 연결된 것은?

① 용접기 → 접지 케이블 → 용접봉 홀더 → 용접봉 → 아크 → 모재 → 헬멧
② 용접기 → 전극 케이블 → 용접봉 홀더 → 용접봉 → 아크 → 접지 케이블 → 모재
③ 용접기 → 접지 케이블 → 용접봉 홀더 → 용접봉 → 아크 → 전극 케이블 → 모재
④ 용접기 → 전극 케이블 → 용접봉 홀더 → 용접봉 → 아크 → 모재 → 접지 케이블

!
피복 아크 용접의 회로

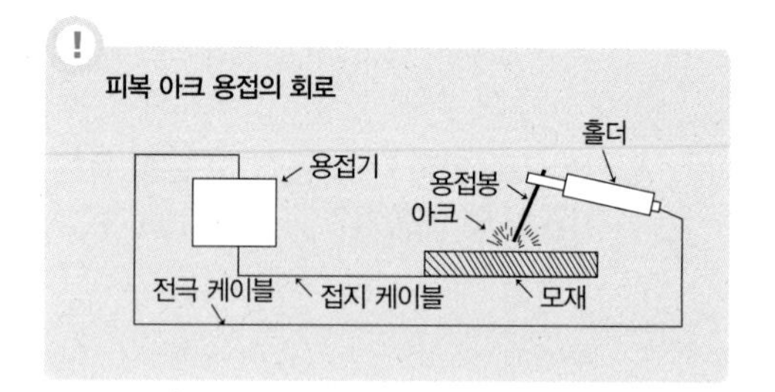

Ans
11 ① 12 ③ 13 ② 14 ① 15 ① 16 ④

17 **정류기형 직류 아크 용접기의 특성에 관한 설명으로 틀린 것은?**

① 보수와 점검이 어렵다.
② 취급이 간단하고, 가격이 싸다.
③ 고장이 적고, 소음이 나지 않는다.
④ 교류를 정류하므로 완전한 직류를 얻지 못한다.

18 **동일한 용접 조건에서 피복 아크 용접할 경우 용입이 가장 깊게 나타나는 것은?**

① 교류(AC)
② 직류 역극성(DCRP)
③ 직류 정극성(DCSP)
④ 고주파 교류(ACHF)

> !
> 용입: 모재가 녹은 깊이
> 용입 깊이의 순서: 직류 정극성 〉 교류 〉 직류 역극성

19 **탄소강의 종류 중 탄소 함유량이 0.3~0.5%이고, 탄소량이 증가함에 따라서 용접부에서 저온 균열이 발생될 위험성이 커지기 때문에 150~250℃로 예열을 실시할 필요가 있는 탄소강은?**

① 저탄소강　② 중탄소강
③ 고탄소강　④ 대탄소강

> !
> 탄소강의 분류 : 탄소의 함유량에 따라 분류됨.
> ① 저탄소강 : 0.02 ~ 0.25%
> ② 중탄소강 : 0.25 ~ 0.5%
> ③ 고탄소강 : 0.5 ~ 1.6%

20 **가스 용접봉의 성분 중에서 인(P)이 모재에 미치는 영향을 올바르게 설명한 것은?**

① 기공을 막을 수도 있으나 강도가 떨어지게 된다.
② 강의 강도를 증가시키나 연신율, 굽힘성 등이 감소된다.
③ 용접부의 저항력을 감소시키고, 기공 발생의 원인이 된다.
④ 강에 취성을 주며, 가연성을 잃게 하는데 특히 암적색으로 가열한 경우는 대단히 심하다.

> !
> 가스 용접봉의 성분 중 인(P)은 강에 취성을 주며 가연성을 잃게 하는데, 특히 암적색으로 가열한 경우 심하다.

21 **오스테나이트계 스테인리스강을 용접 시 냉각 과정에서 고온 균열이 발생하게 되는 원인으로 틀린 것은?**

① 아크의 길이가 너무 길 때
② 모재가 오염되어 있을 때
③ 크레이터 처리를 하였을 때
④ 구속력이 가해진 상태에서 용접할 때

22 **텅스텐(W)의 용융점은 약 몇 ℃인가?**

① 1538℃　② 2610℃
③ 3410℃　④ 4310℃

> !
> GTAW에서 전극봉의 재질인 텅스텐의 용융점은 3410℃ 정도이다.

Ans
17 ①　18 ③　19 ②　20 ④　21 ③　22 ③

23 저온 뜨임의 목적이 아닌 것은?

① 치수의 경년변화 방지
② 담금질 응력 제거
③ 내마모성의 향상
④ 기공의 방지

24 현미경 시험용 부식제 중 알루미늄 및 그 합금용에 사용되는 것은?

① 초산 알코올 용액
② 피크린산 용액
③ 왕수
④ 수산화나트륨 용액

> !
> 알루미늄 및 그 합금용 부식제에는 수산화나트륨을 사용한다.

25 전기에 감전되었을 때 체내에 흐르는 전류가 몇 mA일 때 근육 수축이 일어나는가?

① 5mA ② 20mA
③ 50mA ④ 100mA

> !
> 용접 시 전기 감전의 재해
> ① 5mA : 위험을 수반하지 않음.
> ② 10mA : 고통 수반, 쇼크
> ③ 20mA : 고통을 느끼고, 근육 수축이 옴.
> ④ 50mA ~ 100mA : 순간적으로 사망

26 아크 용접에서 피복제의 작용을 설명한 것 중 틀린 것은?

① 전기 절연 작용을 한다.
② 아크(arc)를 안정하게 한다.
③ 스패터링(spattering)을 많게 한다.
④ 용착 금속의 탈산 정련 작용을 한다.

27 강의 인성을 증가시키며, 특히 노치 인성을 증가시켜 강의 고온 가공을 쉽게 할 수 있도록 하는 원소는?

① P ② Si
③ Pb ④ Mn

> !
> Mn의 특성
> ① 강의 인성을 증가시키는 원소이다.
> ② 고온 가공도를 쉽게 한다.
> ③ 황의 해를 방지한다.
> ④ 뜨임 취성을 방지한다.
> ⑤ 주철의 흑연화를 촉진한다.

28 플라스마 아크 절단법에 관한 설명이 틀린 것은?

① 알루미늄 등의 경금속에는 작동 가스로 아르곤과 수소의 혼합 가스가 사용된다.
② 가스 절단과 같은 화학 반응은 이용하지 않고, 고속의 플라스마를 사용한다.
③ 텅스텐 전극과 수냉 노즐 사이에 아크를 발생시키는 것을 비이행형 절단법이라 한다.
④ 기체의 원자가 저온에서 음(-)이온으로 분리된 것을 플라스마라 한다.

> !
> 플라스마 아크 절단법의 특징
> ① 알루미늄 등의 경금속에는 작동 가스로 아르곤과 수소의 혼합 가스가 사용된다.
> ② 가스 절단과 같은 화학 반응은 이용하지 않고, 고속의 플라스마를 사용한다.
> ③ 텅스텐 전극과 수냉 노즐 사이에 아크를 발생시키는 것을 비이행형 절단법이라 한다.
> ④ 플라스마란 음전하를 가진 전자와 양전하를 띤 이온으로 분리된 기체 상태를 말한다.

Ans
23 ④ 24 ④ 25 ② 26 ③ 27 ④ 28 ④

29 AW 220, 무부하 전압 80V, 아크 전압이 30V인 용접기의 효율은? (단, 내부 손실은 2.5kW이다.)

① 71.5% ② 72.5%
③ 73.5% ④ 74.5%

!

AW 220, 무부하 전압 80V, 아크 전압 30V(내부 손실 2.5kW)
- 전원 입력 = 무부하 전압×정격 2차 전류
- 아크 출력 = 아크 전압×정격 2차 전류
- 소비 전력 = 아크 출력 + 내부 손실

① 역률 = $\frac{\text{소비 전력(kW)}}{\text{전원 입력(kVA)}} \times 100$

$\frac{(220 \times 30) + 2500}{220 \times 80} \times 100$

② 효율 = $\frac{\text{아크 출력(kVA)}}{\text{소비전력(kW)}} \times 100$

$\frac{220 \times 30}{(220 \times 30) + 2500} \times 100$

30 예열용 연소 가스로는 주로 수소 가스를 이용하며, 침몰선의 해체, 교량의 교각 개조 등에 사용되는 절단법은?

① 스카핑 ② 산소창 절단
③ 분말 절단 ④ 수중 절단

!

수중 절단
수중 절단은 예열용 가스로 주로 수소 가스를 이용하며, 침몰선의 해체, 교량의 교각 개조 등에 사용되는 절단법이다.

31 피복 아크 용접봉의 보관과 건조 방법으로 틀린 것은?

① 건조하고 진동이 없는 곳에 보관한다.
② 저소수계는 100~150℃에서 30분 건조한다.
③ 피복제의 계통에 따라 건조 조건이 다르다.
④ 일미나이트계는 70~100℃에서 30~60분 건조한다.

!

저수소계 용접봉은 300~350℃에서 2시간 건조, 일반 용접봉은 70~100℃에서 30분~1시간 건조한다.

32 가스 절단 작업을 할 때 양호한 절단면을 얻기 위하여 예열 후 절단을 실시하는데, 이 예열 불꽃이 강할 경우 미치는 영향 중 잘못 표현된 것은?

① 절단면이 거칠어진다.
② 절단면이 매우 양호하다.
③ 모서리가 용융되어 둥글게 된다.
④ 슬래그 중의 철 성분의 박리가 어려워진다.

!

예열 불꽃이 너무 강할 때	예열 불꽃이 약할 때
• 절단면이 거칠어짐. • 절단면 위 모서리가 녹아서 둥글게 됨. • 슬래그가 뒤쪽에 많이 달라붙어 떨어지지 않음. • 슬래그의 박리가 어려워짐.	• 드래그가 증가 • 역화를 일으키기 쉬움. • 절단 속도가 느려짐. • 절단이 중단되기 쉬움.

33 아크 용접기에 사용하는 변압기는 어느 것이 가장 적합한가?

① 누설 변압기
② 단권 변압기
③ 계기용 변압기
④ 전압 조정용 변압기

!

아크 용접기에 사용하는 변압기는 누설 변압기가 가장 적합하다.

Ans
29 ② 30 ④ 31 ② 32 ② 33 ①

34 가스 용접에서 전진법과 비교한 후진법의 설명으로 맞는 것은?

① 열 이용률이 나쁘다.
② 용접 속도가 느리다.
③ 용접 변형이 크다.
④ 두꺼운 판의 용접에 적합하다.

!

비교 내용	후진법	전진법
열 이용률	좋다.	나쁘다.
용접 속도	빠르다.	느리다.
홈 각도	60°	80°
변형	적다.	크다.
산화성	적다.	크다.
비드 모양	나쁘다.	좋다.
용도	후판	박판

35 산소에 대한 설명으로 틀린 것은?

① 가연성 가스이다.
② 무색, 무취, 무미이다.
③ 물의 전기 분해로도 제조한다.
④ 액체 산소는 보통 연한 청색을 띤다.

!
산소의 제조 방법
① 화학 약품에 의한 방법
② 물의 전기 분해에 의한 방법
③ 공기 중에서 산소를 채취하는 방법

36 모재의 열 변형이 거의 없으며, 이종 금속의 용접이 가능하고 정밀한 용접을 할 수 있으며, 비접촉식 방식으로 모재에 손상을 주지 않는 용접은?

① 레이저 용접
② 테르밋 용접
③ 스터드 용접
④ 플라스마 제트 아크 용접

!
레이저 용접법의 원리
유도 방사에 의한 빛의 증폭, 레이저에서 얻어진 접속성이 강한 단색 광선으로 강렬한 에너지를 가지고 있으며, 이때의 광선 출력을 이용하여 접합한다.

37 납땜에 관한 설명 중 맞는 것은?

① 경납땜은 주로 납과 주석의 합금용제를 많이 사용한다.
② 연납땜은 450℃ 이상에서 하는 작업이다.
③ 납땜은 금속 사이에 융점이 낮은 별개의 금속을 용융 첨가하여 접합한다.
④ 은납의 주성분은 은, 납, 탄소 등의 합금이다.

38 용접부의 비파괴 시험에 속하는 것은?

① 인장 시험 ② 화학 분석 시험
③ 침투 시험 ④ 용접 균열 시험

39 용접 시 발생되는 아크 광선에 대한 재해 원인이 아닌 것은?

① 차광도가 낮은 차광 유리를 사용했을 때
② 사이드에 아크 빛이 들어 왔을 때
③ 아크 빛을 직접 눈으로 보았을 때
④ 차광도가 높은 차광 유리를 사용했을 때

40 용접 전의 일반적인 준비 사항이 아닌 것은?

① 용접 재료 확인 ② 용접사 선정
③ 용접봉의 선택 ④ 후열과 풀림

!
용접 전 일반 준비 사항
① 모재 확인 ② 용접기 및 용접봉 선택
③ 지그 결정 ④ 용접공 선임

Ans
34 ④ 35 ① 36 ① 37 ③ 38 ③ 39 ④ 40 ④

41 TIG 용접에서 보호 가스로 주로 사용하는 가스는?

① Ar, He　　② CO, Ar
③ He, CO_2　　④ CO, He

> ! TIG 용접: 불활성 가스 텅스텐 아크 용접법으로, 불활성 가스인 He이나 Ar 가스를 실드 가스로 이용하는 용접 방법

42 이산화탄소 아크 용접의 시공법에 대한 설명으로 맞는 것은?

① 와이어의 돌출 길이가 길수록 비드가 아름답다.
② 와이어의 용융 속도는 아크 전류에 정비례하여 증가한다.
③ 와이어의 돌출 길이가 길수록 늦게 용융된다.
④ 와이어의 돌출 길이가 길수록 아크가 안정된다.

43 서브머지드 아크 용접에서 루트 간격이 0.8mm 보다 넓을 때 누설 방지 비드를 배치하는 가장 큰 이유로 맞는 것은?

① 기공을 방지하기 위하여
② 크랙을 방지하기 위하여
③ 용접 변형을 방지하기 위하여
④ 용락을 방지하기 위하여

44 MIG 용접 시 와이어 송급 방식의 종류가 아닌 것은?

① 풀 방식　　② 푸시 방식
③ 푸시 풀 방식　　④ 푸시 언더 방식

45 심 용접의 종류가 아닌 것은?

① 맞대기 심 용접　　② 슬롯 심 용접
③ 매시 심 용접　　④ 포일 심 용접

46 매크로 조직 시험에서 철강재의 부식에 사용되지 않는 것은?

① 염산 1 : 물 1의 액
② 염산 38 : 황산 1.2 : 물 5.0의 액
③ 소금 1 : 물 1.5의 액
④ 초산 1 : 물 3의 액

> ! 매크로 조직 시험에서 철강재의 부식제
> ① 염산 1 : 물 1
> ② 염산 3.8 : 황산 1.2 : 물 5.0의 액
> ③ 초산 1 : 물 3의 액
> ④ 매크로 조직 시험에서 철강재의 부식재에 소금물은 사용하지 않는다.

47 서브머지드 아크 용접의 용제에서 광물성 원료를 고온(1300℃ 이상)으로 용융한 후 분쇄하여 적합한 입도로 만드는 용제는?

① 용융형 용제　　② 소결형 용제
③ 첨가형 용제　　④ 혼성형 용제

> ! 서브머지드 아크 용접법에서 용융형 용제의 특징
> ① 고속 용접에 적합
> ② 용제의 화학적 균일성이 양호
> ③ 용제의 입도는 가는 입자일수록 높은 전류를 사용
> ④ 거친 입자의 용제를 높은 전류에서 사용하면 비드가 거칠고, 언더컷이 발생하며, 가는 입사의 용제를 사용하면 비드의 폭이 넓어지고, 용입이 낮아짐.
> ⑤ 광물성 원료를 고온(1300℃ 이상)으로 용융한 후 분쇄하여 적당한 입도로 만듦.

Ans
41 ①　42 ②　43 ④　44 ④　45 ②　46 ③　47 ①

48 **용접 결함과 그 원인을 조합한 것으로 틀린 것은?**

① 선상 조직 - 용착 금속의 냉각 속도가 빠를 때
② 오버랩 - 전류가 너무 낮을 때
③ 용입 불량 - 전류가 너무 높을 때
④ 슬래그 섞임 - 전층의 슬래그 제거가 불완전할 때

> !
> 용입 불량의 원인은 전류가 낮거나 루트 간격이 작게 설계되었을 때 나타나는 결함이다.

49 **용접 작업을 할 때 발생한 변형을 가열하여 소성 변형을 시켜서 교정하는 방법으로 틀린 것은?**

① 박판에 대한 점수 축법
② 형재에 대한 직선 수축법
③ 가열 후 해머질하는 법
④ 피닝법

50 **CO_2 가스 아크 용접에 적용되는 금속으로 맞는 것은?**

① 알루미늄　② 황동
③ 연강　④ 마그네슘

> !
> CO_2가스 아크 용접기는 GMAW의 한 종류로 저탄소강인 연강을 용접할 때 주로 사용된다.

51 **기계 제도 분야에서 가장 많이 사용되며, 제3각법에 의하여 그리므로 모양을 엄밀, 정확하게 표시할 수 있는 도면은?**

① 캐비닛도　② 등각투상도
③ 투시도　④ 정투상도

52 **치수 보조 기호를 적용할 수 없는 것은?**

① 구의 지름 치수
② 단면이 정사각형인 면
③ 판재의 두께 치수
④ 단면이 정삼각형인 면

53 **용접 구조용 압연 강재의 KS 기호는?**

① SS 400　② SCW 450
③ SM 400 C　④ SCM 415 M

54 **단독 형체로 적용되는 기하공차로만 짝지어진 것은?**

① 평면도, 진원도　② 진직도, 직각도
③ 평행도, 경사도　④ 위치도, 대칭도

55 **기계 제도에서 도면의 크기 및 양식에 대한 설명 중 틀린 것은?**

① 도면 용지는 A형 사이즈를 사용할 수 있으며, 연장하는 경우에는 연장 사이즈를 사용한다.
② A4~A0 도면 용지는 반드시 긴 쪽을 좌우 방향으로 놓고서 사용해야 한다.
③ 도면에는 반드시 윤곽선 및 중심 마크를 그린다.
④ 복사한 도면을 접을 때 그 크기는 원칙적으로 A4 크기로 한다.

Ans
48 ③　49 ④　50 ③　51 ④　52 ④　53 ③
54 ①　55 ②

56 물체의 정면도를 기준으로 하여 뒤쪽에서 본 투상도는?

① 정면도　　② 평면도
③ 저면도　　④ 배면도

57 다음 그림에서 축 끝에 도시된 센터 구멍 기호가 뜻하는 것은?

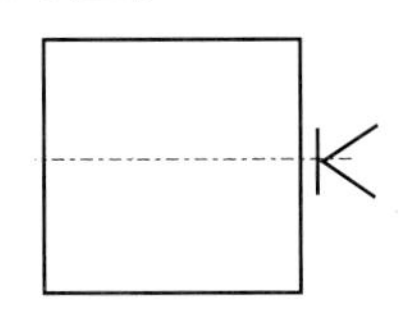

① 센터 구멍이 남아 있어도 좋다.
② 센터 구멍이 필요하지 않다.
③ 센터 구멍을 반드시 남겨 둔다.
④ 센터 구멍이 필요하다.

58 다음 용접 이음을 용접 기호로 옳게 표시한 것은?

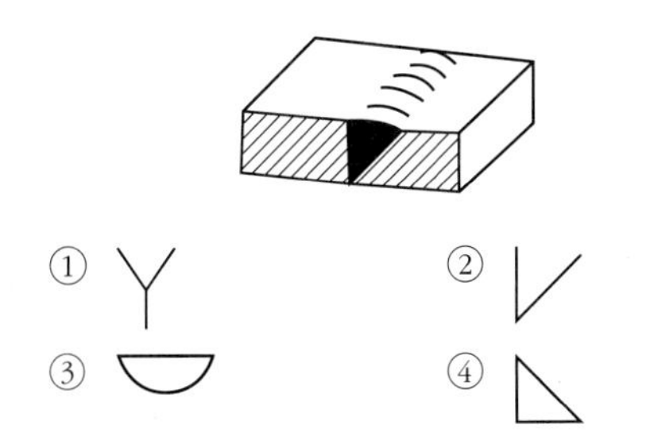

59 배관 도시 기호 중 체크 밸브를 나타내는 것은?

① 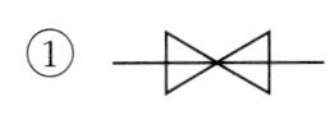　② 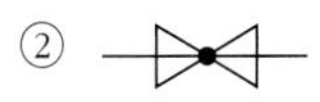
③ 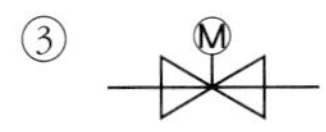　④ 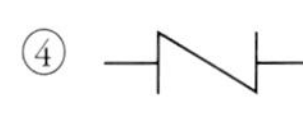

!

밸브의 종류

종류	그림 기호	종류	그림 기호
밸브 일반		앵글 밸브	
게이트 밸브		3방향 밸브	
글로브 밸브		안전 밸브	
체크 밸브			
볼 밸브			
버터플라이 밸브		콕 일반	

60 다음 도면에서 ⓐ 판의 두께는 얼마인가?

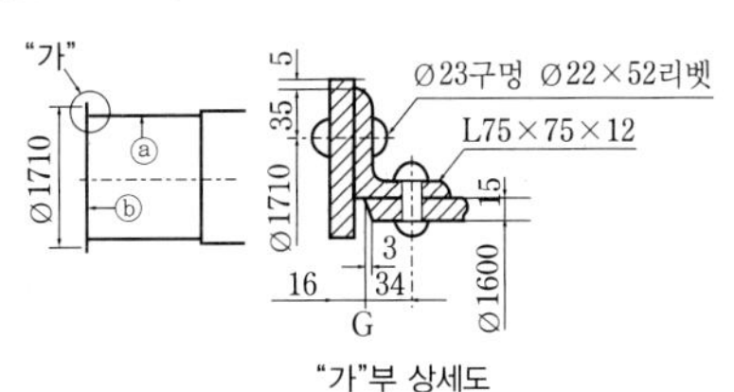

"가"부 상세도

① 6mm　　② 12mm
③ 15mm　　④ 16mm

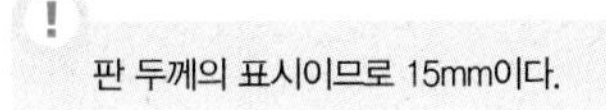

!

판 두께의 표시이므로 15mm이다.

Ans
56 ④　57 ②　58 ②　59 ④　60 ③

특수 용접 기능사 필기 기출문제 (2014년 10월 11일 시행)

자격종목	코 드	시험 시간	문항 수	수험번호	성명
특수 용접 기능사	6222	60분	60		

01 아크 에어 가우징법으로 절단할 때 사용되는 장치가 아닌 것은?

① 가우징 토치 ② 가우징 봉
③ 컴프레서 ④ 냉각 장치

> !
> **아크 에어 가우징 절단 시 사용되는 장치**
> 가우징 봉, 컴프레서, 가우징 토치, 가우징 머신

02 가스 실드계의 대표적인 용접봉으로 유기물을 20%~30% 정도 포함하고 있는 용접봉은?

① E4303 ② E4311
③ E4313 ④ E4324

03 가스 절단에서 절단하고자 하는 판의 두께가 25.4mm일 때, 표준 드래그의 길이는?

① 2.4mm ② 5.2mm
③ 6.4mm ④ 7.2mm

> !
> 표준 드래그는 판 두께의 20%가 적당하다.

04 수중 절단에 주로 사용되는 가스는?

① 아세틸렌가스 ② 부탄가스
③ LPG ④ 수소가스

> !
> 수중 절단에는 연료 가스로 수소 가스를 가장 많이 사용한다.

05 직류 아크 용접의 정극성과 역극성에 대한 설명으로 옳은 것은?

① 정극성은 용접봉의 용융이 느리고 모재의 용입이 깊다.
② 모재에 음극(-), 용접봉에 양극(+)을 연결하는 것을 정극성이라 한다.
③ 역극성은 일반적으로 비드 폭이 좁고 두꺼운 모재의 용접에 적당하다.
④ 역극성은 용접봉의 용융이 빠르고 모재의 용입이 깊다.

> !
> **용입 깊이의 순서**
> 직류 정극성 〉 교류 〉 직류 역극성
> (DCSP 〉 AC 〉 DCRP)

Ans
01 ④ 02 ② 03 ② 04 ④ 05 ①

06 산소 용기에 각인되어 있는 TP와 FP는 무엇을 의미하는가?

① TP : 내압 시험 압력, FP : 최고 충전 압력
② TP : 용기 중량, FP : 내용적(실측)
③ TP : 내용적(실측), FP : 용기 중량
④ TP : 최고 충전 압력, FP : 내압 시험 압력

07 교류 아크 용접기의 규격 AW-300에서 300이 의미하는 것은?

① 무부하 전압 ② 정격 2차 전류
③ 정격 사용률 ④ 정격 부하 전압

!
용접기의 용량 표시
① AW 300 : 정격 2차 전류값이 300A
② 사용 가능 범위 : 20%~110% : 60A~ 330A

08 피복 아크 용접봉의 용융 금속 이행 형태에 따른 분류가 아닌 것은?

① 스프레이형 ② 글로뷸러형
③ 슬래그형 ④ 단락형

09 일반적으로 가스 용접봉의 지름이 2.6mm일 때 강판의 두께는 몇 mm 정도가 적당한가?

① 1.6mm ② 3.2mm
③ 4.5mm ④ 6.0mm

!
가스 용접봉의 지름과 판 두께의 관계식
$D = \frac{T}{2} + 1$ $\frac{D\ 지름}{T\ 두께} = 3.2mm$

10 용접 작업에 영향을 주는 요소가 아닌 것은?

① 용접봉 각도 ② 아크 길이
③ 용접 속도 ④ 용접 비드

!
용접 비드는 용접 작업 이후 용접의 결과물이므로, 작업에 영향을 미칠 수 없다.

11 피복 아크 용접에서 아크 안정제에 속하는 피복 배합제는?

① 산화티탄 ② 탄산마그네슘
③ 페로망간 ④ 알루미늄

12 아세틸렌은 각종 액체에 잘 용해된다. 그러면 1기압 아세톤 2L에는 몇 L의 아세틸렌이 용해되는가?

① 2 ② 10
③ 25 ④ 50

!
아세틸렌의 용해도
① 물 : 1배 ② 석유 : 2배 ③ 벤젠 : 4배
④ 알코올 : 6배 ⑤ 아세톤 : 25배

13 아크 용접에서 부하 전류가 증가하면 단자 전압이 저하하는 특성을 무슨 특성이라 하는가?

① 상승 특성 ② 수하 특성
③ 정전류 특성 ④ 정전압 특성

Ans
06 ① 07 ② 08 ③ 09 ② 10 ④ 11 ①
12 ④ 13 ②

14 용접 전류에 의하여 아크 주위에 발생하는 자장이 용접봉에 대해서 비대칭으로 나타나는 현상을 방지하기 위한 방법 중 옳은 것은?

① 용접봉 끝을 아크가 쏠리는 방향으로 기울인다.
② 접지점을 될 수 있는 대로 용접부에서 가까이 한다.
③ 직류 용접에서 극성을 바꿔 연결한다.
④ 피복제가 모재에 접촉할 정도로 짧은 아크를 사용한다.

> **!**
> **아크 쏠림**
> ① 전류가 흐를 때 자장이 용접봉에 대하여 비대칭일 때 발생함.(직류 용접기에서 주로 발생)
> ② 아크 블로우, 자기 불림, 자기 쏠림.
> ③ 용접봉의 끝을 아크 쏠림 반대쪽으로 숙임.
> ④ 교류 용접기를 사용
> ⑤ 접지를 용접 부위에서 멀리 둠.
> ⑥ 용접부의 시종단에 엔드탭을 댐.
> ⑦ 아크 길이를 짧게 함.

15 아크가 발생하는 초기에 용접봉과 모재가 냉각되어 있어 용접 입열이 부족하여 아크가 불안정하기 때문에 아크 초기에만 용접 전류를 특별히 크게 해주는 장치는?

① 원격 제어 장치
② 전격 방지 장치
③ 핫 스타트 장치
④ 고주파 발생 장치

> **!**
> **핫 스타트 장치의 장점**
> ① 기공을 방지한다.
> ② 아크 발생을 쉽게 한다.
> ③ 비드의 이음을 좋게 한다.
> ④ 아크 발생 초기에 비드의 용접을 좋게 한다.

16 산소 용기의 내용적이 33.7리터(L)인 용기에 120kgf/cm^{2}이 충전되어 있을 때, 대기압 환산 용적은 몇 리터인가?

① 2803 ② 4044
③ 28030 ④ 40440

> **!**
> **용기 속의 산소의 양을 구하는 식**
> 총가스의 양 = 내용적 × 시간
> = 33.7 × 120 = 4,044L

17 연강용 피복 아크 용접봉 심선의 4가지 화학 성분 원소는?

① C, Si, P, S ② C, Si, Fe, S
③ C, Si, Ca, P ④ Al, Fe, Ca, P

> **!**
> 철강의 5대 원소 : C, Si, Mn, P, S

18 알루미늄 합금 재료가 가공된 후 시간의 경과에 따라 합금이 경화하는 현상은?

① 재결정 ② 시효 경화
③ 가공 경화 ④ 인공 시효

19 경금속(Light Metal) 중에서 가장 가벼운 금속은?

① 리튬(Li) ② 베릴륨(Be)
③ 마그네슘(Mg) ④ 티타늄(Ti)

> **!**
> **금속의 비중**
> ① 리튬 : 0.53 ② 베릴륨 : 1.86
> ③ 마그네슘 : 1.7 ④ 티타늄 : 4.5

Ans
14 ④ 15 ③ 16 ② 17 ① 18 ② 19 ①

20 정련된 용강을 노 내에서 Fe-Mn, Fe-Si, Al 등으로 완전 탈산시킨 강은?

① 킬드강 ② 세미킬드강
③ 캡드강 ④ 림드강

!
용광로에서 만들어진 선철이 제강로에서 탈산에 의해 원형, 4각, 6각의 잉곳으로 만들어지는데(강괴), 탈산의 정도에 따라 완전 탈산제인 킬드강, 불완전 탈산제인 림드강과 세미 킬드강으로 나누어진다.

21 합금 공구강을 나타내는 한국산업표준(KS)의 기호는?

① SKH 2 ② SCr 2
③ STS 11 ④ SNCM

!
한국산업 표준의 기호
① SKH : 고속도 공구 강재
② SCr :크롬강
③ STS : 합금공구강
④ SNCM : 니켈-크롬-몰리브덴강

22 스테인리스강의 금속 조직학상 분류에 해당하지 않는 것은?

① 마텐자이트계 ② 페라이트계
③ 시멘타이트계 ④ 오스테나이트계

!
스테인리스 강의 분류
① 페라이트계 스테인리스강
② 마텐자이트계 스테인리스강
③ 오스테나이트계 스테인리스강
④ 석출경화형 스테인리스강

23 구리에 40~50% Ni을 첨가한 합금으로 전기 저항이 크고 온도계수가 일정하므로 통신기자재, 저항선, 전열선 등에 사용하는 니켈 합금은?

① 인바 ② 엘린바
③ 모넬 메탈 ④ 콘스탄탄

!
콘스탄탄
구리에 40~50%의 Ni을 첨가한 합금으로 전기 저항이 크고 온도계수가 일정하므로 통신기자재, 저항선, 전열선 등에 사용하는 니켈 합금이다.

24 강의 표면에 질소를 침투시켜 경화시키는 표면 경화법은?

① 침탄법 ② 질화법
③ 세라다이징 ④ 고주파 담금질

!
질화법 : 재료의 표면의 강도를 향상시키기 위한 방법으로 암모니아 가스를 사용하며 약 500℃에서 50~100시간을 가열하면 표면이 질화 작용에 의해 강화되는 표면 경화법

25 합금강의 분류에서 특수 용도용으로 게이지, 시계추 등에 사용되는 것은?

① 불변강 ② 쾌삭강
③ 규소강 ④ 스프링강

!
게이지나 시계추 등은 온도나 열에 의해 변형이 일어나면 안 되므로 불변강으로 사용해야 한다.

Ans
20 ① 21 ③ 22 ③ 23 ④ 24 ② 25 ①

26 인장 강도가 98~196MPa 정도이며, 기계 가공성이 좋아 공작 기계의 베드, 일반기계 부품, 수도관 등에 사용되는 주철은?

① 백주철 ② 회주철
③ 반주철 ④ 흑주철

> !
> 회주철 : 인장 강도가 98~196MPa이며, 기계 가공성이 좋아 공작 기계의 베드나 일반 기계 부품, 수도관 등에 사용

27 열처리된 탄소강의 현미경 조직에서 경도가 가장 높은 것은?

① 소르바이트 ② 오스테나이트
③ 마텐자이트 ④ 트루스타이트

> !
> 열처리 된 탄소강에서 강도와 경도의 높은 순서
> 페라이트 〈 오스테나이트 〈 펄라이트 〈 소르바이트 〈 베이나이트 〈 트루스타이트 〈 마텐자이트 〈 시멘디이트

28 용접 부품에서 일어나기 쉬운 잔류 응력을 감소시키기 위한 열처리 방법은?

① 확산 풀림(diffusion annealing)
② 연화 풀림(softening annealing)
③ 완전 풀림(full annealing)
④ 응력 제거 풀림(stress relief annealing)

> !
> 응력 제거 풀림: 용접부 내부에 존재하는 잔류 응력을 감소시키기 위한 열처리법

29 초음파 탐상법의 특징 설명으로 틀린 것은?

① 초음파의 투과 능력이 작아 얇은 판의 검사에 적합하다.
② 감도가 높으므로 미세한 결함을 검출할 수 있다.
③ 검사 시험체의 한 면에서도 검사가 가능하다.
④ 결함의 위치와 크기를 비교적 정확히 알 수 있다.

30 용제와 와이어가 분리되어 공급되고 아크가 용제 속에서 일어나며 잠호 용접이라 불리는 용접은?

① MIG 용접
② 심 용접
③ 서브머지드 아크 용접
④ 일렉트로 슬래그 용접

31 용접 후 변형을 교정하는 방법이 아닌 것은?

① 박판에 대한 점 수축법
② 형재(形材)에 대한 직선 수축법
③ 가스 가우징법
④ 롤러에 거는 방법

> !
> 용접 후 변형의 교정법
> ① 박판에 대한 점 수축법 – 소성 가공을 이용
> ② 형재에 대한 직선 수축법
> ③ 가열 후 해머질하는 방법
> ④ 후판을 가열 후 압력을 가하고 수냉하는 법(순서)
> ⑤ 롤러에 거는 법
> ⑥ 절단하여 정형 후 재용접하는 법
> ⑦ 피닝법

32 용접 전압이 25V, 용접 전류가 350A, 용접 속도가 40cm/min인 경우 용접 입열량은 몇 J/cm인가?

① 10500 J/cm ② 11500 J/cm
③ 12125 J/cm ④ 13125 J/cm

> !
> $H = \frac{60EI}{V} = \frac{60 \times 25 \times 350}{40} = 13{,}125\text{J/cm}$

Ans
26 ② 27 ③ 28 ④ 29 ① 30 ③ 31 ③ 32 ④

33 용접 이음 준비 중 홈 가공에 대한 설명으로 틀린 것은?

① 피복 아크 용접에서는 54~70° 정도의 홈 각도가 적합하다.
② 홈 모양은 용접 방법과 조건에 따라 다르다.
③ 용접 균열은 루트 간격이 넓을수록 적게 발생한다.
④ 홈 가공의 정밀 또는 용접 능률과 이음의 성능에 큰 영향을 준다.

!
용접 균열은 루트 간격이 좁을수록 적게 발생한다.

34 다음과 같이 용접선의 방향과 하중의 방향이 직교한 필릿 용접은?

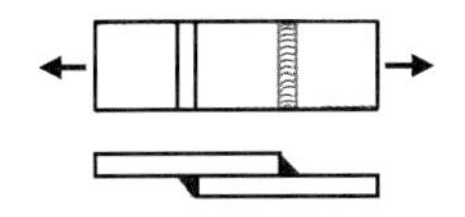

① 측면 필릿 용접 ② 경사 필릿 용접
③ 전면 필릿 용접 ④ T형 필릿 용접

35 아크 플라스마는 고전류가 되면 방전 전류에 의하여 생기는 자장과 전류의 작용으로 아크의 단면이 수축된다. 그 결과 아크 단면이 수축하여 가늘게 되고 전류 밀도가 증가한다. 이와 같은 성질을 무엇이라고 하는가?

① 열적 핀치 효과
② 자기적 핀치 효과
③ 플라스마 핀치 효과
④ 동적 핀치 효과

!
자기적 핀치 효과 : 아크 플라스마는 고전류가 되면 방전 전류에 의하여 생기는 자장과 전류의 작용으로 아크의 단면이 수축되고 그 결과 전류 밀도가 증가하여 큰 에너지를 얻는 현상

36 안전 보호구의 구비 요건 중 틀린 것은?

① 구조와 끝마무리가 양호할 것
② 재료의 품질이 양호할 것
③ 착용이 간편할 것
④ 위험, 유해 요소에 대한 방호 성능이 나쁠 것

!
안전 보호구는 위험이나 유해 요소에 대한 방호 성능이 좋아야 한다.

37 피복 아크 용접기를 설치해도 되는 장소는?

① 수증기 또는 습도가 높은 곳
② 먼지가 매우 많고 옥외의 비바람이 치는 곳
③ 폭발성 가스가 존재하지 않는 곳
④ 진동이나 충격을 받는 곳

!
용접기 설치 장소로 적합한 곳
① 먼지가 없고 옥외의 바람의 영향을 받지 않는 곳
② 수증기나 습도가 없는 곳
③ 폭발성 가스가 존재하지 않는 곳
④ 진동이나 충격을 받지 않는 곳

38 CO_2 가스 아크 용접에서 복합 와이어의 구조에 해당하지 않는 것은?

① C관상 와이어 ② S관상 와이어
③ 아코스 와이어 ④ NCG 와이어

!
CO_2 가스 아크 용접기의 복합 와이어의 종류
① 아코스 아크법 ② 유니온 아크법
③ 퓨즈 아크법 ④ NCG법
⑤ S관상 와이어법 ⑥ Y관상 와이어법

Ans
33 ③ 34 ③ 35 ② 36 ④ 37 ③ 38 ①

39 **비파괴 시험이 아닌 것은?**

① 초음파 시험　② 피로 시험
③ 침투 시험　④ 누설 시험

40 **화재 및 폭발의 방지 조치가 아닌 것은?**

① 가연성 가스는 대기 중에 방출시킨다.
② 배관 또는 기기에서 가연성 가스의 누출 여부를 철저히 점검한다.
③ 가스 용접 시에는 가연성 가스가 누설되지 않도록 한다.
④ 용접 작업 부근에 점화원을 두지 않도록 한다.

> ! 가연성 가스는 대기 중에 방출하면 안 된다.

41 **불활성 가스 금속 아크(MIG) 용접의 특징 설명으로 옳은 것은?**

① TIG 용접에 비해 전류 밀도가 낮아 용접 속도가 느리다.
② TIG 용접에 비해 전류 밀도가 높아 용융 속도가 빠르고, 후판 용접에 알맞다.
③ 각종 금속 용접이 불가능하다.
④ 바람의 영향을 받지 않아 방풍 대책이 필요 없다.

42 **가스 절단 작업 시 주의 사항이 아닌 것은?**

① 가스 누설의 점검은 수시로 해야 하며 간단히 라이터로 할 수 있다.
② 절단 진행 중에 시선은 절단면을 떠나서는 안 된다.
③ 가스 호스가 용융 금속이나 산화물의 비산으로 인해 손상되지 않도록 한다.
④ 가스 호스가 꼬여 있거나 막혀 있는지를 확인한다.

> ! 가스 누설 검사는 비눗물로 검사를 하며, 라이터로 확인 시 가연성 가스인 경우는 폭발의 우려가 있다.

43 **본 용접의 용착법 중 각 층마다 전체 길이를 용접하면서 쌓아올리는 방법으로 용접하는 것은?**

① 전진 블록법　② 캐스케이드법
③ 빌드업법　④ 스킵법

44 **TIG 용접 시 텅스텐 전극의 수명을 연장시키기 위하여 아크를 끊은 후 전극의 온도가 얼마일 때까지 불활성 가스를 흐르게 하는가?**

① 100℃　② 300℃
③ 500℃　④ 700℃

> ! TIG 용접 시 텅스텐 전극의 수명 연장을 위해서는 아크를 끊은 후 전극의 온도가 300℃가 될 때까지 불활성 가스를 흐르게 해야 한다.

Ans
39 ②　40 ①　41 ②　42 ①　43 ③　44 ②

45 연납과 경납을 구분하는 용융점은 몇 ℃인가?

① 200℃ ② 300℃
③ 450℃ ④ 500℃

!
연납과 경납 때의 구분 온도는 450℃가 기준이 된다.

46 용접부에 은점을 일으키는 주요 원소는?

① 수소 ② 인
③ 산소 ④ 탄소

47 교류 아크 용접기의 종류가 아닌 것은?

① 가동 철심형
② 가동 코일형
③ 가포화 리액터형
④ 정류기형

48 TIG 용접에서 전극봉의 마모가 심하지 않으면서 청정 작용이 있고 알루미늄이나 마그네슘 용접에 가장 적합한 전원 형태는?

① 직류 역극성(DCRP)
② 직류 정극성(DCSP)
③ 고주파 교류(ACHF)
④ 일반 교류(AC)

!
TIG 용접으로 Al, Mg를 용접 시 조건
① 전원으로 ACHF(고주파 교류 전원)을 사용
② 아르곤 가스를 이용 – 아르곤 가스의 이온화 작용으로 알루미늄이나 마그네슘의 산화 피막을 제거한다. 이와 같은 현상을 청정 작용이라 한다.
③ 직류 역극성을 이용한다.

49 일렉트로 슬래그 아크 용접에 대한 설명 중 맞지 않는 것은?

① 일렉트로 슬래그 용접의 홈 형상은 I형 그대로 사용한다.
② 일렉트로 슬래그 용접은 단층 수직 상진 용접을 하는 방법이다.
③ 일렉트로 슬래그 용접은 아크를 발생시키지 않고 와이어와 용융 슬래그 그리고 모재 내에 흐르는 전기 저항열에 의하여 용접한다.
④ 일렉트로 슬래그 용접 전원으로는 정전류형의 직류가 적합하고, 용융 금속의 용착량은 90% 정도이다.

50 용접 결함 종류가 아닌 것은?

① 기공 ② 언더컷
③ 균열 ④ 용착 금속

51 재료 기호가 "SM400C"로 표시되어 있을 때 이것은 어떤 재료인가?

① 탄소 공구강 강재
② 용접 구조용 압연 강재
③ 스프링 강재
④ 일반 구조용 압연 강재

!
용접 구조용 압연 강재
SM으로 표시되며 A, B, C 순서로 용접성이 좋아진다.

Ans
45 ③ 46 ① 47 ④ 48 ③ 49 ④ 50 ④ 51 ②

52 회전 도시 단면도에 대한 설명으로 틀린 것은?

① 절단선의 연장선 위에 그린다.
② 절단면은 90° 회전하여 표시한다.
③ 도형 내의 절단한 곳에 겹쳐서 도시할 경우 굵은 실선을 사용하여 그린다.
④ 절단할 곳의 전·후를 끊어서 그 사이에 그린다.

> ! 회전 도시 단면도에서 도형 내 절단한 곳에 겹쳐서 도시할 때는 가는 실선을 사용하여 그린다.

53 도면에 그려진 길이가 실제 대상물의 길이보다 큰 경우 사용한 척도의 종류인 것은?

① 현척 ② 실척
③ 배척 ④ 축척

54 대상물의 보이는 부분의 모양을 표시하는 데 사용하는 선은?

① 치수선 ② 외형선
③ 숨은선 ④ 기준선

55 기계 제도의 치수 보조 기호 중에서 SØ는 무엇을 나타내는 기호인가?

① 구의 지름 ② 원통의 지름
③ 판의 두께 ④ 원호의 길이

56 다음 양면 용접부 조합 기호의 명칭으로 옳은 것은?

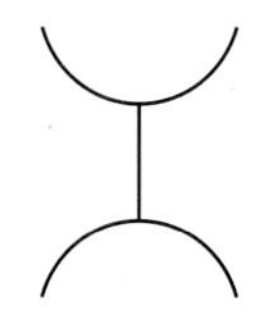

① 넓은 루트 면이 있는 K형 맞대기 용접
② 넓은 루트 면이 있는 양면 V형 용접
③ 양면 V형 맞대기 용접
④ 양면 U형 맞대기 용접

> ! 그림은 U형의 형상이 위쪽과 아래쪽에 있으므로 이를 양면 U형 맞대기 용접이며, H형 맞대기 용접이라 해도 맞는다.

57 다음 관 표시 기호의 종류는?

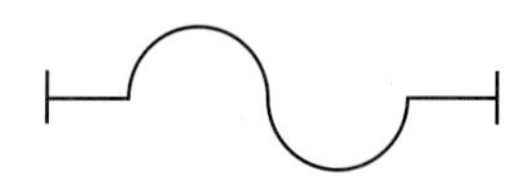

① 크로스 ② 리듀서
③ 디스트리뷰터 ④ 휨 관 조인트

> ! 도면은 양쪽 끝에 접속구가 있고, 가운데 배관이 휘어져 있는 "휨 관 조인트"이다.

Ans
52 ③ 53 ③ 54 ② 55 ① 56 ④ 57 ④

58 다음은 경유 서비스 탱크 지지철물의 정면도와 측면도이다. 모두 동일한 ㄱ 형강일 경우 중량은 약 몇 kgf인가? (단, ㄱ형강(L− 50×50×6)의 단위 m당 중량은 4.43kgf/m^2이고, 정면도와 측면도에서 좌우 대칭이다.)

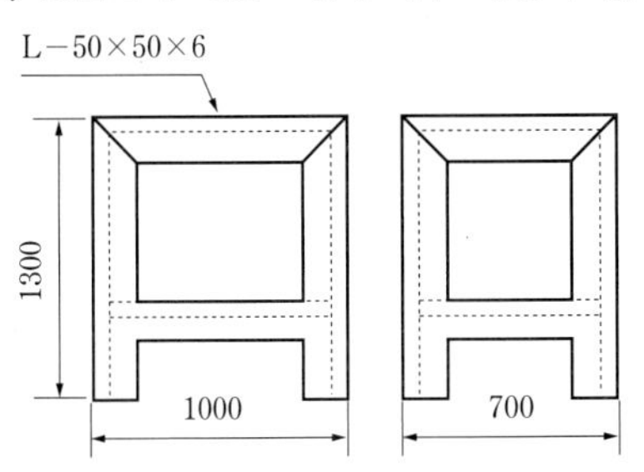

① 44.3　② 53.1
③ 55.4　④ 76.1

!
- 기준이 ㄱ형강(50 × 50 × 6) : 1m당 4.43kgf/m^2
- 구조물 전체 길이를 구한 뒤 이것을 기준 길이인 1m로 나눈 후 4.43kgf/m^2를 곱하면,

① 세로 구조물 : 1.3m × 4개 = 5.2m
② 가로 구조물(위) : 1m × 4개 = 4m
③ 가로 구조물(아래) : 0.7m × 4개 = 2.8m
④ 3개의 구조물을 모두 더하면 12m × 4.43 = 53.16kg

59 다음은 원뿔을 경사지게 자른 경우이다. 잘린 원뿔의 전개 형태로 가장 올바른 것은?

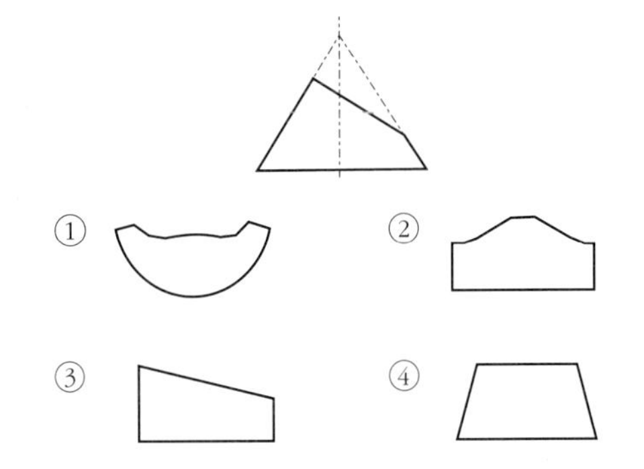

60 3각법으로 정투상한 다음 도면에서 정면도와 우측면도에 가장 적합한 평면도는?

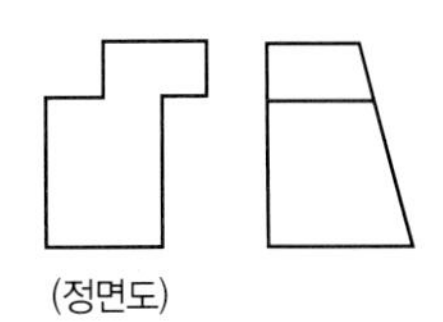

①
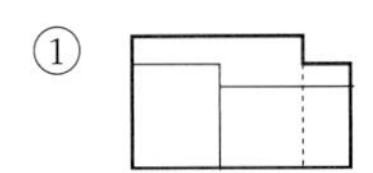

②
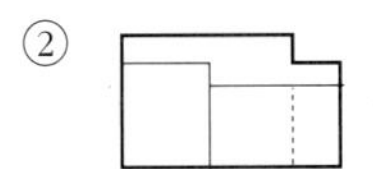

③
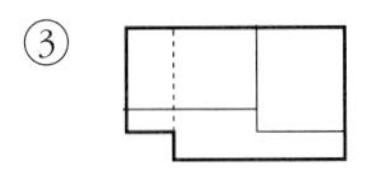

④
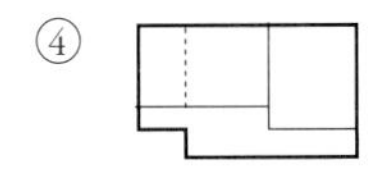

!
정면도에서 오른쪽 윗부분의 돌출부는 물체를 위에서 내려다보았을 때 빈 공간이 형성되므로 이 경계부는 점선이 세 방향으로 모두 그려져야 하므로 ①이 답이 된다.

Ans
58 ②　59 ①　60 ①

특수 용접 기능사 필기 기출문제 (2015년 1월 25일 시행)

자격종목	코 드	시험 시간	문항 수	수험번호	성명
특수 용접 기능사	6222	60분	60		

01 용접봉에서 모재로 용융 금속이 옮겨 가는 용적 이행 상태가 아닌 것은?

① 글로뷸러형　② 스프레이형
③ 단락형　④ 핀치 효과형

02 일반적으로 사람의 몸에 얼마 이상의 전류가 흐르면 순간적으로 사망할 위험이 있는가?

① 5mA　② 15mA
③ 25mA　④ 50mA

> **!**
> **용접 시 전류의 영향**
> 50mA ~100mA는 순간적인 사망의 원인이 된다.
> (10mA : 고통 수반, 20mA : 고통과 근육 수축)

03 피복 아크 용접 시 일반적으로 언더컷을 발생시키는 원인으로 가장 거리가 먼 것은?

① 용접 전류가 너무 높을 때
② 아크 길이가 너무 길 때
③ 부적당한 용접봉을 사용했을 때
④ 홈 각도 및 루트 간격이 좁을 때

> **!**
> **용접부의 결함 중 구조상 결함의 원인**
> - 피트 : 합금 원소가 많을 때, 습기, 페인트, 녹 등 황 함유 시
> - 스패터 : 전류가 높을 때, 건조되지 않은 용접봉 사용 시, 아크 길이가 길 때
> - 용입 불량 : 이음 설계 결함, 용접 속도가 빠를 때, 전류가 낮을 때
> - 언더컷 : 전류가 높을 때, 아크 길이가 클 때, 속도가 부적합 할 때
> - 오버랩 : 용접 전류가 낮을 때, 용접봉의 부적합 선택
> - 선상 구조 : 용착 금속의 냉각 속도가 빠를 때, 모재 재질 불량, X선으로는 검출할 수 없음.

04 다음 [보기]에서 용극식 용접 방법을 모두 고른 것은?

> ㉠ 서브머지드 아크 용접
> ㉡ 불활성 가스 금속 아크 용접
> ㉢ 불활성 가스 텅스텐 아크 용접
> ㉣ 솔리드 와이어 이산화탄소 아크 용접

① ㉠, ㉡　② ㉢, ㉣
③ ㉠, ㉡, ㉢　④ ㉠, ㉡, ㉣

> **!**
> **용극식 용접 방법**
> 전극봉이 용접봉으로 사용되는 용접 방법

05 납땜을 연납땜과 경납땜으로 구분할 때의 구분 온도는?

① 350℃　② 450℃
③ 550℃　④ 650℃

Ans
01 ④　02 ④　03 ④　04 ④　05 ②

06 **전기 저항 용접의 특징에 대한 설명으로 틀린 것은?**

① 산화 및 변질 부분이 적다.
② 다른 금속 간의 접합이 쉽다.
③ 용제나 용접봉이 필요 없다.
④ 접합 강도가 비교적 크다.

> !
> **전기 저항 용접**
> ① 겹치기 : 점 용접, 심 용접, 프로젝션(돌기 용접)
> ② 맞대기 : 업셋, 플래시(예열–플래시–업셋), 퍼커션(충격 용접)
> ③ 특징
> • 용접사 기능 무관, 시간이 짧고 대량생산 가능
> • 산화 및 변형이 적음, 가압 효과
> • 압접의 일종, 설비 복잡, 가격 비쌈.
> • 후열 처리, 이종 금속은 불가능

07 **직류 정극성(DCSP)에 대한 설명으로 옳은 것은?**

① 모재의 용입이 얕다.
② 비드 폭이 넓다.
③ 용접봉의 녹음이 느리다.
④ 용접봉에 (+)극을 연결한다.

08 **다음 용접법 중 압접에 해당되는 것은?**

① MIG 용접 ② 서브머지드 아크 용접
③ 점용접 ④ TIG 용접

> !
> **접합 방법에 따른 종류**
> • 용접 : 모재와 용가재를 모두 녹임(대부분의 용접).
> • 압접 : 열이나 압력, 또는 열과 압력을 동시에 가함.
> – 전기 저항 용접, 초음파 용접, 고주파 용접, 마찰 용접, 유도가열 용접
> • 납땜 : 모재는 녹이지 않고 용접봉을 녹여 붙임, 450℃를 기준으로 연납땜, 경납땜으로 구별

09 **로크웰 경도 시험에서 C스케일의 다이아몬드의 압입자 꼭지각 각도는?**

① 100° ② 115°
③ 120° ④ 150°

10 **아크 타임을 설명한 것 중 옳은 것은?**

① 단위 기간 내의 작업 여유 시간이다.
② 단위 시간 내의 용도 여유 시간이다.
③ 단위 시간 내의 아크 발생 시간을 백분율로 나타낸 것이다.
④ 단위 시간 내의 시공한 용접 길이를 백분율로 나타낸 것이다.

> !
> 아크 타임 : 단위 시간 내 아크의 발생 시간을 백분율로 나타낸 것

11 **용접부에 오버랩의 결함이 발생했을 때, 가장 올바른 보수 방법은?**

① 작은 지름의 용접봉을 사용하여 용접한다.
② 결함 부분을 깎아 내고 재용접한다.
③ 드릴로 구멍을 뚫고 재용접한다.
④ 결함 부분을 절단한 후 덧붙임 용접을 한다.

> !
> 오버랩은 전류가 낮을 때 발생하는 결함으로 보수 방법은 깎아 내고, 재용접하는 것이다.

12 **용접 설계상의 주의점으로 틀린 것은?**

① 용접하기 쉽도록 설계할 것
② 결함이 생기기 쉬운 용접 방법을 피할 것
③ 용접 이음이 한 곳으로 집중되도록 할 것
④ 강도가 약한 필릿 용접은 가급적 피할 것

Ans
06 ② 07 ③ 08 ③ 09 ③ 10 ③ 11 ② 12 ③

13 저온 균열이 일어나기 쉬운 재료에 용접 전에 균열을 방지할 목적으로 피용접물의 전체 또는 이음부 부근의 온도를 올리는 것을 무엇이라고 하는가?

① 잠열　② 예열
③ 후열　④ 발열

!
예열의 목적
① 모재의 수축 응력을 감소하여 균열 발생 억제
② 냉각 속도를 느리게 하여 모재의 취성 방지
③ 용착 금속의 수소 성분이 나갈 수 있는 여유를 주어 비드 밑 균열 방지

14 TIG 용접에 사용되는 전극의 재질은?

① 탄소　② 망간
③ 몰리브덴　④ 텅스텐

15 용접의 장점으로 틀린 것은?

① 작업 공정이 단축되며 경제적이다.
② 기밀, 수밀, 유밀성이 우수하며 이음 효율이 높다.
③ 용접사의 기량에 따라 용접부의 품질이 좌우된다.
④ 재료의 두께에 제한이 없다.

16 이산화탄소 아크 용접의 솔리드 와이어 용접봉의 종류 표시는 YGA-50W-1.2-20 형식이다. 이 때 Y가 뜻하는 것은?

① 가스 실드 아크 용접
② 와이어 화학 성분
③ 용접 와이어
④ 내후성 강용

!
CO_2 용접용 솔리드 와이어의 호칭 방법
① Y : 용접 와이어
② G : 가스 실드 아크 용접
③ A : 내후성 강의 종류
④ 50 : 와이어의 최저 인장 강도
⑤ W : 와이어의 화학 성분
⑥ 1.2 : 지름
⑦ 20 : 무게

17 용접선 양측을 일정 속도로 이동하는 가스 불꽃에 의하여 나비 약 150mm를 150~200℃로 가열한 다음 곧 수냉하는 방법으로 주로 용접선 방향의 응력을 완화시키는 잔류 응력 제거법은?

① 저온 응력 완화법
② 기계적 응력 완화법
③ 노내 풀림법
④ 국부 풀림법

!
잔류 응력 제거 방법으로 저온 응력 완화법에 대한 설명이다.

18 용접 자동화 방법에서 정성적 자동 제어의 종류가 아닌 것은?

① 피드백 제어
② 유접점 시퀀스 제어
③ 무접점 시퀀스 제어
④ PLC 제어

!
자동 제어의 종류
① 정량적 제어 : 제어명령 수행 시 물리량을 고려해서 제어하는 방법으로 온도, 압력, 속도, 위치 등
② 정성적 제어 : ON/OFF와 같이 2개의 정보만으로 제어하는 방법으로 주로 시퀀스 제어법이며 여기에는 유접점, 무접점, PLC 제어가 포함.

19 지름 13mm, 표점거리 150mm인 연강재 시험편을 인장 시험한 후의 거리가 154mm가 되었다면 연신율은?

① 3.89%　② 4.56%
③ 2.67%　④ 8.45%

!
$$\text{연신율} = \frac{L_1 - L_0}{L_0} = \frac{154-150}{150} \times 100 \fallingdotseq 2.66\%$$

Ans
13 ②　14 ④　15 ③　16 ③　17 ①　18 ①　19 ③

20 용접 균열에서 저온 균열은 일반적으로 몇 ℃ 이하에서 발생하는 균열을 말하는가?

① 200~300℃ 이하
② 301~400℃ 이하
③ 401~500℃ 이하
④ 501~600℃ 이하

!
저온 균열의 원인은 수소이며, 200 ~ 300℃에서 주로 발생한다.

21 스테인리스강을 TIG 용접할 시 적합한 극성은?

① DCSP ② DCRP
③ AC ④ ACRP

!
연강을 용접할 때는 DC를 사용하지만, 알루미늄이나 마그네슘의 용접 시에는 ACHF를 사용한다.

22 피복 아크 용접 작업 시 전격에 대한 주의사항으로 틀린 것은?

① 무부하 전압이 필요 이상으로 높은 용접기는 사용하지 않는다.
② 전격을 받은 사람을 발견했을 때는 즉시 스위치를 꺼야 한다.
③ 작업 종료 시 또는 장시간 작업을 중지할 때는 반드시 용접기의 스위치를 끄도록 한다.
④ 낮은 전압에서는 주의하지 않아도 되며, 습기 찬 구두는 착용해도 된다.

!
전격은 낮은 전압에도 주의하여야 하며, 습기 찬 구두의 착용은 지양해야 한다.

23 직류 아크 용접의 설명 중 옳은 것은?

① 용접봉을 양극, 모재를 음극에 연결하는 경우를 정극성이라고 한다.
② 역극성은 용입이 깊다.
③ 역극성은 두꺼운 판의 용접에 적합하다.
④ 정극성은 용접 비드의 폭이 좁다.

!
직류 정극성(DCSP)
① 모재가 + (입열량 70%) ② 용접봉 –
③ 용입이 깊다. ④ 용접봉은 천천히 녹는다.
⑤ 비드 폭 좁다.

24 수중 절단에 가장 적합한 가스로 짝지어진 것은?

① 산소 - 수소 가스
② 산소 - 이산화탄소 가스
③ 산소 - 암모니아 가스
④ 산소 - 헬륨 가스

25 피복 아크 용접봉 중에서 석회석이나 형석을 주성분으로 하고, 피복제에서 발생하는 수소량이 적어 인성이 좋은 용착 금속을 얻을 수 있는 용접봉은?

① 일미나이트계(E4301)
② 고셀룰로오스계(E4311)
③ 고산화탄소계(E4313)
④ 저수소계(E4316)

!
용접봉의 종류
① 4301 : 일미나이트계(슬랙 생성식)
② 4303 : 라임티탄계
③ 4311 : 고셀룰로오스계(가스 실드식)
④ 4313 : 고산화티탄계(산화티탄 35%, 아크 안정, CR봉, 비드 좋음, 경구조물, 경자동차, 박판 용접에 적합)
⑤ 4316 : 저수소계(기계적 성질이 우수), 수소의 함량이 1/10 정도, 균열의 감수성이 우수, 황의 함유량이 많고 성분은 석회석과 형석으로 구성
⑥ 4324 : 철분산화티탄계 ⑦ 4326 : 철분저수소계
⑧ 4327 : 철분산화철계 ⑨ 4340 : 특수계

Ans
20 ① 21 ① 22 ④ 23 ④ 24 ① 25 ④

26 피복 아크 용접봉의 간접 작업성에 해당되는 것은?

① 부착 슬래그의 박리성
② 용접봉 용융 상태
③ 아크 상태
④ 스패터

> !
> 스패터의 발생은 아크 길이가 길 때 발생하며, 스패터는 용접에서 간접 작업성에 해당되지 않는다.

27 가스 용접의 특징에 대한 설명으로 틀린 것은?

① 가열 시 열량 조절이 비교적 자유롭다.
② 피복 금속 아크 용접에 비해 후판 용접에 적당하다.
③ 전원 설비가 없는 곳에서도 쉽게 설치할 수 있다.
④ 피복 금속 아크 용접에 비해 유해 광선의 발생이 적다.

> !
> 가스 용접의 장점과 단점
> - 운반이 편리하고 설비비가 싸다.
> - 전원이 없는 곳에 쉽게 설치할 수 있다.
> - 아크 용접에 비해 유해 광선의 피해가 적다.
> - 가열 시 열량 조절이 쉽고, 박판 용접에 적합하다.
> - 폭발의 위험이 있다.
> - 아크 용접에 비해 불꽃의 온도가 낮다.
> - 열 집중성이 나빠서 효율적인 용접이 어렵다.
> - 가열 범위가 커서 용접 변형이 크고, 일반적으로 신뢰성이 낮다.

28 피복 아크 용접봉의 심선의 재질로서 적당한 것은?

① 고탄소 림드강 ② 고속도강
③ 저탄소 림드강 ④ 빈 연강

29 가스 절단에서 양호한 절단면을 얻기 위한 조건으로 틀린 것은?

① 드래그(drag)가 가능한 클 것
② 드래그(drag)의 홈이 낮고 노치가 없을 것
③ 슬래그 이탈이 양호할 것
④ 절단면 표면의 각이 예리할 것

> !
> 가스 절단 시 드래그의 길이 : 판 두께의 20% 정도

30 용접기의 2차 무부하 전압을 20~30W로 유지하고, 용접 중 전격 재해를 방지하기 위해 설치하는 용접기의 부속 장치는?

① 과부하 방지 장치
② 전격 방지 장치
③ 원격 제어 장치
④ 고주파 발생 장치

31 피복 아크 용접기로서 구비해야 할 조건 중 잘못된 것은?

① 구조 및 취급이 간편해야 한다.
② 전류 조정이 용이하고 일정하게 전류가 흘러야 한다.
③ 아크 발생과 유지가 용이하고 아크가 안정되어야 한다.
④ 용접기가 빨리 가열되어 아크 안정을 유지해야 한다.

Ans
26 ① 27 ② 28 ③ 29 ① 30 ② 31 ④

32 피복 아크 용접에서 용접봉의 용융 속도와 관련이 큰 것은?

① 아크 전압
② 용접봉 지름
③ 용접기의 종류
④ 용접봉 쪽 전압 강하

!
용융 속도
- 시간당 소모되는 용접봉의 길이
- 아크 전류 × 용접봉 쪽 전압 강하

33 가스 가우징이나 치핑에 비교한 아크 에어 가우징의 장점이 아닌 것은?

① 작업 능률이 2~3배 높다.
② 장비 조작이 용이하다.
③ 소음이 심하다.
④ 활용 범위가 넓다.

!
아크 에어 가우징의 특징
- 탄소 아크 절단에 압축 공기를 병용, 흑연으로 된 탄소봉에 구리 도금한 전극을 이용한다.
- 가스 가우징보다 능률이 2~3배 좋다.
- 균열 발견이 쉽고 소음이 없다.
- 철, 비철 금속도 가능하다.
- 전원은 직류 역극성을 이용(미그 절단)한다.
- 전압은 35V, 전류는 200~500A, 압축 공기는 6~7kgf/cm^2이다.

34 피복 아크 용접에서 아크 전압이 30V, 아크전류가 150A, 용접 속도가 20cm/min일 때, 용접 입열은 몇 Joule/cm인가?

① 27000 ② 22500
③ 15000 ④ 13500

!
$$H = \frac{60EI}{V} = \frac{60\times30\times150}{20} = 13500$$

35 산소와 혼합하여 연소할 때 불꽃 온도가 가장 높은 가스는?

① 수소 ② 메탄
③ 프로판 ④ 아세틸렌

36 피복 아크 용접봉 피복제의 작용에 대한 설명으로 틀린 것은?

① 산화 및 질화를 방지한다.
② 스패터가 많이 발생한다.
③ 탈산 정련 작용을 한다.
④ 합금 원소를 첨가한다.

!
피복제의 역할(용제)
- 아크 안정, 산·질화 방지, 용적의 미세화
- 유동성 증가, 전기 절연 작용
- 서냉으로 취성 방지, 탈산 정련, 슬래그 박리성 증대

37 부하 전류가 변화하여도 단자 전압은 거의 변하지 않는 특성은?

① 수하 특성 ② 정전류 특성
③ 정전압 특성 ④ 전기 저항 특성

Ans
32 ④ 33 ③ 34 ④ 35 ④ 36 ② 37 ③

38 용접기의 명판에 사용률이 40%로 표시되어 있을 때, 다음 설명으로 옳은 것은?

① 아크 발생 시간이 40%이다.
② 휴지 시간이 40%이다.
③ 아크 발생 시간이 60%이다.
④ 휴지 시간이 4분이다.

> !
> 사용률이 40%라는 의미는 아크의 발생 시간이 40%라는 뜻이다.

39 포금의 주성분에 대한 설명으로 옳은 것은?

① 구리에 8~12% Zn을 함유한 합금이다.
② 구리에 8~12% Sn을 함유한 합금이다.
③ 6~4 황동에 1% Pb을 함유한 합금이다.
④ 7~3 황동에 1% Mg을 함유한 합금이다.

> !
> 포금(청동합금)의 주요 성분
> - Cu + Sn (8~12%) + Zn (1~2%)
> - 내수성이 우수
> - 성분은 8~12% 주석의 청동에 1~2% 아연이 첨가된 합금
> - 수압, 수증기에 잘 견디므로, 선박 재료로 사용

40 완전 탈산시켜 제조한 강은?

① 킬드강　② 림드강
③ 고망간강　④ 세미킬드강

> !
> 철광석을 용광로에 넣어 만든 선철을 제강로에 넣어, 나온 쇳물을 완전 탈산시키면 킬드강이, 불완전 탈산시키면 림드강이 된다.

41 Al–Cu–Si 합금으로 실리콘(Si)을 넣어 주조성을 개선하고 Cu를 첨가하여 절삭성을 좋게 한 알루미늄 합금으로 시효 경화성이 있는 합금은?

① Y합금　② 라우탈
③ 코비탈륨　④ 로-엑스 합금

> !
> 라우탈은 알루미늄 합금으로 주조용이며, 실루민(Al + Si)에 Cu를 합금하여 만든다.

42 주철 중 구상 흑연과 편상 흑연의 중간 형태의 흑연으로 형성된 조직을 갖는 주철은?

① CV 주철　② 에시큘라 주철
③ 니크로 실라 주철　④ 미하나이트 주철

> !
> CV 주철은 구상 흑연과 편상 흑연의 중간 형태의 흑연으로 형성된 조직을 갖는 주철이다.

43 연질 자성 재료에 해당하는 것은?

① 페라이트 자석　② 알니코 자석
③ 네오디뮴 자석　④ 퍼멀로이

> !
> 퍼멀로이: 니켈과 철의 합금, 자성이 큰 연질 자성 재료

Ans
38 ①　39 ②　40 ①　41 ②　42 ①　43 ④

44 황동과 청동의 주성분으로 옳은 것은?

① 황동 : Cu + Pb, 청동 : Cu+Sb
② 황동 : Cu + Sn, 청동 : Cu+Zn
③ 황동 : Cu + Sb, 청동 : Cu+Pb
④ 황동 : Cu + Zn, 청동 : Cu+Sn

!
황동과 청동은 구리의 합금으로, 구리에 아연이 첨가되면 황동이, 구리에 주석이 첨가되면 청동이라 한다.

45 담금질에 의해 나타난 조직 중에서 경도와 강도가 가장 높은 것은?

① 오스테나이트 ② 소르바이트
③ 마텐자이트 ④ 트루스타이트

!
마텐자이트 조직은 담금질에 의해 나타난 조직으로, 경도와 강도가 가장 높다.

46 재결정 온도가 가장 낮은 금속은?

① Al ② Cu
③ Ni ④ Zn

!
재결정 온도
Al – 150℃, Cu – 200℃
Ni – 600℃, Zn – 상온

47 상온에서 구리(Cu)의 결정 격자 형태는?

① HCT ② BCC
③ FCC ④ CPH

48 Ni–Fe 합금으로서 불변강이라 부르는 합금이 아닌 것은?

① 인바 ② 모넬 메탈
③ 엘린바 ④ 슈퍼 인바

!
불변강 : Ni 합금강을 의미
- 인바(Ni : 36%) : 열전쌍, 시계 등
- 엘린바(Ni36% – Cr12%) : 시계 스프링, 정밀 계측기
- 플래티나이트(Ni:10~16%) : 전구, 진공관의 유리봉 입선
- 퍼멀로이(Ni : 75% ~ 80%) : 해저 전선의 장하 코일
- 코엘린바, 수퍼 인바, 초인바, 이스에라스틱

49 Fe–C 평형 상태도에 대한 설명으로 옳은 것은?

① 공정점의 온도는 약 723℃이다.
② 포정점은 약 4.30% C를 함유한 점이다.
③ 공석점은 약 0.80% C를 함유한 점이다.
④ 순철의 자기 변태 온도는 210℃이다.

!
공석점인 723℃에서 나오는 공석강의 탄소 함유량은 0.86%이다.

50 고주파 담금질의 특징을 설명한 것 중 옳은 것은?

① 직접 가열하므로 열효율이 높다.
② 열처리 불량은 적으나 변형 보정이 필요하다.
③ 열처리 후의 연삭 과정을 생략 또는 단축시킬 수 있다.
④ 간접 부분 담금질법으로 원하는 깊이만큼 경화하기 힘들다.

Ans
44 ④ 45 ③ 46 ④ 47 ③ 48 ② 49 ③ 50 ①

51 다음 입체도의 화살표 방향 투상도로 가장 적합한 것은?

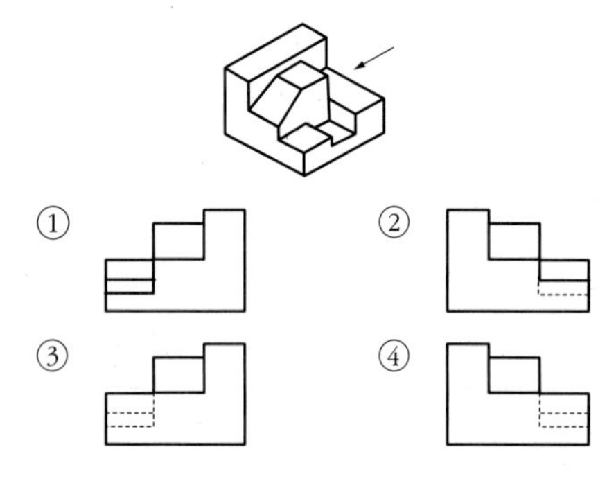

> **!**
> 3각법으로 표시하는 것으로, 화살표 쪽에서 보면 앞면에 있는 입체들이 은선으로 잡혀야 한다.

52 다음 그림과 같은 용접 방법 표시로 맞는 것은?

① 삼각 용접　　② 현장 용접
③ 공장 용접　　④ 수직 용접

53 다음 밸브 기호는 어떤 밸브를 나타내는가?

① 풋 밸브　　② 볼 밸브
③ 체크 밸브　　④ 버터플라이 밸브

54 리벳용 원형강의 KS 기호는?

① SV　　② SC
③ SB　　④ PW

55 대상물의 일부를 떼어 낸 경계를 표시하는 데 사용하는 선의 굵기는?

① 굵은 실선　　② 가는 실선
③ 아주 굵은 실선　　④ 아주 가는 실선

> **!**
> 대상물의 떼어 낸 경계를 표시하는 선을 파단선이라 하며, 불규칙한 파형의 가는 실선이나 지그재그선으로 표시한다.

56 다음 배관 도시기호가 있는 관에는 어떤 종류의 유체가 흐르는가?

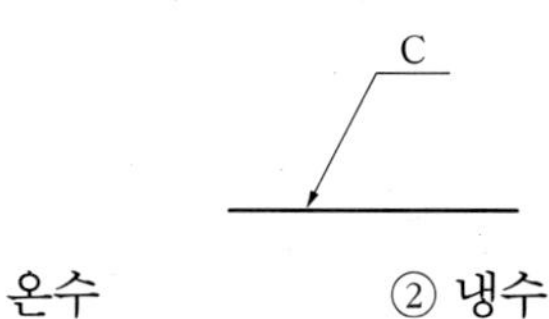

① 온수　　② 냉수
③ 냉온수　　④ 증기

> **!**
> **배관에 흐르는 유체의 종류에 따른 분류**
> 공기 A, 물 W, 가스 G, 기름 O, 수증기 S, 냉수 C

Ans
51 ③　52 ②　53 ①　54 ①　55 ②　56 ②

57 **제3각법에 대하여 설명한 것으로 틀린 것은?**

① 저면도는 정면도 밑에 도시한다.
② 평면도는 정면도의 상부에 도시한다.
③ 좌측면도는 정면도의 좌측에 도시한다.
④ 우측면도는 평면도의 우측에 도시한다.

> **!**
> 기계 제작에서는 제3각법이 가장 이해하기 쉬우므로, 주로 사용되며 눈 → 도면 → 투상면의 순서가 된다. 우측면도는 정면도에서 우측에 있는 면을 의미한다.

58 **다음 치수 표현 중에서 참고 치수를 의미하는 것은?**

① S ø 24　　② t=24
③ (24)　　④ □24

59 **구멍에 끼워 맞추기 위한 구멍, 볼트, 리벳의 기호 표시에서 현장에서 드릴 가공 및 끼워 맞춤을 하고 양쪽 면에 카운터 싱크가 있는 기호는?**

① 　　② 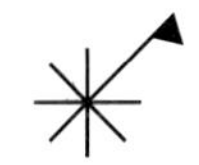

③ 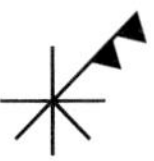　　④ 

> **!**
> 위의 표시는 현장에서 드릴 가공 및 끼워 맞춤을 하고 양쪽 면에 카운터 싱크가 있음을 표시하는 것이다.

60 **도면을 용도에 따른 분류와 내용에 따른 분류로 구분할 때, 다음 중 내용에 따라 분류한 도면인 것은?**

① 제작도　　② 주문도
③ 견적도　　④ 부품도

> **!**
> • 용도에 따른 분류 : 계획도, 상세도, 제작도, 검사도, 주문도, 승인도, 설명도
> • 내용에 따른 분류 : 부품도, 배치도, 조립도

Ans
57 ④　58 ③　59 ④　60 ④

특수 용접 기능사 필기 기출문제 (2016년 1월 24일 시행)

자격종목	코 드	시험 시간	문항 수	수험번호	성명
용접 기능사	6223	60분	60		

01 용접이음 설계 시 충격하중을 받는 연강의 안전율은?

① 12 ② 8 ③ 5 ④ 3

> **!** 연강 용접이음의 안전율
> - 안전율 = (인장강도 / 허용율)
> - 정하중 : 3
> - 동하중 – 단진응력 : 5
> - 동하중 – 교번응력 :8
> - 충격하중 : 12

02 다음 중 기본 용접 이음 형식에 속하지 않는 것은?

① 맞대기 이음 ② 모서리 이음
③ 마찰 이음 ④ T자 이음

> **!** 이음형식의 종류 : 맞대기이음, 모서리이음,변두리이음,겹치기이음.

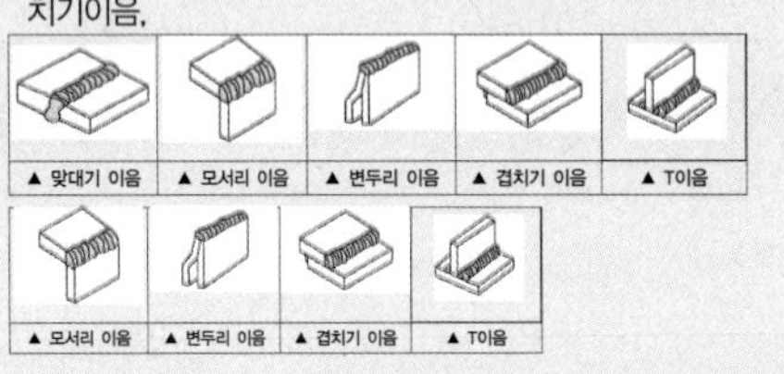

03 화재의 분류는 소화 시 매우 중요한 역할을 한다. 서로 바르게 연결된 것은?

① A급 화재 - 유류 화재
② B급 화재 - 일반 화재
③ C급 화재 - 가스 화재
④ D급 화재 - 금속 화재

> **!** 화재의 분류
> - A–일반(백색), B–유류(황색), C–전기(청색), D–금속
> - 연소의 3요소 – 점화원, 가연물, 산소공급원

04 불활성 가스가 아닌 것은?

① C_2H_2 ② Ar
③ Ne ④ He

05 서브머지드 아크 용접장치 중 전극형상에 의한 분류에 속하지 않는 것은?

① 와이어(wire) 전극
② 테이프(tape) 전극
③ 대상(hoop) 전극
④ 대차(carriage) 전극

> **!** 서브머지드 아크 용접장치 중 전극형상에 의한 분류
> - 와이어전극, 테이프전극, 대상전극

06 용접 시공 계획에서 용접 이음 준비에 해당되지 않는 것은?

① 용접 홈의 가공
② 부재의 조립
③ 변형 교정
④ 모재의 가용접

> **!** 변형의 교정은 용접 실시 후 용접 후처리에 해당된다.

Ans
01 ① 02 ③ 03 ④ 04 ① 05 ④ 06 ③

07 다음 중 서브머지드 아크 용접(Submerged Arc Welding)에서 용제의 역할과 가장 거리가 먼 것은?

① 아크 안정
② 용락 방지
③ 용접부의 보호
④ 용착금속의 재질 개선

!
서브머지드 아크 용접법에서 용제의 역할
• 용접부를 보호하고 아크를 안정시키며 용착금속의 재질을 개선, 용접부를 보호하기 위한 것이다.

08 다음 중 전기저항 용접의 종류가 아닌 것은?

① 점 용접
② MIG 용접
③ 프로젝션 용접
④ 플래시 용접

!
전기 저항용접의 종류
• 겹치기 : a.점용접 b.심용접 c.프로젝션(돌기용접)
• 맞대기 : a.업셋 b.플래시(예열–플레쉬–업셋) c.퍼커션(충격용접)

09 다음 중 용접 금속에 가공을 형성하는 가스에 대한 설명으로 틀린 것은?

① 응고 온도에서의 액체와 고체의 용해도 차에 의한 가스 방출
② 용접금속 중에서의 화학반응에 의한 가스 방출
③ 아크 분위기에서의 기체의 물리적 혼입
④ 용접 중 가스 압력의 부적당

!
용접 중의 가스 압력의 부적당함은 비드의 모양에 영향을 미친다.

10 가스용접 시 안전조치로 적절하지 않는 것은?

① 가스의 누설검사는 필요할 때만 체크하고 점검은 수돗물로 한다.
② 가스용접 장치는 화기로부터 5m 이상 떨어진 곳에 설치해야 한다.
③ 작업 종료 시 메인 밸브 및 콕 등을 완전히 잠가준다.
④ 인화성 액체 용기의 용접을 할 때는 증기 열탕물로 완전히 세척 후 통풍구멍을 개방하고 작업한다.

!
가스의 누설검사는 비눗물로 검사한다.

11 TIG 용접에서 가스이온이 모재에 충돌하여 모재 표면에 산화물을 제거하는 현상은?

① 제거효과 ② 청정효과
③ 용융효과 ④ 고주파효과

!
• 청정작용 : 티그용접시 알루미늄이나 마그네슘을 용접시 산화피막을 제거 하기 위하여 알곤 가스를 사용하면 알곤가스가 산화피막에 작용하여 이온화 작용을 일으켜 피막에 벗겨지는 역할을 하며 이를 효율적으로 하기 위하여 전원을 교류고주파(ACHF)를 이용한다.

12 연강의 인장시험에서 인장시험편의 지름이 10mm이고, 최대하중이 5500kgf일 때 인장강도는 약 몇 kgf/㎟인가?

① 60 ② 70
③ 80 ④ 90

!
$$인장강도 = \frac{P}{A} = \frac{5500}{\pi \times 5^2} = 79.1$$

Ans
07 ② 08 ② 09 ④ 10 ① 11 ② 12 ②

13 용접부의 표면에 사용되는 검사법으로 비교적 간단하고 비용이 싸며, 특히 자기 탐상 검사가 되지 않는 금속 재료에 주로 사용되는 검사법은?

① 방사선비파괴 검사
② 누수 검사
③ 침투 비파괴 검사
④ 초음파 비파괴 검사

> **!**
> **비파괴 시험의 분류**
> • 표면검사 : VT, LT, PT, ECT
> • 내면검사 : 방사선검사, 초음파검사

14 용접에 의한 변형을 미리 예측하여 용접하기 전에 용접 반대방향으로 변형을 주고 용접하는 방법은?

① 억제법 ② 역변형법
③ 후퇴법 ④ 비석법

> **!**
> **변형 방지법**
> • 억제법(구속법) : 가접 내지는 구속지그 사용
> • 역변형법 : 용접 전에 변형의 크기 및 방향을 예측하여 미리 반대로 변형시키는 방법
> • 도열법 : 용접부 주위에 물을 적신 석면, 동판을 대어 열을 흡수
> • 용착법 : 대칭, 후퇴, 스킵법, 교호법

15 다음 중 플라즈마 아크 용접에 적합한 모재가 아닌 것은?

① 텅스텐, 백금
② 티탄, 니켈 합금
③ 티탄, 구리
④ 스테인리스강, 탄소강

16 용접 지그를 사용했을 때의 장점이 아닌 것은?

① 구속력을 크게 하여 잔류응력 발생을 방지한다.
② 동일 제품을 다량 생산할 수 있다.
③ 제품의 정밀도를 높인다.
④ 작업을 용이하게 하고 용접능률을 높인다.

> **!**
> **용접 시 지그사용 목적**
> • 대량생산 가능하다.
> • 용접 작업을 쉽게 한다.
> • 제품의 치수를 정확하게 한다.
> • 용접부의 신뢰도가 높아진다.
> • 다듬질을 좋게 한다.
> • 변형을 억제한다.

17 일종의 피복아크 용접법으로 피더(feeder)에 철분계 용접봉을 장착하여 수평 필릿용접을 전용으로 하는 일종의 반자동 용접장치로서 모재와 일정한 경사를 갖는 금속지주를 용접 홀더가 하강하면서 용접되는 용접법은?

① 그래비트 용접 ② 용사
③ 스터드 용접 ④ 테르밋 용접

18 피복아크용접에 의한 맞대기 용접에서 개선 홈과 판 두께에 관한 설명으로 틀린 것은?

① I형 : 판 두께 6mm이하 양쪽 용접에 적용
② V형 : 판 두께 20mm 이하 한쪽 용접에 적용
③ U형 : 판 두께 40~60mm 양쪽 용접에 적용
④ X형 : 판 두께 15~40mm 양쪽 용접에 적용

> **!**
> U형 맞대기 용접은 판 두께 16~50mm의 한쪽면의 완전한 용입을 위하여 사용한다.

Ans
13 ③ 14 ② 15 ① 16 ① 17 ① 18 ③

19 이산화탄소 아크 용접 방법에서 전진법의 특징으로 옳은 것은?

① 스패터의 발생이 적다.
② 깊은 용입을 얻을 수 있다.
③ 비드 높이가 낮과 평탄한 비드가 형성된다.
④ 용접선이 잘 보이지 않아 운봉을 정확하게 하기 어렵다.

> ! 전진법은 우측에서 좌쪽으로 용접하는 방법으로 비드 모양이 평탄한 모양이 발생한다.

20 일렉트로 슬래그 용접에서 주로 사용되는 전극 와이어의 지름은 보통 몇 mm인가?

① 1.2~1.5　② 1.7~2.3
③ 2.5~3.2　④ 3.5~4.0

> ! 일렉트로 슬래그 용접에서 주로 사용되는 전극 와이어의 지름은 보통 몇 2.5~3.2mm를 주로 사용한다.

21 볼트나 환봉을 피스톤형의 홀더에 끼우고 모재와 볼트 사이에 순간적으로 아크를 발생시켜 용접하는 방법은?

① 서브머지드 아크 용접
② 스터드 용접
③ 테르밋 용접
④ 불활성가스 아크 용접

> ! **스터드 용접법의 특징**
> - 용접시간이 길지만 용접변형이 작다.
> - 용접 후 냉각속도가 빠르다.
> - 알루미늄, 스테인리스 용접이 가능하다.
> - 탄소 0.2%, 망간 0.7% 이하 시 균열 발생이 없다.
> - 볼트나 환봉 등을 피스톤형 홀더에 끼우고 모재와 환봉사이에서 순간적으로 아크를 발생시켜 용접하는 방법
> - 아크를 보호하고 집중시키기 위하여 도기로 만든 페올이라는 기구를 사용하는 용접

22 용접 결함과 그 원인에 대한 설명 중 잘못 짝지어진 것은?

① 언더컷 - 전류가 너무 높은 때
② 기공 - 용접봉이 흡습되었을 때
③ 오버랩 - 전류가 너무 낮을 때
④ 슬래그 섞임 - 전류가 과대되었을 때

> ! 슬래그 섞임의 전류가 낮을 때 발생 할 수 있다.

23 피복아크용접에서 피복제의 성분에 포함되지 않는 것은?

① 피복 안정제
② 가스 발생제
③ 피복 이탈제
④ 슬래그 생성제

> ! **피복제의 종류**
> - 가스 발생제 : 석회석, 셀룰로오스, 톱밥, 아교
> - 슬랙 생성제 : 석회석, 형석, 탄산수소나트륨, 일미나이트
> - 아크안정제 : 규산나트륨, 규산칼륨, 산화티탄, 석회석, 탄산바륨
> - 피복제의 탈산제 : 페로실리콘, 페로망간, 페로티탄, 알루미늄
> - 고착제 : 규산 나트륨, 규산칼륨, 아교, 소맥분, 해초

24 피복 아크 용접봉의 용융속도를 결정하는 식은?

① 용융속도=아크전류×용접봉쪽 전압강하
② 용융속도=아크전류×모재쪽 전압강하
③ 용융속도=아크전압×용접봉쪽 전압강하
④ 용융속도=아크전압×모재쪽 전압강하

> ! **용융속도 – 전류와 관계가 크다.**
> - 시간당 소모되는 용접봉의 길이, 무게
> - 아크전류 × 용접봉 쪽 전압강하

Ans
19 ③　20 ③　21 ②　22 ④　23 ③　24 ①

25 용접법의 분류에서 아크용접에 해당되지 않는 것은?

① 유도가열용접
② TIG용접
③ 스터드용접
④ MIG용접

26 피복아크용접 시 용접선 상에서 용접봉을 이동시키는 조작을 말하며 아크의 발생, 중단, 재아크, 위빙 등이 포함된 작업을 무엇이라 하는가?

① 용입 ② 운봉
③ 키홀 ④ 용융지

27 다음 중 산소 및 아세틸렌 용기의 취급방법으로 틀린 것은?

① 산소용기의 밸브, 조정기, 도관, 취부구는 반드시 기름이 묻은 천으로 깨끗이 닦아야 한다.
② 산소용기의 운반 시에는 충돌, 충격을 주어서는 안 된다.
③ 사용이 끝난 용기는 실병과 구분하여 보관한다.
④ 아세틸렌 용기는 세워서 사용하며 용기에 충격을 주어서는 안 된다.

!
산소 및 아세틸렌 용기 취급 시 주의사항
- 타격 및 충격을 주지 말 것
- 누설 검사는 비눗물로 할 것
- 용기를 눕혀서 보관하지 말 것
- 다른 가연성 가스와 함께 보관하지 말 것
- 직사광선, 화기가 있는 고온의 장소를 피할 것
- 용기 내의 온도는 항상 40℃ 이하로 유지할 것
- 용기 내의 압력이 너무 상승(170 기압)되지 않도록 할 것
- 용기 및 밸브 조정기 등에 기름이 부착되지 않도록 할 것
- 밸브가 동결 되었을 때 더운 물 또는 증기를 사용하여 녹일 것

28 가스용접이나 절단에 사용되는 가연성 가스의 구비조건을 틀린 것은?

① 발열량이 클 것
② 연소속도가 느릴 것
③ 불꽃의 온도가 높을 것
④ 용융금속과 화학반응이 일어나지 않을 것

!
가연성가스의 구비조건
- 불꽃의 온도가 높을 것
- 연소속도가 빠를 것
- 발열량이 클 것
- 용융금속과 화학 반응을 하지 않을 것

29 다음 중 가변저항의 변화를 이용하여 용접전류를 조정하는 교류 아크 용접기는?

① 탭 전환형
② 가동 코일형
③ 가동 철심형
④ 가포화 리액터형

!
교류 아크 용접기의 전류 조정 방법
- 탭 전환형 : 코일의 감긴수에 따라 전류를 조정
- 가동코일형 : 1차코일의 거리 조정으로 전류조정
- 가동철심형 : 누설자속을 변동시켜 전류를 조정
- 가포화 리액터형 : 가변저항의 변화로 전류조정

Ans
25 ① 26 ② 27 ① 28 ② 29 ④

30 AW-250, 무부하전압 80V, 아크전압 20V인 교류 용접기를 사용할 때 역률과 효율은 각각 얼마인가? (단, 내부 손실은 4kW이다.)

① 역률 : 45%, 효율 : 56%
② 역률 : 48%, 효율 : 69%
③ 역률 : 54%, 효율 : 80%
④ 역률 : 69%, 효율 : 72%

!
- 전원입력 = 무부하전압 × 정격2차전류
- 소비전력 = 아크출력 + 내부손실
- 아크출력 = 아크전압 × 정격2차전류

① **역률** = $\frac{\text{소비전력}(KW)}{\text{전원입력}(KVA)} \times 100$

$\frac{(20 \times 250)+4000}{80 \times 250} \times 100$

② **효율** = $\frac{\text{아크출력}(KVA)}{\text{소비전력}(KW)} \times 100$

$\frac{(20 \times 250}{(250 \times 250)+4000} \times 100$

31 혼합가스 연소에서 불꽃 온도가 가장 높은 것은?

① 산소 - 수소 불꽃
② 산소 - 프로판 불꽃
③ 산소 - 아세틸렌 불꽃
④ 산소 - 부탄 불꽃

!
가연성 가스 중에서 연소시 불꽃의 온도가 가장 높은 가스가 가스용접에서 아세틸렌 용접을 하는 이유는 아세틸렌가스이기 때문이다.

32 연강용 피복 아크 용접봉의 종류와 피복제 계통으로 잘못된 것은?

① E4303 : 라임티타니아계
② E4311 : 고산화티탄계
③ E4316 : 저수소계
④ E4327 : 철분산화철계

!
용접봉 종류
1) 4301 : 일미나이트계(슬랙 생성식)-산화티탄, 산화철을 약 30% 이상 함유한 광석, 사석을 주성분으로 기계적 성질이 우수하고 용접성이 우수
2) 4303 : 라임티탄계 – 피복용 스테인리스강의 성분으로 산화티탄을 30% 이상 함유한 용접봉으로 비드의 외관이 아름답고 언더컷이 발생하지 않음
3) 4311 : 고셀룰로오스계(가스실드식) – 슬래그가 적어 좁은 홈의 용접에 적합, 비드표면이 거칠지만 환원성이므로 용착금속의 기계적 성질이 양호하고 수직상진, 하진 및 위보기 용접에서 우수한 작업성을 가지며 스패터가 많으며 피복제 중 셀롤로오스가 20~30% 포함되며 슬래그계 용접봉 보다 용접전류를 10~15% 낮게 한다.
4) 4313 : 고산화티탄계-산화티탄 35%, 아크안정,CR봉, 비드좋다, 경구조물, 경자동차, 박판 용접에 적합
5) 4316 : 저수소계(슬랙 생성식)-석회석과 형석을 주성분으로 한 것으로 , 수소의 함량이 1/10 정도, 기계적성질과 균열의 감수성이 우수, 황의 함유량이 많고 염기성 함유가 높다.
6) 4324 : 철분 산화티탄계로 아래보기 자세와 수평 필릿 자세에 한정
7) 4326 : 철분 저수소계
8) 4327 : 철분 산화철계
9) 4340 : 특수계

33 산소-아세틸렌가스 절단과 비교한 산소-프로판 가스절단의 특징으로 옳은 것은?

① 절단면이 미세하며 깨끗하다.
② 절단 개시 시간이 빠르다.
③ 슬래그 제거가 어렵다.
④ 중성불꽃을 만들기가 쉽다.

!
산소-프로판 가스 절단의 특징
- 절단면이 미세하고 깨끗하다.
- 절단면 상부에 모서리 녹음이 적다.
- 슬래그 제거가 쉽다.
- 포갭 절단 속도가 아세틸렌보다 빠르다.
- 후판절단이 아세틸렌보다 빠르다.

Ans
30 ① 31 ③ 32 ② 33 ①

34 피복 아크 용접에서 "모재의 일부가 녹은 쇳물 부분"을 의미하는 것은?

① 슬래그 ② 용융지
③ 피복부 ④ 용착부

> **!**
> **피복아크용접의 용어정리**
>
> 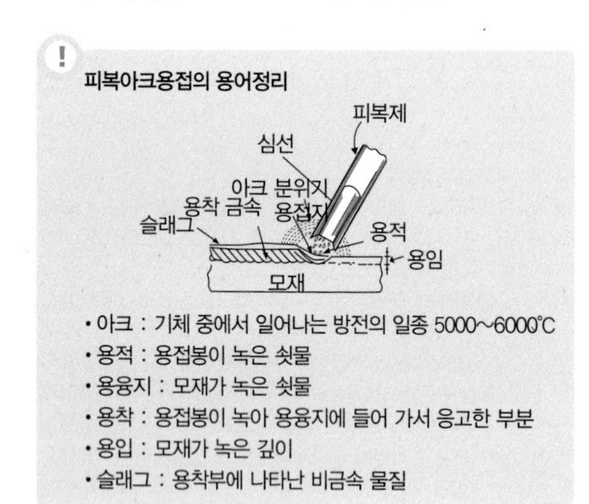
>
>
> - 아크 : 기체 중에서 일어나는 방전의 일종 5000~6000℃
> - 용적 : 용접봉이 녹은 쇳물
> - 용융지 : 모재가 녹은 쇳물
> - 용착 : 용접봉이 녹아 용융지에 들어 가서 응고한 부분
> - 용입 : 모재가 녹은 깊이
> - 슬래그 : 용착부에 나타난 비금속 물질

35 가스 압력 조정기 취급 사항으로 틀린 것은?

① 압력 용기의 설치구 방향에는 장애물이 없어야 한다.
② 압력 지시계가 잘 보이도록 설치하며 유리가 파손되지 않도록 주의한다.
③ 조정기를 견고하게 설치한 다음 조정 나사를 잠그고 밸브를 빠르게 열어야 한다.
④ 압력 조정기 설치구에 있는 먼지를 털어내고 연결부에 정확하게 연결한다.

36 연강용 가스 용접봉에서 "625±25℃에서 1시간 동안 응력을 제거한 것"을 뜻하는 영문자 표시에 해당하는 것은?

① NSR ② GB
③ SR ④ GA

> **!**
> 가스 용접봉에서 SR은 응력을 제거한 용접봉임을 뜻함

37 피복아크용접에서 위빙(weaving) 폭은 심선 지름의 몇 배로 하는 것이 가장 적당한가?

① 1배
② 2~3배
③ 5~6배
④ 7~8배

38 전격방지기는 아크를 끊음과 동시에 자동적으로 릴레이가 차단되어 용접기의 2차 무부하 전압을 몇 V 이하로 유지시키는가?

① 20~30
② 35~45
③ 50~60
④ 65~75

> **!**
> **교류용접기의 부속장치(설명)**
> 1) 전격방지기 : 감전의 위험으로부터 작업자 보호, 2차 무부하 전압을 25V~35V 로 유지
> 2) 핫스타트장치(아크부스터) : 처음 모재에 접촉한 순간 0.2~0.25초의 순간적인 대전류를 흘려 아크의 발생 초기 안정도모
> 3) 고주파 발생장치 : 아크의 안정을 확보하기 위하여
> 4) 원격제어장치 :원거리의 전류와 전압의 조절장치(가포화 리액터형)

Ans
34 ② 35 ③ 36 ③ 37 ② 38 ①

39 30% Zn을 포함한 황동으로 연신율이 비교적 크고, 인장강도가 매우 높아 판, 막대, 관, 선 등으로 널리 사용되는 것은?

① 톰백(tombac)
② 네이벌 황동(naval brass)
③ 6 : 4 황동(muntz metal)
④ 7 : 3 황동(cartidge brass)

> !
> **황동의 종류**
> - Cu + 5% Zn : 길딩메탈(메달용)
> - Cu + 15% Zn : 래드브라스(소켓 체결구)
> - Cu + 20% Zn : 톰백(장신구용)
> - Cu + 30% Zn : 카트리지 황동 : 연신율이 최고
> - Cu + 40% Zn : 문쯔 메탈(열교환기, 열간단조품, 탄피 등에 사용)
> - Cu + 40% + Fe (1%) : 델타 메탈 → 내식성 개선, 선박, 광산, 기어, 볼트
> - 애드미럴티 황동 : 7:3 황동에 주석 1% 첨가 탈아연 부식억제, 내식성, 내 해수성을 증대시킨 것
> - 네이벌 : 6:4 황동에 Sn 1% 첨가, 탈아연 부식방지

40 Au의 순도를 나타내는 단위는?

① K(carat) ② P(pound)
③ %(percent) ④ μm(micron)

> !
> Au는 금으로 순도의 표시는 K(carat)으로 표시한다.

41 다음 상태도에서 액상선을 나타내는 것은?

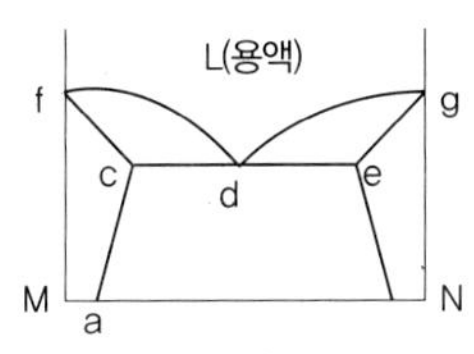

① acf ② cde
③ fdg ④ beg

> !
> Fe-C 상태도의 표시로 액상선은 fdg위선을 뜻한다.

42 금속 표면에 스텔라이트, 초경합금 등의 금속을 용착시켜 표면경화층을 만드는 것은?

① 금속 용사법
② 하드 페이싱
③ 쇼트 피이닝
④ 금속 침투법

43 다음 중 용접법의 분류에서 초음파 용접은 어디에 속하는가?

① 납땜 ② 압접
③ 융접 ④ 아크 용접

> !
> **접합방법에 따른 용접의 종류(야금적 접합법)**
> - 융접 : 모재와 용가재를 모두 녹임(대부분의 용접법)
> - 압접 : 열이나 압력, 또는 열과 압력을 동시에 가함
>   - 전기저항용접, 초음파용접, 고주파용접, 마찰용접, 유도가열용접 냉간압접, 가스압접, 가압테르밋 용접 등
> - 납땜 : 모재는 녹이지 않고 용접봉을 녹여 붙임 450℃를 기준으로 연납땜, 경납땜으로 구별
>   - 연납땜
>   - 경납땜 : 가스납땜, 노내납땜, 저항납땜, 담금납땜, 유도가열납땜

44 주철의 조직은 C와 Si의 양과 냉각속도에 의해 좌우된다. 이들의 요소와 조직의 관계를 나타낸 것은?

① C.C.T 곡선
② 탄소 당량도
③ 주철의 상태도
④ 마우러 조직도

> !
> 마우러 조직선도 : 주철의 조직은 C와 Si의 양과 냉각속도에 의해 각 요소와 조직의 관계를 나타낸 조직도이다.

Ans
39 ④ 40 ① 41 ③ 42 ② 43 ② 44 ④

45 Al–Cu–Si의 합금의 명칭으로 옳은 것은?

① 알민
② 라우탈
③ 알드리
④ 코오슨 합금

> **!**
> 라우탈은 알루미늄 합금으로 주조용 합금이다.
> 주조용 알루미늄의 대표는 실루민으로 Al + Si 이다.

46 Al 표면에 방식성이 우수하고 치밀한 산화피막이 만들어지도록 하는 방식 방법이 아닌 것은?

① 산화법 ② 수산법
③ 황산법 ④ 크롬산법

> **!**
> **알루미늄 방식법의 종류**
> - 수산법 : 알루마이트법 이라고도하며 Al 제품을 2%의 수산 용액에서 전류를 흘려 표면에 단단하고 치밀한 산화막을 형성 시키는 방법이다.
> - 황산법 : 전해액으로 황산을 사용하며, 가장 널리 사용되는 Al 방식법이다. 경제적이며 내식성과 내마모성이 우수하고 착색력이 좋아서 유지하기 용이하다.
> - 크롬산법 : 전해액으로 크롬산을 사용하며, 반투명이나 애나멜과 같은 색을 띤다. 광학기계나 가전제품, 통신기기 등에 사용된다.

47 다음 중 재결정온도가 가장 낮은 것은?

① Sn ② Mg
③ Cu ④ Ni

> **!**
> Sn–0 ℃, Mg–150 ℃, Cu–200 ℃, Ni–500~600℃

48 다음 중 하드필드(Hadfield)강에 대한 설명으로 틀린 것은?

① 오스테나이트조직의 Mn강이다.
② 성분은 10~14Mn%, 0.9~1.3C% 정도이다.
③ 이 강은 고온에서 취성이 생기므로 600~800℃에서 공랭한다.
④ 내마멸성과 내충격성이 우수하고, 인성이 우수하기 때문에 파쇄장치, 임펠러 플레이트 등에 사용한다.

> **!**
> **하드필드강(고 Mn강)**
> - 망간 10~14%의 강은 상온에서 오스테나이트 조직을 가지며 내마멸성이 특히 우수하며 각종 광산기계, 기차 레일의 교차점, 냉간 인발용의 드로잉 다이스 등에 이용되는 강
>
> **듀콜강(저 망간강)**
> - Mn 1~2%
> - 펄라이트 조직
> - 용접성우수
> - 내식성개선 Cu첨가

49 Fe–C 상태도에서 A_3와 A_4 변태점 사이에서의 결정구조는?

① 체심정방격자 ② 체심입방격자
③ 조밀육방격자 ④ 면심입방격자

> **!**
> **순철의 자기변태점**
> - A1변태점 – 210℃(순수한 시멘타이트의 자기변태점)
> - A2변태점 – 768℃(912–A3,1400–A4)
> - A3변태점 – 912℃ (α–Fe → γ–Fe)
> - A4변태점 – 1400℃(γ–Fc → δ–Fe)

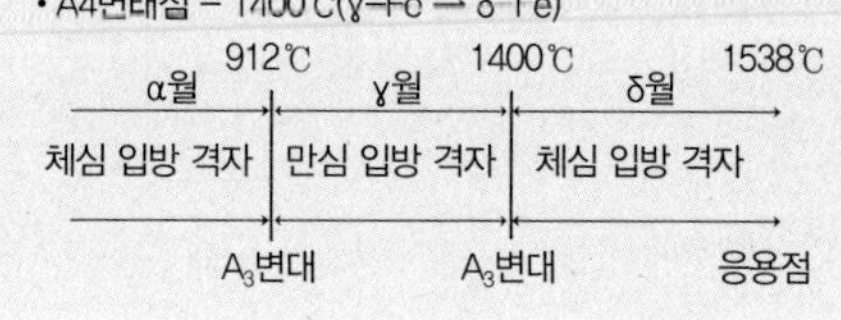

Ans
45 ② 46 ① 47 ① 48 ③ 49 ④

50 열팽창계수가 다른 두 종류의 판을 붙여서 하나의 판으로 만든 것으로 온도 변화에 따라 휘거나 그 변형을 구속하는 힘을 발생하며 온도감응소자 등에 이용되는 것은?

① 서멧 재료
② 바이메탈 재료
③ 형상기억합금
④ 수소저장합금

! 바이메탈 재료와 온도감응소자로서 열팽창계수가 다른 두 종류의 판을 붙여서 하나의 판으로 만든 것으로 온도 변화에 따라 휘거나 그 변형을 구속하는 힘을 발생하게 된다.

51 기계제도에서 가는 2점 쇄선을 사용하는 것은?

① 중심선 ② 지시선
③ 피치선 ④ 가상선

!
가상선(가는 이점쇄선)
- 도시된 물체의 앞면을 표시
- 인접부분을 참고로 표시
- 가공 전 또는 가공 후의 모양을 표시
- 이동하는 부분의 이동위치를 표시
- 공구, 지그 등의 위치를 표시
- 반복을 표시하는 선

52 나사의 종류에 따른 표시기호가 옳은 것은?

① M - 미터 사다리꼴 나사
② UNC - 미니추어 나사
③ Rc - 관용 테이퍼 암나사
④ G - 전구나사

! M - 일반용 미터나사 ,UNC - 유니파이 일반나사 , Rc - 관용 테이퍼 암나사, G - 관용 평행나사

53 배관용 탄소강관의 종류를 나타내는 기호가 아닌 것은?

① SPPS 380 ② SPPH 380
③ SPCD 390 ④ SPLT 390

! SPPS 380 - 압력배관용 탄소강관, SPPH 380 - 고압배관용 탄소강관, SPLT 390 - 저온 배관용 탄소강관

54 기계제도에서 도형의 생략에 관한 설명으로 틀린 것은?

① 도형이 대칭 형식인 경우에는 대칭 중심선의 한쪽 도형만을 그리고, 그 대칭 중심선의 양 끝 부분에 대칭그림기호를 그려서 대칭임을 나타낸다.
② 대칭 중심선의 한쪽 도형을 대칭 중심선을 조금 넘는 부분까지 그려서 나타낼 수도 있으며, 이 때 중심선 양끝에 대칭그림기호를 반드시 나타내야 한다.
③ 같은 종류, 모양이 다수 줄지어 있는 경우에는 실형 대신 그림기호를 피치선과 중심선과의 교점에 기입하여 나타낼 수 있다.
④ 축, 막대, 관과 같은 동일 단면형의 부분은 지면을 생략하기 위하여 중간 부분을 파단선으로 잘라내서 그 긴요한 부분만을 가까이 하여 도시할 수 있다.

Ans
50 ② 51 ④ 52 ③ 53 ③ 54 ②

55 모떼기의 치수가 2mm이고 각도가 45°일 때 올바른 치수 기입 방법은?

① C2　　② 2C
③ 2-45°　　④ 45°×2

56 도형의 도시 방법에 관한 설명으로 틀린 것은?

① 소성가공 때문에 부품의 초기 윤곽선을 도시해야 할 필요가 있을 때는 가는 2점 쇄선으로 도시한다.
② 필릿이나 둥근 모퉁이와 같은 가상의 교차선은 윤곽선과 서로 만나지 않은 가는 실선으로 투상도에 도시할 수 있다.
③ 널링 부는 굵은 실선으로 전체 또는 부분적으로 도시한다.
④ 투명한 재료로 된 모든 물체는 기본적으로 투명한 것처럼 도시한다.

57 그림과 같은 제3각 정투상도에 가장 적합한 입체도는?

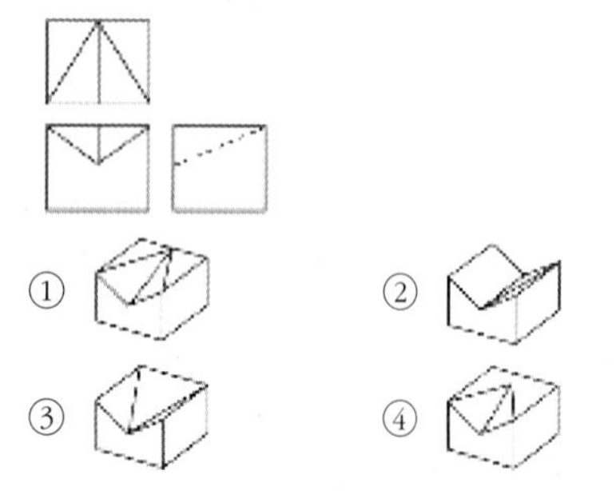

58 제3각법으로 정투상한 그림에서 누락된 정면도로 가장 적합한 것은?

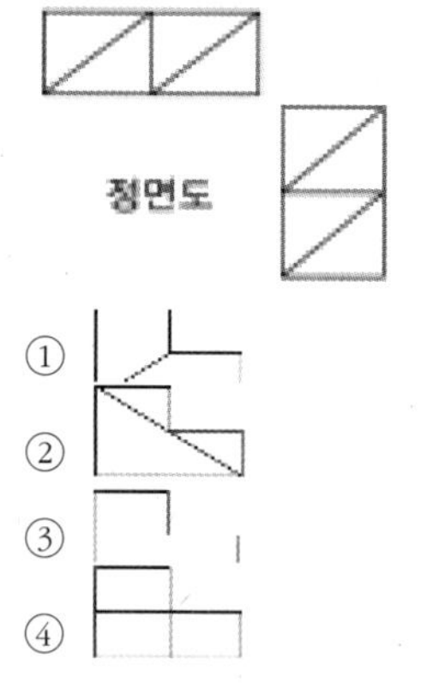

59 다음 중 게이트 밸브를 나타내는 기호는?

①　　②
③　　④

!

밸브의 종류

종류	그림 기호	종류	그림 기호
밸브 일반		전자 밸브	
글로브 밸브		전동 밸브	
체크 밸브		콕 일반	
슬루스 벨브 (페이트 밸브)		닫힌 콕 일반	
앵글 밸브		닫혀 있는 밸브 일반	
3방향 밸브		볼 밸브	
안전 밸브 (스프링 식)		안전 밸브 (추식)	
공기빼기 밸브		버터플라이 밸브	

60 그림과 같은 용접기호는 무슨 용접을 나타내는가?

① 심 용접　　② 비트 용접
③ 필릿 용접　　④ 점 용접

Ans
55 ①　56 ④　57 ①　58 ②　59 ①　60 ③

특수 용접 기능사 필기 기출문제 (2016년 4월 2일 시행)

자격종목	코드	시험 시간	문항 수	수험번호	성명
용접 기능사	6223	60분	60		

01 가스 용접 시 안전사항으로 적당하지 않는 것은?

① 호스는 길지 않게 하고 용접이 끝났을 때는 용기밸브를 잠근다.
② 작업자의 눈을 보호하기 위해 적당한 차광유리를 사용한다.
③ 산소병은 60℃ 이상 온도에서 보관하고 직사광선을 피하여 보관한다.
④ 호스 접속부는 호스밴드로 조이고 비눗물 등으로 누설 여부를 검사한다.

!
산소병의 보관은 직사광선을 피하여 40℃ 이하에서 보관해야 한다.

02 다음 중 일반적으로 모재의 용융선 근처의 열영향부에서 발생되는 균열이며 고탄소강이나 저합금강을 용접할 때 용접열에 의한 열영향부의 경화와 변태응력 및 용착금속 속의 확산성 수소에 의해 발생되는 균열은?

① 루트 균열　② 설퍼 균열
③ 비드 밑 균열　④ 크레이터 균열

!
수소의 성질
- 0℃, 1기압 1L의 무게는 0.089g이다.
- 기공 원인이 된다.
- 납땜, 수중절단에 이용
- 저온 균열의 원인이 된다.
- 비드 밑 균열의 원인이다.
- 고온, 고압에서 취성의 원인이다.
- 물고기 눈처럼 빛나는 은점의 원인이다.
- 무미, 무취, 불꽃이 육안 확인 어렵다(청색)
- 머리카락 모양처럼 생기는 헤어크랙의 원인이다.
- 제조법은 물의 전기분해법, 코크스의 가스화법
- 수소가스는 가스중에서 밀도가 가장작고 가벼워서 확산 속도가 빠르며 열전도성이가장 크기 때문에 폭발했을 때 위험성이 크다.(폭명기생성)

Ans
01 ③　02 ③

03 다음 중 지그나 고정구의 설계 시 유의사항으로 틀린 것은?

① 구조가 간단하고 효과적인 결과를 가져와야 한다.
② 부품의 고정과 이완은 신속히 이루어져야 한다.
③ 모든 부품의 조립은 어렵고 눈으로 볼 수 없어야 한다.
④ 한번 부품을 고정시키면 차후 수정 없이 정확하게 고정되어 있어야 한다.

> **!**
> **용접용 지그 선택의 기준**
> • 물체를 튼튼하게 고정시켜 줄 크기와 힘을 있을 것
> • 변형을 막아줄 만큼 견고하게 잡아줄 수 있을 것
> • 물품의 고정과 분해가 쉽고 청소가 편리할 것
> • 용접 위치를 유리한 용접자세로 쉽게 움직일 수 있을 것

04 플라스마 아크 용접의 특징으로 틀린 것은?

① 비드 폭이 좁고 용접속도가 빠르다.
② 1층으로 용접할 수 있으므로 능률적이다.
③ 용접부의 기계적 성질이 좋으며 용접 변형이 적다.
④ 핀치효과에 의해 전류밀도가 작고 용입이 얕다.

> **!**
> **플라즈마 아크용접의 특징**
> 1) 용접변형이 작다.
> 2) 용접의 품질이 균일하다.
> 3) 용접의 기계적 성질이 좋다.
> 4) 용접 속도를 크게 할 수 있다.
> 5) 용입이 크고 비드의 폭이 좁다.
> 6) 무부하 전압이 일반 아크용접보다 2~5배 더 높다.
> 7) 열적 핀치효과에 의해 전류 밀도가 크고, 안정적이며 보유열량이 크다.

05 다음 용접 결함 중 구조상의 결함이 아닌 것은?

① 기공 ② 변형
③ 용입 불량 ④ 슬래그 섞임

> **!**
> **용접부의 결함의 종류**
> • 치수상결함 : 변형, 치수불량
> • 구조상결함 : 언더컷, 오버랩, 균열, 스패터, 용입불량, 슬랙섞임, 기공, 은점, 선상조직, 피트등
> • 성질상결함 : 기계적, 화학적

06 다음 금속 중 냉각속도가 가장 빠른 금속은?

① 구리 ② 연강
③ 알루미늄 ④ 스테인리스강

> **!**
> **금속의 냉각속도**
> • 용접조건이 같은 경우 후판보다 박판이 열 영향부의 폭이 넓어진다.
> • 냉각속도가 가장 빠른 것
>
> 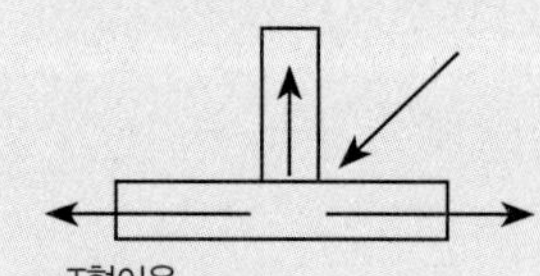
>
> • T형이음
> • 후판이 빠르다
> • 냉각속도와 열전도율 순서는 같다.
> • 은 – 구리 – 금 – 알루미늄 –마그네슘 – 니켈 – 철 등

07 다음 중 인장시험에서 알 수 없는 것은?

① 항복점 ② 연신율
③ 비틀림 강도 ④ 단면수축률

> **!**
> 인장시험으로 확인 할 수 있는 내용은 항복점(yield point), 내력(yield strength), 인장강도(tensile strength), 비례한도(limit of proportionality), 탄성한도(elastic limit), 신장(percentage of elongation), 수축(percentage of contraction of area), 탄성계수, 영 계수(Young's modulus)

Ans
03 ③ 04 ④ 05 ② 06 ① 07 ③

08 서브머지드 아크 용접에서 와이어 돌출 길이는 보통 와이어 지름을 기준으로 정한다. 적당한 와이어 돌출길이는 와이어 지름의 몇 배가 가장 적합한가?

① 2배 ② 4배
③ 6배 ④ 8배

> !
> 서브머지드 아크용접 시 와이어의 돌출길이는 와이어 지름의 6배 정도가 적당하다.

09 용접봉의 습기가 원인이 되어 발생하는 결함으로 가장 적절한 것은?

① 기공 ② 변형
③ 용입 불량 ④ 슬래그 섞임

> !
> **용접부의 결함중 구조상 결함의 원인**
> - 피트 : 합금원소가 많을 때, 습기, 페인트, 녹, 황 함유시
> - 스패터 : 전류 높을 때, 건조되지 않은 용접봉 사용시, 아크길이가 길 때
> - 용입불량 : 이음설계 결함, 용접 속도가 빠를 때, 전류가 낮을 때, 용접봉 선택불량
> - 언더컷 : 전류가 높을 때, 아크길이가 길 때, 속도가 부적합 할 때
> - 오버랩 : 용접전류가 낮을 때, 용접봉의 부적합 선택
> - 선상구조 : 용착금속의 냉각속도가 빠를 때, 모재 재질 불량, X선으로는 검출 할 수 없다
> - 기공의 원인 : 수소, CO_2의 과잉, 용접부의 급속한 응고, 모재의 황 함유량 과대, 기름, 페인트, 녹습도, 아크길이, 전류의 부적당, 용접속도 빠를 때
> - 비드 밑 균열 : 용접 이후 용접열에 의해 조직이 변하는 주변 열영향부에서 수소의 확산에 의해 발생하는 균열이다.
> - 아크 스트라이크 : 용접이음의 밖에서 아크를 발생시킬 때 아크열에 의하여 모재에 결함이 생기는 것

10 은납땜이나 황동납땜에 사용되는 용제(Flux)는?

① 붕사 ② 송진
③ 염산 ④ 염화암모늄

> !
> **용제**
> - 연강용 : 사용하지 않음
> - Al 용 : 염화칼륨, 염화나트륨, 황산칼륨
> - 연납용 : 염산, 염화아연, 염화암모늄, 송진, 수지
> - 경납용 : 붕사, 붕산, 염화리튬, 빙정석, 산화제1동
> - 고탄소강용 : 중탄산나트륨, 탄산나트륨, 붕사
> - 경금속용 : 염화리튬, 염화나트륨, 염화칼륨
> - 구리 및 구리합금용 : 붕사, 붕산, 염화나트륨, 염화리튬, 플루오르화나트륨

11 다음 중 불활성 가스인 것은?

① 산소 ② 헬륨
③ 탄소 ④ 이산화탄소

> !
> 용접에서 주로 사용하는 불활성가스는 알곤가스, 헬륨가스이며 CO_2가스는 불활성가스는 아니지만 불활성가스의 역할을 한다.

12 저항 용접의 특징으로 틀린 것은?

① 산화 및 변질부분이 적다.
② 용접봉, 용제 등이 불필요하다.
③ 작업속도가 빠르고 대량생산에 적합하다.
④ 열손실이 많고, 용접부에 집중열을 가할 수 없다.

> !
> **전기 저항 용접의 특징**
> - 용접사 기능무관
> - 용접 시간이 짧고 대량생산에 적합
> - 산화 및 변형이 적고 용접부가 깨끗하고 가압 효과가 크다.
> - 압접의 일종, 설비복잡, 가격 비싸다.
> - 후열처리 필요, 이종금속의 접합은 불가능

13 아크 용접기의 사용에 대한 설명으로 틀린 경은?

① 사용률을 초과하여 사용하지 않는다.
② 무부하 전압이 높은 용접기를 사용한다.
③ 전격방지기가 부착된 용접기를 사용한다.
④ 용접기 케이스는 접지(earth)를 확실히 해둔다.

> !
> 교류아크 용접기에서 무부하 전압이 높으면 전격의 위험이 있어 전격방지기를 반드시 설치 해야한다.

Ans
08 ④ 09 ① 10 ① 11 ② 12 ④ 13 ②

14 용접 순서에 관한 설명으로 틀린 것은?

① 중심선에 대하여 대칭으로 용접한다.
② 수축이 적은 이음을 먼저하고 수축이 큰 이음은 후에 용접한다.
③ 용접선의 직각 단면 중심축에 대하여 용접의 수축력의 합이 0이 되도록 한다.
④ 동일 평면 내에 많은 이음이 있을 때는 수축은 가능한 자유단으로 보낸다.

> !
> **용접 조립 시, 용접 구조물 설계 시 주의사항**
> - 물품에 대칭이 되도록 한다.
> - 용접에 적합한 설계를 한다.
> - 구조상 노치를 피한다.
> - 약한 필릿 용접은 피하고 맞대기 용접을 한다.
> - 반복하중을 받는 이음에서는 이음 표면을 평활하게 한다.
> - 용접선에 대하여 수축력의 합이 영이 되도록 한다.
> - 리벳과 용접을 같이 할 때에는 용접을 먼저 한다.
> - 각종 이음의 특성을 잘 알고 사용하며 용접하기 쉽게 설계한다.
> - 큰 구조물은 구조물에 중앙에서 끝으로 향하여 용접한다.
> - 용접길이는 가능한 한 짧게, 용착량도 강도상 필요한 최소치로 한다.
> - 수축이 큰 맞대기 이음을 먼저 용접하고 그다음에 필렛 용접을 한다.

15 다음 중 TIG 용접 시 주로 사용되는 가스는?

① CO_2 ② O_2
③ O_2 ④ Ar

> !
> TIG 용접 시 사용가스는 아르곤가스나 헬륨가스를 사용한다.

16 서브머지드 아크 용접법에서 두 전극사이의 복사열에 의한 용접은?

① 텐덤식 ② 횡 직렬식
③ 횡 병렬식 ④ 종 병립식

> !
> **서브머지드 아크용접에서의 전극에 따른 분류**
> - 탠덤식, 횡직렬식, 횡병렬식
> - 용제의 종류 : 용융형, 소결형, 혼합형
> - 횡 직렬식은 전극사이의 복사열에 의해서 용접을 한다.

17 다음 중 유도방사에 의한 광의 증폭을 이용하여 용융하는 용접법은?

① 맥동 용접 ② 스터드 용접
③ 레이저 용접 ④ 피복 아크 용접

> !
> **레이져 빔용접**
> - 파장이 같은 빛을 렌즈로 집광하면 매우 작은 점으로 집중되면서 높은 에너지로 고온의 열을 얻을 수 있는데 이를 열원으로 하여 용접하는 특수 용접방법이다.

18 심 용접의 종류가 아닌 것은?

① 횡심 용접(circular seam welding)
② 매시 심 용접(mash seam welding)
③ 포일 심 용접(foil seam welding)
④ 맞대기 심 용접(butt seam welding)

> !
> **심 용접**
> - 심 용접은 압접인 전기 저항용접의 겹치기 용접법으로 원판상의 롤러 전극사이에 용접할 2장의 판을 두고 가압, 통전하여 전극을 회전시키며 연속적으로 점용접을 반복하는 용접법이다.
> - 점용접에 비해 가압력을 1.2~1.6배, 용접전류는 1.5~2.0배
> - 통전 방법에 따라 단속 통전법, 연속 통전법, 맥동 통전법
> - 용접 방법에 따라 : 매시 시임, 포일 시임, 맞대기 시임, 로울러 시임
> - 기밀, 수밀, 유밀성을 요하는 0.2~4mm 정도 얇은 판에 이용
> - 기밀, 수밀을 요하는 탱크용접, 배관용 탄소강관 용접에 이용

19 맞대기 용접이음에서 판 두께가 6mm, 용접선 길이가 120mm, 인장응력이 9.5N/mm^{2}일 때 모재가 받는 하중은 몇 N인가?

① 5680 ② 5860
③ 6480 ④ 6840

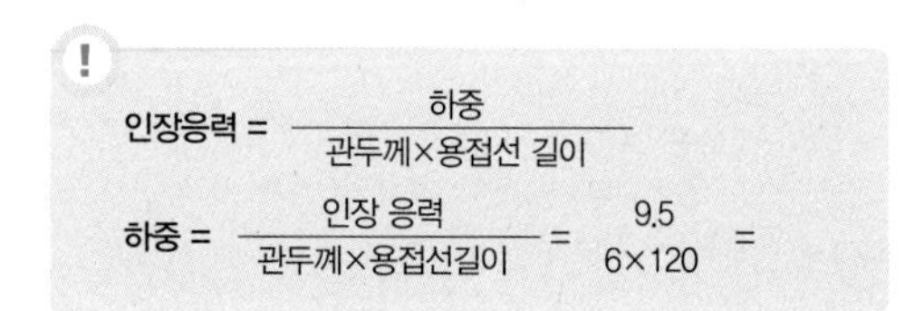

Ans
14 ② 15 ④ 16 ② 17 ③ 18 ① 19 ④

20 **제품을 용접한 후 일부분이 언더컷이 발생하였을 때 보수 방법으로 가장 적당한 것은?**

① 홈을 만들어 용접한다.
② 결함부분을 절단하고 재 용접한다.
③ 가는 용접봉을 사용하여 재 용접한다.
④ 용접부 전체부분을 가우징으로 따낸 후 재 용접한다.

> !
> **용접부의 결함의 보수법**
> • 기공 또는 슬랙섞임은 그부분을 깎아 내고 재용접한다.
> • 언더컷 : 가는 용접봉을 사용하여 파인부분을 용접한다.
> • 오버랩 : 용접부를 깎아 내고 재용접한다.
> • 균열 : 균열부의 끝부분에 정지구멍을 뚫고 균열부를 깎아 내고 홈을 만들어 재 용접 한다.

21 **다음 중 일렉트로 가스 아크 용접의 특징으로 옳은 것은?**

① 용접속도는 자동으로 조절된다.
② 판 두께가 얇을수록 경제적이다.
③ 용접장치가 복잡하여, 취급이 어렵고 고도의 숙련을 요한다.
④ 스패터 및 가스의 발생이 적고, 용접 작업 시 바람의 영향을 받지 않는다.

22 **다음 중 연소의 3요소에 해당하지 않는 것은?**

① 가연물
② 부촉매
③ 산소공급원
④ 점화원

> !
> **화재의 분류**
> • A–일반(백색) B–유류(황색) C–전기(청색) D–금속
> • 연소의 3요소 – 점화원, 가연물, 산소공급원

23 **일미나이트계 용접봉을 비롯하여 대부분의 피복 아크 용접봉을 사용할 때 많이 볼 수 있으며, 미세한 용적이 날려서 옮겨가는 용접이행 방식은??**

① 단락형 ② 누적형
③ 스프레이형 ④ 글로뷸러형

> !
> **피복아크 용접봉의 용융금속의 3가지 이행형식**
> • 단락형 – 박피용 용접봉, 맨용접봉
> • 스프레이형 – 4301, 4313
> • 글로뷸러형 – 7016

24 **가스 절단작업에서 절단속도에 영향을 주는 요인과 가장 관계가 먼 것은?**

① 모재의 온도 ② 산소의 압력
③ 산소의 순도 ④ 아세틸렌 압력

> !
> **가스절단에 영향을 미치는 요소**
> • 예열불꽃
> • 절단조건
> • 절단속도
> • 가스의 분출량과 속도
> • 산소가스의 순도, 압력
> • 절단속도는 절단산소의 압력이 높고, 산소 소비량이 많을수록 정비례 한다.

25 **산소–아세틸렌가스 용접기로 두께가 3.2mm인 연강판을 V형 맞대기 이음을 하려면 이에 적합한 연강용 가스 용접 봉의 지름(㎜)을 계산식에 의해 구하면 얼마인가?**

① 2.6 ② 3.2
③ 3.6 ④ 4.6

> !
> 가스용접봉의 지름과 판두께의 관계식
> $D = \frac{T}{2} + 1$ D : 지름 / T : 두께

Ans
20 ③ 21 ① 22 ② 23 ③ 24 ④ 25 ①

26 산소 프로판 가스 절단에서 프로판 가스 1에 대하여 일마의 비율로 산소를 필요로 하는가?

① 1.5 ② 2.5
③ 4.5 ④ 6

> !
> **산소-프로판 가스 절단의 특징**
> - 산소(4.5) : 프로판(1)의 비율
> - 절단면이 미세하고 깨끗하다.
> - 절단면 상부에 모서리 녹음이 적다.
> - 슬래그 제거가 쉽다.
> - 포갭 절단 속도가 아세틸렌보다 빠르다.
> - 후판절단이 아세틸렌보다 빠르다.

27 산소 용기를 취급할 때 주의사항으로 가장 적합한 것은?

① 산소밸브의 개폐는 빨리해야 한다.
② 운반 중에 충격을 주지 말아야 한다.
③ 직사광선이 쬐이는 곳에 두어야 한다.
④ 산소 용기의 누설시험에는 순수한 물을 사용해야 한다.

> !
> **산소 및 아세틸렌 용기 취급 시 주의사항**
> - 타격 및 충격을 주지 말 것
> - 누설 검사는 비눗물로 할 것
> - 용기를 눕혀서 보관하지 말 것
> - 다른 가연성 가스와 함께 보관하지 말 것
> - 직사광선, 화기가 있는 고온의 장소를 피할 것
> - 용기내의 온도는 항상 40℃ 이하로 유지할 것
> - 용기 내의 압력이 너무 상승(170기압) 되지 않도록 할 것
> - 용기 및 밸브 조정기 등에 기름이 부착되지 않도록 할 것
> - 밸브가 동결 되었을 때 더운 물 또는 증기를 사용하여 녹일 것

28 용접용 2차측 케이블의 유연성을 확보하기 위하여 주로 사용하는 캡 타이어 전선에 대한 설명으로 옳은 것은?

① 가는 구리선을 여러 개로 꼬아 얇은 종이로 싸고 그 위에 니켈 피복을 한 것
② 가는 구리선을 여러 개로 꼬아 튼튼한 종이로 싸고 그 위에 고무 피복을 한 것
③ 가는 알루미늄선을 여러 개로 꼬아 튼튼한 종이로 싸고 그 위에 니켈 피복을 한 것
④ 가는 알루미늄선을 여러 개로 꼬아 얇은 종이로 싸고 그 위에 고무 피복을 한 것

29 아크 용접기의 구비조건으로 틀린 것은?

① 효율이 좋아야 한다.
② 아크가 안정되어야 한다.
③ 용접 중 온도상승이 커야 한다.
④ 구조 및 취급이 간단해야 한다.

> !
> **피복 아크 용접기의 구비 조건**
> - 내구성이 좋아야 한다.
> - 역률과 효율이 높아야 한다.
> - 무부하 전압이 작아야 한다.
> - 구조 및 취급이 간단해야 한다.
> - 사용 중 온도 상승이 적어야 한다.
> - 전격 방지기가 설치되어 있어야 한다.
> - 아크 발생이 쉽고 아크가 안정되어야 한다.
> - 전류 조정이 용이하고 전류가 일정하게 흘러야 한다.

Ans
26 ③ 27 ② 28 ② 29 ③

30 **아크가 발생될 때 모재에서 심선까지의 거리를 아크 길이라 한다. 아크 길이가 짧을 때 일어나는 현상은?**

① 발열량이 작다.
② 스패터가 많아진다.
③ 기공 균열이 생긴다.
④ 아크가 불안정해 진다.

!
아크 길이란 용접봉과 모재간의 거리를 말하며 용접봉 심선의 지름이 3mm 이상의 용접봉은 아크길이를 3mm 정도, 3mm 이하의 용접봉은 용접봉의 심선의 길이 만큼 아크길이를 두는게 적합하며 아크길이가 짧으면 정확한 전류값이 나온다.

31 **아크 용접에 속하지 않는 것은?**

① 스터드 용접
② 프로젝션 용접
③ 불활성가스 아크 용접
④ 서브머지드 아크 용접

!
프로젝션 용접
- 전기 저항 용접법으로 겹치기 용접법에 포함되는 압접의 일종

접합방법에 따른 용접의 종류
- 융접 : 모재와 용가재를 모두 녹임(대부분의 용접법)
- 압접 : 열이나 압력, 또는 열과 압력을 동시에 가함
  - 전기저항용접, 초음파용접, 고주파용접, 마찰용접, 유도가열용접 냉간압접, 가스압접, 가압테르밋 용접 등
- 납땜 : 모재는 녹이지 않고 용접봉을 녹여 붙임 450℃를 기준으로 연납땜, 경납땜으로 구별
  - 연납땜
  - 경납땜 : 가스납땜, 노내납땜, 저항납땜, 담금납땜, 유도가열납땜

32 **아세틸렌(C_2H_2) 가스의 성질로 틀린 것은?**

① 비중이 1.906으로 공기보다 무겁다.
② 순수한 것은 무색, 무취의 기체이다.
③ 구리, 은, 수은과 접촉하면 폭발성 화합물을 만든다.
④ 매우 불안전한 기체이므로 공기 중에서 폭발 위험성이 크다.

!
$C2H_2$ 가스의 특징
- 비중은 1.176g이다.
- 15℃, 15기압에서 충전
- 406~408℃에서 자연발화 된다
- 아세틸렌 발생기는 60℃ 이하 유지
- 카바이트 1kg에서 348L의 C_2H_2가 발생
- 마찰·진동·충격에 의하여 폭발 위험성이 크다.
- 아세틸렌 15%, 산소 85%의 혼합시 가장 위험
- 은, 수은, 동과 접촉 시 120℃ 부근에서 폭발성

33 **피복 아크 용접에서 아크의 특성 중 정극성에 비교하여 역극성의 특징으로 틀린 것은?**

① 용입이 얕다.
② 비드 폭이 좁다.
③ 용접봉의 용융이 빠르다.
④ 박판, 주철 등 비철금속의 용접에 쓰인다.

!
직류 역극성(DCRP)
- 모재가 - (입열량 30%)
- 용접봉 +
- 용입이 얕다.
- 비드 폭이 넓다.
- 박판용접에 적합
- 용접봉 소모가 크다.

Ans
30 ① 31 ② 32 ① 33 ②

34 **피복 아크 용접 중 용접봉의 용융속도에 관한 설명으로 옳은 것은?**

① 아크전압×용접봉 쪽 전압강하로 결정된다.
② 단위시간당 소비되는 전류 값으로 결정된다.
③ 동일종류 용접봉인 경우 전압에만 비례하여 결정된다.
④ 용접봉 지름이 달라도 동일종류 용접봉인 경우 용접봉 지름에는 관계가 없다.

> !
> **용융속도(전류와 관계가 크다.)**
> • 시간당 소모되는 용접봉의 길이, 무게
> • 아크전류×용접봉 쪽 전압강하

35 **프로판 가스의 성질에 대한 설명으로 틀린 것은?**

① 기화가 어렵고 발열량이 낮다.
② 액화하기 쉽고 용기에 넣어 수송이 편리하다.
③ 온도 변화에 따른 팽창률이 크고 물에 잘 녹지 않는다.
④ 상온에서는 기체 상태이고 무색, 투명하고 약간의 냄새가 난다.

36 **가스용접에서 용제(flux)를 사용하는 가장 큰 이유는?**

① 모재의 용융온도를 낮게 하여 가스 소비량을 적게 하기 위해
② 산화작용 및 질화작용을 도와 용착금속의 조직을 미세화하기 위해
③ 용접봉의 용융속도를 느리게 하여 용접봉 소모를 적게 하기 위해
④ 용접 중에 생기는 금속의 산화물 또는 비금속 개재물을 용해하여 용착금속의 성질을 양호하게 하기 위해

> !
> **가스 용접에서 용제를 사용하는 이유**
> • 모재표면의 산화물, 불순물을 제거한다.
> • 용융금속의 산화, 질화를 감소하게 한다.
> • 청정작용으로 용착을 돕는다.

37 **피복 아크 용접봉에서 피복제의 역할로 틀린 것은?**

① 용착금속의 급랭을 방지한다.
② 모재 표면의 산화물을 제거한다.
③ 용착금속의 탈산 정련 작용을 방지한다.
④ 중성 또는 환원성 분위기로 용착금속을 보호한다.

> !
> **피복제의 역할(용제)**
> • 아크안정 • 산·질화 방지
> • 용적의 미세화 • 유동성 증가
> • 전기절연작용 • 서냉으로 취성방지
> • 탈산정련 • 슬래그 박리성 증대

38 **가스 용접봉 선택조건으로 틀린 것은?**

① 모재와 같은 재질일 것
② 용융 온도가 모재보다 낮을 것
③ 불순물이 포함되어 있지 않을 것
④ 기계적 성질에 나쁜 영향을 주지 않을 것

> !
> **가스 용접에서 용제를 사용하는 이유**
> • 용융온도가 모재와 같거나 비슷해야 한다.
> • 금속의 기계적 성질에 나쁜 영향을 주지 않을 것
> • 용접봉의 재질 중에 불순물이 포함하고 있지 않을 것
> • 모재와 같은 재질이어야 하며 충분한 강도를 줄 수 있을 것

39 **금속의 공통적 특성으로 틀린 것은?**

① 열과 전기의 양도체이다.
② 금속 고유의 광택을 갖는다.
③ 이온화하면 음(-)이온이 된다.
④ 소성변형성이 있어 가공하기 쉽다.

> !
> **금속의 공통적인 성질**
> • 실온에서 고체이며, 결정체이다(단, 수은은 액체)
> • 빛을 발산하고 고유의 광택이 있다.
> • 가공이 용이하고, 전·연성이 크다.
> • 열과 전기의 양도체이다.
> • 비중이 크고 경도 및 용융점이 크다.

Ans
34 ④ 35 ① 36 ④ 37 ③ 38 ② 39 ③

40 다음 중 Fe-C 평형상태도에서 가장 낮은 온도에서 일어나는 반응은?

① 공석반응 ② 공정반응
③ 포석반응 ④ 포정반응

> ! 공석반응은 탄소 함유량 0.86% 정도에서 나타난다.

41 담금질한 강을 뜨임 열처리하는 이유는?

① 강도를 증가시키기 위하여
② 경도를 증가시키기 위하여
③ 취성을 증가시키기 위하여
④ 인성을 증가시키기 위하여

> !
> **일반 열처리의 종류**
> - 담금질(퀜칭) :강을 강하게 만든다. 소금물 최대효과
> - 뜨임(템퍼링) : 담금질로 인한 취성제거, 강인성증가 (MO, W, V)(가열후 냉각)
> - 풀림(어닐링) : 재질의 변화, 내부응력제거, 서냉 → 국부 풀림 온도로 600~650℃에서 서냉
> - 불림(노멀라이징): 조직의 균일화, 공랭, 표준화, 미세조직화, A3변태점-912℃

42 [그림]과 같은 결정격자는?

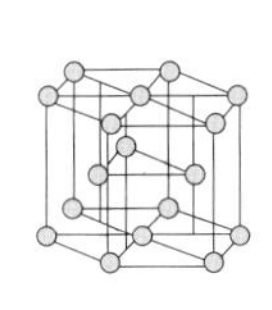
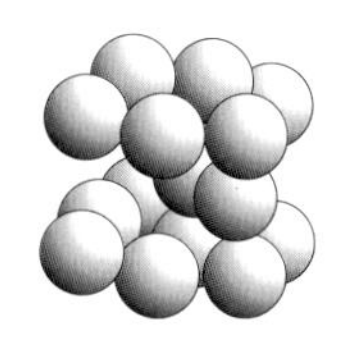

① 면심입방격자 ② 조밀육방격자
③ 저심면방격자 ④ 체심입방격자

> !

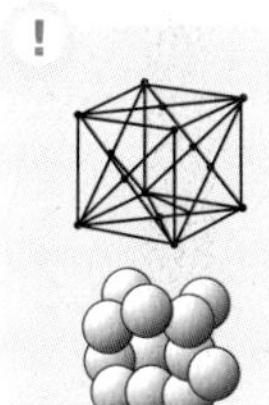

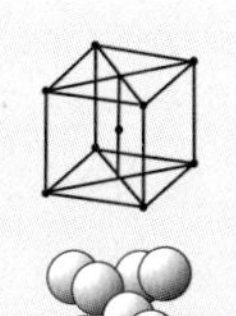
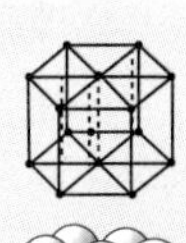

(a) 면심입방격자 (b) 체심입방격자 (C) 조밀육방격자

43 인장시험편의 단면적이 50mm^{2}이고, 하중이 500kgf일 때 인장강도는 얼마인가?

① 10kgf/㎟ ② 50kgf/㎟
③ 100kgf/㎟ ④ 250kgf/㎟

> !
> $$\text{인장강도} = \frac{\text{작용하는 힘}}{\text{작용면도}} = \frac{F}{A}$$
> $$= \frac{500}{50} = 10\text{kgf(mm}^2\text{)}$$

44 미세한 결정립을 가지고 있으며, 응력 하에서 파단에 이르기까지 수백 % 이상의 연신율을 나타내는 합금은?

① 제진합금 ② 초소성합금
③ 비정질합금 ④ 형상기억합금

45 합금공구강 중 게이지용강이 갖추어야 할 조건으로 틀린 것은?

① 경도는 HRC 45 이하를 가져야 한다.
② 팽창계수가 보통강보다 작아야 한다.
③ 담금질에 의한 변형 및 균열이 없어야 한다.
④ 시간이 지남에 따라 치수의 변화가 없어야 한다.

> ! 게이지용강의 HRC는 55 이상이여야 한다.

46 상온에서 방치된 황동 가공재나, 저온 풀림 경화로 얻은 스프링재가 시간이 지남에 따라 경도 등 여리 가지 성질이 악화되는 현상은?

① 자연 균열 ② 경년 변화
③ 탈아연 부식 ④ 고온 탈아연

> !
> **경년변화**
> 황동의 가공재를 상온에서 방치할 경우 시간의 경과에 따라 스프링 특성을 잃어버리는 특성

Ans
40 ① 41 ④ 42 ④ 43 ① 44 ② 45 ① 46 ②

47 Mg의 비중과 용융점(℃)은 약 얼마인가?

① 0.8, 350℃
② 1.2, 550℃
③ 1.74, 650℃
④ 2.7, 780℃

> !
> **Mg의 특징**
> • 비중 1.7–실용금속 중 가장 가볍다.
> • 융점 650℃, 조밀육방격자(Zn)
> • 마그네사이트, 소금앙금, 산화마그네슘에서 얻는다.
> • 열, 전기의 양도체 (65%)
> • 선팽창 계수는 철의 2배
> • 내식성이 나쁘다.
> • 가공 경화율이 크다 – 10~20%의 냉간가공도
> • 절단가공성이 좋고 마무리면 우수

48 Al–Si계 합금을 개량처리하기 위해 사용되는 접종처리제가 아닌 것은?

① 금속나트륨
② 염화나트륨
③ 불화알칼리
④ 수산화나트륨

> !
> **개량처리**
> Al–Si계 합금의 조대한 공정조직을 미세화하기 위해 나트륨, 가성소다, 알카리 염류 등을 합금 용탕에 첨가하여 10–15분간을 유지하는 처리 방법이다.

49 다음 중 소결 탄화물 공구강이 아닌 것은?

① 듀콜(Ducole)강
② 미디아(Midia)
③ 카볼로이(Carboloy)
④ 텅갈로이(Tungalloy)

> !
> 듀콜강은 저망간강으로 탄소공구강은 아니다.

50 4% Cu, T/O Ni, 1.5% Mg 등을 알루미늄에 첨가한 Al 합금으로 고온에서 기계적 성질이 매우 우수하고, 금형 주물 및 단조용으로 이용될 뿐만 아니라 자동차 피스톤용에 많이 사용되는 합금은?

① Y 합금　② 슈퍼인바
③ 코슨합금　④ 두랄루민

> !
> **알루미늄 합금의 종류**
> ① 주조용 알루미늄의 대표
> • 실루민(Al+Si) – 알펙스라고 표현(si 14%)
> • 라우탈(Al+Si+Cu)
> ② 내식성 알루미늄의 대표
> • 하이드로날륨(Al+Mg)
> ③ 단조용(가공용) 알루미늄의 대표
> • 두랄루민(Al+Cu+Mg+Mn)
> ④ 내열용 알루미늄의 대표
> • Y합금 (Al+Cu+Ni+Mg)
> • Lo –ex(Al+Cu+Ni+Mg+Si)

51 판을 접어서 만든 물체를 펼친 모양으로 표시할 필요가 있는 경우 그리는 도면을 무엇이라 하는가?

① 투상도　② 개략도
③ 입체도　④ 전개도

> !
> **판금 전개도법의 종류**
> • 삼각형 전개법, 평행선 전개법, 방사선 전개법
> ① 평행선법 : 삼각기둥, 사각기둥과 같은 여러 가지 각기둥과 원기둥을 평행하게 전개도를 그림
> ② 방사선법 : 삼각뿔, 사각뿔 등의 각뿔과 원뿔을 꼭지점을 기준으로 부채꼴로 펼쳐서 전개도를 그리는 방법
> ③ 삼각형법 : 꼭지점이 먼 각뿔, 원뿔 등을 해당 면을 삼각형으로 분할하여 전개도를 그리는 방법

52 재료 기호 중 SPHC의 명칭은?

① 배관용 탄소강
② 열간 압연 연강판 및 강대
③ 용접구조용 압연 강재
④ 냉간 압연 강판 및 강대

Ans
47 ③　48 ②　49 ①　50 ①　51 ④　52 ②

53 그림과 같이 기점 기호를 기준으로 하여 연속된 치수선으로 치수를 기입하는 방법은?

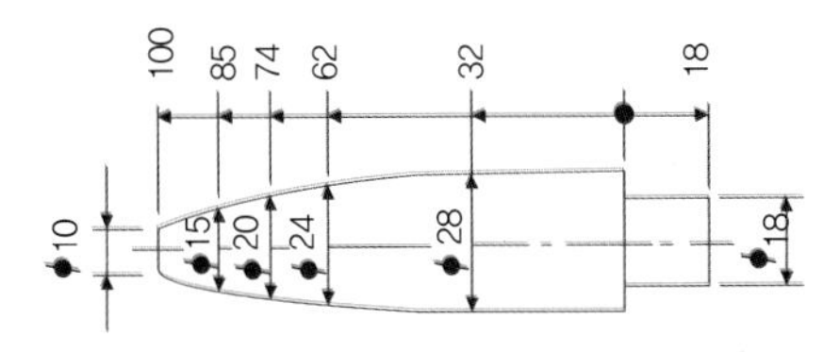

① 직렬 치수 기입법
② 병렬 치수 기입법
③ 좌표 치수 기입법
④ 누진 치수 기입법

54 나사의 표시방법에 관한 설명으로 옳은 것은?

① 수나사의 골지름은 가는 실선으로 표시한다.
② 수나사의 바깥지름은 가는 실선으로 표시한다.
③ 암나사의 골지름은 아주 굵은 실선으로 표시 한다.
④ 완전 나사부와 불완전 나사부의 경계선은 가는 실선으로 표시한다.

55 아주 굵은 실선의 용도로 가장 적합한 것은?

① 특수 가공하는 부분의 범위를 나타내는데 사용
② 얇은 부분의 단면도시를 명시하는데 사용
③ 도시된 단면의 앞쪽을 표현하는데 사용
④ 이동한계의 위치를 표시하는데 사용

!

1. 나사의 제도법(KS B 0003)

나사는 정투상도로 그리지 않고 약도법으로 제도한다.

1) 수나사와 암나사의 산봉우리 부분은 굵은 실선으로, 골 부분은 가는 실선으로 표시한다.
2) 완전나사부와 불완전나사부의 경계는 굵은 실선을 긋고, 불완전나사부의 골밑 표시선은 축선에 대하여 30도의 경사각을 갖는 가는 실선으로 표시한다.
3) 암나사의 드릴 구멍의 끝부분은 굵은 실선으로 120도가 되게 긋는다.
4) 보이지 않는 부분의 나사 산봉우리오 골 부분, 완전나사부와 불완전나사부 등은 중간 굵기의 파선으로 표시한다.
5) 수나사와 암나사의 결합부분은 수나사로 표시한다.
6) 나사 부분의 단면 표시에 해칭을 할 경우에는 산봉우리 부분까지 긋도록 한다.
7) 간단한 도면에서는 불완전나사부를 생략한다.

56 기계제도에서 사용하는 척도에 대한 설명으로 틀린 것은?

① 척도의 표시방법에는 현척, 배척, 축척이 있다.
② 도면에 사용한 척도는 일반적으로 표제란에 기입한다.
③ 한 장의 도면에 서로 다른 척도를 사용할 필요가 있는 경우에는 해당되는 척도를 모두 표제란에 기입한다.
④ 척도는 대상물과 도면의 크기로 정해진다.

Ans

53 ④ 54 ④ 55 ② 56 ③

57 그림과 같은 입체도의 정면도로 적합한 것은?

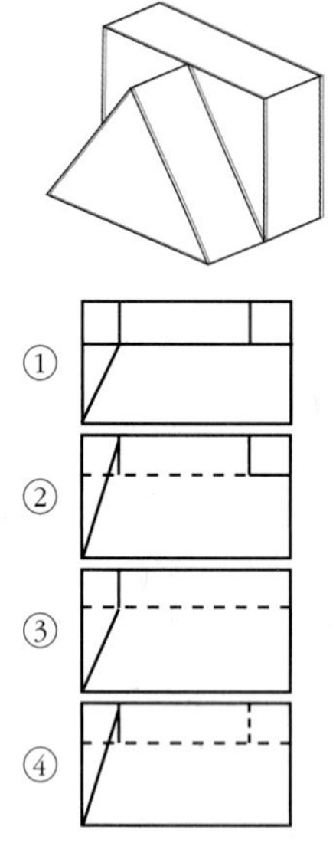

58 용접 보조기호 중 "제거 가능한 이면 판재 사용" 기호는?

① MR ② ——

③ ④ M

59 배관도시기호에서 유량계를 나타내는 기호는?

① 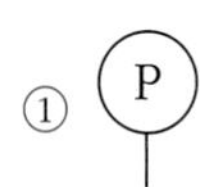

② 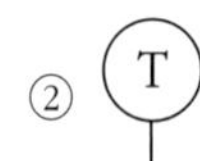

③ 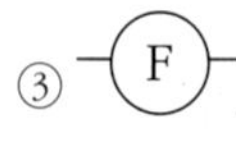

④ 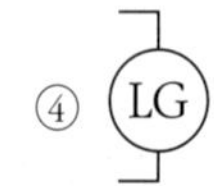

> **!** 배관표시법
>
> P 압력 지시계 T 온도 지시계 
>
> 유량 지시계

60 다음 입체도의 화살표 방향을 정면으로 한다면 좌측면도로 적합한 투상도는?

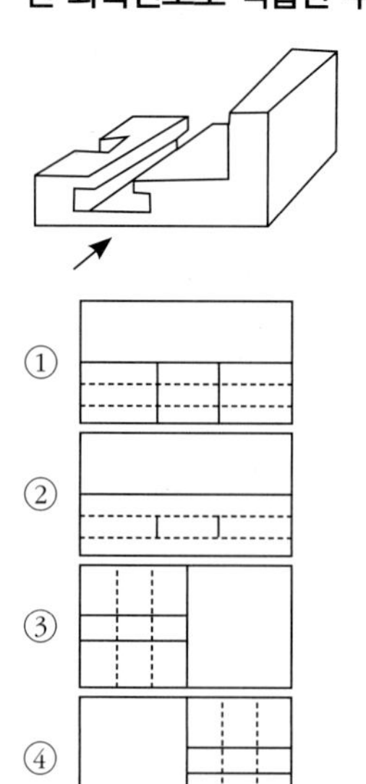

Ans

57 ② 58 ① 59 ③ 60 ①

특수 용접 기능사 필기 기출문제 (2016년 7월 10일 시행)

자격종목	코드	시험 시간	문항 수	수험번호	성명
용접 기능사	6223	60분	60		

01 다음 중 MIG 용접에서 사용하는 와이어 송급 방식이 아닌 것은?

① 풀(pull) 방식
② 푸시(push) 방식
③ 푸시 풀(push-pull) 방식
④ 푸시 언더(push-under) 방식

> ! MIG 용접에서 사용하는 와이어 송급 방식은 푸시 방식, 풀 방식, 푸시풀 방식, 더블푸시 방식

02 용접결함과 그 원인의 연결이 틀린 것은?

① 언더컷 – 용접전류가 너무 낮을 경우
② 슬래그 섞임 – 운봉속도가 느릴 경우
③ 기공 – 용접부가 급속하게 응고될 경우
④ 오버랩 – 부적절한 운봉법을 사용했을 경우

> ! **용접부의 결함중 구조상 결함의 원인**
> - 피트 : 합금원소가 많을 때, 습기, 페인트, 녹, 황 함유 시
> - 스패터 : 전류 높을 때, 건조되지 않은 용접봉 사용 시, 아크길이가 길 때
> - 용입불량 : 이음설계 결함, 용접 속도가 빠를 때, 전류가 낮을 때, 용접봉 선택불량
> - 언더컷 : 전류가 높을 때, 아크길이가 클 때, 속도가 부적합 할 때
> - 오버랩 : 용접전류가 낮을 때, 용접봉의 부적합 선택
> - 선상구조 : 용착금속의 냉각속도가 빠를 때, 모재 재질 불량, X선으로는 검출 할 수 없다
> - 기공의 원인 : 수소, CO_2의 과잉, 용접부의 급속한 응고, 모재의 황 함유량 과대, 기름, 페인트, 녹습도, 아크길이, 전류의 부적당, 용접속도 빠를 때
> - 비드 밑 균열 : 용접 이후 용접열에 의해 조직이 변하는 주변 열영향부에서 수소의 확산에 의해 발생하는 균열이다.
> - 아크 스트라이크 : 용접이음의 밖에서 아크를 발생시킬 때 아크열에 의하여 모재에 결함이 생기는 것

03 일반적으로 용접순서를 결정할 때 유의해야 할 사항으로 틀린 것은?

① 용접물의 중심에 대하여 항상 대칭으로 용접한다.
② 수축이 작은 이음을 먼저 용접하고 수축이 큰 이음은 나중에 용접한다.
③ 용접 구조물이 조립되어감에 따라 용접작업이 불가능한 곳이나 곤란한 경우가 생기지 않도록 한다.
④ 용접 구조물의 중립축에 대하여 용접 수축력의 모멘트 합이 0이 되게 하면 용접선 방향에 대한 굽힘을 줄일 수 있다.

> ! **용접 조립 시, 용접 구조물 설계 시 주의사항**
> - 물품에 대칭이 되도록 한다.
> - 용접에 적합한 설계를 한다.
> - 구조상 노치를 피한다.
> - 약한 필릿 용접은 피하고 맞대기 용접을 한다.
> - 반복하중을 받는 이음에서는 이음 표면을 평활하게 한다.
> - 용접선에 대하여 수축력의 합이 영이 되도록 한다.
> - 리벳과 용접을 같이 할 때에는 용접을 먼저 한다.
> - 각종 이음의 특성을 잘 알고 사용하며 용접하기 쉽게 설계한다.
> - 큰 구조물은 구조물에 중앙에서 끝으로 향하여 용접한다.
> - 용접길이는 가능한 한 짧게, 용착량도 강도상 필요한 최소치로 한다.
> - 수축이 큰 맞대기 이음을 먼저 용접하고 그다음에 필렛 용접을 한다.

Ans
01 ④ 02 ① 03 ②

04 용접부에 생기는 결함 중 구조상의 결함이 아닌 것은?

① 기공　② 균열
③ 변형　④ 용입 불량

!
용접부의 결함의 종류
- 치수상결함 : 변형, 치수불량
- 구조상결함 : 언더컷, 오버랩, 균열, 스패터, 용입불량, 슬랙섞임, 기공, 은점, 선상조직, 피트등
- 성질상결함 : 기계적, 화학적

05 스터드 용접에서 내열성의 도기로 용융금속의 산화 및 유출을 막아주고 아크열을 집중시키는 역할을 하는 것은?

① 페룰　② 스터드
③ 용접토치　④ 제어장치

!
스터드 용접법 중에서 페룰의 역할
- 아크를 보호하고 아크를 집중 시킴
- 용착부의 오염방지
- 용접사의 눈을 보호
- 용융금속의 유출 방지

06 다음 중 저항 용접의 3요소가 아닌 것은?

① 가압력　② 통전 시간
③ 용접 토치　④ 전류의 세기

!
저항용접의 3대요소
- 용접전류, 통전시간, 가압력

07 다음 중 용접 이음의 종류가 아닌 것은?

① 십자 이음
② 맞대기 이음
③ 변두리 이음
④ 모따기 이음

08 일렉트로 슬래그 용접의 장점으로 틀린 것은?

① 용접 능률과 용접 품질이 우수하다.
② 최소한의 변형과 최단시간의 용접법이다.
③ 후판을 단일층으로 한 번에 용접할 수 있다.
④ 스패터가 많으며 80%에 가까운 용착효율을 나타낸다.

!
일렉트로 슬래그 용접
- 두꺼운 판의 양쪽에 수냉 동판을 대고 용융 슬래그 속에서 아크를 발생시킨 후 용융 슬래그의 전기저항을 이용하여 용접하는 특수용접의 일종이다.
- 두꺼운 단층용접 가능하다.
- 아크불꽃 없다
- 저항 발생열량 $Q = 0.24\ I^2RT$
- 용도 : 선박이나 두꺼운 판의 용접

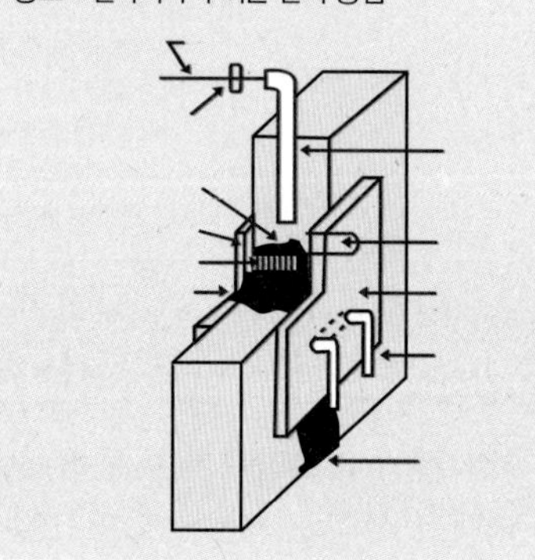

09 선박, 보일러 등 두꺼운 판의 용접 시 용융 슬래그와 와이어의 저항 열을 이용하여 연속적으로 상진하는 용접법은?

① 테르밋 용접
② 넌실드 아크 용접
③ 일렉트로 슬래그 용접
④ 서브머지드 아크 용접

Ans
04 ③　05 ①　06 ③　07 ④　08 ④　09 ③

10 다음 중 스터드 용접법의 종류가 아닌 것은?

① 아크 스터드 용접법
② 저항 스터드 용접법
③ 충격 스터드 용접법
④ 텅스턴 스터드 용접법

> !
> **스터드 용접법의 종류**
> • 아크 스터드 용접법
> • 충격 스터드 용접법
> • 저항 스터드 용접법

11 탄산가스 아크 용접에서 용착속도에 관한 내용으로 틀린 것은?

① 용접속도가 빠르면 모재의 입열이 감소한다.
② 용착률은 일반적으로 아크전압이 높은 쪽이 좋다.
③ 와이어 용융속도는 와이어의 지름과는 거의 관계가 없다.
④ 와이어 용융속도는 아크 전류에 거의 정비례하며 증가한다.

> !
> **이산화탄소 가스 아크용접에서 전류와 전압**
> ① 전류 : 전류는 와이어의 송급속도를 의미하며 전류가 높으면 용착량이 많아진다.
> ② 전압 : 전압은 비드의 모양을 결정하는 것으로 전류에 비해 전압이 높으면 비드의 모양은 납작해지며 전류에 비해 전압이 낮으면 비드의 모양이 볼록해진다.

12 플래시 버트 용접 과정의 3단계는?

① 업셋, 예열, 후열
② 예열, 검사, 플래시
③ 예열, 플래시, 업셋
④ 업셋, 플래시, 후열

> !
> 플래시 버트 용접 과정의 3단계 : 예열, 플래시, 업셋

13 용접결함 중 은점의 원인이 되는 주된 원소는?

① 헬륨 ② 수소
③ 아르곤 ④ 이산화탄소

> !
> **수소의 성질**
> • 0℃, 1기압 1L의 무게는 0.089g이다.
> • 기공 원인이 된다.
> • 납땜, 수중절단에 이용
> • 저온 균열의 원인이 된다.
> • 비드 밑 균열의 원인이다.
> • 고온, 고압에서 취성의 원인이다.
> • 물고기 눈처럼 빛나는 은점의 원인이다.
> • 무미, 무취, 불꽃이 육안 확인 어렵다(청색)
> • 머리카락 모양처럼 생기는 헤어크랙의 원인이다.
> • 수소가스는 가스 중에서 밀도가 가장작고 가벼워서 확산속도가 빠르며 열전도성이 가장 크기 때문에 폭발했을 때 위험성이 크다(폭명기생성).

14 다음 중 제품별 노내 및 국부풀림의 유지온도와 시간이 올바르게 연결된 것은?

① 탄소강 주강품 : 625±25℃, 판두께 25mm에 대하여 1시간
② 기계구조용 연강재 : 725±25℃, 판두께 25m에 대하여 1시간
③ 보일러용 압연강재 : 625±25℃, 판두께 25m에 대하여 4시간
④ 용접구조용 연강재 : 725±25℃, 판두께 25m에 대하여 2시간

> !
> • 노내풀림법 : 유지 온도가 클수록, 시간이 길수록 효과가 크다. 노내 출입 온도 300℃이하를 유지하고 풀림온도 600~650℃(판 두께 25mm, 1시간)

Ans
10 ④ 11 ② 12 ③ 13 ② 14 ①

15 용접 시공에서 다층 쌓기로 작업하는 용착법이 아닌 것은?

① 스킵법　② 빌드업법
③ 전진 블록법　④ 캐스케이드법

> **!**
> **다층 용접법**
> - 덧살올림법(빌드업법) : 열영향이 크고 슬래그 섞임 우려가 있음, 한랭시 구속이 클 때 후판에서 첫 층 균열이 있다.
> - 캐스케이드법 : 하부분의 몇 층을 용접하다가 다음 층으로 연속시켜 용접 하는 법, 결함이 적지만 잘 사용 않음
> - 전진블록법 : 한 개의 용접봉으로 살을 붙일만한 길이로 구분해서 여러층으로 쌓아 올린 후 다음 부분으로 진행함, 첫 층 균열발생 우려가 있다.

16 예열의 목적에 대한 설명으로 틀린 것은?

① 수소의 방출을 용이하게 하여 저온 균열을 방지한다.
② 열영향부와 용착 금속의 경화를 방지하고 연성을 증가시킨다.
③ 용접부의 기계적 성질을 향상시키고 경화조직의 석출을 촉진시킨다.
④ 온도 분포가 완만하게 되어 열응력의 감소로 변형과 잔류 응력의 발생을 적게 한다.

> **!**
> **예열의 목적**
> - 용접 금속에 연성 및 인성을 부여한다.
> - 모재의 수축응력을 감소하여 균열발생 억제
> - 고장력강은 50~350℃ 정도로 예열을 한다.
> - 냉각속도를 느리게 하여 결함 및 수축 변형을 방지한다.
> - 용착금속의 수소성분이 나갈 수 있는 여유를 주어 비드 밑 균열 방지

17 용접 작업에서 전격의 방지대책으로 틀린 것은?

① 땀, 물 등에 의해 젖은 작업복, 장갑 등은 착용하지 않는다.
② 텅스텐봉을 교체할 때 항상 전원 스위치를 차단하고 작업한다.
③ 절연홀더의 절연부분이 노출, 파손되면 즉시 보수하거나 교체한다.
④ 가죽 장갑, 앞치마, 발 덮게 등 보호구를 반드시 착용하지 않아도 된다.

18 서브머지드 아크용접에서 용제의 구비조건에 대한 설명으로 틀린 것은?

① 용접 후 슬래그(Slag)의 박리가 어려울 것
② 적당한 입도를 갖고 아크 보호성이 우수할 것
③ 아크 발생을 안정시켜 안정된 용접을 할 수 있을 것
④ 적당한 합금성분을 첨가하여 탈황, 탈산 등의 정련작용을 할 것

> **!**
> **서브머지드 아크용접에서 용제의 구비조건**
> - 용접 후 슬래그(Slag)의 박리가 쉬울 것
> - 적당한 입도를 갖고 아크 보호성이 우수할 것
> - 아크 발생을 안정시켜 안정된 용접을 할 수 있을 것
> - 적당한 합금성분을 첨가하여 탈황, 탈산 등의 정련작용을 할 것

19 MIG 용접의 전류밀도는 TIG 용접의 약 몇 배 정도인가?

① 2　② 4
③ 6　④ 8

20 다음 중 파괴시험에서 기계적 시험에 속하지 않는 것은?

① 경도 시험
② 굽힘 시험
③ 부식 시험
④ 충격 시험

> **!**
> **부식시험은 화학적 시험법이다.**
> - 화학적 시험
> - 화학분석
> - 부식시험 : 습부식, 고온부식, 응력 부식시험 → 내식성검사
> - 수소시험 : 글리세린 치환법, 진공가열법, 확산성 수소량 측정법, 수은에 의한 법

Ans
15 ①　16 ③　17 ④　18 ①　19 ①　20 ③

21 다음 중 초음파 탐상법에 속하지 않는 것은?

① 공진법 ② 투과법
③ 프로드법 ④ 펄스 반사법

!
초음파 탐상의 종류
- 투과법 : 초음파 펄스를 시험체의 한쪽면에서 송신하고 반대쪽에서 수신하는 방법
- 공진법 : 시험체에 가해진 초음파 진동수와 고유 진동수가 일치할 때 진동폭이 커지는 공진현상을 이용하여 시험체의 두께를 측정하는 방법
- 펄스반사법 : 시험체 내로 초음파 펄스를 송신하고 내부 또는 바닥면에서 그 반사체를 탐지하는 결함에 형태로 내부 결함이나 재질을 조사하는 방법이며 결함에코의 형태로 결함을 판정하는 방법으로 가장 많이 사용하고 있다.

22 화재 및 소화기에 관한 내용으로 틀린 것은?

① A급 화재란 일반화재를 뜻한다.
② C급 화재란 유류화재를 뜻한다.
③ A급 화재에는 포말소화기가 적합하다.
④ C급 화재에는 CO_2 소화기가 적합하다.

!
화재의 분류
- A–일반(백색) B–유류(황색) C–전기(청색) D–금속
- 연소의 3요소 – 점화원, 가연물, 산소공급원

23 TIG 절단에 관한 설명으로 틀린 것은?

① 전원은 직류 역극성을 사용한다.
② 절단면이 매끈하고 열효율이 좋으며 능률이 대단히 높다.
③ 아크 냉각용 가스에는 아르곤과 수소의 혼합가스를 사용한다.
④ 알루미늄, 마그네슘, 구리와 구리합금, 스테인리스강 등 비철금속의 절단에 이용한다.

!
역그성을 이용하여 절단하는 방법 은 아크에어 가우징과 미그 절단법이 있다.

24 다음 중 기계적 접합법에 속하지 않는 것은?

① 리벳
② 용접
③ 접어 잇기
④ 볼트 이음

!
접합의 종류
- 기계적 접합법 : 볼트, 리벳, 나사, 핀, 코터이음, 키, 접어 잇기 등
- 야금적 접합법 : 고체 상태에 있는 두 개의 금속재료를 열이나 압력, 또는 열과 압력을 동시에 가해서 서로 접합하는 것(용접, 압접, 납땜 등)

25 다음 중 아크절단에 속하지 않는 것은?

① MIG 절단
② 분말 절단
③ TIG 절단
④ 플라즈마 제트 절단

!
분말 절단법
- 철분 및 플럭스 분말을 자동적으로 산소에 혼입, 공급하여 산화열 혹은 용제 작용을 이용하여 절단하는 방법으로 철분절단법과 분말절단법이 있다.

26 가스 절단 작업 시 표준 드래그 길이는 일반적으로 모재 두께의 몇 % 정도인가?

① 5 ② 10
③ 20 ④ 30

!
표준 드래그는 판두께의 20%이다.

Ans
21 ③ 22 ② 23 ① 24 ② 25 ② 26 ③

27 용접 중에 아크를 중단시키면 중단된 부분이 오목하거나 납작하게 파진 모습으로 남게 되는 것은?

① 피트 ② 언더컷
③ 오버랩 ④ 크레이터

> **크레이터**
> - 아크 용접 시 크레이터 : 아크를 중단시키면 중단된 부분이 오목하거나 납작하게 파진 모습으로 남게 되는 것
> - 티그 용접 시 크레이터 : 아크를 중단시키면 중단된 부분이 바늘 구멍처럼 뚤리는 모습으로 남게 되는 것
> - 티그 용접기에서 크레이터 전류 : 스위치의 기능단자에서 두 번째에 놓으면 수위치 작동시 처음 누르면 용접전류 셋팅값 중 50% 정도의 전류값이 나온다.

28 10,000~30,000℃의 높은 열에너지를 가진 열원을 이용하여 금속을 절단하는 절단법은?

① TIG 절단법
② 탄소 아크 절단법
③ 금속 아크 절단법
④ 플라즈마 제트 절단법

> **플라즈마 제트 절단의 특징**
> - 플라즈마는 고체, 액체, 기체 이외의 제4의 물리상태라고도 한다.
> - 플라즈마란 음전하를 가진 전자와 양전하를 띤 이온으로 분리된 기체상태를 말한다.
> - 가스절단과 같은 화학반응은 이용하지 않고, 고속의 플라즈마를 사용한다.
> - 아크 절단법이며 비금속 절단가능
> - 아크 방전에 있어 양극 사이에 강한 빛을 발하는 부분을 열원으로 하여 절단하는 것
> - 열적핀치효과, 자기적 핀치효과
> - 전극봉으로 텅스텐을 이용
> - 10,000 ~ 30,000℃
> - 비이행형 아크 절단은 텅스텐 전극과 수행 노즐과의 사이에서 아크 플라즈마를 발생시키는 것이다.
> - 이행형 아크 절단은 텅스텐과 모재 사이에서 아크 플라즈마를 발생시키는 것이다.
> - 알루미늄 등의 경금속에는 작동가스로 아르곤과 수소의 혼합가스가 사용된다.

29 일반적인 용접의 특징으로 틀린 것은?

① 재료의 두께에 재한이 없다.
② 작업공정이 단축되며 경제적이다.
③ 보수와 수리가 어렵고 제작비가 많이 든다.
④ 제품의 성능과 수명이 향상되며 이종 재료도 용접이 가능하다.

30 일반적으로 두께가 3mm인 연강판을 가스 용접하기에 가장 적합한 용접봉의 직경은?

① 약 2.6mm ② 약 4.0mm
③ 약 5.0mm ④ 약 6.0mm

> - 가스용접봉의 지름과 판두께의 관계식
>
> $D = \frac{T}{2} + 1$ $\frac{D : 지름}{T : 두께}$

31 연강용 피복 아크 용접봉의 종류에 따른 피복제 계통이 틀린 것은?

① E 4340 : 특수계
② E 4316 : 저수소계
③ E 4327 : 철분산화철계
④ E 4313 : 철분산화티탄계

> **용접봉의 종류**
> ① 4301 : 일미나이트계(슬랙 생성식)-산화티탄, 산화철을 약 30% 이상 함유한 광석, 사석을 주성분으로 기계적 성질이 우수하고 용접성이 우수
> ② 4303 : 라임티탄계 – 피복용 스테인리스강의 성분으로 산화티탄을 30% 이상 함유한 용접봉으로 비드의 외관이 아름답고 언더컷이 발생하지 않음
> ③ 4311 : 고셀룰로오스계(가스실드식) – 슬래그가 적어 좁은 홈의 용접에 적합, 비드표면이 거칠지만 환원성이므로 용착금속의 기계적 성질이 양호하고 수직상진, 하진 및 위보기 용접에서 우수한 작업성을 가지며 스패터가 많으며 피복제 중 셀룰로오스가 20~30%포함되며 슬래그계 용접봉 보다 용접전류를 10~15% 낮게 한다.
> ④ 4313 : 고산화티탄계-산화티탄 35%, 아크안정, CR봉, 비드좋다, 경구조물, 경자동차, 박판 용접에 적합
> ⑤ 4316 : 저수소계(슬랙 생성식) – 석회석과 형석을 주성분으로 한 것으로 , 수소의 함량이 1/10 정도, 기계적성질과 균열의 감수성이 우수, 황의 함유량이 많고 염기성 함유가 높다.
> ⑥ 4324 : 철분 산화티탄계로 아래보기 자세와 수평 필릿 자세에 한정
> ⑦ 4326 : 철분 저수소계
> ⑧ 4327 : 철분 산화철계
> ⑨ 4340 : 특수계

Ans
27 ④ 28 ④ 29 ③ 30 ① 31 ④

32 다음 중 아크 쏠림 방지대책으로 틀린 것은?

① 접지점 2개를 연결할 것
② 용접봉 끝은 아크 쏠림 반대 방향으로 기울일 것
③ 접지점을 될 수 있는 대로 용접부에서 가까이 할 것
④ 큰 가접부 또는 이미 용접이 끝난 용착부를 향하여 용접할 것

> !
> **아크쏠림의 방지책**
> - 전류가 흐를 때 자장이 용접봉에 대하여 비대칭일 때 발생함 – 직류 용접기에서 발생함
> - 아크 블로우, 자기불림, 자기쏠림이라 한다.
> - 교류 용접기를 사용
> - 접지를 용접부위에서 멀리둔다.
> - 용접부의 시종단에 엔드탭을 설치한다.
> - 아크길이를 짧게 한다.
> - 용접봉의 끝을 아크쏠림 반대쪽으로 숙인다.
> - 긴 용접선은 후퇴법을 이용하여 용접한다.

33 양호한 절단면을 얻기 위한 조건으로 틀린 것은?

① 드래그가 가능한 클 것
② 슬래그 이탈이 양호할 것
③ 절단면 표면의 각이 예리할 것
④ 절단면이 평활하다 드래그의 홈이 낮을 것

> !
> 절단시 드래그의 크기는 20% 이내여야 한다.

34 산소–아세틸렌가스 절단과 비교한, 산소–프로판가스 절단의 특징으로 틀린 것은?

① 슬래그 제거가 쉽다.
② 절단면 윗 모서리가 잘 녹지 않는다.
③ 후판 절단 시에는 아세틸렌보다 절단 속도가 느리다.
④ 포갬 절단 시에는 아세틸렌보다 절단 속도가 빠르다.

> !
> **산소–프로판 가스 절단의 특징**
> - 절단면이 미세하고 깨끗하다.
> - 절단면 상부에 모서리 녹음이 적다.
> - 슬래그 제거가 쉽다.
> - 포갭 절단 속도가 아세틸렌보다 빠르다.
> - 후판절단이 아세틸렌보다 빠르다.

35 용접기의 사용률(duty cycle)을 구하는 공식으로 옳은 것은?

① 사용률(%) = 휴식시간 / (휴식시간 + 아크발생시간) × 100
② 사용률(%) = 아크발생시간 / (아크발생시간 + 휴식시간) × 100
③ 사용률(%) = 아크발생시간 / (아크발생시간-휴식시간) × 100
④ 사용률(%) = 휴식시간 / (아크발생시간-휴식시간) × 100

> !
> **용접기의 사용률(duty cycle)을 구하는 공식**
> 사용률(%) = 아크발생시간 / (아크발생시간+휴식시간) × 100

36 가스절단에서 예열불꽃의 역할에 대한 설명으로 틀린 것은?

① 절단산소 운동량 유지
② 절단산소 순도 저하 방지
③ 절단개시 발화점 온도 가열
④ 절단재의 표면 스케일 등의 박리성 저하

> !
> 가스절단에서 예열불꽃의 역할 중 절단재의 표면 스케일 등의 박리성의 증가에 있다.

37 가스 용접 작업에서 양호한 용접부를 얻기 위해 갖추어야 할 조건으로 틀린 것은?

① 용착 금속의 용집 상태가 균일해야 한다.
② 용접부에 첨가된 금속의 성질이 양호해야 한다.
③ 기름, 녹 등을 용접 전에 제거하여 결함을 방지한다.
④ 과열의 흔적이 있어야 하고 슬래그나 기공 등도 있어야 한다.

Ans
32 ③ 33 ① 34 ③ 35 ② 36 ④ 37 ④

38 용접기 설치 시 1차 입력이 10 kVA이고 전원전압이 200V이면 퓨즈 용량은?

① 50A　② 100A
③ 150A　④ 200A

> **!**
> **퓨즈의 전류값**
> $= \frac{1차입력(KVA)}{전원입력(V)} = \frac{10000}{200} = 50$

39 다음의 희토류 금속원소 중 비중이 약 16.6, 용융점은 약 2,996℃이고, 150℃ 이하에서 불활성 물질로서 내식성이 우수한 것은?

① Se　② Te
③ In　④ Ta

> **!**
> Ta는 탄탈성분으로 비중이 약 16.6, 용융점은 약 2,996℃이고, 150℃ 이하에서 불활성 물질로서 내식성이 우수한 것이다.

40 압입체의 대면각이 136°인 다이아몬드 피라미드에 하중 1~120kg을 사용하여 특히 얇은 물건이나 표면 경화된 재료의 경도를 측정하는 시험법은 무엇인가?

① 로크웰 경도 시험법
② 비커스 경도 시험법
③ 쇼어 경도 시험법
④ 브리넬 경도 시험법

> **!**
> **경도시험**
> - 브리넬경도 : 담금질된 강구를 일정하중으로
> - 비커스경도 : 다이아몬드 4각추
> - 로크웰경도 : B스케일(120KG), C스케일(150KG) – 다이아몬드 각도 120°
> - 쇼어경도 : 추를 일정높이에서 떨어뜨려(완성품)

41 T.T.T 곡선에서 하부 임계냉각 속도란?

① 50% 마텐자이트를 생성하는데 요하는 최대의 냉각속도
② 100% 오스테나이트를 생성하는데 요하는 최소의 냉각속도
③ 최초의 소르바이트가 나타나는 냉각속도
④ 최초의 마텐자이트가 나타나는 냉각속도

> **!**
> T.T.T 곡선에서 하부 임계냉각 속도는 최초의 마텐자이트가 나타나는 냉각속도

42 1,000~1,100℃에서 수중냉각함으로써 오스테나이트 조직으로 되고, 인성 및 내마멸성 등이 우수하여 광석 파쇄기, 기차 레일, 굴삭기 등의 재료로 사용되는 것은?

① 고 Mn강
② Ni-Cr강
③ Cr-Mo강
④ Mo계 고속도강

> **!**
> **하드필드강(고 Mn강)**
> - 망간 10~14%의 강은 상온에서 오스테나이트 조직을 가지며 내마멸성이 특히 우수하며 각종 광산기계, 기차 레일의 교차점, 냉간 인발용의 드로잉 다이스등에 이용되는 강
>
> **저 망간강의 특징**
> - Mn 1~2%
> - 듀콜강
> - 펄라이트 조직
> - 용접성우수
> - 내식성개선 Cu첨가

Ans
38 ①　39 ④　40 ②　41 ④　42 ①

43 게이지용 강이 갖추어야 할 성질로 틀린 것은?

① 담금질에 의해 변형이나 균열이 없을 것
② 시간이 지남에 따라 치수변화가 없을 것
③ HRC55 이상의 경도를 가질 것
④ 팽창계수가 보통 강보다 클 것

44 알루미늄을 주성분으로 하는 합금이 아닌 것은?

① Y합금 ② 라우탈
③ 인코넬 ④ 두랄루민

!
알루미늄 합금의 종류
① 주조용 알루미늄의 대표
- 실루민(Al+Si) – 알펙스라고 표현(si 14%)
- 라우탈(Al+Si+Cu)

② 내식성 알루미늄의 대표
- 하이드로날륨(Al+Mg)

③ 단조용(가공용) 알루미늄의 대표
- 두랄루민(Al+Cu+Mg+Mn)

④내열용 알루미늄의 대표
- Y합금 (Al+Cu+Ni+Mg)
- Lo –ex(Al+Cu+Ni+Mg+Si)

45 두 종류 이상의 금속 특성을 복합적으로 얻을 수 있고 바이메탈 재료 등에 사용되는 합금은?

① 제진 합금
② 비정질 합금
③ 클래드 합금
④ 형상 기억 합금

!
클래드 합금 : 두 종류 이상의 금속 특성을 복합적으로 얻을 수 있고 바이메탈 재료 등에 사용되는 합금

46 황동 중 60% Cu+40% Zn 합금으로 조직이 α+β이므로 상온에서 전연성이 낮으나 강도가 큰 합금은?

① 길딩 메탈(gilding metel)
② 문쯔 메탈(Muntz metel)
③ 두라나 메탈(durana metel)
④ 애드미럴티 메탈(Admiralty metel)

!
황동의 종류
- Cu + 5% Zn : 길딩메탈(메달용)
- Cu + 15% Zn : 래드브라스(소켓 체결구)
- Cu + 20% Zn : 톰백(장신구용)
- Cu + 30% Zn : 카트리지 황동 : 연신율이 최고
- Cu + 40% Zn : 문쯔 메탈(열교환기, 열간단조품, 탄피 등에 사용)
- Cu + 40% + Fe (1%) : 델타 메탈 → 내식성 개선, 선박, 광산, 기어, 볼트
- 애드미럴티 황동 : 7:3 황동에 주석 1% 첨가 탈아연 부식억제, 내식성, 내 해수성을 증대시킨 것
- 네이벌 : 6:4 황동에 Sn1% 첨가, 탈아연 부식방지

47 가단주철의 일반적인 특징이 아닌 것은?

① 담금질 경화성이 있다.
② 주조성이 우수하다.
③ 내식성, 내충격성이 우수하다.
④ 경도는 Si량이 적을수록 좋다.

!
가단주철의 일반적인 특징
- 담금질 경화성이 있다.
- 주조성이 우수하다.
- 내식성, 내충격성이 우수하다.
- 경도는 Si량이 클수록 좋다.

48 금속에 대한 성질을 설명한 것으로 틀린 것은?

① 모든 금속은 상온에서 고체 상태로 존재한다.
② 텅스텐(W)의 용융점은 약 3,410℃이다.
③ 이리듐 (Ir)의 비중은 약 22.5 이다.
④ 열 및 전기의 양도체이다.

!
수은(Hg)을 제외한 모든 금속이 고체상태로 존재한다.

Ans
43 ④ 44 ③ 45 ③ 46 ② 47 ④ 48 ①

49 순철이 910℃에서 Ac_3 변태를 할 때 결정격자의 변화로 옳은 것은?

① BCT → FCC　② BCC → FCC
③ FCC → BCC　④ FCC → BCT

> !
> **금속의 종류**
>
> | 종류 | 특징 | 금속 |
> |---|---|---|
> | 체심, 입방 격자(B, C, C) | 강도가 크고 전·연성은 떨어진다. | Cr, Vo, W, V, Tb, K, Na, α–Fe, β–Fe |
> | 면심 입방 격자(F, C, C) | 전·연성이 풍부하여 가공성이 우수하다. | Ag, Al, Acl, Cu, N, Po, Pl, Ca, ɣ–Fe |
> | 조밀 육방 격자(H, C, P) | 전·연성 및 가공성이 불량하다. | Tl, Be, Mg, Zn, Zr |
>
> **순철의 자기변태점(α–Fe, δ–Fe 은 체심입방격자, ɣ–Fe은 면심입방격자임)**
> - A1변태점 – 210℃(순수한 시멘타이트의 자기변태점)
> - A2변태점 – 768℃(912–A3,1400–A4)
> - A3변태점 – 912℃ (α–Fe → ɣ–Fe)
> - A4변태점 – 1400℃(ɣ–Fe → δ–Fe)
>
> 912℃　1400℃　1538℃
> α철 | ɣ철 | δ철
> 체심 입방 격자 | 만심 입방 격자 | 체심 입방 격자
> A_3변대　A_3변대　응용점

50 압력이 일정한 Fc–C 평형상태도에서 공정점의 자유도는?

① 0　② 1　③ 2　④ 3

51 다음 중 도면의 일반적인 구비조건으로 관계가 가장 먼 것은?

① 대상물의 크기, 모양, 자세, 위치의 정보가 있어야 한다.
② 대상물을 명확하고 이해하기 쉬운 방법으로 표현해야 한다.
③ 도면의 보존, 검색 이용이 확실히 되도록 내용과 양식을 구비해야 한다.
④ 무역과 기술의 국제 교류가 활발하므로 대상물의 특징을 알 수 없도록 보안성을 유지해야 한다.

> ! 도면은 객관적으로 알 수 있도록 표현 되어야 한다.

52 보기 입체도를 제 3각법으로 올바르게 투상한 것은?

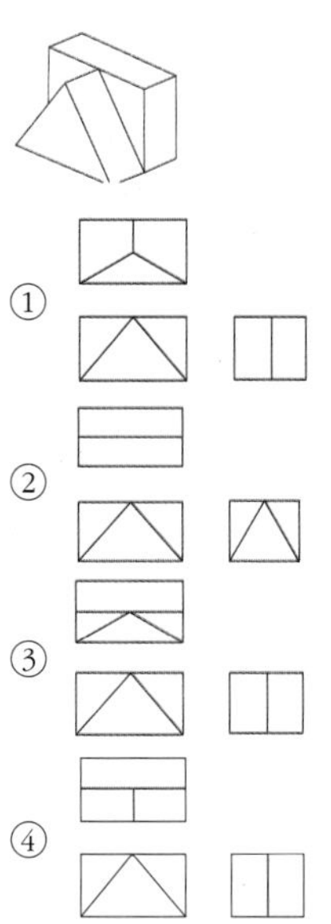

53 배관도에서 유체의 종류와 문자 기호를 나타내는 것 중 틀린 것은?

① 공기 : A
② 연료 가스 : G
③ 증기 : W
④ 연료유 또는 냉동기유 : O

> !
>
> | 유체 종류 | 기호 |
> |---|---|
> | 공기, 가스 | A, G |
> | 유류 | O |
> | 수증기 | s |
> | 물 | w |
> | 냉각수 | C |
> | 냉수 | CH |
> | 냉매 | R |
> | 증기 | v |

Ans
49 ②　50 ①　51 ④　52 ④　53 ③

54 리벳의 호칭 표기법을 순서대로 나열한 것은?

① 규격번호, 종류, 호칭지름×길이, 재료
② 종류, 호칭지름×길이, 규격번호, 재료
③ 규격번호, 종류, 재료, 호칭지름×길이
④ 규격번호, 호칭지름×길이, 종류, 재료

!
리벳 호칭의 해설

KSB1102 열간 접시 머리 리벳 16×40 SV 330

- SV 330 : 재료
- 16×40 : 호칭지름×길이
- 열간 접시 머리 리벳 : 종류
- KS B 1102 : 규격번호
- 리벳의 호칭: 규격번호, 종류, 호칭지름 × 길이, 재료

55 다음 중 일반적으로 긴 쪽 방향으로 절단하여 도시할 수 있는 것은?

① 리브
② 기어의 이
③ 바퀴의 암
④ 하우징

56 단면의 무게 중심을 연결한 선을 표시하는데 사용하는 선의 종류는?

① 가는 1점 쇄선
② 가는 2점 쇄선
③ 가는 실선
④ 굵은 파선

!
- 가는 2점 쇄선 – 가상선 무게 중심선

57 다음 용접 보조기호에 현장 용접기호는?

① ② ③ ④

58 보기 입체도의 화살표 방향 투상 도면으로 가장 적합한 것은?

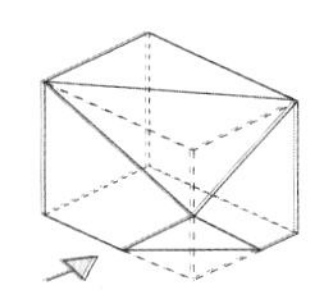

① 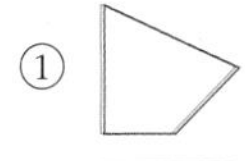 ②

③ 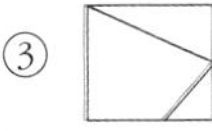 ④

59 탄소강 단강품의 재료 표시기호 "SF 490A"에서 "490"이 나타내는 것은?

① 최저 인장강도
② 강재 종류 번호
③ 최대 항복강도
④ 강재 분류 번호

60 다음 중 호의 길이 치수를 나타내는 것은?

① 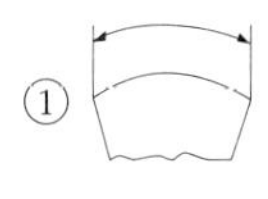 ② 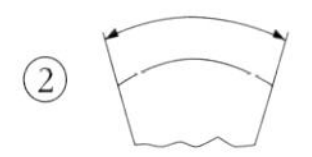

③ 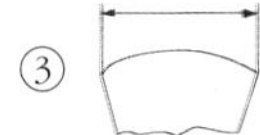 ④

Ans
54 ① 55 ④ 56 ② 57 ② 58 ③ 59 ① 60 ①

오분만 오답노트 분석하여 만점받자

용접 기능사 필기

2017년 2월 20일 초　판 1쇄 발행
2019년 1월 21일 개정판 1쇄 발행

편 저 자　최부길
발 행 인　이미래

발 행 처　씨마스
등록번호　제301-2011-214호
주　　소　서울특별시 중구 서애로 23 통일빌딩 4층
전　　화　(02)2274-7762~3
팩　　스　(02)2278-6702
홈페이지　www.cmass21.net
E-mail　licence@cmass.co.kr

기　　획　정춘교
진　　행　강원경
편　　집　양병수, 김지은, 이민영
마 케 팅　장　석, 김동영, 김진주
디 자 인　이기복, 박상군

ISBN　|　979-11-85351-24-7

정가 25,000원